普通高等教育“十二五”规划教材
PUTONG GAODENGJIAOYU SHIERWU GUIHUAJIAOCAI

塑料成型工艺与模具设计

◎主　编：莫亚武 ◎副主编：龙春光　陈吉平　周　健

SULIAOCHENGXINGGONGYIYUMOJUSHEJI

中南大學出版社
www.csupress.com.cn

内容简介

本书共8章。内容主要包括塑料成型基础、塑料制件的结构与设计、注射成型工艺与模具设计、压缩成型工艺与模具设计、传递成型工艺与模具设计、挤出成型工艺与模具设计、其他成型模具设计和塑料成型新技术等内容。各章后附有一定数量的思考与练习题。

本书突出应用型本科特色，在吸收教学经验和教学成果的基础上，从生产实际出发，结合本科课时少的情况，突出重点，强调应用。适当反映国内外模具技术的新发展。

本书可作为普通高等学校材料成型及控制工程专业的教材，也可作为高等职业院校模具专业的教学用书，亦可供函授、自考等成人教育有关专业使用，并可供有关工程技术人员参考。

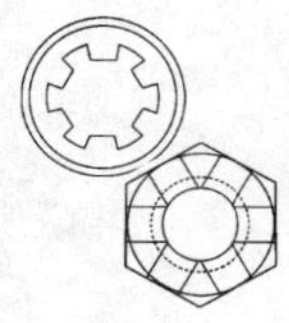

普通高等教育机械工程学科“十二五”规划教材编委会

总序 FOREWORD.

机械工程学科作为联结自然科学与工程行为的桥梁，它是支撑物质社会的重要基础，在国家经济发展与科学技术发展布局中占有重要的地位，21 世纪的机械工程学科面临诸多重大挑战，其突破将催生社会重大经济变革。当前机械工程学科进入了一个全新的发展阶段，总的发展趋势是：以提升人类生活品质为目标，发展新概念产品、高效高功能制造技术、功能极端化装备设计制造理论与技术、制造过程智能化和精准化理论与技术、人造系统与自然世界和谐发展的可持续制造技术等。这对担负机械工程人才培养任务的高等学校提出了新挑战：高校必须突破传统思维束缚，培养能适应国家高速发展需求的具有机械学科新知识结构和创新能力的高素质人才。

为了顺应机械工程学科高等教育发展的新形势，湖南省机械工程学会、湖南省机械原理教学研究会、湖南省机械设计教学研究会、湖南省工程图学教学研究会、湖南省金工教学研究会与中南大学出版社一起积极组织了高等学校机械类专业系列教材的建设规划工作。成立了规划教材编委会。编委会由各高等学校机电学院院长及具有较高理论水平和教学经验的教授、学者和专家组成。编委会组织国内近 20 所高等学校长期在教学、教改第一线工作的骨干教师召开了多次教材建设研讨会和提纲讨论会，充分交流教学成果、教改经验、教材建设经验，把教学研究成果与教材建设结合起来，并对教材编写的指导思想、特色、内容等进行了充分的论证，统一认识，明确思路。在此基础上，经编委会推荐和遴选，近百名具有丰富教学实践经验的教师参加了这套教材的编写工作。历经两年多的努力，这套教材终于与读者见面了，它凝结了全体编写者与组织者的心血，是他们集体智慧的结晶，也是他们教学教改成果的总结，体现了编写者对教育部“质量工程”精神的深刻领悟和对本学科教育规律的把握。

这套教材包括了高等学校机械类专业的基础课和部分专业基础课教材。整体看来，这套教材具有以下特色：

(1) 根据教育部高等学校教学指导委员会相关课程的教学基本要求编写。遵循“重基础、宽口径、强能力、强应用”的原则，注重科学性、系统性、实践性。

(2) 注重创新。本套教材不但反映了机械学科新知识、新技术、新方法的发展趋势和研究成果，还反映了其他相关学科在与机械学科的融合与渗透中产生的新前沿，体现了学科交叉对本学科的促进；教材与工程实践联系密切，应用实例丰富，体现了机械学科应用领域在不断扩大。

(3) 注重质量。本套教材编写组对教材内容进行了严格的审定与把关，教材力求概念准确、叙述精练、案例典型、深入浅出、用词规范，采用最新国家标准及技术规范，确保了教材的高质量与权威性。

(4) 教材体系立体化。为了方便教师教学与学生学习，本套教材还提供了电子课件、教学指导、教学大纲、考试大纲、题库、案例素材等教学资源支持服务平台。

教材要出精品，而精品不是一蹴而就的，我将这套书推荐给大家，请广大读者对它提出意见与建议，以利进一步提高。也希望教材编委会及出版社能做到与时俱进，根据高等教育改革发展形势、机械工程学科发展趋势和使用中的新体验，不断对教材进行修改、创新、完善，精益求精，使之更好地适应高等教育人才培养的需要。

衷心祝愿这套教材能在我国机械工程学科高等教育中充分发挥它的作用，也期待着这套教材能哺育新一代学子茁壮成长。

中国工程院院士　钟　掘

2011 年 11 月

前言 PREFACE.

本书是根据教育部该课程教学基本要求与应用型本科材料成型及控制工程专业人才培养目标和业务要求编写的。编写前，编者广泛听取了有关高校师生的意见，经过讨论确定了本教材编写的指导思想：突出应用型本科特色，在吸收各院校教师教学经验和教学成果的基础上，从生产实际出发，结合本科课时少的实际情况，突出重点，强调应用，并适当反映国内外模具技术的新发展。在本书的编写过程中，编者从培养技术应用型人才的需要出发，在内容的安排上，注重必要的理论介绍，使学生对高分子材料有所认识和了解，为塑料成型工艺编制和模具设计提供必要的知识准备；把让读者容易入门放在首位，如：先介绍常用模具的结构，使学生有一个初步的认识和了解后，再按照模具设计的步骤编排章节的内容；把塑料成型工艺与模具设计有机地结合在一起，将相关内容放在同一章中介绍，使学生在熟悉成型工艺的基础上，学习模具的设计。同时，为突出学生应用能力的培养，编写时注重塑料模具的结构设计，在每章后列举了模具结构设计实例，尤其是将编者在教学科研及生产活动中的一些典型模具，纳入了教材。各章后附有思考与练习题，方便学生课后自学，也方便教师对学生学习情况的掌控。本书共8章。绪论、第3章和第8章由湖南农业大学莫亚武编写，第1章由长沙理工大学龙春光编写，第2章由湖南工学院刘先兰编写，第4章和第5章由湖南工业大学陈吉平编写，第6章由湖南理工学院罗云编写，第7章由中南林业科技大学周健编写。全书由湖南农业大学莫亚武任主编，并负责全书的统稿。在编写过程中，吸收了许多教师对编写工作的宝贵意见，得到了各参编院校及中南大学出版社的大力支持，在此一并表示衷心的感谢。本书在编写过程中参考和引用了一些教材中的部分内容和插图，参考文献列于书后，在此对有关出版社和作者表示衷心感谢。由于编者水平有限，书中难免存在错误和不妥之处，衷心希望广大读者批评指正。

编　者

2011 年 11 月

CONTENTS.目录

绪　论 …………………………………………………………………………………… (1)

第 1 章　塑料成型基础 ………………………………………………………………… (6)

1.1　塑料的组成与分类 ……………………………………………………………… (6)
1.2　塑料的工艺特性 ………………………………………………………………… (10)
1.3　常用塑料的特性与应用 ………………………………………………………… (26)
思考与练习题 …………………………………………………………………………… (34)

第 2 章　塑料制件的结构与设计 ……………………………………………………… (35)

2.1　塑件尺寸及其精度 ……………………………………………………………… (35)
2.2　塑件表面质量 …………………………………………………………………… (37)
2.3　塑件结构设计 …………………………………………………………………… (39)
思考与练习题 …………………………………………………………………………… (55)

第 3 章　注射成型工艺与模具设计 …………………………………………………… (56)

3.1　注射成型工艺过程及参数选择 ………………………………………………… (56)
3.2　注射模具的结构 ………………………………………………………………… (62)
3.3　注射成型设备 …………………………………………………………………… (70)
3.4　塑件在模具中的位置与分型面的选择 ………………………………………… (79)
3.5　浇注系统的设计 ………………………………………………………………… (83)
3.6　成型零件设计 …………………………………………………………………… (110)
3.7　合模导向机构的设计 …………………………………………………………… (132)
3.8　推出机构设计 …………………………………………………………………… (136)
3.9　侧向分型与抽芯机构的设计 …………………………………………………… (164)
3.10　温度调节系统设计 …………………………………………………………… (191)
3.11　注射模标准模架 ……………………………………………………………… (202)
3.12　注射模的安装与调试 ………………………………………………………… (204)
思考与练习题 …………………………………………………………………………… (208)

第4章　压缩成型工艺与模具设计 …………………………………………（209）

4.1　压缩成型工艺过程及参数选择 ………………………………………（209）
4.2　压缩模具的基本结构及分类 …………………………………………（213）
4.3　压缩成型设备 …………………………………………………………（218）
4.4　压缩模设计要点 ………………………………………………………（223）
4.5　压缩成型模具典型结构 ………………………………………………（245）
思考与练习题 ……………………………………………………………（248）

第5章　传递成型工艺与模具设计 …………………………………………（249）

5.1　传递成型工艺过程及参数选择 ………………………………………（249）
5.2　传递模的基本结构及分类 ……………………………………………（252）
5.3　传递成型设备 …………………………………………………………（255）
5.4　传递模主要结构设计 …………………………………………………（257）
5.5　传递成型模具典型结构 ………………………………………………（267）
思考与练习题 ……………………………………………………………（275）

第6章　挤出成型工艺与模具设计 …………………………………………（276）

6.1　挤出成型工艺过程及参数选择 ………………………………………（276）
6.2　挤出模具的分类及基本结构 …………………………………………（278）
6.3　管材挤出机头的设计 …………………………………………………（281）
6.4　其他成型挤出机头的典型结构 ………………………………………（287）
6.5　挤出成型设备 …………………………………………………………（295）
思考与练习题 ……………………………………………………………（300）

第7章　其他成型模具设计 …………………………………………………（301）

7.1　中空吹塑成型工艺与模具设计 ………………………………………（301）
7.2　真空成型工艺与模具设计 ……………………………………………（321）
7.3　压缩空气成型模具 ……………………………………………………（326）
思考与练习题 ……………………………………………………………（328）

第8章　塑料成型新技术 ……………………………………………………（329）

8.1　快速成形技术 …………………………………………………………（329）
8.2　精密注射成型 …………………………………………………………（333）
8.3　热固性塑料注射成型 …………………………………………………（337）
8.4　共注射成型 ……………………………………………………………（341）
思考与练习题 ……………………………………………………………（343）

参考文献 ……………………………………………………………………（344）

绪论

1. 塑料成型在现代工业生产中的地位

模具是工业生产的重要工艺装备，它被用来成型具有一定形状和尺寸的各种制品。在各种材料加工工业中广泛地使用着各种模具，如金属制品成型的压铸模、锻压模、浇铸模，非金属制品成型的玻璃模、陶瓷模、塑料模等。每种材料成型模具按成型方法不同又分为若干种类型。

塑料成型所用的模具称为塑料成型模，是用于成型塑料制件的模具，它是型腔模中的一种类型。塑料成型工业是新兴的工业，是随着石油工业的发展应运而生的。目前，塑料制件几乎已经进入了一切工业部门以及人民日常生活的各个领域，在家用电器、仪器仪表、机械制造、化工、医疗卫生、建筑器材、汽车工业、农用器械、日用五金以及兵器、航空航天和原子能工业中，塑料已成为替代部分钢铁、木材、皮革等材料而发展成为各个行业中不可缺少的一种化学材料，并和钢铁、木材、水泥一起成为现代社会中的四大基础材料。塑料工业又是一个飞速发展的工业领域，目前，我国石化工业一年生产 800 多万吨聚乙烯、聚丙烯和其他合成树脂，这些树脂中，很大一部分需要用塑料模具成型，制成塑料件，才能用于工业生产和人民日常生活。塑料作为一种新的工程材料，其不断开发与应用，加之成型工艺的不断成熟、完善与发展，极大地促进了塑料成型方法的研究与应用和塑料成型模具的开发与制造。随着工业塑料制件和日用塑料制件的品种和需求量日益增加，这些产品更新换代的周期越来越短，因此对塑料的品种、产量和质量都提出了越来越高的要求。这就对塑料模具的开发、设计与制造水平的要求也必须越来越高。

塑料成型模具(简称塑料模)是塑料模塑成型关键的工艺装备。这是因为在现代塑料制品生产中，正确的加工工艺、高效率的设备、先进的模具是影响塑料制品生产的三大重要因素，而塑料模对塑料模塑工艺的实现，保证塑料制品的形状、尺寸及公差起着极重要的作用，高效率全自动的设备只有配备了适应自动化生产的塑料模才可能发挥其效能；产品的更新也是以模具的制造和更新为前提。目前，对塑料制品的品种、质量和产量的要求愈来愈高，因而对塑料模的需求也愈来愈迫切。随着我国经济与国际的接轨和国家经济建设持续稳定发展，塑料制件的应用快速上升，模具设计与制造和塑料成型的各类企业日益增多，塑料成型工业在基础工业中的地位和对国民经济的影响日益重大。

2. 塑料成型技术的发展趋势

现代模具技术的发展，在很大程度上依赖于模具标准化、优质模具材料的研究、先进的设计与制造技术、专用的机床设备，更重要的是生产技术的管理等。21 世纪模具行业的基本特征是高度集成化、智能化、柔性化和网络化。追求的目标是提高产品的质量及生产效率，缩短设计及制造周期，降低生产成本，最大限度地提高模具行业的应变能力，满足用户需要。

根据国内外模具工业的现状及我国国民经济和现代工业品生产中模具的地位，从塑料成型模具的设计理论、设计实践和制造技术出发，未来我国模具工业和技术的主要发展方向将是以下 8 个方面。

(1)在模具设计制造中广泛应用 CAD/CAE/CAM 技术

经过多年的推广应用，模具的计算机辅助设计与辅助制造已经在我国模具企业中广泛应用。不同的软件可分别用于挤塑、注塑、压制、压铸、中空等模具的设计和对模具结构、产品质量进行分析。CAD 软件的主要功能是几何造型技术，它将制品图形立体地精确地显示在屏幕上，完成制件设计的绘图工作，对制品或模具进行力学分析。而过程软件(CAE 软件)中流动软件可模拟熔体在模内的流动过程。冷却分析软件可模拟熔体的凝固过程和在模内温度的变化，预测可能出现的问题，如制品缺陷、翘曲、变形、内应力等，使设计结果优化。计算机能大量储存和方便地查找各种设计数据(数据库)和标准件的图形(图形库)，并能绘出模具的零件和装配图，使设计质量提高，设计速度加快许多倍。

采用 CAD 技术是模具生产的一次革命，是模具技术发展的一个显著特点。引用模具 CAD 系统后，模具设计借助计算机完成传统设计中各个环节的设计工作，大部分设计与制造信息由系统直接传送，图纸不再是设计与制造环节的分界线，也不再是制造、生产过程中的唯一依据，图纸将被简化，甚至实现无图化生产。

(2)大力发展应用快速原型制造技术

快速原型技术是一种涉及多学科的新型综合制造技术。20 世纪 80 年代后，随着计算机辅助设计的应用，产品造型和设计能力得到极大提高，然而在产品设计完成后，批量生产前，必须制出样品以表达设计构想，快速获取产品设计的反馈信息，并对产品设计的可行性作出评估、论证。在市场竞争日趋激烈的今天，时间就是效益。为了提高产品市场竞争力，从产品开发到批量投产的整个过程都迫切要求降低成本和提高速度。快速原型技术的出现，为这一问题的解决提供了有效途径，它可迅速制造出自由曲面和更为复杂形态的零件，如零件中的凹槽、凸肩和空心部分等，大大降低了新产品的开发成本和开发周期。在快速原型技术的开发应用方面，美国和日本走在前列。近年来，我国快速原型技术的发展已十分迅速。华中科技大学在 1994 年成功开发两种快速成型系统样机 HRP 和 RPS，目前已进入商品市场，广泛应用于汽车、玩具、航空航天、造船、军工等行业，开创了模具快速制造的新时代。

(3)研究和应用模具的快速测量技术与逆向工程

在塑料产品的开发和制造过程中，几何造型技术的应用相当广泛，但是，由于种种原因，仍有许多产品并非由 CAD 模型描述，设计和制造者面对的是实物样件。为了适应先进制造技术的发展，需要通过一定途径，将这些实物转化为 CAD 模型，使之能利用 CAD、CAM、RPM 及 PDM 等先进技术进行处理或管理。目前，这种从实物样件获取产品数学模型相关的技术，已发展成为 CAD/CAM 中的一个相对独立的范畴，称为“逆向工程”(Reverse Engineering)。通过逆向工程复现实物的 CAD 模型，使那些以实物为制造基础的产品有可能在设计与制造的过程中，充分利用 CAD、CAM、RPM 及 PDM 等先进制造及管理技术。对于具有复杂自由曲面零件的模具设计，可采用逆向工程技术，首先获取其表面几何点的数据，然后通过 CAD 系统对这些数据进行预处理，并考虑模具的成型工艺性再进行曲面重构，以获得模具的凹模和凸模的型面，最后通过 CAM 系统进行数控编程，完成模具的加工。原型实样表面三维数据的快速测量技术是逆向工程的关键。三维数据采集可采用接触式(如三坐标测量机测量和接触扫描测量)和非接触式(如激光摄像法等)方法进行。采用逆向工程技术，不但可缩短模具设计周期，更重要的是可提高模具的设计质量，提高企业快速应变市场的能力，最大限度地提高模具的开发效率与成功率。同时，由于逆向工程中的实施能在很短的时间内复制实物样件。因此，它是推行并行工程的重要基础和支撑技术。

(4)发展优质模具材料和采用先进的热处理和表面处理技术

模具材料的选用在模具的设计与制造中是涉及模具加工工艺、模具使用寿命、塑料制件成型质量和加工成本等的重要问题。国内外模具材料的研究工作者在分析模具的工作条件、失效形式和如何提高模具使用寿命的基础上进行了大量的研究工作，开发研制出了具有良好使用性和加工性能好、热处理变形小、抗热疲劳性能好的新型模具钢种，如预硬钢、耐腐蚀钢等。模具热处理的发展方向是采用真空热处理，该技术在国内许多热处理中心和有些大型模具企业已经得到应用并且正在进一步推广。模具表面处理除普及常用表面处理方法(如渗碳、渗氮、渗硼、渗铬、渗钒)外，应发展设备昂贵、工艺先进的气相沉积、等离子喷涂等技术，目前，上述的研究与开发工作还在不断地深入进行，已取得的成果也正在大力推广。

(5)提高模具标准化水平和模具标准件的使用率

模具标准化的水平在某种意义上体现了一个国家模具工业发展的水平。采用标准模架和使用标准零件，可以满足大批量制造模具和缩短模具制造周期的需要，能够实现部分资源共享，这会大大减少模具设计的工作量和工作时间，对于发展 CAD/CAM 技术、提高模具的精密度有重要意义。我国模具标准化程度正在不断提高，目前我国模具标准件使用覆盖率已达到50%左右。发达国家的模具标准件使用覆盖率一般为80%左右。为了适应模具工业发展，模具标准化工作必将加强，模具标准化程度将进一步提高，模具标准件生产也必将得到发展。热流道标准元件和模具的温度控制标准装置以及精密标准模架和精密导向元件目前都正在进行重点研究和开发，已经取得了一些成果并正在推广应用。

(6)提高大型、精密、复杂与长寿命模具的设计制造水平

为了满足塑料制件在各种工业产品中的使用要求，塑料成型技术正朝着复杂化、精密化与大型化方向发展，例如汽车的保险杠和某些内装饰件、大周转箱等塑料件的成型。大型塑料件和精密塑料件的成型，除了必须研制开发或引进大型的和精密的成型设备外，大型的和精密的塑料成型模具更需要采用先进的模具 CAD/CAE/CAM 技术来设计与制造，否则这类投资很大的模具研制将难以获得成功。

(7)不断研究和推广模具成型新技术与新工艺

模具成型的技术不断得到创新，新的工艺不断涌现，尤其是在注射成型方面得到充分体现，使得成型塑料制件的质量得到了很大的提高。这些新的技术和工艺有：气体辅助注射成型、精密注射成型、热固性塑料注射成型、低发泡注射成型、共注射成型，等等。目前，新的工艺甚至可以使用金属粉料(例如不锈钢粉)加入某些添加剂后采用注射方法成型型坯，而后再烧结成产品。

(8)推广模具制造先进设备及先进工艺

现在高效、精密、数控、自动化的模具加工设备发展很快，数控铣床、仿形铣床、各种加工中心、坐标磨床、各种数控电加工机床及模具装配与检测机械和仪器不断开发和应用，这

对于保证塑料模具的加工精度和缩短加工周期起了关键性的作用。与此同时，其他模具加工的新工艺也不断涌现，如超塑性成型和电铸成型型腔以及简易制模工艺，高速铣削、超精度加工和复杂加工技术与工艺等。

将模具的计算机辅助设计、辅助工程和辅助制造连成一体的设计与制造系统（即CAD/CAE/CAM一体化）是在模具型腔结构和尺寸经CAE软件优化后，将用CAD系统建造的型腔几何模型直接生成型腔加工的数控程序单，并指挥相关机床完成型腔的数控加工。模具计算机辅助设计的一些商品化的软件层出不穷，并在不断开发过程中。

3. 塑料成型模具的分类

按照塑料成型方法的不同，可将塑料成型模具分为以下几类。

(1)注射成型模具

塑料先加在注塑机的加热料筒内，塑料受热熔融后，在注射机的螺杆或活塞推动下，经喷嘴和模具的浇注系统进入模具型腔，塑料在模具型腔内固化定型，这种成型方法叫注射成型。注射成型所用的模具叫注射模具。注射模具主要用于热塑性塑料制品的成型，但近年来也越来越多地用于热固性塑料成型。注射成型是自动化程度最高、应用最广泛的一种成型方法。

(2)压缩成型模具

压缩成型模具简称压模。将塑料原料直接加在敞开的模具型腔内，再将模具闭合，塑料在热和压力作用下成为流动状态并充满型腔，然后由于化学或物理变化使塑料硬化成型，这种成型方法叫压缩成型。压缩成型所用的模具叫压缩成型模具。压缩模具多用于成型热固性塑料，与注射成型相比，压缩成型周期较长，生产率较低。

(3)传递成型模具

传递成型模具是将塑料原料加入预热的加料室，然后通过压柱向塑料施加压力，塑料在高温高压下熔融并通过模具的浇注系统，进入型腔，逐渐硬化成型，这种成型方法叫做传递成型，传递成型所用的模具叫传递模具。传递模具多用于热固性塑料的成型。

(4)挤出成型模具

挤出成型模具包括挤出机头和定型模两部分。在挤出机螺杆的推动下，使黏流状态的塑料在高温高压下通过具有特定断面形状的机头口模，然后连续进入温度较低的定型模，塑料在定型模中固化，生产出具有所需断面形状的连续型材，该成型方法叫挤出成型。用于塑料挤出成型的模具叫挤出成型模具。

(5)中空吹塑成型模具

将挤出或注射成型的处于塑化状态的管状坯料，趁热放到模具成型腔内，立即在管状坯料的中心通以压缩空气，使管坯膨胀而紧贴于模具型腔上，冷硬后即可得到一中空制品。此种制品成型方法所用的模具叫中空制品吹塑模具。用挤出的方法生产管坯的叫挤吹模具，用注射方法生产管坯的叫注吹模具，注吹中，在吹胀前的瞬间先进行轴向拉伸的叫注拉吹模具，产品的性能和尺寸精度因上述方法不同而有很大差异。

(6)热成型模具

热成型模具又名真空或压缩空气成型模具，它是一单独的阴模或阳模。将预先制成的塑料片，加热软化后，将其周边紧压在模具周边上，然后在紧靠模具的一面抽真空，或在其反面充以压缩空气，使塑料片发生塑性变形，而紧贴到模具上，冷却定型后即得制品。此种成型方法，模具受力较小，强度要求不高，甚至可用非金属材料制作，但为了取得较高的生产效率，模具的导热性是很重要的，铝合金模具得到了广泛应用。

除了上面所列举的几种塑料模具外，还有搪塑成型模具、反应注塑成型模具、泡沫塑料成型模具、玻璃纤维增强塑料低压成型模具等。

4. 本课程的基本要求

塑料成型工艺与模具设计是材料成型与控制工程专业的一门主干专业课，它以高分子材料、流体力学、金属材料与热处理、材料成型理论等为理论基础，是一门实践性很强的课程。本课程主要阐述了塑料制品主要成型方法的原理、特点、工艺过程、主要工艺参数的选定及对塑料制品性能的影响；主要设备的结构特性、工作原理、技术参数及设备的选型，结合设备特点及工艺条件对塑料制品性能的影响及关系。目的是使学生在了解塑料的工艺特性与成型原理的基础上，掌握各种常用塑料在各种成型过程中对模具的工艺要求；掌握成型工艺所必备的各种技术知识；掌握各种成型模具的结构特点及设计计算方法；掌握塑料制件工艺设计方法；了解塑料模具的制造特点，根据不同情况选用模具型腔加工新工艺。

由于塑料成型工艺与模具设计是一门实践性和综合性很强的课程，所以学习时必须理论联系实际。在努力学习理论知识的基础上，必须加强自身的自学能力，主动参考有关资料，多到模具企业去积极参加生产实习，认真进行课程设计，将所学到的书本知识与模具工业的生产实际进行联系与比较、归纳与提升，从而使学生在凭自己的能力以及查阅有关的资料的情况下，能够设计具有一定难度的塑料模具。

塑料成型技术发展十分迅速，新的成型工艺层出不穷，在学习本课程时，还要注意学习国内外的新技术、新工艺、新经验，以便掌握和推广。

第1章

塑料成型基础

1.1 塑料的组成与分类

1.1.1 塑料的组成

塑料是以合成或天然的高分子化合物为基本成分，在加工过程中可塑制成型，并能最终保持产品形状不变的材料。大多数塑料是以合成高分子化合物（被称为聚合物）为基本成分，一般为了改善塑料某些特性或降低成本而在其中加入增塑剂、稳定剂、填料等辅助物料。

（1）聚合物

聚合物（也称高聚物、树脂），由低分子物质通过聚合反应而得到，它是粉（粒）状塑料的最基本也是最重要的组成部分，占塑料质量的40%～100%，成型后它在制品中应为连续相，能将各种添加剂黏接在一起，并赋予制品必要的物理力学性能。

各种塑料都是以基体材料聚合物（树脂）来命名的，所用聚合物可以是热塑性的，也可以是热固性的。聚合物本身的性质，尤其是相对分子质量的大小与分布对塑料的加工性质和制品的性能影响很大。一般来说，随着相对分子质量的增大，制品的强度提高，但其流动性降低，加工困难，需要添加加工助剂；相对分子质量小时制品的大部分力学性能降低，但加工性得到明显改善，因此，基体树脂相对分子质量大小应根据制品的性能要求和所采用的加工方法进行综合考虑；此外，聚合物相对分子质量分布也直接影响制品的性能，随着相对分子质量分布的增宽，材料大多数力学性能、热学性能降低，同时其加工性能也受到影响。因此，通常要求聚合物的相对分子质量分布不能过大。

（2）添加剂

塑料中往往根据制品的性能要求和为了降低成本而需要加入各种添加剂，主要有以下几种。

1）填充剂（填料）

填充剂是为了降低塑料成本或者为了改善塑料的某些性能（如硬度、刚度、电绝缘性等）或赋予塑料某种新的性能（如导电性、耐磨性等）而加入的物质。例如为了降低成本，往往在聚氯乙烯（PVC）中加入大量的碳酸钙；加入云母、石英或石棉，可以提高塑料的耐热性和绝缘性；加入铜粉可获得导电塑料；对填充剂的要求是：分散性好、吸油量小；对聚合物及其他助剂呈惰性，对加工性能无严重损害；不严重损坏设备、不因分解或吸湿使制品产生气泡等。常用填充剂主要为粉状填料（如碳酸钙、硅石、硅藻土、云母、石棉、石墨、木粉、金属粉等）、纤维状填料（如棉花、亚麻、石棉纤维、玻璃纤维、碳纤维、硼纤维、金属短须等）和层状填料（纸张及棉布屑、玻璃布等）。

填充剂是塑料添加剂中用量最大的一种，常用量为塑料质量的20%～50%。

2）增塑剂

增塑剂是为降低塑料的软化温度范围和提高其加工性、柔韧性或延展性而加入的低挥发性或挥发性可忽略的物质。增塑剂主要用于聚氯乙烯（PVC），此外在醋酸乙烯、尼龙、丙烯酸树脂中也有一定应用。通常对增塑剂有如下要求：与聚合物相容性（互溶性）好；增塑效率高，挥发性低；化学稳定性高，对光、热稳定性好；无色、无臭、无毒、不燃、吸水量低；水、油、溶剂等中的溶解度和迁移性小，介电性好；制品外观和手感好，耐真菌、耐污染、价廉等。其中，相容性和低挥发性是最基本的要求。常用的增塑剂主要有樟脑或邻苯二甲酸二丁酯。然而，增塑剂的加入会降低塑料的稳定性、介电性能和机械强度，因此在塑料中应尽可能地减少增塑剂的含量。大多数塑料一般不添加增塑剂，唯有软质聚氯乙烯含有大量的增塑剂。

3）稳定剂

稳定剂是为了防止或抑制聚合物在成型加工和使用过程中因受外界因素（热、光、氧、细菌、真菌以及长期存放等）作用引起的分解或变色而加入的物质。大多数塑料中都要添加稳定剂。根据稳定剂所发挥的作用，它可分为以下三种：

①热稳定剂。它的作用是抑制或防止聚合物在加工过程中受热而降解。热稳定剂的种类较多，常用的有：铅类稳定剂（如三碱式硫酸铅、二碱式硫酸铅）；金属皂类稳定剂（如硬脂酸钡、硬脂酸锌、硬脂酸钙）；有机锡稳定剂（如二月桂酸二丁基锡、二马来酸二丁基锡）等。

②光稳定剂。其作用是抑制或延缓聚合物在阳光或高能射线作用下引起降解而变色并降低力学性能，表现为制品开裂、起霜、变色、退光、性能变劣、起泡、粉化等。通常需加入光稳定剂的塑料有聚乙烯、聚丙烯、聚苯乙烯等。光稳定剂的种类较多，主要有光屏蔽剂（如炭黑、氧化锌等）、紫外线吸收剂（UV－531、UV－326 等）、猝灭剂（如 202、1084 等）和自由基捕获剂（如 LS－740、LS－744 等）。用量一般为塑料质量的 0.01%～0.5%。

③抗氧化剂。即能抑制或延缓聚合物自动氧化反应速度的物质。如聚烯烃类（如聚氯乙烯、聚苯乙烯）、聚甲醛、ABS 等，在加工、储运和使用过程中易发生氧化而降解，有必要加入某些抗氧化剂。抗氧剂按其作用机理分为三类，第一类是链终止型抗氧剂，即工业生产中的主抗氧剂，如抗氧剂 1010、1076、264 等；第二类是过氧化物分解剂；第三类是金属离子钝化剂。第二、第三类即工业生产中的辅助氧化剂，如抗氧剂 DLTP、DSTP、TPP（亚磷酸三苯酯）等。抗氧剂按其化学结构可分为酚类（如单酚、双酚、多酚等）、胺类（如萘胺、二苯胺、对苯二胺等）有机物两种。用量一般为塑料质量的 0.1%～0.5%。

4）增强剂

增强剂是为了提高塑料的力学强度而加入的填充剂，主要是纤维状物质，如玻璃纤维、碳纤维、石墨纤维、晶须等，其中玻璃纤维用量最大，约占总用量的 2/3。

为了改善纤维与聚合物的相容性，加入的玻璃纤维和晶须一般都要采用偶联剂（即能增强聚合物与填充剂或增强剂之间的界面结合力的物质）进行处理。硅烷偶联剂主要用于玻璃纤维和含硅原子的各种填充剂及增强剂。

5）润滑剂

润滑剂是为了改善塑料熔体的流动性能，减少或避免对设备的磨损和黏附，以及改进制品表面质量等而加入的物质。通常需要加入润滑剂的塑料有聚乙烯、聚丙烯、聚氯乙烯、聚苯乙烯、聚酰胺、ABS 等。润滑剂的基本要求是：分散性好，与树脂有适当的相容性，热稳定性良好，不引起颜色漂移，不影响制品性能，无毒、价廉。润滑剂依其功能可分为内润滑剂和外润滑剂两种，前者可减少聚合物分子的内摩擦，并与聚合物有一定的相容性；后者一般保留在塑料熔体的表层，降低塑料与加工设备的摩擦，仅与聚合物有很低的相容性。常用的润滑剂有硬脂酸及其盐类、石蜡等。

用量一般为塑料质量的0.5% ~1.0%。

6）着色剂

着色剂是为了赋予塑料以色彩或特殊光学性能或使之具有易于识别等功能而加入的物质。一般聚合物为白色半透明或无色透明状。有时为了增加制品的美观性常在塑料中添加着色剂；有时着色剂也用于区分不同的制品对象，如电器的导线常常用不同颜色的塑料做绝缘包皮。工业上常用的着色剂有以下两类：

①无机颜料：可以是天然或合成颜料，如镉红、钛白粉、铬黄、群青等。它们耐光性、耐热性、化学稳定性较好，吸油量小、游离现象小、遮盖力强，且价格低。但其着色能力、透明性、鲜艳性较差。

②有机颜料：为合成颜料，如联苯胺黄、酞青蓝、酞青绿等，在塑料制品生产中应用广泛。该类着色剂一般色彩鲜艳、着色能力强。

7）阻燃剂

阻燃剂是为了阻止或减缓塑料燃烧而加入的物质。可分为添加型阻燃剂（在聚合物中添加难燃物质如氢氧化铝、氢氧化镁、滑石粉等）和反应型阻燃剂（聚合物合成时引入难燃结构，如四溴双酚 A 可作为环氧树脂、聚酯、聚碳酸酯中的反应型阻燃剂）两类。

8）抗静电剂

抗静电剂是为了消除塑料制品表面静电而加入的物质。塑料材料在摩擦时，易带上静电，其带电顺序为：聚氨酯、尼龙、醋酸纤维、聚丙烯、聚酯、聚丙烯腈、聚氯乙烯、聚乙烯、聚四氟乙烯。按照上述顺序，两物质摩擦时，位于前面的带正电，位于后面的带负电，即前面的 PU、PA 容易带正电，后面的 PE、PTFE 容易带负电。常用的静电消除方法有添加抗静电剂或添加导电填料法和表面涂覆导电法这两种方法。常用的抗静电剂有导电石墨、石墨、抗静电剂 SN 等。

9）固化剂

固化剂是指在热固性塑料成型时，为了使合成树脂完成交联反应而固化所加入的物质，例如在环氧树脂中加入乙二胺或顺丁烯二酐酸，在酚醛树脂中加入六亚甲基四胺等，这类添加剂被称为固化剂或交联剂；此外，在注射热固性塑料时加入氧化镁也可促使塑件快速硬化。

除了上述几种常用的塑料添加剂以外，根据塑料品种及使用要求，还可选择性地加入如发泡剂、发光剂、导电剂和导磁剂等添加剂。

1.1.2 塑料的分类

塑料种类繁多，有 300 种以上，常用塑料也有好几十种。塑料可按化学结构、受热行为、结晶状态和应用领域等多种方法进行分类。下面介绍两种通用的分类方法。

（1）按塑料中聚合物的分子结构及其所表现的受热行为分

1）热塑性塑料：即塑料中聚合物的分子结构为线型或支链型（树枝状）的长链结构，在加热时能软化熔融，成为可流动的黏稠液体（即熔体），并可通过模塑成为所需形状的塑料制品。这种塑料如遇再次加热，可重新软化熔融，并可再次成型，且加热成型期间只发生物理变化，不产生化学交联反应。

根据塑料在加热后的冷却过程中是否发生结晶，又可以分为结晶型塑料和非结晶型(无定型)塑料。结晶型塑料是指作为塑料基体的聚合物，在适当条件下，其分子形状和排列呈晶体结构，如聚乙烯、聚丙烯、聚甲醛、聚酰胺等；非结晶型塑料是指作为基体的聚合物，分子形状和排列呈无序状态，如聚氯乙烯、聚苯乙烯、ABS 等。工业生产中的浇注系统凝料或废旧的热塑性塑料制品可以回收再利用。

2)热固性塑料：指塑料在受热之初分子呈线型结构，在加热过程中线型分子发生交联反应逐渐结合成网状结构，当温度达到一定值后，交联反应进一步发展，最终成为体型结构，即热固性塑料。它质地坚硬，耐热性好，尺寸较为稳定，即使再次加热，再不能软化也不能熔融，更不具有可塑性。因此，生产中的边角料及废品不可再次回收利用。常见的热固性塑料有酚醛塑料、环氧塑料、氨基塑料、有机硅塑料、不饱和聚酯、硅酮塑料等。

热固性塑料和热塑性塑料的主要相同点和不同点见表 1－1。

表 1－1　热塑性塑料和热固性塑料的异同点

分类	成型前,塑料中聚合物的分子结构	使制品固化定型的模具温度条件	成型后,塑料中聚合物的分子结构	成型过程中聚合物所发生的变化	制品的熔化、溶解性能	塑料的使用性	常用的成型方法
热塑性塑料	线型或支链型	冷却	与成型前基本相同	物理变化(可能有少量分解或交链)	可熔化可溶解	可反复多次使用(废料可回收)	注射、挤塑、吹塑等
热固性塑料	线型	加热(提供交链反应温度)	转变为体型分子	既有物理变化,又有化学变化。有低分子析出	既不可熔化,也不可溶解	一次性使用(成型过程不可逆)	压缩或压注。有的品种可采用注射

(2)按塑料应用领域分类

塑料按应用领域可分为通用塑料、工程塑料和特殊功能塑料。

1)通用塑料　原料来源丰富、产量大、用途广、价格便宜且加工容易，但一般只能作为非结构材料使用。世界公认的有六大品种：聚乙烯、聚丙烯、聚氯乙烯、聚苯乙烯、酚醛塑料和氨基塑料。其总产量占世界塑料总量的 80% 左右。

2)工程塑料　是指能用作结构材料的热塑性塑料。它具有优良的综合性能，刚度大，蠕变小，机械强度高，耐热性好，电绝缘性好，可在较苛刻的化学、物理环境中长期使用，可替代金属作为工程结构材料使用，但价格较贵，产量较小。常见的有 ABS、聚酰胺(简称 PA. 俗称尼龙)、聚碳酸酯(PC)、聚甲醛(POM)、有机玻璃(PMMA)、聚酯树脂(如 PET、PBT)等，前四种发展最快，是国际上公认的四大工程塑料。

工程塑料又可分为通用工程塑料和特种工程塑料，前者主要品种有聚酰胺、聚碳酸酯、聚甲醛、改性聚苯醚和热塑性聚酯等五大通用工程塑料；后者是指耐热温度达 150℃ 的工程塑料，主要品种有聚酰亚胺(PI)、聚苯硫醚(PPS)、聚砜类(如 PES)、芳香族聚酰胺、聚苯酯(Ekonol)、聚芳醚酮(如 PEEK)、液晶聚合物(LCP)和氟树脂(如 PTFE)等。

3）特殊功能塑料　是指具有特殊性能的塑料，如用于医药、光敏及液晶方面的氟塑料、聚酰亚胺塑料、有机硅树脂、环氧树脂、导电塑料、导磁塑料、导热塑料，以及其他某些为专门用途而改性得到的塑料，如用于制作汽车仪表盘的改性 PP 专用料。

1.2　塑料的工艺特性

塑料的工艺特性是指塑料在加工成型过程中所表现的特有性质。了解它对于认识塑料在热与力的作用下物理状态的变化和流动规律，合理进行模具结构设计和成型工艺制订具有重要意义。

1.2.1　聚合物的热力学性质

（1）聚合物的结构、物理状态及其所受温度的影响

1）聚合物的长链结构

聚合物是低分子化合物经过聚合反应形成的，它是由成千上万个原子以链状结构存在，其相对分子质量可达几万、几十万甚至上百万。按其链状结构不同可分为如下三类（图1－1）：

①线型高分子　高分子链像一根长长的链条，且主链上基本没有分支，称为线型高分子。由线型高分子构成的聚合物叫线型聚合物，它可以被反复地加热或冷却。

②支链型高分子　高分子除一条线型主链外，还带有一些支链，称为支链型高分子。由支链型高分子构成的聚合物叫支链型聚合物，它一般也可以被反复地加热或冷却，可以进行循环利用。

热塑性塑料属于线型或支链型高分子结构。

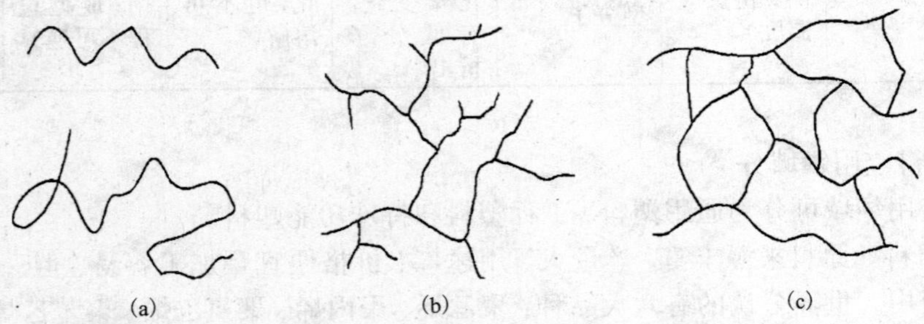

图1－1　三种类型的聚合物长链结构

（a）线型高分子；（b）支链型高分子；（c）体型高分子

③体型高分子（或称网状高分子）　多个高分子之间发生交联反应，它们彼此相互连接形成网状的高分子结构，称为体型高分子或网状高分子。由体型高分子构成的聚合物叫体型聚合物。这种聚合物只能在交联时进行一次加热，交联后便永远固化，即使再加热到高温下也不会发生软化。热固性塑料即属于这种类型。

2）聚合物的聚集态结构

聚合物的聚集态结构是指聚合物分子链之间的排列和堆砌结构，也称为超分子结构。它具有三种类型的结构：即晶态、部分晶态和非晶态（或称无定型态）。

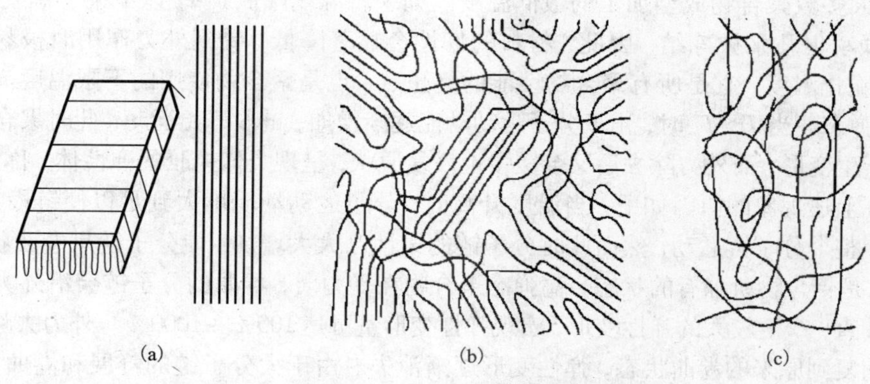

图1－2　聚合物三种聚集态结构示意图

(a)晶态；(b)部分晶态；(c)非晶态

晶态聚合物分子链排列规则而紧密，分子间吸引力大，分子链运动困难，故其熔点、相对密度、强度、刚度、耐热性等性能好，其聚集态结构示意图见图1－2(a)；非晶态聚合物分子链呈无规则排列，分子链的活动能力大，故其弹性、伸长率和韧性等性能好；其聚集态结构示意图见图1－2(c)；部分晶态聚合物性能介于上述两者之间，且随着结晶度增加，熔点、相对密度、强度、刚度、耐热性均提高，而弹性、伸长率和韧性等均降低，其聚集态结构示意图见图1－2(b)。事实上，获得完全晶态聚合物很困难，大多数聚合物是部分晶态或者完全非晶态。聚合物结晶程度的大小一般采用结晶度(即聚合物中结晶区域所占的百分数)来表示。通常，聚合物的结晶度变化范围为30%～90%，偶尔可达98%。

3)温度对聚合物物理状态的影响

由于聚合物相对分子质大且具有长链结构，其聚集态在不同的热力学条件下呈现出独特的三态，即非晶态线型聚合物分别呈玻璃态、高弹态和黏流态，而晶态线型高聚物分别呈结晶态、高弹态和黏流态(具体与结晶程度有关)。下面分别加以讨论。

①线型非晶态聚合物

线型非晶态聚合物在受热过程中呈现几个重要的温度点，分别是脆化温度T_x、玻璃化温度T_g、黏流温度T_f(对于线型结晶态聚合物称为熔点T_m)以及分解温度T_d。

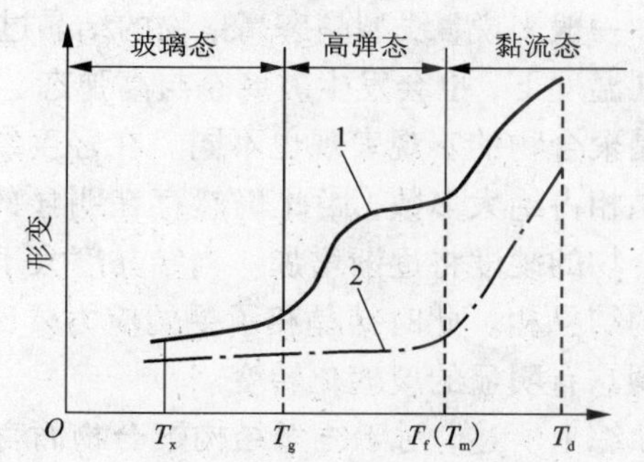

图1－3　聚合物的物理状态与温度的关系

1—线型非晶态聚合物；2—线型晶态聚合物

A. 玻璃态　如图1－3所示，当$T<T_g$时，聚合物所有的分子链和链段运动都被“冻结”，分子所具有的能量小于链段转动所需能量，且分子内聚力大，弹性模量高，表现为类似玻璃的非结晶相固体，即称为玻璃态。处于此状态的聚合物，在外力作用下，只能通过高分子主链键长和键角的微小改变来发生变形，故变形量很小，断后伸长率一般在0.01%～0.1%范围内。同时在极限应力范围内形变具有可逆性，即外力除去后立即恢复原状。上述力学特点决定了聚合物此时不能进行大变形量的成型，只适于进行机械加工，如车削、锉削、钻孔、车螺纹等，

所以 T_g 是大多数聚合物成型加工的最低温度。如果将温度降低到 T_g 以下某一温度 T_x 时，即使是分子振动也几乎被冻结，因此，材料的韧性会显著降低，受到外力作用时极易脆断，故将 T_x 称为脆化温度，它是所有聚合物性能的终止点，也是聚合物使用的下限温度。

B. 高弹态　当 $T > T_g$ 时，由于分子运动动能逐渐增加，链段开始运动，此时聚合物在外力作用下会产生变形，而外力除去后又会缓慢地恢复原状，呈现类似橡胶的弹性体，称为高弹态。聚合物出现上述现象的原因如下：当温度升高时，分子运动动能增大到足以使链段产生运动，但还不能使整个分子链运动，然而此时分子链的柔性已大大增加，使分子链呈卷曲状态，称为高弹态，它是聚合物所独有的状态。高弹态聚合物在受力时，卷曲的分子链会沿外力作用方向逐渐舒展伸直，产生较大的弹性变形，宏观弹性变形量可达100% ~1000%。外力去除后分子链又逐渐地回复到原来的卷曲状态，弹性变形逐渐消失。由于大分子链的舒展和卷曲需要时间，因此，这种高弹变形的产生和回复不能瞬时完成的，而是随时间逐渐变化。

在高弹态下，非晶态高聚物可进行压力（压延、冲压、弯曲等）成型、真空成型、中空成型等。值得注意的是，进行上述成型加工时，为得到所需形状和尺寸的塑件，必须在成型后快速地冷却到 T_g 温度以下。

C. 黏流态　当聚合物受热温度超过一定值时，分子运动动能增加到使整个高分子链都可移动的程度，成为能流动的黏稠状液体，称为黏流态，也叫熔体。此时的温度称为黏流温度 T_f。

在黏流态下，聚合物可进行挤出、吹膜、注射、贴合及熔融纺丝等成型加工。当温度继续升高时，聚合物的黏度将大大降低，流动性大大增加，容易引起诸如注射成型中的溢料、挤出塑件的形状扭曲、收缩和纺丝过程中纤维的毛细断裂等现象。当温度达到分解温度 T_d 附近时，聚合物开始变色分解，从而降低制品的物理和力学性能，造成制品外观不良。

②线型晶态聚合物

线型晶态聚合物和线型非晶态聚合物的温度 - 形变曲线有两处不同：一是 T_f 对应的温度叫熔点 T_m，是线型晶态聚合物熔融与凝固之间的临界温度，二是完全结晶的聚合物在 T_g 与 T_m 之间基本不呈现高弹态，这对于扩大聚合物的使用温度范围非常重要。

一般来说，线型晶态高聚物的结晶过程不可能完全彻底，总有非结晶的部分存在，它在不同温度下，也会发生玻璃态与高弹态、高弹态与黏流态之间的转变。然而，结晶度不同的结晶聚合物的宏观表现也不同。在轻度结晶的聚合物中，微晶体只起着类似交联点的作用，非晶相占绝大多数，因此仍然存在明显的玻璃化转变；随着结晶度的增加，非晶区域减少，聚合物的硬度将逐渐增加。当结晶度大于40%后，微晶体彼此衔接，贯穿整个材料，形成连续的结晶相。此时结晶相承受的应力要比非结晶相大得多，使材料变得坚硬，宏观上将觉察不到它有明显的玻璃化转变。

综上所述，对于线型结构聚合物而言，玻璃态是材料的使用状态，T_g 是衡量材料使用范围的重要标志之一。T_g 越高其对环境温度的适应性越强。$T_f(T_m)$ 和 T_d 可用来衡量聚合物的成型性能。$T_f(T_m)$ 低时，有利于熔融，生产时热能消耗小；$T_f(T_m) \sim T_d$ 温度区间大时，聚合物熔体的热稳定性好，不易发生分解，能在较宽的温度范围内变形和流动，聚合物成型加工就越容易进行。

(2) 聚合物的流变特性

流动和变形是塑料成型加工过程最基本的工艺特征。研究物质形变与流动的科学称为流变学(Rheology)。聚合物流变学主要研究聚合物在应力作用下产生的弹性、塑性和粘性形变行为，以及这些行为与聚合物结构与性质、温度、力的大小与作用方式、作用时间和聚合物体系组成等各种因素之间的相互关系，这对于塑料的选择、最佳成型工艺条件的确定、成型模具的设计和成型设备的选择，以及塑件质量的提高都有着极为重要的指导意义。

1）聚合物成型过程中的应力与应变

聚合物在成型加工过程中的形变和流动是成型设备对其施加外力的结果。聚合物受力后内部产生与外力相平衡的内力，这种单位面积上的内力称为应力。随受力方式的不同应力通常有三种类型：剪切应力 τ、拉伸应力 σ 和压缩应力 P。材料受力后产生的形状和尺寸改变(即几何形状的改变)称为应变。与三种应力相对应的应变分别为反映形状变化的切应变 γ 和反映尺寸变化的拉应变及压应变 ε。

现实中，在聚合物成型加工过程中也存在三种与之相适应的流动方式，即加工时受到剪切力作用产生的流动称为剪切流动。如：聚合物在挤出机、口模、注射机、喷嘴、流道等中的流动；加工过程中受到拉应力作用引起的流动称为拉伸流动。如：拉幅生产薄膜、吹塑薄膜等；第三种流体静压力(压缩应力)，它对流体流动性质的影响相对来说不及前两者显著，但它对黏度有影响。在实际加工过程中，聚合物受力非常复杂，往往是三种简单应力的组合。应变实际上也是多种应变的叠加。

2）聚合物流体的粘弹性

聚合物在加工过程中通常是从固体到液体(熔融和流动)，再从液体到固体(冷却和硬化)，因此，加工过程中聚合物在不同的条件下会分别表现出固体和液体的性质，即表现出弹性和粘性。但由于聚合物大分子的长链结构和大分子运动具有逐步性质，因此，聚合物的形变和流动不可能是纯弹性和纯粘性，而是弹性和粘性的综合，这就是聚合物流体的粘弹性。

3）聚合物粘弹性形变的松弛与滞后效应

聚合物在加工过程中的形变都是在外力和温度的共同作用下，大分子发生形变和进行重排的结果。由于聚合物大分子的长链结构和大分子运动具有逐步性质，使得聚合物在外力作用时与外力相适应的任何变形都不可能在瞬时完成，即从开始变形经历一系列的中间阶段过渡到变形与外力相适应的平衡状态必须要经过一定的时间过程。这种变形与应力之间的平衡过程称为松弛过程。由于松弛过程的存在，聚合物的形变必然落后于应力的变化，这种聚合物对外力响应的滞后现象称为“滞后效应”或“弹性效应”。

在实际生产中，为了提高生产效率，塑料在注射保压后一般以较快的速度冷却固化，分子链没有足够的时间完成紧密排列，导致变形量与外力(即注射压力和保压压力)的作用不相适应，因此，脱模后塑件内部仍然存在较大的残余应力。在后来的使用过程中，残余应力将通过聚合物分子链的变形与重排而逐步释放，导致制件变形或体积收缩，从而降低制品的稳定性。严重的变形或收缩不均还会在制品中形成内应力，甚至引起制品开裂。因此，常常需要对脱模后的塑件进行后处理，如退火处理。

(3)聚合物的流动规律

在成型加工过程中，聚合物的流变性质主要表现为黏度的变化，根据流动过程聚合物黏度与应力或应变速率的关系可以将聚合物的流变行为分为两大类：①牛顿流体，其流动行为称为牛顿型流动；②非牛顿流体，其流动行为称为非牛顿型流动。在介绍聚合物的两种流动行为前，先介绍低分子液体在圆管中的两种基本流动形式。

1）层流与湍流

流体在平直圆管内受切应力而发生的流动形式有层流和湍流两种。层流被看成一层层彼此相邻且平行的薄层流体沿外力作用方向进行的相对滑移，而且各层之间无相互影响。湍流则是流体各点的速度大小与方向都随时间变化而变化，且流体出现扰动。层流与湍流的区分以雷诺数（Re）为准，有

$$Re = Dv\rho/\eta \tag{1-1}$$

式中：D——管道直径；

v——流体的平均速度；

ρ——流体的密度；

η——流体剪切黏度。

通常，$Re<2100$ 时为层流，$Re>4000$ 时为湍流。在塑料成型加工过程中，其熔体流动时的 $Re \ll 1$，其分散体也不会大于2100，因此，塑料在成型过程中的流动基本上属于层流。

2）牛顿型流体与非牛顿型流体

①牛顿型流体

牛顿流动定律是描述流体层流的最简单规律，是牛顿于1687年提出来的，可表述为：在一定温度下，当切应力作用于两个相距为 dr 的液体平行层面并以相对速度 dv 移动时（图1－4），其切应力 τ 与剪切速率 dv/dr（也称速度梯度）之间呈下列直线关系：

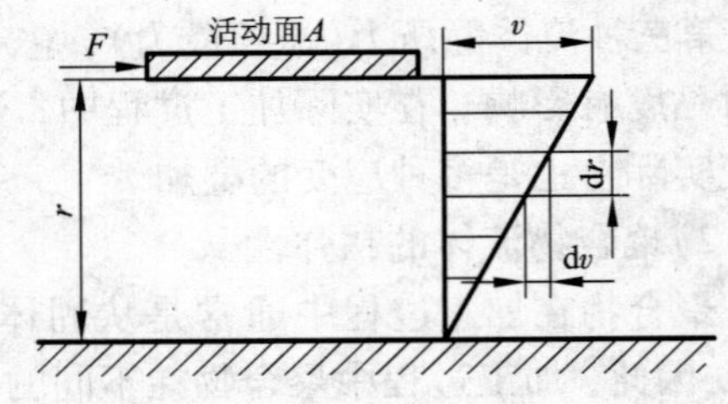

图1－4　切应力（F/A）与剪切速率的关系

$$\tau = \eta(\mathrm{d}v/\mathrm{d}r) = \eta\dot{\gamma} \tag{1-2}$$

式中：η——比例常数，通称为牛顿黏度，Pa·s 或 N·s/m^2；

τ——切应力，Pa；

$\dot{\gamma}$——剪切速率，s^{-1}。

凡是切应力与剪切速率符合式（1－2）的流体都称为牛顿型流体。

②非牛顿型流体

凡液体流动时不服从式（1－2）的均称为非牛顿型流体。大多数聚合物熔体都是非牛顿型流体，而且，其中的大多数又都服从 Ostwald-De Waele 提出的指数定律方程，即有

$$\tau = K\left(\frac{\mathrm{d}v}{\mathrm{d}r}\right)^n = K\dot{\gamma}^n \tag{1-3}$$

式中：K——稠度系数，它是与聚合物种类、温度相关的常数，可反映聚合物熔体的黏稠性，液体越黏稠 K 值越高；

n——流动行为特征指数（简称流动指数），可表征聚合物熔体偏离牛顿型流体性质的程度，当 $n=1$ 时，式（1－3）与式（1－2）完全相同，说明该液体具有牛顿流体的流动行为。

当 n 大于或小于1时，说明该种液体不是牛顿液体。n 偏离1越远，即 $|n-1|$ 越大，说明液体的非牛顿性越强，剪切速率对黏度的影响越大。令

$$\eta_a = \frac{\tau}{\dot{\gamma}} = K\dot{\gamma}^{n-1} \tag{1-4}$$

则式(1－3)可以改写为与牛顿流动流变方程式(1－2)相类似的形式，即

$$\tau = \eta_a \dot{\gamma} \tag{1-5}$$

式中：η_a——非牛顿型流体聚合物熔体的表观黏度(或称非牛顿黏度)。

当 $n=1$ 时，有 $\eta_a = K = \eta$，此时该非牛顿型流体转变为牛顿型流体。

3)聚合物熔体黏度及其影响因素

黏度是描述塑料熔体流变行为最重要的量度指标。大多数聚合物熔体都可看做假塑性流体，从前述内容可知，假塑性流体的表观黏度 η_a 与流体的稠度系数 K、非牛顿指数 n 以及剪切速率 r 有关，此外还与聚合物结构、温度以及压力有关。

①分子结构和相对分子质量对黏度的影响

A. 分子结构　聚合物的分子结构对黏度的影响较复杂，分子链柔顺性较大的聚合物，链间的缠结点越多，链的解缠、伸长和滑移就越困难，熔体流动时的非牛顿性就越强；而对于链的刚性高且分子间吸引力较大的聚合物，熔体的黏度对温度的敏感性增加，非牛顿性减弱。因此，提高成型温度有利于改善其流动性能(如PC，PS，PA等)。

B. 相对分子质量　聚合物相对分子质量越大，分子链越长，大分子链移动越慢，链段间相对位移被抵消的机会增多，链的柔顺性增大，缠结点增多，分子链解缠、伸长和滑移越困难，需要较大的剪切速率和较长的剪切时间，因此，熔体的非牛顿性增大。

通常塑料熔体在注射成型时都要求有较好的流动性，对于因相对分子质量较大而造成流动性不好的聚合物通常要添加一些低分子物质(如增塑剂)，以减小相对分子质量，降低熔体黏度，改善塑料熔体的流动性。

C. 相对分子质量分布　聚合物内大分子链之间相对分子质量的差异叫相对分子质量分布。差异越大分布越宽，反之，分布越窄。如果聚合物平均相对分子质量相同，当相对分子质量分布较宽时，聚合物熔体的黏度较小，非牛顿性较强。尽管这种低黏度聚合物易于注射成型，但其制品的性能较差。因此，要获得性能较好的塑料制品，就必须选用相对分子质量分布较窄的聚合物，并通过其他途径调整黏度以改善其流动性。

②温度对黏度的影响　温度是通过影响聚合物分子链的热运动而影响其流体黏度的。对于处于黏流温度以上的聚合物，多数研究结果表明：热塑性聚合物熔体的黏度随温度升高而呈指数函数的方式降低。

$$\eta = \eta_0 e^{a(T_0 - T)} \tag{1-6}$$

式中：η——流体在 T ℃ 时的剪切黏度；

η_0——某一基准温度 T_0℃ 时的黏度；

a——常数。

不同熔体的黏度对温度的敏感程度并不相同，聚合物流体的表观黏度对温度的敏感性与聚合物分子链刚性、分子间作用力、相对分子量及其分布有关。由图1－5可知，聚合物聚甲基丙烯酸甲酯(PMMA)、聚碳酸酯(PC)及聚酰胺66(PA66)，在成型过程中表现出对温度极为敏感，而聚合物聚乙烯(PE)、聚丙烯(PP)、聚甲醛(POM)表现出对温度的敏感性要小一些。

在成型操作中，只要不超过分解温度，提高加工温度对表观黏度的温度敏感性大的聚合物来说，都会增大其流动性。

③压力对黏度的影响　聚合物由于具有长链结构和分子内旋转，产生空洞较多，即所谓的“自由体积”。因此在加工温度下的压缩性比普通流体大得多。压力增大，聚合物体积收缩，自

由体积减小，分子间距离缩短，链段活动范围减小，分子间作用力增大，熔体黏度增大。

然而，单纯通过增大压力来提高聚合物的流动性是不恰当的。压力过大，会造成功率消耗过大和设备的磨损加大，甚至使塑料熔体变得像固体而不能流动，不易成型。

④助剂对黏度的影响　为了保证制品的使用性能和加工需要，多数聚合物都要添加一些助剂才能使用。这些助剂包括各种填料、增塑剂、润滑剂、着色剂、稳定剂和改性剂等。助剂种类不同对高聚物熔体的黏度影响也不同。如增塑剂和润滑剂能明显地降低熔体的黏度；大多数填充剂增加熔体的黏度，而一些很细的填充剂如亚硫酸钙和二氧化硅等则会降低熔体的黏度。

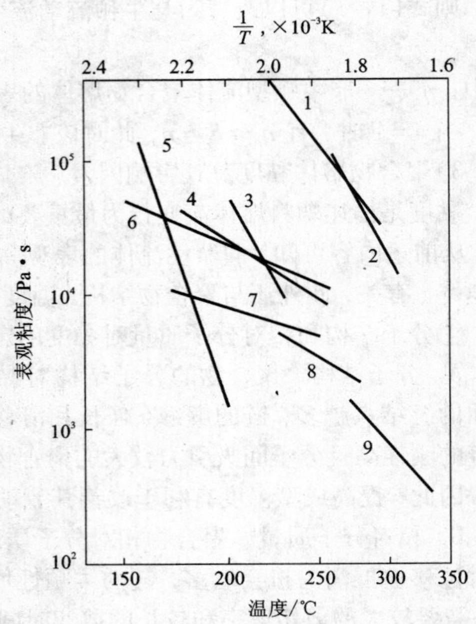

图 1-5　几种常用聚合物温度对表观黏度的影响

以假塑性流体为例，当以上各种因素增加时，熔体黏度的变化趋势可以用图 1-6 进行粗略地表示，其中向上的箭头表示使熔体黏度增大，向下的箭头表示使熔体黏度减小。

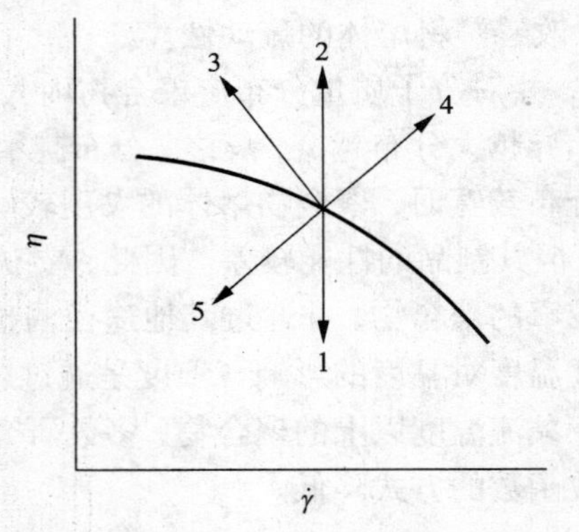

图 1-6　各种因素对聚合物熔体黏度的影响

1—温度；2—压力；3—相对分子质量；
4—填充剂；5—增塑剂或溶剂

4) 聚合物熔体的充型

充型是指聚合物熔体在注射压力的作用下，通过流道和浇口后在低温模具型腔内流动和成型的过程。影响聚合物熔体充型流动的因素很多，如模具结构参数、注射工艺参数等。充型流动是否连续和平稳，直接影响到塑件的表面质量、形状尺寸和力学性能。

①浇口和型腔对熔体充型的影响

浇口的横截面高度与型腔的深度之比值大小对充型的初始状态有着重要影响。下面分三种情况进行讨论：

A. 浇口的横截面高度和型腔的深度相差很大　当塑料熔体从一个小的浇口进入一个较深的型腔时，容易产生喷射现象。受离模膨胀的影响，高速充型的熔体很不稳定，熔体表面粗糙且容易破裂，即使不发生破裂，先喷射的熔体也会因为速度的减慢而阻碍后面的熔体的流动，在型腔内形成蛇形，如图 1-7(a)所示，从而在塑件成型后产生波纹状痕迹或表面瑕疵。

B. 浇口的横截面高度和型腔的深度相差不大　当塑件的壁厚不太厚，且浇口的横截面高度与之相差不大时，熔体将以中速充型，熔体通过浇口后一般不会发生喷射流动，适当地降低注射速度，提高熔体的注射温度和模温，熔体进入型腔后则会以一种比较平稳的扩展性运动方式进行流动，如图 1-7(b)所示。

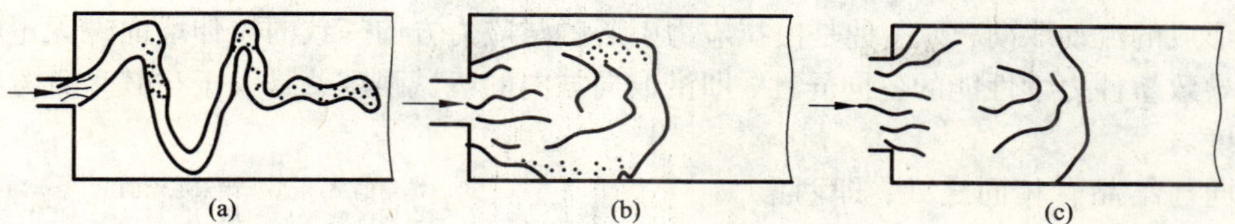

图1－7　熔体充型时的不同表现

(a)高速；(b)中速 (c)低速

C. 浇口的横截面高度和型腔的深度接近　当塑件的壁厚很小，且浇口的横截面高度与之接近时，熔体一般不会发生喷射流动的现象，所以在浇口条件适当时，熔体能以低速平稳的扩展流动充型，如图1－7(c)所示。

②扩张流动充型与熔接痕

聚合物熔体以层流的方式在型腔内进行扩张流动。根据料流前沿运动的不同特点，可将充型运动过程相应地分为三个典型的阶段，即

A. 前锋料流呈辐射状流动的起始阶段；

B. 前锋料流呈圆弧状的过渡阶段；

C. 以黏流性熔膜为前锋料头的匀整运动主阶段。

热塑性塑料熔体充型的整个过程，可以看做是低温熔膜阻滞作用下，熔体进行滞流移动的过程。

当熔体在型腔中流动的过程中遇到型芯和嵌件等障碍物时，则熔膜将被分成两股，最终在两股料流的汇合处产生熔接痕。一般情况下，熔体的温度越低，塑件在熔接痕处的强度越差。此外，当同一个型腔采用多个浇口进料时，或塑件的壁厚发生变化以及熔体的喷射和蛇形流动引起的波状折叠也都会引起熔接痕。

(4)聚合物的结晶与取向

1)聚合物的结晶

在成型过程中，聚合物受热转变成黏流态，成型后又从黏流态转变成玻璃态，在此过程中，根据聚合物从高温熔体向低温玻璃态转变的过程中是否出现聚合物分子链的规则排列，可将其分为结晶型与非结晶型(或称无定型)。一般分子结构简单、对称性高或分子链节虽大，但分子间作用力也很大的聚合物，从高温向低温转变时均可结晶，如聚乙烯、聚四氟乙烯、聚甲醛等；对于分子刚性大或带有庞大侧基的聚合物一般很难结晶，如聚苯乙烯、聚砜等。

结晶型聚合物和非结晶型聚合物的物理和力学性能相差很大。通常结晶型聚合物具有耐热性好、不透明性和较高的力学性能，而非结晶型聚合物则相反。另外，聚合物的结晶态与低分子物质结晶态也有很大的差别，主要表现为前者晶体不整齐，结晶不完全，结晶速度慢以及没有明显的熔点等。

通常结晶度大的塑件密度大，强度、硬度高，刚度、耐磨性好，耐化学性和电性能好；结晶度小的塑件，柔软性、透明性较好，伸长率和冲击强度较大。

2)聚合物的取向

①聚合物取向及其分布

聚合物分子及其链段或某些纤维状填料在应力作用下形成的有序排列，即称为取向(或

定向)。根据应力性质不同，聚合物的取向可分为两种：一种是在切应力作用下沿着熔体流动方向形成的流动取向；另一种是由拉应力引起的与应力方向一致的拉伸取向。无论哪种取向都会导致塑件力学性能的各向异性，即沿取向方向的机械强度总是大于与其垂直方向上的机械强度。

取向与结晶有相同之处，即两者都与大分子的有序性有关，但又有不同之处，两者的有序程度不同，取向是一维或二维有序，而结晶则是三维有序。

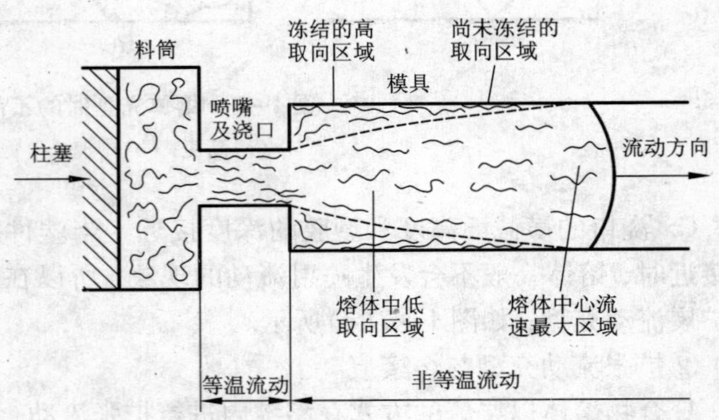

图 1－8　聚合物在管道中和模具中的流动取向

熔体在模具流动过程中，取向结构有一定的分布规律，见图 1－8 所示。

A. 等温流动区域：由于管道截面小，管壁处速度梯度最大，紧靠管壁附近的熔体中取向程度最高；

B. 在非等温流动区域：熔体前沿区域分子取向程度低。

C. 模壁接触区(冻结层)：取向结构少或无取向。

D. 次表面层(距模具表面 0.2 ~0.8 mm)：取向程度高(黏度高，流动时速度梯度大)；

E. 模腔中心：流动中速度梯度小，取向程度低，同时由于温度较高，冷却速度较慢，分子的解取向有时间发展，故最终的取向度较低。

F. 取向最大是在浇口附近而不在浇口处。

②取向对制品性能的影响

非结晶聚合物取向后，沿应力作用方向取向的分子链大大提高了取向方向的力学强度；但垂直于取向方向的力学强度则因承受应力的是分子间的次价键而显著降低；结晶聚合物随取向度提高，材料的密度和强度都相应提高，而伸长率则逐渐降低。取向对某些塑料来说是必需的，如生产薄膜、拉丝与铰链，会使塑件沿拉伸方向的抗拉强度、光泽度与抗弯强度均有所增加。但对某些壁厚较大的塑件，要力图消除这种各向异性，否则，塑件会产生翘曲和变形等缺陷。

(5)残余应力

残余应力是由塑料在型腔内流动和冷却的过程中产生的。在注射和保压阶段，塑料受到不均衡的剪切和正应力作用，产生了隐藏在塑件内部的残余应力，称为残余流动应力，而由于模具型腔内快速的不均匀冷却固化所产生的热应力，称为温度残余应力。

残余应力的大小与制件壁厚和位置有关。制件壁越厚，熔体流动阻力越小，而成型后壁厚不同的部位冷却速度差异越大，所以造成残余流动应力越小，而残余热应力越大；此外，浇口区域也有较大的残余应力。

残余应力的存在会影响塑件的形状和尺寸，有时还会因为残余应力过大而造成塑件的开裂，因此，必须采取平衡冷却和塑件后处理等措施来减小残余应力。

(6)聚合物的交联

聚合物由线型结构转变为体型结构的化学反应过程称为交联。经交联后，塑件的强度、耐热性、化学稳定性和尺寸稳定性均有所提高。交联反应多用于热固性聚合物的成型固化中，而对于热塑性聚合物一般不使其产生交联反应，否则会对热塑性聚合物的加工成型及制品性能带来不利的影响。

从化学意义上讲，交联是聚合物高分子链上的反应基团（如羟甲基等）或反应活点（不饱和键）与交联剂作用的结果。生产中，“交联”一词常被“硬化”和“熟化”这两个词替代。所谓“硬化得好”、“熟化得好”，并不意味着交联反应的完全，而只是指交联反应发展到了一种最为适宜的程度，此时，塑件能获得最佳的物理和力学性能。通常情况下，聚合物很难完全交联，但硬化程度则可以完全达到甚至超过 100%。因此，生产中常常将固化程度超过 100% 的情况称为过熟；反之，称为欠熟。值得注意的是，对于不同的热固性聚合物，即使采用了同一类型和同一品级的聚合物，如果添加的助剂不同，完全硬化时的交联反应程度也有一定差异。

一般来讲，不同的热固性聚合物，它们的硬化方式（即交联反应过程）也不同，但硬化速度都随温度升高而加快，最终完成的硬化程度与硬化过程持续的时间长短有关。硬化时间短时，塑件容易欠熟（硬化不足），内部会有较多的可溶性低分子物质，而且分子之间的结合弱，从而导致塑件的强度、耐热性、化学稳定性和绝缘性指标下降，热膨胀、后收缩、残余应力、蠕变量等数值增大，塑件表面缺少光泽，形状发生翘曲，甚至会产生裂纹。一旦塑件出现裂纹，还会使得以上各项性能进一步恶化，也会使其吸水量显著增加；硬化时间过长时，塑件容易过熟。过熟的塑件强度下降、变脆、变色、表面出现密集的小泡等，甚至还会碳化或降解。

硬化程度的检查方法很多，常用的有：脱模后硬度的检测法、沸水试验法、萃取法、密度法、导电性检测法等。如果条件许可，也可以用超声波法和红外线辐射法，其中以超声波法最为理想。

（7）聚合物的降解

塑料的成型加工通常是在高温、高压下进行的。聚合物分子在热、应力、氧、水、酸、碱、光、超声波和核辐射等作用下，往往会发生相对分子量降低、大分子结构发生改变等化学反应，从而使其性能劣化，这种现象称为聚合物降解（也称裂解）。一般情况下，轻度降解会使聚合物变色；进一步降解会使聚合物分解出低分子物质、相对分子量降低，使制品出现气泡和流纹等弊病，降低制品各项物理力学性能；严重降解会使聚合物焦化变黑并产生大量的分解物质，出现“涌喷”现象。因此，所有的塑料制品，即使是只含有一小部分焦化材料，也应该及时去除，否则，不仅会影响塑件外观，更重要的是会严重削弱该处材料的理化性能。

1）降解的种类

①热降解　聚合物在成型过程中在高温下受热时间过长而引起的降解反应称为热降解。在一般情况下，热降解的温度稍高于热分解温度。从广义上讲，聚合物因加热温度过高而引起的热分解现象也属于热降解的范畴。因此，在塑料成型过程中要注意严格控制成型的温度和加热时间，以确保塑件的质量。

②氧化降解　聚合物在使用过程中经常要与空气中的氧接触，某些化学链较弱的部分经常产生某些不稳定的过氧化结构，这种结构很容易分解产生游离基，从而导致聚合物发生降解，这种因为氧化而发生的降解称为氧化降解。高温对氧化降解具有催化作用，温度越高氧化降解越快。在实际生产中将这种高温下的快速氧化降解称为热氧化降解。

③水降解　当聚合物的分子结构中含有容易被水解的碳－杂链基团（如酰胺基、醚基等）

或容易被水解的聚合物氧化基团时，在一定温度和压力下，这些基团很容易被聚合物中的水分解，这种现象称为水降解。为了避免水降解现象的发生，成型前应该对聚合物进行充分干燥，尤其对于聚酰胺、聚酯和聚醚等这类吸湿性较大的原材料。

④应力降解　在成型过程中，聚合物高分子链在一定的应力作用下发生断裂而引起的降解称为应力降解。值得注意的是，发生应力降解时，常常伴随着热量的释放，如果不将这些热量及时扩散出去，则可能同时发生热降解。

2)降解的防止方法

通常情况下降解是有害的，它不仅使塑料的性能变差，有时甚至使成型过程难以控制。因此，生产中必须采取一定措施来防止降解。

①严格控制原材料的技术指标、杂质，避免因原材料不纯对降解发生催化作用。

②物料在成型前进行充分的预热和干燥，严格控制其水分含量。例如，对于吸湿性较大的聚酰胺、聚酯和聚醚等原材料，要将其含水量控制在0.2%以下。

③制订合理的成型工艺参数，保证聚合物在不易降解的条件下成型。

④成型设备状态良好，模具设计合理，以保证良好的温度控制和合理的冷却速率。

⑤对热、氧稳定性较差的聚合物，在配方中加入稳定剂和抗氧化剂以提高其抗降解能力。

1.2.2　塑料的成型工艺性

塑料的成型工艺性即指其在成型加工过程中所表现出来的特性，它表现为很多方面，主要包括收缩性、流动性、结晶性、热敏性、水敏性、吸湿性、水分和挥发物含量、应力敏感性、相容性等。下面就主要指标加以介绍。

(1)收缩性

塑件从具有较高温度的模具中取出冷却到室温后，其尺寸或体积会发生收缩，这种性质称为收缩性。塑件收缩具有一定的方向性，这主要由两方面原因造成：一是由于加工过程中大分子链的取向作用使塑件呈各向异性，表现为沿流动取向方向的收缩大，而与之相垂直的方向收缩小；另一方面，是由于塑料各部位密度和填料分布不均匀而导致的收缩不均匀。收缩的方向性，容易使塑件产生翘曲、变形和裂纹，因此，必要时应考虑根据塑件形状和料流的方向选取收缩率。

1)塑件收缩的种类

①线性尺寸收缩　即由于塑件的热胀冷缩、脱模时的弹性回复、变形等原因导致其脱模冷却到室温后尺寸缩小。因此，在进行模具设计时必须考虑相应的尺寸补偿。

②后收缩　即指塑件脱模后因塑件内部存在的残余应力作用而导致塑件的再次收缩。它会对制品的尺寸精度产生不利影响，因此，精密加工制件必须解决后收缩问题。

后收缩主要发生在塑件脱模后10小时内，24小时后基本稳定，但是最终稳定一般需要30～60天。由于分子结构的差异，一般热塑性塑料制品的后收缩大于热固性塑料制品的后收缩。

③热处理收缩　在某些情况下，塑件按其性能和工艺要求，成型后要进行热处理(如退火)，这种因热处理后而导致塑件尺寸的变化，称为热处理收缩。对于精度要求较高的塑料，应该考虑到后收缩和热处理收缩，并予以相应的尺寸补偿。

2）收缩率的计算

收缩性的大小以单位长度塑件收缩量的百分数来表示，称为收缩率。由于成型模具与塑料的线膨胀系数不同，收缩率分为实际收缩率和计算收缩率两种，其计算公式如下

$$S_a = \frac{a-b}{b} \times 100\% \qquad S_j = \frac{c-b}{b} \times 100\% \tag{1-7}$$

式中：S_a——实际收缩率，%；

S_j——计算收缩率，%；

a——模具或塑件在成型温度时的尺寸，mm；

b——塑件在室温时的尺寸，mm；

c——模具在室温时的尺寸，mm。

实际收缩率表示塑件实际所发生的收缩。因成型温度下的塑件尺寸不便测量，以及实际收缩率和计算收缩率相差很小，所以生产中常采用计算收缩率来设计计算凹模和型芯等的尺寸，但在大型、精密模具成型零件尺寸计算时则应采用实际收缩率。

3）塑件收缩的影响因素

在实际生产过程中，不同品种的塑料收缩率大小不同，即使相同品种或相同塑件的不同部位的收缩也会有较大区别。具体影响因素如下：

①塑料品种

塑料品种不同，其收缩率不同。例如聚苯乙烯（PS）具有相对低的收缩率，而聚乙烯（PE）、聚丙烯（PP）可能具有较大的、多变的收缩率；常用塑料的收缩率分别见表 1－2、表 1－3。

表 1－2　收缩率较小的塑料

塑料名称	收缩率/%	塑料名称	收缩率/%
聚苯乙烯	0.5～0.8	聚碳酸酯	0.5～0.8
硬聚氯乙烯	0.6～1.58	聚砜	0.4～0.8
聚甲基丙烯酸甲酯	0.5～0.78	ABS	0.3～0.8
有机玻璃（372）	0.5～0.98	氯化聚醚	0.4～0.6
半硬聚氯乙烯	1.5～2.0	注射酚醛	1.0～1.28
聚苯醚	0.5～1.0	醋酸纤维素	0.5～0.7

即使是同一种塑料也会因为填料品种及填料添加的比例不同而表现出不同的收缩率。例如，树脂的相对分子量高，填料为有机填料，树脂含量较多，则该类塑料的收缩率就大。

②塑件结构

塑件的形状、尺寸、壁厚、有无嵌件、嵌件数量及其分布对收缩率的大小都有较大的影响。一般来说，塑件的形状复杂、尺寸较小、壁薄、有嵌件、嵌件数量多且对称分布，其收缩率较小。

③模具结构

模具的分型面的位置、浇口形式及尺寸等因素直接影响料流方向、密度分布、保压补缩作用及成型时间，对塑件的收缩也产生不同影响。

表 1－3　收缩率较大的塑料

塑料名称及收缩率	塑料制品厚度/mm									制品高度方向的收缩率为水平方向的收缩率的百分比
	1	2	3	4	5	6	7	8	>8	
尼龙-1010/%	0.5~1.0				1.8~2.0				2.5~4	70
		1.1~1.3				2.0~2.5				
			1.4~1.6							
聚丙烯/%	1.0~2.0			2.0~2.5		2.5~3.0				120~140
低压聚乙烯/%	1.5~2						2.5~3.5			110~150
			2.0~2.5							
聚甲醛/%	1~1.5			1.5~2.0			2.0~2.6			105~120

采用直接浇口或大截面的浇口，可减少收缩，但各向异性大；沿料流方向收缩小，沿垂直料流方向收缩大。

当浇口的厚度较小时，浇口部分会过早凝结硬化，型腔内的塑料收缩后得不到及时补充，收缩较大。点浇口凝封快，在制件条件允许的情况下，可设多点浇口，可有效地延长保压时间和增大型腔压力，减少收缩率。

④成型方法及成型工艺条件

挤出成型和注射成型一般收缩率较大，方向性明显；压缩成型时，塑料的装料形式、预热情况、成型温度、成型压力、保压时间等，对收缩率的大小及收缩的方向性都有影响。

成型工艺条件对塑件的收缩性和方向性有着直接影响。料温高，则收缩大，但方向性小。模具温度高，熔料冷却慢，则收缩大。尤其是对于结晶型塑料，因其结晶度高，体积变化大，故收缩更大；压力高、保压时间长时收缩小，但方向性大；注射压力高、熔料黏度小、层间切应力小和脱模后弹性恢复大的，收缩可相应减少。因此在成型时调整模温、压力、注射速度及冷却时间等因素可适当地改变塑件收缩情况。

⑤收缩率的选择原则

影响塑料收缩率变化的因素很多，且相当复杂，因此，收缩率是在一定范围内发生变化的。在模具设计时应具体情况具体分析，综合考虑其影响因素选取塑料的收缩率，一般应遵循如下选择原则：

A. 对于收缩率范围较小的塑料品种，可按收缩率的范围取中间值，即平均收缩率。

B. 对于收缩率范围较大的塑料品种，应根据制品的形状，特别是根据制品的壁厚来确定收缩率，对于壁厚者取上限(大值)，对于壁薄者取下限(小值)。

C. 制品各部分尺寸的收缩率不尽相同，应根据实际情况进行选择。

如图 1－9 所示的 LDPE 制品，壁厚为 3 mm，查表 1－3 得知，其高度方向的收缩大于水平方向的收缩，其百分比为 110%～150%，收缩率范围为 1.5%～2%，高度方向取平均收缩率 1.75% 乘以平均比值 130%，内径取大值 2%，外径取小值 1.5%，以留有试模后的修正余地。当设计人员对高精度塑料制品或者对某种塑料的收缩率缺乏精确的数据时，通常采用这种留有修模余量的设计方法。

D. 对于收缩量很大的塑料，可利用现有的或者材料供应部门提供的计算收缩率的图表来确定收缩率。在这种图表中一般考虑了影响收缩率的主要因素，因此可提供较为可靠的数据。此外，也可以收集一些包括该塑料实际收缩率及相应的成型工艺条件等数据，然后用比较法进行估算。

(2)流动性

在成型过程中，塑料熔体在一定的温度与压力作用下充填模具型腔的能力称为塑料的流动性。塑料流动性的好坏，直接影响其成型工艺参数的选择，如成型温度、压力、浇注系统类型和尺寸以及生产周期等。塑料的流动性差，熔体不易充满型腔从而产生缺料或熔接痕等缺陷，故需要较大的成型压力才能成型；塑料的流动性好，较小的成型压力就能使熔体充满模具型腔。但流动性太好，成型时塑件会产生严重的溢边现象。

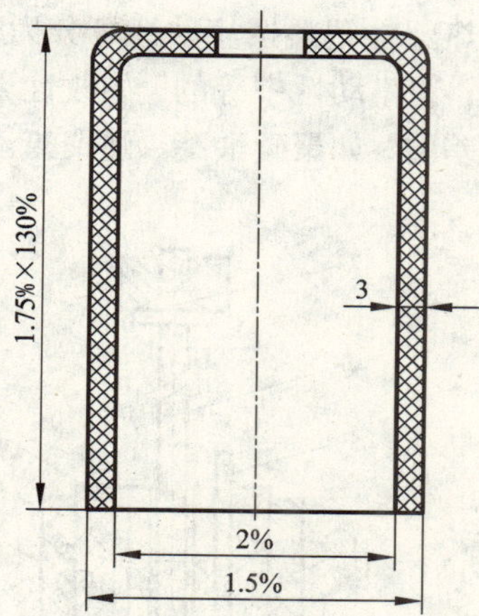

图1-9　LDPE制品各部分尺寸的收缩率计算

1)流动性的影响因素

①分子结构、相对分子量大小及结构　从分子结构来看，产生流动的实质是分子间产生相互滑移，而分子间的滑移又是通过分子链段的运动实现的。因此，具有直链型结构的塑料比支链型的流动性好，支链越多越复杂流动性越差；而对于具有相同分子结构的塑料，流动性的好坏又取决于其相对分子量的大小，相对分子量小的比相对分子量大的流动性好。此外，对于结晶型塑料，当加工温度高于其熔点时，其流动性较好，能很快地充满型腔，因此所需的注射压力也较小。而对于无定型塑料，其流动性较差，注入型腔的速度较慢，因此所需注射压力较大。当然，上述情况也有例外，例如尽管聚苯乙烯是无定型塑料，但它的流动性却很好。

②成型工艺参数　料温高，则流动性好，但不同塑料也各有差异。聚苯乙烯、聚丙烯、聚酰胺、有机玻璃、ABS、AS、聚碳酸酯、醋酸纤维素等塑料的流动性随温度变化的影响较大；聚乙烯、聚甲醛的流动性受温度变化的影响较小；注射压力增大，则熔料受剪切作用大，流动性也增大，尤其是聚乙烯和聚甲醛较为敏感。

③模具结构　浇注系统的形式、尺寸、结构(如型腔表面粗糙度、浇道截面厚度、型腔形式、排气系统)、冷却系统的设计和熔料的流动阻力等因素都会直接影响熔体的流动性。凡促使料温降低、流动阻力增加的因素，都会使流动性降低。

2)流动性好坏的评价

塑料流动性的好坏可以采用统一的测定与表征方法。对热塑性塑料，常用熔融流动指数测定法和螺旋线长度试验法。

熔融流动指数测定法的测试装置如图1-10所示。即在一定的温度和压力下，通过测定熔体在10 min内通过小孔的塑料质量来表征其流动性，其数值被称之为熔体流动指数(Melt Flow Index)，也通称熔融指数，简写为[MI]或[MFI]，其单位为g/10 min。

螺旋线长度试验法是在图1-11所示的螺旋线模具中进行测试的。塑料熔体在注射压力的推动下，从中央浇口注入模具，由里往外按阿基米德螺旋线方向将型槽线逐层延伸(盘式蚊香式)，每转一周半径增大12.5 mm，槽横截面为半圆形，直径为4.9 mm，螺旋线槽总长为1925 mm，制成盘式蚊香形状试样，测定其螺旋线的总长度即为被测塑料的流动距离，并以此来表征该塑料的流动性。

热塑性塑料按流动性可分为三类：①流动性好的，如聚乙烯、聚丙烯、聚苯乙烯、醋酸纤维等；②流动性中等的，如改性聚苯乙烯、ABS、AS、有机玻璃、聚甲醛、氯化聚醚等；③流动性差的，如聚碳酸酯、硬聚氯乙烯、聚苯醚、聚砜、氟塑料等。

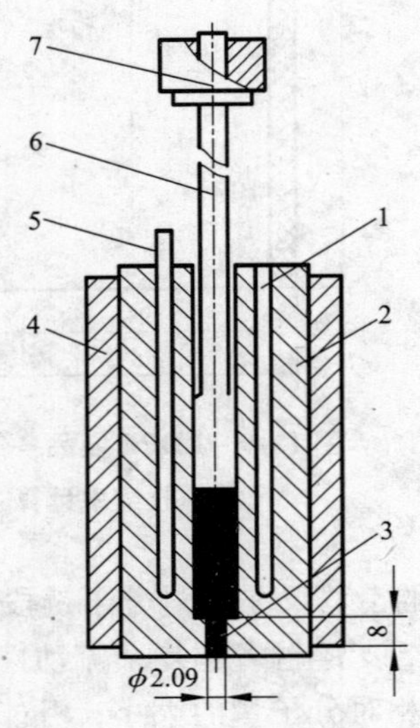

图 1－10　熔融指数测试装置示意图

1—热电偶；2—料筒；3—出料口；4—保温层；5—加热棒；6—柱塞；7—重锤(加柱塞共重 2160g)

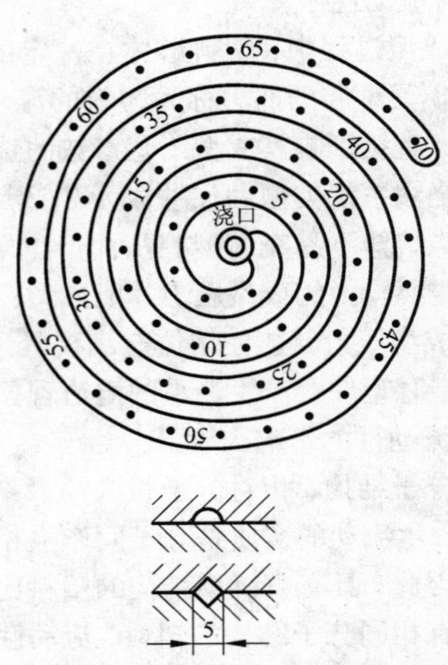

图 1－11　螺旋线及流道横截面形式

热固性塑料通常以拉西格流动值来表征其流动性好坏。其测定原理如图 1－12 所示。测定步骤：①称取 7.5 g 塑料粉，在 20℃ ±5℃、50 MPa 下用内径为 28 mm 的模具预压成圆锭(片)；②将拉西格模具加热至 150℃ ±5℃，保温 5 min；③将圆锭放入拉西格模的加料室，并在 20s 左右将压缩模增压至 30 MPa，保压 3 min；④压好后，卸掉压板，推出锥形组合模，取出试样，测其长度 L 即为其流动值，数值越大则表明流动性越好。

塑料流动性按试样长度 L 分为 3 个不同的等级，其适用范围见表 1－4。

表 1－4　热固性塑料流动性等级及应用

流动性等级	适宜成型的方法	适宜的塑件
Ⅰ级：$L=100 \sim 130$ mm	压缩成型	压制无嵌件、形状简单且壁厚一般的塑件
Ⅱ级：$L=131 \sim 150$ mm	压缩成型	压制中等复杂程度的塑件
Ⅲ级：$L=151 \sim 180$ mm	压缩、压注成型；$L>200$ mm 时，适合注射成型	结构复杂、型腔很深、嵌件多的薄壁塑件或用于压注成型

值得注意的是，塑料熔体的流动性除了取决于树脂的内在结构外，还受添加剂、模具结构和成型工艺条件等多种因素影响。当填料粒度呈细球状、湿度大、增塑剂和润滑剂含量以及成型条件适当、模具型腔表面粗糙度值小、模具结构适当等，都将使流动性提高。

(3)塑料的其他工艺性能

1)结晶性 据前面部分对结晶的叙述中可以看出，结晶型聚合物有很多特点，如在熔融和冷却过程中要比非结晶型聚合物要吸收或释放出更多的热量；密度的变化和各向异性会带来收缩、内应力和变形；结晶度受温度和冷却速度影响等。所以在注射成型时要针对结晶型聚合物的这些特点来制定成型温度、冷却速度以及时间等工艺参数。

2)热敏性 指某些热稳定性差的塑料，在料温高或受热时间较长的情况下，容易出现变色、降解或分解现象，具有这种特性的塑料叫热敏性塑料，如硬聚氯乙烯、聚甲醛等。

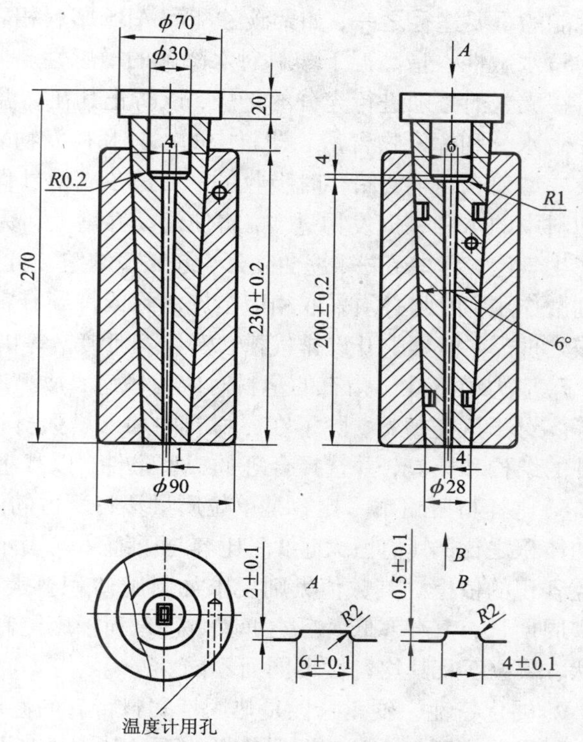

图1-12 拉西格流动值性测定模

热敏性塑料在成型过程中很容易在不太高的温度下发生热分解、热降解，不仅影响塑件的性能、色泽和表面质量等；还会释放出一些挥发性气体，对人体、模具和注射机产生刺激、腐蚀作用或毒性。

防止热敏性塑料在成型中出现降解现象的措施有：①选用螺杆式注射机；②流道截面取大一些(避免过大的摩擦热)；③注射机筒内壁、流道和模腔表壁镀铬；④熔体在模内流动时不得有死角和滞料现象；⑤生产时严格控制成型工艺条件等。⑥必要时还可在塑料中添加热稳定剂。

常用的热敏性塑料：硬聚氯乙烯、聚偏氯乙烯、醋酸乙烯共聚物、聚甲醛和聚三氟氯乙烯等。

3)吸湿性 指塑料对水分的亲疏程度。吸湿性的大小取决于聚合物组成及分子结构。例如聚酰胺、聚碳酸酯、ABS、聚苯醚、聚砜等，在其分子链中由于含有极性基因，对水有吸附能力，故属于吸湿性塑料。而像聚乙烯、聚丙烯类的分子链中是由非极性基团组成，表面呈蜡状，对水不具有吸附能力，故属于不吸湿性塑料。

吸湿性塑料在注射成型过程中比较容易发生水降解，成型后塑件上出现气泡、银丝与斑纹等缺陷。因此，在成型前必须进行干燥处理，必要时还应在注射机料斗内设置红外线加热装置，以免干燥后的塑料进入机筒前在料斗中再次吸湿或粘水。

4)相容性 指两种或两种以上不同品种的塑料，在熔融状态不产生相分离现象的能力。如果两种塑料不相容，则混熔后塑件会出现分层、脱皮等表面缺陷。不同塑料的相容性与其分子结构有关，分子结构相似者较易相容，如高压聚乙烯、低压聚乙烯、聚丙烯彼此之间的混熔等；分子结构不同时较难相容，如聚乙烯和聚苯乙烯之间的混熔。

塑料的相容性又称共混性。通过这一性质，可得到类似共聚物的综合性能，这是改进塑料性能的重要途径之一，如聚碳酸酯和ABS塑料相容，就能改善聚碳酸酯的工艺性。

5）水敏性　指高温下塑料对水降解的敏感性。典型的水敏性材料是聚碳酸酯，对于这类塑料在成型前必须进行充分的干燥，以防止其在高温的成型过程中发生水降解。

6）水分和挥发物含量　塑料中的水分和挥发物来自两个方面：一是塑料生产过程遗留下来及成型前在运输、储存时吸收的；二是在成型过程中因化学反应所产生的副产物。若成型时塑料中的水分和挥发物过多，将使流动性增大，易产生溢料，成型周期长，收缩率大，塑件易产生气泡，组织疏松、翘曲变形、起皱等缺陷。此外，有的气体对模具有腐蚀作用，对人体有刺激作用，因此必须采取相应措施消除或抑制有害气体，包括采取成型前对物料进行预热干燥处理、在模具中开设排气槽、模具表面镀铬等措施。

7）应力敏感性　指有的塑料对应力敏感，成型时质脆易裂，如聚碳酸酯、聚苯乙烯、聚砜等。对于这类塑料，除了在原材料中加入增强材料进行改性提高抗裂性外，还应合理设计塑件的结构和模具，并选择合理的成型条件，以减小应力。

8）比容与压缩率　比容是单位质量塑料所占的体积；压缩率指塑料原料的体积与塑料制品的体积之比，其值恒大于1。比容与压缩率均表示塑料的松散程度，可作为确定压缩模加料腔容积的依据。其数值大则要求加料腔体积要大，同时也说明塑粉内充气多，排气困难，成型周期长，生产率低。反之亦然，且有利于压锭和压缩。同种塑料的比容值常常因塑料的形状、颗粒度及其均匀性不同而不同。

9）硬化特性　硬化特性是热固性塑料特有的性能，专指热固性塑料的交联反应。硬化程度与硬化速度不仅与塑料品种有关，而且与塑件形状、模具温度和成型工艺条件有关，因此必须严格控制工艺条件和改善模具结构，以避免塑件出现过熟或欠熟。

1.3　常用塑料的特性与应用

塑料的特性主要包括密度、物理及力学性能、耐化学腐蚀性、耐候性、使用温度范围、电性能和成型工艺性。

1.3.1　热塑性塑料

主要介绍聚乙烯、聚氯乙烯、聚丙烯、聚苯乙烯、聚酰胺、ABS、聚碳酸酯、聚酯、聚甲醛等。

（1）聚乙烯（PE）

1）基本特性

聚乙烯塑料是塑料工业中产量最大的品种。按聚合时采用的压力不同可分为高压、中压和低压三种。

低压聚乙烯（HDPE）的分子链上支链较少，相对分子量、结晶度和密度较高（故又称高密度聚乙烯），它较硬、耐磨、耐蚀、耐热及绝缘性较好。

高压聚乙烯（LDPE）分子带有许多支链，因而相对分子量较小，结晶度和密度较低（故称低密度聚乙烯），且具有较好的柔软性、耐冲击性及透明性。

聚乙烯无毒、无味、呈乳白色。密度为0.91～0.96 g/cm^3，为结晶型塑料。它常温下不溶于任何一种已知的溶剂，并且耐稀酸和各种浓度的碱、盐溶液；耐水性良好，可长期与水接触，但透水汽性能较差；聚乙烯绝缘性能优异。但在热、光、氧气的作用下会产生老化和变脆。一般高压聚乙烯的使用温度约为80℃，低压聚乙烯为100℃左右。聚乙烯能耐寒，在-60℃时仍有较好的机械性能，-70℃时仍有一定的柔软性。

2）主要用途

低压聚乙烯可用于制造塑料管、塑料板、塑料绳以及承载力不高的零件，如齿轮、轴承等；高压聚乙烯常用于制作塑料薄膜、软管、塑料瓶以及电气工业的绝缘零件和包覆电缆等。

3）成型特点

①结晶料、吸湿性小；

②流动性极好，溢边值0.02 mm左右，流动性对压力变化敏感；

③可能发生熔融破裂，与有机溶剂接触可发生开裂；

④加热时间不能太长，否则易发生分解、烧伤；

⑤冷却速度慢，因此必须充分冷却，且冷却速度要均匀；宜设冷料穴，模具应有冷却系统；

⑥收缩率范围大，收缩值大、方向性明显，易变形、翘曲，结晶度及模具冷却条件对收缩率影响大，应控制模温，保持冷却均匀、稳定；

⑦宜用高压注射，料温均匀，填充速度应快，保压充分；

⑧不宜用直接浇口，易增大内应力，或产生收缩不匀，方向性明显，增大变形，浇口周围部位的脆性增加，应注意选择进料口位置，防止产生缩孔，变形。

（2）聚氯乙烯（PVC）

1）基本特性

聚氯乙烯是世界上产量最大的塑料品种之一，价格便宜，应用广泛。聚氯乙烯为白色或浅黄色粉末，在其中加入适量的增塑剂，可制成多种硬质、软质和透明制品。纯聚氯乙烯的密度为1.4 g/cm^3，加入了增塑剂和填料等的聚氯乙烯塑件的密度范围一般为1.15～2.00 g/cm^3。

聚氯乙烯有较好的电气绝缘性能，可以用作低频绝缘材料，其化学稳定性也较好。硬聚氯乙烯有较好的抗拉、抗弯、抗压和抗冲击性能，可单独用作结构材料。

由于聚氯乙烯的热稳定性较差，长时间加热会导致分解，放出氯化氢气体，使聚氯乙烯变色，所以其应用范围较窄，使用温度为-15℃～55℃之间。

2）主要用途

聚氯乙烯化工上可用于防腐管道、管件、输油管、离心泵、各种贮槽的衬里；建筑上可用作瓦楞板、门窗结构、墙壁装饰物等；电子电气方面，用于制造插座、插头、开关和电缆；日常生活中的凉鞋、雨衣、玩具和人造革等。

3）成型特点

①无定形料，吸湿性小，但为了提高流动性、防止发生气泡则宜先干燥；

②流动性差，极易分解，特别在高温下与钢、铜金属接触更易分解，分解温度为200℃，分解时有腐蚀及刺激性气体（氯化氢），因此，在成型时，必须加入稳定剂和润滑剂；

③成形温度范围小，必须严格控制料温及熔料的滞留时间；

④一般应采用带预塑化装置的螺杆式注射机及直通喷嘴，孔径宜大，以防止死角滞料，滞料必须及时处理清除；

⑤模具浇注系统应粗短，浇口截面宜大，不得有死角滞料，模具应冷却，其表面应镀铬。

(3)聚丙烯(PP)

1)基本特性

聚丙烯无味、无色、无毒。外观似聚乙烯，但比聚乙烯更透明更轻。密度仅为0.90～0.91 g/cm^3。它不吸水、光泽好、易着色。

聚丙烯的屈服强度、抗拉、抗压强度和硬度及弹性比聚乙烯好。

聚丙烯的熔点为164℃～170℃，耐热性良好，能在100℃以上的温度下进行消毒灭菌。聚丙烯耐低温为－15℃，低于－35℃时会脆裂。聚丙烯的高频绝缘性能好，而且由于其不吸水，绝缘性能不受湿度的影响。聚丙烯在氧、热、光的作用下极易解聚、老化，因此，必须加入防老化剂。

2)主要用途

聚丙烯可用于制作各种机械零件如法兰、接头、泵叶轮、汽车零件和自行车零件；可用作水、蒸汽、各种酸碱等的输送管道，化工容器和其他设备的衬里、表面涂层；可制造盖和本体合一的箱壳，各种绝缘零件；还可用于医药工业中。

3)成型特点

①结晶性料，吸湿性小，可能发生熔融破裂，长期与热金属接触易发生分解；

②流动性极好，溢边值0.03 mm左右；

③热容量大，注塑模具须设计冷却回路；冷却速度快，浇注系统及冷却系统应散热缓慢；

④成形收缩范围大，收缩率大，方向性强，易发生缩孔、凹痕、变形；

⑤注意控制成形温度，料温低方向性明显，尤其低温高压时更明显，模具温度低于50℃以下塑件不光泽，易产生熔接不良，流痕；90℃以上时易发生翘曲、变形，因此，适宜模温为80℃左右，不应低于50℃；

⑥塑件应壁厚均匀，避免缺口、尖角，以避免应力集中。

(4)聚苯乙烯(PS)

1)基本特性

聚苯乙烯是仅次于聚氯乙烯和聚乙烯的第三大塑料品种。

聚苯乙烯无色透明、无毒无味，落地时发出清脆的类似金属的声音，密度为1.054 g/cm^3。聚苯乙烯的力学性能与聚合方法、相对分子量大小、定向度和杂质量有关。相对分子量越大，机械强度越高。

聚苯乙烯有优良的电性能(尤其是高频绝缘性能)和一定的化学稳定性，能耐碱、硫酸、磷酸、10%～30%的盐酸、稀醋酸，但不耐硝酸及氧化剂的作用；着色性能优良，能染成各种鲜艳的色彩；耐热性低，热变形温度一般在70℃～98℃；聚苯乙烯质地硬而脆，有较高的热膨胀系数。

2)主要用途

工业上可用于制作仪表外壳、灯罩、化学仪器零件、透明模型等；电气方面用于制作良好的绝缘材料，如接线盒和电池盒等；日用品方面则广泛用于包装材料、各种容器和玩具等。

3)成型特点

①无定形料，吸湿性小，不易分解，性脆易裂，热膨胀系数大，易产生内应力；

②流动性较好和成型性优良，故成品率高，溢边值0.03 mm左右，应防止飞边；

③塑件壁厚应均匀，由于热膨胀系数高，不宜有嵌件，否则会因两者的热膨胀系数相差太大而导致开裂(如有嵌件应预热)，缺口、尖角、各面应圆滑连接；

④可用螺杆或柱塞式注射机加工，喷嘴可用直通式或自锁式；

⑤宜用高料温、模温，低注射压力，延长注射时间有利于降低内应力，防止缩孔、变形(尤其对厚壁塑件)，降低内应力，但料温高易出银丝，料温低或脱模剂多则透明性差；

⑥可采用各种形式浇口，模具设计中大多采用点浇口形式，浇口与塑件应圆弧连接，防止去除浇口时损坏塑件，脱模斜度不宜过小，宜取 2°以上，且推出应均匀，以防止脱模不良发生开裂、变形，可用热浇道结构。

(5)聚酰胺(PA)

1)基本特性

聚酰胺通称尼龙，是产量最大的工程塑料。常见品种有尼龙 1010、尼龙 610、尼龙 66、尼龙 6、尼龙 9、尼龙 11 等。

尼龙无毒、无味，但其吸水性强、收缩率大，常常因吸水而引起尺寸变化；它耐碱、弱酸，但不耐强酸和氧化剂；尼龙的稳定性较差，一般只能在 80℃ ~100℃以下使用；尼龙具有优良的力学性能，抗拉、抗压、抗冲、耐磨。

2)主要用途

广泛应用于制作各种机械、化学和电气零件，如轴承、齿轮、滚子、辊轴、滑轮、泵叶轮、风扇叶片、蜗轮、高压密封扣圈、垫片、阀座、输油管、储油容器、绳索、传动带、电池箱和电器线圈等零件。

3)成型特点

①结晶性料，熔点较高、熔融温度范围较窄，熔融状态热稳定性差，料温不宜超过 300℃；

②较易吸湿，成形前应预热干燥，并应防止再吸湿，含水量不得超过 0.3%，吸湿后流动性下降，易出现气泡、银丝等弊病，高精度塑件应经调湿处理、处理后发生尺寸胀大；

③流动性极好，溢边值一般为 0.02 mm，易发生“流涎现象”，用螺杆式注射机注射时喷嘴宜用自锁式结构，并应加热，螺杆应带止回环；

④成型收缩率范围大、收缩率大，方向性明显，易发生缩孔、凹痕、变形等弊病，成型条件应稳定；

⑤融料冷却速度对结晶度影响较大，应正确控制模温，一般为 20℃ ~90℃按壁厚选取：对要求伸长率高、透明度高、柔软性较好的薄壁塑件宜取低值，对要求硬度高、耐磨性好，以及在使用时变形小的厚壁塑件宜取高值；

⑥模具浇注系统形式及尺寸与加工聚苯乙烯时相似，但增大流道及进料口截面尺寸可改善缩孔及凹痕现象。收缩率一般按壁厚而取，厚壁取大值，薄壁取小值，模温分布应均匀，应注意防止出飞边，设置排气措施。

⑦塑件壁不宜太厚，并应均匀，脱模斜度不宜取小，尤其对厚壁及深高塑件更应取大。

(6)丙烯腈 - 丁二烯 - 苯乙烯共聚物(ABS)

1)基本特性

ABS 是由丙烯腈、丁二烯、苯乙烯共聚而成的，这三种组分有各自的特性，丙烯腈使 ABS 有良好的耐化学腐蚀及表面硬度，丁二烯使 ABS 坚韧，苯乙烯使它有良好的加工性和染色性能。从而使 ABS 具有良好的综合力学性能。

ABS 无毒、无味、呈微黄色。密度为 1.02～1.05 g/cm^3；ABS 有极好的抗冲击强度，且在低温下也不迅速下降；有良好的机械强度和一定的耐磨性、耐寒性、耐油性、耐水性、化学稳定性和电气性能；有一定的硬度和尺寸稳定性，易于成型加工，经过调色可配成任何颜色。

ABS 的热变形温度为 93℃左右，连续工作温度为 70℃左右，且耐气候性差，在紫外线作用下易变硬发脆。

2) 主要用途

ABS 在机械工业上用于制造齿轮、泵叶轮、轴承、把手、管道、电机外壳、仪表壳、仪表盘、水箱外壳、蓄电池槽、冷藏库和冰箱衬里等；在汽车工业领域，用于制造汽车挡泥板、扶手、热空气调节导管、加热器等；其他方面，用于水表壳、纺织器材、电器零件、文教体育用品、玩具、电子琴及收录机壳体、食品包装容器、农药喷雾器及家具等。

3) 成型特点

①无定形料，品种牌号多，应按品种确定成型方法及成型条件；

②吸湿性强，含水量应小于 0.3%，必须充分干燥，要求表面光泽的塑件应要求长时间预热干燥；

③流动性中等，溢边值 0.04 mm 左右；

④对耐热、高抗冲击和中抗冲击型树脂，宜取高料温、模温，但料温对物性影响较大，料温过高易分解（分解温度为 250℃左右）；对要求精度较高塑件模温宜取 50℃～60℃，要求光泽及耐热型料宜取 60℃～80℃；注射压力为 70～100 MPa；

⑤模具设计时应注意选择浇口位置、形式，减小浇注系统对料流阻力；脱模斜度宜取 2°以上。

(7) 聚碳酸酯（PC）

1) 基本特性

聚碳酸酯是一种性能优良的热塑性工程塑料，密度为 1.2 g/cm^3。聚碳酸酯本色微黄，如加点淡蓝色，可得到无色透明塑料，可见光的透光率接近 90%。

聚碳酸酯的综合性能优异，尤其具有突出的抗冲击性、透明性和尺寸稳定性（成型收缩率可恒定在 0.5%～0.8%），优良的机械强度和电绝缘性，较宽的使用温度范围（-60℃～120℃）等，是其他通用工程树脂无法比拟的。

聚碳酸酯抗蠕变、耐磨、耐热和耐寒性均较好，其脆化温度在 -100℃以下，长期工作温度达 120℃。具有良好的耐气候性，但其塑件易开裂，耐疲劳强度较差。

2) 主要用途

在机械方面主要用于制作各种齿轮、蜗轮、蜗杆、齿条、凸轮、芯轴、轴承、滑轮、铰链、螺母、垫圈、泵叶轮、灯罩、节流阀、润滑油输油管、各种外壳、盖板、容器、冷冻和冷却装置零件等；在电气方面，用于制作电机零件、电话交换器零件、信号用继电器、风扇部件、拨号盘、仪表壳、接线板等；汽车工业，可用于汽车前灯、侧灯、尾灯、镜面、透镜、车玻璃、内外装饰件、仪表板；此外，还可制作照明灯、高温透镜、视孔镜、防护玻璃等光学零件。

3) 成型特点

①无定形塑料，热稳定性好，成形温度范围宽。超过 330℃才呈现严重分解，分解时产生无毒、无腐蚀性气体；

②吸湿性极小，但水敏性强，含水量不得超过 0.2%，加工前必须干燥处理，否则会出现银丝、气泡及强度显著下降现象；

③流动性差，溢边值为 0.06 mm 左右，流动性对温度变化敏感，冷却速度快；

④成型收缩率小，如成型条件适当，塑件尺寸可控制在一定公差范围内，塑件精度高；

⑤可能发生熔融开裂，易产生应力集中（即内应力），应严格控制成型条件，塑件宜退火处理消除内应力；

⑥熔融温度高，黏度高，对大于 200 g 的塑件应用螺杆式注射机成型，喷嘴应加热，宜用开敞式延伸喷嘴；

⑦模具浇注系统应以粗、短为原则，并宜设冷料穴，浇口宜取直接进料口，圆片或扇形等截面较大的浇口，但应防止内应力增大，进料口附近残余应力，必要时可采用调节式浇口；

⑧塑件壁不宜取厚，应均匀，避免有尖角，缺口及金属嵌件造成应力集中，脱模斜度宜取 2°，若有金属嵌件应预热，预热温度一般为 110℃ ~130℃；

⑨模温对塑件质量影响很大，薄壁塑件宜取 80℃ ~100℃，厚壁塑件宜取 80℃ ~120℃。

（8）聚甲醛（POM）

1）基本特性

聚甲醛是继尼龙之后的又一种性能优良的热塑性工程塑料，其性能不亚于尼龙，而价格却比尼龙低廉。

聚甲醛表面硬滑，呈淡黄或白色，薄壁部分呈半透明状。聚甲醛常温下不溶于有机溶剂，能耐醛、酯、醚、烃及弱酸、弱碱，但不耐强酸。有较高的电气绝缘性能。聚甲醛有较高的机械强度及抗拉、抗压性能和突出的耐疲劳强度，蠕变小，具有优良的减摩、耐磨性能。聚甲醛尺寸稳定、吸水率小，但是成型收缩率大，成型温度下的热稳定性较差。

2）主要用途

聚甲醛特别适合于制作轴承、凸轮、滚轮、辊子、齿轮等耐磨、传动零件，还可用于制造汽车仪表板、汽化器、各种仪器外壳、罩盖、箱体、化工容器、泵叶轮、鼓风机叶片、配电盘、线圈座、各种输油管和塑料弹簧等。

3）成型特点

①结晶性料，吸湿性低，一般可不干燥处理，但为了防止树脂表面黏附水分，加工前可进行干燥并起预热作用，尤其对大面积薄壁塑件；

②热敏性强，极易分解，其分解温度为 240℃，但 200℃中滞留 30 min 以上也即发生分解，分解时产生有刺激性、腐蚀性气体，料性易燃应远离明火；

③流动性中等，溢边值为 0.04 mm 左右，流动性对温度变化不敏感，但对注射压力变化敏感；

④结晶度高，结晶时体积变化大，成型收缩范围大，收缩率大；

⑤摩擦系数低，弹性高，浅侧凹槽可强迫脱模，塑件表面可带有皱纹花样，但易产生表面缺陷，如毛斑、折皱、熔接痕、缩孔、凹痕等弊病；

⑥必须严格控制成型条件，嵌件应预热（一般 100℃ ~150℃），余料一般储存 5 ~10 个塑件重量的物料即可，料温取稍高于熔点（一般 170℃ ~190℃）即可，不宜轻易提高温度；模温对塑件质量影响较大，必须正确控制，一般取 75℃ ~120℃，壁厚大于 4 mm 的取 90℃ ~120℃，小于 4 mm 的取 75℃ ~90℃；宜用高压、高速注射，较高温度下脱模，但为防止收缩

变形、应力不匀，脱模后宜将塑件放在90℃左右的热水中缓冷或用整形夹具冷却；

⑦喷嘴孔径应取大，并采用直通式喷嘴，为防止流涎现象，喷嘴孔可呈喇叭形，并设置单独控制的加热装置，以适当地控制喷嘴温度；

⑧模具浇注系统对料流阻力要小，进料口宜取厚，要尽量避免死角积料。

1.3.2 热固性塑料

常用的热固性塑料有酚醛塑料、环氧树脂、氨基塑料、脲醛塑料、三聚氰胺甲醛和不饱和聚酯等。下面主要介绍酚醛塑料、环氧树脂。

(1)酚醛塑料(PF)

1)基本特性

酚醛树脂通常由酚类化合物和醛类化合物缩聚而成。可分为四类：①层压塑料；②压塑料；③纤维状压塑料；④碎屑状压塑料。

酚醛塑料是一种硬而脆的热固性塑料，俗称电木粉。其机械强度高，尺寸稳定，耐腐蚀，电绝缘性能优异；与一般热塑性塑料相比，刚性好，变形小；坚韧耐磨，在水润滑条件下，酚醛塑料的摩擦系数极低，但其抗冲击性能较差；酚醛塑料能在150℃～200℃的温度范围内长期使用。

2)主要用途

主要用于电工材料、电子电器产品的线路板及耐热阻电配件、炊具柄、汽车刹车片及耐热塑料配件、玻璃钢制品等领域，尤其适合用于防火要求严格的场合。其中，布质及玻璃布酚醛层压塑料可用于制造齿轮、轴瓦、导向轮、无声齿轮和轴承及用于电工结构材料和电气绝缘材料；木质层压塑料适用于作水润滑冷却下的轴承及齿轮等；石棉布层压塑料主要用于高温下工作的零件；酚醛纤维状压塑料可制作各种线圈架、接线板、电动工具外壳、风扇叶子、耐酸泵叶轮、齿轮和凸轮等。

3)成型特点

①成型性好，适用于压缩成型；但收缩及方向性较大，并含有水分挥发物。成型前应预热，成型过程中应排气，不预热则应提高模温和成型压力。

②模温对流动性影响较大，一般超过160℃时，流动性会迅速下降。

③硬化速度较慢，硬化时放出的热量大。大型厚壁塑件的内部温度易过高，容易发生硬化不均和过热。

(2)环氧树脂(EP)

1)基本特性

环氧树脂是含有环氧基的高分子化合物，在其未固化之前，是线型的热塑性树脂，只有在加入固化剂(如胺类和酸酐等)之后，才交联成不熔的体型结构的高聚物，才有作为塑料的实用价值。

双酚型环氧树脂是黄色至琥珀色的黏稠液体或低熔点脆性固体，固化后的树脂为无臭和无味的固体。

环氧树脂最突出的特点是粘结能力强，未固化前具有很好的粘性，作胶粘剂用，能粘结金属和非金属材料，有“万能胶”之称。是人们熟悉的“万能胶”的主要成分。适用于玻璃、陶瓷、金属、木工家具、招牌、工艺品(水晶、宝石玉器、象牙、钻石等)、水泥、混凝土的黏接和修复。

固化后的环氧树脂具有优异的物理力学性能、耐热性能、耐候性能及电绝缘性能及高的耐电压强度。固化时无低分子物析出，固化成型收缩率低，所需成型压力也低；固化后化学稳定性好，耐水浸及吸水率低，收缩率小，比酚醛树脂有更好的力学性能。具有极好的耐碱性和耐酸性；对金属、陶瓷、玻璃及木材等，具有优异的粘结力；纯环氧树脂性脆，不宜作塑料产品，经纤维增强后的环氧树脂得到了广泛的应用。

环氧树脂的缺点是耐气候性差、耐冲击性低，质地脆。

2）主要用途

①各种环氧树脂涂料、油墨，用于船舶、汽车底架、钢铁结构、管道容器、建筑地坪等各个方面的防护；

②各种黏接剂，用于各种材料之间的黏接，如建筑物裂缝的修补、室内装饰的黏接、汽车部件的黏接、飞机船舶用的结构胶等；可用作金属和非金属材料的粘合剂；

③各种浇注料，用于电子电器元器件或部件的灌封、密封，混凝土构筑物的制造或修补；

④塑封料，封装各种电子电器设备；无线电元件密封、有复杂金属嵌件的电工部件及各类传感器、互感器、微特电机等的灌封和封装。

⑤复合材料，经玻璃纤维增强的环氧树脂，其强度高，抗冲击性好，尺寸稳定，成型工艺简单，广泛用于机械、化工、飞机及管道等各方面，可制造电器开关、仪表盘、防潮的印制电路底板、电子仪器的烧结及封装、耐腐蚀管道、化学贮罐、槽车、飞机升降舵、尾部和导管结构板等。绝缘浇铸、浸渍玻璃钢及防腐涂层。如用环氧树脂溶液（浸渍料）与玻璃布或玻纤制备层压板或敷铜板，在电器行业中作绝缘板、印制线路板获得大量的应用；

⑥有机导电材料，用于电阻发热元件、电阻器、防静电材料、高压屏蔽材料、电极材料、敏感元件转换器、导电胶等。

⑦环氧树脂配以石英粉等可用来浇铸各种模具。

3）成型特点

①常用浇铸、低压压注、压缩及注射成型等成型方法加工。

②流动性好，固化速度快，装料后应立即加压。固化时没有副产物析出，不需排气。

③固化收缩小，但热刚性差，塑件不易脱模，因此浇注前应加脱模剂。

1.3.3　塑料的选用

塑件的选材应该根据其应用条件（如受力大小、环境特性等）综合考虑其物理力学性能、成型加工性能和原料价格等因素，主要应注意如下方面：

（1）塑料的力学性能，如强度、刚性、韧性、弹性、弯曲性能、冲击性能以及对应力的敏感性。

（2）塑料的物理性能，如对使用环境温度变化的适应性、光学特性、绝热或电气绝缘的程度、精加工和外观的完美程度等。

（3）塑料的化学性能，如对接触物（水、溶剂、油、药品）的耐蚀性、卫生程度以及使用上的安全性等。

（4）必要的精度，如收缩率的大小及各向收缩率的差异。

（5）成型工艺性，如塑料的流动性、结晶性、热敏性等。

（6）原料价格，包括树脂、添加剂价格和运输费用。

思考与练习题

1. 了解塑料的基本组成及其分类，熟悉各种常用塑料的特性和用途。

2. 什么是聚合物的粘弹性？它对塑料的成型加工产生什么样的影响？

3. 牛顿性流体和非牛顿性流体有什么区别？聚合物熔体属于哪一类？其黏度受哪些因素影响，如何影响？

4. 了解常用塑料的基本特性、应用范围及其成型加工特点。

5. 如何选定塑料的成型加工温度？加工过程中如何防止塑料降解？

第 2 章
塑料制件的结构与设计

塑料制品的设计主要包括塑件的选材、尺寸和精度、表面粗糙度、塑料制品形状、壁厚、脱模斜度、圆角、螺纹、孔及加强结构的设计等。在满足使用要求的前提下，一方面要使模具结构尽可能简单，另一方面要使制品的几何形状能适应成型工艺的要求，以提高制品的质量。因此，在进行塑件结构设计时，必须遵循以下几个原则：

1）在设计塑件时，应考虑原料的成型工艺性，如流动性、收缩性等，尽量选用价廉且成型性能又好的塑料；

2）在保证塑件的使用性能及物理与力学性能、电性能、耐腐蚀和耐热性能等的前提下，力求结构简单，壁厚均匀，使用方便；

3）塑料制品形状应有利于模具的分型、排气、补缩和冷却；

4）考虑模具的总体结构，使模具的抽芯和推出机构简单，模具型腔易于制造。

通过这一内容的学习，要求能结合实物分析塑件的结构工艺性，并在此基础上找出工艺难点，提出解决问题的方法。

2.1　塑件尺寸及其精度

2.1.1　塑件的尺寸

通常，在满足塑件的使用要求的前提下，应尽可能节约能源和模具制造成本，将塑件设计得更紧凑、尺寸更小一些。

塑件的总体尺寸受到塑料流动性的限制。在一定的设备和工艺条件下，流动性好的塑料可以成型较大尺寸的塑件；反之，成型出的塑件尺寸就较小。此外，塑件外形尺寸还受到成型设备的限制，如注射成型的塑件尺寸要受到注射机的注射量、锁模力和模板尺寸的限制；压缩及压注成型的塑件尺寸要受到压力机吨位及工作台面尺寸的限制。

2.1.2　塑件的尺寸精度

塑件的尺寸精度是指所获得的塑料件尺寸与产品图中尺寸的符合程度，即所获塑料件尺寸的准确度。在满足使用要求的前提下，应尽可能降低成本，塑件的尺寸精度应尽可能设计得低一些。例如，工程用塑料制品的内表面在正常情况下是不会被用户所看见，因此，对于该表面，仅仅需要能够保证方便地脱模，不需要花太多时间抛光。塑件与金属零件一样，也有尺寸公差的要求，而且根据不同塑料原材料，可按表 2－1 合理地选用精度等级。

塑件尺寸的公差可依据 GB/T 14486—2008《塑料模塑件尺寸公差》确定。该标准将塑件分成 7 个精度等级，塑件尺寸公差代号为 MT，MT1 级精度要求最高，MT7 级精度最低。该标准只规定了公差值 Δ，基本尺寸的上、下偏差可根据塑件的配合性质来分配。对于孔类尺寸按表中数值取单向正偏差，如$_{0}^{+\Delta}$；对于轴类尺寸按表中数值取单向负偏差，如$^{0}_{-\Delta}$；对于中心距尺寸及其他位置尺寸可按表中数值之半，取对称公差，即$\pm\frac{\Delta}{2}$。

表 2－1　常用材料模塑件尺寸公差等级的选用（GB/T 14486—2008）

<table>
<tr><th rowspan="3">材料代号</th><th rowspan="3" colspan="2">模塑材料</th><th colspan="3">公差等级</th></tr>
<tr><th colspan="2">标注公差尺寸</th><th rowspan="2">未注公差尺寸</th></tr>
<tr><th>高精度</th><th>一般精度</th></tr>
<tr><td>ABS</td><td colspan="2">(丙烯腈－丁二烯－苯乙烯)共聚物</td><td>MT2</td><td>MT3</td><td>MT5</td></tr>
<tr><td>CA</td><td colspan="2">乙酸纤维素</td><td>MT3</td><td>MT4</td><td>MT6</td></tr>
<tr><td>EP</td><td colspan="2">环氧树脂</td><td>MT2</td><td>MT3</td><td>MT5</td></tr>
<tr><td rowspan="2">PA</td><td rowspan="2">聚酰胺</td><td>无填料填充</td><td>MT3</td><td>MT4</td><td>MT6</td></tr>
<tr><td>30%玻璃纤维填充</td><td>MT2</td><td>MT3</td><td>MT5</td></tr>
<tr><td rowspan="2">PBT</td><td rowspan="2">聚对苯二甲酸丁二酯</td><td>无填料填充</td><td>MT3</td><td>MT4</td><td>MT6</td></tr>
<tr><td>30%玻璃纤维填充</td><td>MT2</td><td>MT3</td><td>MT5</td></tr>
<tr><td>PC</td><td colspan="2">聚碳酸酯</td><td>MT2</td><td>MT3</td><td>MT5</td></tr>
<tr><td>PDAP</td><td colspan="2">聚邻苯二甲酸二丙烯酯</td><td>MT2</td><td>MT3</td><td>MT5</td></tr>
<tr><td>PEEK</td><td colspan="2">聚芳醚酮</td><td>MT2</td><td>MT3</td><td>MT5</td></tr>
<tr><td>PE－HD</td><td colspan="2">高密度聚乙烯</td><td>MT4</td><td>MT5</td><td>MT7</td></tr>
<tr><td>PE－LD</td><td colspan="2">低密度聚乙烯</td><td>MT5</td><td>MT6</td><td>MT7</td></tr>
<tr><td>PESU</td><td colspan="2">聚醚砜</td><td>MT2</td><td>MT3</td><td>MT5</td></tr>
<tr><td rowspan="2">PET</td><td rowspan="2">聚对苯二甲酸乙二酯</td><td>无填料填充</td><td>MT3</td><td>MT4</td><td>MT6</td></tr>
<tr><td>30%玻璃纤维填充</td><td>MT2</td><td>MT3</td><td>MT5</td></tr>
<tr><td rowspan="2">PF</td><td rowspan="2">苯酚－甲醛树脂</td><td>无机填料填充</td><td>MT2</td><td>MT3</td><td>MT5</td></tr>
<tr><td>有机填料填充</td><td>MT3</td><td>MT4</td><td>MT6</td></tr>
<tr><td>PMMA</td><td colspan="2">聚甲基丙烯酸甲酯</td><td>MT2</td><td>MT3</td><td>MT5</td></tr>
<tr><td rowspan="2">POM</td><td rowspan="2">聚甲醛</td><td>≤150mm</td><td>MT3</td><td>MT4</td><td>MT6</td></tr>
<tr><td>>150mm</td><td>MT4</td><td>MT5</td><td>MT7</td></tr>
<tr><td rowspan="2">PP</td><td rowspan="2">聚丙烯</td><td>无填料填充</td><td>MT4</td><td>MT5</td><td>MT7</td></tr>
<tr><td>30%玻璃纤维填充</td><td>MT2</td><td>MT3</td><td>MT5</td></tr>
<tr><td>PPE</td><td colspan="2">聚苯醚;聚亚苯醚</td><td>MT2</td><td>MT3</td><td>MT5</td></tr>
<tr><td>PPS</td><td colspan="2">聚苯硫醚</td><td>MT2</td><td>MT3</td><td>MT5</td></tr>
<tr><td>PS</td><td colspan="2">聚苯乙烯</td><td>MT2</td><td>MT3</td><td>MT5</td></tr>
<tr><td>PSU</td><td colspan="2">聚砜</td><td>MT2</td><td>MT3</td><td>MT5</td></tr>
<tr><td>PUR－P</td><td colspan="2">热塑性聚氨酯</td><td>MT4</td><td>MT5</td><td>MT7</td></tr>
<tr><td>PVC－P</td><td colspan="2">软质聚氯乙烯</td><td>MT5</td><td>MT6</td><td>MT7</td></tr>
<tr><td>PVC－U</td><td colspan="2">未增塑聚氯乙烯</td><td>MT2</td><td>MT3</td><td>MT5</td></tr>
<tr><td>SAN</td><td colspan="2">(丙烯腈－苯乙烯)共聚物</td><td>MT2</td><td>MT3</td><td>MT5</td></tr>
<tr><td rowspan="2">UF</td><td rowspan="2">脲－甲醛树脂</td><td>无机填料填充</td><td>MT2</td><td>MT3</td><td>MT5</td></tr>
<tr><td>有机填料填充</td><td>MT3</td><td>MT4</td><td>MT6</td></tr>
<tr><td>UP</td><td>不饱和聚酯</td><td>30%玻璃纤维填充</td><td>MT2</td><td>MT3</td><td>MT5</td></tr>
</table>

影响塑件尺寸精度的因素很多，如模具制造精度及其使用后的磨损程度、塑料收缩率的波动、成型工艺条件的变化、塑件的形状、脱模斜度、模具的结构形状及成型后的尺寸变化等。影响塑件精度的直接原因和间接原因见表 2－2。

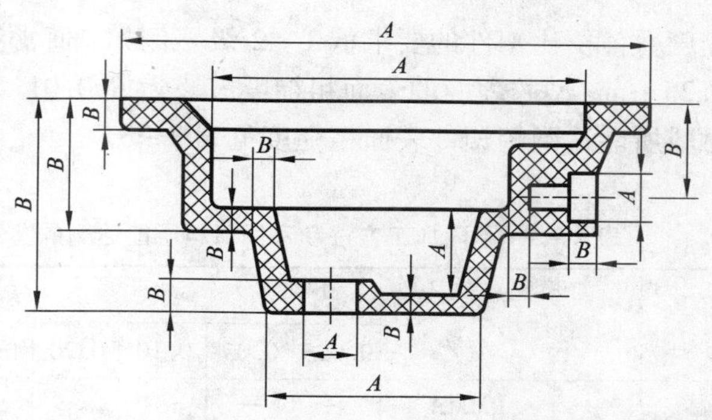

图 2－1　塑件上的两类尺寸

另外，成型塑件的有些尺寸不受模具活动部分影响，如图 2－1 中的 *A* 类尺寸；而有些尺寸受模具活动部分影响，如图 2－1 中的 *B* 类尺寸。按国家标准塑件尺寸公差(GB/T 14486—2008)，这两类尺寸相对应的公差等级相同时，其公差值也是不一样的。在公差等级相同的情况下，*B* 类尺寸的公差值大于 *A* 类尺寸的公差值。因此，在设计模具时要注意，尽量使塑件的重要部分尺寸归为不受模具活动部分影响的 *A* 类尺寸。

表 2－2　影响塑件精度的原因

原因分类	产品误差原因
与模具直接有关的原因	1)模具的形式或基本结构 2)模具的加工制造误差 3)模具的磨损、变形、热膨胀
与塑料有关的原因	1)不同种类塑料收缩率的变化 2)不同批次塑料的成型收缩率、流动性、结晶化程度的差别 3)再生塑料的混合、着色剂等附加物的影响 4)塑料中的水分以及挥发和分解气体的影响
与成型工艺有关的原因	1)由于成型条件的变化造成成型收缩率的变化 2)成型操作变化的影响 3)脱模顶出时的塑料变形、弹性恢复
与成型后时效有关的原因	1)周围温度、湿度不同造成的尺寸变化 2)塑料的塑性变形及因为外力作用产生的蠕变、弹性恢复 3)残余应力、残余变形引起的变化

2.2　塑件表面质量

塑件的表面质量包括表面粗糙度和表观质量等。塑件的表观要求越高，表面粗糙度数值应越低。

2.2.1　塑件表面粗糙度

塑件表面粗糙度的高低主要与模具型腔内各成型表面的粗糙度有关。一般模具型腔表面粗糙度数值要比塑件的要求低 1 ~ 2 级。例如，通常注射成型塑件表面的粗糙度为 *Ra*0.02 ~ *Ra*1.25 μm，型腔表面的表面粗糙度应该为 *Ra*0.01 ~ *Ra*0.63 μm。不同的成型方法及不同塑料材料所能达到的塑件表面粗糙度见表 2 - 3。

表 2 - 3　不同加工方法和不同材料所能达到的塑件表面粗糙度（GB/T 14234—1993）

加工方法	材料		*Ra* 参数值范围/μm										
			0.025	0.05	0.10	0.20	0.40	0.80	1.60	3.20	6.30	12.50	25
注射成型	热塑性塑料	PMMA	—	—	—	—	—	—	—				
		ABS	—	—	—	—	—	—	—				
		AS	—	—	—	—	—	—	—				
		聚碳酸酯		—	—	—	—	—	—				
		聚苯乙烯		—	—	—	—	—	—	—			
		聚丙烯			—	—	—	—	—				
		尼龙			—	—	—	—	—				
		聚乙烯			—	—	—	—	—	—	—		
		聚甲醛		—	—	—	—	—	—	—			
		聚砜				—	—	—	—	—			
		聚氯乙烯				—	—	—	—	—			
		氯苯醚				—	—	—	—	—			
		氯化聚醚				—	—	—	—	—			
		PBT				—	—	—	—	—			
	热固性塑料	氨基塑料				—	—	—	—	—			
		酚醛塑料				—	—	—	—	—			
		硅酮塑料				—	—	—	—	—			
压缩和压注成型		氨基塑料				—	—	—	—	—			
		酚醛塑料				—	—	—	—	—			
		密胺塑料			—	—	—	—					
		硅酮塑料				—	—	—					
		DAP					—	—	—	—			
		不饱和聚酯					—	—	—	—			
		环氧塑料				—	—	—	—	—			
机械加工		有机玻璃	—	—	—	—	—	—	—	—	—		
		尼龙							—	—	—	—	
		聚四氟乙烯					—	—	—	—	—	—	
		聚氯乙烯							—	—	—	—	
		增强塑料							—	—	—	—	—

注：模塑塑料件 *Ra* 数值应相应增大两个档次。

原材料的质量、成型工艺(各种参数的设定、控制等人为因素)等也会影响到塑件的表面粗糙度，尤其是模具型腔壁上的表面粗糙度影响最大。因此，模具的型腔壁表面粗糙度实际上成为塑件表面粗糙度的决定性因素。表 2-4 列出了模具型腔表面粗糙度对注射件表面粗糙度的影响情况。

表 2-4 模具型腔表面粗糙度对注射件表面粗糙度的影响

注射模工作表面			注射塑件表面粗糙度 Ra/μm				
加工方法	纹路方向	表面粗糙度 Ra/μm	苯乙烯聚合物	丁二烯聚合物	低密度聚乙烯	高密度聚乙烯	聚丙烯
精磨	顺纹路	0.12	0.024	0.13	0.18	0.25	0.20
	垂直纹路	0.21	0.05	0.17	0.22	0.26	0.26
抛光	顺纹路	0.18	0.02	0.29	0.28	0.20	0.26
	垂直纹路	0.46	0.26	0.36	0.34	0.26	0.55
铣	顺纹路	3.4	1.2	1.6	0.4	0.72	1.9
	垂直纹路	4.6	3.7	1.9	4.1	3.0	3.5
刨	顺纹路	4.2	1.5	0.85	1.1	1.6	1.35
	垂直纹路	8.0	6.2	7.2	5.0	7.4	7.4

有些制品的表面要求有 Ra0.8 ~ Ra0.05 的表面粗糙度(镜面)，而模具在使用中由于型腔的磨损，表面粗糙度将逐渐降低，因此需要经常抛光型腔表面，以保持其原有的表面粗糙度。

另外，对于透明塑件，特别是光学元件，要求凹模与型芯两者有相同的表面粗糙度，而不透明塑件，模具型芯的成型表面并不影响制品的外观，其作用仅在于提高制品的脱模性能，因此在不影响制品使用要求的前提下，型芯的表面粗糙度的级别可比型腔的表面粗糙度低 1 ~ 2 级。

2.2.2 塑件表观质量

塑件的表观质量是指塑件成型后表面的缺陷状态，如常见的缺料、溢料、飞边、气孔、熔接痕、斑纹、银纹、凹陷、翘曲、收缩以及尺寸不稳定和色彩均匀性等。这些缺陷主要与塑料成型时原材料的选择、塑料成型工艺条件、模具总体结构设计等多种因素有关。

2.3 塑件结构设计

2.3.1 塑件的形状

塑料制品的形状结构一般应满足一定的实用或功能要求。如属于普通实用形状的包括普通容器、家用器具、玩具和任何实用物品等；属于艺术形状的制品包括各种装饰品；属于功能形状的如计算机外壳或汽车结构件等。有些塑料制品或许要满足普通实用、艺术和功能等多种要求。

塑料制品的形状直接决定了相应模具结构的设计。制品设计方面的某些简单要求往往会造成模具制造和产品成型的困难；反之，对制品的结构作有利于模具设计的优化，往往又能大大地简化模具结构或改善成型工艺。一般来说，对于普通实用形状塑料制品，为简化模具设计所要求的制品结构改动，一般容易获得通过。对于工程形状制品关于制品的结构改动（改善模具设计所需要的）大体上与实用形状相同。但是，对于艺术形状塑料制品获得赞同常会很困难，因为这些艺术形状可能是为吸引顾客所要求的。另外，许多实用的制品是实用形状与艺术形状的集合。因此，对于模具设计师在模具设计前要充分了解塑料制品的用途、要求，在可能的情况下尽量优化塑料制品的结构，避免侧向凹凸而减少或消除不必要的侧向抽芯，以简化模具结构。表 2－5 为改变塑件形状以利于成型的典型实例。

表 2－5　改变塑件形状以利模具成型的典型实例

序号	不 合 理	合 理	说 明
1	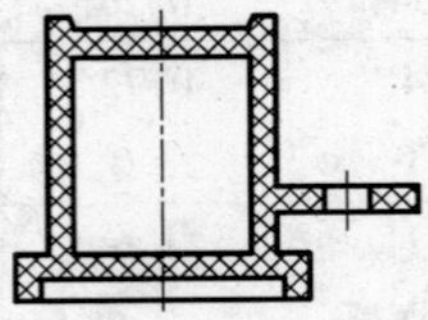	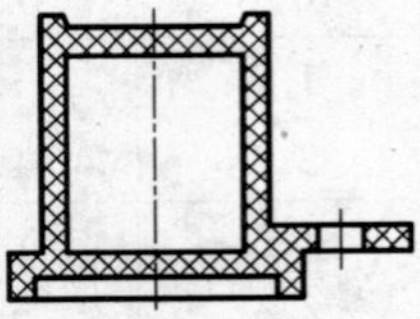	将图中带有一个安装孔的固定平台下移后，就可以省去了模具设计过程中的侧向抽芯机构
2	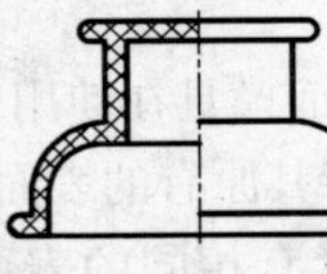	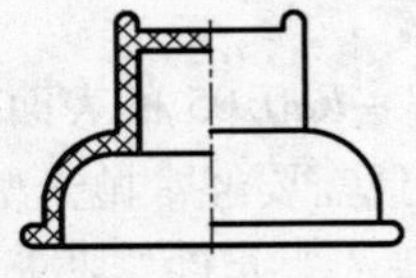	塑件外侧凹，必须采用瓣合凹模，使塑料模具结构复杂，塑件表面有接缝
3	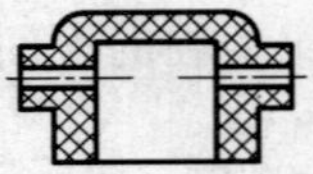 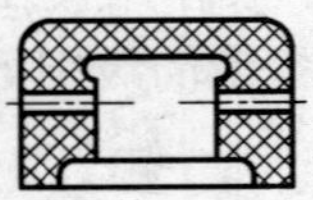	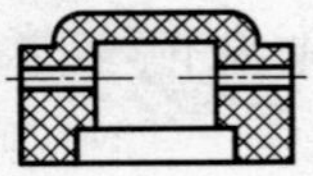	应避免塑件表面横向凹台，以便于脱模
4	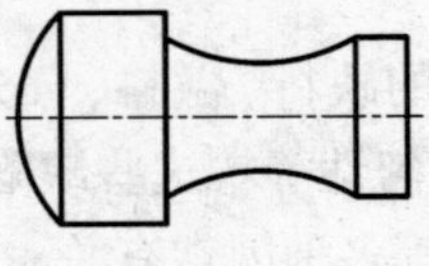	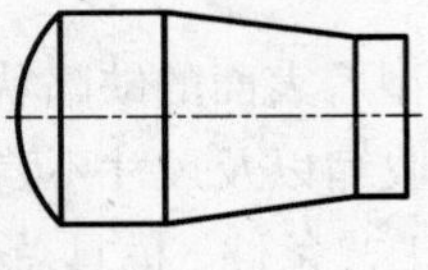	将中部凹陷的部分补齐，从而可以避免侧向抽芯或在表面留下痕迹线
5	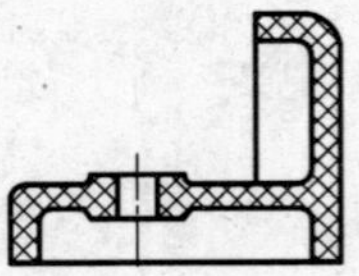	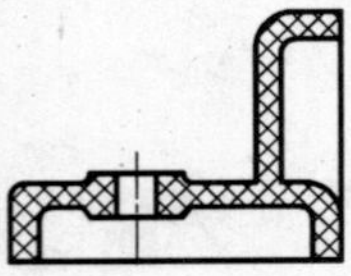	塑件内侧凹，抽芯困难，将其改为外侧凹，外侧抽芯，降低抽芯难度
6	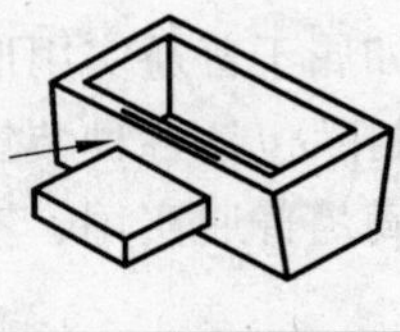	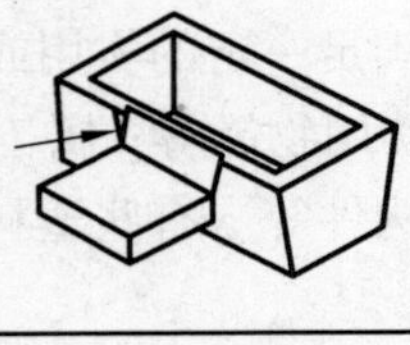	改变箭头所指出的脱模斜度方向，可以防止倒扣

续表

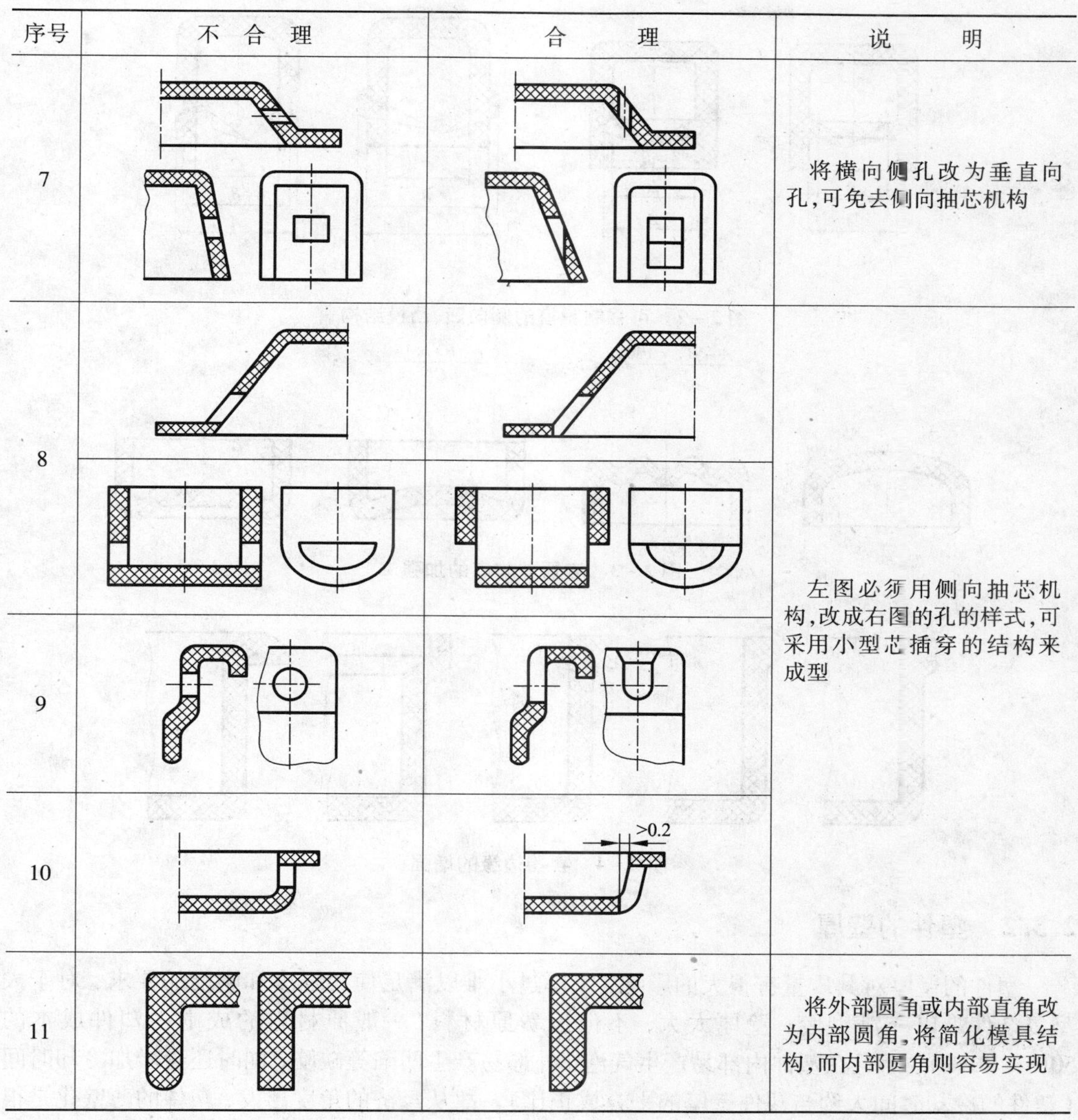

序号	不合理	合理	说明
7			将横向侧孔改为垂直向孔,可免去侧向抽芯机构
8			左图必须用侧向抽芯机构,改成右图的孔的样式,可采用小型芯插穿的结构来成型
9			
10		>0.2	
11			将外部圆角或内部直角改为内部圆角,将简化模具结构,而内部圆角则容易实现

当塑件内、外侧凹较浅并允许带有圆角 r 时，则可以用整体凸模，采取强制脱模的方法从凸模或凹模上脱下，如图 2－2 所示。但此时必须要求这些塑料在脱模温度下应具有足够的弹性，以使其在强制脱模时不会损坏。这些塑料如聚乙烯、聚丙烯、聚甲醛等。但大多情况下塑件的侧向凸凹是不能强制脱模的，必须采用侧向分型抽芯机构。

塑件的形状还应有利于提高塑件的强度和刚度。薄壳状塑件可设计成球面或拱形面，如图 2－3 所示。容器的边缘也宜设置成如图 2－4 所示的各种结构，以增强塑件的刚度和减小变形。

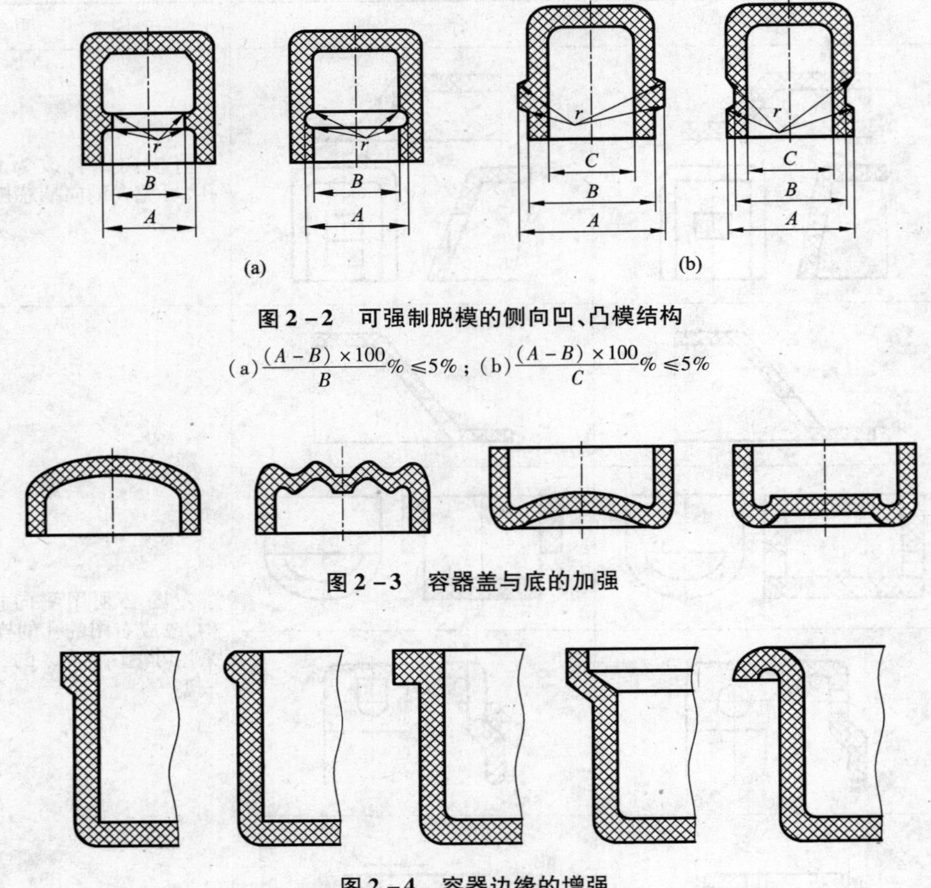

图 2-2 可强制脱模的侧向凹、凸模结构

(a) $\frac{(A-B)\times 100}{B}\% \leqslant 5\%$；(b) $\frac{(A-B)\times 100}{C}\% \leqslant 5\%$

图 2-3 容器盖与底的加强

图 2-4 容器边缘的增强

2.3.2 塑件的壁厚

塑件的壁厚对其质量有很大的影响，壁厚过小难以满足使用强度和刚度的要求，对于大型复杂件难以充满型腔；壁厚太大，不但浪费原材料（一般原材料的成本占塑件成本的 50% ~70%），而且在塑件内部易产生气泡，外部易产生凹陷等缺陷，同时还会增加冷却时间（塑件的冷却时间大约与塑件壁厚的平方成正比）。故从经济的角度出发，塑件的薄壁化是很重要的。另外，同一塑件的壁厚应尽可能均匀一致，以避免收缩不一致而导致塑件变形或开裂。

塑件壁厚一般在 1 ~6 mm 范围内，最大可达 8 mm。最常用壁厚值为 1.8 ~3 mm，这都随塑件类型及大小而定。但是，精密塑件的壁厚可不受上述范围限制，如“随身听”之类的轻巧的电子产品，其壁厚可以小于 1 mm，有的甚至达到 0.6 mm。一些热塑性塑件和热固性塑件的最小壁厚及其推荐值见表 2-6 和表 2-7。同一塑件的壁厚应尽可能一致，否则可采取改善壁厚的措施。部分塑件壁厚的改进实例见表 2-8。

表 2－6　常用热塑性塑件最小壁厚及其推荐值　mm

塑件材料	最小壁厚	小型塑件推荐壁厚	中型塑件推荐壁厚	大型塑件推荐壁厚
聚酰胺	0.45	0.75	1.60	2.40～3.20
聚乙烯	0.60	1.25	1.60	2.40～3.20
聚苯乙烯	0.75	1.25	1.60	3.20～5.40
有机玻璃(372)	0.80	1.50	2.20	4.00～6.50
聚甲醛	0.80	1.40	1.60	3.20～5.40
聚丙烯	0.85	1.45	1.75	2.40～3.20
聚碳酸酯	0.95	1.80	2.30	3.00～4.50
聚砜	0.95	1.80	2.30	3.00～4.50
硬聚氯乙烯	1.15	1.60	1.80	3.20～5.80

表 2－7　热固性塑件壁厚　mm

塑件材料	塑件高度		
	～50	50～100	>100
粉状填料的酚醛塑料	0.7～2.0	2.0～3.0	5.0～6.5
纤维状填料的酚醛塑料	1.5～2.0	2.5～3.5	6.0～8.0
氨基塑料	1.0	1.3～2.0	3.0～4.0
聚酯玻璃纤维填料的塑料	1.0～2.0	2.4～3.2	>4.8
聚酯无机物填料的塑料	1.0～2.0	3.2～4.8	>4.8

表 2－8　塑件壁厚设计改进实例

序号	不合理	合理	说明
	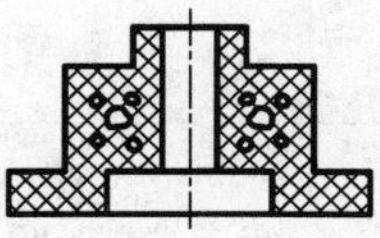	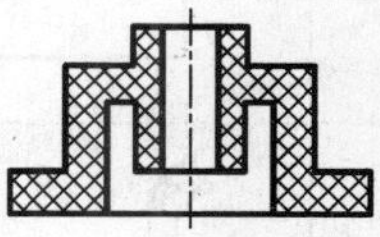	
1	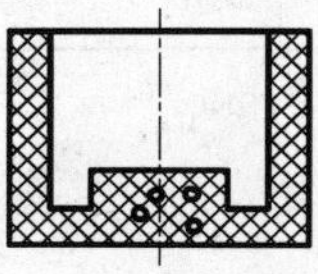	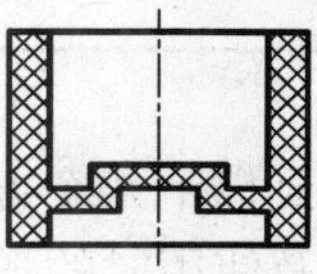	塑件壁厚不均，往往因冷却或固化速度不同而产生附加内应力，在较厚部位产生缩孔或翘曲变形
	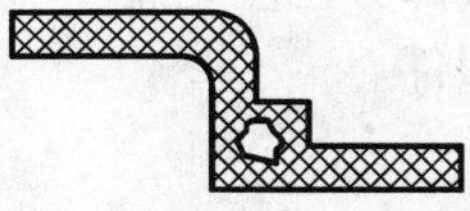	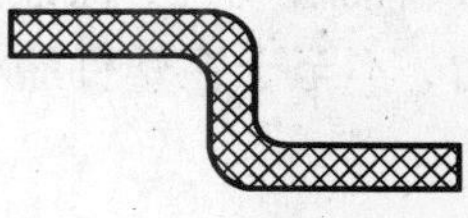	

续表

序号	不 合 理	合 理	说 明
1	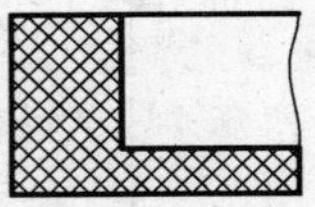	 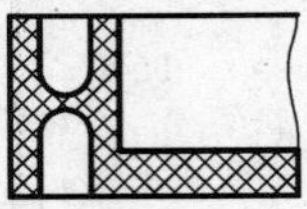	塑件壁厚不均，往往因冷却或固化速度不同而产生附加内应力，在较厚部位产生缩孔或翘曲变形
2	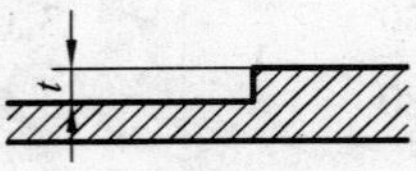 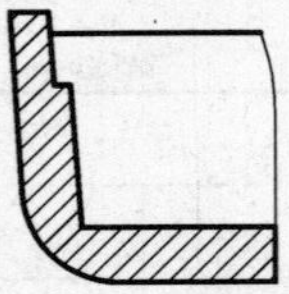	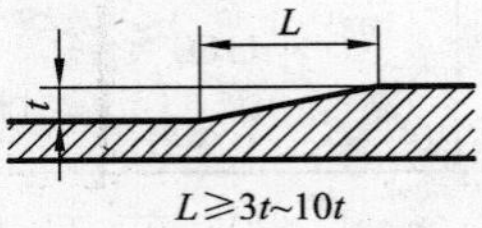 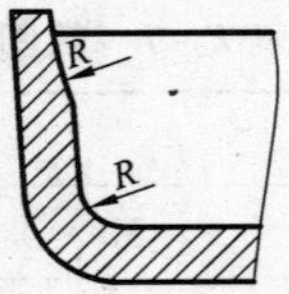	当塑件中的壁厚变化不可避免时，为避免局部壁厚的不良影响，壁厚向壁薄部分过渡时必须设有一段过渡区
3	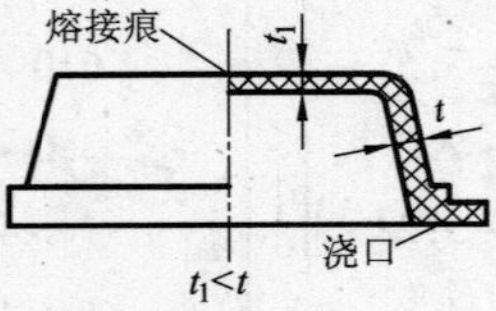	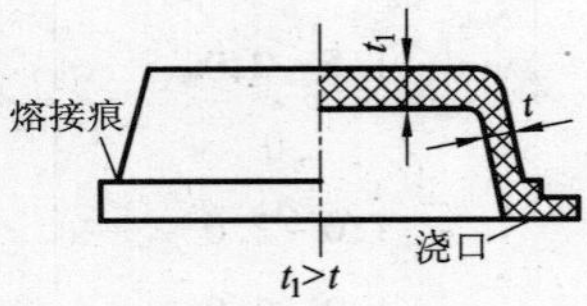	平顶塑件，采用侧浇口进料时，为避免平面上留有熔接痕，必须保证平面进料通畅，故 $t_1>t$
4	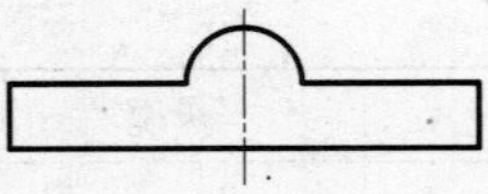	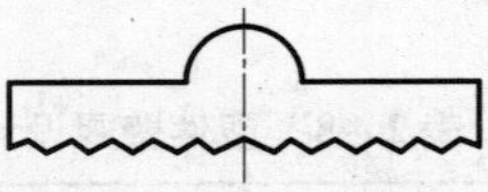 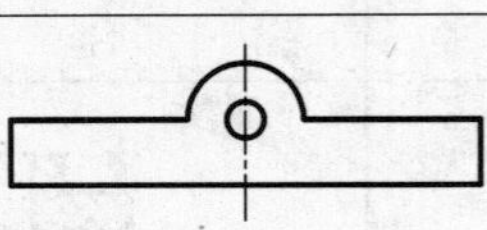	壁厚不均塑件，可在易产生凹痕表面采用波纹形式或在厚壁处开设工艺孔，以掩盖或消除凹痕
5	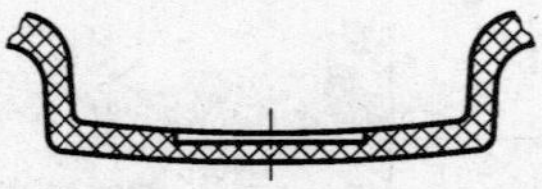	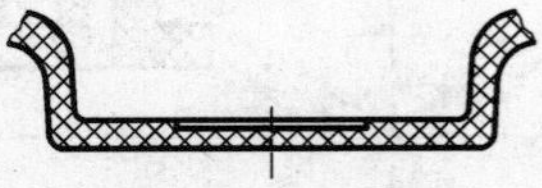	凹位过深，实际产生拱形变形，减小凹位深度，解决变形

在改善塑件壁厚时要注意考虑到以下几个方面：

1）应满足塑件在装配、运输以及使用时的强度要求。

2）充分考虑在成型过程中塑料的流动性，保证薄壁和棱边部分也能充满。

3）塑件能承受足够的脱模力，不至于在塑件脱模时损坏塑件。

2.3.3 脱模斜度

塑件冷却后产生收缩将会紧紧包在凸模上，或由于黏附作用而紧贴在型腔内。为便于脱模，防止塑件表面在脱模时出现顶白、顶伤、划伤等，在塑件设计时应考虑其表面具有合理的脱模斜度，如图 2－5 所示。

塑件上的脱模斜度大小，与塑件的性质、收缩率、摩擦因数、塑件壁厚和几何形状有关。因此，在选取脱模斜度时，应该注意以下几点：

1）精度要求高的塑件应采用较小的脱模斜度；

2）较高、较大的塑件尺寸应选用较小的脱模斜度；

3）形状复杂、不易脱模的塑件应选用较大的脱模斜度；

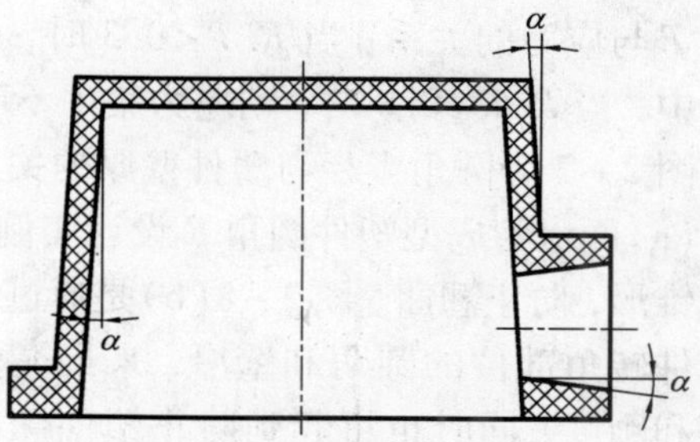

图 2－5　脱模斜度

4）收缩率大的塑件应选用较大的脱模斜度值；

5）壁厚较大的塑件会产生较大的成型收缩，应采用较大的脱模斜度；

6）如果要求脱模后塑件保持在型芯的一边，那么塑件的内表面的脱模斜度可选得比外表面小；如果要求脱模后塑件留在凹模内，则塑件外表面的脱模斜度应小于内表面。但当内外表面要求不一致时，往往不能保证壁厚的均匀。

7）增强塑件宜取大的脱模斜度，含自润滑剂等易脱模塑料可取小的脱模斜度；

8）脱模斜度方向的选取，一般内孔以小端为准，符合图样，斜度由扩大方向取得。外形以大端为准，符合图样，斜度由缩小方向取得。一般情况下，脱模斜度 α 不包括在塑件公差范围内。常用塑件的脱模斜度见表 2－9。

表 2－9　常用塑件的脱模斜度

塑料名称	脱模斜度	
	凹模	型芯
聚乙烯、聚丙烯、软聚氯乙烯、聚酰胺、氯化聚醚	25′～45′	20′～45′
硬聚氯乙烯、聚碳酸酯、聚砜	35′～40′	30′～50′
聚苯乙烯、有机玻璃、ABS、聚甲醛	35′～1°45′	30′～40′
热固性塑料	25′～40′	20′～50′

塑件外观表面要求光面或纹面，其脱模斜度也不同，脱模斜度值如下：

1）外表面为光面时，小塑件脱模斜度≥1°，大塑件脱模斜度≥3°；

2）外表面为蚀纹面 $Ra<6.3$ μm 时，脱模斜度≥3°，$Ra\geqslant6.3$ μm 时，脱模斜度≥4°；

3）外表面为火花纹面 $Ra<3.2$ μm 时，脱模斜度≥3°，$Ra\geqslant3.2$ μm 时，脱模斜度≥4°。

有时为了在开模时让塑件留在凹模内，则需要相应地减小凹模内表面的脱模斜度。另外，值得注意的是，在修改塑件脱模斜度时，还需保证塑件装配关系和外观的要求。

2.3.4　圆角设计

塑件设置圆角，不但能使其成型时熔体流动性能好，成型顺利进行，而且能减小应力集中。因为当塑件带有尖角时，往往会在尖角处产生应力集中，在受力或受冲击振动时发生断裂。从图 2-6 中曲线可以看出圆角半径 R 和厚度 T 与应力的关系：当 $R/T<0.3$ 时，应力容易集中；当 $R/T>0.8$ 时，则应力集中不明显。

图 2-7 为圆角半径与塑件壁厚的关系。图 2-8(a)所示为成型塑件圆角 R 设计实例，壁设计成锥形，防止翘曲；图 2-8(b)是通过增加成型塑件转角部位的圆角和壁厚，来提高塑件的强度和刚度，同时也可起到防止塑件翘曲变形的作用。

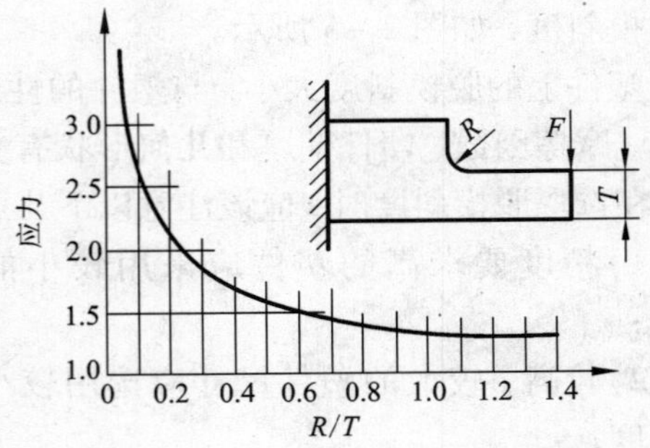

图 2-6　应力集中处，厚度 T 与圆角半径 R 的关系（荷重 F）

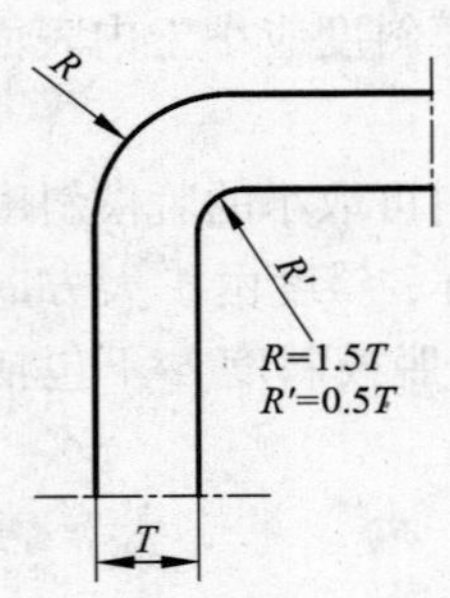

图 2-7　圆角半径 R 与塑件壁厚 T 的关系

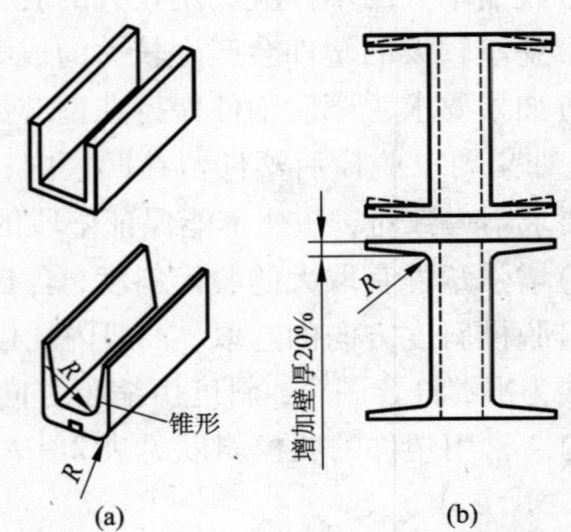

图 2-8　增设圆角 R 并改变壁厚防止翘曲变形

2.3.5　孔的设计

塑件上的孔有通孔、不通孔、形状复杂的孔、螺纹孔等，这些孔绝大多数与塑件同时成型。由于塑件的成型特性，设计时应该注意以下几个方面：

(1)孔的极限尺寸　一般来说，塑件上的孔均能用一定的型芯成型。在注射成型时，型芯受到高速流动的塑料熔体的冲击，如果型芯的直径太小或太长，则会因为高压冲击而弯曲，所以对孔的最小直径和孔的最大深度加以限制。热塑性塑件孔的极限尺寸见表 2-10。

(2)孔间距　注射成型时，塑料熔体遇到成型孔的小型芯时会被分成两部分，在料流的背面产生熔接痕，使塑件孔的强度降低。因此，孔边与孔边之间、孔边与塑件边缘之间应该有一定的距离，以保证塑件有足够的强度。孔间距、孔边距与孔径的关系见表 2-11。

孔间距或孔边距过小时应改进设计，如将图 2-9(a)改为图 2-9(b)所示的结构。当塑件受力较大时可在孔的边缘处设置凸台的形式，增加塑件孔的机械强度，如图 2-10(a)、(b)所示；对于较深的小孔，可以采用设置加强肋的方法，来提高孔的强度和刚性，如图 2-10(c)所示。对于开口孔可在开口孔的边缘设置凸台，如图 2-10(d)所示。

表 2-10　热塑性塑件孔的极限尺寸

塑件材料	孔的最小直径 d/mm	孔的最大深度 h	
		不通孔	通孔
聚酰胺	0.20	$4d$	$10d$
聚乙烯	0.20	$4d$	$10d$
软聚氯乙烯	0.20	$4d$	$10d$
聚甲基丙烯酸甲酯	0.25	$3d$	$8d$
聚甲醛	0.30	$3d$	$8d$
聚苯醚	0.30	$3d$	$8d$
硬聚氯乙烯	0.25	$3d$	$8d$
改性聚苯乙烯	0.30	$3d$	$8d$
聚碳酸酯	0.35	$2d$	$6d$
聚砜	0.35	$2d$	$6d$

表 2-11　塑件孔间距、孔边距与孔径的关系　mm

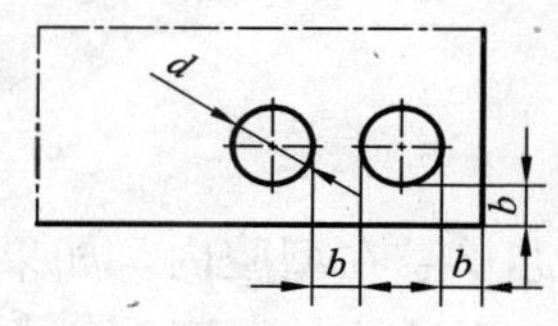

孔径 d	~1.5	>1.5~3	>3~6	>6~10	>10~18	>18~30
孔间距 孔边距 b	1~1.5	>1.5~2	>2~3	>3~4	>4~5	>5~7

备注：1. 热塑性塑料按热固性塑料的 75% 取值
2. 增强塑料宜取上限
3. 当两个孔径不一样时，以小孔径查表

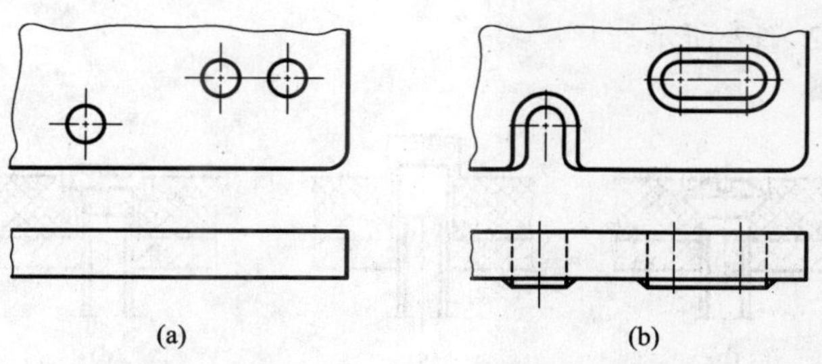

图 2-9　孔间距或孔边距过小时的改进设计

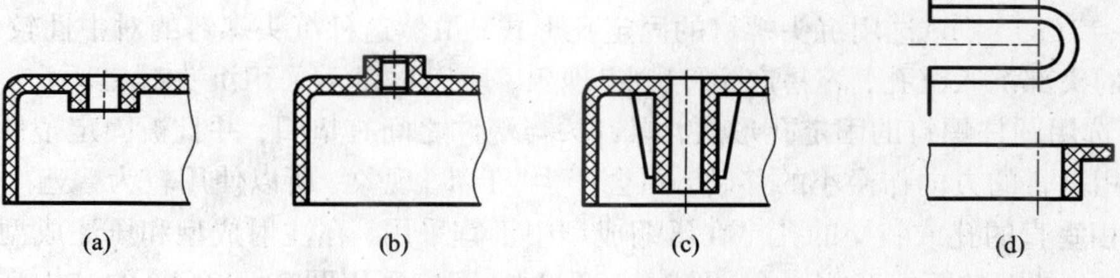

图 2-10　塑件孔的增强方法

(3)孔的类型　塑件上常见的孔有通孔、不通孔、螺钉固定孔和异型孔等。

1)通孔　通孔的成型方法如图 2－11 所示。

图 2－11(a)为普通孔的成型方法，型芯固定在模板一侧。当成型较深的通孔时，可采用型芯分别固定在动、定模两侧，如图 2－11(b)所示。它的不足之处是，合模时两型芯容易产生偏移，两孔的同轴度精度不容易保证。当两孔的同轴精度要求较高时，可采用图 2－11(c)的方法，在型芯对合处用圆锥面定位。图 2－11(d)是型芯在一端固定，另一端导向增强的方法，可保证孔与分型面的垂直度要求。但由于型芯的合模滑动在导向孔端部容易磨损而产生飞边，同时，通孔从一侧推出，增大了脱模阻力。解决的方法：一是导向孔处镶嵌硬度较高的导套，如图 2－11(e)所示；二是采用顶管推出的形式。

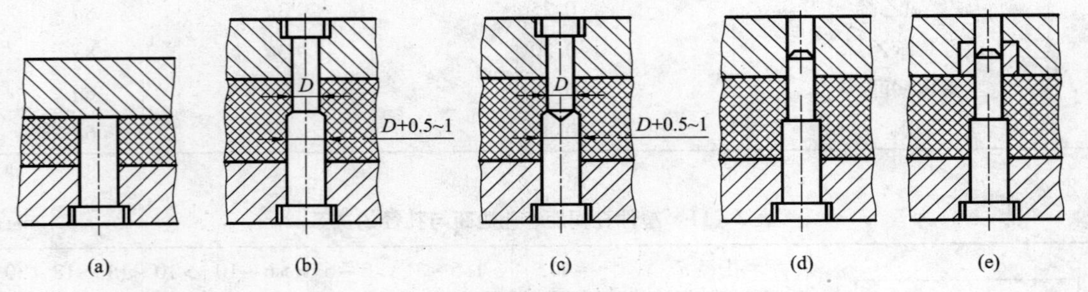

图 2－11　通孔的成型方法

2)不通孔　当塑件上出现不通孔时，只能用一端固定型芯，即型芯单悬在型腔内。如果型芯与浇注料流方向垂直，很容易使型芯受到冲击而弯曲变形，因此，不通孔的深度一般不超过孔径的 4 倍。

3)螺钉固定孔　为了紧固塑件，选用不同形式的螺钉，其螺钉固定孔的形式也各不相同，常见的形式如图 2－12 所示。

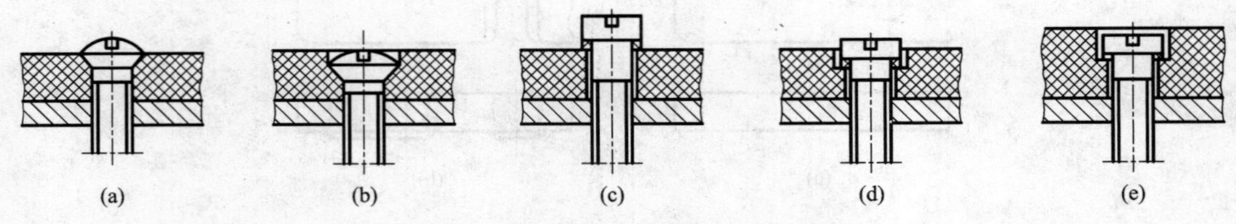

图 2－12　螺钉固定孔的形式

图 2－12(a)、(b)选用沉头螺钉的固定孔形式，虽然这种沉头螺钉的对中性较好，但是，由于螺钉的头部沉入沉孔，容易产生“干涉”现象，所以尽量不采用沉头螺钉固定。图 2－12(c)～(e)选用圆柱螺钉的固定孔形式，螺钉头与塑件之间有垫圈，并且被固定塑件可以沿螺钉的轴线相垂直的方向作微小的移动，不会产生“干涉”现象，所以使用较为普遍。

4)互相垂直的孔或斜交的孔　在压缩成型中不宜采用，在注射成型和压注成型中可以采用，但两个孔的型芯不能互相嵌合[图 2－13(a)]，而应采用图 2－13(b)的结构形式。在成型时，小孔型芯从两边抽芯后，再抽大孔型芯。需要设置侧壁孔时，应考虑尽可能使模具结构简单化。

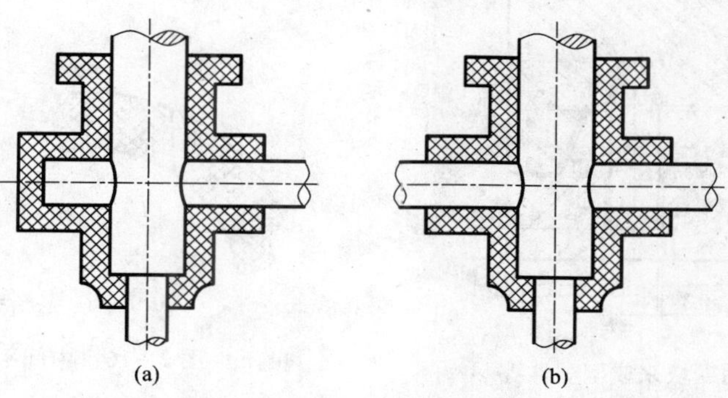

图 2－13　互相垂直孔的成型

5）孔的碰穿和插穿　对于塑料制品中的通孔的成型，经常会遇到两个专业术语“碰穿”和“插穿”。要成型如图 2－14(a)所示的塑件上的两个孔，可以用图 2－14(b)所示的成型结构，可以看到凸、凹模镶块有些部分是相互碰在一起，一般将没有脱模斜度的相碰称之为“碰穿”，而有脱模斜度的相碰称之为“插穿”。

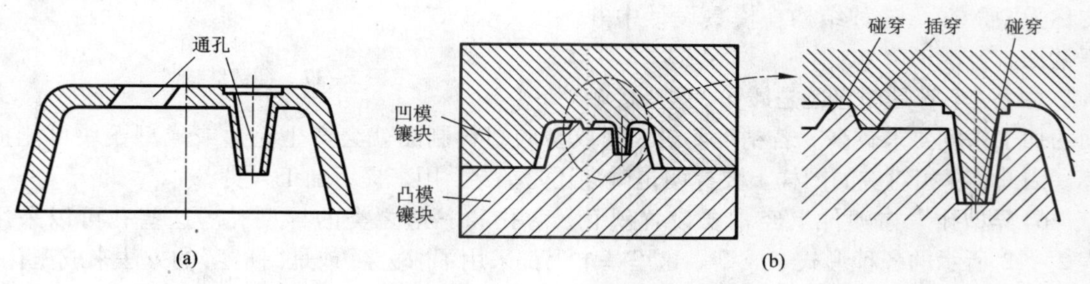

图 2－14　孔的碰穿和插穿

(a)塑件产品图；(b)成型塑件的凸、凹模镶块

对于塑料制品中的通孔和不通孔一般用小型芯来成型。如果这种型芯直接在凸、凹模上加工出来，一方面浪费了材料，另一方面也不方便模具在使用过程中的维修和更换。所以，常将这些型芯做成“镶块”(型芯镶块)装配到凸、凹模上。较大的型芯镶块用螺钉固定，较小的型芯镶块用“台阶”固定，如图 2－15 所示。

镶块一般采用单边支撑，对于细长的刚性较差的镶块则需要双边支撑。双边支撑的镶块，其悬出长度不大于镶块直径的 8 倍($L_1 < 8d_1$)，单边支撑的镶块其悬出长度不大于其直径的 5 倍($l_4 < 5d_2$)，对于这两种支撑方式的镶块与其安装孔之间必须有一段大于 3 倍镶块直径的过盈配合($l_2 > 3d_1$，$l_3 > 3d_2$)，台阶的高度要大于 3 mm。另外，为了方便装配，台阶与型芯镶块的安装沉孔的边缘的单边间隙要大 0.5～1 mm。

另外，当碰穿位较陡峭时，如图 2－16(a)中 A 处较陡，适宜采用中间平面碰穿结构，如图 2－16(b)中的 B 处，这样可以有效缩短碰穿孔处型芯镶件的高度，改善型芯镶件的受力情况。

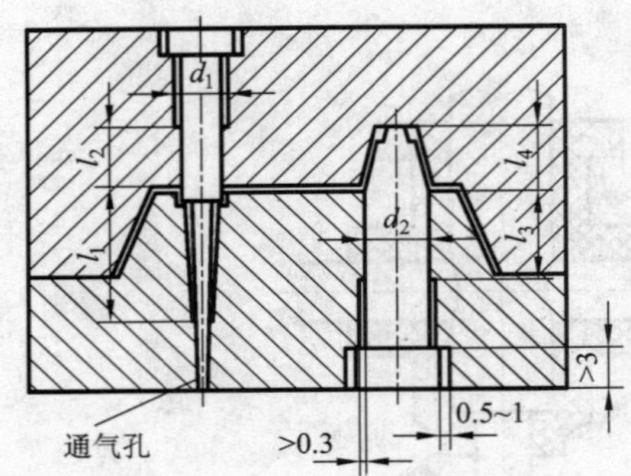

图 2-15 用镶块来成型塑件孔

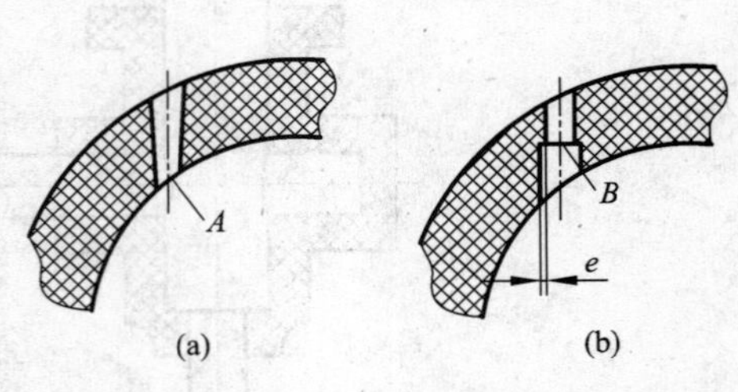

图 2-16 中间平面碰穿结构

值得注意的是，如图 2-17(a)所示当“A”点与“B”点的高度差 $h<0.5$ mm，甚至“A”点低于“B”点时[图 2-17(b)]，其成型镶块也需要用双边支撑，其封胶面最小距离须保证 $L>1$ mm，导向部位斜度 $\alpha \geqslant 5°$，长度 $H \geqslant 2.5$ mm，也有人将这种成型结构称为“插穿”，这种结构在模具设计中并不常见。

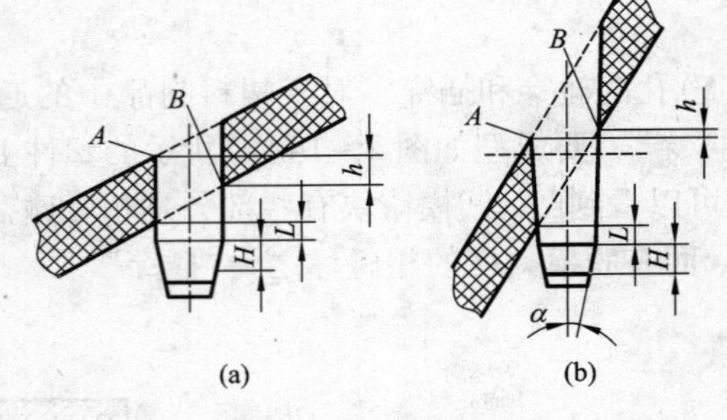

图 2-17 插穿结构

总之，不管是碰穿还是插穿，这些接触面的加工精度要求较高。若精度不够，则成型的塑料制品就会产生毛边或成型镶块可能损坏。因此，在相对应的图样上要标明是碰穿还是插穿，用来提示加工人员。

6)异型孔　在塑件上经常要设置斜孔、弯孔和三通之类的异型孔。这些孔可以采用表 2-12 所示的各种形式来成型。这里基本上都采用了“碰穿”或是“插穿”的方法来成型孔。

表 2-12 异型孔成型方法

孔　形	成型方法	孔　形	成型方法

续表

孔　形	成型方法	孔　形	成型方法

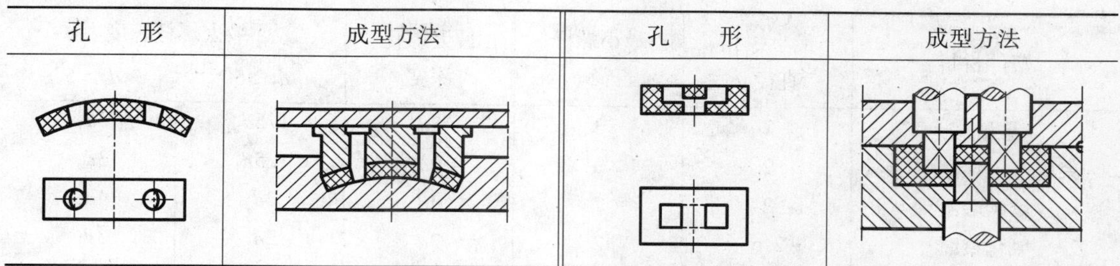

2.3.6　螺纹设计

塑件上的螺纹要求强度较高时，可采用金属嵌件嵌入的形式；但是如果对它的强度要求不是很高时，则可用直接注射成型。但是，由于螺纹的直径和螺距在成型后会产生一定的收缩以及塑料螺纹的一些特有的性质，在设计螺纹塑件时要注意以下几个方面的问题：

1）为了使用方便和提高塑件使用寿命，则在螺纹端部有大于 0.5 mm 的无螺纹区。这样螺纹结构可以降低制造难度、防止出现毛刺和脱边而导致的崩扣，安装时还可以起导向作用。塑件螺纹始末部分的尺寸见表 2－13。

表 2－13　塑件螺纹始末部分的尺寸　　mm

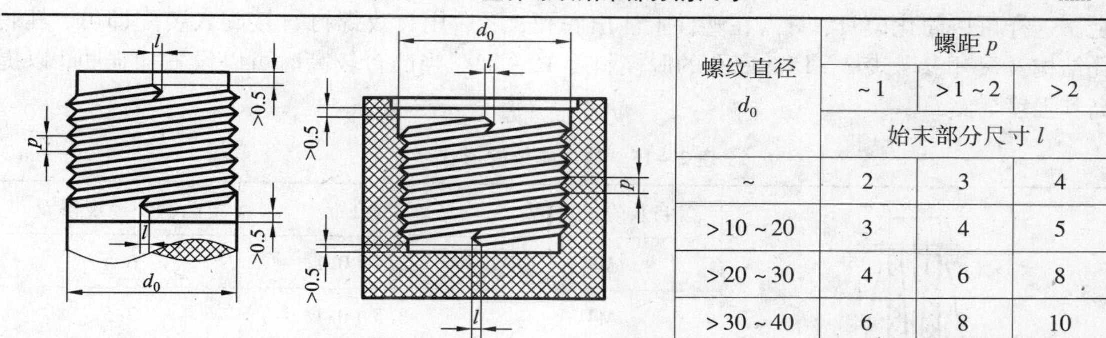

螺纹直径 d_0	螺距 p		
	~1	>1~2	>2
	始末部分尺寸 l		
~	2	3	4
>10~20	3	4	5
>20~30	4	6	8
>30~40	6	8	10

2）在同一塑件的同一部位的同轴线上有前后两段螺纹时，其螺纹的螺距和旋转方向应一致，这样可以同时旋出螺纹型芯零件，以简化模具结构。如果塑件上的两段螺纹不等或旋转方向相反，则螺纹型芯应分别做出组合装配，成型后分别旋出，如图 2－18 所示。

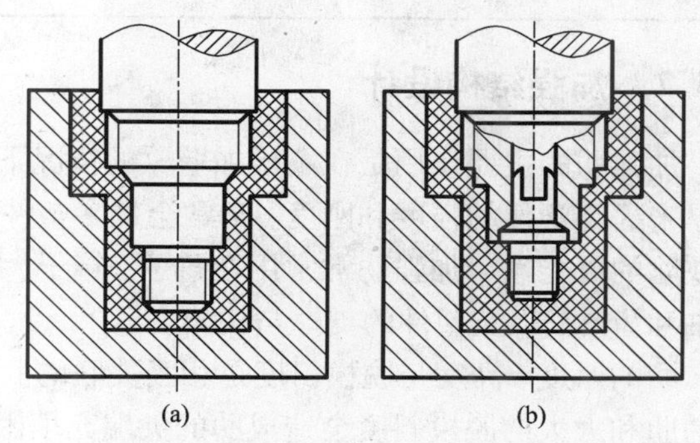

图 2－18　两段同轴螺纹

（a）旋向相同，螺距相等；（b）旋向不同，螺距不等

3）由于塑件的强度相对不高，外螺纹的直径不应小于 3 mm，内螺纹直径不能小于 2 mm。螺距不能太小，一般螺距不小于 0.7 mm，以免螺纹过细而影响使用。塑件螺纹的极限尺寸见表 2－14。

表 2－14　塑件螺纹极限尺寸　mm

塑件材料	最小螺孔直径 d	最小螺杆直径 d_1	最大螺孔深度	最大螺杆长度	
				$d_1 \leq 5$	$d_1 > 5$
聚酰胺	2	3	$3d$	$1.5d_1$	$2d_1$
聚甲基丙烯酸甲酯	2	3	$3d$	$1.5d_1$	$3d_1$
聚碳酸酯	2	2	$3d$	$2d_1$	$4d_1$
氯化聚醚	2.5	2	$3d$	$2d_1$	$3d_1$
改性聚苯乙烯	2.5	2	$3d$	$2d_1$	$3d_1$
聚甲醛	2.5	2	$3d$	$2d_1$	$3d_1$
聚砜	3	3	$3d$	$2d_1$	$3d_1$

注：1. 热固性塑料的内外螺纹直径不小于 3 mm，螺纹长度不小于 $1.5d$，螺距应大于 0.5 mm。

2. 螺纹精度一般不超过 GB/T 197—1981 规定的公差等级 5～6 级。

4）为了减小螺距的积累误差，应尽量缩短配合长度，即它的配合长度应小于螺纹直径的 1.5～2 倍，即螺距的收缩累积误差尽量小些，以满足配合时的使用要求。如果是同种塑料的结构件的相互配合，则不必考虑因收缩产生的螺距误差。

5）如果塑件上的螺纹在使用时不经常拆卸且紧固力不大时，可采用自攻螺钉的结构固定。这样可以简化模具，只需在塑件上注出底孔，之后用自攻螺钉直接旋入装配即可，其底孔结构及尺寸参考表 2－15。底孔的脱模斜度 1°～2°。当凸台较高时可以设置加强肋，以提高其强度。

表 2－15　自攻螺纹的形状尺寸　mm

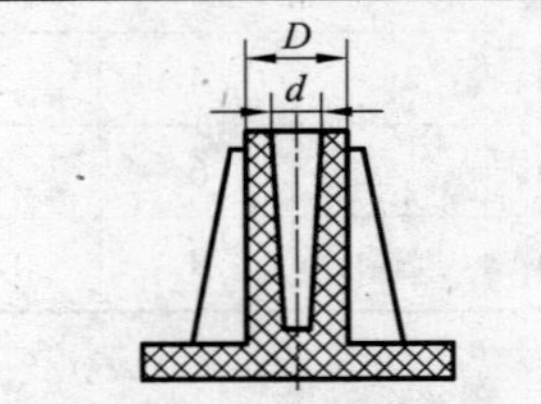

自攻螺纹规格	底孔 d	凸台外径规格 D
M3	2.4＋0.1	6.5
M4	3.5＋0.1	7.5
M5	4.4＋0.1	8.5

2.3.7　加强结构设计

加强肋的主要作用是在不增加壁厚的情况下加强塑件的强度和刚度。因为纯粹依靠增加壁厚来提高塑件的强度和刚度，常常会带来塑件重量、冷却时间的增加以及产生凹痕与气孔等缺陷的可能性。加强肋常常用在盖子、箱子、需要有良好外观和重量轻的宽大表面、齿轮的轴和齿廓，以及塑件的支撑与构架。

肋的厚度、高度与脱模斜度是相互关联的。太粗厚的肋会在塑件的另一面造成凹痕；太薄的肋和太大的脱模斜度会造成肋的尖端充填困难。肋的各边一般应有大的脱模斜度，最小不得低于0.5°，而且应该将肋两侧的模面精密抛光。脱模斜度使得从肋顶部到根部增加壁厚，一般肋根部的最大厚度为塑件壁厚的0.8 倍，通常取壁厚的0.5～0.8 倍，塑料制品加强肋尺寸设计见表 2－16。

表 2－16　塑料制品加强肋尺寸设计　mm

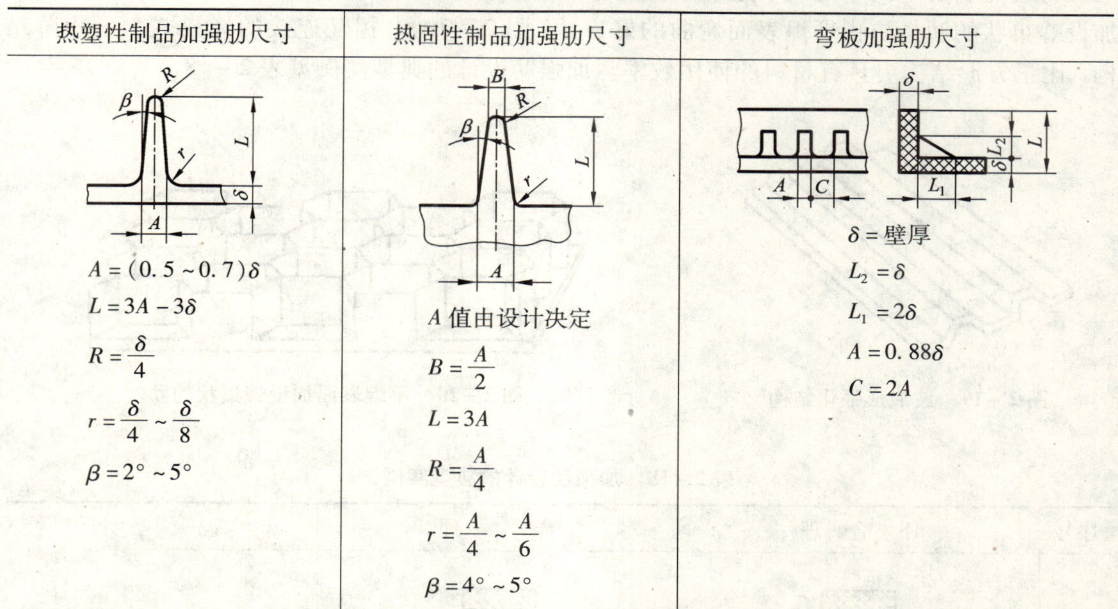

热塑性制品加强肋尺寸	热固性制品加强肋尺寸	弯板加强肋尺寸
$A=(0.5\sim0.7)\delta$ $L=3A-3\delta$ $R=\dfrac{\delta}{4}$ $r=\dfrac{\delta}{4}\sim\dfrac{\delta}{8}$ $\beta=2°\sim5°$	A 值由设计决定 $B=\dfrac{A}{2}$ $L=3A$ $R=\dfrac{A}{4}$ $r=\dfrac{A}{4}\sim\dfrac{A}{6}$ $\beta=4°\sim5°$	δ＝壁厚 $L_2=\delta$ $L_1=2\delta$ $A=0.88\delta$ $C=2A$

另外，塑料制品凸台处加强肋的设计见表 2－17。

表 2－17　塑料制品凸台处加强肋的设计　mm

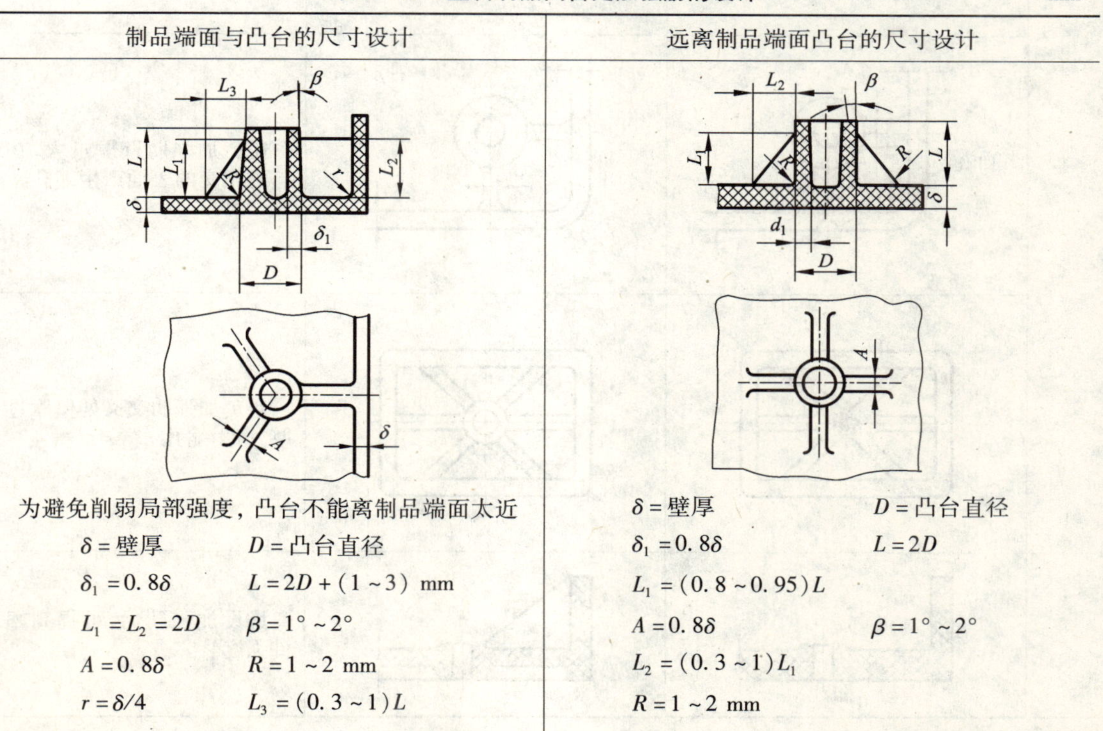

制品端面与凸台的尺寸设计	远离制品端面凸台的尺寸设计
为避免削弱局部强度，凸台不能离制品端面太近 δ＝壁厚　D＝凸台直径 $\delta_1=0.8\delta$　$L=2D+(1\sim3)$ mm $L_1=L_2=2D$　$\beta=1°\sim2°$ $A=0.8\delta$　$R=1\sim2$ mm $r=\delta/4$　$L_3=(0.3\sim1)L$	δ＝壁厚　D＝凸台直径 $\delta_1=0.8\delta$　$L=2D$ $L_1=(0.8\sim0.95)L$ $A=0.8\delta$　$\beta=1°\sim2°$ $L_2=(0.3\sim1)L_1$ $R=1\sim2$ mm

为避免肋的顶面过薄，可将加强肋设计成波浪状，以维持均匀壁厚，如图 2－19 所示。加设蜂巢状的肋是防止平坦表面弯曲的好方法(图 2－20)，相互连接的蜂巢式六面矩阵结构，比正方形结构更具有材料的使用效率。加强肋设计的典型实例见表 2－18。

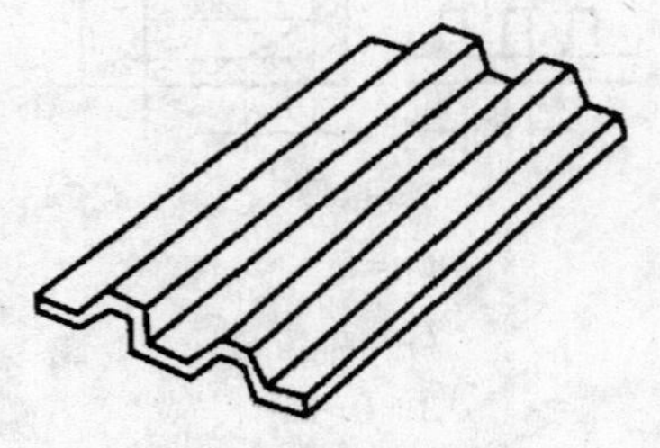

图 2－19　波浪形强化结构

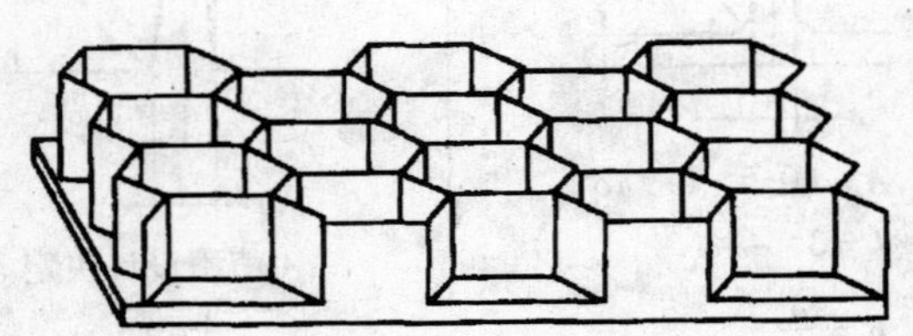

图 2－20　平坦表面加设蜂巢状的肋

表 2－18　加强肋设计的典型实例

序号	不　合　理	合　　理	说　　明
			采用加强肋,既不影响塑件强度,又可避免因壁厚不匀而产生缩孔
1	A>B 凹陷 A A B	A>B A B	避免加强肋壁厚过大,在与之相交的表面产生缩孔
			避免加强肋交叉处壁厚过厚,产生缩孔
2			增设加强肋后,可提高塑件强度

续表

序号	不合理	合理	说明
	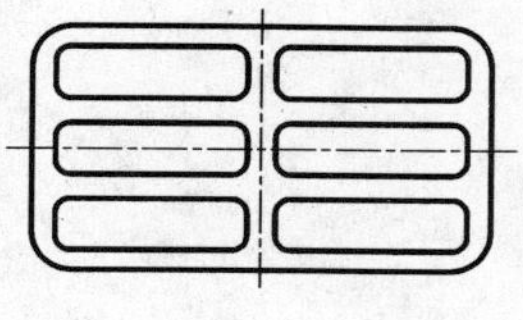	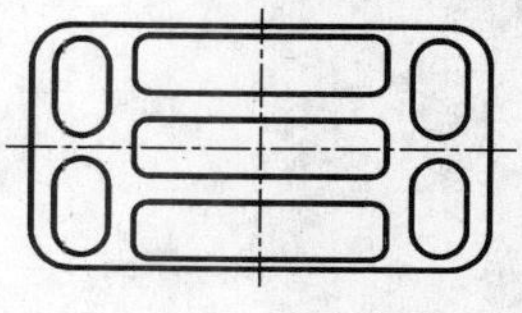	非平板状塑件，加强肋应交错排列，以免塑件产生翘曲变形
	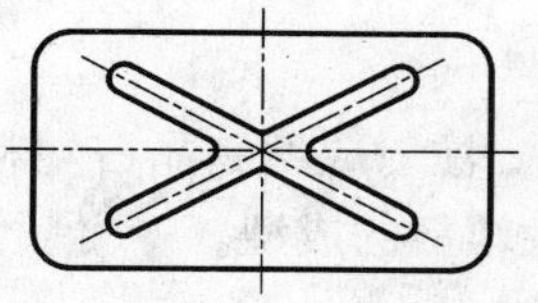	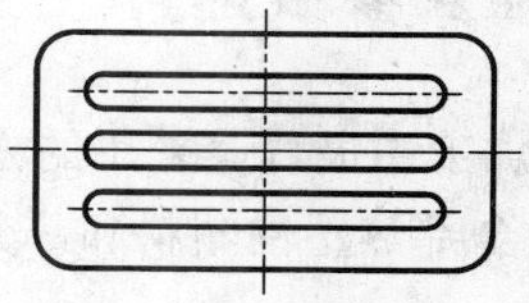	平板状塑件，加强肋应与料流方向平行，以免造成充型阻力很大和降低塑件韧性
3	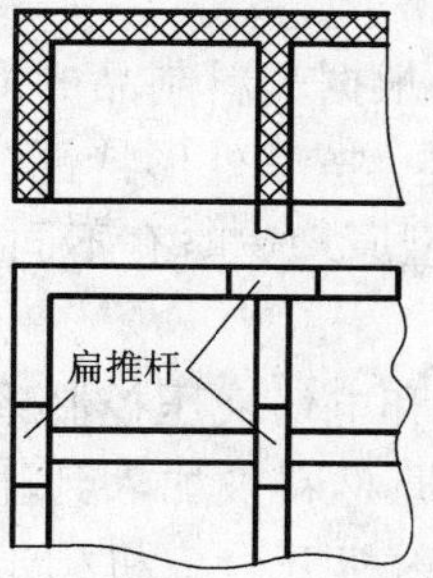 扁推杆	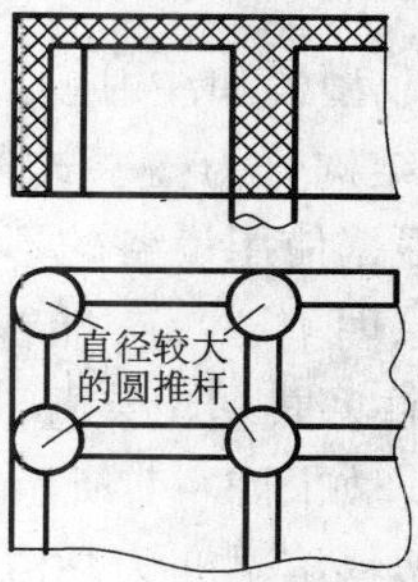 直径较大的圆推杆	加强肋的相交处改为较大的圆形交叉面，以便将原先使用费用高的矩形横截面推杆改为圆形横截面推杆
	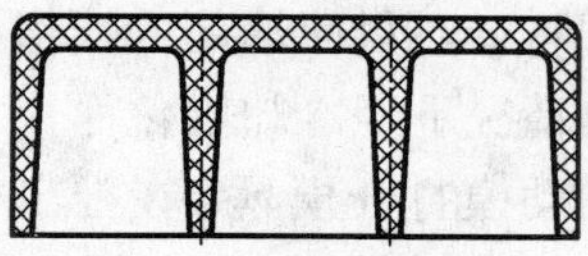	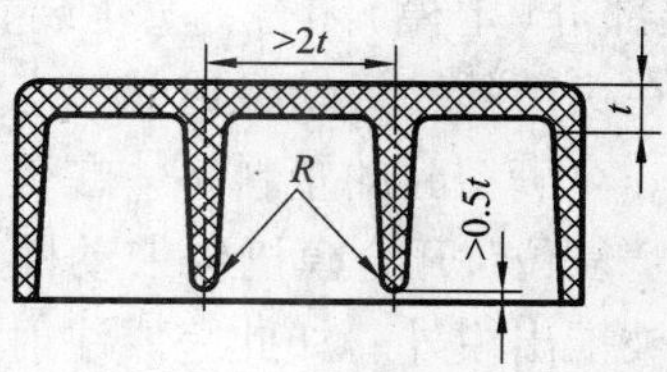 >2t　t　R　>0.5t	加强肋的间距要大于2倍的壁厚，高度应矮一些，与支承面有大于0.5 mm的间距

思考与练习题

1. 塑件结构设计应遵循的原则是什么？
2. 塑料制品的尺寸、公差及表面质量有什么要求？
3. 影响塑件精度的因素有哪些？
4. 对塑料制品的几何形状有哪些要求？
5. 什么是脱模斜度？脱模斜度大小与哪些因素有关？在选取脱模斜度时，应该注意些什么？
6. 塑料螺纹设计要注意哪些方面？

第3章
注射成型工艺与模具设计

3.1 注射成型工艺过程及参数选择

注射成型是目前塑料成型加工中最普遍采用的方法之一，注射成型制品占塑料制品总量的20%～30%。该方法适用于全部热塑性塑料和部分热固性塑料的成型。

3.1.1 注射成型原理及特点

注射成型所用的设备为注射成型机和注射模具。注射模具根据塑料制品的形状而定，没有统一的标准。注射成型机按其结构分为柱塞式和螺杆式两类，按其外形特征分为立式、卧式、角式、转盘式等多种。因此根据使用设备的不同，注射成型原理也略有不同。

(1)柱塞式注射机注射成型原理

柱塞式注射机的结构主要由柱塞式塑化装置、开合模机构和电气液压控制系统三大部分组成。柱塞式注射机注射成型原理如图3－1所示。首先塑料原材料被加入到注射机的料斗中，经过料筒外的加热器加热，塑料熔融变为黏流态，然后注射机开合模机构带动模具的活动部分(动模)与模具的固定部分(定模)闭合，塑化装置中的柱塞将物料沿着料筒内轴线向前推进，并采用高压把积存在头部的已经熔融成黏流态的塑料通过料筒端部的喷嘴和模具的浇注系统射入模具的型腔中，充满型腔的塑料熔体在受压的情况下经冷却固化而保持模具型腔所赋予的形状。最后，柱塞复位，开合模机构带动模具的动模打开模具，在推出机构的作用下，注射成型的塑料制件被推出模外。如此完成注射的一个成型周期。

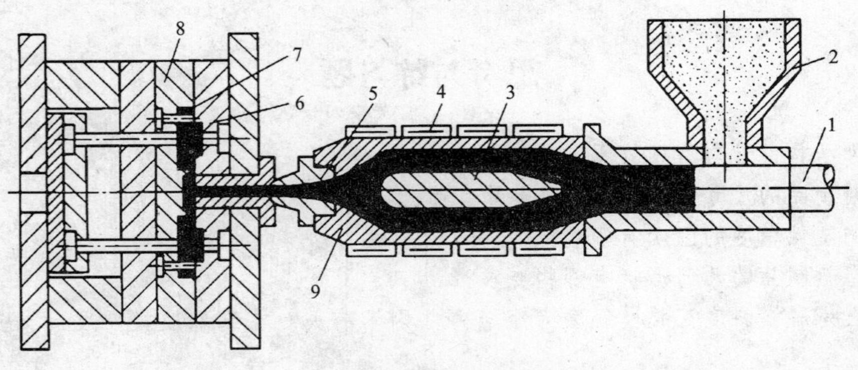

图3－1 柱塞式注射机注射成型原理

1—注射活塞；2—料斗；3—分流梭；4—加热器；5—喷嘴；
6—定模板；7—塑件；8—动模板；9—料筒

(2)螺杆式注射机注射成型原理

螺杆式注射机注射成型原理如图 3－2 所示。将颗粒状或粉状塑料加入到外部安装有电加热圈的料筒内，颗粒状或粉状的塑料在螺杆的作用下，边塑化边向前移动，预塑着的塑料在转动着的螺杆作用下通过其螺旋槽输送至料筒前端的喷嘴附近；螺杆的转动使塑料进一步塑化，料温在剪切摩擦热的作用下进一步提高，塑料得以均匀塑化。当料筒前端积聚的熔料对螺杆产生一定的压力时，螺杆就在转动中后退，直至与调整好的行程开关相接触，具有模具一次注射量的塑料预塑和储料(即料筒前部熔融塑料的储量)结束，接着注射液压缸开始工作，与液压缸活塞相连接的螺杆以一定的速度和压力将熔料通过料筒前端的喷嘴注入温度较低的闭合模具型腔中，如图 3－2(a)所示；保压一定时间，经冷却固化后即可保持模具型腔所赋予的形状，如图 3－2(b)所示；然后开模分型，在推出机构的作用下，将注射成型的塑料制件从动模的凸模上推出，如图 3－2(c)所示。

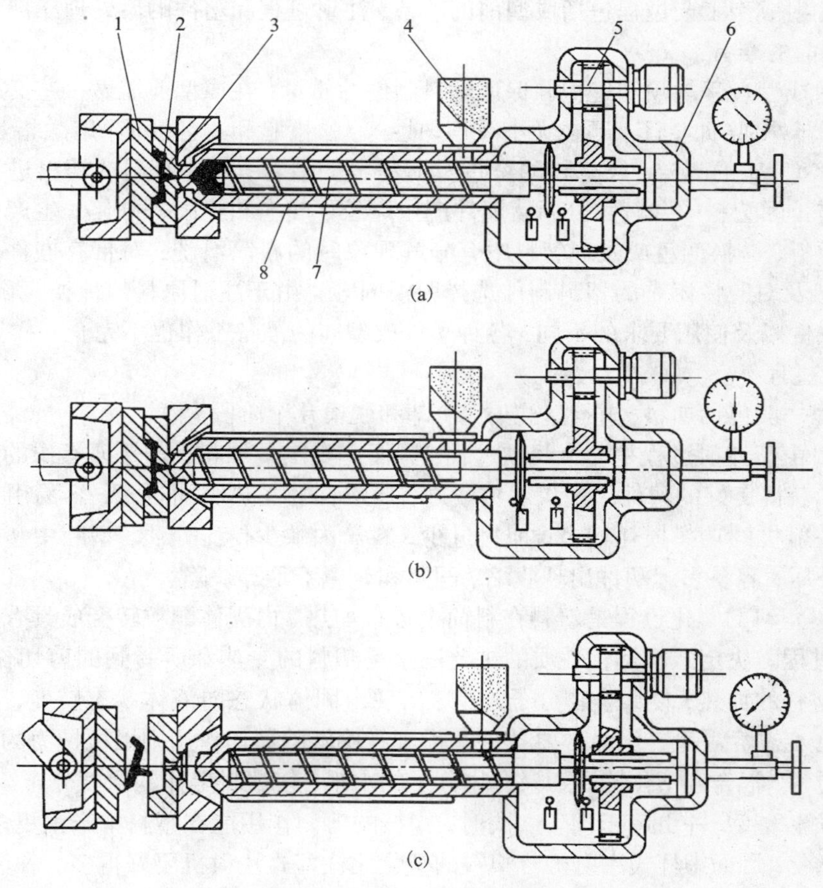

图 3－2　螺杆式注射机注射成型原理

1—动模；2—塑件；3—定模；4—料斗；5—传动装置；6—液压缸；7—螺杆；8—加热器

柱塞式注射机与螺杆式注射机注射成型相比较，由于它在预塑过程中不存在螺杆的转动，缺少因螺杆转动产生的与塑料之间的摩擦剪切作用和搅拌作用，仅仅依靠料筒外面加热器的加热作用使固态塑料进行塑化，因此加热效果相对差一些，并且料筒内熔融塑料的温度也不如螺杆式注射机均匀，即塑化不均匀。另外，在注射过程中，柱塞式注射机的压力损失相对于螺杆式注射机要大一些，所以，柱塞式注射机仅用于小型（注射量在60 g及其以下）注射设备，大中型的注射设备均为螺杆式注射机。

(3)注射成型的特点

1)成型周期短，能一次成型外形复杂、尺寸精确、带有金属或非金属嵌件的塑料制品。

2)对成型各种塑料的适应性强。到目前为止，除氟塑料外，几乎所有的热塑性塑料和部分热固性塑料都可以采用注射成型。

3)生产率高，易于实现生产的自动化。

4)注射成型的设备价格及模具制造费用较高，不适合单件小批量的塑件成型。

3.1.2 注射成型工艺过程

完整的注射成型工艺过程包括成型前的准备、注射过程和塑件的后处理三部分。

(1)成型前的准备

为使注射成型过程能顺利进行并保证塑料制件的质量，在成型前需做一些必要的准备工作，包括：原料外观（如色泽、颗粒大小及均匀性等）的检验和工艺性能（熔融指数、流动性、热性能及收缩率等）的测定；原材料的染色及对粉料的造粒；对易吸湿的塑料进行充分的预热和干燥，防止因塑料中含有水分而使塑件产生斑纹、气泡和降解等缺陷；生产中需要改变产品、更换原料、调换颜色或发现塑料中有分解现象时的料筒清洗；对带有嵌件塑料制件的嵌件进行预热及对脱模困难的塑料制件选择脱模剂等。由于注射原料的种类、形态，塑件的结构，有无嵌件以及使用要求的不同，各种塑件成型前的准备工作也不完全一样。

(2)注射过程

注射过程一般包括加料、塑化、注射、冷却和脱模几个阶段。

1)加料　由于注射过程是一个间歇过程，因而需要定量加料，以保证操作的稳定和塑料塑化的均匀，获得良好的塑件。一次加料量过多，塑料的受热时间过长，容易引起物料的热降解，同时注射机的功率损耗增多；加料过少，料筒内缺少传压介质，型腔中塑料熔体压力降低，难于补压，容易引起塑件出现收缩、凹陷和充填不足等缺陷。

2)塑化　塑料的塑化过程是塑料在料筒中进行加热、由固体颗粒转变成具有良好的可塑性黏流态的过程。决定塑料塑化性质的主要因素是塑料的受热和所受到的剪切作用的情况。通过料筒对塑料的加热，使聚合物分子松弛，出现由固体状态向液体状态转变，一定的温度是塑料得以形变、熔融和塑化的必要条件。而螺杆旋转的剪切作用则以机械力的方式强化了混合和塑化过程，混合和塑化扩展到聚合物分子的水平，使塑料熔体的温度分布、物料组成和分子形态都发生改变，并更趋于均匀。同时，螺杆的剪切作用能在塑料中产生更多的摩擦热，促进塑料的塑化，因而螺杆式注射机对塑料的塑化比柱塞式注射机要好得多。在注射过程中，塑料熔体进入型腔必须充分塑化，既要达到规定的成型温度又要使塑料各处的温度尽量均匀一致，使热分解物的含量达到最小值，并能提供上述质量的足够的熔融塑料以保证生产连续并顺利进行。这些要求与塑料的特性、工艺条件的控制及注射机塑化装置的结构密切相关。

3)注射　注射过程可分为充模、保压、倒流、浇口冻结后的冷却和脱模等几个阶段。

①充模　塑化好的熔体被柱塞或螺杆推挤至料筒的前端，经喷嘴及模具浇注系统进入并填满型腔，这一阶段称为充模。充模时间对熔体压力和温度有着显著的影响。

②保压 熔体在模具中冷却收缩时，继续保持施压状态的柱塞或螺杆迫使浇口附近的熔料不断注入模具型腔中，以补充收缩需要，从而保持型腔中熔体压力不变，使型腔中的塑料能成型出形状完整而致密的塑件，这一阶段称为保压。

③倒流 保压结束后，柱塞或螺杆后退，解除对型腔中熔体的施压。这时型腔中的熔体压力将比浇口前浇注系统流道内的高，如果浇口尚未冻结，就会发生型腔中熔体通过浇口流向浇注系统的倒流现象，使塑件产生收缩、变形及质地疏松等缺陷。如果保压时浇口已经冻结，就不会出现倒流现象。有无倒流或倒流多少决定于保压阶段的时间，因此，保压时间长短，直接影响塑料制品的收缩率。

④浇口冻结后的冷却 浇口内的塑料已经冻结后，继续保压已不起作用，因此可以卸除柱塞或螺杆对料筒内塑料熔体的压力，并为下一次注射重新进行塑化，同时通入冷却水、油或空气等冷却介质，对模具进行进一步的冷却。这一阶段称为浇口冻结后的冷却。实际上，冷却过程从塑料注入型腔就开始了，它包括从充模完成、保压到脱模前的这一段时间。

⑤脱模 塑件冷却到一定的温度即可开模，在推出机构的作用下将塑件推出模外。

(3)塑件的后处理

为了消除塑件内存在的应力、改善塑件的性能和提高尺寸的稳定性，注射成型的塑件经脱模或机械加工之后，常需要进行适当的后处理。主要的后处理方法有退火和调湿处理。

1)退火处理 退火处理是将注射成型的塑件在一定温度的液体介质(如热水、热的矿物油、甘油和液体石蜡等)中或热空气循环烘箱中静置一段时间，然后缓慢冷却的过程。其目的是减小由于塑件在料筒内塑化不均匀或在型腔内冷却速度不同而在塑件内部产生的应力。这在生产厚壁或带有金属嵌件的塑件时更为重要。退火温度应控制在塑件使用温度以上10℃～20℃，或塑料的热变形温度以下10℃～20℃。退火处理的时间取决于塑料品种、加热介质温度、塑件的形状和成型条件。退火处理后冷却速度不能太快，以避免重新产生应力。

2)调湿处理 调湿处理是将刚脱模的塑件放在热水中，以隔绝空气，防止对塑料制件的氧化，加快吸湿平衡速度的一种后处理方法，其目的是使制件颜色、性能以及尺寸得到稳定。通常聚酰胺类塑料制件需进行调湿处理，处理的时间随聚酰胺类塑料的品种、塑件的形状、厚度及结晶度大小而异。达到调湿处理时间后，应缓慢冷却至室温。

3.1.3 注射成型工艺参数及选择

对于一定的塑料制品，当选择了适当的塑料品种、成型方法及成型设备，设计了合理的成型工艺过程和塑料模具结构之后，在生产中，工艺条件的选择和控制就是保证成型顺利和制品质量的关键。影响注射成型的工艺参数主要是温度、压力和时间。

(1)温度

在注射成型过程中需要控制的温度有料筒温度、喷嘴温度和模具温度等。其中料筒温度、喷嘴温度主要影响塑料的塑化和流动，模具温度则影响塑料的流动和冷却定型。

1)料筒温度 料筒温度的选择与塑料的品种、特性有关。不同的塑料具有特定的黏流态温度或熔点，为了保证塑料熔体的正常流动，不使物料发生过热分解，对于非结晶型塑料，料筒最适合的温度范围应在黏流温度 T_f 和热分解温度 T_d 之间；对于结晶型塑料，料筒最适合的温度范围应在熔点温度 T_m 和热分解温度 T_d 之间；对于平均相对分子量偏高、温度分布范围较窄的塑料，应选择较高的料筒温度，如玻璃纤维增强塑料。采用柱塞式塑化装置的塑料和注射压力较低、塑件壁厚较小时，应选择较高的料筒温度。反之，则选择较低的料筒温度。

料筒的温度分布一般采用前高后低的原则，即料筒的加料口(后段)处温度最低，喷嘴处的温度最高。料筒后段温度应比中段、前段温度低5℃～10℃。对于吸湿性偏高的塑料，料筒后段温度偏高一些；对于螺杆式注射机，料筒前段温度略低于中段，以防止由于螺杆与熔料、熔料与熔料、熔料与料筒之间的剪切摩擦热而导致塑料产生热降解现象。

螺杆式和柱塞式注射机由于其塑化过程不同，料筒温度的选择也不同。在注射同一种塑料时，螺杆式注射机料筒温度可比柱塞式注射机料筒温度低10℃～20℃。为了避免熔料在料筒中过热降解，必须控制熔料在料筒内的滞留时间。通常，提高料筒温度以后，都要适当缩短熔体在料筒内的滞留时间。

2)喷嘴温度　喷嘴温度一般略低于料筒的最高温度。喷嘴温度太高，熔料在喷嘴处产生流涎现象，塑料易产生热分解现象。但喷嘴温度也不能太低，否则易产生冷块或僵块，使熔体产生早凝，其结果是凝料堵塞喷嘴，或是将冷料注入模具型腔，导致成品缺陷。

料筒和喷嘴的温度还应与其他工艺条件结合起来考虑，如果采用较高的注射压力，料筒温度可以低些，相反，料筒温度应高些。如果成型周期长，塑料在料筒中受热时间长，料筒温度稍低些。如果成型周期短，则料筒温度应高些。

3)模具温度　模具温度对熔体的充模流动能力、塑件的冷却速度和成型后的塑件性能等有直接影响。模具温度选择取决于塑料的分子结构特点、塑件的结构及性能要求和其他成型工艺条件(熔体温度、注射速度、注射压力和模塑周期等)。

提高模具温度可以改善熔体在模具型腔内的流动性，增加塑件的密度和结晶度，减小充模压力和塑件中的应力，但塑件的冷却时间会延长，冷却速度慢，易产生粘模现象，收缩率和脱模后塑件的翘曲变形会增加，降低生产率。降低模具温度，能缩短冷却时间，提高生产率，但模具温度过低时，熔体在模具型腔内的流动性能会变差，使塑件产生较大的应力和明显的熔接痕等缺陷。模具温度较低对降低塑件的表面粗糙度值、提高塑件的表面质量有利。

对于高黏度塑料，由于它们流动性差和充模能力弱，为了获得致密的组织结构，必须采用较高的模具温度；对于黏度较小、流动性好的塑料可采用较低的模具温度，这样可缩短冷却时间，提高生产效率。

对于壁厚大的制件，因充模和冷却时间较长，若温度过低，很容易使塑件内部产生真空泡和较大的应力，所以不宜采用较低的模具温度。在生产过程中，模具温度的确定，需要根据塑料品种和塑件的复杂程度确定。

在满足注射过程要求的温度下，采用尽可能低的模具温度，以加快冷却速度，缩短冷却时间，还可以把模具温度保持在比热变形温度稍低的状态下，使塑件在比较高的温度下脱模，然后自然冷却，可以缩短塑件在模内的冷却时间。

(2)压力

注射成型过程中的压力包括塑化压力、注射压力和保压压力三种，它们直接影响塑料的塑化和塑件质量。

1)塑化压力　又称螺杆背压，它是指采用螺杆式注射机注射时，螺杆头部熔料在螺杆转动时所受到的压力。这种压力的大小可以通过液压系统中的溢流阀来调整。

一般操作中，在保证塑件质量的前提下，塑化压力应越低越好，其具体数值随所用塑料的品种而定，一般为6～20 MPa。注射聚甲醛时，较高的塑化压力会使塑件的表面质量提高，但也可能使塑料变色、塑化速率降低和流动性下降。注射聚酰胺时，塑化压力必须降低，否则塑化速率将很快降低，这是因为螺杆中逆流和漏流增加的缘故。如需增加料温，则应采用提高料筒温度的方法。聚乙烯的热稳定性较高，提高塑化压力不会有降解的危险，这有利于混料和混色，不过塑化速率会随之降低。

2）注射压力　是指柱塞或螺杆轴向移动时其头部对塑料熔体所施加的压力。在注射机上常用压力表指示出注射压力的大小，一般在 40 ~ 130 MPa 之间，压力的大小可通过注射机的控制系统来调整。注射压力的作用是克服塑料熔体从料筒流向型腔的流动阻力，使熔体具有一定的充型速率，对熔体进行压实以便充满模具型腔。因此，注射压力和保压时间对熔体充模及塑料制品的质量影响极大。

注射压力的大小取决于注射机的类型、塑料的品种以及模具浇注系统的结构、尺寸与表面粗糙度、模具温度、塑件的壁厚及流程的大小等，关系十分复杂。目前难以作出具有定量关系的结论。在其他条件相同的情况下，柱塞式注射机的注射压力应比螺杆式注射机的注射压力大，其原因在于塑料在柱塞式注射机料筒内的压力损耗比螺杆式注射机大。塑料流动阻力的另一决定因素是塑料与模具浇注系统及型腔之间的摩擦系数和塑料自身的熔融黏度。摩擦系数和熔融黏度越大，注射压力应越高。同一种塑料流动时其与模具的摩擦系数和熔融黏度是随料筒温度和模具温度而变动的，此外还与其是否加有润滑剂有关。

注射压力太高时，塑料的流动性提高，易产生溢料、溢边，塑料在高压下强迫冷凝，易产生应力，塑件易粘模，脱模困难，塑件容易变形，但不易产生气泡。

注射压力太低时，塑料的流动性下降，成型不足，产生熔接痕迹，不利于气体从熔料中溢出，易产生气泡，冷却中补缩差，会产生凹痕和波纹等缺陷。

3）保压压力　型腔充满后，继续对模内熔料施加的压力称为保压压力。保压压力的作用是使熔料在压力下固化，并在收缩时进行补缩，从而获得健全的塑件。保压压力等于或小于注射时所用的注射压力。如果注射和压实时的压力相等，则往往可以使塑件的收缩率减小，并且它们的尺寸稳定性较好，这种方法的缺点是会造成脱模时的残余压力过大和成型周期过长。但对结晶性塑料来说，使用这种方法成型周期不一定增长，因为压实压力大时可以提高塑料的熔点，例如聚甲醛，如果压力加大到 50 MPa，则其熔点可提高到 90℃，脱模可以提前。

保压压力大小也会对成型过程产生影响，保压压力太高，易产生溢料、溢边，增加塑件的应力；保压压力太低，会造成成型不足。

（3）时间（成型周期）

完成一次注射成型过程所需的时间称成型周期。它包括合模时间、注射时间、保压时间、模内冷却时间和其他时间等。

1）合模时间　是指注射之前模具闭合的时间。合模时间太长，则模具温度过低，熔料在料筒中停留时间过长；合模时间太短，模具温度相对较高。

2）注射时间　是指注射开始到塑料熔体充满模具型腔的时间（柱塞或螺杆前进时间）。在生产中，小型塑件注射时间一般为 3 ~ 5 s，大型塑件注射时间可达几十秒。注射时间中的充模时间与充模速度成反比；注射时间缩短、充模速度提高，取向下降、剪切速率增加，绝大多数塑料的表观黏度均下降，对剪切速率敏感的塑料尤其这样。

3）保压时间　是指型腔充满后继续施加压力的时间（柱塞或螺杆停留在前进位置的时间），一般为 20 ~ 25 s，特厚塑件可高达 5 ~ 10 min。保压时间过短，塑件不紧密，易产生凹痕，塑件尺寸不稳定等；保压时间过长，加大塑件的应力，产生变形、开裂，脱模困难。保压时间的长短不仅与塑件的结构尺寸有关，而且与料温、模温以及主流道和浇口的大小有关。

4）模内冷却时间　是指塑件保压结束至开模以前所需的时间（柱塞后撤或螺杆转动后退的时间均在其中）。冷却时间主要决定于塑件的厚度、塑料的热性能、结晶性能以及模具温度等。冷却时间的长短应以脱模时塑件不引起变形为原则，冷却时间一般在30～120 s之间。冷却时间过长，不仅延长生产周期，降低生产效率，对复杂塑件还将造成脱模困难、易变形、结晶度高等；冷却时间过短，塑件易产生变形等缺陷。

5）其他时间　是指开模、脱模、喷涂脱模剂、安放嵌件等时间。

此外还有塑化时间，它是指螺杆开始转动至预塑结束所需的时间。不过，塑化是在保压结束后就开始的，已经包含在模内冷却时间内。因此不能重复计算在成型周期内。螺杆转速快，剪切热加大，塑化时间缩短；螺杆转速慢，剪切热减少，塑化时间增长。

模具的成型周期直接影响到生产率和注射机使用率，因此，生产中在保证质量的前提下应尽量缩短成型周期中各个阶段的有关时间。整个成型周期中，以注射时间和冷却时间最重要，他们对塑件的质量均有决定性影响。常用塑料的注射成型工艺参数可参考有关工艺手册。

3.2　注射模具的结构

塑料注射成型模具主要用于热塑性塑料制件的成型。由于注射成型的工艺优点显著，所以塑料注射成型的应用最为广泛，近年来，随着成型技术的发展，热固性塑料的注射成型应用也日趋广泛。实际上，生产实践中塑料产品形状千变万化，但模具种类不过十余种。下面主要介绍热塑性塑料注射成型模具的典型结构、特点。

3.2.1　注射模的组成

注射模具可分为动模和定模两大部分，定模部分安装在注射机的固定座板上，动模部分安装在注射机的移动座板上。注射时，动模与定模闭合，塑料经喷嘴及浇注系统进入模具型腔，开模时，动模与定模分离，然后顶出机构动作，从而推出塑件，如图3－3所示。

根据模具上各个部分所起的作用，注射模具的总体结构组成可以分为以下几个部分。

（1）成型部分

成型部分是指与塑件直接接触、成型塑件内表面和外表面的模具部分，它由凸模（型芯）、凹模（型腔）以及嵌件和镶块等组成。凸模（型芯）成型塑件的内表面形状，凹模成型塑件的外表面形状，合模后凸模和凹模便构成了模具模腔。图3－3所示的模具中，模腔由动模板1、定模板2、凸模7等组成。

（2）浇注系统

浇注系统是熔融塑料从注射机喷嘴进入模具型腔所流经的通道。浇注系统由主流道、分流道、浇口及冷料穴等组成。浇注系统对塑料熔体在模内流动的方向与状态、排气溢流、模具的压力传递等起到重要的作用。

（3）导向机构

为了确保动模、定模在合模时的准确定位，模具必须设计有导向机构。导向机构分为导

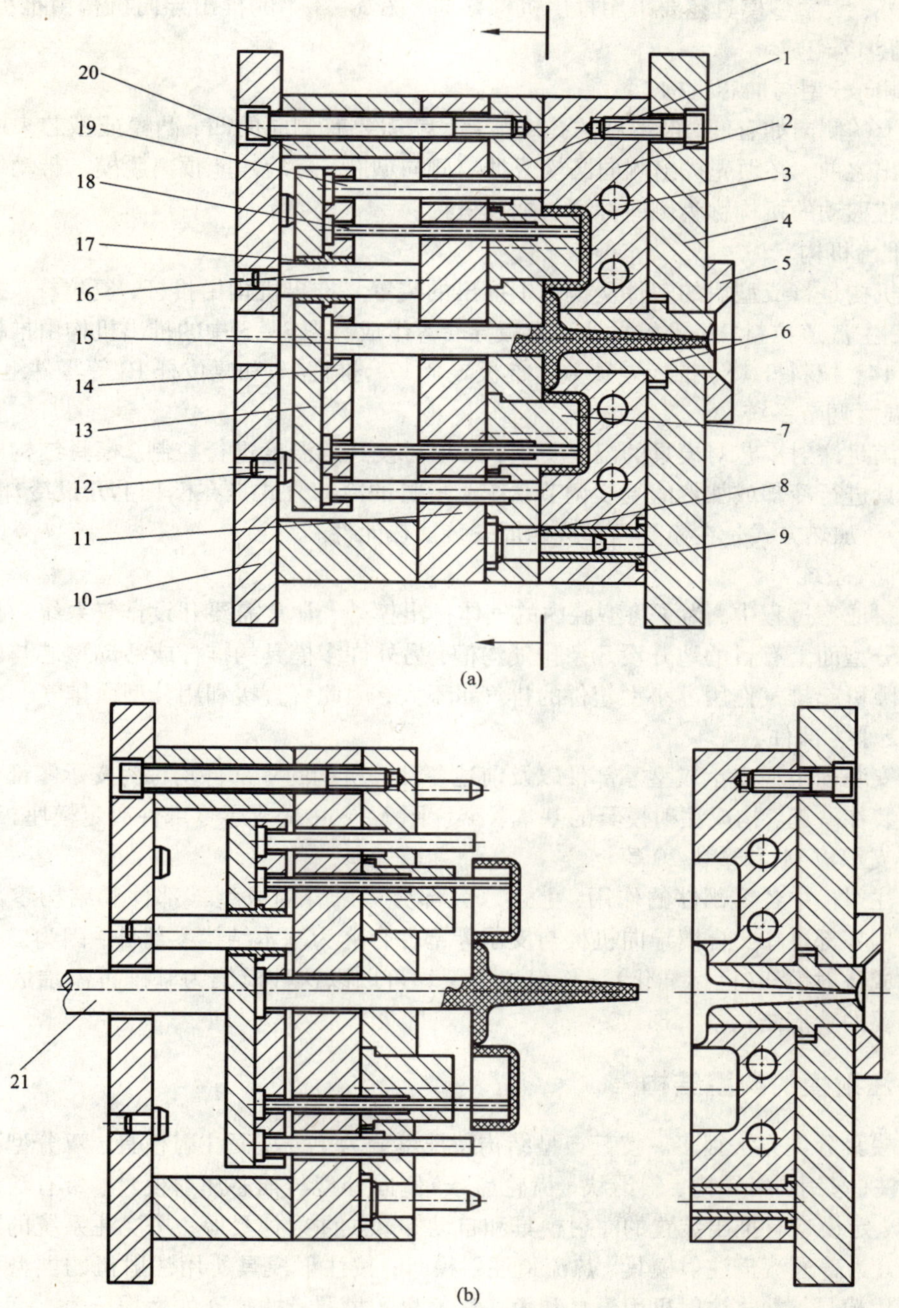

图3-3　注射模具的结构

1—动模板；2—定模板；3—冷却水道；4—定模座板；5—定位圈；6—浇口套；7—凸模；8—导柱；9—导套；10—动模座板；11—支承板；12—支承柱；13—推板；14—推杆固定板；15—拉料杆；16—推板导柱；17—推板导套；18—推杆；19—复位杆；20—垫块；21—注射机顶杆

柱、套导向机构与内外锥面定位导向机构两种形式。图3－3中的导向机构由导柱8和导套9组成。此外，大中型模具还要采用推出机构导向，图3－3中的推出导向机构由推板导柱16和推板导套17组成。

(4)侧向分型与抽芯机构

塑件上的侧向如有凹、凸形状的孔或凸台，就需要有侧向的凹、凸模或型芯来成型。在塑件被推出之前，必须先拔出侧向凸模或抽出侧向型芯，然后才能顶离脱模。带动侧向凸模或侧向型芯移动的机构称为侧向分型与抽芯机构。

(5)推出机构

推出机构是将成型后的塑件从模具中推出的装置。推出机构由推杆、复位杆、推杆固定板、推板、主流道拉料杆、推板导柱和推板导套等组成。图3－3中的推出机构由推板13、推杆固定板14、拉料杆15、推板导柱16、推板导套17、推杆18和复位杆19等零件组成。

(6)温度调节系统

为了满足注射工艺对模具的温度要求，必须对模具的温度进行控制，模具结构中一般都设有对模具进行冷却或加热的温度调节系统。模具的冷却方式是在模具上开设冷却水道(图3－3中3)，加热方式是在模具内部或四周安装加热元件。

(7)排气系统

在注射成型过程中，为了将型腔内的气体排出模外，常常需要开设排气系统。排气系统通常是在分型面上有目的地开设几条排气沟槽，另外许多模具的推杆或活动型芯与模板之间的配合间隙可起排气作用。小型塑件的排气量不大，因此可直接利用分型面排气。

(8)支承零部件

用来安装固定或支承成型零部件以及前述各部分机构的零部件均称为支承零部件。支承零部件组装在一起，构成注射模具的基本骨架。图3－3中的支承零部件有定模座板4、动模座板10、支承板11和垫块20等。

根据注射模中各零部件的作用，上述八大部分可以分为成型零部件和结构零部件两大类。在结构零部件中，合模导向机构与支承零部件合称为基本结构零部件，因为二者组装起来可以构成注射模架(已标准化)。任何注射模均可以以这种模架为基础再添加成型零部件和其他必要的功能结构件来形成。

3.2.2 注射模的典型结构

注射模具分类方法很多。按其典型结构特征可分为单分型面注射模具、双分型面注射模具、斜导柱(弯销、斜导槽，斜滑块、齿轮齿条)侧向分型与抽芯注射模具、带有活动镶件的注射模具、定模带有推出装置的注射模具和自动卸螺纹注射模具等；按浇注系统的结构形式分类，可分为普通流道注射模具、热流道注射模具；按注射模具所用注射机的类型可分为卧式注射机用模具、立式注射机用模具和角式注射机用模具；按塑料的性质分类，可分为热塑性塑料注射模具、热固性塑料注射模具。

以下主要按其结构特征来进行分类介绍。

(1)单分型面注射模具

单分型面注射模具也称二板式注射模具，它是注射模具中最简单的、也是最常用的一种结构形式。这种模具只有一个分型面，可以设计成单型腔注射模，也可以设计成多型腔注射模，其结构与工作状态见图3－3。该模具是一模四腔，模具中推杆的作用是推出包在凸模上的塑件；复位杆的作用是使推杆在模具闭合时复位到原来的状态，为下一次注射做好准备；拉料杆的作用是在开模时，拉出主浇道的凝料。

（2）双分型面注射模具

双分型面注射模具具有两个分型面，也称三板式注射模具，如图3－4所示。$A-A$处为第一次分型面，$B-B$处为第二次分型面。第一次分型的目的是拉出浇注系统的凝料，第二次分型的目的是拉断进料口使浇道的凝料与塑件分离，从而推出的塑件不需要再进行去除浇道凝料的处理。双分型面注射模具常用于点浇口进料的单腔或多腔模具。

双分型面注射模具在开模过程中要保证两个分型面按一定顺序分型，所以必须采取顺序定距分型机构。双分型面注射模具顺序定距分型的方法很多，图3－4所示是弹簧分型拉板定距双分型面注射模具，图3－5是弹簧分型拉杆定距双分型面注射模具，图3－6是导柱定距双分型面注射模具，图3－7是摆钩分型螺钉定距双分型面注射模具。

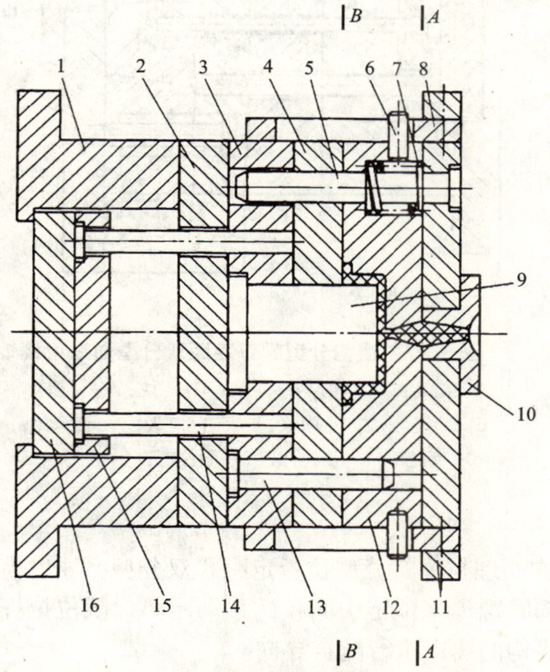

图3－4　弹簧分型拉板定距双分型面注射模

1—支架；2—支承板；3—型芯固定板；4—推件板；5—导柱；6—限位销；7—弹簧；8—定距拉板；9—型芯；10—浇口套；11—定模座板；12—中间板；13—导柱；14—推杆；15—推杆固定板；16—推板

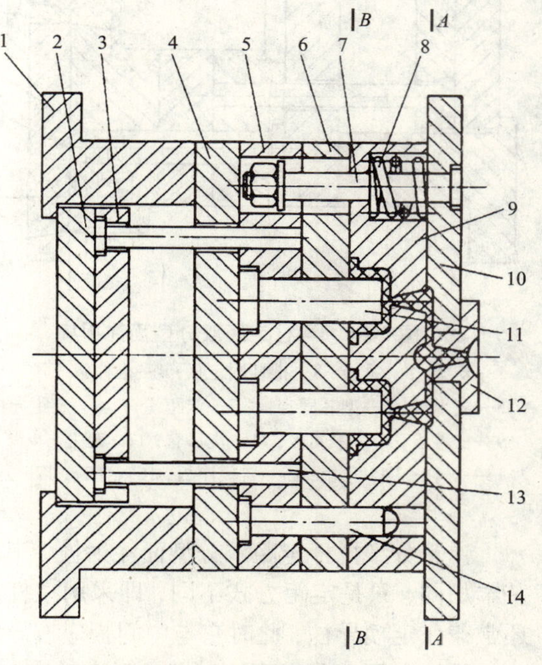

图3－5　弹簧分型拉杆定距双分型面注射模

1—支架；2—推板；3—推杆固定板；4—支承板；5—型芯固定板；6—推件板；7—限位拉杆；8—弹簧；9—中间板；10—定模座板；11—型芯；12—浇口套；13—推杆；14—导柱

开模时，动模部分向左移动，由于压缩弹簧7的作用，模具首先在A分型面处分型，中间板12随动模一起后退，主流道凝料从浇口套10中随之拉出。当动模部分移动一定距离后，固定在定模板12上的限位销6与定距拉板8左端接触，使中间板停止移动，A分型面分型结束。动模继续左移，B分型面分型。因塑件包紧在型芯9上，这时浇注系统凝料在浇口处拉断。然后在 B 分型面之间自行脱落或由人工取出。动模部分继续左移，当注射机的顶杆接触推板 16 时，推出机构开始工作，推件板 4 在推杆 14 的推动下将塑件从型芯 9 上推出，塑件在 B 分型面自行落下。这种结构适合于一些中小型模具。

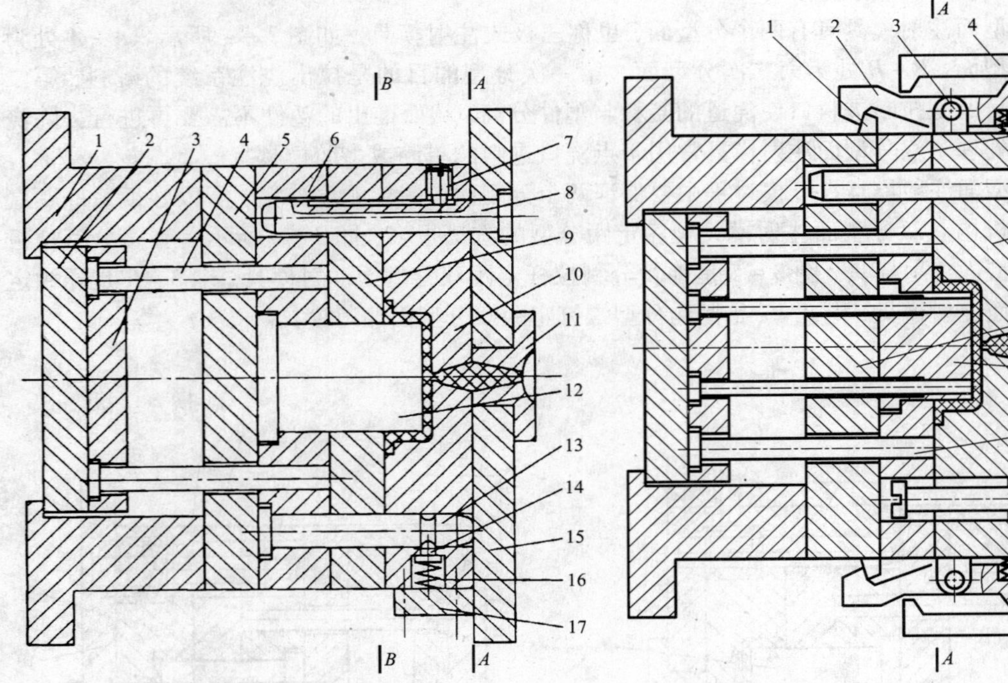

图 3-6　导柱定距双分型面注射模

1—支架；2—推板；3—推杆固定板；4—推杆；5—支承板；6—型芯固定板；7—定距螺钉；8—定距导柱；9—推件板；10—中间板；11—浇口套；12—型芯；13—导柱；14—顶销；15—定模座板；16—弹簧；17—压块

图 3-7　摆钩分型螺钉定距双分型面注射模

1—挡块；2—摆钩；3—转轴；4—压块；5—弹簧；6—动模板；7—中间板；8—定模座板；9—支承板；10—型芯；11—复位杆；12—限位螺钉

弹簧分型拉杆定距双分型面注射模。其工作原理与弹簧分型拉板定距式双分型面注射模基本相同，只是定距方式不同，即采用拉杆端部的螺母来限定中间板的移动距离。限位拉杆还常兼作定模导柱，此时它与中间板应按导向机构的要求进行配合导向。

导柱定距双分型面注射模。开模时，由于弹簧 16 的作用使顶销 14 压紧在导柱 13 的半圆槽内，使模具在 A 分型面分型，当定距导柱 8 上的凹槽与定距螺钉 7 相碰时，中间板停止移动，强迫顶销 14 退出导柱 13 的半圆槽。接着，模具在 B 分型面分型。这种定距导柱既是中间板的支承和导向元件，又是动、定模的导向元件，使模板面上的杆孔大为减少。对模具分型面比较紧凑的小型模具来说，这种结构是经济合理的。

摆钩分型螺钉定距双分型面注射模。两次分型的机构由挡块 1、摆钩 2、压块 4、弹簧 5 和限位螺钉 12 等组成。开模时，由于固定在中间板 7 上的摆钩拉住支承板 9 上的挡块，模具从 A 分型面分型。分型到一定距离后，摆钩在压块的作用下产生摆动而脱钩，同时中间板 7 在限位螺钉的限制下停止移动，B 分型面分型。设计时摆钩和压块等零件应对称布置在模具的两侧。

(3)斜导柱侧向分型与抽芯注射模

当塑件侧壁有孔、凹槽或凸起时，其成型零件必须设计成可侧向移动的，否则塑件无法脱模。带动侧向成型零件进行侧向移动的整个机构称为侧向分型与抽芯机构。侧向分型与抽芯机构种类很多，斜导柱侧向分型与抽芯结构是一种比较常用的结构形式，如图 3－8 所示。侧向抽芯机构由斜导柱 10、侧型芯滑块 11、楔紧块 9、挡块 5、滑块拉杆 8、弹簧 7、螺母 6 等零件组成。

开模时，动模部分向左移动，开模力通过斜导柱带动侧型芯滑块，使其在动模板 4 的导滑槽内向外滑动，直至侧型芯滑块与塑件完全脱开，完成侧向抽芯动作。塑件包在型芯 12 上，随动模继续左移，直到注射机顶杆与模具推板 19 接触，推出机构开始工作，推杆 16 将塑件从型芯上推出。合模时，复位杆(图中未画出)使推出机构复位，斜导柱使侧型芯滑块向内移动复位，最后侧型芯滑块由楔紧块 9 锁紧。

斜导柱侧向抽芯结束后，为了保证滑块不侧向移动，合模时斜导柱能顺利地插入滑块的斜导孔中使滑块复位，侧型芯滑块应有准确的定位。图 3－8 中的定位装置由挡块 5、滑块拉杆 8、螺母 6、弹簧 7 和垫片等组成。楔紧块的作用是防止注射时熔体压力使侧型芯滑块产生位移，楔紧块的斜面应与侧型芯滑块上斜面的斜度一致。

(4)斜滑块侧向分型与抽芯注射模

斜滑块侧向分型与抽芯注射模是一种比较典型的模具结构形式，它与斜导柱侧向分型与抽芯注射模作用相同，是用来成型塑件上带有侧向凹槽或凸起的侧向分型与抽芯的注射模具。斜滑块侧向分型与抽芯的作用力由推出机构提供，动作是由可斜向移动的斜滑块来完成的，一般用于侧向分型面积较大、抽芯距离较短的场合。

图 3－9 所示是斜滑块侧向分型与抽芯注射模。开模时，动模部分向左移动，塑件包在型芯 5 上一起随动模后移，拉料杆 9 将主流道凝料从浇口套 4 中拉出。当注射机顶杆与推板 13 接触时，推杆 7 推动斜滑块 3 沿动模板 6 的斜向导滑槽滑动，塑件在斜滑块带动下从型芯 5 上脱模的同时，斜滑块从塑件中抽出。合模时，动模部分向前移动，当斜滑块与定模座板 2 接触时，定模座板迫使斜滑块推动推出机构复位。

(5)带有活动镶件的注射模

塑件上除了有侧向的孔及凹、凸形状外，一些特殊的塑件上还有螺纹孔及外螺纹表面等。这样的塑件成型时，即使采用侧向抽芯机构也无法实现侧向抽芯的要求，在设计中为了简化模具结构，可以将局部的成型零件设置成活动镶件，而不采用斜导柱、斜滑块等机构。开模时，这些活动镶件在塑件脱模时连同塑件一起被推出模外，然后通过手工或用专门的工具将活动镶件与塑件分离，在下一次合模注射之前再重新将活动镶件放入模具内。采用带有活动镶件结构形式的模具，其特点是省去了斜导柱、斜滑块等复杂结构的设计与制造，模具结构简单，外形缩小，模具的制造成本降低。另外，在某些无法安排斜导柱、斜滑块结构的场合，使用活动镶件这种形式更为灵活。带有活动镶件注射模的缺点是生产效率较低，操作时安全性差，无法实现自动化生产。其结构与工作原理如图 3－10 所示。

(6)齿轮齿条侧向抽芯注射模具

利用斜导柱等侧向抽芯机构，仅适用于抽芯距较短的塑件。当塑件上侧向抽芯距大于 80 mm 时，往往采用齿轮齿条抽芯或液压抽芯等。图 3－11 所示为齿轮齿条侧向抽芯注塑模具结构及工作原理。

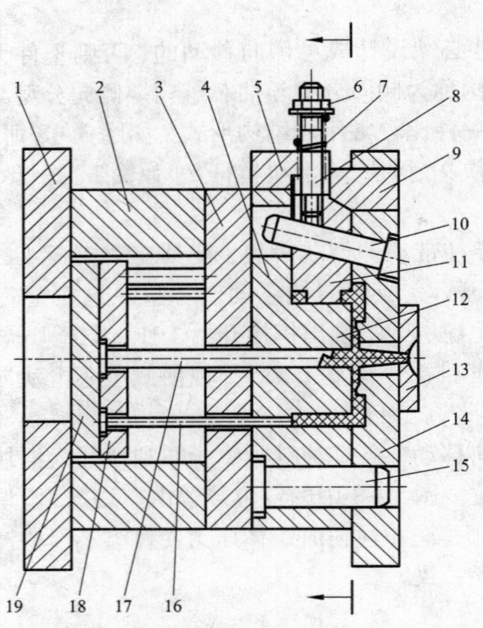

图 3-8　斜导柱侧向分型与抽芯注射模

1—动模座板；2—垫块；3—支承板；4—动模板；5—挡块；6—螺母；7—弹簧；8—滑块拉杆；9—楔紧块；10—斜导柱；11—侧型芯滑块；12—型芯；13—浇口套；14—定模座板；15—导柱；16—推杆；17—拉料杆；18—推杆固定板；19—推板

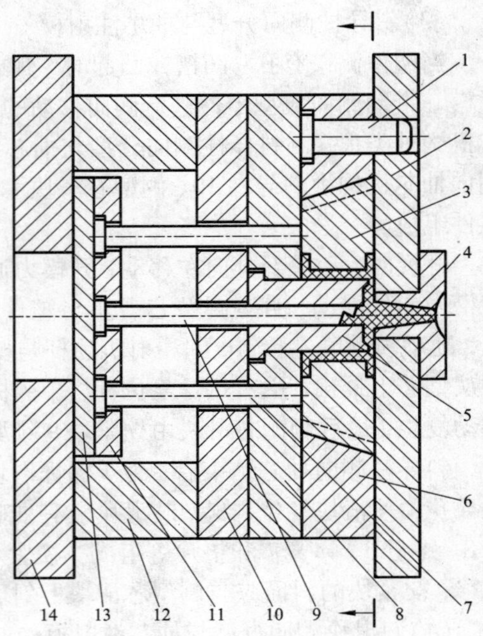

图 3-9　斜滑块侧向分型与抽芯注射模

1—导柱；2—定模座板；3—斜滑块；4—浇口套；5—型芯；6—动模板；7—推杆；8—型芯固定板；9—拉料杆；10—支承板；11—推杆固定板；12—垫块；13—推板；14—动模座板

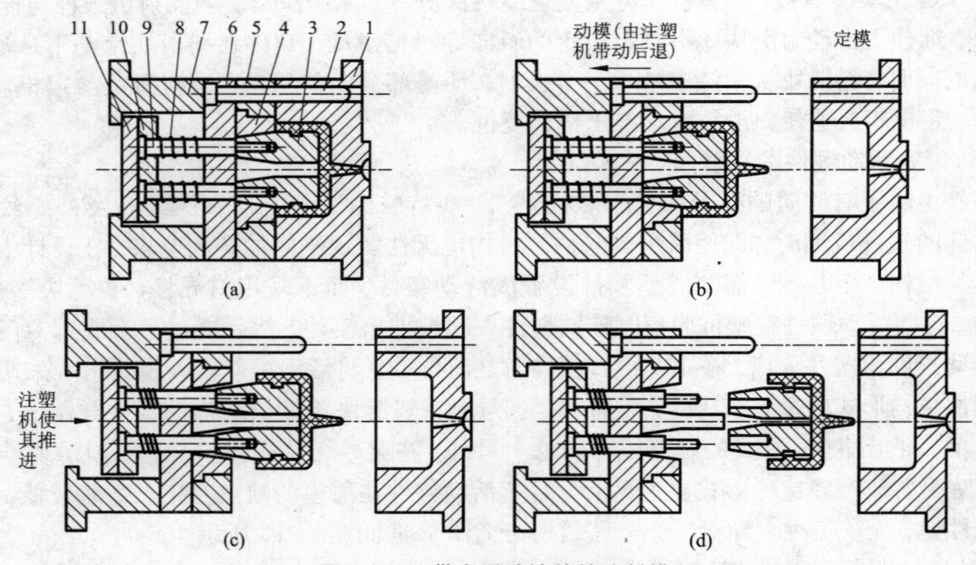

图 3-10　带有活动镶件的注射模

(a)合模状态；(b)开模状态；(c)顶出状态；(d)手工取出

1—定模板；2—导柱；3—活动镶件；4—型芯；5—动模板；6—垫板；7—模脚；8—弹簧；9—推杆；10—推杆固定板；11—推板

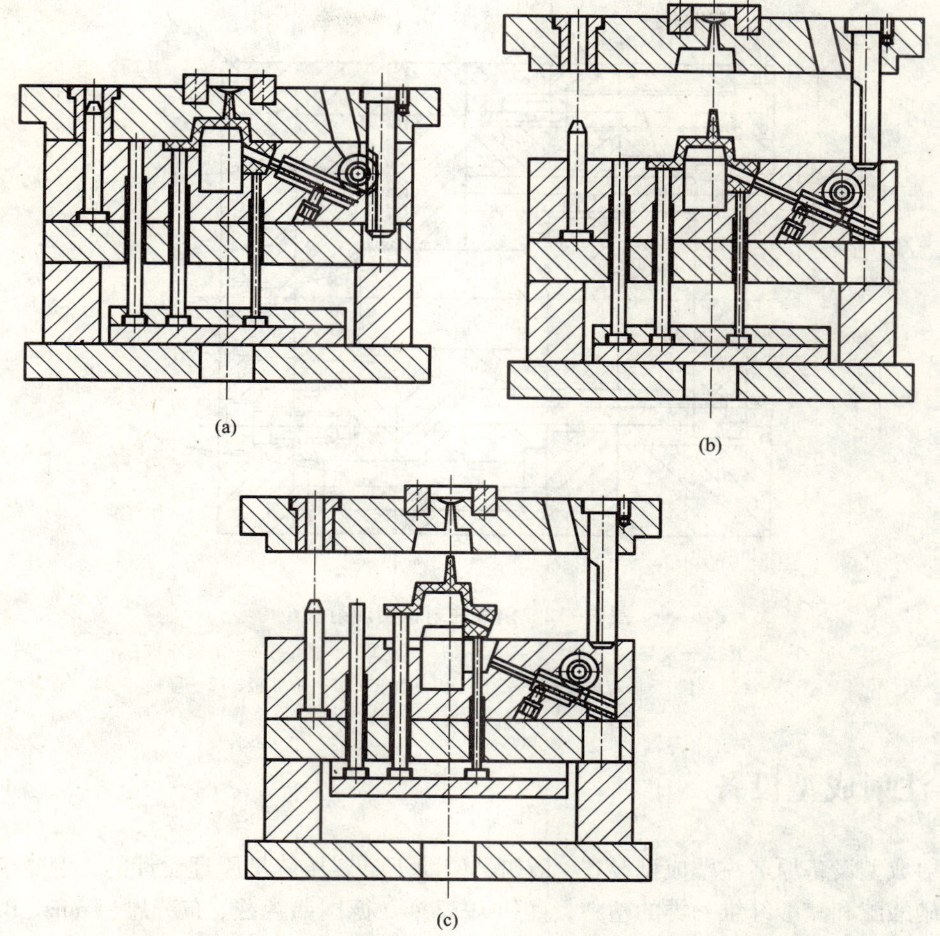

图 3－11　齿轮齿条侧向抽芯注塑模

(a)合模状态；(b)第一次开模，传动齿轮通过齿条带动齿条型芯完成侧抽芯；(c)顶出塑件

应当指出：为使齿条型芯抽芯后，齿轮停留在与传动齿条最后脱离的位置上，保证在合模时传动齿轮与齿条正确啮合，必须要设计齿轮的定位装置。另外，合模时，为防止齿条型芯在成型压力作用下后退，一般均要设置锁紧楔将齿轮或齿条型芯压紧。

(7)角式注射机用注射模

角式注射机用注射模是一种特殊形式的注射模，又称直角式注射模。这类模具的结构特点是主流道、分流道开设在分型面上，而且主流道截面的形状一般为圆形或扁圆形，注射方向与合模方向垂直，特别适合于一模多腔、塑件尺寸较小的注射模具，模具结构如图 3－12 所示。开模时塑件包紧在型芯 10 上，与主流道凝料一起留在动模一侧，并向后移动，经过一定距离以后，推出机构开始工作，推件板 11 将塑件从型芯 10 上脱下。为了防止注射机喷嘴与主流道端部的磨损和变形，主流道的端部镶有淬火的浇道镶块 7。

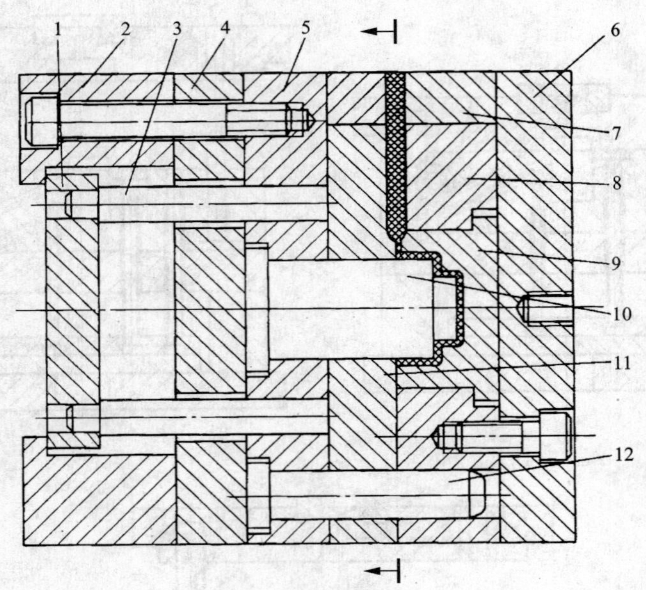

图 3-12　角式注射机用注射模

1—推板；2—支架；3—推杆；4—支承板；5—型芯固定板；6—定模座板；7—浇道镶块；8—定模板；9—凹模；10—型芯；11—推件板；12—导柱

3.3　注射成型设备

注射成型设备原名注塑成型设备，最初是借助于金属压铸机原理设计的，主要用来加工纤维素硝酸酯和醋酸纤维一类的塑料，直到 1932 年，德国弗兰兹、布劳恩(Franz、Braun)厂才生产出全自动柱塞式卧式注塑机。随着塑料工业的发展，注射成型工艺和注塑机也不断改进和发展，1948 年，注塑机的塑化装置开始使用螺杆，1959 年世界上第一台往复螺杆式注塑机问世，这是注塑成型工艺技术的一大突破，推动了注塑成型工艺的广泛应用。

3.3.1　注射成型设备的组成与分类

(1)注塑机的组成

注塑机通常由注射装置、合模装置、液压传动系统和电气控制系统组成，如图 3-13 所示。

1)注射装置　由料筒 7、料斗 8、定量供料装置 9 和注射液压缸 10 构成，其作用是使塑料均匀地塑化成熔融状态，并以足够的速度和压力将一定量的熔融塑料注射进模具的型腔。

2)合模装置　由锁模液压缸 1、锁模机构 2、移动模板 3、顶杆 4、固定模板 5 构成，其作用是保证注射模具可靠地闭合，实现模具开、合动作以及顶出制件。

3)液压和电器控制系统　用来保证注射机按预定工艺过程的要求(如压力、温度、速度和时间)和动作程序准确有效地工作。

(2)注塑机的分类

近 10 多年来注射机发展很快，种类日益增多，分类方法也较多。目前使用较多的分类方

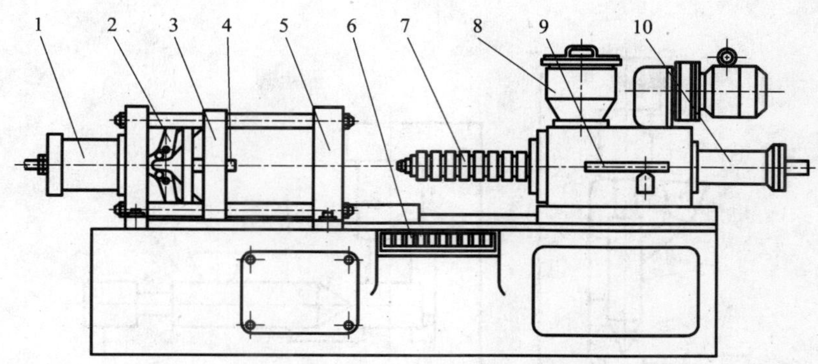

图 3－13　注塑机的基本组成

1—锁模液压缸；2—锁模机构；3—移动模板；4—顶杆；5—固定模板；
6—控制台；7—料筒及加热器；8—料斗；9—定量供料装置；10—注射液压缸

法是按注射机外形特征分类，这种分类方法主要是根据注射装置和合模装置的排列方式进行分类，可以分为卧式注射机、立式注射机、角式注射机、多工位注射机等几种。

1）卧式注射机　卧式注射机是使用最广泛的注射成型设备，它的注射装置和合模装置的轴线呈一线并水平排列，如图 3－13 所示。卧式注射机的优点是便于操纵和维修，机器重心低，比较稳定，成型后的塑件推出后可利用其自重自动落下，容易实现全自动操作等。卧式注射机对大、中、小型模具都适用，注射量 60 cm^3 及以上的注射机均为螺杆式注射机。其主要缺点是模具安装较困难。

2）立式注射机　立式注射机如图 3－14 所示。它的注射装置与合模装置的轴线呈一线并与水平方向垂直排列。立式注射机具有占地面积小、模具拆装方便、安放嵌件便利等优点；缺点是塑件顶出后常须要用手或其他方法取出，不易实现全自动化操作，机身重心较高，机器的稳定性差。立式注射机多为注射量在 60 cm^3 以下的小型柱塞式注射机。

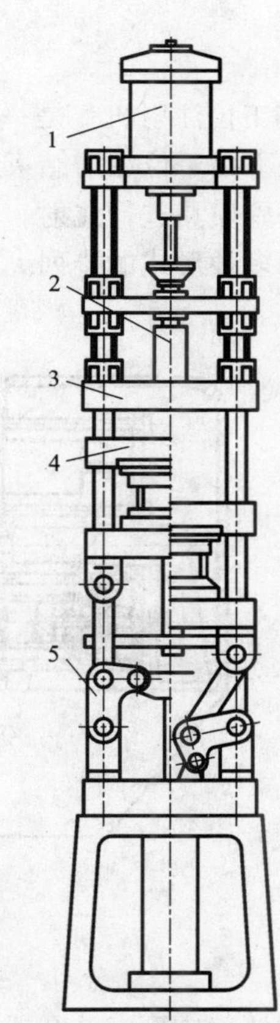

图 3－14　立式注射机

1—注射缸；2—料筒及加热器；
3—固定模板；4—移动模板；
5—锁模机构

3）角式注射机　角式注射机一般为柱塞式注射机，它的注射装置和合模装置的轴线相互垂直排列，如图 3－15 所示。其优点介于卧、立两种注射机之间，主要是注射量为 45 cm^3 以下的小型注射机，它特别适合于成型自动脱卸有螺纹的塑件。

角式注射成型模具的特点是熔料沿着模具的分型面进入型腔。由于开合模机构是纯机械传动，所以角式注射机有无法准确可靠地注射和保持压力及锁模力、模具受冲击和振动较大的缺点。

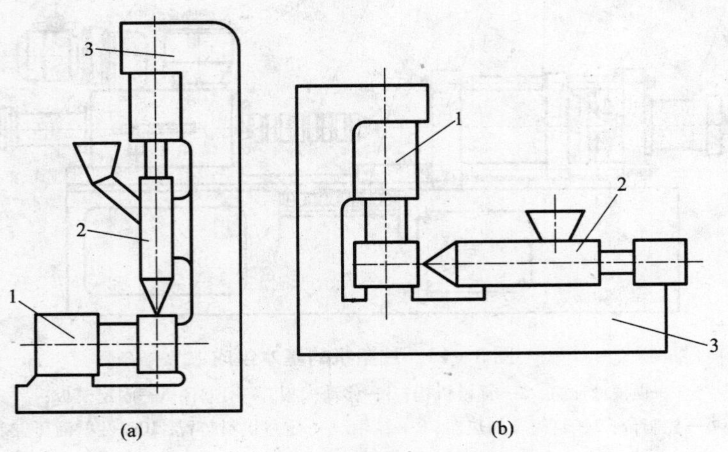

图 3-15　角式注射机

1—锁模机构；2—注射装置；3—机身

4）多工位注射机　是一种多工位操作的特殊注射机，如图 3-16 所示，它是一种专用注射机。在下面工位注射结束后，绕固定轴 3 旋转 180°后在上面工位上脱模，此时，下面工位上对另一副模具进行注射。根据注射量和机器的用途，多工位注射机也可将注射装置与合模装置进行多种形式的排列。

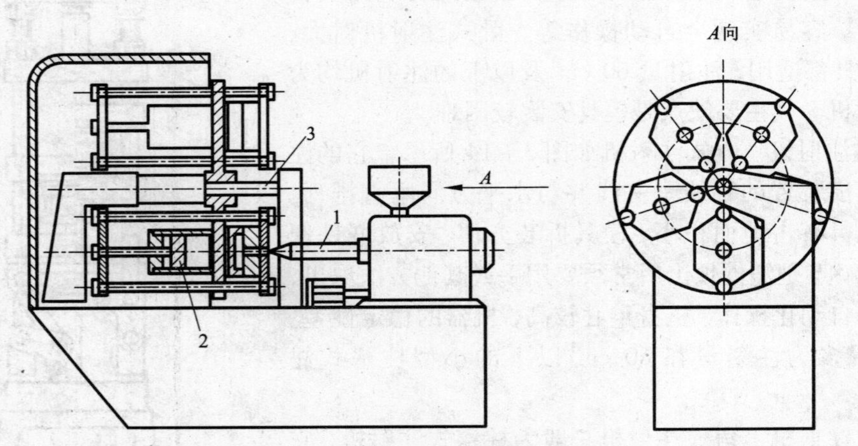

图 3-16　多工位注射机

1—注射装置；2—合模装置；3—转盘轴

根据注射成型工艺和成型技术的不同，专用型注射机还可以分成热固性塑料型注射、发泡注射、排气注射、高速注射、多色注射、精密注射、气体辅助注射等类型注射机。我国生产的注射机主要是热塑性塑料通用型和部分热固性塑料注射机。

3.3.2　注射机主要技术参数

注射机的主要技术参数有注射量、注射压力、注射速率、注射速度、注射时间、塑化能力、锁模力、合模装置的基本尺寸、开合模速度及空循环时间等。这些参数是设计、制造、购置和使用注射成型机的依据，也是模具设计的依据。

(1)注射量

注射量也称公称注射量。它是指注射机在对空注射的条件下，注射螺杆或柱塞作一次最大行程时，注射装置所能达到的最大注射量。注射量在一定程度上反映了注射机的加工能力，标志着能成型的最大塑料制件，因而是经常被用来表征注射机规格的参数。我国国标 ZBG95003—1987 规定注射量有两种表示方法：一种是以聚苯乙烯为标准，用注射出熔料的质量(单位为 g)表示；另一种是用注射出熔料的容积(单位为 cm^3)表示。我国注射机系列多采用后一种表示方法。对注射机注射量规定有 16、25、30、40、60、100、125、160、250、350、400、500、630、1000、1600、2000、2500、3000、4000、6000、8000、16000、24000、32000、48000、64000 cm^3 等 20 余种规格。

根据对注射机注射量的定义，公称注射量应为

$$V_c = \frac{\pi}{4} D_s^2 s \tag{3-1}$$

式中：V_c——公称注射量，cm^3；

D_s——螺杆或柱塞的直径，cm；

s——螺杆或柱塞的最大行程，cm。

上式计算的是螺杆理论注射量，但是在注射时有少部分熔料在压力作用下回流，以及为了保证塑化质量和在注射完毕后保压时补缩的需要，故实际注射量要小于理论注射量。所以生产中常用注射机以标准螺杆注射时的 80% 理论注射量来表示注射机的规格。

(2)注射压力

注射时为了克服熔料流经喷嘴、流道和型腔时的流动阻力，螺杆(或柱塞)对熔料必须施加足够的压力，此压力称为注射压力。注射压力的大小与流动阻力、制件的形状、塑料的性能、塑化方式、塑化温度、模具温度及对制件精度要求等因素有关。

注射压力的选取很重要。注射压力过高，制件可能产生毛边，脱模困难，影响制件的表面粗糙度，使制件产生较大的内应力，甚至成为废品，同时还会影响注射机的使用寿命。若注射压力过低，则易产生物料充不满型腔，甚至根本不能成型等现象。目前国产注射机压力一般为 105 ~ 150 MPa。由于注射制件大量用于工程结构零件，并且这类制件结构复杂、形状多样、精度要求较高，所选材料多为中、高黏度，所以注射压力有提高的趋势。

根据塑料的性能，目前对注射压力的使用情况可大致分为以下几类：

1)注射压力小于 70 MPa，用于加工流动性好的塑料，且制件形状简单，壁厚较大。

2)注射压力为 70 ~ 100 MPa，用于加工塑料黏度较低，形状、精度要求一般的制件。

3)注射压力为 100 ~ 140 MPa，用于加工中、高黏度的塑料，且制件的形状、精度要求一般。

4)注射压力为 140 ~ 180 MPa，用于加工较高黏度的塑料，且制件壁薄或不均匀、流程长、精度要求较高。对于一些精密塑料制件的注射成型，注射压力可用到 230 ~ 250 MPa。

选择设备时，要考虑塑料成型所需的注射压力是否在注射机的理论注射压力范围以内。

(3)注射速度、注射速率与注射时间

注射时，为了使熔料及时充满型腔，除了必须有足够的注射压力外，熔料还必须有一定

的流动速度。描述这一参数的量为注射速率、注射时间或注射速度。

注射速率是指将公称注射量的熔料在注射时间内注射出去在单位时间内所能达到的体积流率；注射速度是指螺杆或柱塞的移动速度；而注射时间则是指螺杆(或柱塞)射出一次注射量所需要的时间。

注射速率、注射速度或注射时间的选定很重要，将直接影响到制件的质量和生产率。注射速率过低(即注射时间过长)，制件易形成冷接缝，不易充满复杂的模腔。合理地提高注射速率，能缩短生产周期，降低制件的尺寸公差，能在较低的模温下顺利地获得优良的制件，特别是在成型壁薄、长流程制件及低发泡制件时采用高的注射速率能获得优良的制件，因此目前有提高注射速率的趋势。1000 cm^3 以下的中小型螺杆式注射机的注射时间通常在 3 ~ 5 s，大型或超大型注射机也很少超过 10 s。但是，注射速率也不可能过高，否则塑料高速流经喷嘴时易产生大量的摩擦热，使物料发生热解和变色，模腔中的空气由于被急剧压缩而产生热量，在排气口上有可能出现制件烧伤现象。一般说来，注射速率应根据工艺要求、塑料的性能、制件的形状及壁厚、浇口设计以及模具的冷却情况来选定。

为了提高注射制件的质量，尤其对形状复杂制件的成型，近年来发展了变速注射，即注射速度是变化的，其变化规律由制件的结构形状和塑料的性能确定。

(4)塑化能力

塑化能力是指单位时间内所能塑化的物料量。显然，注射机的塑化装置应该在规定的时间内保证能够提供足够的、塑化均匀的熔料。塑化能力应与注射机的整个成型周期配合协调，若塑化能力高而机器的空循环时间太长，则不能发挥塑化装置的能力，反之，则会加长成型周期。

(5)锁模力

如前所述，注射时熔料进入模腔时仍有较大的压力，它促使模具从分型面处涨开。为了平衡熔料的压力，夹紧模具，保证制件的精度，注射机合模机构必须有足够的锁模力。锁模力同注射量一样，也在一定程度上反映出注射机所能塑制制件的大小，是一个重要参数，所以有的国家采用最大锁模力作为注射机的规格标称。

模腔压力由注射压力传递而来，它在模腔内不是均匀分布的。模腔压力为注射压力的25% ~50%。对于塑料流动性差、形状复杂、精度要求高的制件，需要较高的模腔压力。但是过高的模腔压力将对锁模力和模具强度提出较高的要求，且使制件脱模困难，残余应力增大，故一般不用过高的模腔压力。对于一般熔料黏度的制件，模腔压力为 20 ~ 30 MPa；对于熔料黏度较高、制件精度要求高的情况，模腔压力为 30 ~ 40 MPa。

(6)合模装置的基本尺寸

合模装置的基本尺寸主要包括模板尺寸、拉杆空间、模板最大开距、动模板行程、模具最大厚度和最小厚度等。这些参数规定了所用模具的尺寸范围、定位要求、相对运动程度及其安装条件。

以上参数在进行塑料成型工艺设计及模具设计时，可参考有关设计资料选取。

3.3.3 注射机与模具的关系

注射模具是安装在注射机上生产的，在模具设计时，设计者必须根据塑件的结构特点、塑件的技术要求确定模具结构。模具的结构与注射机之间有着必然的联系，模具定位圈尺寸、模板的外形尺寸、注射量的大小、推出机构的设置及锁模力的大小等必须参照注射机的类型及相关尺寸进行设计，否则，模具就无法与注射机合理匹配，注射过程也就无法进行。

注射机与模具的关系如图 3－17 所示，注射模具的动模 4 与注射机移动模座 2 用压板螺钉相联，定模 7 和定模座 8 用螺钉与注射机相联。

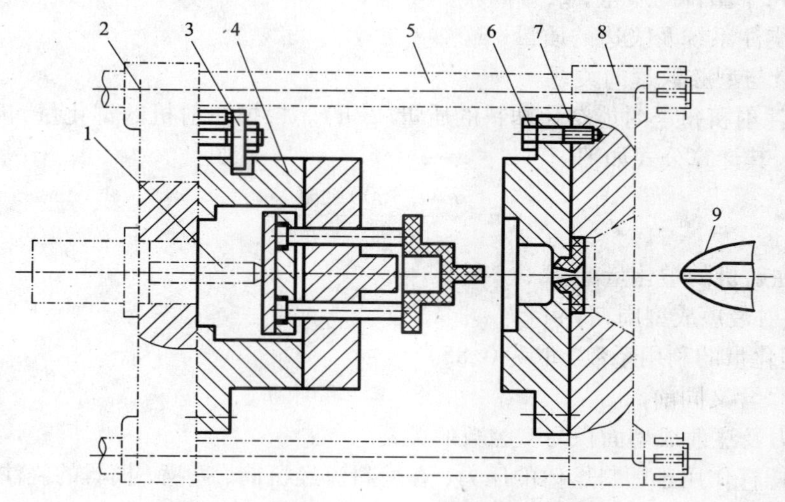

图 3－17　注射模具与注射机的关系

1—注射机顶杆；2—注射机动模座；3—压板螺钉；4—动模；
5—注射机拉杆；6—螺钉；7—定模；8—注射机定模座；9—注射机喷嘴

(1) 注射量与塑件质量的关系

如前所述，注射机的实际注射量是理论注射量的 80% 左右。即：

$$M_s = \alpha M_1 \quad V_s = \alpha V_1 \tag{3-2}$$

式中：M_1、V_1——理论注射质量、理论注射容积；

M_s、V_s——实际注射质量、实际注射容积；

α——注射系数，一般取 0.8。

在注射生产中，注射机在每一个成型周期内向模内注入熔融塑料的容积或质量称为塑件的注射量 M，塑件的注射量 M 必须小于或等于注射机的实际注射量。

当实际注射量以实际注射容积 V_s 表示时，有：

$$M'_s = \rho' V_s \tag{3-3}$$

式中：M'_s——注射密度为 ρ 时塑料的实际注塑质量，g；

ρ'——在塑化温度和压力下熔融塑料密度，g/cm^3。

$$\rho' = c\rho \tag{3-4}$$

式中：ρ——注射塑料在常温下的密度，g/cm^3；

c——塑化温度和压力下塑料密度变化的校正系数；对结晶型塑料，$c = 0.85$，对非结晶型塑料 $c = 0.93$。

当实际注射量以实际注射质量 M_s 表示时，有：

$$M'_s = M_s(\rho/\rho_{ps}) \tag{3-5}$$

式中：ρ_{ps}——聚苯乙烯在常温下的密度（约为 1 g/cm³）。

所以，塑件注射量 M 应满足下式：

$$M'_s \geqslant M = nM_z + M_j \tag{3-6}$$

式中：n——型腔个数；

M_z——每个塑件的质量，g；

M_j——浇注系统及飞边的质量，g。

（2）塑化量与型腔数量的关系

塑化量是注射机每小时能塑化塑料的质量（g/h）。根据注射机的塑化量，确定多型腔模具的型腔数 n，其计算公式如下：

$$n \leqslant \frac{kWt/3600 - M_j}{M_z} \tag{3-7}$$

式中：W——注射机的塑化量，g/h；

t——注射最短成型周期，s；

k——塑化量的利用系数，取为 0.85。

其余符号含义同前。

（3）锁模力及注射成型面积与型腔数的关系

注塑时，螺杆作用于塑料熔体的压力，在熔料流经机筒、喷嘴、模具的浇注系统后，在型腔中余下的压力即为模腔压力 p（一般为 20～40 MPa），该压力在型腔中产生一个使模具沿分型面胀开的胀模力 F_z，该力的大小为：

$$F_z = pA = p(nA_x + A_j) \tag{3-8}$$

式中：A——塑件和浇注系统在分型面上的投影面积之和；

A_x——塑件型腔在模具分型面上的投影面积；

A_j——塑件浇注系统在模具分型面上的投影面积。

在注塑过程中，为使模具不被胀模力 F_z 胀开，注塑机的合模装置必须对模具施以足够的夹紧力，即锁模力 F_s。锁模力的大小必须满足下式：

$$F_s \geqslant F_z = p(nA_x + A_j) \tag{3-9}$$

（4）注射机模座行程及间距与模具闭合高度的关系

注射机模座间距是指注射机动模座和定模座之间的间距，S_k 是注射机动模座与定模座之间的最大模座间距；注射机模座行程 S 是指动模座在开闭模中实际移动的距离，模具闭合高度 H_m 是指模具合拢时的高度，其关系如图 3－18 所示。

对于所选用的注射机，模具的闭模高度必须满足：

$$H_{min} \leqslant H_m \leqslant H_{max} \tag{3-10}$$

式中：H_{min}——注射机允许的最小模具闭合高度，也就是最小模座间距；

H_{max}——最大模具闭合高度；

H_m——模具的实际闭合高度；

图中：ΔH——模座可调距离；

S——实际模座行程，对液压式合模装置可调，可调范围 ΔH；

S_k——最大模座间距，对液压机械式合模装置可调，可调范围 ΔH。

对液压式合模装置，注射机模座最大间距 S_k 是个固定值，注射机最大模座行程 S_{max} 在 ΔH

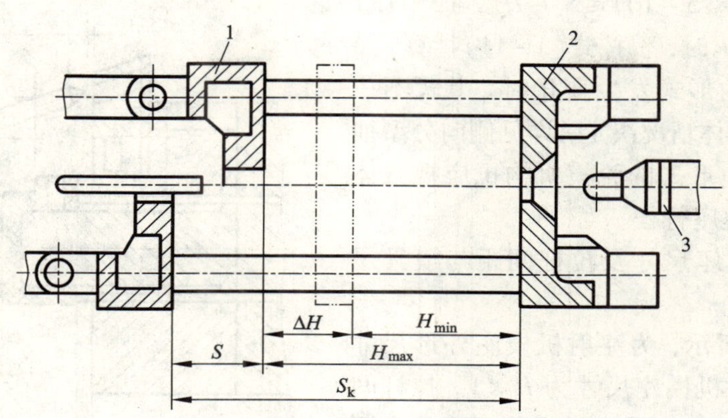

图 3－18　注射机动、定模座之间的间距

1—动模座；2—定模座；3—喷嘴；S—模座行程；S_k—动、定模座间的最大间距

范围内可调；对液压机械式合模装置，注射机最大模座行程 S_{max} 是个定值，模座最大间距 S_k 在 ΔH 范围内可调。实际模座行程 S 可分为下面几种情况计算：

如图 3－19 所示，对单分型面模具，实际模座行程 S 可按下式计算。

$$S = H_1 + H_2 + (5 \sim 10) \leqslant S_{max} = S_k - H_m \tag{3-11}$$

如图 3－20 所示，对双分型面模具，实际模座行程 S 可按下式计算：

$$S = H_1 + H_2 + a + (5 \sim 10) \leqslant S_{max} = S_k - H_m \tag{3-12}$$

式中：H_1——塑件顶出距离；

H_2——塑件高度；

a——定模板与浇口板的距离；

S_{max}——模具闭合高度为 H_m 时的最大模座行程。

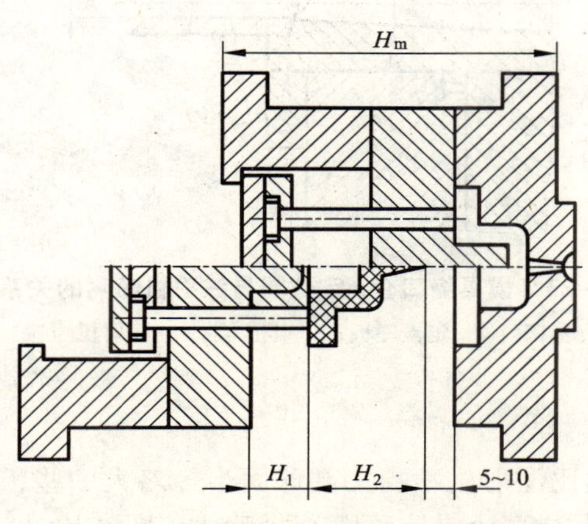

图 3－19　单分型面注射模模板行程

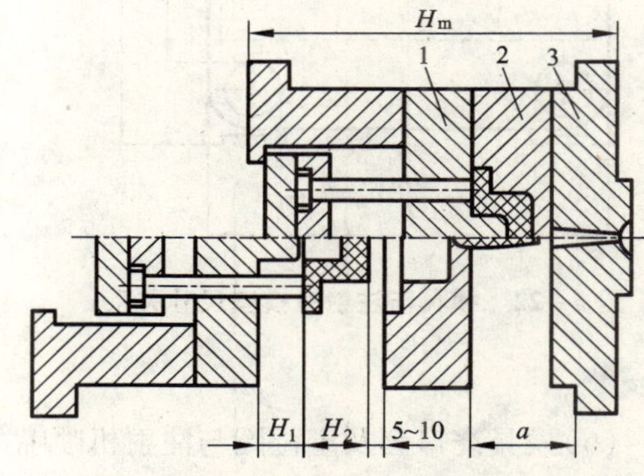

图 3－20　双分型面注射模模板行程

1—动模板；2—浇口板；3—定模板

对带有侧向抽芯机构的模具，分型抽芯动作是由斜导柱完成的，这时模座行程 S 的计算还必须考虑分型机构的抽拔距离，如图 3－21 所示，当 $H_e > H_1 + H_2$，模座行程可由下式计算：

$$S = H_e + (5 \sim 10) \leqslant S_k - H_m \quad (3-13)$$

当 $H_e \leqslant H_1 + H_2$时，仍按式(3－11)计算。

当抽芯机构的形式发生变化时，上式不一定适用，应根据具体情况决定，详见侧向分型抽芯机构部分。其他形式的脱模机构也应视具体情况来计算实际模座行程。

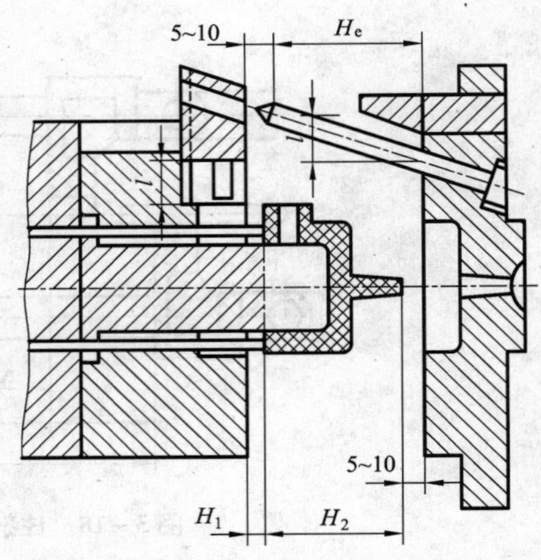

图 3－21　有侧向抽芯机构模具模板行程

(5)注射机模座尺寸及拉杆间距与模具尺寸的关系

如图 3－22 所示，为注射机模座外形尺寸和拉杆位置，注射机模座尺寸为 $H \times V$，拉杆间距为 $H_0 \times V_0$，它们是表示模具安装面积的主要参数。注射模具的最长边应小于 $\min\{H, V\}$，最短边应小于 $\min\{H_0, V_0\}$，以保证模具能从注射机的拉杆之间装入。

同时，还要校核模座安装螺孔尺寸，注射模具在注射机上的安装方法有两种，一种是用螺钉直接固定；另一种是用螺钉、压板固定。当用螺钉直接固定时，模具动、定座板与注射机模座上的螺孔应完全吻合，而用压板固定时，只要在模具固定板需安放压板的外侧附近有螺孔就能紧固，因此压板固定其有较大的灵活性。

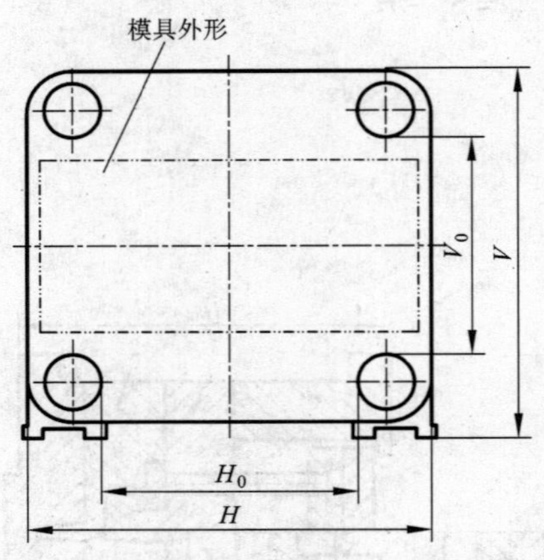

图 3－22　模具与注射机模座尺寸关系

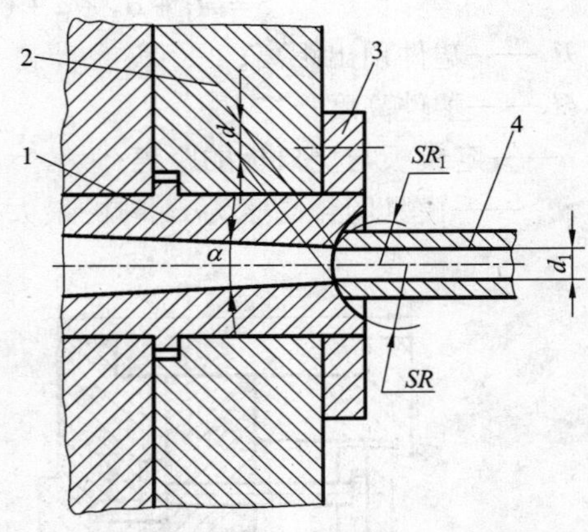

图 3－23　模具浇口套、定位圈与注射机喷嘴的关系

1—浇口套；2—定模座板；3—定位圈；4—注射机喷嘴

(6)模具浇口套及定位圈与注射机喷嘴的关系

设计模具时，浇口套内主流道始端的球面必须比注射机喷嘴头部球面半径略大一些，如图 3－23 所示，即 SR 比 SR_1大 1～2 mm；主流道小端直径要比喷嘴直径略大，即 d 比 d_1 大 0.5～1 mm。

为了使模具在注射机上的安装准确、可靠，定位圈的设计很关键。模具定位圈如图 3－23 中的 3 所示，其外径尺寸必须与注射机的定位孔尺寸相匹配。通常采用间隙配合，以保证模具主流道的中心线与注射机喷嘴的中心线重合，一般模具的定位圈外径尺寸应比注射机固定模座上的定位孔尺寸小 0.2 mm 以下。

(7)注射机顶出装置与注射模具顶出机构的关系

各种型号注射机的顶出装置和最大顶出距离不尽相同，设计时应使模具的顶出机构与注射机相适应。通常是根据开合模系统顶出装置的顶出形式(中心顶出还是两侧顶出)、注射机的顶杆直径、顶杆间距和顶出距离等校核模具顶出机构是否合理、顶杆顶出距离能否达到使塑件顺利脱模的目的。

注射机顶出装置的主要形式有机械顶出、液压顶出和气压吹出。常用的是机械、液压顶出两种。

对机械顶出装置，注射机顶杆可放在动模座的中心，也可放在动模座的两侧；对液压顶出装置，顶杆放在动模座的中心部位，对液压机械式的顶出装置，一般机械顶杆放在动模座的两侧，液压顶杆放在动模座的中心。

气压吹出需要增设气源和气路，故少用。

注射机动模座顶杆大小、位置与模具顶出装置相适应，注射机顶出装置的顶出距离 D 应大于或等于塑件顶出距离 H_1，如图 3－24 所示。

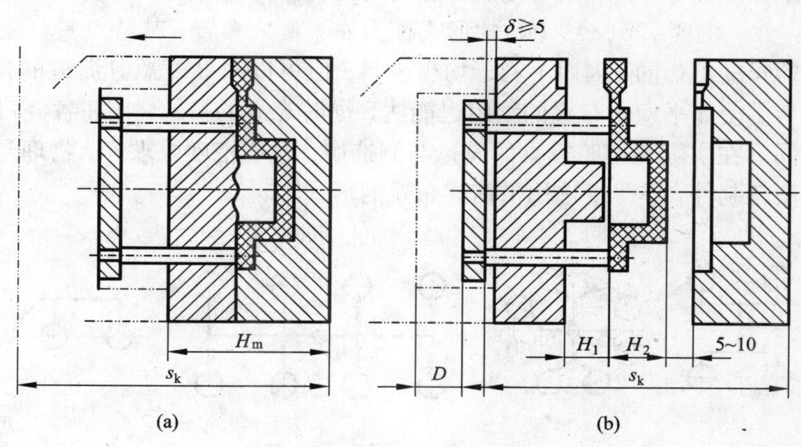

图 3－24　模具开模顶出情况

(a)开模前；(b)开模后

3.4　塑件在模具中的位置与分型面的选择

注射模具分成由导向机构导向与定位的动模和定模两个部分。注射成型后，必须将模具型腔打开，将塑料制件从动、定模部分的接合面之间取出，这个接合面称为分型面。分型面确定后，塑件在模具中的位置也就确定了。

3.4.1　塑件在模具中的位置

对于单型腔模具，塑件在模具中的位置如图 3－25 所示。图 3－25(a)为塑件全部在定模中的结构；图 3－25(b)为塑件全部在动模中的结构；图 3－25(c)、(d)为塑件同时在定模和动模中的结构。对于多型腔模具，由于型腔的排布与浇注系统密切相关，在模具设计时应综合加以考虑。型腔的排布应使每个型腔都能通过浇注系统从总压力中均等地分得所需足够压力，以保证塑料熔体能同时均匀地充填每一个型腔，从而使各个型腔的塑件内在质量均一稳定。

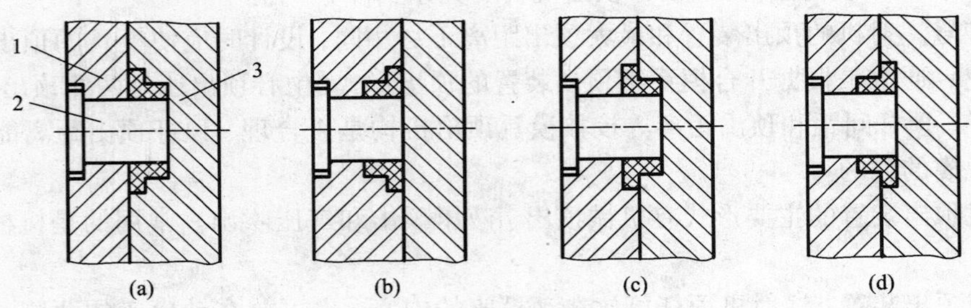

图 3-25　塑件在模具中的位置

1—动模；2—型芯；3—定模

多型腔模具的型腔在模具分型面上的排布形式如图 3-26 所示。图 3-26(a)、(b)的形式称为平衡式布置，其特点是从主流道到各型腔浇口分流道的长度、截面形状与尺寸均对应相同，可实现各型腔均匀进料和同时充满型腔的目的，从而使所成型的塑件内在质量均一稳定，力学性能一致。图 3-26(c)、(d)的形式称为非平衡式布置，其特点是从主流道到各型腔浇口分流道的长度不相同，因而不利于均衡进料，但可以明显缩短分流道的长度，节约塑件的原材料。为了使非平衡式布置的型腔也能达到同时充满的目的，往往各浇口的截面尺寸要制造得不相同。在实际多型腔模具的设计与制造中，对于精度要求高、物理与力学性能要求均衡稳定的塑料制件，应尽量选用平衡式布置的形式。

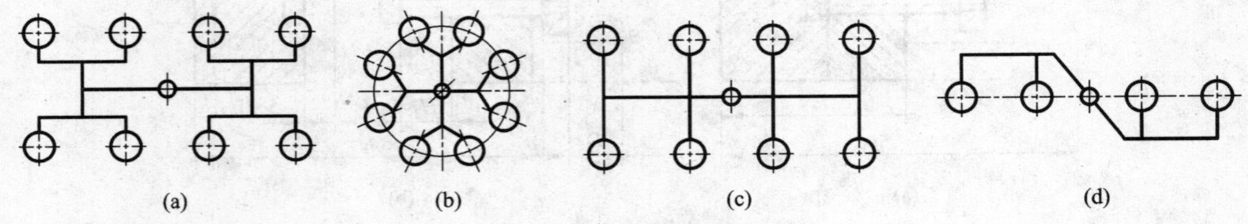

图 3-26　多型腔模具型腔的布局

注意：多型腔模具最好成型同一形状和尺寸精度要求的塑件，不同形状的塑件最好不采用同一副多型腔模具来生产。但是在生产实践中，有时为了节约和同步生产，往往将成型配套的塑件设计成多型腔模具。采用这种形式难免会引起一些缺陷，如塑件发生翘曲及不可逆应变等。

3.4.2　分型面的选择

分型面是决定模具结构形式的一个重要因素，分型面的类型、形状及位置与模具的整体结构、浇注系统的设计、塑件的脱模和模具的制造工艺等有关，不仅直接关系到模具结构的复杂程度，也关系到塑件的成型质量。因此，分型面的选择是注射模设计中的一个关键问题。

分型面的形状有平面、斜面、阶梯面、曲面等，如图 3-27 所示。有的注射模具只有一个分型面，有的有多个分型面。在有多个分型面的模具中，将脱模时取出塑件的那个分型面称为主分型面，其他的分型面称为辅助分型面。辅助分型面是为了达到某种目的而设计的。

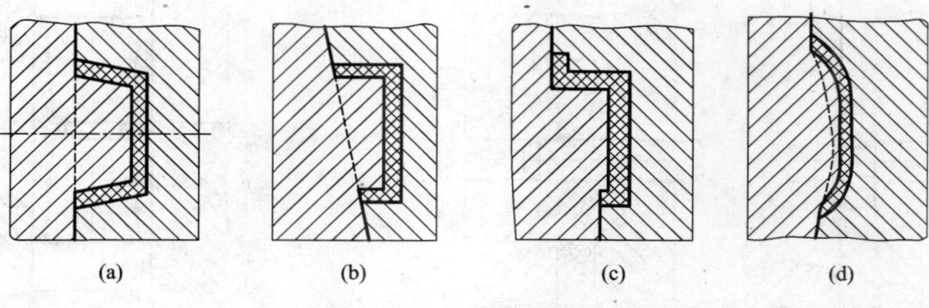

图 3－27　分型面的形状

选择分型面通常应遵循以下原则：

(1)分型面的选择应有利于脱模

1)分型面应选在塑件外形轮廓尺寸最大处。如图 3－28 所示，在 $A-A$ 处设置分型面可顺利脱模，若将分型面设在 $B-B$ 处则取不出塑件。

2)分型面应使塑件开模时留在动模部分。由于顶出机构通常设置在动模一侧，将型芯设置在动模部分，塑件冷却收缩后包紧型芯，开模时使塑件留在动模，这样有利于脱模。如图 3－29 所示。如果塑件的壁厚较大，内孔较小或者有嵌件时，为使塑件开模时留在动模，一般应将凹模(型腔)也设在动模一侧，如图 3－30 所示。

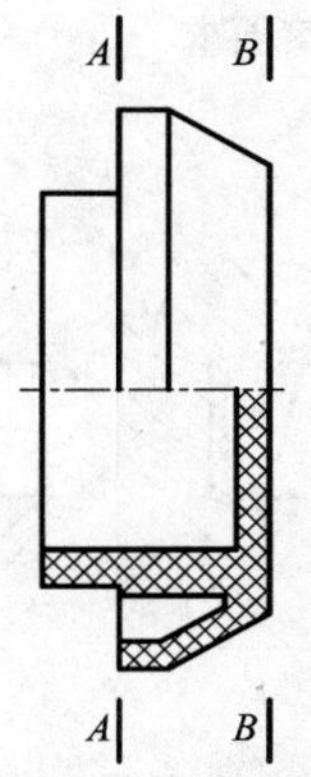

图 3－28　分型面取在尺寸最大处

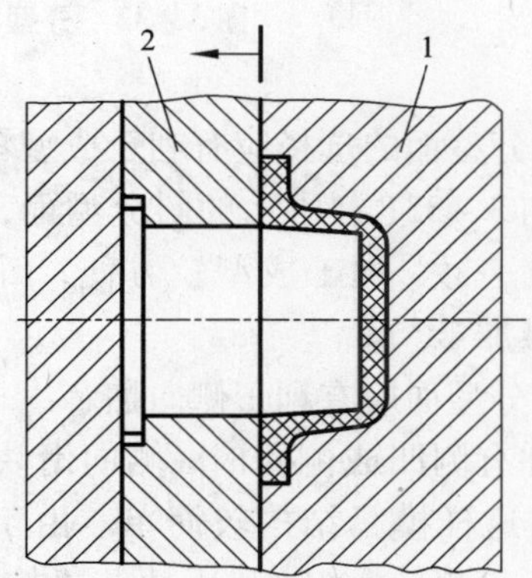

图 3－29　分型面应使塑件开模时留在动模

1—定模；2—动模

3)拔模斜度小或塑件较高时，为了便于脱模，可将分型面选在塑件的中间部位，如图 3－31 所示，但此时塑件外形有分型的痕迹。

(2)分型面的选择应有利于保证塑件的外观质量和精度要求

如图 3－32(a)所示的分型面方案较合理，如果用图 3－32(b)的形式在圆弧处分型会影响外观，应尽量避免。

塑件有同轴度要求时，为防止两部分错型，一般将型腔放在模具的同一侧，如图 3－32(c)所示，图 3－32(d)的形式不妥。

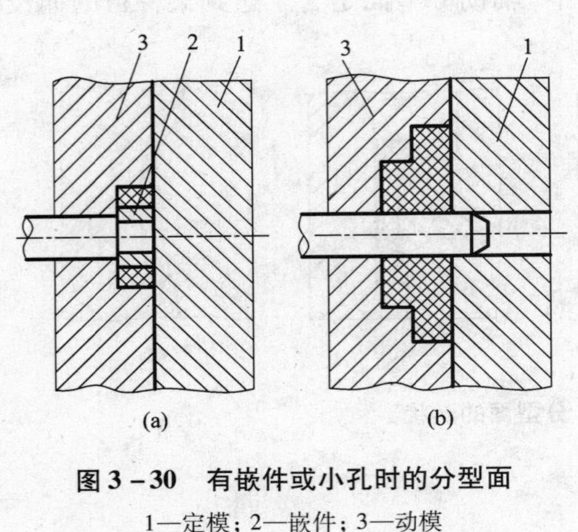

图 3-30　有嵌件或小孔时的分型面

1—定模；2—嵌件；3—动模

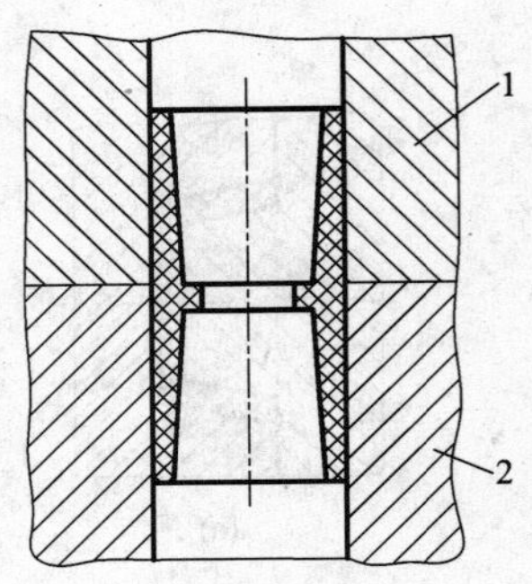

图 3-31　拔模斜度小、塑件较高的分型面

1—定模；2—动模

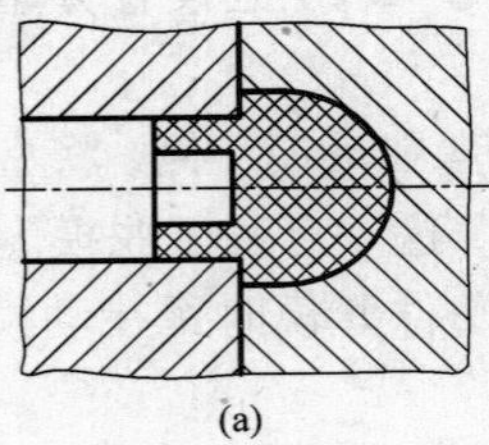

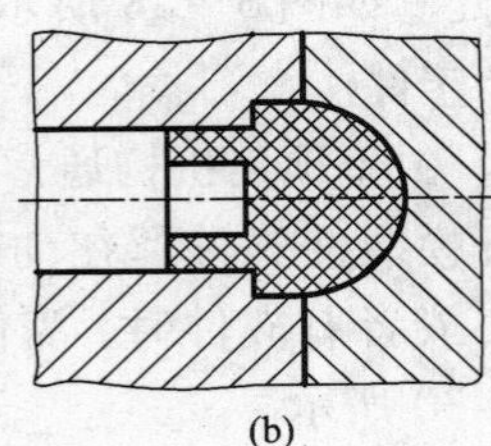

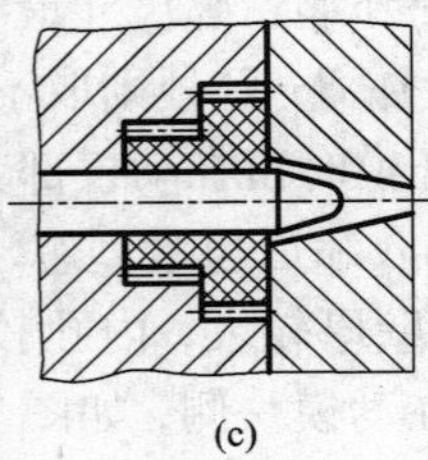

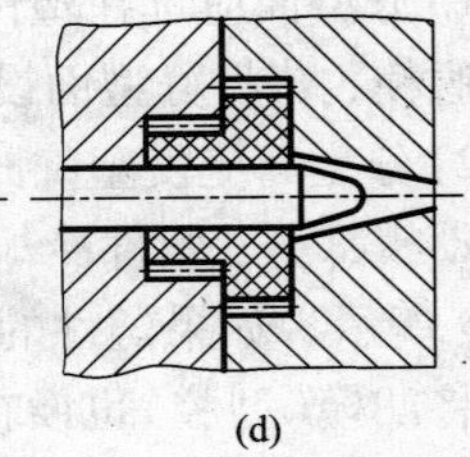

图 3-32　分型面应保证塑件的外观质量和精度要求

(3)分型面的选择应有利于成型零件的加工制造

如图 3-33(a)所示的斜分型面，凸模与凹模的倾斜角度一致，加工成型较方便，而图 3-33(b)的形式较难加工。

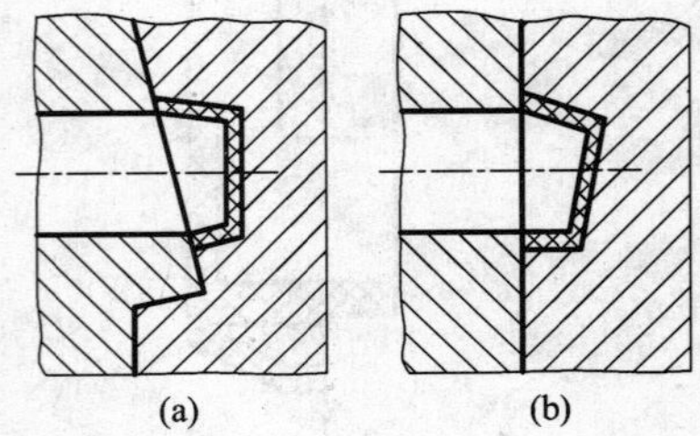

图 3-33　分型面应有利于零件加工

(4)分型面应有利于侧向抽芯

塑件有侧凹或侧孔时，侧向滑块型芯宜放在动模一侧，这样模具结构较简单。由于侧向抽芯机构的抽拔距离都较小(除液压抽芯机构外)，选择分型面时应将抽芯距离小的方向放在侧向，如图 3-34(a)所示，图 3-34(b)所示的分型面不妥。但是，对于投影面积较大而又需侧向分型抽芯时，由于侧向滑块合模时的锁紧力较小，这时应将投影面积较大的分型面设在垂直于合模方向上，如图 3-34(c)所示，如采用图 3-34(d)的形式会由于侧滑块锁不紧而产生溢料。

(5)分型面的选择应有利于排气

分型面的选择与浇注系统的设计应同时考虑，为了使型腔有良好的排气条件，分型面应尽量设置在塑料熔体流动方向的末端，如图 3-35 所示，若采用图 3-35(b)、(d)的形式，塑料熔体充填型腔时先封住分型面，在型腔深处的气体就不易排出；而采用图 3-35(a)、(c)的形式，分型面处最后充填，形成了良好的排气条件。

以上阐述的是选择分型面的一般原则及部分示例，但在实际的设计中，往往不可能全部

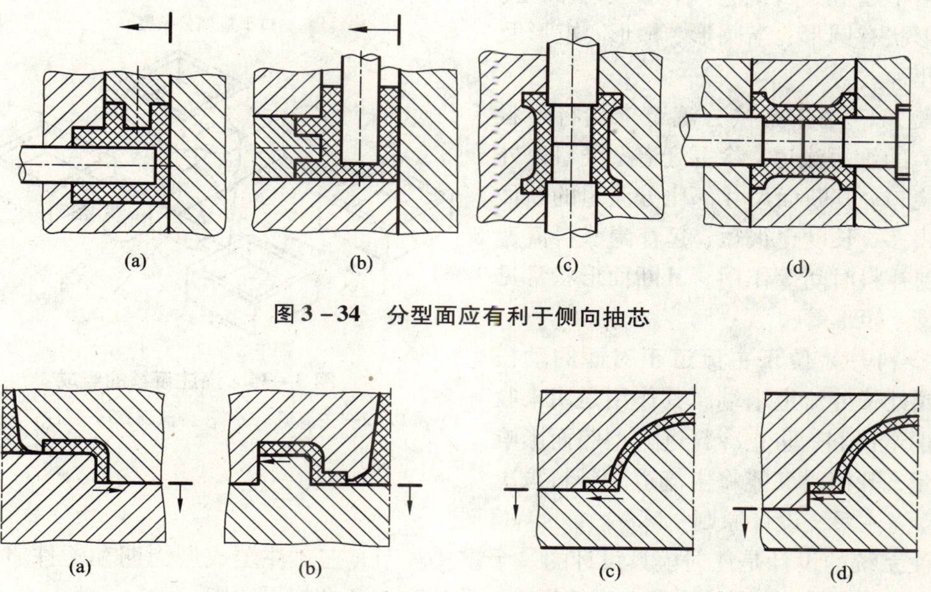

图3-34 分型面应有利于侧向抽芯

图3-35 分型面应有利于排气

满足上述原则，应抓住主要矛盾，从而较合理地确定分型面。

3.5 浇注系统的设计

浇注系统是指熔融塑料从注射机喷嘴射入注射模具型腔所流经的通道。浇注系统分为普通浇注系统和热流道浇注系统。浇注系统控制着塑件在注射成型过程中充模和补料两个重要阶段，对塑件质量关系极大。通过浇注系统，塑料熔体充填满模具型腔并且使注射压力传递到型腔的各个部位，使塑件密实和防止缺陷的产生。

浇注系统设计内容包括：根据塑件大小和形状进行流道布置、决定流道断面尺寸、对浇口数量、位置、形式进行优化。当采用专用CAE软件进行浇注系统设计时，它是由设计者采用人机对话的形式进行的，因此只有设计人员对浇注系统有一定的理论知识和丰富的实践经验才能用好各种设计软件，使其发挥出应有的效益。

3.5.1 浇注系统的组成及设计原则

(1)普通浇注系统的组成

浇注系统分为普通浇注系统和热流道浇注系统，这里主要介绍普通浇注系统。普通浇注系统一般由主流道、分流道、浇口和冷料井四部分组成，如图3-36所示。

1)主流道　是指紧接注射机喷嘴到分流道为止的那一段通道，熔融塑料进入模具时首先经过它。它与注射机喷嘴在同一轴心线上，塑料熔体在主流道中不改变流动方向，其形状一般为圆锥形(卧式或立式注射机用模具)或圆柱形(角式注射机用模具)。

2)分流道　是指主流道末端与浇口之间的一段通道，它将从主流道来的塑料熔体沿分型面引入各个型腔，因此它开设在分型面上。其断面形状有圆形、半圆形、梯形、矩形及U形等几种。

3）浇口　是指紧接分流道末端将塑料引入型腔的细短流道，除主流道型浇口以外的各种浇口，其断面尺寸都比分流道的断面尺寸小得多，长度也很短，起着调节料流速度、控制补料时间等作用。其断面形状常见的有圆形、矩形等。

4）冷料井　位于主流道正对面的动模板上，或处于分流道末端。其作用是用来收集料流前端冷料，防止冷料进入型腔而影响塑件质量，开模时又能将主流道的凝料拉出。

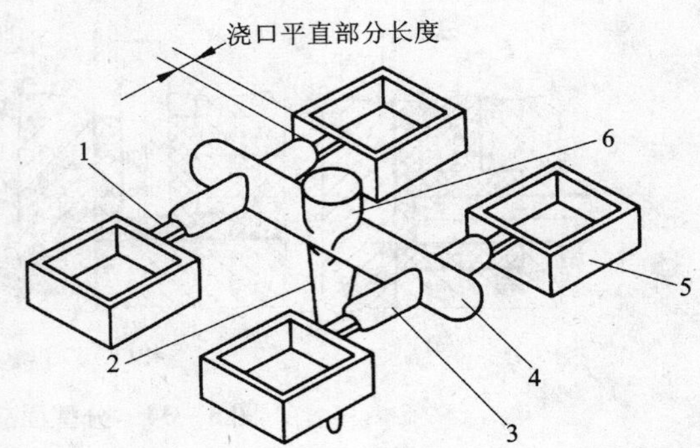

图3－36　浇注系统的组成

1—浇口；2—主流道；3、4—分流道；5—塑件；6—冷料井

（2）浇注系统设计原则

浇注系统的设计是注射模具设计的一个重要环节，它对注塑成型周期和塑件质量（如外观、物理性能、尺寸精度等）都有直接影响，设计时须遵循如下原则：

1）型腔布置和浇口开设部位力求对称，防止模具承受偏载而产生溢料现象。如图3－37所示，图（b）比图（a）合理。

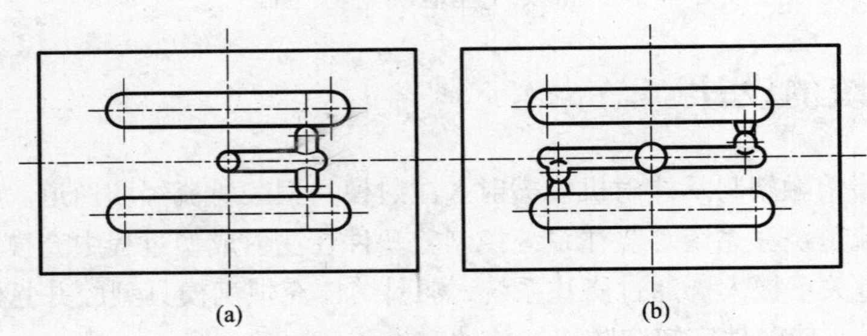

图3－37　流道布置力求对称

（a）不合理；（b）合理

2）型腔和浇口的排列要尽可能地减少模具外形尺寸。如图3－38所示，图（b）的布置比图（a）布置合理。

3）系统流道应尽可能短，断面尺寸适当（太小则压力及热量损失大、太大则塑料耗费大）；尽量减小弯折，表面粗糙度要低，以使热量及压力损失尽可能小。

4）对多型腔应尽可能使塑料熔体在同一时间内进入各个型腔的深处及角落，即分流道尽可能采用平衡式布置。

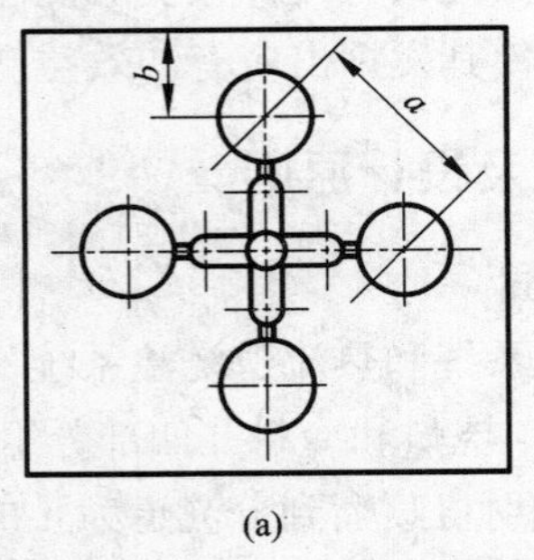

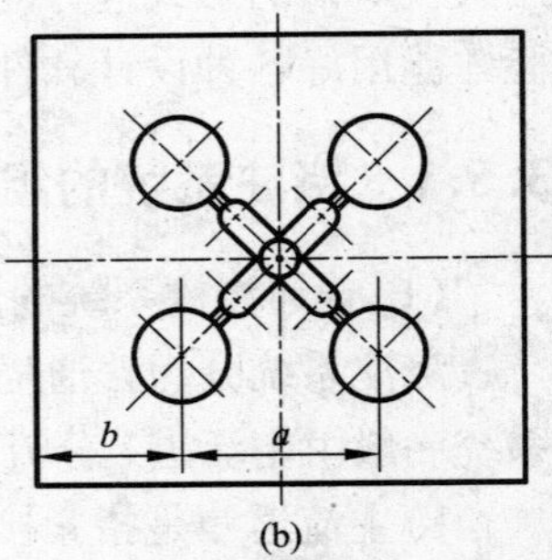

图3－38　型腔布置力求紧凑

（a）不合理；（b）合理

5)满足型腔充满的前提下，浇注系统容积尽量小，以减少塑料的耗量。

6)浇口位置要适当，尽量避免冲击嵌件和细小的型芯，防止型芯变形，浇口的残痕不应影响塑件的外观。

3.5.2　普通浇注系统的设计

(1)主流道设计

主流道是塑料熔体进入模具型腔时最先经过的部位，它将注塑机喷嘴注出的塑料熔体导入分流道或型腔。在卧式或立式注射机上使用的模具中，主流道垂直于分型面，其形状为圆锥形，锥角 α 为 2°~6°，流道的表面粗糙度 $Ra \leqslant 0.8\ \mu m$，便于熔体顺利地向前流动，开模时主流道凝料又能顺利地拉出来。主流道的尺寸直接影响到塑料熔体的流动速度和充模时间。由于主流道要与高温塑料和注塑机喷嘴反复接触和碰撞，通常不直接开在定模板上，而是将它单独设计成主流道衬套镶入定模板内。主流道衬套通常由高碳工具钢制造并热处理淬硬到 53~57 HRC。主流道衬套又称浇口套，结构如图 3-39 所示，现在有标准件可供选购。

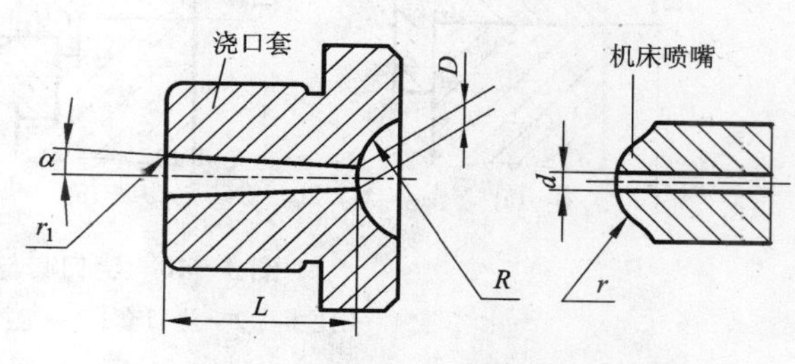

图 3-39　主流道衬套

在设计或选购浇口套时应注意：

1)浇口套进料直径

$$D = d + (0.5 \sim 1)\ \text{mm} \tag{3-14}$$

式中：d——注射机喷嘴口直径。

2)球面凹坑半径 R

$$R = r + (0.5 \sim 1)\ \text{mm} \tag{3-15}$$

3)浇口套与定模板的配合

浇口套与模板间配合采用 H7/m6 的过渡配合，浇口套与定位圈采用 H9/f9 的间隙配合。定位圈在模具安装调试时插入注射机固定模板的定位孔内，用于模具与注射机的安装定位。定位圈外径比注射机定模板上的定位孔小 0.2 mm 以下。

浇口套的结构形式及其与定模板的安装固定形式如图 3-40 所示。图 3-40(a)为浇口套与定位圈设计成整体式的形式，用螺钉固定在定模座板上，一般只用于小型注射模；图 3-40(b)和图 3-40(c)为浇口套与定位圈设计成两个零件的形式，以台阶的形式固定在定模座板上。

在角式注射机用的模具中，主流道平行于分型面，并且开设在分型面的两侧，主流道设计成圆柱形，模具分型后与塑件一起留在动模，推出机构工作时与塑件一起被推出模外。主流道与注射机的喷嘴接触处设计成平面或球面。为了减少注射过程中的变形与磨损，可在此处模具分型面两侧的动、定模上镶入淬火镶块。如图 3-41 所示。

(2)冷料井设计

冷料井的作用是容纳浇注系统流道中料流的前锋冷料，以免这些冷料注入型腔，既影响熔体充填的速度，又影响成型塑件的质量。主流道末端的冷料井除了上述作用外，还便于在

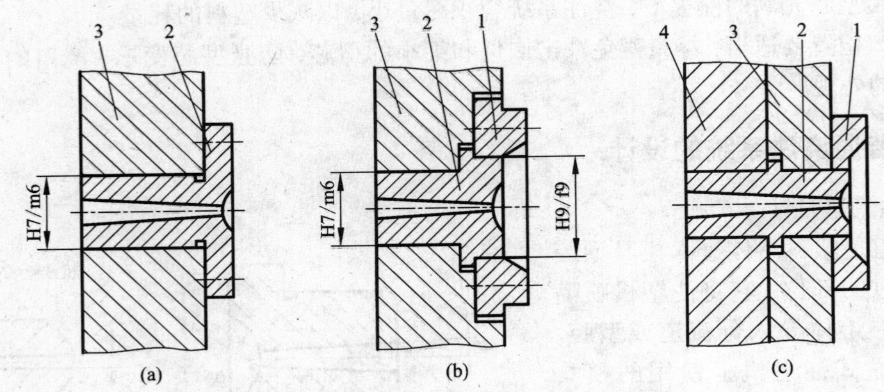

图 3－40　浇口套与定位圈

1—定位圈；2—浇口套；3—定模座板；4—定模板

该处设置主流道拉料杆，注射结束模具分型时，在拉料杆的作用下，主流道凝料从定模浇口套中被拉出，最后推出机构开始工作，将塑件和浇注系统凝料一起推出模外。需要指出的是，点浇口形式浇注系统的三板式模具在主流道末端是不能设置拉料杆的，否则定模部分不能分型，模具将无法工作。

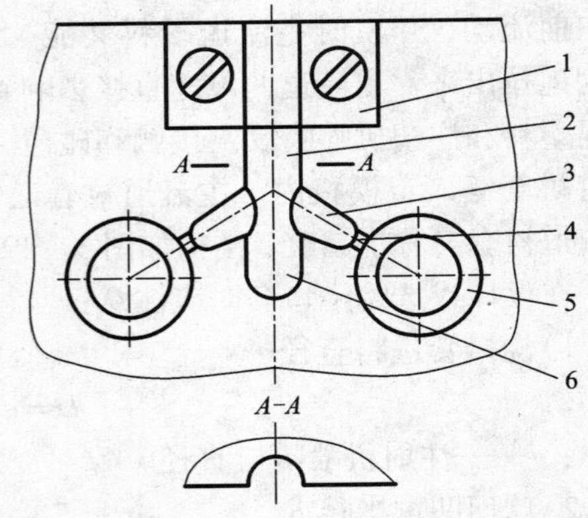

图 3－41　角式注射机用模具流道

1—镶块；2—主流道；3—分流道；4—浇口；5—型腔；6—冷料井

常见冷料井结构有以下三类。

1）底部带有推杆的冷料井

这类冷料井在底部有 1 根与冷料井圆孔成动配合的推杆，其中最常见的是带 Z 型头拉料钩的推杆，又称为拉料杆，这是最常用的形式。由于拉料杆头部的侧凹将主流道凝料钩住，分模时即可将凝料从主流道中拉出。拉料杆的根部固定在推杆固定板上，在推出制件时，冷料也一同被推出，取产品时向拉料钩的侧向稍许移动，即可脱钩将制件连同浇注系统凝料一道取下。其结构如图 3－42(a)所示。

同类型的还有倒锥形冷料井［图 3－42(b)］和圆环槽冷料井［图 3－42(c)］，其冷料推杆也都固定在推杆固定板上，分模时靠倒锥或侧凹起拉料作用，然后再强制推出。这两种形式宜用于成型弹性较好的塑料。由于取主流道时无需作横向移动，故容易实现自动脱模。

2）底部带有拉料杆的冷料井

这种冷料井专用于制件以推件板脱模的模具中。塑料进入冷料井后，紧包在拉料杆球形头的侧凹内，开模时即可将主流道凝料从主流道中拉出。如图 3－43 所示。

球头拉料杆的根部固定在动模边的型芯固定板上，不随推出装置移动，故当推件板推塑件时，将主流道凝料从拉料杆球头上强制推下，如图 3－43(a)所示。菌形头拉料杆和锥形头拉料杆，如图 3－43(b)和(c)，为这种拉料杆的变异形式。锥形拉料杆没有储存冷料的作用，它靠塑料收缩包紧力将主流道拉住，故可靠性远不如上面两种。为增大锥面的摩擦力，

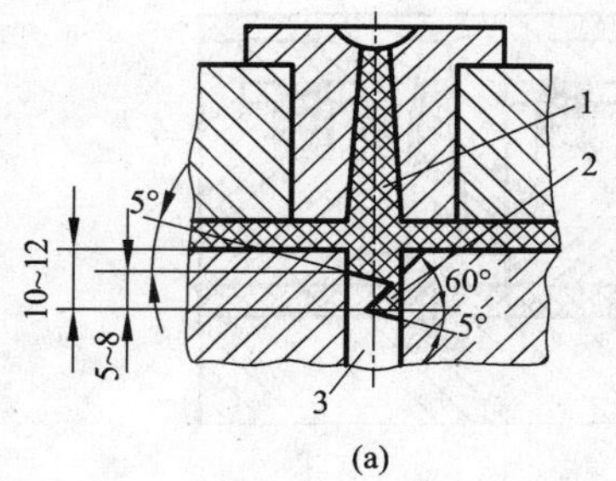

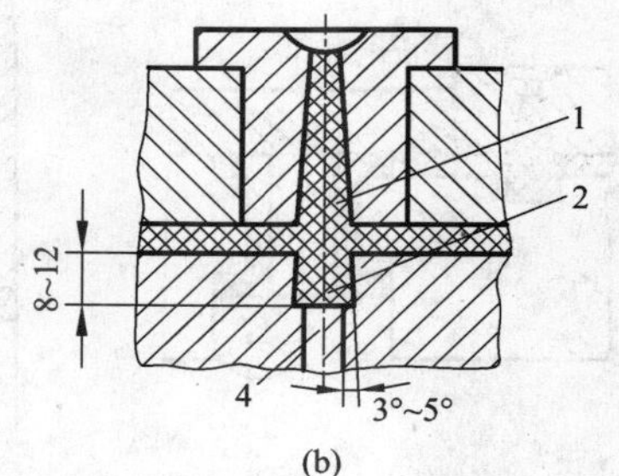

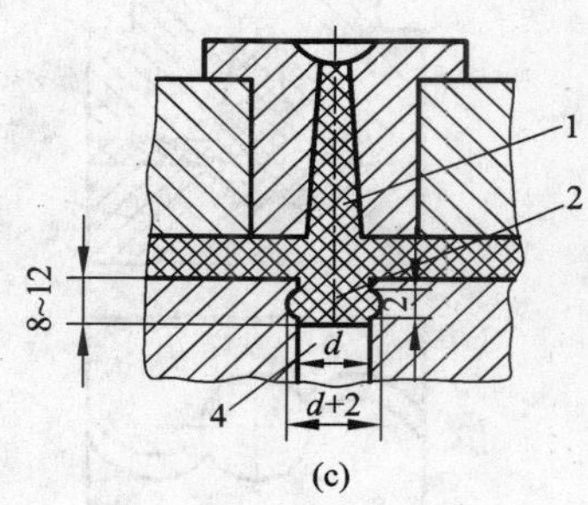

图 3－42　底部带推杆的冷料井

1—主流道；2—冷料井；3—拉料杆；4—推杆

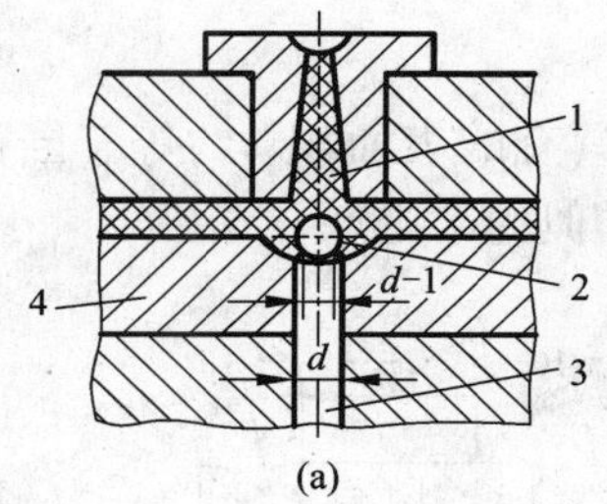

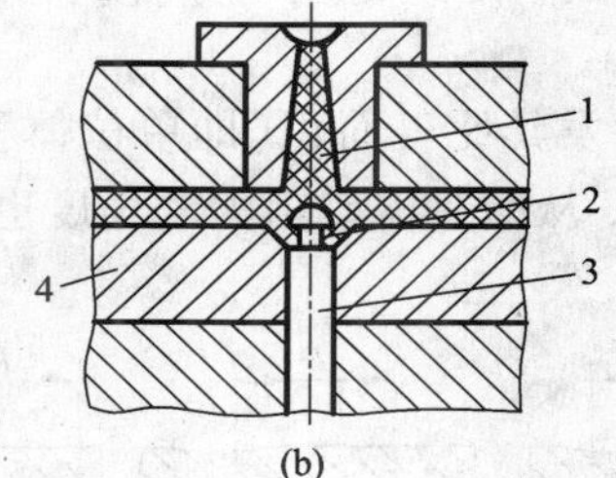

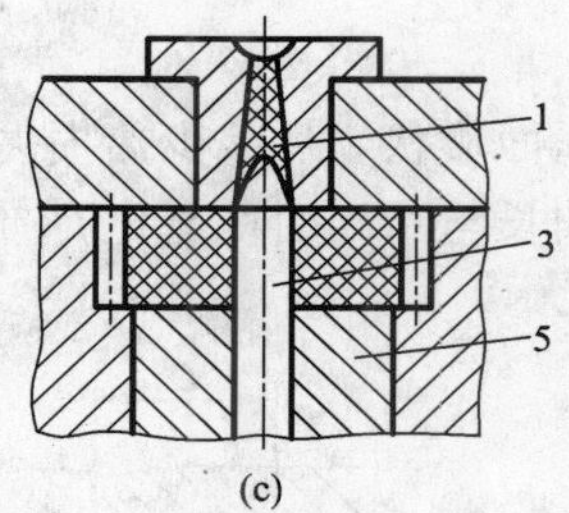

图 3－43　底部带拉料杆的冷料井

1—主流道；2—冷料井；3—拉料杆；4—推件板；5—推块

可采用较小的锥度，或在锥面上开环形槽。但尖锥的分流作用较好，常用在单腔模成型带中心孔的塑件，例如塑料齿轮模具中采用。

3）无拉料杆冷料井

如图 3－44 所示。其中图 3－44（a）的结构是在主流道对面的动模板上开一 90°锥角圆锥形凹坑，为了拉出主流道凝料，在锥形凹坑的锥壁上平行于对应边钻有一深度不大的小孔，分模时靠小孔内塑料的固定作用将主流道凝料从主流道中拉出，推出时推杆推在制件上或分流道上，这时冷料头先沿着小孔的轴线移动脱出，然后被全部拔出。为了能让冷料头完成这种斜向移动，分流道必须设计成 S 形或其他的带有挠性的形状。

另一种无拉料杆的冷料井用于瓣合模的模具中。塑件因为有外侧凹，采用瓣合模成型，将倒锥形冷料井加工在两瓣合模块的分型面上，开模时利用倒锥形冷料井将主流道从定模拉出。分型时瓣合模块分开，冷料井中的凝料即可随塑件和流道一起脱出，冷料井底部不需设推杆。如图 3－44（b）所示。

图 3－44（c）是主流道衬套装弹簧的形式。塑件成型后注射机喷嘴后退距离，则弹簧推动主流道衬套与主流道凝料松脱，这种冷料井也可不设拉料杆。

（3）分流道设计

1）分流道截面形状

分流道常见截面形状有圆形、半圆形、矩形、梯形和 U 形等数种，如图 3－45 所示。设计时应选取易于加工，且在流道长度和流道体积相同的情况下流动阻力和热量损失都最小的

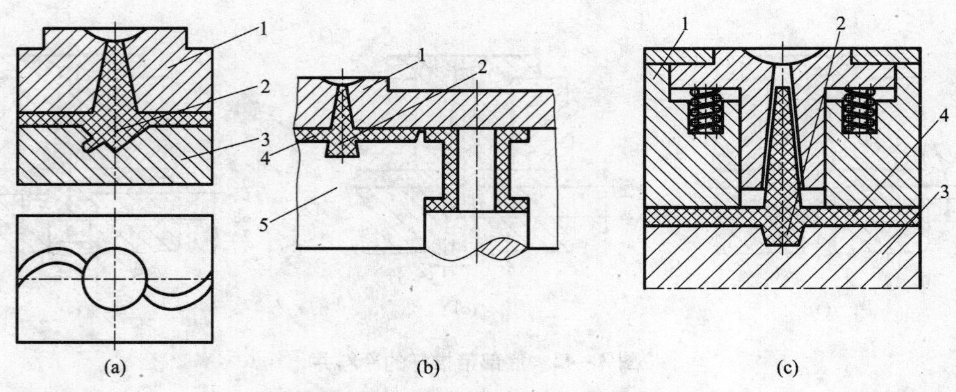

图 3-44　无拉料杆的冷料井

1—定模；2—冷料井；3—动模；4—分流道；5—瓣合模块

断面形状。从减少热损失的角度出发其比表面积(即单位体积所具有的表面积，约等于断面周长与断面面积之比)应越小越好，从减少流动阻力的角度也有类似的结论。

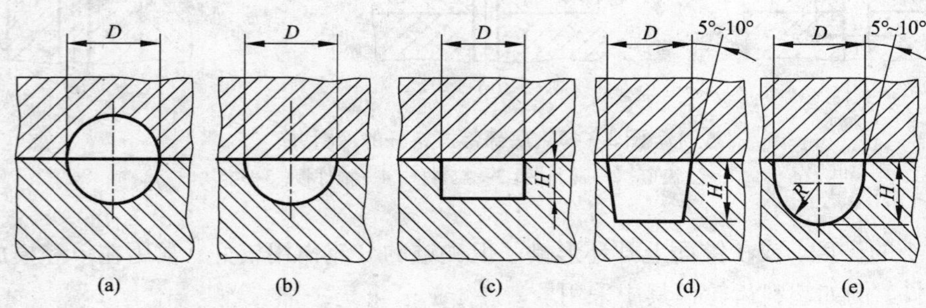

图 3-45　分流道的截面形状

(a)圆形；(b)半圆形；(c)矩形；(d)梯形；(e)U 形

圆形截面的分流道比表面积最小，故热量散失小，阻力亦小，浇口可开在流道中心线上，因而延长了浇口冻结时间，但需要同时在动模和定模上切削加工，而且要互相吻合，制造比较困难，费用高；梯形和 U 形截面分流道加工较容易，且热量损失和压力损失均不大，为常用形式；半圆形截面分流道需用球头铣刀加工，其比表面积比梯形和 U 形截面分流道略大；矩形截面分流道因其比表面积较大，且流动阻力大，故在设计中不常采用。

2)分流道的尺寸

分流道尺寸由塑料品种、塑件的大小、成型工艺条件以及流道的长度等因素确定。对流动性较好的尼龙、聚乙烯、聚丙烯等塑料，圆形截面分流道在长度很短时，直径可小到 2 mm；对流动性较差的聚碳酸酯、聚砜等可大至 10 mm；对于大多数塑料，分流道截面直径常取 5 ~6 mm。

对于重量在 200 g 以下，壁厚在 3 mm 以下的塑件可用下面经验公式计算分流道的直径。

$$D = 0.2654\sqrt{W}\sqrt[4]{L} \tag{3-16}$$

式中：D——分流道的直径，mm；

W——塑件的质量，g；

L——分流道的长度，mm。

此式计算的分流道直径限于3.2～9.5 mm。对于梯形分流道，$H=D2/3$；对于U形分流道，$H=1.25R$，$R=0.5D$，斜角$\alpha=5°\sim10°$，D计算出后一般取整数。

常用塑料的分流道直径推荐值列于表3－1。

表3－1　常用塑料分流道直径推荐值

材料名称	分流道直径	材料名称	分流道直径
ABS,SAN,AS	4.5～9.5　1.6～10	PC	6.4～10
POM	3.0～10	PE	1.6～10
PP	1.6～10	HIPS	3.2～10
CA	1.6～11	PS	1.6～10
PA	1.6～10	PSF	6.4～10
PPO	6.4～10	SPVC	3.1～10
PPS	6.4～13	HPVC	6.4～16

3）分流道的布置

在多型腔模设计时型腔布置和分流道的布置应同时加以考虑，设计的原则有：

①尽量保证各型腔同时充满，并均衡地补料，以保证同模各塑件的性能、尺寸尽可能一致。

②各型腔之间距离恰当，应有足够空间排布冷却水道、螺钉等，并有足够截面积承受注塑压力。

③在满足以上要求的情况下尽量缩短流道长度、降低浇注系统凝料重量。

④型腔和浇注系统投影面积的重心应尽量接近注射机锁模力的中心，一般在模板的中心上。

多型腔模分流道的布置有平衡式和非平衡式两类，只有平衡式才能同时满足以上几点要求，适用于生产高精度的制品。所谓平衡式的布置是指：从主流道到各型腔的分流道和浇口其长度、形状、断面尺寸都是对应相等的。这种设计可达到各个型腔均衡地进料，均衡地补料，图3－46都是平衡布置的例子。在加工平衡式布置的分流道时应注意各对应部位尺寸的一致性，其断面尺寸的误差应在1%以内。

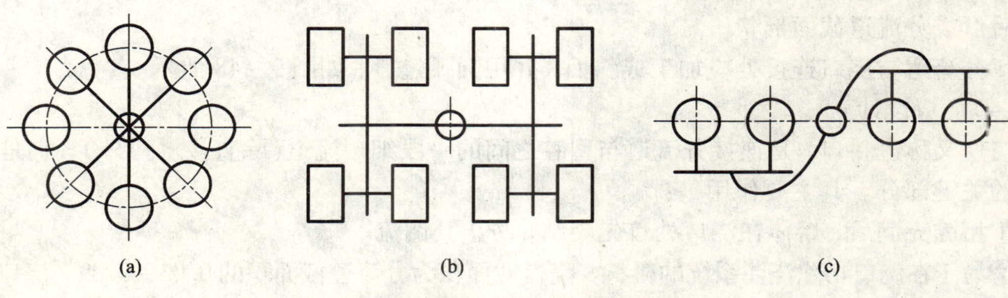

图3－46　分流道的平衡布置示意图

非平衡式布置是指分流道到各型腔浇口长度不相等的布置，如图3－47所示。这种布置使塑料进入各型腔有先有后，因此不利于均衡进料。但对于型腔数较多的情况，其流道的总长度可比平衡式布置的短一些，因而可减少回头料的重量，这对于性能和精度要求不高的塑件来说是经济可行的。为了达到各型腔同时充满，必须把浇口开成不同的尺寸，其方法详见浇口设计部分。应该指出：单纯靠计算的办法来确定浇口尺寸是不容易做到各型腔同时充满的，实际上还需采用不完全注塑法通过反复试模和修整来完成，但即使做到了各型腔同时充满也不容易做到各型腔浇口同时冻结，因此补料时间会各不相同。显然对于性能和精度要求特别高的塑件最好采用平衡式布置的分流道。

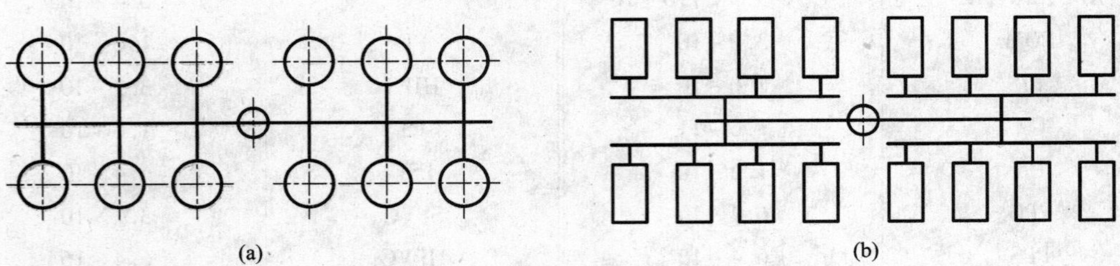

图3－47　分流道的非平衡布置示意图

非平衡式布置的分流道也可通过改变各段流道断面尺寸的办法来达到进料平衡，使从主流道到各个浇口的压力降相等。由于流道断面尺寸不便于修整，在设计时应先计算，再在试模时配合修浇口即可取得较好的效果。

4）分流道的表面粗糙度

分流道表面粗糙度决定于所成型的塑料品种，有的塑料流道不宜抛光，其好处是使流道壁处冻结的冷皮贴在壁上，不易随流体进入型腔，因此分流道表面粗糙度值不要太低，一般 Ra 取1.6 μm。而对另一些塑料如PP、PVC、POM为避免表面疵痕，必须对流道表面仔细抛光，甚至要求镀铬。

5）分流道设计要点

①在保证足够的注射压力使塑料熔体顺利充满型腔的前提下，分流道截面积与长度尽量取小值，分流道转折处应以圆弧过渡。

②分流道较长时，在分流道的末端应开设冷料井。

③分流道的位置可单独开设在定模板上或动模板上，也可以同时开设在动、定模板上，合模后形成分流道截面形状。

④分流道与浇口连接处应加工成斜面，并用圆弧过渡，如图3－48所示。

（4）浇口设计

浇口又称进料口，是连接分流道与型腔之间的一段细短流道（除直接浇口外），它是浇注系统的关键部分。其主要作用是：

①型腔充满后，熔体在浇口处首先凝结，防止其倒流。

②易于在浇口切除浇注系统的凝料。浇口截面积为分流道截面积的0.03～0.09。浇口长度为0.5～2 mm，浇口具体尺寸一般根据经验确定，取其下限值，然后在试模时，逐步纠正。

按浇口截面尺寸大小的结构特点，浇口可分为限制性浇口和非限制性浇口两大类，限制

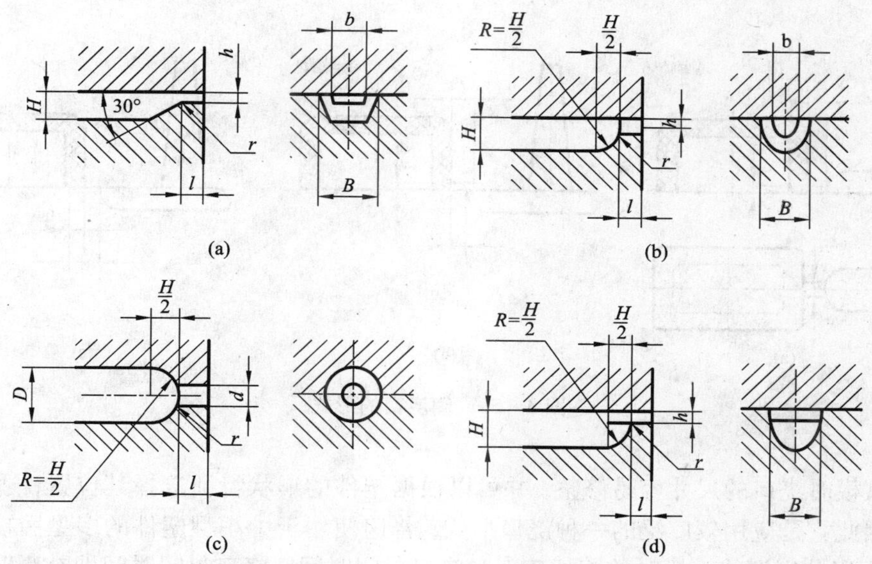

图 3－48　分流道与浇口的连接方式

(a)梯形分流道，梯形浇口；(b)U 形分流道，U 形浇口；(c)圆形分流道，圆形浇口；(d)U 形分流道，矩形浇口

性浇口是整个浇注系统中截面尺寸最小的部位，通过截面积的突然变化，使分流道送来的塑料熔体产生突变的流速增加，提高剪切速率，降低黏度，获得理想的流动状态，从而迅速均衡地充满型腔。对于多型腔模具，调节浇口的尺寸，还可以使非平衡布置的型腔达到同时进料的目的，提高塑件的均一质量。另外，限制性浇口还起着较早固化，防止型腔中熔体倒流的作用。非限制性浇口是整个浇注系统中截面尺寸最大的部位，它主要对中大型筒类、壳类塑件型腔起引料和进料后的施压作用。

按浇口的结构形式和特点，常用的浇口有以下 10 种形式：直接浇口、侧浇口、扇形浇口、平缝浇口、圆环浇口、轮辐浇口、爪形浇口、点浇口、潜伏式浇口、护耳浇口。

1) 直接浇口

直接浇口又称为中心浇口或主流道型浇口，它属于非限制性浇口，如图 3－49 所示。这种浇口的流动阻力小，流道路程短，进料速度快，补料时间长，在单型腔模具中常用来成型大而深的塑件。它对各种塑料都适用，特别是黏度高、流动性差的塑料，如 PC，PSF 等。

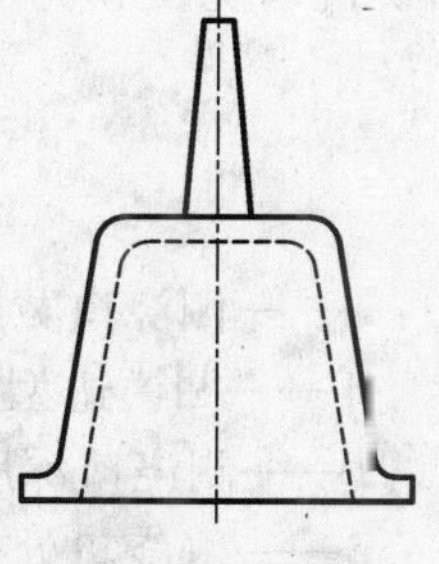

图 3－49　直接浇口

用直浇口成型浅而平的塑件时会产生弯曲和翘曲现象，同时去除浇口不便，有明显的浇口痕迹，有时因浇口部位热量集中，型腔封口迟，内应力大而成为产生裂纹的根源，所以设计时，浇口应尽可能小些。成型薄壁塑件时，浇口根部的直径最多等于塑件壁厚的 2 倍。

2) 侧浇口

侧浇口又称边缘浇口、标准浇口。侧浇口相对于分流道来说断面尺寸较小，属于小浇口的一种。侧浇口一般开在分型面上，从制件侧面边缘进料，如图 3－50 所示。

侧浇口具有矩形或接近矩形的断面形状，其优点是浇口便于机械加工，易保证加工精

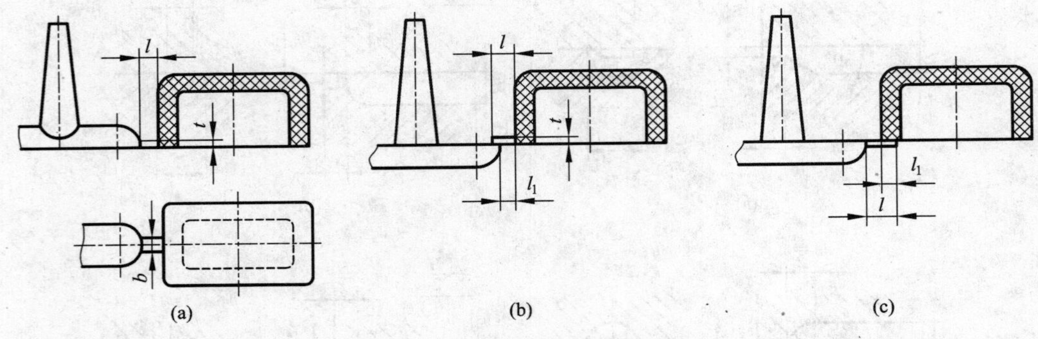

图 3－50　侧浇口的形式

度，而且试模时浇口的尺寸容易修整，并可以根据塑件的形状特征选择其位置，适于各种塑料品种，因此它是应用较广泛的一种浇口形式，普遍使用于中小型塑件的多型腔模具，其最大特点是可以分别调整充模时的剪切速率和浇口封闭时间。浇口封闭时间即补料时间，主要由浇口的厚度决定。当厚度决定后，根据塑料的流动性能选择适当的剪切速率和流动速度，再依据制品的重量(或体积)确定浇口的宽度。因此矩形浇口容易调整到最佳的工艺条件，被广泛采用。由于浇口截面小，去除浇口较容易，且不留明显痕迹。但这种浇口成型的塑件往往有熔接痕存在，且注射压力损失较大，对深型腔塑件排气不利。

图 3－50(a)为外侧进料的侧浇口，分流道、浇口与塑件在分型面同一侧的形式；图 3－50(b)为外侧进料但分流道与浇口和塑件在分型面两侧的形式，浇口搭接在分流道上；图 3－50(c)为端面进料的侧浇口，分流道和浇口与塑件在分型面两侧的形式。设计时选择侧向进料还是端面进料，要根据塑件的具体形状而定。

侧浇口宽度和侧浇口深度尺寸的经验计算公式如下：

$$b = \frac{k\sqrt{A}}{30} \quad (3-17)$$

$$t = k \cdot \delta$$

式中：b——侧浇口宽度，mm；

A——凹模边型腔表面积，即塑件外侧表面积，mm^2；

t——侧浇口深度，mm；

δ——侧浇口处塑件的壁厚，mm；

k——材料系数。对 PS、PE 为 0.6；POM、PC、PP 为 0.7；PVAC、PMMA、PA 为 0.8；RPVC 为 0.9。

对中小型塑件侧浇口的典型尺寸为深 0.5～2.0 mm，宽 1.5～5.0 mm，浇口台阶长度 0.5～2.0 mm。大型塑件侧浇口深 2.0～2.5 mm，宽 7.0～10 mm，浇口台阶长 2.0～3.0 mm。

3)扇形浇口

扇形浇口如图 3－51 所示，(a)图浇口直接连接于主流道；(b)图浇口连接于分流道，它是侧浇口的一种变异形式。常用来成型宽度较大的薄片状制品，浇口由鱼尾形过渡部分和浇口台阶组成，过渡部分沿进料方向逐渐变宽，厚度逐渐减薄，并在浇口处迅速减至最薄，塑料通过长 0.8～1.2 mm 的浇口台阶进入型腔。扇形浇口使物料在横向得到均匀分配，可降低制品的内应力和空气卷入的可能性，能有效地消除浇口附近的缺陷。扇形浇口与型腔连接处的浇口台阶宽而浅。可按侧浇口的经验公式计算其宽度和深度，常用的尺寸是深 0.25 ~ 1.6 mm，宽度从 6 mm 至该浇口所在边型腔宽度的 1/4。浇口横断面积（垂直于料流方向的断面积）不宜大于分流道的横断面积。由于浇口两侧比中心部位流道距离长，易造成中心流速高，为使流速均匀，可加深浇口两侧的深度，如图 3 - 51*A - A* 断面所示。

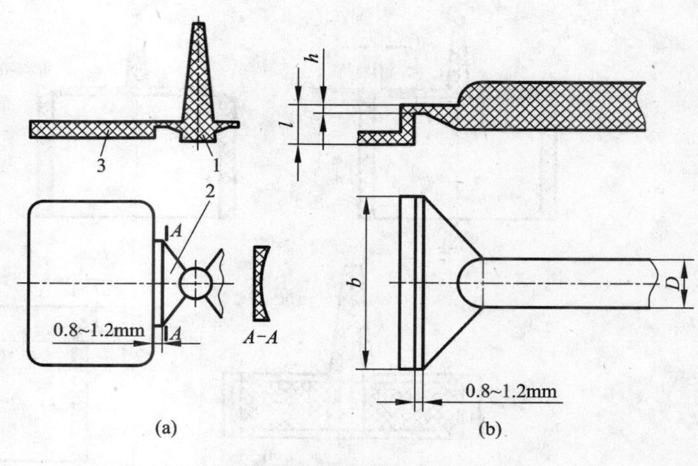

图 3 - 51　扇形浇口

1—主流道；2—扇形浇口；3—塑件

4）平缝浇口

平缝浇口又称薄片浇口、膜状浇口，如图 3 - 52 所示。这类浇口宽度很大，深度很小，几何上成为一条窄缝，与特别开设的平行流道相连。熔体通过平行流道与窄缝浇口得到均匀分配，以较低的线速度平稳均匀地流入型腔，降低了塑件的应力，减少了因取向而造成的翘曲变形。这类浇口的宽度 b 一般取塑件宽度的 25% ~ 100%，深度 t = 0.2 ~ 1.5 mm，长度 l = 1.2 ~ 1.5 mm。这类浇口主要用来成型面积较大的扁平塑件，但浇口的去除比扇形浇口更困难，浇口在塑件上的痕迹也更明显。

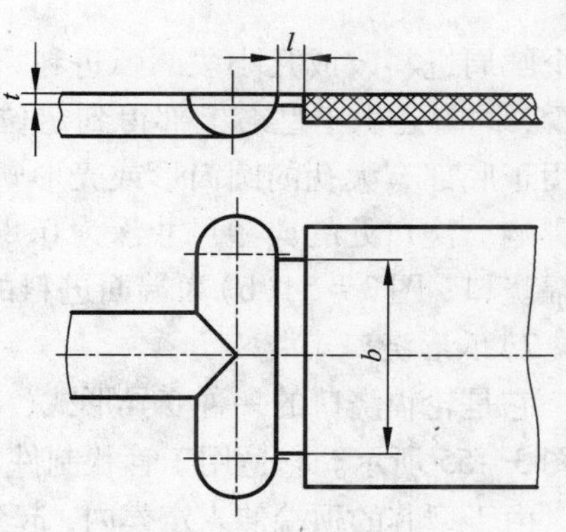

图 3 - 52　平缝浇口

5）盘形浇口和圆环形浇口

采用圆环形进料形式沿塑件内圆周进料的叫盘形浇口，沿外圆周进料的叫环形浇口。它主要用于圆筒形制品或中间带有孔的制品，如图 3 - 53（a）、（b）、（c）所示。这样可使进料均匀，在整个圆周上取得大致相同的流速，空气也容易顺序排出。同时无熔接缝。浇口尺寸可作为矩形浇口看待，其典型厚度为 0.25 ~ 1.6 mm，浇口台阶长 0.75 ~ 1.0 mm。当塑件内孔质量要求很高时，浇口与制件可采取搭接的形式，浇口从端面切除，搭接长度应至少等于或大于浇口的厚度，如图 3 - 53（b）。图 3 - 53（d）所示为圆环浇口的另一形式，用来模塑中间有通孔的制件。锥形型芯起分流作用；图 3 - 53（e）所示为旁侧进料的环形浇口，其主型芯的两端均可固定，塑料在圆环流道内沿圆周均匀分配，但实际上在圆环的入口区流速总会大一些。但随着圆环断面尺寸的加大，流速的不均匀性将得到改善。此外这种形式不能完全避免熔接痕。虽然圆环形浇口具有上述优点，但去除比较困难，常用车削的办法去除，图 3 - 53（a）、（c）的形式也可采用冲切去除。

6）轮辐浇口

轮辐浇口是在环形浇口基础上改进而成的，它的适用范围类似于圆环形浇口，但是它把

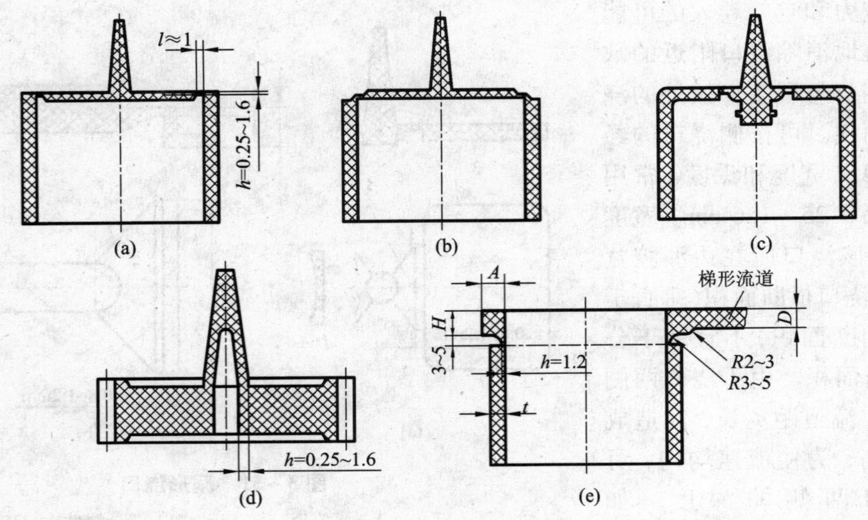

图 3－53　圆环形浇口

整个圆周进料改成几小段圆弧进料，如图 3－54 所示。这样不但去除浇口方便，浇口回头料较少，同时还由于型芯上部得到定位而增加了稳定性，所以在生产中比环形浇口应用广泛，多用于底部有大孔的圆筒形或壳形塑件。缺点是制件上带有好几条熔接痕，对制件强度有一定影响。浇口处的典型尺寸深为 0.8～1.8 mm，宽 1.6～6.4 mm。图 3－54(a)为内侧进料的轮辐浇口；图 3－54(b)为端面进料的搭接式轮辐浇口。

7)爪形浇口

它是轮辐浇口的一种变异形式，与轮辐浇口的区别仅在于分流道与浇口不在一个平面内，如图 3－55 所示。它适用于管状制件，尤其适于制件内孔较小的管状制件和同心度要求高的制件。由于型芯的顶端伸入定模内，起到定位作用，减小了型芯弯曲变形，保证了同心度。

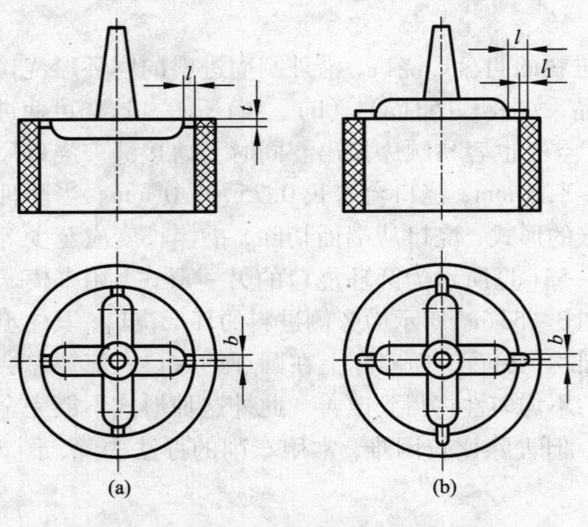

图 3－54　轮辐浇口

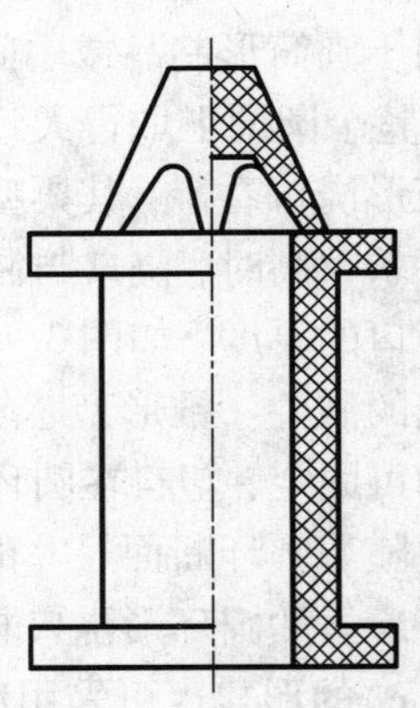

图 3－55　爪形浇口

8) 点浇口

点浇口又称针点式浇口，是一种尺寸很小的浇口，如图 3－56 所示。塑料熔体通过它时有很高的剪切速率，这对于降低塑料熔体的表观黏度是有益的，熔体黏度在高速剪切力场中减小后，将在一段时间内继续保持该黏度进入型腔，尽管这时型腔中的剪切速率已经降低。同时熔融物料通过小浇口时还有摩擦生热提高料温的作用，使黏度进一步降低。点浇口适用于表观黏度对剪切速率敏感的塑料熔体和黏度较低的塑料熔体，如聚乙烯、聚丙烯等。点浇口在开模时容易实现自动切断，制件上残留浇口痕迹很小，故被广泛采用。点浇口的直径为 0.4～2 mm(常见为 0.6～1.5 mm)，视物料性质和制件重量而定。浇口台阶长度为 0.5～1.2 mm，最好为 0.5～0.8 mm。

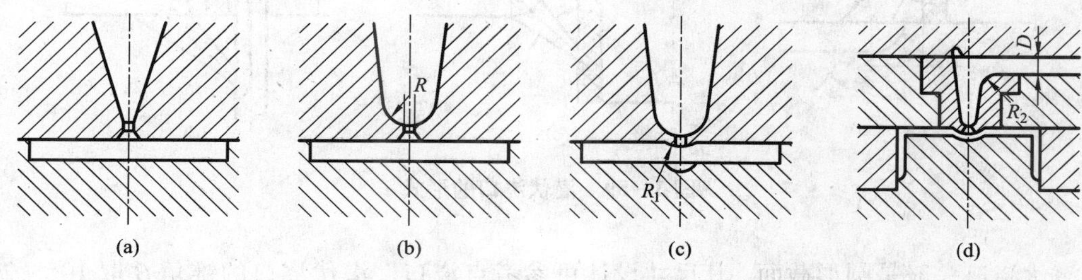

图 3－56　点浇口

为防止点浇口拉断时损伤塑件，浇口与塑件相连接处采用圆弧或倒角，$R=1.5\sim3$ mm。在图 3－56(b)中与浇口相接的流道下部具有圆弧 R，增加了此处的截面积，减少了塑料的冷却速度，有利于补料，效果较好；(d)为在多型腔模中点浇口与分流道相接的情况，转弯处采取倒角尺 R_2，可减少流动阻力。有的制品为了使点浇口拉断后不致突出表面影响使用，将点浇口入口端低于制品表面，如图 3－56(c)、(d)。当制件尺寸较大时，可以开设几个浇口从几点同时进料，这样可以缩短流程、加快进料速度，降低流动阻力，减少翘曲变形，如图 3－57所示。

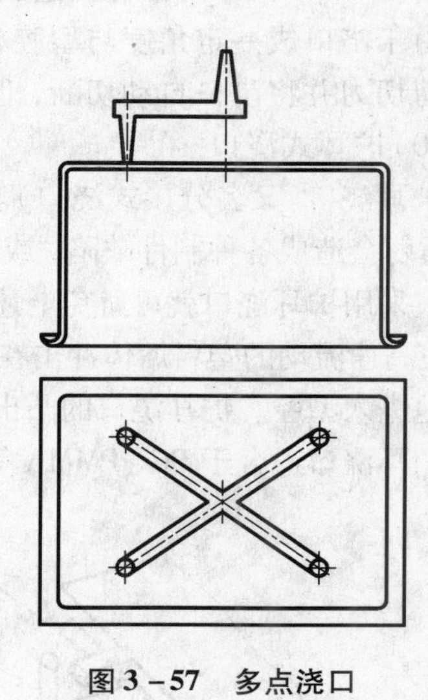

图 3－57　多点浇口

对于薄壁制件，由于点浇口附近的剪切速率过高，会造成分子的高度定向，增加局部应力，甚至开裂。为了改善这一情况，在不影响使用的情况下，可以将塑件浇口对面的壁厚增加并呈圆弧过渡，如图 3－58 所示。同时圆弧 R 还有部分储存冷料的作用。

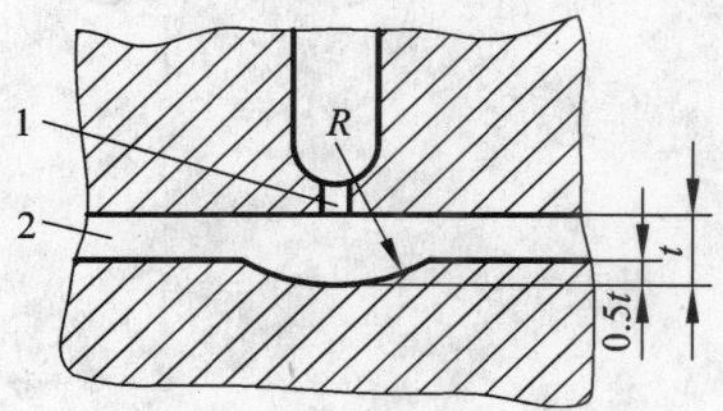

图 3－58　薄壁塑件浇口对面增厚

1—浇口；2—型腔

采用点浇口时，模具应设计成双分型面的三板模，流道凝料和塑件分别从不同的分型面取出。

9) 潜伏式浇口

潜伏浇口又称剪切浇口，是由点浇口变异而来。点浇口用于三板模，而潜伏式浇口用于二板模，从而简化了模具结构。这类浇口的分流道位于模具的分型面上，而浇口却斜向开设在模具的隐蔽处，塑料熔体通过型腔的侧面或推杆的端部注入型腔，因而塑件外表面不受损伤，不致因浇口痕迹而影响塑件的表面质量与美观效果。潜伏浇口的形式如图3－59所示。图3－59(a)所示为潜伏浇口开设在定模部分的形式，浇口由一个锥体形成，加工较方便。图3－59(b)所示为潜伏浇口开设在动模部分的形式，图3－59(c)所示为潜伏浇口开设在推杆的上部而进料口开设在推杆上端的形式，在电视机壳、汽车散热器格栅等大型制件中广为采用。

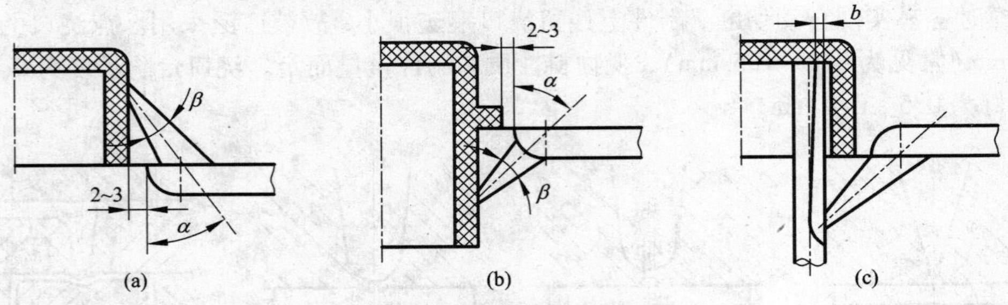

图3－59　潜伏浇口的形式

潜伏浇口一般是圆形截面，其尺寸设计可参考点浇口。潜伏浇口的锥角β取10°～20°，倾斜角α＝45°～60°，推杆上进料口宽度b＝0.8～2 mm，视塑件大小而定。

由于浇口成一定角度与型腔相连，形成了能切断浇口的刃口，这一刃口在脱模或分型时形成剪切力并将浇口自动切断，但需要有较强的推力，对强韧的塑料不宜采用。

10）护耳式浇口

护耳浇口（又名分接式浇口）。小尺寸的浇口虽然有一系列的优点，但位置不当会产生喷射，喷射会造成各种制件缺陷，或因浇口附近有较大的内应力而引起翘曲，在浇口附近形成脆弱点。采用护耳浇口就可避免上述缺陷。图3－60所示为护耳浇口。在浇口和型腔之间设置护耳，使高速流动的塑料熔体冲击在护耳的壁上，从而降低速度，改变流向，避免了喷射，使熔体均匀地进入型腔。护耳浇口的凸出块在制件成型后予以切除，在不影响使用的情况下也可不除去。护耳浇口适合于PC、PMMA等流动性较差的塑料，特别适用成型要求高的透明制品。

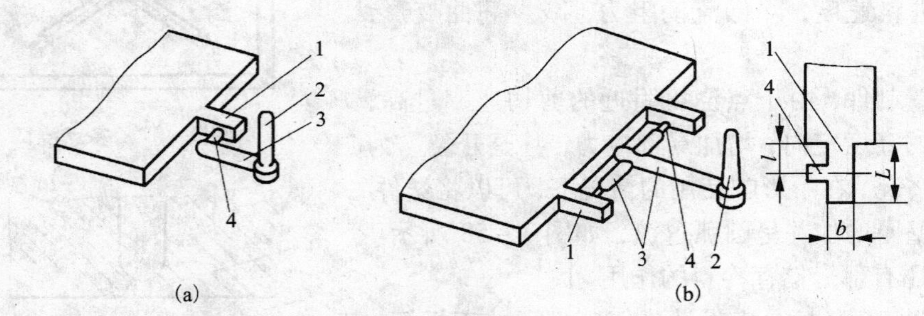

图3－60　护耳浇口

1—护耳；2—主流道；3—分流道；4—浇口

其典型尺寸为：护耳的宽度b等于分流道直径，长度L为宽度b的1.5倍，l＝0.5L，厚度为塑件壁厚的0.9倍左右。浇口厚度与护耳厚度相同，宽为1.5～3 mm，浇口长度一般在

1.5 mm 以上。

(5)常见浇口尺寸的经验值

常见浇口尺寸见表3-2、表3-3。

表3-2　常用塑料的直浇口尺寸

塑件质量/g	<35		<340		≥340	
主流道直径/mm	*d*	*D*	*d*	*D*	*d*	*D*
PS	2.5	4	3	6	3	8
PE	2.5	4	3	6	3	7
ABS	2.5	5	3	7	4	8
PC	3	5	3	8	5	10

表3-3　侧浇口和点浇口尺寸的推荐值　　mm

塑件壁厚	侧浇口截面尺寸		点浇口直径 *d*	浇口长度 *l*
	深度 *h*	宽度 *b*		
<0.8	~0.5	~1.0	0.8~1.3	1.0
0.8~2.4	0.5~1.5	0.8~2.4		
2.4~3.2	1.5~2.2	2.4~3.3		
3.2~6.4	2.2~2.4	3.3~6.4	1.0~3.0	

(6)浇口位置的选择

浇口的位置对塑件质量有直接影响，位置选择不当会使塑件产生变形、熔接痕、凹陷、裂纹等缺陷。因此，合理选择浇口的开设位置是提高塑件质量的一个重要设计环节。另外，浇口位置的不同还会影响模具的结构。选择浇口位置时，需要根据塑件的结构与工艺特征和成型的质量要求，并分析塑料原材料的工艺特性与塑料熔体在模内的流动状态、成型的工艺条件，综合进行考虑。

1)浇口的位置应使填充型腔的流程最短

浇口位置的选择应保证熔体迅速和均匀地充填模具型腔，尽量缩短熔体的流动距离，这样的结构使压力损失最小，易保证料流充满整个型腔。对大型塑件，要进行流动比的校核。流动比 K 由流动通道的长度 L 与厚度 t 之比来确定。

$$K = \sum_{i=1}^{n} \frac{L_i}{t_i} \tag{3-18}$$

式中：L_i——各段流道的流程长度，mm；

t_i——各段流道的厚度或直径，mm。

流动比的允许值随塑料熔体的性质、温度、注塑压力等的不同而变化，表3-4列出由实验得出的流动比的允许值，供模具设计时参考。

表 3-4　常用塑料的允许流动范围

塑料名称	注射压力/MPa	L/t	塑料名称	注射压力/MPa	L/t
PE	150	250～280	HPVC	130	130～170
PE	60	100～140	HPVC	90	100～140
PP	120	280	HPVC	70	70～110
PP	70	200～240	SPVC	90	200～280
PS	90	240～300	SPVC	70	160～240
PA	90	200～360	PC	130	120～180
POM	100	110～210	PC	90	90～130

流动比的计算示例如图 3-61 所示。

$$①K=\frac{L_1}{t_1}+\frac{L_2+L_3}{t_2}\qquad ②K=\frac{L_1}{t_1}+\frac{L_2}{t_2}+\frac{L_3}{t_3}+\frac{2L_4}{t_4}+\frac{L_5}{t_5}$$

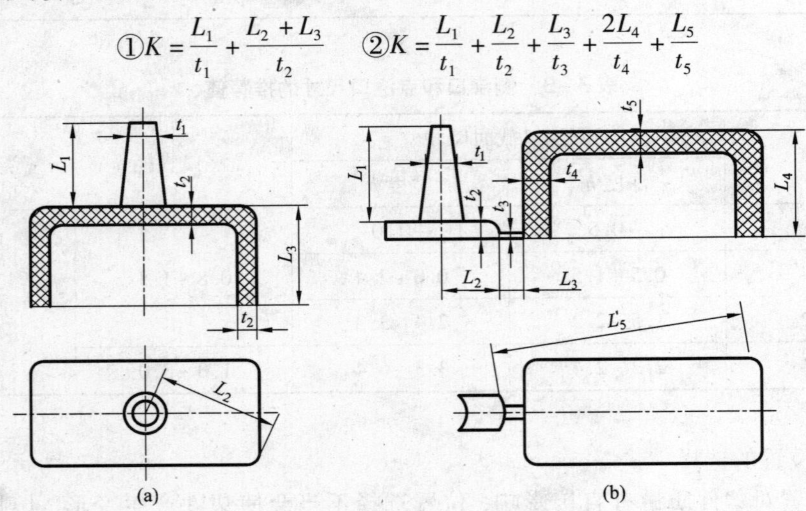

图 3-61　流动比计算

若计算的流动比超过允许值时会出现充型不足，这时应调整浇口位置或增加浇口数量。

2）浇口的位置应避免熔体破裂现象引起塑件的缺陷

小的浇口如果正对着一个宽度和厚度较大的型腔，则熔体经过浇口时，由于受到很高的切应力，将产生喷射和蠕动等熔体断裂现象。有时塑料熔体直接从型腔的一端喷射到型腔的另一端，造成折叠，在塑件上产生波纹状痕迹或其他表面缺陷。要克服这种现象可适当加大浇口的截面尺寸，或采用浇口对着大型芯等冲击型浇口，避免熔体破裂现象的产生。

3）浇口设置应有利于排气和补缩

当制件壁厚相差较大时，应在避免喷射的前提下，把浇口开在截面最厚处，以利于流动和补料，如将浇口设在截面较薄的地方，则塑料熔体进入型腔后，不但流动阻力大，而且很容易冷却，缩短了塑料熔体的充模距离和补料时间。从有利于补料的角度出发，厚截面处往往是制件最后凝固的地方，极易因体积收缩而形成表面凹陷或真空泡，将浇口开设在此处有利于补料。

同时浇口位置应有利于型腔内气体的排出。由于型腔流动通道阻力不一致，塑料熔体易首先充满阻力最小的空间，因此最后充满的地方不一定是在离浇口最远处，而往往是在制件最薄处，这些地方如果没有排气通道，则会造成封闭的气囊，如图3－62所示的盒形制件，由于制件圆周壁上有螺纹，或者圆周壁厚较顶部的壁厚大，因此从侧浇口进料的塑料，将很快地充满圆周，而在顶部形成封闭的气囊，在该处留下孔洞、熔接痕或烧焦的痕迹。图中A处为气囊和熔接痕的位置。从排气的角度出发，最好改成从制件顶部中心进料，如图3－62(c)所示。如果中心进料是不允许的，在采用侧浇口时可增加顶部的壁厚，使此处最先充满，最后充填浇口对边的分型面处。如果结构要求制品圆周壁必须厚于顶部，也可在制件顶部设置顶出杆，利用配合间隙排气。

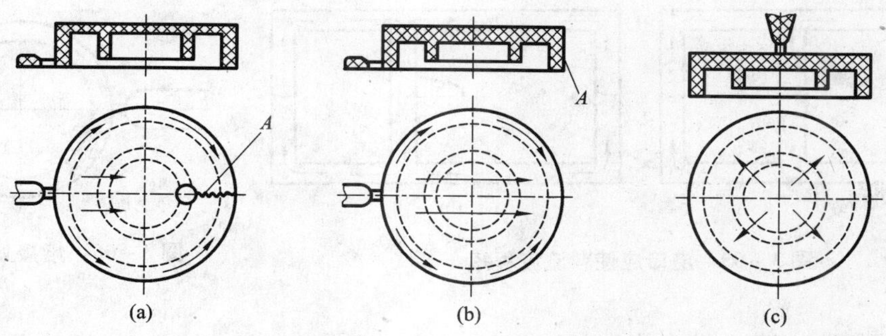

图3－62　浇口位置对排气的影响

4)浇口位置的选择要避免塑件的变形

注射成型时在充模、补料和倒流各阶段都会造成大分子沿流动方向变形取向，当塑料熔体冻结时分子的形变也被冻结在制品之中，其中弹性形变部分形成制品内应力，分子取向还会造成各向收缩率的不一致性，以致引起制品内应力和翘曲变形。一般来说沿取向方向的收缩率大于非取向方向的收缩率，沿分子取向方向的强度大于垂直取向方向的强度。

如图3－63(a)所示平板形塑件，只用一个中心浇口，塑件会因内应力集中而翘曲变形，而图3－63(b)采用多个点浇口，就可以克服翘曲变形的缺陷。

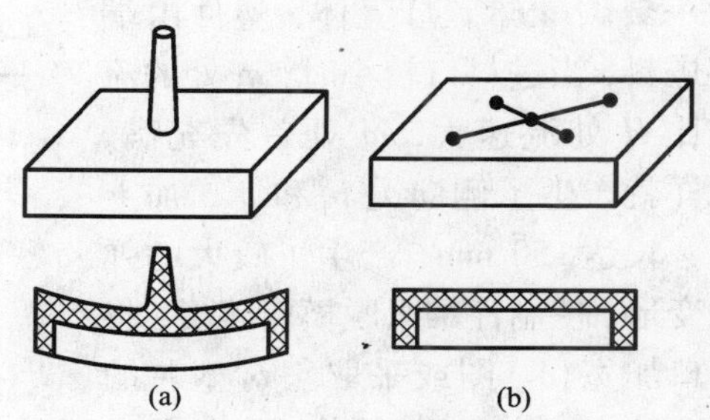

图3－63　浇口要避免塑件变形

5)浇口位置的设置应减少或避免产生熔接痕

熔接痕是充型时前端较冷的料流在型腔中的对接部位，它的存在会降低塑件的强度，所以设置浇口时应考虑料流的方向。如图3－64所示塑件，如果采用图3－64(a)的形式，浇口数量多，产生熔接痕的机会就多。流程不长时应尽量采用一个浇口，图3－64(b)所示可以减少熔接痕的数量。对大多数框形塑件，如图3－65所示，图3－65(a)的浇口位置使料流的流程过长，熔接处料温过低，熔接痕处强度低，会形成明显的接缝。图3－65(b)所示浇口位置使料流的流程短，熔接处强度高。为提高熔接痕处强度，可在熔接处增设溢流槽，使冷料进入溢流槽，如图3－66所示。筒形塑件采用环行浇口无熔接痕，而轮辐式浇口会有熔接痕产生。

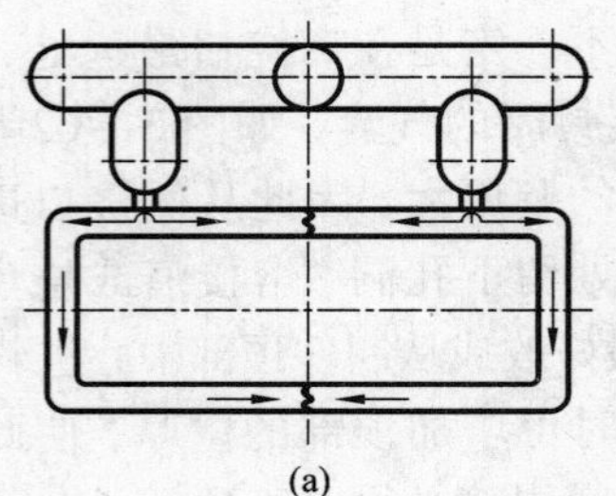
(a)

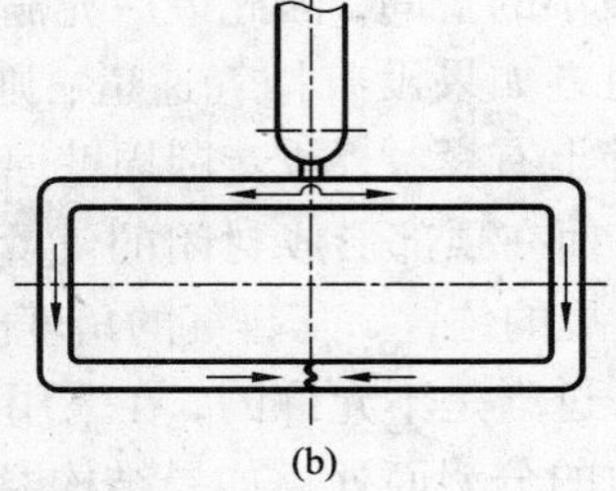
(b)

图 3-64 减少熔接痕数量

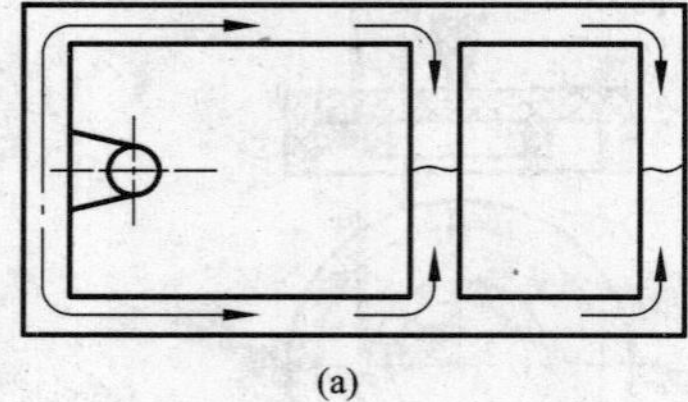
(a)

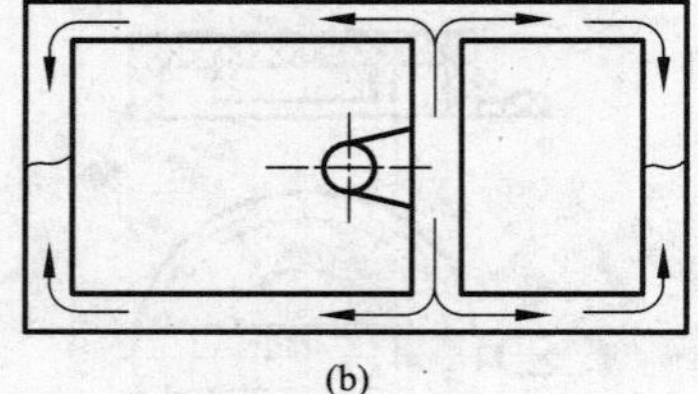
(b)

图 3-65 浇口应使料流流程短

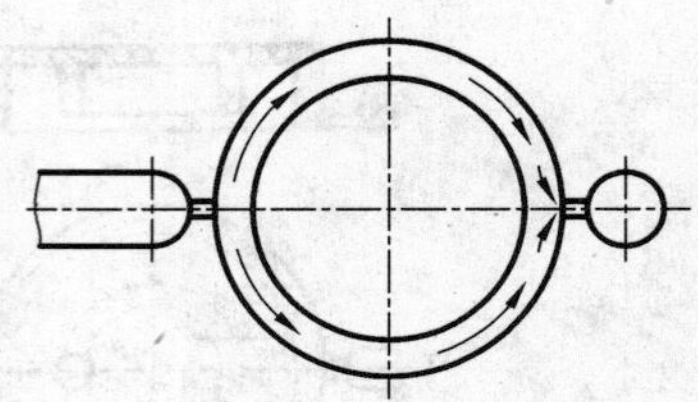

图 3-66 熔接处开溢流槽

6）浇口位置应防止料流将细长型芯或嵌件挤歪变形

对于有细长型芯的圆筒形制件，应避免偏心进料，以防型芯弯曲，如图 3-67 所示，（a）图从一侧进料易使型芯弯曲，（b）图采用两侧进料可以防止型芯弯曲，（c）图采用顶部中心进料，效果最好。图 3-68 所示为一聚碳酸酯矿灯壳体，塑件由端部进料，当进料口较小时，m 处的流速比 H 处流速大，m 处首先充满，这样就产生了侧向力 p_1 和 p_2，加上型芯长达 150 mm，产生了较大的弹性变形，使制件难以脱模而碎裂；将浇口加宽（b）图或采取正对型芯的两个冲击型浇口（c）图使三路均匀地同时进料，就可避免上述问题。

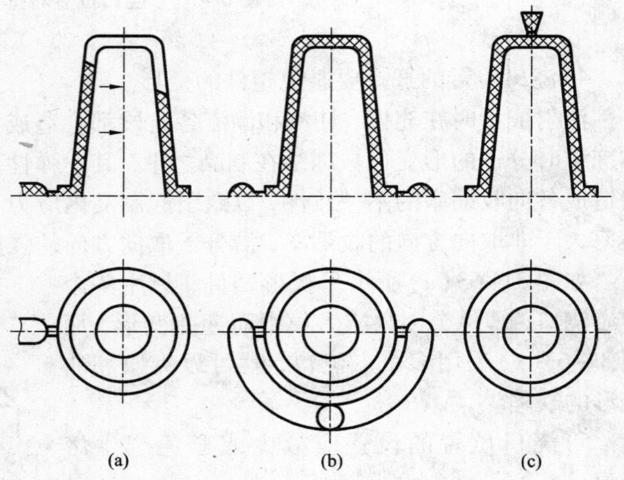
(a) (b) (c)

图 3-67 改变浇口位置防止型芯变形

7）浇口位置的设置要考虑分子定向的影响

注塑制品由于分子取向使垂直于流向和平行于流向之处的强度和应力引起的开裂倾向是有差别的。往往垂直于流向的方位强度低，容易产生应力开裂，在选择浇口位置时应充分注意这一点。图 3-69 所示塑件，其底部圆周带有金属环形嵌件，如果浇口开设在 A 处（直接浇口或点浇口），由于塑料与金属环形嵌件的线收缩系数不同，嵌件周围的塑料层有很大的周向应力，则此塑件使用不久就会开裂，若浇口开设在 B 处（侧浇口），由于聚合物分子沿塑件圆周方向定向，可使应力开裂现象大为减少。

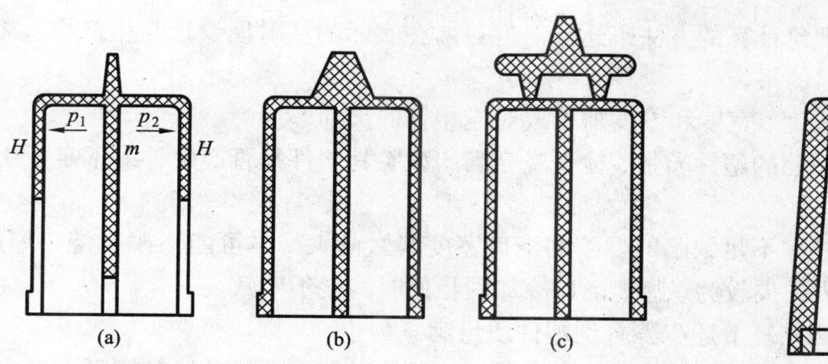

图3－68　改变浇口位置或形状防止型芯变形

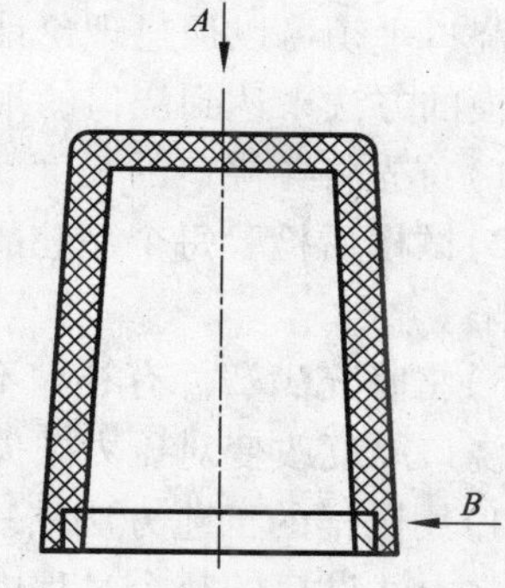

图3－69　浇口位置对定向的影响

在特殊情况下，也可利用分子的高度取向来改善制品的某些性能，例如聚丙烯铰链，由于铰链处的分子高度取向，并生成新的结晶形态，使用时可弯折达到 7×10^7 次以上而无损坏痕迹。为此在模具设计时将两点浇口开在 A 的位置，如图3－70所示。塑料通过很薄的铰链（约0.25 mm）充满盖的型腔，在铰链处产生高度取向。注塑成型时还可以用一些其他的方法来获得预定方向高取向度的塑件。

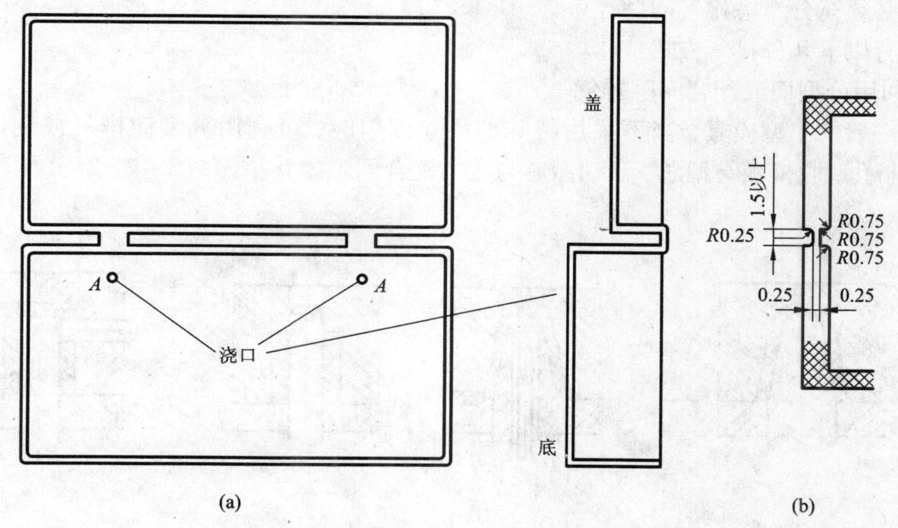

图3－70　聚丙烯铰链盒的浇口设计

（7）浇注系统的平衡

为了提高生产效率，降低成本，小型（包括部分中型）塑件往往采取一模多腔的结构形式。在这种结构形式中，浇注：系统的设计应使所有的型腔能同时得到塑料熔体均匀地充填。换句话说，应尽量采用从主流道到各个型腔分流动的形状及截面尺寸相同的设计，即型腔平衡式布置的形式。若根据某种需要设计成型腔非平衡式布置的形式，则需要通过调节浇口尺寸，使各浇口的流量及成型工艺条件达到一致，这就是浇注系统的平衡，亦称浇口的平衡。

浇口平衡可以通过理论计算的方法来达到。但目前在实际的注射模设计与生产中，常采用试模的方法来达到浇口的平衡。

1)首先将各浇口的长度、宽度和厚度加工成对应相等的尺寸。

2)试模后检验每个型腔的塑件质量，检查晚充满的型腔其塑件是否产生补缩不足所引起的缺陷。

3)将晚充满塑件有补缩不足缺陷的型腔的浇口宽度略微修大。尽可能不改变浇口厚度，因为浇口厚度改变对压力损失较为敏感，浇口冷却固化的时间就不一致。

4)用同样的工艺方法重复上述步骤直到塑件质量满意为止。

在上述试模的整个过程中，注射压力、熔体温度、模具温度、保压时间等成型工艺条件应与正式批量生产时的工艺条件一致。

3.5.3 排气与引气系统设计

塑料熔体在填充模具的型腔过程中同时要排出型腔及流道原有的空气，除此以外，塑料熔体会产生微量的分解气体。这些气体必须及时排出。否则，被压缩的气体产生高温，会引起塑件局部炭化烧焦，或使塑件产生气泡，或使塑件熔接不良引起强度下降，甚至充模不满等。而且型腔内气体压缩产生的反压力会降低充模速度，影响注射周期和产品质量。因此设计型腔时必须充分考虑排气问题。

一般有以下几种排气方式：

(1)利用分型面或配合间隙排气

对于一般的小型模具，当不采用特殊的高速注射时，可利用分型面排气或利用推杆与孔、推管与孔、脱模板与型芯、活动型芯与孔的配合间隙排气。如图 3－71 所示。

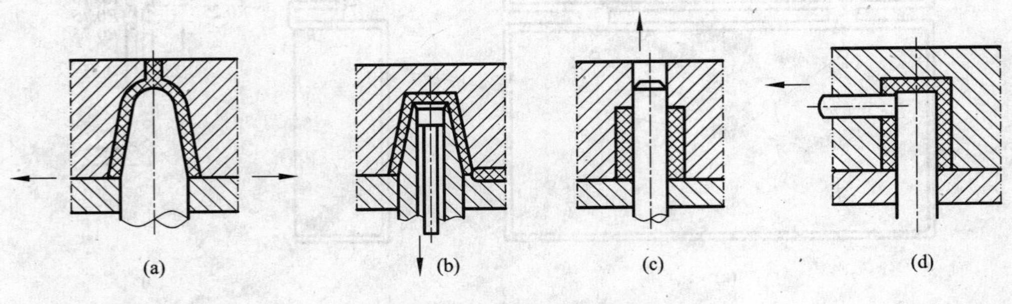

图 3－71　各种排气方法

当利用分型面排气时，分型面必须位于熔体流动末端。为了增加分型面的排气效果，可增加分型面的粗糙度，并使加工的刀痕或磨削痕顺着排气方向。为了增加推杆的排气效果，可将推杆后方距型腔 5 mm 以外处的配合间隙加大，但一般不能超过 0.04 mm，视成型塑料的流动性好坏而定。

(2)开设专用排气槽

对于大中型塑件或高速注射的模具，应在分型面上的凹模一边开设排气槽，排气槽的位置以处于熔体流道末端为好，如图 3－72 所示。排气槽宽度 $b=3\sim5$ mm，深度 $h=0.01\sim0.03$

mm，长度 l=0.7～1.0 mm，此后可加深到 0.8～1.5 mm。常用塑料排气槽深度尺寸见表 3－5。

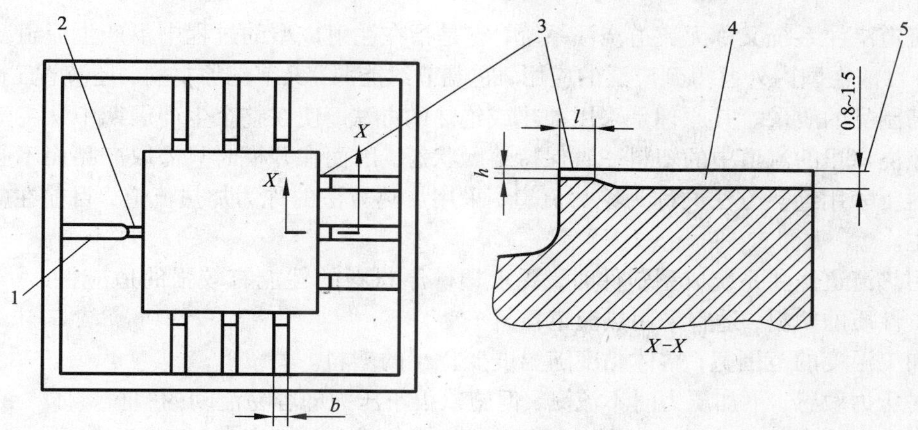

图 3－72　排气槽设计

1—分流道；2—浇口；3—排气槽；4—导向沟；5—分型面

表 3－5　常用塑料排气槽深度

mm

塑料品种	排气槽深度	塑料品种	排气槽深度
PE	0.02	A/S	0.03
PP	0.01～0.02	POM	0.01～0.03
PS	0.02	PA	0.01
ABS	0.03	PETP	0.01～0.03
S/AN	0.03	PC	0.01～0.03

(3)用多孔烧结金属块排气

如果制品形状特殊，型腔最后充满的部位远离分型面，而其附近又没有活动型芯或推杆而无法排气时，可在型腔表面气体聚集处镶嵌圆形的烧结金属块排气，如图 3－73 所示。以金属粉末为原料经烧结而成的烧结金属具有一定的透气性，但应注意烧结金属的强度差，不宜过薄，其下方的通气孔直径 D 不宜太大，以免受力变形。同时应注意该材料的导热性较差，易过热溢料，引起孔眼堵塞，应选恰当的烧结工艺条件。烧结金属由于表面粗糙，会在塑件表面留下印痕，应把它安排在不显眼的地方，或对型腔的其余部分表面做处理，使其也带有类似的花纹，互相混为一体。

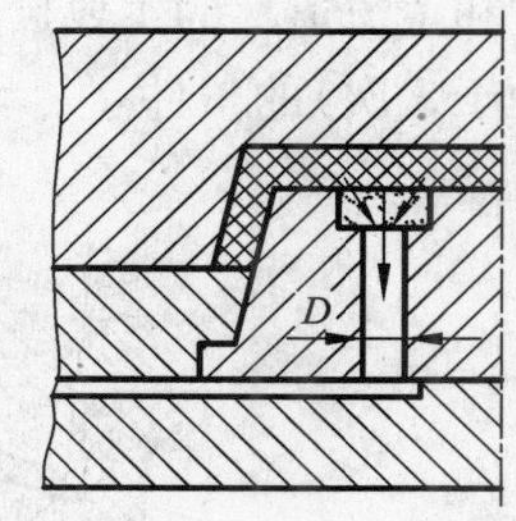

图 3－73　多孔烧结金属块排气

另外，对于一些大型、深腔、壳型塑件，注塑成型以后，整个型腔由塑料填满，型腔内部气体被排除。当塑件脱模时，塑件的包容面与型芯的被包容面基本上构成真空，由于受到大气压力的作用，造成脱模困难，因而必须考虑引气。引气方法同样可利用型芯与推杆之间的间隙、加大型芯的斜度或镶块边上开侧隙(同排气槽的尺寸)等方法。

3.5.4 热流道浇注系统

热流道浇注系统又称无流道浇注系统，它是指在注射成型的过程中不产生流道凝料的浇注系统，目前在国内外已得到广泛的应用，它既节约能源，又节约原材料，还节省工时，同时还能提高制品的质量。其原理是采用加热或绝热的办法，使在整个生产周期中从主流道入口起到型腔浇口止的流道中的塑料一直保持熔融状态，因而在开模时只需取产品而不必取浇注系统凝料。采用绝热方法的称为绝热流道，采用加热方法的称为加热流道，目前在应用上以后者为主。

采用热流道浇注系统成型塑件时，要求塑件原材料的性能有较强的适应性，一般来说，具有以下性质的塑料，适宜采用热流道：

①加工温度的范围宽，熔体黏度随温度变化小的塑料。

②对压力敏感，不加压力时不流涎，但施以很小压力即容易流动的塑料熔体。

③热变形温度较高。制品在高温下能快速固化，并能快速脱出的塑料件。

此外还应有物料导热率较高，比热容较低等要求。目前在热流道注射成型中应用最多的是聚乙烯、聚丙烯、聚苯乙烯、聚丙烯腈、聚氯乙烯和 ABS 等。

(1)绝热流道

所谓绝热流道是将流道截面尺寸设计得较大，让靠近流道表壁的塑料熔体因温度较低而迅速冷凝成一个固化层，这一固化层对流道中部的熔融塑料起着绝热作用，使流道中心部位的塑料仍然保持熔融状态，熔融的塑料通过固化层顺利充填模具型腔，从而满足连续注射的要求。

1)井式喷嘴绝热流道

这是最简单的绝热式流道，又称绝热主流道，适用于单型腔注射模。它是在注射机喷嘴和模具入口之间装设主流道杯，杯外侧采用空气隔热，杯内有截面较大的贮料井，物料容积应为塑件体积的 1/3 ~ 1/2，由于杯内的物料层较厚，与杯壁接触的熔体很快固化而形成一个绝热层，使得位于中心部位的熔体保持良好的流动状态通过点浇口充填型腔。井式喷嘴的结构形式和主流道杯的主要尺寸如图 3 – 74 所示，它主要适用于成型周期较短(每分钟注射次数不少于 3 次)的塑件。

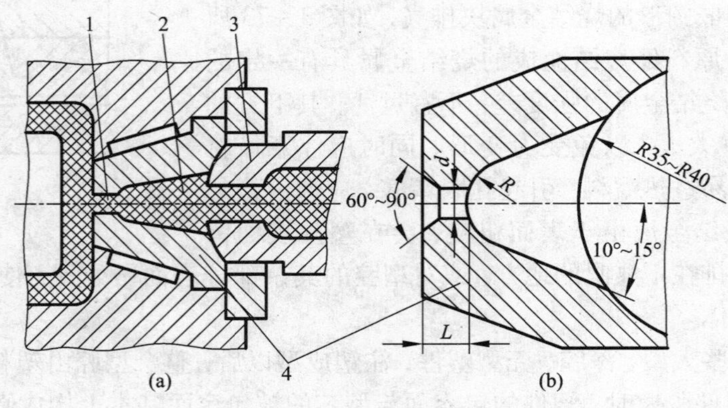

图 3 – 74　井式喷嘴与主流道杯尺寸

1—点浇口；2—贮料井；3—井式喷嘴；4—主流道杯

为了更好地避免主流道杯中的塑料因向模具传热而凝固，有的结构设计成在开模时或塑件基本固化后，使主流道杯连同喷嘴一起与定模稍微分离一点，如图3－75所示，或使高温的喷嘴前端伸入主流道杯中一段距离，如图3－76所示。图3－77是将注射机喷嘴伸入主流道杯的部分做成反锥度的形式，除具有增加对主流道杯传导热量的作用外，停车后还可以使主流道杯中的凝料随注射机喷嘴一起拔出模外，便于清理。

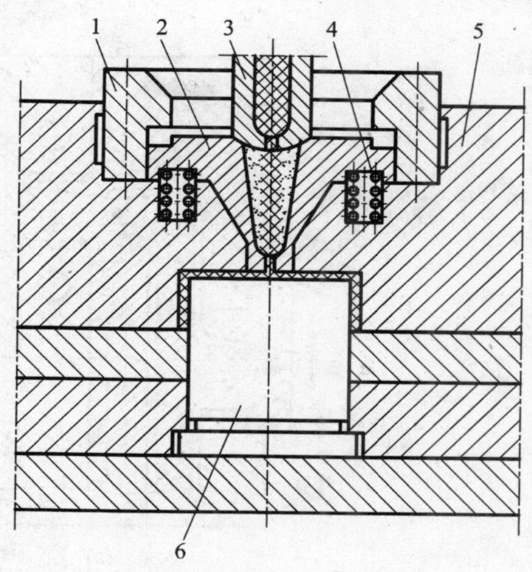

图3－75　改进的井式喷嘴结构之一

1—定位圈；2—主流道杯；3—喷嘴；4—弹簧；5—定模；6—型芯

2）多型腔绝热流道

多型腔绝热流道又称绝热分流道，主要有直接浇口式和点浇口式两种类型。为了使流道对内部的塑料熔体起到绝热作用，其截面形状多采用圆形并且设计得相当大，分流道直径一般在16～32 mm内选取，成型周期长的取较大值，最大可达到70 mm以上，反之取较小值。为了加工分流道，在模具上一般要增设一块分流道板，同时为了减小分流道板对模具型腔部分的传热面积，在分流道板与定模型腔板接触处开设一些凹槽，以减小分流道对模板的传热。

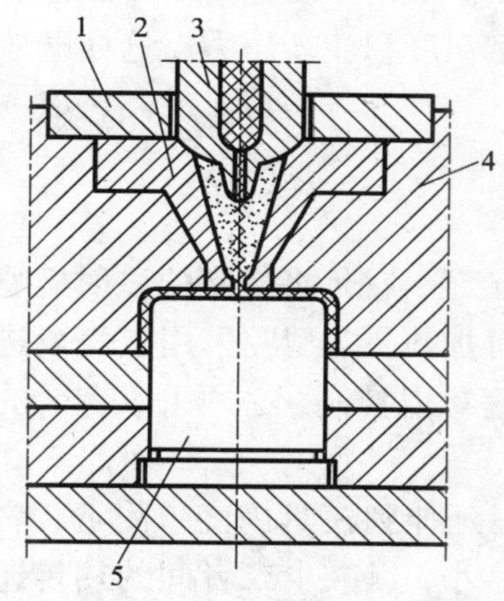

图3－76　改进的井式喷嘴结构之二

1—定位圈；2—主流道杯；3—喷嘴；4—定模；5—型芯

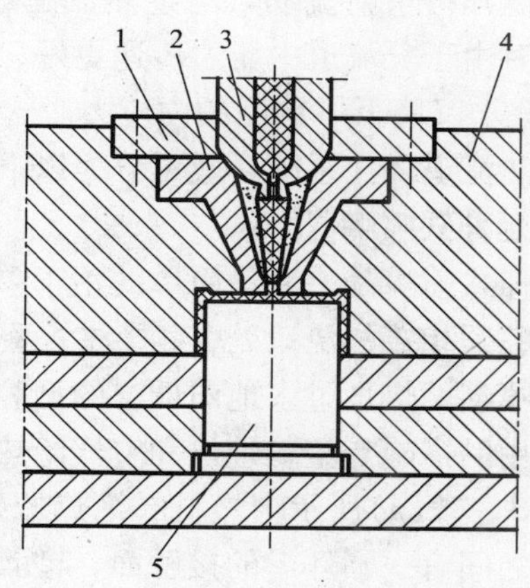

图3－77　改进的井式喷嘴结构之三

1—定位圈；2—主流道杯；3—喷嘴；4—定模；5—型芯

图3－78(a)所示为主流道型绝热流道注射模，这种形式绝热流道将浇口的始端向流道内突出，深入分流道中心，使从流道心部进热料，能有效地避免浇口冻结。其缺点是：脱模后塑件会带有一小段浇口凝料，必须经后加工把它去除。图3－78(b)所示为点浇口式绝热流道注射模，脱模时制件从浇口处断开，不必再进行修整，缺点是浇口处容易冻结失效。以上两种形式的绝热流道，在注射机开车之前，必须把模具分流道两侧的模板打开，取出分流道凝料并清理干净。

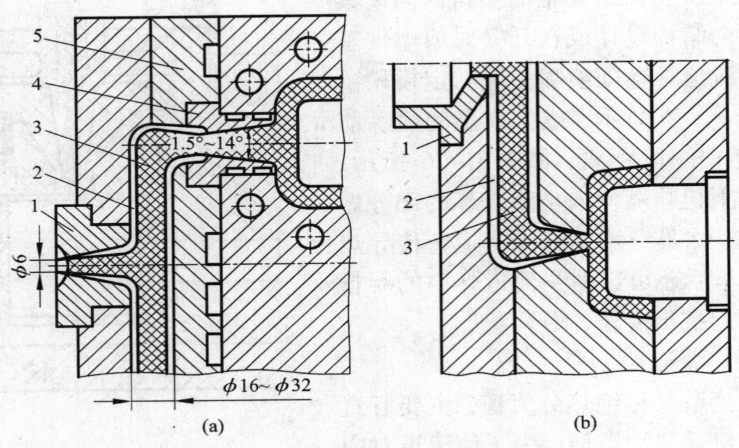

图 3－78　多型腔绝热流道

1—浇口套；2—固化绝热层；3—分流道；4—二级喷嘴；5—分流道板

(2)加热流道

加热流道是指在流道内或流道的附近设置加热棒或加热圈，通过加热使得从注射机喷嘴出口到浇口之间的整个流道处于高温状态，让浇注系统中的塑料保持熔融状态，保证注射成型的正常进行。在停车后一般不需打开流道取出凝料，再开车时只需再加热流道板达到所要求的温度即可重新流动。与绝热流道相比，前者适用的塑料品种较少，而后者适用范围甚广。同时由于分流道中压力传递更好，可以降低塑料成型温度和注塑压力。这样既减少塑料的热降解，又降低了制品的内应力。

加热流道浇注系统一般可分为以下几种。

1)延伸式喷嘴

延伸式喷嘴是一种最简单的用于单型腔模具的加热流道，它是将特制的注射机喷嘴延伸到与型腔紧相接的浇口处，直接注入型腔，喷嘴自身装有加热器，型腔采用点浇口进料。为了避免喷嘴的热量过多地向低温的型腔模板传递，使温度难以控制，必须采取有效的绝热措施。常用的措施有塑料绝热和空气绝热。

图 3－79(a)所示为塑料层绝热的延伸式喷嘴。喷嘴延伸到模具内浇口附近，喷嘴周围与模具之间有一圆环形的接触面，起承压作用，此面积宜小，以减少二者间的热传递。喷嘴的球面与模具间留有不大的间隙，在第一次注射时，此间隙即为塑料所充满起绝热作用。间隙最薄处在浇口附近，厚约 0.5 mm，若厚度太大则浇口容易凝固。浇口区以外的绝热间隙以不超过 1.5 mm 为宜。设计时还应注意绝热间隙的投影面积不能过大，以免注射时熔体的反压力超过注射座移动油缸的推力，这将使喷嘴后退造成溢料。浇口尺寸一般为 0.75～1.2 mm，宜严格控制喷嘴温度。它与井式喷嘴相比，浇口不易堵塞，应用范围较广。由于绝热间隙存料，故不适于热稳定性差的塑料。

图 3－79(b)所示为空气绝热的延伸式喷嘴。它代替注塑机原有的喷嘴装在注塑机料筒上，喷嘴通过直径 0.75～1.5 mm，台阶长度为 1～1.5 mm 的点浇口直接注入型腔。由于喷嘴与型腔在浇口附近直接接触，因此会有大量的热从喷嘴传向型腔。为了降低传热量，应减少二者间接触面积，除浇口周围接触外，将其余地方留出空气间隙。由于与喷嘴尖端接触处

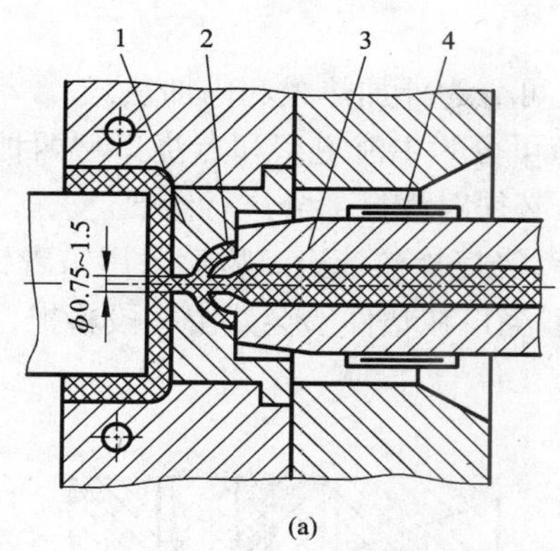

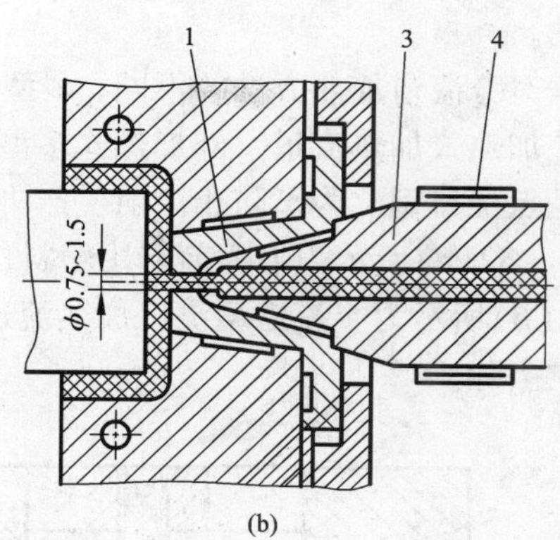

图3-79　延伸式喷嘴

1—浇口套；2—塑料绝热层；3—延伸式喷嘴；4—加热圈

的型腔壁很薄，不能靠它来承受喷嘴的全部推力，因此在喷嘴与模具之间还设有一环形的承压面。浇口衬套温度介于喷嘴和型腔板之间，可降低喷嘴热损失。

图3-80所示为喷嘴前端伸入型腔，喷嘴的端面构成型腔一部分的空气绝热延伸式喷嘴，其优点是喷嘴不易凝固堵塞。采用空气绝热的延伸式喷嘴时，型腔靠近喷嘴头部的温度较高，因此生产某些塑料制件时，在浇口附近容易出现变形，表面质量和透明度降低。也可在模具内设置一外加热流道，其原理与空气绝热延伸式喷嘴类似，如图3-81所示。其浇口直径为0.8~1.5 mm，台阶长1.5~3 mm，台阶有锥度，浇口处凝料可随制件一道拔出。

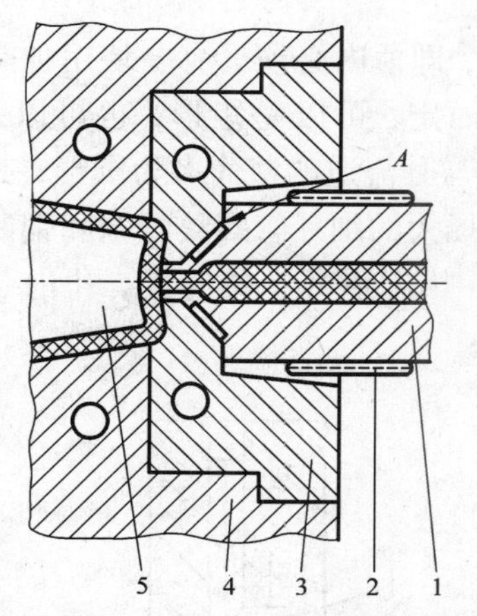

图3-80　喷嘴端面构成型腔的延伸式喷嘴

1—延伸式喷嘴；2—加热圈；3—浇口衬套；
4—定模；5—型芯；A—圆环形承压面

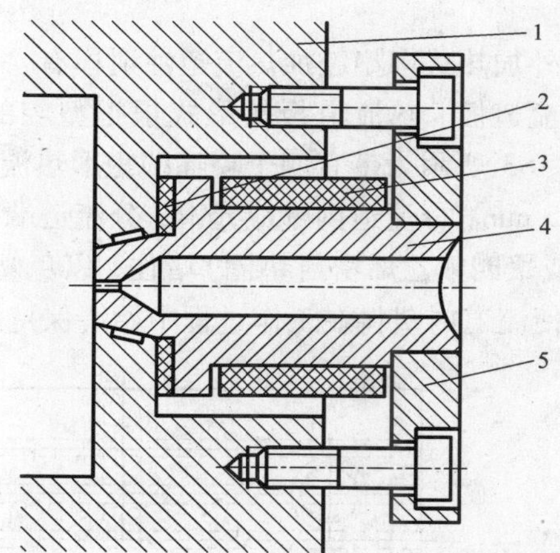

图3-81　电热式模内喷嘴

1—定模；2—隔热垫；3—电加热器；
4—喷嘴；5—固定板

2）多型腔加热流道

多型腔加热流道的结构形式很多，它们都有一个共同特点，就是在模具内设有热流道板，主流道、分流道均开设在流道板内，流道断面多为圆形，其直径为5~12 mm。流道板用加热器加热，保持流道内塑料处于熔融状态。流道板利用石棉水泥板或空气间隙与模具其余部分隔热。

根据对分流道加热方法的不同，多型腔加热流道可分为外加热式和内加热式。

①外加热式加热流道　外加热式多型腔加热流道可分为主流道型和点浇口型两种，比较常用的是点浇口型。为了防止注射生产中浇口固化，必须对浇口部分进行绝热。

图 3－82(a)所示为喷嘴前端用塑料作为绝热的点浇口加热流道，喷嘴采用铍青铜制造；图 3－82(b)所示为主流道型浇口加热流道，主流道型浇口在塑件上会残留一段料把，脱模后还得把它去除。

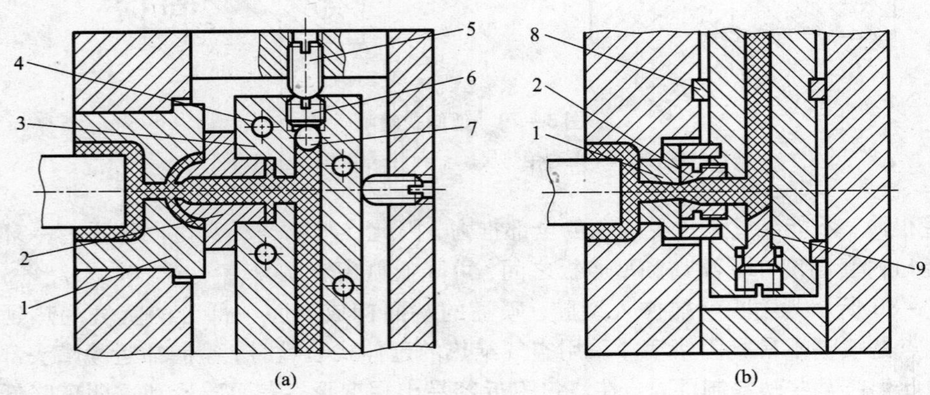

图 3－82　外加热式多型腔热流道

1—二级浇口套；2—二级喷嘴；3—热流道板；4—加热器孔；5—限位螺钉；6—螺塞；7—钢球；8—垫块；9—堵头

外加热式多型腔加热流道注射模有一个其同的特点，即模内必须设有一块用加热器加热的热流道板。热流道板的形式根据型腔的数量与布置而定，可以是矩形，也可以是 X 形，图 3－83 所示为带有四个喷嘴的矩形热流道板。主流道与分流道的截面多为圆形，其直径为 5～15 mm，分流道内壁应光滑，分流道端孔需采用比孔径大的细牙管螺纹管塞和铜制密封垫圈(或聚四氟乙烯密封垫圈)堵住，以免塑料熔体泄漏。热流道板上钻有孔，孔内插入加热器，使流道内塑料在工作过程中始终保持熔融状态。

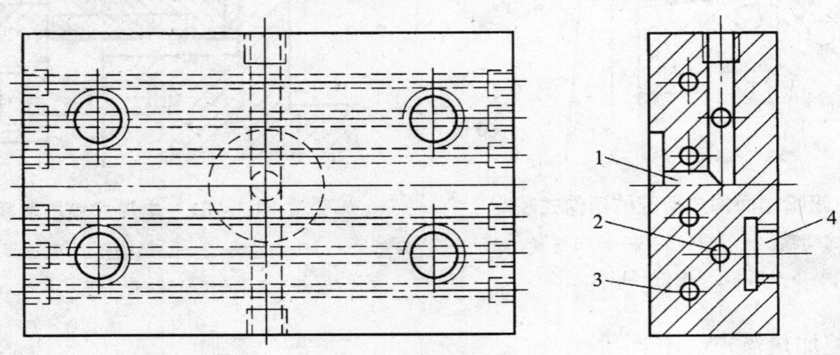

图 3－83　热流道板

1—主流道浇口套安装孔；2—分流道；3—加热器孔；4—二级浇口套安装孔

②内加热式热流道　内加热式热流道的特点是在喷嘴与整个流道中都设有内加热器。与外加热器相比，由于加热器安装在流道的中央部位，流道中的塑料熔体可以阻止加热器直接向分流道板或模板散热，因此其热量损失小；缺点是塑料易产生局部过热现象。图 3－84 所示为喷嘴内部安装加热棒的设计，加热棒延伸到浇口的中心易冻结处，这样即使注射生产周期较长，仍能达到稳定的连续操作。圆锥形的喷嘴头部与型腔之间留有 0.5 mm 为塑料充填的绝热层，加热棒的尖端从喷嘴前端伸入浇口中部，离型腔约 0.5 mm。

3）阀式浇口热流道

对于注射成型熔融黏度很低的塑料，为避免浇口的流涎和拉丝现象，热流道模具可采用特殊的阀式浇口，在注射和保压阶段将阀芯开启，保压结束后即将阀芯关闭，在脱出制品后不再发生流涎现象。

图 3－85 所示为弹簧针阀式多型腔阀式浇口热流道。分别用弹簧力和塑料熔体压力启闭阀芯，在注射与保压阶段，浇口处的针阀 9 在熔体压力作用下打开，塑料熔体通过喷嘴进入型腔。保压结束后，在弹簧的作用下针阀将浇口关闭，型腔内的塑料就不能倒流，喷嘴内的塑料也不会流涎。这种形式的热流道，实际上也是多型腔外加热流道的一种，同样也需要热流道板，只是在喷嘴处采用了针阀控制浇口进料。

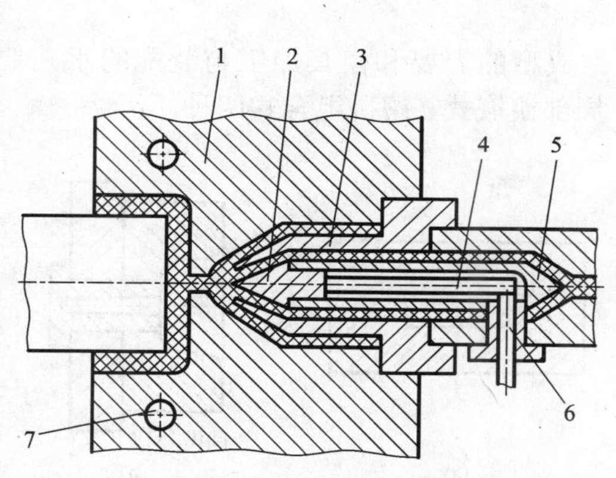

图 3－84　内加热式热流道

1—定模板；2—锥形体；3—喷嘴；4—加热器；5—鱼雷体；6—电源线接头；7—冷却水道

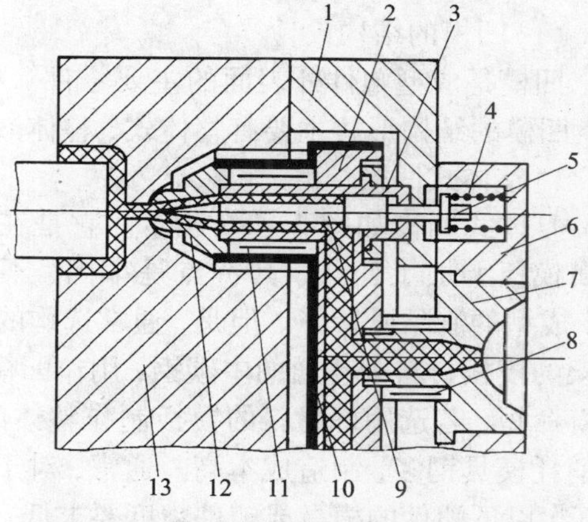

图 3－85　多型腔弹簧针阀式浇口热流道

1—定模座板；2—热流道板；3—喷嘴体；4—弹簧；5—活塞杆；6—定位圈；7—浇口套；8—加热器；9—针阀；10—绝缘外壳；11—加热器；12—二级喷嘴；13—定模型腔板

目前，在实际生产中，已广泛采用由模具所附加的专用液压机构来启闭针阀的模具形式，它与普通多型腔热流道系统塑料模具有相同的结构，但是另外还多了一套阀针传动装置控制阀针的开、闭运动。该传动装置相当于一只液压油缸，利用注射机的液压装置与模具连接，形成液压回路，实现阀针的开、闭运动，控制熔融状态塑料注入型腔。因此可以准确地控制补料时间，更重要的是可以在高温高压下提早快速封闭浇口，这样可以减低塑件的内应力，减小应力开裂和翘曲变形，增加尺寸稳定性。

3.6 成型零件设计

模具合模后，在动模板和定模板之间的某些零部件组成一个能充填塑料熔体的模具型腔，模具型腔的形状与尺寸决定了塑料制件的形状与尺寸。直接构成模具型腔的所有零部件称为成型零部件。

成型零件工作时直接与塑料熔体接触，要承受熔融塑料流的高压冲刷、脱模摩擦等。因此，成型零件不仅要求有正确的几何形状、较高的尺寸精度和较低的表面粗糙度值，而且还要求有合理的结构和较高的强度、刚度及较好的耐磨性。

设计注射模的成型零件时，应根据成型塑件的塑料性能、使用要求、几何结构，并结合分型面和浇口位置的选择、脱模方式和排气位置的考虑来确定型腔的总体结构；根据塑件的尺寸计算成型零件型腔的尺寸；确定型腔的组合方式；确定成型零件的机械加工、热处理、装配等要求；对关键的部位要进行强度和刚度校核。由此可见，注射模的成型零部件设计是注射模设计的一个重要的组成部分。

3.6.1 成型零件结构设计

(1)凹模的结构设计

凹模是成型塑件外表面的主要零件。根据塑件成型的需要和模具加工与装配的工艺要求，凹模的结构形式主要有整体式、整体嵌入式、局部镶嵌式、镶拼组合式四种。

1)整体式凹模

整体式凹模如图3－86所示。它是在整块金属模板上加工而成，其特点是牢固、不易变形，成型的制品质量好。但是，通常选购的标准模架的模板材料为普通的中碳钢，用作凹模，使用寿命短，若选用好材料的模板制作整体凹模，则消耗模具钢多，制造成本高。通常，对于成型1万次以下塑件的模具或塑件精度要求低、形状简单的模具可采用整体式凹模。

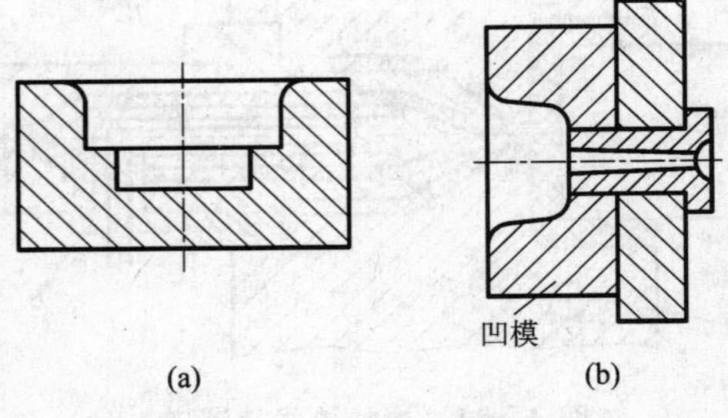

图3－86 整体式凹模

2)整体嵌入式凹模

对于小型的塑料制品采用多型腔塑料模具成型时，各单个凹模通常采用冷挤压、电加工、电铸或超塑性成型等方法制成，然后整体嵌入模板中，这种凹模可称为整体嵌入式组合凹模，如图3－87所示。这种结构的凹模形状、尺寸一致性好，更换方便。凹模的外形通常是圆形、方形或矩形，与模板的装配及配合见图3－87。图3－87(a)所示为凹模镶块的外形采用带轴肩台阶的圆柱形，从下嵌入凹模固定板中，用垫板和螺钉固定。也可不用轴肩用螺钉从背面紧固，如图3－87(d)。如果制件不是旋转体，而凹模镶块的外表面为旋转体时，则应考虑止转定位。如图3－87(b)所示，销钉孔可钻在连接缝上(骑缝销钉)，也可钻在凸肩上。图3－87(c)为冷挤压齿轮凹模的结构形式

3)局部镶嵌式凹模

为了加工方便或由于型腔的某一部分容易损坏，需经常更换，常把凹模的这一部分作出镶件，然后嵌入模体，如图3－88所示。这种凹模结构可称为局部镶嵌式凹模。

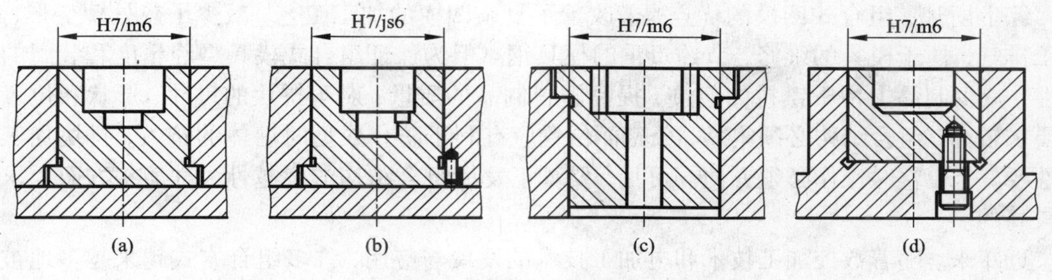

图 3－87　整体嵌入式组合凹模

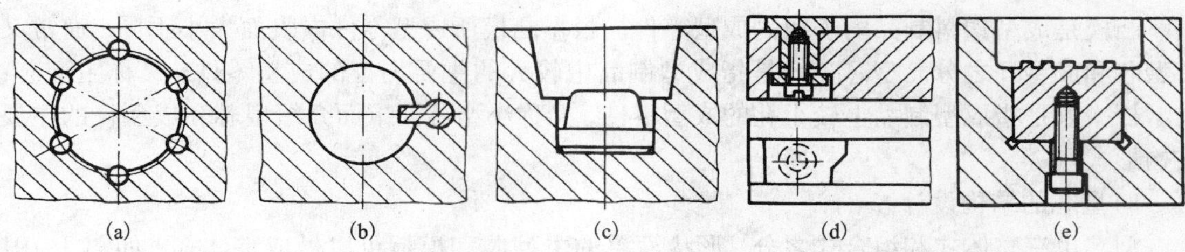

图 3－88　局部镶嵌式凹模

4）镶拼组合式凹模

为了机械加工、研磨、抛光、热处理的方便，整个凹模也常采用大面积组合的方法，最常见的是把凹模做成穿通的，再镶嵌上底，如图 3－89 所示。

对于大型和形状复杂的凹模，为了便于加工，有利于淬透、减少热处理变形和节省模具钢，可以把凹模的侧壁和底分别加工经过研磨后压入模套中，即凹模侧壁的拼块结构，如图 3－90 所示。侧壁相互之间采用扣销连接以保证装配的准确性，减少塑料挤入接缝。在中小型注射模中，侧壁拼块之间可直接用螺钉和销钉固定而不用模套紧固。

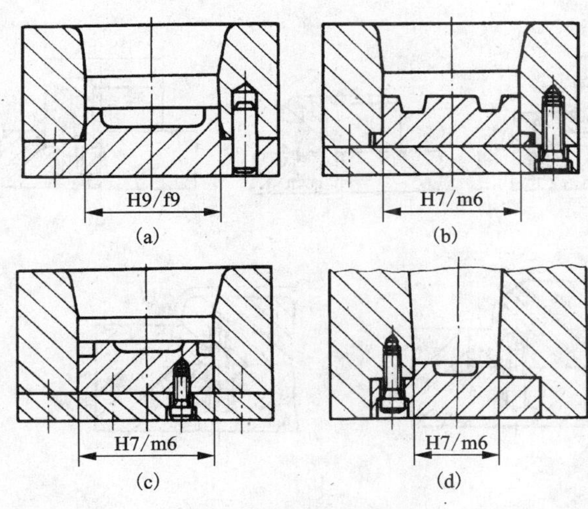

图 3－89　凹模底部镶拼结构

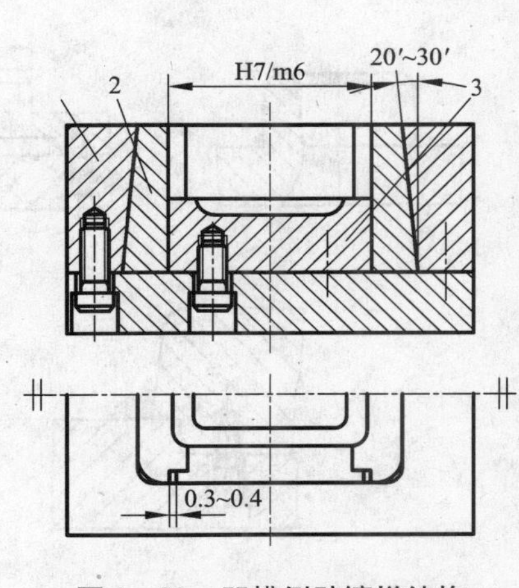

图 3－90　凹模侧壁镶拼结构

1—模套；2—拼块；3—模底

综上所述，组合式凹模的优点是，改善了复杂凹模的加工工艺，减少了热处理变形，有利于排气，便于模具的维修，节约贵重的模具钢。但为保证组合式模具型腔精度和装配的牢固性，减少制品上留下镶拼的痕迹，提高塑料制品的质量，对于拼块的尺寸、形状和位置公差要求较高，组合结构必须牢靠，分型面位置应有利于防止成型时熔体的挤入，拼块加工工艺性要好，模塑时操作必须方便。可见，要真正发挥组合结构的优越性，对某些方面要求是比较高的。

近年来，随着数控加工技术和电加工技术的发展与应用，许多组合方式越来越多地被整体式加工所代替，不但提高了型腔的强度，而且大大地提高了加工精度和塑件的质量。

(2)凸模的结构设计

凸模是成型塑料制品内表面的成型零件。根据凸模所成型零件内表面大小不同，通常又有型芯和成型杆之分。型芯一般是指成型制品中较大的主要内型的成型零件，又称主型芯；成型杆一般是指成型制品上较小孔的成型零件，又称小型芯。下面介绍型芯和成型杆的主要结构形式。

1)型芯的结构设计

型芯也有整体式和组合式之分，形状简单的主型芯和模板可以做成整体式，如图3－91(a)所示。形状比较复杂或形状虽不复杂，但从节省贵重模具钢，减少加工工作量考虑多采用组合式型芯。固定板和型芯可分别采用不同的材料制造和热处理，然后再连成一体；图3－91(b)为最常用的连接形式，即用轴肩和底板连接。当轴肩为圆形而成型部分为非回旋体时，为了防止型芯在固定板内转动，也和整体嵌入式凹模一样在轴肩处用销钉或键止转；此外还有用螺钉和销钉连接的，如图3－91(c)、(d)所示。螺钉连接虽然比较简单，但不及轴肩连接牢固可靠，为了防止侧向位移应采取销钉定位，由于后加工销孔的原因，这种结构不适于淬火的型芯，最好将淬火型芯局部嵌入模块来定位，如图3－91(d)所示。或将型芯下部加工出断面较小或较大的规则阶梯，再镶入模板，如图3－91(e)、图3－91(f)。有时需在模板上加工出凹槽，用它来成型制品的凸边。如图3－91(g)。

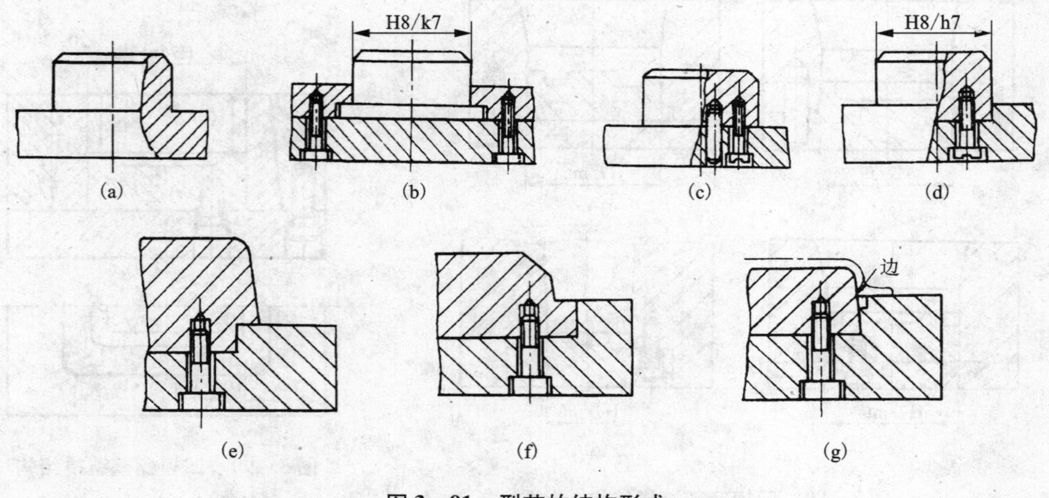

图3－91　型芯的结构形式

2)成型杆(小型芯)

对于成型孔和槽的小型芯，通常是单独制造，然后以嵌入方法固定。具体结构如图3－92所示。其中图3－92(a)为铆接式，它可以防止在制品脱模时型芯被拔出，但熔体容易从S处渗入型芯底面，为防止产生这种现象，可将型芯嵌入固定板内一定距离，如图3－92(b)所示；图3－92(b)是压入式结构，是一种最简单的固定方式，但型芯松动后可能会被拔出；图3－92(c)是常用的固定方式，型芯与固定板间留有0.5 mm的双边间隙，这是为了加工和装配方便，型芯下段加粗是为了提高小而长的型芯的强度；图3－92(d)为带推板的型芯固定方法；图3－92(e)、(f)是带顶销或紧定螺钉的固定方法；对于尺寸较大的型芯可以采用图3－92(g)~图3－92(j)所示的固定方法；当局部有小型芯时，可用图3－92(k)、图3－92(l)所示的固定方式，在小型芯下嵌入垫板，以缩短型芯及其配合长度。

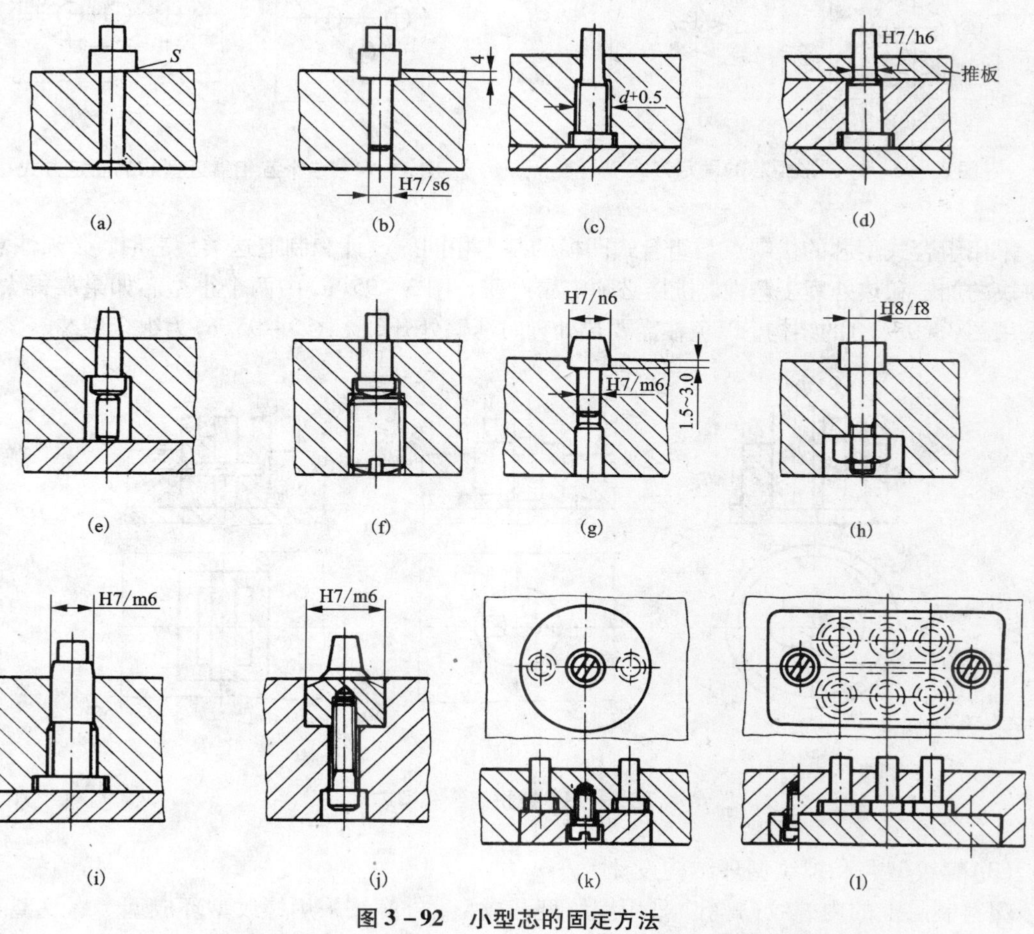

图3－92　小型芯的固定方法

对于非圆形的型芯，为了制造方便，可用图3－93(a)的结构，把它下面一段做成圆形，并采用轴肩连接，仅上面一段做成异型的，模板上的异型孔可方便地采用线切割加工。或用图3－93(b)的结构，只将成型部分做成异型，以下做成圆柱形，用螺母和弹簧垫圈固定。

对于多个互相靠近的小型芯，当采用轴肩固定时，如果轴肩互相干涉，可用图3－94所示的结构。

对于形状复杂的型芯，为了便于机械加工，其本身也可以做成拼合的形式，这时应注意其结构的合理性。图 3－95 为镶拼组合式型芯。如图所示的复杂形状的型芯，如果采用整体式结构，加工较困难，而采用拼块组合，可简化加工工艺。

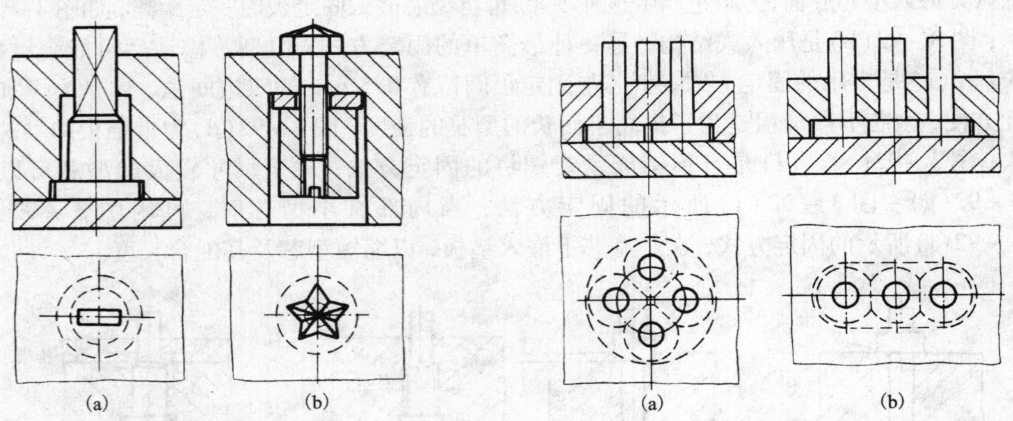

图 3－93　非圆形型芯的固定方式　　图 3－94　多个互相靠近型芯的固定方式

采用组合式型芯的优缺点与组合式凹模的基本相同。设计和制造这类型芯时，必须注意提高拼块的加工和热处理工艺性，拼接必须牢靠严密。图 3－95(a)中两个小型芯如果靠得太近，可采用图 3－95(b)的结构，以免在需要热处理时薄壁处开裂。图 3－95(c)为组合型芯。

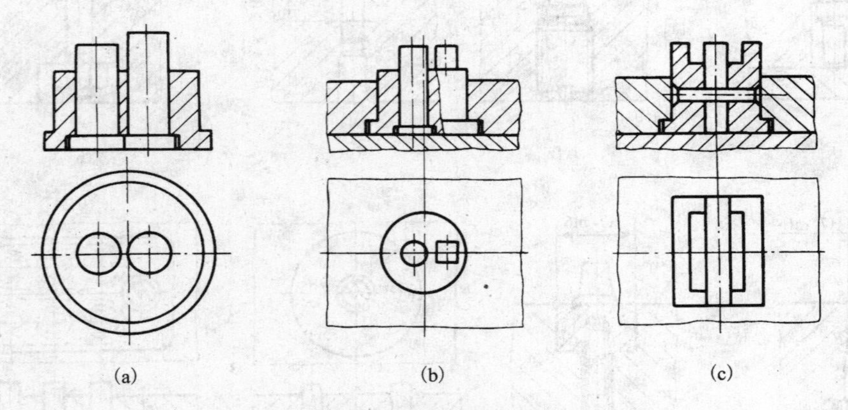

图 3－95　镶拼组合式型芯

(3)螺纹型芯和螺纹型环结构设计

塑料制品上的内螺纹(螺孔)采用螺纹型芯成型，外螺纹采用螺纹型环成型。螺纹型芯和螺纹型环还可以用来固定带螺孔和螺杆的嵌件。螺纹型环和螺纹型芯在塑料制品成型之后必须卸除，卸除的方法有两种：一种是在模具上自动卸除；另一种是在模外手动卸除。对于模具自动旋转卸除的机构在推出结构设计一节专门介绍，这里仅介绍手动卸除的螺纹型芯和螺纹型环的结构及其固定方法。

在模具上安放螺纹型芯或螺纹型环的主要要求是：成型时定位可靠，不会因合模的振动或料流的冲击而移位，在开模时能随制件一道方便地取出。

1)螺纹型芯设计

按用途来分，螺纹型芯可分为直接成型塑料制品上的螺孔和固定螺母嵌件两种。两种螺纹型芯在结构上没有原则区别，所不同的是，前一种螺纹型芯在设计时必须考虑塑料的收缩率，表面粗糙度小(*Ra* 为0.1 μm)，始端和末端应按塑料制品结构要求设计；而后一种不必考虑塑料的收缩率，表面粗糙度可以大些(*Ra* 为0.8 μm 即可)。

固定在下模和定模上的螺纹型芯的结构及其固定方法如图3－96所示；固定在上模和动模上的螺纹型芯的结构及固定方法如图3－97所示。

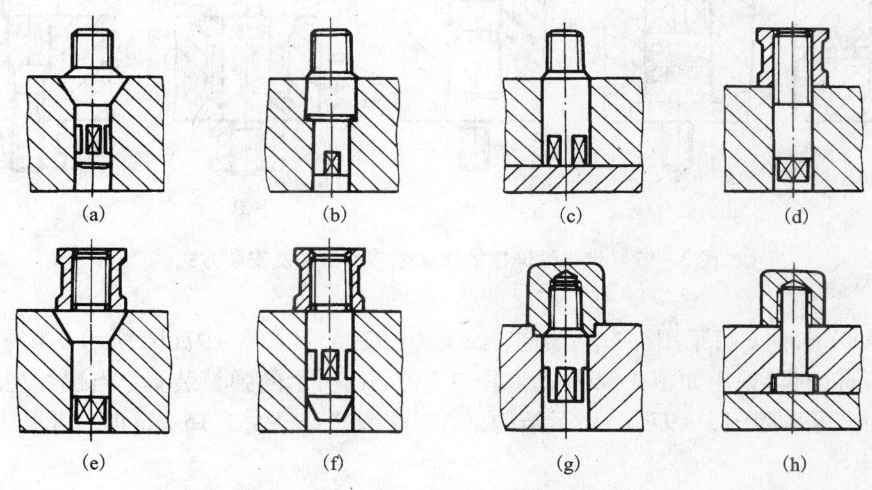

图3－96　螺纹型芯的结构和固定方式

对螺纹型芯的结构设计及固定方法有如下要求：

①螺纹型芯在成型时应可靠定位并防止塑料熔体挤入分型面：图3－96和图3－97所示的螺纹型芯与孔的配合均为H8/h8。图3－96(a)利用锥面起定位和密封作用，使塑料不致挤入安装嵌件的孔中；图3－96(b)将型芯做成圆柱形台阶，定位可靠并防止螺纹型芯下沉；图3－96(c)为防止螺纹型芯下沉，孔的下面加垫板，以支持住螺纹型芯。

当螺纹型芯是用来固定带螺纹孔嵌件时，可采用图3－96(d)～图3－96(h)所示结构。以上结构均可防止螺纹型芯下沉，但图3－96(d)所示结构在成型时可能产生浮动，这是因为在成型压力作用下，塑料熔体可能挤入嵌件与模面之间使螺纹型芯抬起，导致嵌件沉入塑料制品表面之下。此外，螺纹型芯拧入嵌件的深度难以控制。而图3－96(e)和图3－96(f)所示的结构克服了上述缺点，但螺纹型芯的结构比图3－96(d)复杂。图3－96(g)是将嵌件下端嵌入模体，这样可增加嵌件的稳定性，同时又可靠地阻止了熔体挤入嵌件的螺纹孔中。这种结构尤其适用于直径小于3 mm的螺纹型芯，防止螺纹型芯在成型时产生弯曲变形。当螺纹嵌件不是通孔或虽是通孔但属于小型螺纹(M3.5以下)，而且成型时冲击力不大时，可将嵌件直接插入固定于模具的光成型杆上，如图3－96(h)所示。采用这种结构省去了卸下螺纹型芯的操作，但使用不当时嵌件容易产生移动和脱落。

图3－97中各种结构的最大特点是采用具有弹力的豁口柄和其他弹性装置，将螺纹型芯支撑在孔内，以防成型时螺纹型芯脱落或移动，成型之后随塑料制品一起脱落。当螺纹型芯

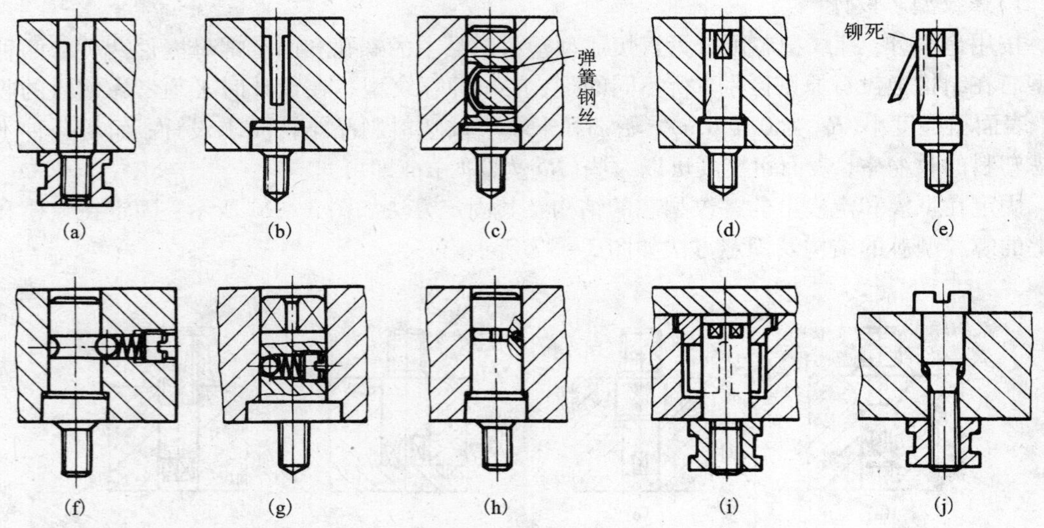

图 3－97　带弹性连接的螺纹型芯的结构及安装方式

的直径小于 8 mm 时，可采用豁口柄结构，如图 3－97(a)和图 3－97(b)所示；当螺纹型芯直径为 5～10 mm 时可采用如图 3－97(c)和图 3－97(d)所示的弹簧装置；当螺纹型芯直径大于 10 mm 时，可采用图 3－97(e)所示结构；当螺纹型芯直径大于 15 mm 时，可采用图 3－97(f)所示结构。

②便于塑料制品的脱模和螺纹型芯的装拆：除了图 3－97(i)以外，图 3－96 和图 3－97 其他各结构都是在塑料制品脱模时，螺纹型芯随着制品脱出，然后再从制品上拧下螺纹型芯，型芯拆装较方便。

③结构简单便于制造：图 3－97(g)是利用弹簧卡圈装在型芯杆的圆周沟槽内，结构较简单。图 3－97(h)是弹簧夹头连接，这种结构使用较可靠，但结构较复杂，制造较麻烦。

2)螺纹型环设计

螺纹型环按其用途也有两种：一种是直接用于成型塑料件的外螺纹，如图 3－98(a)；另一种是固定带有外螺纹的嵌件，如图 3－98(b)，后又称嵌件环。

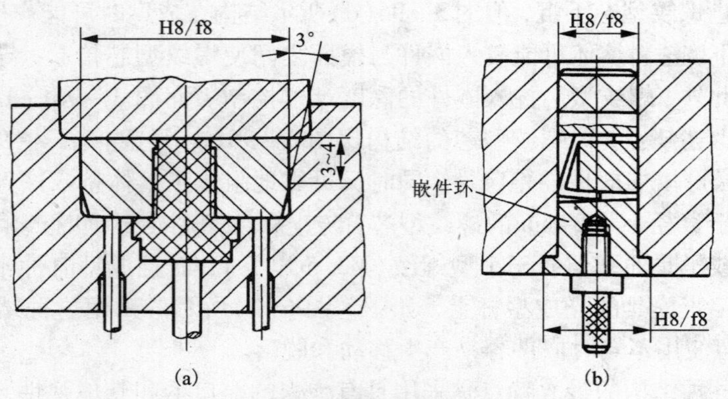

图 3－98　螺纹型环的类型及其固定

螺纹型环常见的结构有两种：一种是整体式的螺纹型环，如图 3－99(a)所示，其外径与模具孔间采用 H8/f8 配合，配合高度 3～10 mm，其余可倒成 3°～5°的角。下面加工成台阶平面，以便用扳手将其从塑件上拧下来，台阶平面的高度可取 $H/2$。第二种形式为组合式螺纹型环，如图 3－99(b)所示，它由两瓣拼合而成，以销钉定位，从塑件上卸下螺纹型环的方法是采用尖劈状卸模器楔入螺纹型环两边的楔形槽内，使螺纹型环两瓣分开。由于在制品螺纹上会留下难以修整的型环接缝处的溢边，所以，这种结构的螺纹型环适用于精度要求不高的粗牙螺纹的成型。

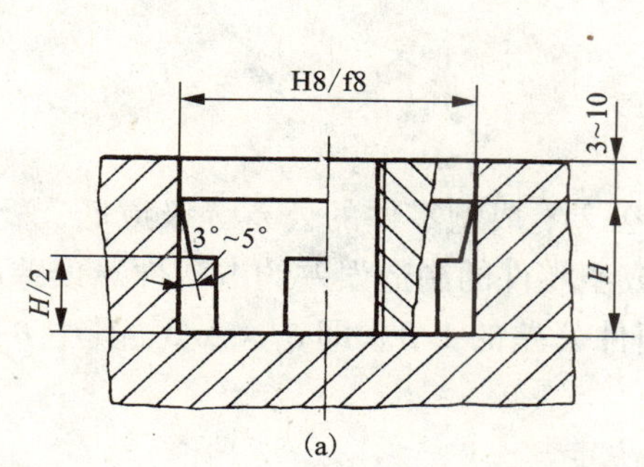

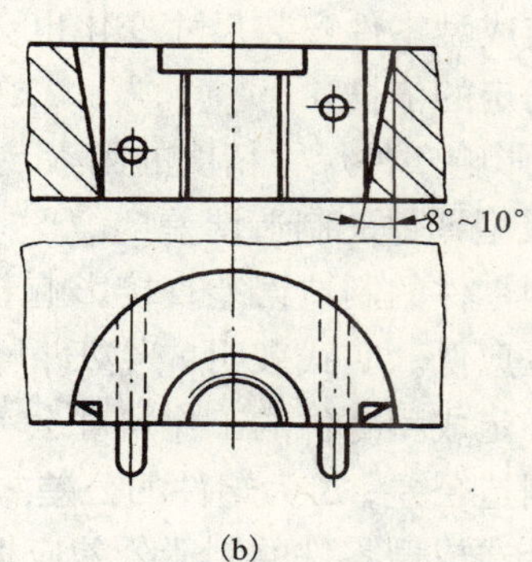

图 3－99　螺纹型环的结构

(4)塑料齿轮型腔设计

塑料齿轮成型型腔的加工方法有机械加工、冷挤压、电火花、线切割、电铸成型、浇注锌基合金、金属的超塑性成型、模压耐高温塑料等。以上方法可根据塑料性质、生产批量以及实际加工条件恰当选择。

型腔的结构与型腔的加工方法和生产批量有关。由于齿轮型腔比较复杂，通常采用组合式(整体嵌入式)的结构形式，如图 3－100 所示。其中图 3－100(a)为冷挤压成型的型腔；图 3－100(b)为超塑性成型的型腔；图 3－100(c)为浇注锌基合金或模压耐高温塑料型腔；图 3－100(d)为机械加工的型腔；图 3－100(e)为电铸成型的型腔。

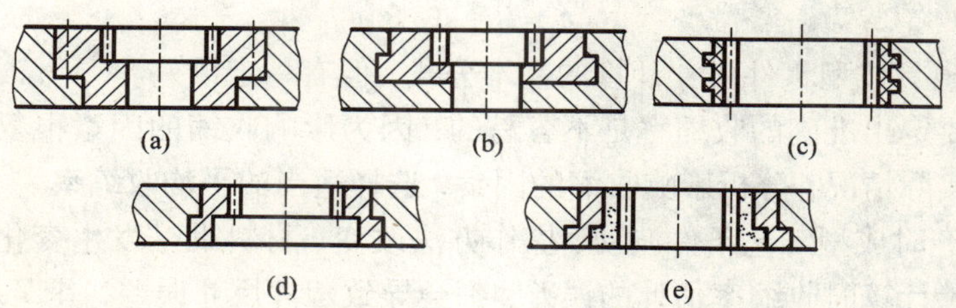

图 3－100　齿轮成型用型腔的结构形式

3.6.2　成型零件工作尺寸计算

所谓成型零件的工作尺寸是指成型零件上直接用以成型塑件部分的尺寸，主要有型腔和型芯的径向尺寸(包括矩形和异型零件的长和宽)，型腔深度尺寸和型芯高度尺寸，型芯或成型孔之间的中心距尺寸、中心线到塑件边缘距离尺寸等。在设计模具时必须根据制品的尺寸和精度要求来确定成型零件的相应的尺寸和精度等级，给出正确的公差值。

任何塑件都有一定的几何形状及尺寸要求，其中有配合要求的尺寸精度要求较高。模具成型零件工作尺寸必须保证所成型制品的尺寸达到要求，而影响塑件尺寸精度的因素较为复杂，主要有以下几方面：首先是成型零件制造公差；其次就是设计模具时，所估计的塑料收缩率与实际收缩率的差异和生产制品时收缩率的波动都会影响塑件精度；此外成型零件在使用过程中不断磨损，使得同一模具在新的时候和用旧磨损以后所产生的制件尺寸各不相同；模具固定成型零件安装尺寸变化也会影响塑件的误差。这些影响因素都应该作为成型零件工作尺寸确定的依据。

(1)影响塑件尺寸精度的因素

1)成型零件的制造误差

成型零件的制造误差直接影响着塑件的尺寸公差，成型零件的公差等级愈低，塑件的公差等级也愈低。实践表明，当塑件尺寸较小时，成型零件的制造误差约占塑件总误差的1/3，因而在确定成型零件的工作尺寸公差值时可取塑件公差的1/3。即 $\delta_z = \Delta/3$，其中 δ_z 为成型零件的制造公差，Δ 为塑件的公差。

组合式成型零件的制造公差应根据尺寸链来决定。

2)成型收缩率的偏差和波动

所谓成型收缩率是指室温下塑件与模具型腔两者尺寸的相对差。即：

$$s = \frac{A - B}{A} \times 100\% \tag{3-19}$$

式中：s——塑料成型收缩率；

A——模具型腔在室温下的尺寸；

B——塑件在室温下对应的尺寸。

由式(3-19)可得：

$$A = \frac{B}{1 - s\%} = B + s\%B + (s\%)^2B + (s\%)^3B + \cdots$$

忽略高次项得：

$$A \approx B + s\%B \tag{3-20}$$

上式可作为模具成型零件尺寸计算的基本公式，但有一定误差。

实践证明，要定出准确的收缩率是不容易的，因为影响收缩的因素很复杂，但可以参照试验数据，根据实际情况，分析影响收缩的因素，选择适当的平均收缩率。

由于塑件生产时成型工艺条件波动、操作方法改变、材料批号发生变化，会引起收缩率的波动，加上设计计算时收缩率估计的误差，都会导致塑件尺寸误差，其误差值为：

$$\delta_s = (s_{max} - s_{min})\%B \tag{3-21}$$

式中：δ_s——收缩率波动所引起的塑件尺寸的误差值；

s_{max}——塑料的最大收缩率；

s_{min}——塑料的最小收缩率。

3)成型零件的磨损

成型零件磨损后型腔尺寸变大，型芯尺寸变小，中心距基本保持不变。影响成型零件磨损的因素有塑料在型腔中流动或塑件脱模时与成型零件表面的相对摩擦，成型过程可能产生的腐蚀性气体的锈蚀作用，以及由于上述原因造成表面粗糙度变大而采取打磨抛光导致零件实体尺寸的减少。磨损大小还与塑料的品种和模具材料及热处理有关。上述影响磨损的诸因素中，塑件脱模过程的摩擦磨损是主要的。因而，为了简化计算，凡是垂直于脱模方向的成型零件表面可不考虑磨损；凡是平行于脱模方向的表面应考虑磨损。

计算成型零件的尺寸时，磨损量应根据塑件的产量，结合影响磨损的因素来确定。对生产批量小的，磨损量取小值，甚至不考虑磨损量；对于玻璃纤维等增强塑料，磨损量应取较大值；对于摩擦系数小的热塑性塑料（聚乙烯、聚丙烯、聚酰胺、聚甲醛等）取小值；模具材料耐磨性好，表面进行镀铬或氮化等强化处理的，磨损量可取小值。对于中小型塑件，最大磨损量可取塑件公差的1/6，即$\delta_c = \Delta/6$（δ_c为最大允许的磨损量）；对于大型塑件则取$\Delta/6$以下。

4）模具安装配合的误差

由于模具成型零件的安装误差或在成型过程中成型零件配合间隙的变化，都会影响塑件尺寸的精确性。例如上模与下模或动模与定模合模位置的不准确，就会影响塑件壁厚等尺寸误差。又如螺纹型芯如果按间隙配合安放在模具中，则制品中螺纹孔位置公差就会受配合间隙的影响。

安装配合误差以δ_j表示。

综上所述，塑件可能产生的最大误差为上述各种误差的总和。即：

$$\delta = \delta_z + \delta_c + \delta_s + \delta_j \tag{3-22}$$

由此看来，塑料制品的精度不高。设计塑件时，其公差的选择不仅要从制品的装配和使用需要出发，而且要充分考虑制品在成型过程可能产生的误差。换句话说，制品的公差要求受可能产生的误差限制。塑料制品的公差值应大于或等于上述各因素所引起的积累误差。即

$$\Delta \geqslant \delta \tag{3-23}$$

否则将给模具制造和成型工艺条件的控制带来困难。

当然，式（3－22）是极端的情况，是所有的误差同时偏向最大值或最小值的情况。实际上，从或然率观点出发，这种概率接近于零，因为δ_z、δ_s等呈正态分布，而且各种误差因素还会互相抵消。

在一般情况下，以上影响塑件公差的因素中，模具制造误差、成型零件磨损和收缩率的波动是主要的。而且并不是塑件的所有尺寸都受上述各因素的影响。例如用整体式凹模成型塑件时，其外径（宽或长）只受δ_z、δ_c、δ_s的影响，而高度尺寸则受δ_z、δ_s的影响。

还应该注意到，收缩率波动引起的误差值δ_s是随着制品尺寸的增大而增大。因此，当生产大型的塑料制品时，收缩率的波动对制品公差影响很大。在这种情况下，应着重设法稳定工艺条件和选择收缩率波动较小的塑料，单靠提高成型零件的制造精度是不经济的。相反，当生产小型塑料制品时，模具成型零件的制造精度和磨损对制品公差的影响较突出，因此，应注意提高成型零件的制造精度和减少磨损量。在精密成型中，减小成型工艺条件的波动是一个很重要的问题，单纯地根据塑料制品的公差来确定模具成型零件的尺寸公差是难以达到要求的。

（2）成型零件工作尺寸计算方法

由于在一般情况下，模具制造公差、磨损和成型收缩波动是影响塑料制品公差的主要因

素，因而，计算工作零件时就根据以上三项因素进行计算。

成型零件工作尺寸计算的方法有两种：一种是按平均收缩率、平均制造公差和平均磨损量进行计算；另一种是按极限收缩率、极限制造公差和极限磨损量进行计算。前一种计算方法简便，但可能有误差，在精密塑件的模具设计中受到一定限制；后一种计算方法能保证所成型的塑件在规定的公差范围内，但计算比较复杂。以下介绍按平均值的计算方法。

在计算成型零件型腔和型芯的尺寸时，塑件和成型零件尺寸均按单向极限制，如果制品上的公差是双向分布的，则应按这个要求加以换算。而孔心距尺寸则按公差带对称分布的原则进行计算。

图 3－101 为模具成型零件工作尺寸与塑件尺寸的关系。

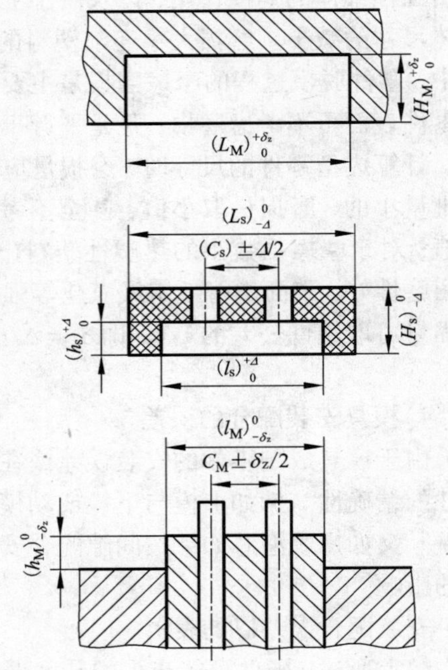

图 3－101　模具成型零件工作尺寸与塑件尺寸关系

1）型腔和型芯径向尺寸的计算

①型腔径向尺寸　已知塑件尺寸为$(L_s)^{0}_{-\Delta}$，磨损量为δ_c，平均收缩率为S_{cp}，设型腔径向尺寸为$(L_M)^{+\delta_z}_0$，按平均值计算方法可得下式：

$$L_M+\frac{\delta_z}{2}=(L_s-\frac{\Delta}{2})+(L_s-\frac{\Delta}{2})S_{cp}\%-\frac{\delta_c}{2}$$

对于中小型塑件，取$\delta_c=\Delta/6$，$\delta_z=\Delta/3$，并将上式展开后略去微小项$(\Delta/2)S_{cp}\%$，则得型腔径向尺寸为：

$$L_M=L_s+L_sS_{cp}\%-\frac{3}{4}\Delta$$

标注制造公差后得：

$$(L_M)^{+\delta_z}_0=(L_s+L_sS_{cp}\%-\frac{3}{4}\Delta)^{+\delta_z}_0 \qquad (3-24)$$

②型芯径向尺寸　已知塑件尺寸为$(l_s)^{+\Delta}_0$，磨损量为δ_c，平均收缩率为S_{cp}，设型芯径向尺寸为$(l_M)^{0}_{-\delta_z}$，经推导得型芯径向尺寸为：

$$(l_M)^{0}_{-\delta_z}=(l_s+l_sS_{cp}\%+\frac{3}{4}\Delta)^{0}_{-\delta_z} \qquad (3-25)$$

注意：由于δ_z和δ_c与Δ的关系随塑件的尺寸和公差大小而变化，因此，式（3－24）和式（3－25）中的Δ项的系数可取 1/2～3/4，塑件尺寸及公差大的取小值，反之取大值。

2）型腔深度和型芯高度尺寸的计算

①型腔深度尺寸　已知塑件尺寸为$(H_s)^{0}_{-\Delta}$，平均收缩率为S_{cp}，设型腔深度尺寸为$(H_M)^{+\delta_z}_0$，经推导得型腔深度尺寸为：

$$(H_M)^{+\delta_z}_0=(H_s+H_sS_{cp}\%-\frac{2}{3}\Delta)^{+\delta_z}_0 \qquad (3-26)$$

②型芯高度尺寸　已知塑件尺寸为$(h_s)_0^{+\Delta}$，平均收缩率为S_{cp}，设型芯高度尺寸为$(h_M)_{-\delta_z}^{0}$，经推导得型芯径向尺寸为：

$$(h_M)_{-\delta_z}^{0}=(h_s+h_sS_{cp}\%+\frac{2}{3}\Delta)_{-\delta_z}^{0} \quad (3-27)$$

3）中心距尺寸计算

模具上型芯的中心距与塑件上相应孔的中心距是对应的，模具上成型孔的中心距与塑件上相应凸台的中心距也是对应的。由于塑件中心距和模具成型零件的中心距公差带都是对称分布的，同时磨损的结果不会使中心距尺寸发生变化，在计算时不必考虑磨损量，因此，塑件上中心距的基本尺寸C_s和模具上相应中心距的基本尺寸C_M就是塑件中心距和模具中心距的平均尺寸。由此可得模具型芯中心距或型孔中心距计算公式：

$$(C_M)\pm\delta_z/2=(C_s+C_sS_{cp}\%)\pm\delta_z/2 \quad (3-28)$$

模具中心距是由成型孔或安装型芯的孔的中心距决定的。用坐标镗床加工孔时，孔轴线的位置尺寸取决于机床精度，一般不会超过±(0.015～0.02) mm；用普通方法加工孔时，孔间距大，则加工误差值也大，这时应使间隙误差和制造误差的累积值在塑件中心距所要求的公差$\pm\delta_z/2$范围内。

4）模具中的位置尺寸计算

图 3－102 表示了安装在凹模中的型芯（或孔）中心到凹模侧壁的距离和安装在型芯中的小型芯（或孔）中心到型芯侧面的距离与塑料制品中相应尺寸的关系。

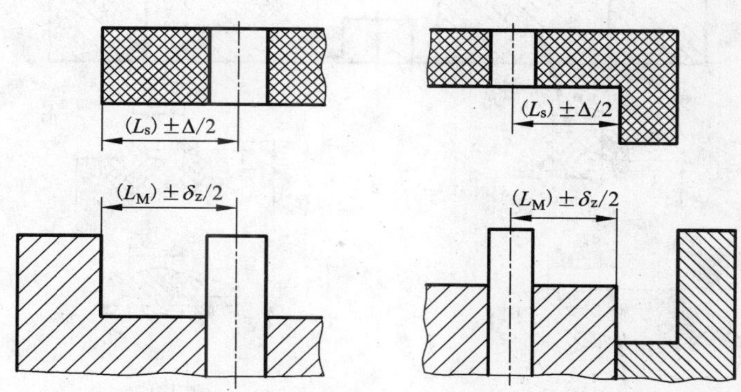

图 3－102　型芯中心到成型面的距离

①凹模内的型芯或孔中心到凹模侧壁距离的计算　由图 3－102 可知：塑料制品上的孔到边的距离的平均尺寸为L_s；模具中型芯中心到凹模侧壁距离的平均尺寸为L_M。

型芯在使用过程的磨损并不影响L_M；而型腔在使用过程的磨损会影响L_M，其单边最大磨损量为$\delta_c/2$。已知模具制造公差δ_z和成型收缩率S_{cp}，则按平均值计算方法得下式：

$$L_M+\delta_c/4=L_s+L_sS_{cp}\%$$

整理并标注制造公差后得：

$$L_M\pm\delta_z/2=(L_s+L_sS_{cp}\%-\delta_c/4)\pm\delta_z/2 \quad (3-29)$$

取$\delta_c=\Delta/6$得：

$$L_M\pm\delta_z/2=(L_s+L_sS_{cp}\%-\Delta/24)\pm\delta_z/2 \quad (3-30)$$

②型芯上的小型芯或孔的中心到型芯侧面距离的计算　型芯的磨损将使距离变小，其单边最大磨损量为 $\delta_c/2$，而小型芯的磨损则不改变这个距离。按平均值计算法得下式：

$$L_M \pm \delta_z/2 = (L_s + L_s S_{cp}\% + \Delta/24) \pm \delta_z/2 \tag{3-31}$$

5）螺纹型环和螺纹型芯工作尺寸计算

螺纹塑件从模具中成型出来后，径向和螺距尺寸都要收缩变小，为了使螺纹塑件与标准金属螺纹有较好的配合，提高成型后塑件螺纹的旋入性能，成型塑件的螺纹型环或型芯的径向尺寸都应考虑收缩率的影响。

螺纹型环的工作尺寸属于型腔类尺寸，而螺纹型芯的工作尺寸属于型芯类尺寸。螺纹连接的种类很多，配合性质也各不相同，影响塑件螺纹连接的因素比较复杂，因此要满足塑料螺纹配合的准确要求是比较难的。目前尚无塑料螺纹的统一标准，也没有成熟的计算方法。

由于螺纹中径是决定螺纹配合性质的最重要参数，它决定着螺纹的可旋入性和连接的可靠性，所以计算中的模具螺纹大、中、小径的尺寸，均以塑件螺纹中径公差 b 为依据。制造公差都采用了中径制造公差 δ_z，其目的是提高模具制造精度。下面介绍公制普通螺纹型芯和型环工作尺寸的计算公式。见图 3－103。

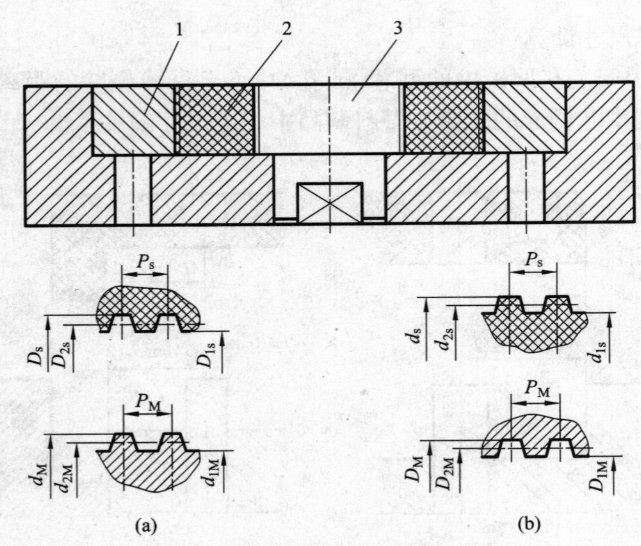

图 3－103　螺纹型芯和螺纹型环的几何参数

1—螺纹型环；2—塑件；3—螺纹型芯

①螺纹型芯工作尺寸计算

螺纹型芯中径：

$$(d_{2M})^{0}_{-\delta_z} = (D_{2s} + D_{2s} S_{cp}\% + b)^{0}_{-\delta_z} \tag{3-32}$$

螺纹型芯大径：

$$(d_M)^{0}_{-\delta_z} = (D_s + D_s S_{cp}\% + b)^{0}_{-\delta_z} \tag{3-33}$$

螺纹型芯小径：

$$(d_{1M})^{0}_{-\delta_z} = (D_{1s} + D_{1s} S_{cp}\% + b)^{0}_{-\delta_z} \tag{3-34}$$

上面各式中：d_{2M}——螺纹型芯中径基本尺寸；

d_M——螺纹型芯大径基本尺寸；

d_{1M}——螺纹型芯小径基本尺寸；

D_{2s}——塑件内螺纹中径基本尺寸；

D_s——塑件内螺纹大径基本尺寸；

D_{1s}——塑件内螺纹小径基本尺寸；

S_{cp}——塑料平均收缩率；

b——塑件螺纹中径公差，目前我国尚无塑件螺纹公差标准，可参照金属螺纹公差标准中精度最低者选用，其值可查公差标准 GB 197—1981；

δ_z——螺纹型芯中径制造公差，其值可取 $b/5$ 或查表 3－6。

②螺纹型环工作尺寸计算

螺纹型环中径：

$$(D_{2M})_0^{+\delta_z} = (d_{2s} + d_{2s}S_{cp}\% - b)_0^{+\delta_z} \tag{3-35}$$

螺纹型环大径：

$$(D_M)_0^{+\delta_z} = (d_s + d_sS_{cp}\% - b)_0^{+\delta_z} \tag{3-36}$$

螺纹型环小径：

$$(D_{1M})_0^{+\delta_z} = (d_{1s} + d_{1s}S_{cp}\% - b)_0^{+\delta_z} \tag{3-37}$$

上面各式中：D_{2M}——螺纹型环中径基本尺寸；

D_M——螺纹型环大径基本尺寸；

D_{1M}——螺纹型环小径基本尺寸；

d_{2s}——塑件外螺纹中径基本尺寸；

d_s——塑件外螺纹大径基本尺寸；

d_{1s}——塑件外螺纹小径基本尺寸。

③螺纹型芯和螺纹型环的螺距尺寸计算

螺纹型芯和螺纹型环螺距的计算方法相同，均采用下式计算：

$$(P_M) \pm \delta_z'/2 = (P_s + P_sS_{cp}\%) \pm \delta_z'/2 \tag{3-38}$$

式中：P_M——螺纹型芯或螺纹型环螺距基本尺寸；

P_s——塑件内螺纹或外螺纹螺距基本尺寸；

δ_z'——螺纹型芯或型环的螺距制造公差，可查表 3－7。

在螺纹型环或螺纹型芯螺距计算中，由于考虑了塑件的收缩，计算所得到的螺距带有不规则的小数，加工这种特殊的螺距很困难，为此，当收缩率相同或相近的塑件外螺纹与塑件内螺纹相配合时，计算螺距尺寸可以不考虑收缩率；当塑料螺纹与金属螺纹配合时，如果螺纹配合长度 $L_{max} \leqslant \dfrac{0.432b}{S_{cp}\%}$ 时，可不考虑收缩率；一般在小于 7～8 牙的情况下，也可以不计算螺距的收缩率，因为在螺纹型芯中径尺寸中已考虑到增加中径间隙来补偿塑件螺距的累积误差。

当螺纹配合牙数较多，螺纹螺距收缩累计误差很大时，必须计算螺距的收缩率。加工带有不规则小数的特殊螺距的螺纹型芯或型环，可以采用在车床上配置特殊齿数的变速挂轮等方法来进行。

表 3-6　普通螺纹型芯和型环的直径制造公差

螺纹类型	螺纹直径（d/mm 或 D/mm）	制造公差 δ_z/mm		
		大径	中径	小径
粗牙	3 ~ 12	0.03	0.02	0.03
	14 ~ 33	0.04	0.03	0.04
	36 ~ 45	0.05	0.04	0.05
	48 ~ 68	0.06	0.05	0.06
细牙	4 ~ 22	0.03	0.02	0.03
	24 ~ 52	0.04	0.03	0.04
	56 ~ 68	0.05	0.04	0.05
	6 ~ 27	0.03	0.02	0.03
	30 ~ 52	0.04	0.03	0.04
	56 ~ 72	0.05	0.04	0.05

表 3-7　螺纹型芯和螺纹型环的螺距制造公差

螺纹直径（d/mm 或 D/mm）	配合长度 L/mm	制造公差 /mm
3 ~ 10	~ 12	0.01 ~ 0.03
12 ~ 22	> 12 ~ 20	0.02 ~ 0.04
24 ~ 68	> 20	0.03 ~ 0.05

3.6.3　成型零件强度与刚度计算

塑料模具是在一定温度和一定压力下工作的，模具型腔在成型过程中受到塑料熔体强大压力的作用，可能因强度不够而产生塑性变形甚至破坏；也可能因刚度不够产生挠曲变形，导致溢料和出现飞边，降低塑件尺寸精度并影响顺利脱模。因此，应该通过强度和刚度计算确定型腔的壁厚和底板的厚度。尤其对于尺寸精度要求高的或大型的模具型腔，更不能单纯地凭经验确定它们的尺寸。

型腔的强度和刚度是型腔应具备的力学性能的两个方面，理论分析和生产实践表明，塑料模具型腔对强度和刚度并非在各种情况下都提出较高的要求，而是有侧重的。对于大尺寸模具型腔，刚度不足是主要矛盾，型腔壁厚应以满足刚度条件为准；对于小尺寸模具型腔，在发生大的弹性变形前，其应力往往超过了模具材料的许用应力，因此，强度不足是主要矛盾，计算型腔壁厚应以满足强度条件为准。

型腔壁厚的强度计算条件是型腔在各种受力形式下受到的最大应力值不得超过模具材料的许用应力，即 $\sigma_{max} \leqslant [\sigma]$；型腔壁厚的刚度计算条件则应满足以下三个方面的要求：

①成型过程不发生溢料　塑件成型过程中，当高压熔体进入型腔时，模具型腔的某些配合面可能产生过大的间隙而出现溢料，这时应根据塑料的黏度特征，在不产生溢料的前提下，将允许的最大间隙值$[\delta]$作为塑料模型腔的刚度条件。部分塑料不发生溢料的间隙值见表 3-8。

表 3-8　不发生溢料的[δ]值

黏度特征	塑料品种	允许变形值[δ]/mm
低黏度塑料	PA、PE、PP、POM	≤0.025～0.04
中黏度塑料	PS、ABS、PMMA	≤0.05
高黏度塑料	PC、PSF、PPO	≤0.06～0.08

②保证塑件尺寸精度　尺寸精度高的塑件要求模具型腔应具有很好的刚性，以保证型腔在受到塑料熔体高压作用时不产生过大的弹性变形。此时，型腔的允许变形量[δ]可由塑件尺寸和公差值确定。由塑件尺寸精度确定的刚度条件可用表 3-9 所列的经验公式求出，表中的 Δ_i 表示某精度等级的塑件公差值。例如，塑件尺寸在 200～500 mm 范围内，其 MT3 级精度的公差为 0.92～1.74 mm，因此，其刚度条件为[δ]=0.048～0.064。

表 3-9　保证塑件尺寸精度的[δ]值

塑件尺寸/mm	经验公式[δ]/mm
<10	$\Delta_i/3$
>10～50	$\Delta_i/[3(1+\Delta_i)]$
>50～200	$\Delta_i/[5(1+\Delta_i)]$
>200～500	$\Delta_i/[10(1+\Delta_i)]$
>500～1000	$\Delta_i/[15(1+\Delta_i)]$
>1000～2000	$\Delta_i/[20(1+\Delta_i)]$

③保证塑件顺利脱模　如果型腔刚度不足，在熔体高压作用下会产生过大的弹性变形，当变形量超过塑件的收缩值时，塑件周边将被型腔紧紧包住而难以脱模。如果强制推出，容易使塑件划伤或破裂，因此，型腔的允许弹性变形量应小于塑件壁厚的收缩值，即

$$[\delta] < ts\% \tag{3-39}$$

式中：[δ]——保证塑件顺利脱模的型腔允许弹性变形量，mm；

t——塑件壁厚，mm；

s——塑料的收缩率。

在一般情况下，因塑料的收缩率较大，型腔的弹性变形量不会超过塑料冷却时的收缩值，因此，型腔的刚度要求主要是由不溢料和塑件精度来决定的。当塑件某一尺寸同时有几项要求时，应以其中最苛刻的条件作为刚度设计的依据。

型腔尺寸以强度和刚度计算的分界值取决于型腔的形状、结构，模具材料的许用应力，型腔允许的弹性变形量以及型腔内熔体的最大压力。在以上诸因素一定的条件下，以强度计算所需要的壁厚和以刚度计算所需要的壁厚相等时的型腔尺寸即为强度计算和刚度计算的分界值。在分界值不确定的情况下，应分别按强度条件和刚度条件算出壁厚，取其中较大值作为模具型腔的壁厚。

由于型腔的形状、结构形式是多种多样的，同时在成型过程中模具受力状况也很复杂，一些参数难以确定，因此对型腔壁厚作精确的力学计算几乎是不可能的。因此，只能从实用

观点出发，对具体的情况作具体分析，建立接近实际的力学模型，确定较为接近实际的计算参数，采用工程上常用的近似计算法，以满足设计上的需要。对于不规则的型腔，可简化为规则的矩形型腔和圆形型腔进行近似计算。

(1)组合式圆形型腔侧壁和底板厚度的计算

1)侧壁厚度计算　图3－104(a)为组合式圆形型腔的受力情况。当型腔受到熔体的高压作用时，其内径将增大，使侧壁与底板之间产生了纵向间隙，间隙值超过塑料产生溢料的允许间隙时，就会产生溢料，形成飞边。

按刚度条件计算，侧壁和型腔底配合处的间隙值为：

$$\delta=\frac{rp}{E}\left(\frac{R^2+r^2}{R^2-r^2}+\mu\right) \tag{3-40}$$

式中：δ——型腔弹性变形产生的间隙。其$[\delta]$值见表3－8或表3－9；

p——型腔内单位面积熔体压力，MPa；

E——型腔材料的弹性模量，碳钢$E=2.1\times10^5$ MPa；

μ——型腔材料泊桑比，碳钢取0.25。

为使$\delta_{max}\leqslant[\delta]$，得型腔侧壁厚度计算公式：

$$s=R-r\geqslant r\left(\sqrt{\frac{1-\mu+\frac{E[\delta]}{rp}}{\frac{E[\delta]}{rp}-\mu-1}}-1\right) \tag{3-41}$$

按强度条件计算时，型腔侧壁的厚度公式为：

$$s=R-r\geqslant r\left(\sqrt{\frac{[\sigma]}{[\sigma]-2p}}-1\right) \tag{3-42}$$

在塑料压力$p=50$ MPa、$[\delta]=0.05$ mm、$[\sigma]=160$ MPa的特定条件下，按刚度计算所需要的壁厚和按强度计算所需要的壁厚相等时的型腔尺寸即为强度计算和刚度计算的分界尺寸。将上述值代入式(3－41)和式(3－42)，并令其相等，解出分界尺寸为内半径$r=86$ mm。当内半径$r>86$ mm时按刚度条件计算型腔侧壁厚度，反之按强度条件计算型腔侧壁厚度。

2)底板厚度计算　组合式圆形型腔底板固定在圆环形的模脚上，并假定模脚的内半径等于型腔内半径，这样底板可视为周边简支的圆板，最大变形发生在板的中心。

按刚度条件计算，型腔底板厚为：

$$h\geqslant\sqrt[3]{0.74\frac{pr^4}{E[\delta]}} \tag{3-43}$$

按强度条件计算，型腔底板厚为：

$$h\geqslant\sqrt{\frac{1.22pr^2}{[\sigma]}} \tag{3-44}$$

同理，可得底板厚度刚度计算和强度计算的分界值为$r=66$ mm。当内半径$r>66$ mm时按刚度条件计算型腔底板厚度，反之按强度条件计算型腔底板厚度。

(2)整体式圆形型腔侧壁和底板厚度的计算

1)侧壁厚度计算　图3－104(b)为整体式圆形型腔受力及变形情况。由图可以看出，由于侧壁受到底板的约束，在熔体压力下侧壁沿高度不同的变形情况也不同，离底部距离越远

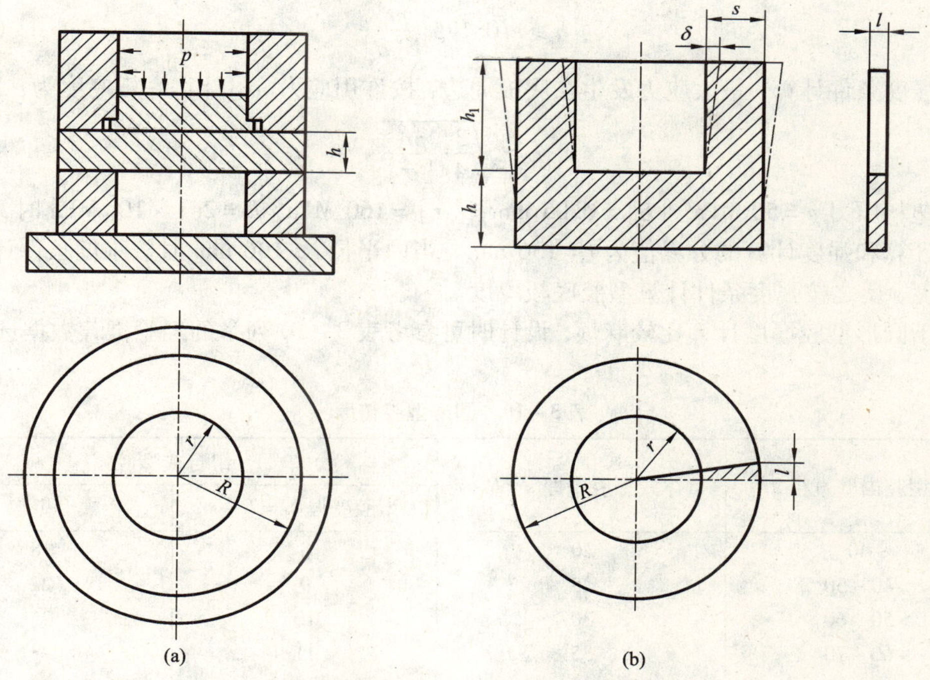

图 3－104　圆形型腔结构及受力情况

变形越大。

按刚度条件计算，设想用通过型腔轴线的两平面截取侧壁，得到一个单位宽度长条，该长条可以视为一端固定、一端外伸的悬壁梁。由于长条的宽度取得很小，梁的截面可近似视为矩形。由于该梁承受均匀分布载荷，故最大挠度产生在外伸一端，其值为：

$$\delta_{\max}=\frac{ph_1^4}{8EJ}=\frac{3ph_1^4}{2Els^3} \qquad (3-45)$$

式中：E——型腔材料弹性模量；

J——梁的惯性矩，$J=\frac{ls^3}{12}$；

l——一单位宽度；

s——侧壁厚度。

为使 $\delta_{\max}\leqslant[\delta]$，得型腔侧壁厚度计算公式：

$$s\geqslant 1.15\sqrt[3]{\frac{ph_1^4}{El[\delta]}}=1.15\sqrt[3]{\frac{ph_1^4}{E[\delta]}} \qquad (3-46)$$

按强度条件计算，仍按(3－42)式做强度计算。

2)底板厚度计算　整体式圆形型腔底板可视为周边固定的圆板，在型腔内熔体压力作用下，最大挠度也是产生在底板中心。

$$\delta_{\max}=0.175\,\frac{pr^4}{Eh^3} \qquad (3-47)$$

按刚度条件计算，底板厚度为：

$$h \geqslant \sqrt[3]{0.175\,\frac{pr^4}{E[\delta]}} \tag{3-48}$$

按强度条件计算，最大应力发生在底板周边，按许用应力[σ]计算底板厚度为：

$$h \geqslant \sqrt{\frac{3}{4}\,\frac{pr^2}{[\sigma]}} \tag{3-49}$$

在塑料压力 $p=50$ MPa、$[\delta]=0.05$ mm、$[\sigma]=160$ MPa，$E=2.1\times10^5$ MPa 时，底板厚度刚度计算和强度计算的分界值为 $r=136$ mm。当内半径 $r>136$ mm 时按刚度条件计算型腔底板厚度，反之按强度条件计算型腔底板厚度。

由于圆形型腔厚度计算比较麻烦，设计时可参考表 3 – 10 列举的经验推荐数据选用。

表 3 – 10　圆形型腔壁厚　　mm

圆形型腔内壁直径 $2r$	整体式型腔壁厚 $s=R-r$	组合式型腔	
		型腔壁厚 $s_1=R-r$	模套壁厚 s_2
~40	20	8	18
>40 ~ 50	25	9	22
>50 ~ 60	30	10	25
>60 ~ 70	35	11	28
>70 ~ 80	40	12	32
>80 ~ 90	45	13	35
>90 ~ 100	50	14	40
>100 ~ 120	55	15	45
>120 ~ 140	60	16	48
>140 ~ 160	65	17	52
>160 ~ 180	70	18	55
>180 ~ 200	75	19	58

(3)组合式矩形型腔侧壁和底板厚度的计算

1)侧壁厚度计算　图 3 – 105(a)所示为组合式矩形型腔工作时侧壁受力情况。在熔体压力作用下，侧壁向外膨胀产生弯曲变形，使侧壁与底之间出现间隙，间隙过大将发生溢料或影响塑件尺寸精度。将侧壁每一边都看成是受均匀载荷的端部固定梁，边的最大挠度在梁的中间，其值是

$$\delta_{max}=\frac{pH_1 l^4}{32EHs^3} \tag{3-50}$$

按刚度条件计算，令 $\delta_{max}\leqslant[\delta]$，则型腔侧壁厚度的计算公式为：

$$s \geqslant \sqrt[3]{\frac{pH_1 l^4}{32EH[\delta]}} \tag{3-51}$$

式中：s——矩形型腔侧壁厚度，mm；

p——型腔内熔体的压力，MPa；

H_1——承受熔体压力的侧高度，mm；

l——型腔侧壁长边长，mm；

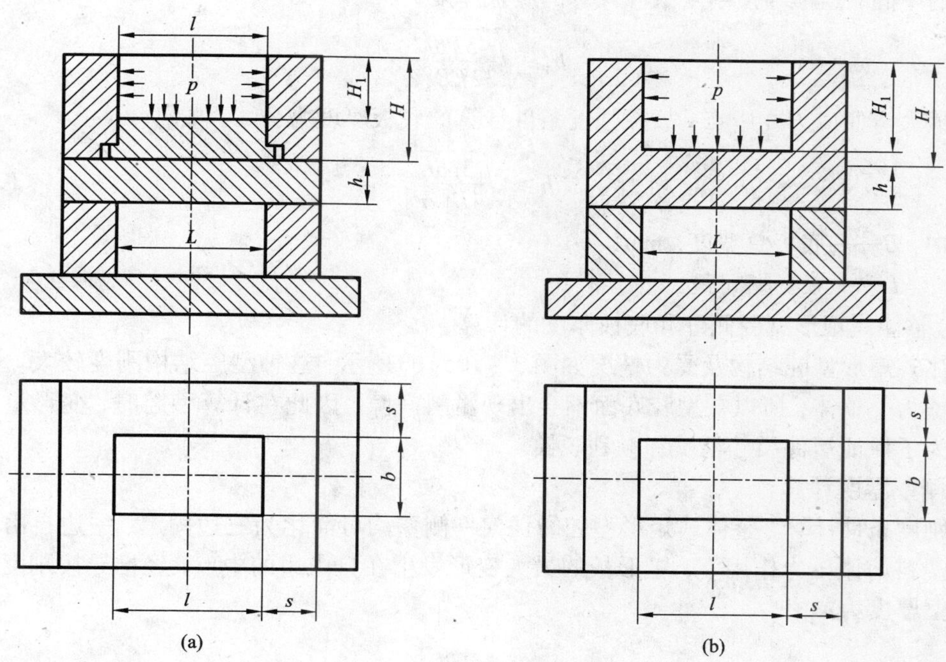

图 3－105　矩形型腔结构及受力情况

E——钢的弹性模量，取 2.1×10^5 MPa；

H——型腔侧壁总高度，mm；

$[\delta]$——允许变形量，mm。

按强度条件计算，应考虑由弯曲引起的弯曲应力和相邻侧壁受载引起的拉伸应力。按端部固定梁计算，梁的两端弯曲应力的最大值为：

$$\sigma_w = \frac{pH_1 l^2}{2Hs^2} \tag{3-52}$$

由相邻侧壁受载所引起的拉应力为：

$$\sigma_b = \frac{pH_1 b}{2Hs} \tag{3-53}$$

式中：b——型腔侧壁的短边长，mm。

最大应力应满足下式：

$$\sigma_{max} = \sigma_w + \sigma_b = \frac{pH_1 l^2}{2Hs^2} + \frac{pH_1 b}{2Hs} \leqslant [\sigma] \tag{3-54}$$

为了简便计算，有时忽略较小的拉应力 σ_b，此时，侧壁厚度为：

$$s \geqslant \sqrt{\frac{pH_1 l^2}{2H[\sigma]}} \tag{3-55}$$

2）底板厚度计算　组合式型腔底板厚度实际上是支承板的厚度，见图 3－105（a）。底板厚度的计算因其支承形式不同有很大差异，最常见的动模一侧为双支脚的底板。为简化计算，假定型腔长边 l 和支脚间距 L 相等，底板可看做为受均匀载荷的简支梁，其最大变形出现在板的中间，经推导按刚度条件计算的底板厚度为：

$$h \geqslant \sqrt[3]{\frac{5PbL^4}{32EB[\delta]}} \tag{3-56}$$

简支梁最大弯曲应力在中点，故按强度条件计算的底板厚度为：

$$h \geqslant \sqrt{\frac{3pbL^2}{4B[\sigma]}} \tag{3-57}$$

式中：B——底板总宽度，mm；

L——双支脚间距，mm。

(4)整体式矩形型腔侧壁和底板厚度的计算

整体式矩形型腔结构及受力情况如图 3-105(b)所示，这种型腔结构刚度较大。由于底板与侧壁为一整体，所以在型腔底面不会出现溢料间隙，因此在计算型腔时，变形量的控制主要是为了保证塑件尺寸精度和顺利脱模。

1)侧壁厚度计算

按刚度条件计算，整体式矩形型腔的任何一侧壁均可简化为三边固定、一边自由的矩形板。在塑料熔体压力作用下，矩形板的最大变形发生在自由边的中点，经推导按刚度条件计算的侧壁厚度为：

$$s \geqslant \sqrt[3]{\frac{cpH_1^4}{E[\delta]}} \tag{3-58}$$

式中：c——由 H_1/l 决定的系数，查表 3-11。

按强度条件计算，考虑到短边所承受成型压力的影响，侧壁的最大应力用下式计算：

当 $H_1/l \geqslant 0.41$ 时，$\frac{pl^2(1+Wa)}{2s^2} < [\sigma]$

当 $H_1/l < 0.41$ 时，$\frac{3pH_1^2(1+Wa)}{s^2} < [\sigma]$

式中：W——抗弯截面系数，查表 3-11。

表 3-11　系数 c 值及 W 值

H_1/l	0.3	0.4	0.5	0.6	0.7	0.8	0.9	1.0	1.2	1.5	2.0
c	0.930	0.570	0.330	0.188	0.117	0.073	0.045	0.031	0.015	0.006	0.002
W	0.108	0.130	0.148	0.163	0.176	0.187	0.197	0.205	0.219	0.235	0.254

因此，型腔的侧壁厚度为：

当 $H_1/l \geqslant 0.41$ 时，

$$s \geqslant \sqrt{\frac{pl^2(1+Wa)}{2[\sigma]}} \tag{3-59}$$

当 $H_1/l < 0.41$ 时，

$$s \geqslant \sqrt{\frac{3pH_1^2(1+Wa)}{[\sigma]}} \tag{3-60}$$

式中：a——矩形型腔的边长比，$a=b/l$。

2）底板厚度计算

按刚度条件计算，整体式矩形型腔的底板，如果后部没有支承板，直接支撑在模脚上，中间是悬空的，那么底板可以看成是周边固定的受均匀载荷的矩形板。由于熔体的压力，板的中心将产生最大的变形量，按刚度条件，型腔底板厚度为：

$$h \geqslant \sqrt[3]{\frac{c'pb^4}{E[\delta]}} \tag{3-61}$$

式中：c'——由型腔边长比 l/b 决定的系数，查表 3－12。

表 3－12　系数 c'的值

l/b	1.0	1.1	1.2	1.3	1.4	1.5	1.6	1.7	1.8	1.9	2.0
c'	0.0138	0.0164	0.0188	0.0209	0.0226	0.0240	0.0251	0.0260	0.0267	0.0272	0.0277

按强度条件计算，底板的最大应力在短边与侧壁交界处，按照强度条件，型腔底板厚度为：

$$h \geqslant \sqrt{\frac{a'pb^2}{[\sigma]}} \tag{3-62}$$

式中：a'——由矩形底边四壁边长之比 l/b 决定的系数，查表 3－13。

表 3－13　系数 a'的值

l/b	1.0	1.2	1.4	1.6	1.8	2.8	>2.8
c'	0.3078	0.3834	0.4256	0.4680	0.4872	0.4974	0.5000

由于型腔厚度计算比较麻烦，设计时可参考表 3－14 列举的经验推荐数据选用。

表 3－14　矩形型腔壁厚值　mm

矩形型腔内壁短边 b	整体式型腔侧壁厚 s	组合式型腔	
		凹模壁厚 s_1	模套壁厚 s_2
~40	25	9	22
>40~50	25~30	9~10	22~25
>50~60	30~35	10~11	25~28
>60~70	35~42	11~12	28~35
>70~80	42~48	12~13	35~40
>80~90	48~55	13~14	40~45
>90~100	55~60	14~15	45~50
>100~120	60~72	15~17	50~60
>120~140	72~85	17~19	60~70
>140~160	85~95	19~21	70~80

3.7 合模导向机构的设计

合模导向机构是保证动模与定模或上模与下模合模时正确定位和导向的重要零件，合模导向机构主要有导柱导向和锥面定位两种形式。导柱导向机构主要用于动、定模之间的开合模导向，锥面定位机构用于动、定模之间的精确对中定位。

3.7.1 合模导向机构的作用

(1)导向作用

当动模和定模或上模和下模合模时，首先是导向零件导入，引导动、定模或上、下模准确合模，避免型芯先进入凹模可能造成型芯或凹模的损坏。

(2)定位作用

导向装置直接保证动、定模或上、下模合模位置的正确性，保证模具型腔的形状和尺寸的精确性，从而保证塑料制品的精度。导向装置在模具装配过程中也起了定位作用，便于装配和调整。

(3)承受一定的侧向压力

由于塑料熔体充模过程或由于成型设备精度低的影响，都可能对导柱在工作过程产生一定侧压力，因而在模塑过程中需要导向装置承受一定的单向侧压力，以保证模具的正常工作。

3.7.2 合模导向机构的设计

(1)导柱导向机构设计

导柱导向机构设计包括对导柱和导向孔的尺寸、精度、表面粗糙度等的设计及导向零件的结构设计和正确选用，导柱在模具上的布置和装配固定方式的确定等。导柱与导向孔一般为动配合，当要求定位精度高时，可选用紧一些的配合，但配合过紧会引起过快的磨损，设计寿命较长的模具不宜将导柱孔直接加工在模板上，应嵌入导套。当今模具设计通常是购买标准模架，其中包括了导向机构。其结构参见 3.11 节标准模架的内容。若自己设计制造模架可参考国家标准。

1)导柱导向机构的设计原则

导柱导向机构是比较常见的一种形式，其主要零件是导柱和导套，如图 3－106 所示。设计时要注意以下事项：

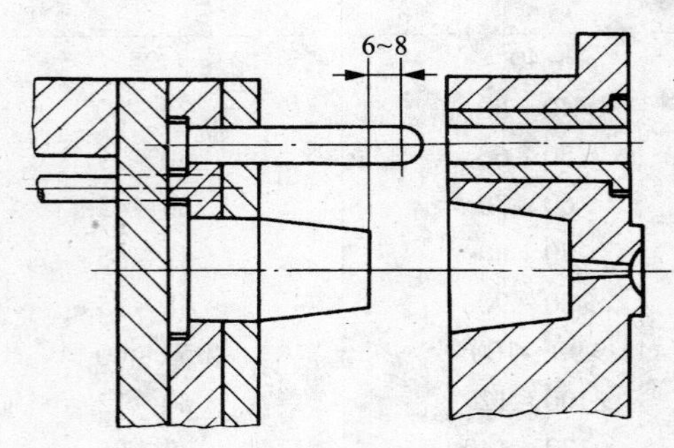

图 3－106　导柱导向机构

①导柱数量、大小及其布置　根据模具形状及尺寸，一副塑料模导柱数量一般需要 2～4 个。导柱直径应根据模具尺寸选用，必须保证有足够的强度和刚度。导柱在模具上的布置方式如图 3－107 所示。对于动、定模或上、下模合模时无方位要求的可以采用直径相同并对称布置[图 3－107(a)]；对于合模时有方位要求的则应采用直径不同的导柱[如

图 3－107(b)］或直径相同导柱不对称布置［如图 3－107(c)］；对于大中型模具，为了简化加工工艺，可采用三个或四个直径相同导柱不对称布置［图 3－107(d)］，或对称布置但中心距不同［图 3－107(e)］。现在注射模一般都采用四导柱对称布置。导柱可以安装在动模，也可安装在定模，通常是安装在主型芯周围。

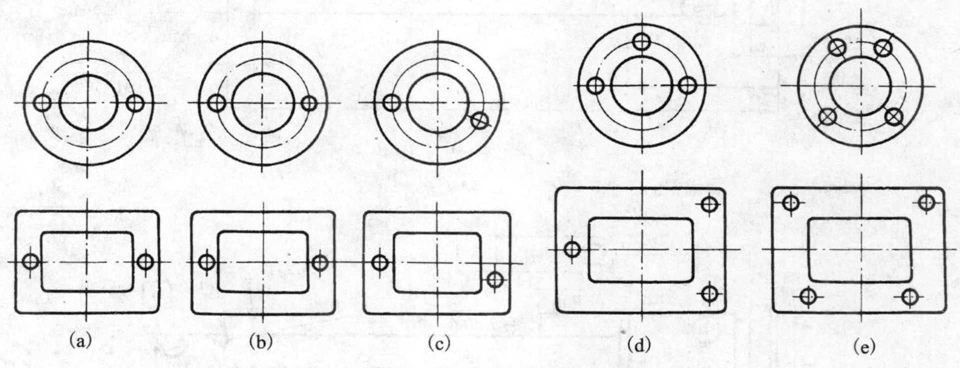

图 3－107　导柱的布置形式

②导柱导向的设置必须注意模具的强度　导柱和导向孔的位置应避开型腔板在工作时应力最大的部位。导柱和导向孔中心至模板边缘应有足够距离，以保证模具强度和导向刚度。

③导向装置必须考虑加工的工艺性　如固定导柱的孔径与固定导套的孔径相等，便于加工，有利于保证同轴度和尺寸精度。

④导向装置必须有良好的导向性能　为了使导向装置具有良好的导向性能，除了必须按上述原则设置导向装置之外，还应注意导向零件的结构设计及制造要求。如导柱的先导部分应做成球状或锥度；导柱的导向部分应比型芯稍高(图 3－106)；导柱和导套在分型面处应具有承屑槽；各导柱、导套的轴线相互平行度及与模板的垂直度均应达到一定要求；导柱和导套的导向部分表面粗糙度要小；导柱和导套的导向表面应硬而耐磨，而中心具有足够的冲击强度等。

2)导柱的典型结构

导柱的结构形式随模具的结构、大小及制品生产批量要求的不同而不同。目前在生产中常用的结构有以下几种：

常见的导柱结构形式有带头的和带肩的两类。图 3－108 为注射模具用标准导柱的结构形式。图 3－108(a)带头导柱结构简单，加工方便，用于简单模具的小批量生产，一般不需要导套，导柱直接与模板导向孔配合，也可以与导套配合。图 3－108(b)是带肩导柱，一般用于大型或精度要求高、生产批量大的模具。它一般与导套配合使用。导套的外径与导柱的固定轴肩直径 d_1 相等，便于导柱固定孔和导套固定孔的加工。如果导柱固定板较薄，可采用图 3－108(b)Ⅱ型带肩导柱，其固定部分有两段，可以分别固定在两块模板上。根据需要，以上导柱的导滑部分可以加工出油槽。

3)导向孔及导套的典型结构

导套的主要结构形式有直导套和带头导套。图 3－109 为塑料注射模具用的标准导套。图 3－109(a)为直导套，结构简单，制造方便，用于小型简单模具或导套后面没有垫板的场

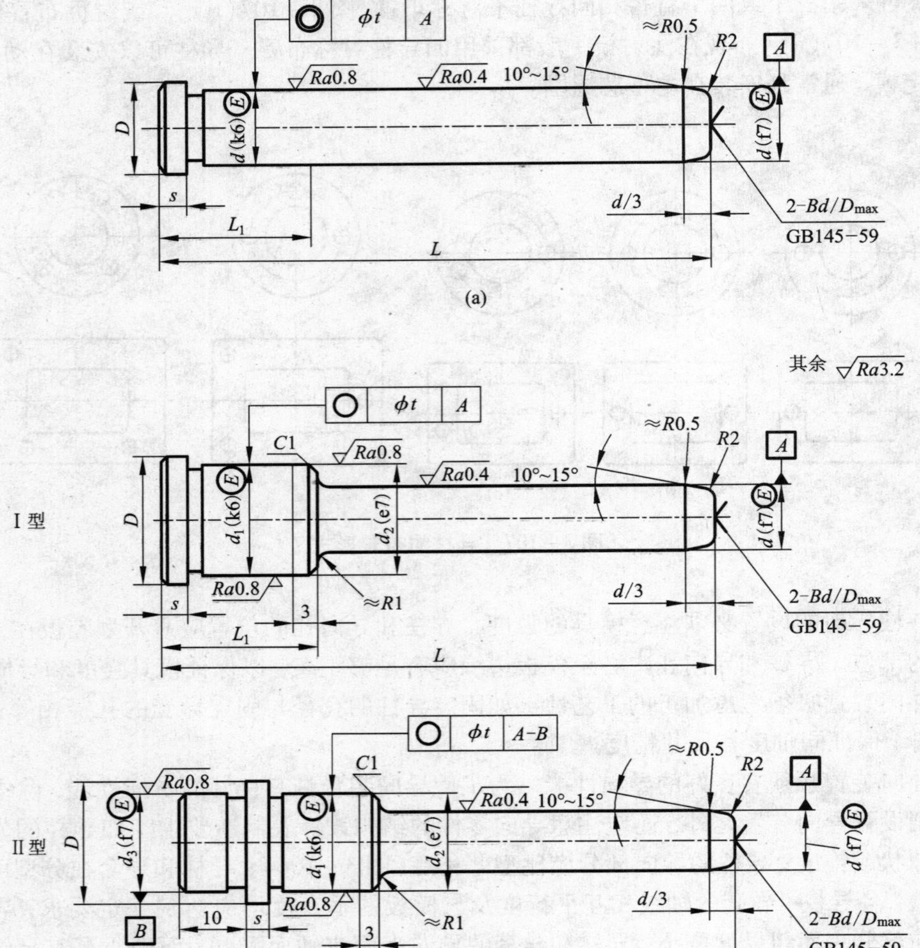

图 3－108　导柱的结构形式

合。其固定方法见图 3－110(a)～(c)。图 3－109(b)为带头导套，结构较复杂，主要用于精度较高的大型模具，导套的固定孔便于与导柱的固定孔同时加工。对于大型注射模具，导套头部安装方法应防止导套被拔出。如果导套头部无垫板时，则应在头部加装盖板，如图 3－110(d)所示。在实际生产中，可根据需要，在导套的导滑槽部分开设油槽。

4)导柱与导套的配合形式

导柱与导套的配合形式可根据模具结构及生产要求而不同，常见的配用形式如图 3－111 所示。图 3－111(a)为带头导柱直接与模板上的导向孔相配合的形式，容易磨损；图 3－111(b)为带头导柱和带头导套相配合的形式；图 3－111(c)为带头导柱和直导套相配合的形式，这两种配用方式由于导柱和导套安装孔径不一致，不便于同时配合加工，在一定程度上不能

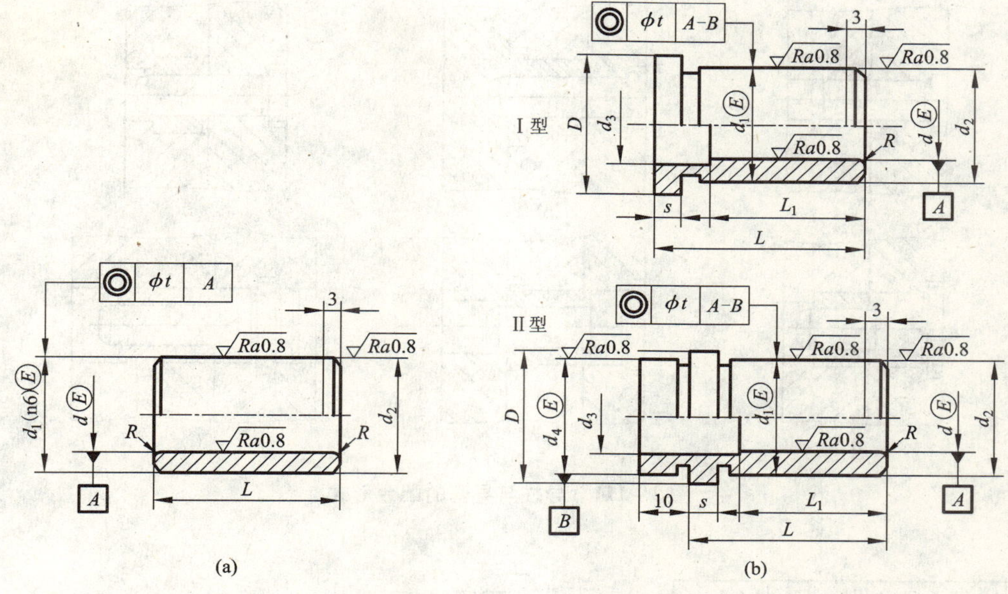

图 3 – 109　导套的结构形式

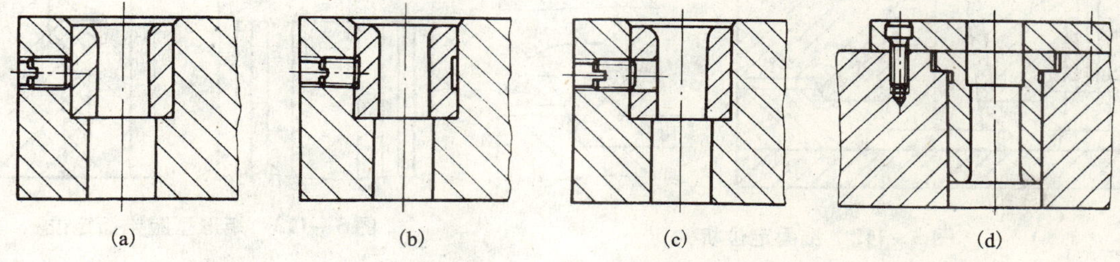

图 3 – 110　导套的固定方式

很好地保证两者的同轴度；图 3 – 111(d)为有肩导柱和直导套相配合的形式；图 3 – 111(e)为有肩导柱和带头导套相配合的形式，上述两种配用方式，导柱和导套安装孔径的同轴度能很好地保证。图 3 – 111(f)为分别固定于两块模板的导柱和导套相配合的形式，结构比较复杂。导柱与导套的配合精度通常采用 H7/f7 或 H8/f7。

(2)锥面定位机构设计

在成型大型深腔薄壁和高精度或偏心的塑件时，动、定模之间应有较高的合模定位精度，由于导柱与导向孔之间是间隙配合，无法保证应有的定位精度。另外在注射成型时往往会产生很大的侧向压力，如仍然仅由导柱来承担，容易造成导柱的弯曲变形，甚至使导柱卡死或损坏，因此还应增设锥面定位机构。如图 3 – 112 所示的锥面定位，该配合有两种形式，一是两锥面之间有间隙，将淬火的零件装于模具上，使之和锥面配合，以制止偏移；二是两锥面配合，这时两锥面应都要淬火处理，角度 5° ~20°，高度为 15 mm 以上。对于矩形型腔的锥面定位，通常在其四周利用几条凸起的斜边来定位，如图 3 – 113 所示。

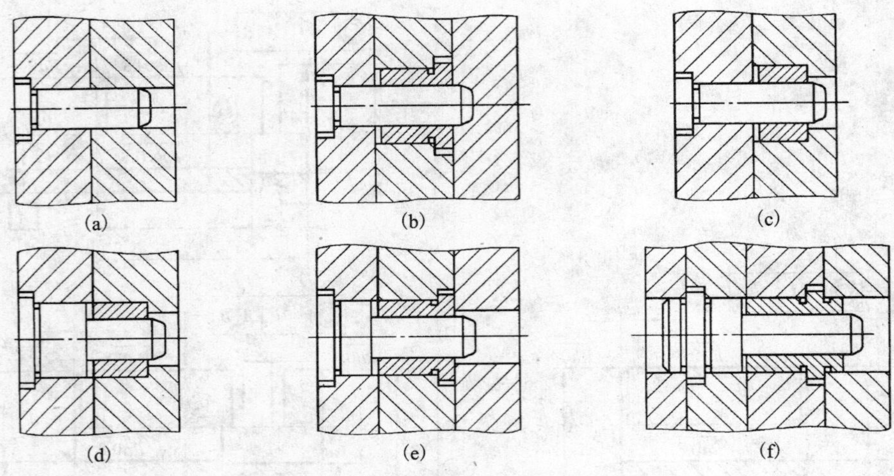

图 3－111　导柱与导套的配合形式

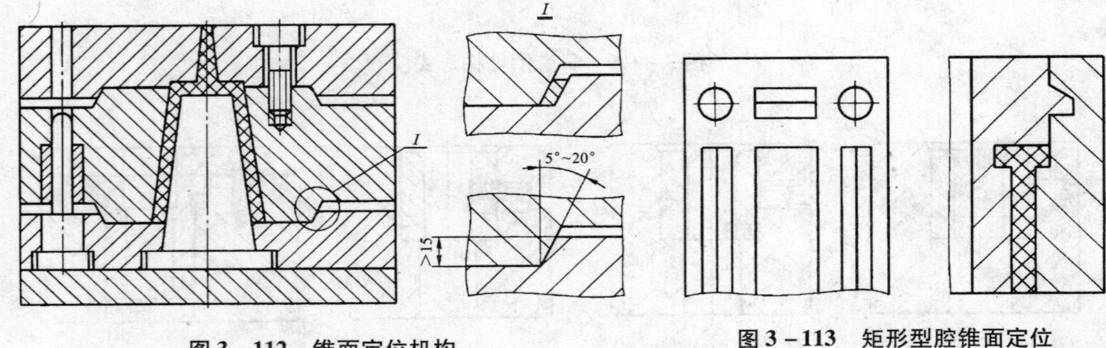

图 3－112　锥面定位机构

图 3－113　矩形型腔锥面定位

3.8　推出机构设计

在注射成型的每一个循环中，注射模具都必须使塑件从模具型腔内或型芯上自动地脱出，这种脱出塑件的机构称为推出机构或脱模机构。

推出机构设计的合理性与可靠性直接影响着塑件的质量，因此，推出机构的设计是注射模设计的一个重要环节。

推出机构的设计必须满足以下要求：

(1)尽量让塑件留在动模上　由于模具开模时要利用注射机的顶出装置来实现推出机构的动作，所以一般情况下模具的推出机构设置在动模一侧，因此必须在开模过程中保证塑件留在动模上，这样模具结构较为简单。若因塑件几何形状的关系，不能留在动模时，应考虑对塑件的外形进行修改或在模具结构上采取留模措施，若是在不易处理时也可让塑件留在定模内，在定模上设置脱模装置。

(2)不影响塑件外观，不造成塑件变形破坏　为保证良好的塑件外观，推出位置应尽量设在塑件的内部或对塑件外观影响不大的部位。为了使塑件在推出过程中不发生变形和破坏，必须正确分析塑件与型腔各部位的附着力的大小，选择合理的推出方式和推出部位，使脱模力合理分布。

由于塑件收缩时包紧型芯，因此，推出力作用点应尽量靠近型芯，同时应作用在塑件刚度、强度最大的部位，如加强肋、凸缘、厚壁等处，作用面积也尽可能大些，以防止塑件变形或破坏。

(3)结构优化，运行可靠　推出机构的结构应尽可能简单，零件制造方便，配换容易。机构动作要准确可靠、运动灵活，具有足够的刚度和强度，并能正确复位。

3.8.1　推出机构的组成与分类

(1)推出机构的组成

推出机构一般由推出、复位和导向等三大类元件组成。图3－114是推杆推出简单推出机构的一种典型结构，它由七个零件组成：直接与塑件接触并将塑件推出模外的为推出元件，在图中为推杆8，推杆需要固定，因此设推杆固定板7和推板6，两板间用螺钉连接，注射机上的顶出力作用在推板上；为了确保推出板平行移动，推出零件不至于弯曲或卡死，常设有推板导柱4和推板导套5；推板的回程是靠复位杆2实现的；最后一个零件是拉料杆3，它的作用是钩着浇注系统的冷料，使整个浇注系统随同塑件一起留在动模。有的模具还设有支承柱(也称限位钉)，支承柱有两个作用，一是使推板与动模座板之间形成间隙，一旦落入废料屑，不致影响推板复位。另一个作用是在模具制造时可以减少动模座板的机加工工作量，并可调节支承柱头部厚度来控制推杆返回的位置。

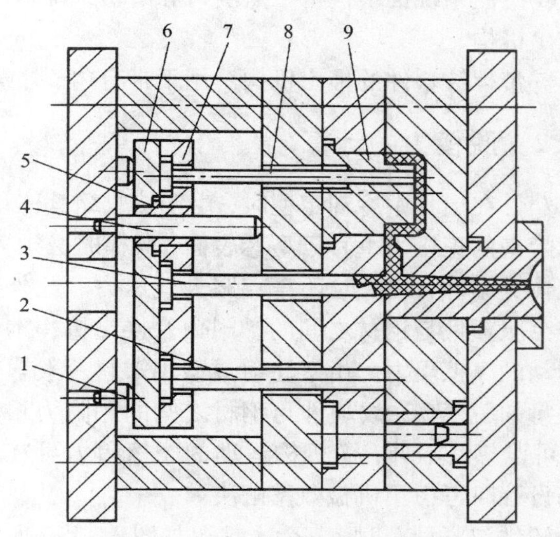

图3－114　推杆推出机构

1—支承柱；2—复位杆；3—拉料杆；4—推板导柱；5—推板导套；6—推板；7—推杆固定板；8—推杆；9—型芯

(2)推出机构的分类

1)按动力来源分类

①手动推出机构　模具开模后，由人工操作的推出机构推出塑件，它可分为模内手工推出和模外手工推出两种。常用于注射机不带顶出装置的定模一方，或小型移动式模具。

②机动推出机构　利用注射机开模动作，由注射机上的顶杆推动模具上的推出机构，将塑件从动模部分推出。

③液压推出机构　在注射机上设置专用的液压缸，开模时，动模随注射机的移动模板移至开模的极限位置，然后由专用液压缸的顶杆推动推出机构将塑件从动模推出。

④气动推出机构　利用压缩空气的压力将塑件直接由型腔中吹出。

2)按推出元件分类

①推杆推出　以推杆为推出元件，是最简单、动作最可靠、最常见的结构形式。

②推管推出　以推管为推出元件，适用于环形、筒形塑件或塑件上带有孔的凸台部分的推出。

③推板推出　以推件板为推出元件，适用于深腔薄壁的容器、罩子、壳体形以及透明制品等不允许有推杆痕迹的制品的推出。

3）按模具的结构特征分类

①简单推出机构　在动模一边施加一次顶出力，就可实现塑件脱模的推出机构。

②双推出机构　在动模和定模两边都设有推出装置的推出机构。

③二级推出机构　为分散脱模力，在动模实现先后两次推出的推出机构。

④浇注系统推出机构　点浇口和潜伏式浇口的浇注系统凝料与塑件自动分离并自动推出的推出机构。

⑤带螺纹塑件的推出机构　用于带有内、外螺纹塑件的脱模的推出机构。

3.8.2　脱模力的计算

塑件在模具中冷却定型时，由于热收缩其体积和尺寸逐渐减小，对型芯产生包紧力，包紧力带来的正压力垂直于型芯表面，脱模时必须克服包紧力所产生的摩擦力。对于不带通孔的壳体类塑件，脱模时还需克服大气压力。此外还需克服塑件与钢材之间的黏附力及推出机构本身运动的摩擦阻力。由于注射成型用塑料一般含有适量的脱模剂，故塑件与钢材之间的黏附力很小，可以忽略不计，而机构运动的摩擦阻力可在机构设计时考虑用机械效率解决。

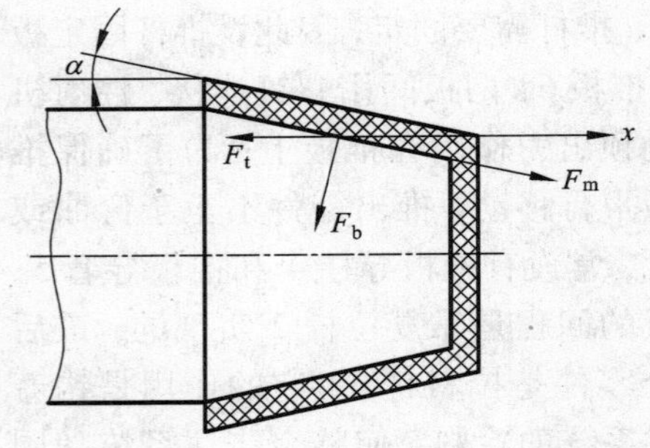

图 3－115　型芯受力分析

塑件包紧型芯时，其受力情况如图 3－115 所示，该图是把空间汇交力系简化在平面上。由于型芯有脱模斜度 α，故在脱模力 F_t 作用下，塑件对型芯的正压力降低了 $F_t \cdot \sin\alpha$，这时摩擦阻力为

$$F_m = (F_b - F_t \sin\alpha)\mu \tag{3-63}$$

式中：F_m——脱模时型芯受到的摩擦阻力，N；

F_b——塑件对型芯的包紧力，N；

F_t——推出力，N；

α——脱模斜度；

μ——塑料对钢的摩擦系数，一般为 0.1～0.3。

沿 x 轴列出力平衡方程式为

$$\sum F_x = 0 \tag{3-64}$$

即

$$F_m \cos\alpha - F_t - F_b \sin\alpha = 0 \tag{3-65}$$

经整理后得

$$F_t = \frac{F_b(\mu\cos\alpha - \sin\alpha)}{1 + \mu\sin\alpha \cdot \cos\alpha} \tag{3-66}$$

因实际上摩擦系数 μ 很小，$\sin\alpha$ 更小，$\cos\alpha$ 也小于 1，故可以忽略 $\mu\sin\alpha\cdot\cos\alpha$，式（3－66）简化为

$$F_t = F_b(\mu\cos\alpha - \sin\alpha) = Ap(\mu\cos\alpha - \sin\alpha) \tag{3-67}$$

式中：A——塑件包络型芯的面积，cm^2；

p——塑件对型芯单位面积上的包紧力，一般情况下，模外冷却的塑件，p 取$(2.4 \sim 3.9) \times 10^7$ Pa；模内冷却的塑件，p 取$(0.8 \sim 1.2) \times 10^7$ Pa。

对于不带通孔的壳体塑件脱出时，脱模时还需要克服大气压力造成的阻力 F_0，大气压力按 10 N/cm^2计算，即

$$F_0 = 10 \times A_0 \tag{3-68}$$

式中：A_0——垂直于脱模方向型芯的投影面积，cm^2。

当塑料对钢材的黏附力和机构运动的摩擦阻力不计时，总脱模力 $F = F_t + F_0$

综上所述，影响塑件脱模力大小的因素很多，主要有以下几点：

1)脱模阻力与塑件结构有关　塑件壁厚越厚、型芯长度越长、形状越复杂，脱模阻力越大，对于非通孔塑件还与垂直于脱模方向的塑件的投影面积有关。

2)脱模阻力与塑件包络型芯侧面积的大小及型芯脱模斜度有关　型芯的侧面积越大，脱模阻力越大；型芯的脱模斜度越小，脱模阻力越大。

3)脱模阻力与塑料对型芯的摩擦系数 μ 有关　摩擦系数的大小取决于塑料的性能和型芯的表面粗糙度。

4)脱模阻力与注射工艺参数有关　注射压力越大，则包紧力越大，脱模时模具温度越低，所需脱模力越大。

3.8.3　常用推出机构

(1)简单推出机构

简单推出机构是应用最广泛的一类推出机构，它包括推杆推出机构、推管推出机构、推件板推出机构、推块推出机构、活动镶件或凹模推出机构、多元件联合推出机构等结构形式，分述如下。

1)推杆推出机构

推杆推出机构是推出机构中最简单、最常用的一种形式。由于它制造简单、安装方便、维修容易、滑动阻力小、使用寿命长、脱模效果好，设置的位置自由度大，且容易实现标准化，因此在生产中广泛应用。但因推杆与塑件接触面积小，设计不当容易引起应力集中，从而可能损坏塑件或使塑件变形，因此不宜用于脱模斜度小和脱模阻力大的管状或箱形塑件的脱模。

推杆推出机构的结构组成如图 3－114 所示，它由推杆、复位杆、拉料杆、推杆固定板、推板、连接螺钉以及推板导柱、导套等构成，当开模到一定距离时，注塑机推出装置推动推板并带动所有的推杆、拉料杆和复位杆一道前进，将塑件和浇注系统一起推出模外。合模时复位杆首先与定模边的分型面接触，而将推板和所有的推杆一道推回复位。

①推杆的形状及尺寸

因制品的几何形状及型腔、型芯结构的不同，常见的推杆截面形状如图 3－116 所示。设计模具时，应尽可能采用圆形截面的推杆，以便于推杆的加工；在某些不宜采用圆形推杆或推杆参与塑件的成型时，可将推杆做成与塑件某一部分相同形状或作为型芯，如图 3－116(b)～图 3－116(h)。

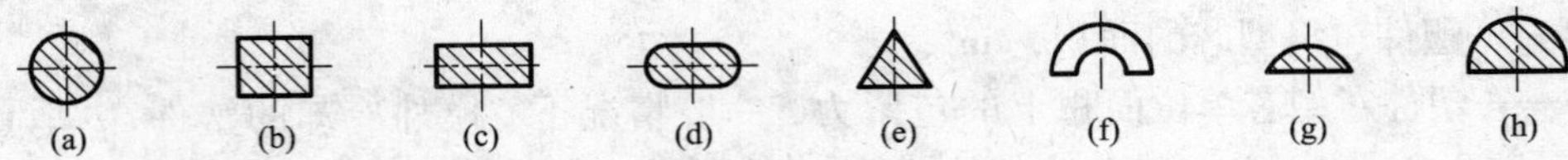

图 3－116　推杆截面形状

标准推杆(GB/T4169.1—1984)是等截面的直通式结构，如图 3－117(a)所示。推杆的截面尺寸不应过细或过薄，以免影响强度和刚度。细长推杆可将后部加粗成台阶形，如图 3－117(b)所示，此外，根据结构需要、节约材料和制造方便的原则，还有组合结构的推杆，如图 3－117(c)所示。

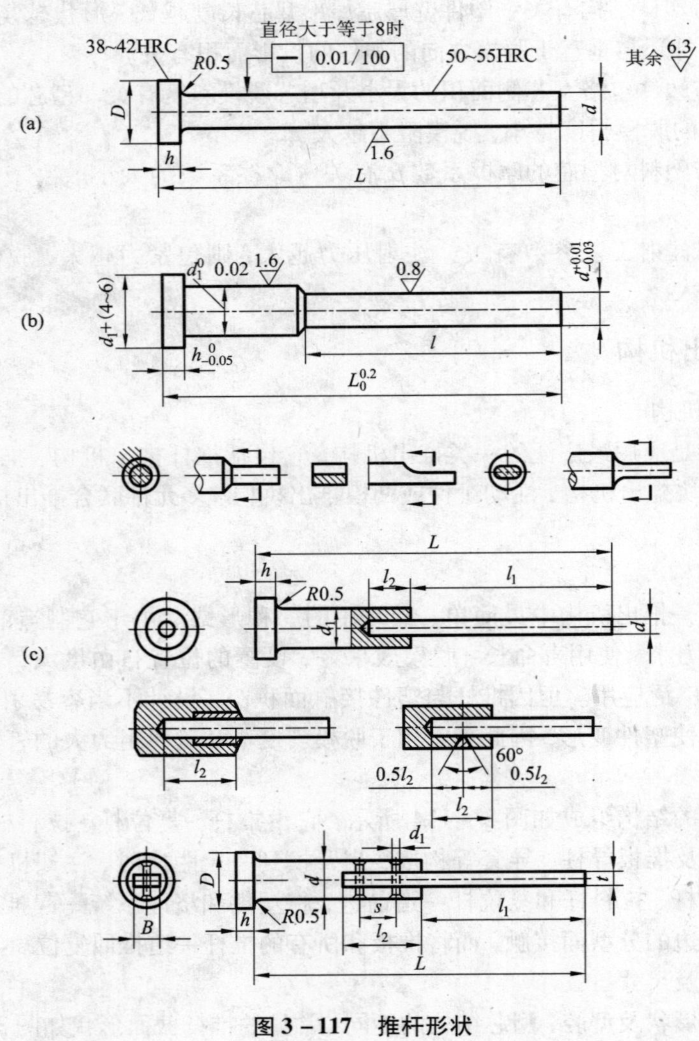

图 3－117　推杆形状

对于一些要求配合间隙很小的推杆，其推杆工作端也可以设计成锥形，如图 3－118 所示。虽然带锥形的推杆的加工要比圆柱形困难，但它在注射成型时无间隙，推出时无摩擦，工作端与制品接触面积大，推出制品表面平整，而且在推出制品时，在型腔表面与制品之间迅速进气，便于脱模。锥角一般取60°，角度不易太大，否则会影响锥体部分的强度。

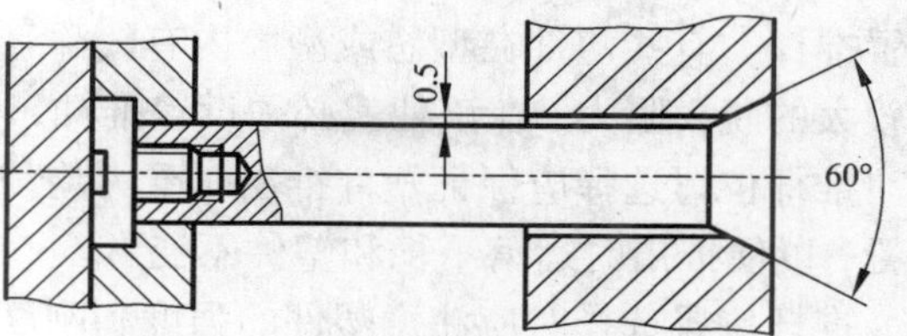

图 3－118　锥面推杆

②推杆的固定与配合

推杆与固定板的连接形式如图 3－119 所示。图 3－119(a)是一种常见的固定形式，适用于各种不同结构形式的推杆。这种形式强度高，不易变形，但在推杆很多的情况下，台阶孔深度的一致性很难保证。图 3－119(b)是用厚度磨削一致的垫圈或垫块来代替固定板上的沉头孔以简化加工。图 3－119(c)是用螺母拉紧推杆，用于直径较大的推杆及固定板较薄的场合；图 3－119(d)是用紧定螺钉顶紧推杆，用于直径大的推杆和固定板较厚的场合；图 3－119(e)用螺钉紧固推杆，适用于较大的各种截面形状的推杆；图 3－119(f)是铆接式，适用于推杆直径小且数量多及间距较小的场合。

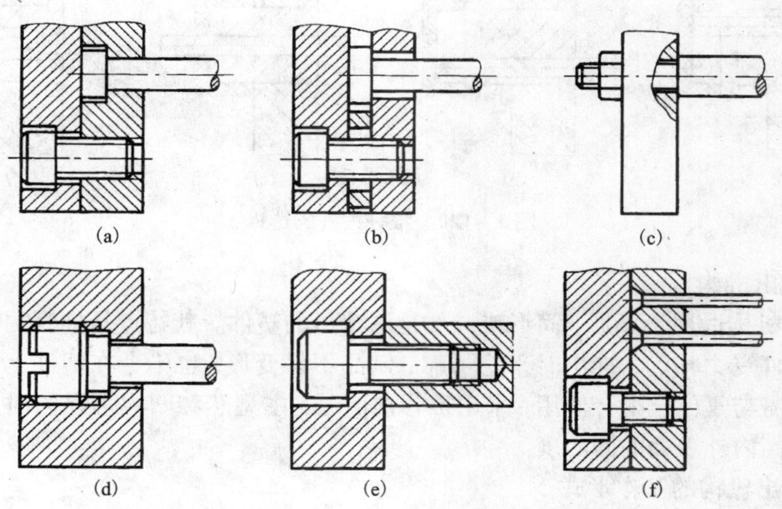

图 3－119　推杆的固定形式

推杆工作部分与模板或型芯上推杆孔的配合常采用 H8/f7 ~ H8/f8 的间隙配合，视推杆直径的大小与塑料品种的不同而定。推杆直径大、塑料流动性差，可以取 H8/f8，反之采用 H8/f7。

推杆与推杆孔的配合长度视推杆直径的大小而定，当 $d<5$ mm 时，配合长度可取 12 ~ 15 mm；当 $d>5$ mm 时，配合长度可取(2 ~ 3)d。推杆工作端配合部分的粗糙度一般取 $Ra0.8$ μm。

推杆的材料常用 T8A、T10A 等碳素工具钢或 65Mn 弹簧钢等，前者的热处理要求硬度为 50 ~ 54 HRC，后者的热处理要求硬度为 46 ~ 50 HRC。自制推杆常采用前者，而市场上出售的推杆标准件后者居多。

③推杆位置的选择

推杆的位置应选择在脱模阻力最大的地方，如图 3－120(a)所示的模具，因塑件对型芯的包紧力在四周最大，可在塑件内侧附近设置推杆，如果塑件深度较大，还应在塑件的端部设置推杆。有些塑件在型芯或型腔内有较深且脱模斜度较小的凸起，因收缩应力的原因会产生较大的脱模阻力，在该处就必须设置推杆，如图 3－120(b)所示。

推杆位置选择应保证塑件推出时受力均匀，当塑件各处的脱模阻力相同时，推杆需均匀布置，以便推出时运动平稳和塑件不变形。

推杆位置选择时应注意塑件的强度和刚度，推杆位置尽可能地选择在塑件的壁厚和凸缘等处，尤其是薄壁塑件，否则很容易使塑件变形甚至损坏，如图 3－120(c)所示。

推杆位置的选择还应考虑推杆本身的刚性，当细长推杆受到较大脱模力时，推杆就会失稳变形，如图 3－120(d)所示。这时就必须增大推杆的直径或增加推杆的数量。

推杆的工作端面在合模注射时是型腔底面的一部分，推杆的端面如果低于或高于该处型腔底面，在塑件上就会出现凸台或凹痕，影响塑件的使用或美观。因此，通常推杆装入模具后，其端面应与相应处型腔底面平齐或高出型腔 0.05～0.1 mm。

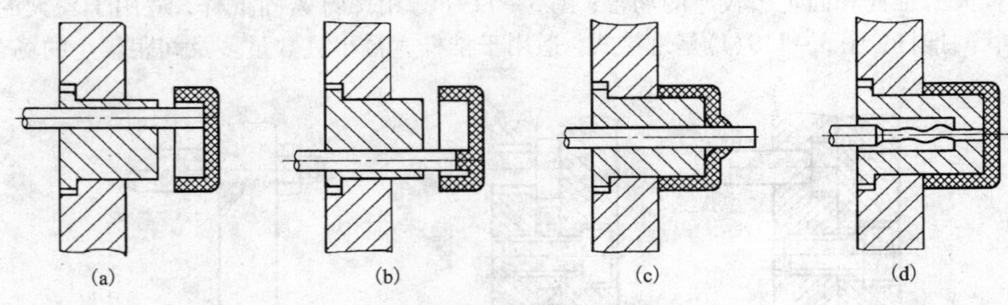

图 3－120　推杆位置的选择

2)推管推出机构

推管推出机构适用于环形、筒形或局部是圆筒形的塑件。其特点是推管的整个圆周与塑件接触，故塑件受力均匀，推出时平稳可靠，制品不易变形，也不会在塑件上留下明显的推出痕迹，推管需与复位杆配合使用，采用推管推出时，主型芯和凹模可以同时设计在动模一侧，有利于提高内外表面的同心度。

①推管推出机构的基本形式

推管推出机构的推出运动方式与推杆推出基本相同，只是推管的中间有一固定型芯，所以要求推管的固定形式必须与型芯的固定方法相适应。按照主型芯固定方式的不同常有以下三种结构形式，如图 3－121 所示。

图 3－121(a)是用销或键固定型芯，推管中部开有槽，槽在销的下方长度 l 应大于推出的距离。其特点是型芯较短，模具结构紧凑，但型芯紧固力小，而且要求推管与型芯和凹模板间的配合精度较高(IT7)，适用于型芯直径较大的模具；图 3－121(b)表示型芯的台肩固定在模具动模座板上，型芯较长，但结构可靠，多用于推出距离不大的场合；图 3－121(c)为型芯固定在动模型芯固定板上，推管在凹模板内移动，可缩短推管和型芯的长度，但凹模板厚度增加，适用于推出距离较短的场合；图 3－121(d)为扇形推管，这种结构也具有图 3－121(c)形式的优点，但推管制造麻烦，强度较低，容易损坏。

②推管的固定与配合

推管的固定与推杆的固定类似，推管外侧与推管固定板之间采用单边 0.5 mm 的大间隙配合。推管的内径与型芯的配合，当直径较小时选用 H8/f7 的配合，当直径较大时选用

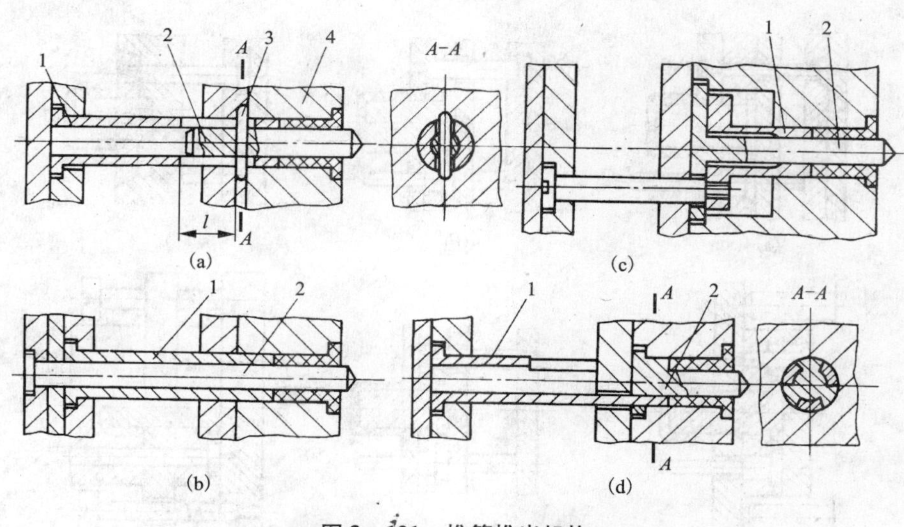

图 3－121　推管推出机构

1—推管；2—型芯；3—销；4—凹模板

H7/f7 的配合；推管外径与模板上孔的配合，当直径较小时选用 H8/f8 的配合，当直径较大时选用 H8/f7 的配合。

为了缩短推管与型芯配合长度以减少摩擦，可将型芯后段直径减小或将推管配合孔的后段直径扩大。为了保护型腔和型芯表面不被擦伤，推管的外径应比塑件外径小 0.5 mm 左右；推管的内径应比塑件相应孔的内径大 0.2 ~ 0.5 mm。如图 3－122 所示，推管与成型模板的配合长度为推管外径 D 的 2 ~ 3 倍，与型芯的配合长度应比推出行程 H 大 3 ~ 5 mm。推管厚度一般取 1.5 ~ 5 mm。

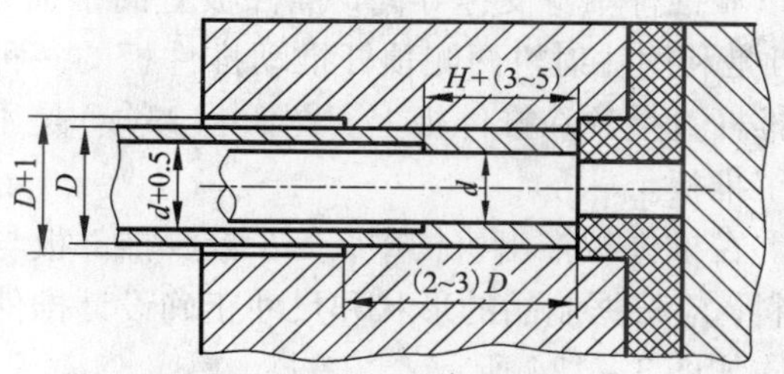

图 3－122　推管的尺寸要求

3）推件板推出机构

推件板推出机构适用于深腔薄壁的容器、大型罩壳以及不允许有推杆痕迹的透明制品。其特点是推出力大而均匀，运动平稳，且不会在塑件表面留下推出痕迹，因此应用十分普遍，对于非圆形的塑件或异型孔，推件板上的孔可以采用线切割加工，制造也十分方便。图 3－123为推件板推出机构的各种形式。

图 3－123(a)为应用最广泛的形式，推件板由模具的推杆（一般是四根）推动向前运动，将塑件从型芯上脱下，推件板脱模机构不需另设复位杆，合模时推件板被压回原位，推杆和推板也相应复位。推件板向前移动时需要有可靠的支撑，一般推件板上有四个导向孔与模具的四根导柱配合，并在导柱上滑动，在设计导柱长度时应考虑推出距离。推杆的前端可以是平头的，与推件板不连接，如图 3－123(a)。也可以在前端加工螺纹或利用螺钉与推件板连接，如图 3－123(b)，这样可以防止推件板推件时因运动惯性从导柱上滑落，或当空模开合时它被黏附在定模上而落下。图 3－123(c)为推件板镶入动模板内，模具结构紧凑，推件板

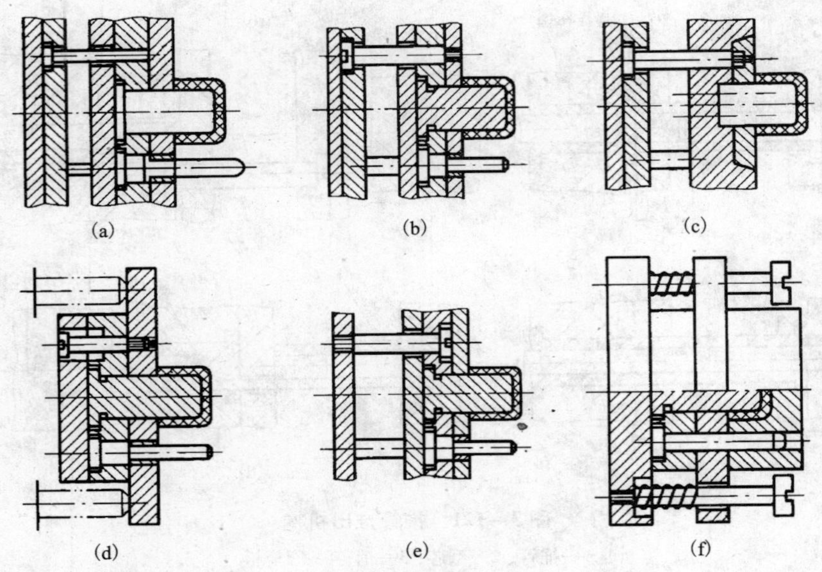

图 3－123　推件板推出机构

可以靠推杆本身支撑导向，推件板上的锥面是为了在合模时便于推件板的复位。图 3－123(d)是利用注射机两侧顶杆推动推件板的一种形式，模具结构简单，推件板两边延长，注射机推杆直接顶在推件板上。图 3－123(e)是用定距螺钉安装，与图 3－123(b)恰恰相反，省去了推板。

在推件板推出机构中，为了减少推件板与型芯之间的摩擦又要避免推件板与型芯间隙的溢料，应根据制品的形状和尺寸正确设计推件板与型芯的配合形式及配合间隙。常用的配合形式如图 3－124 所示。

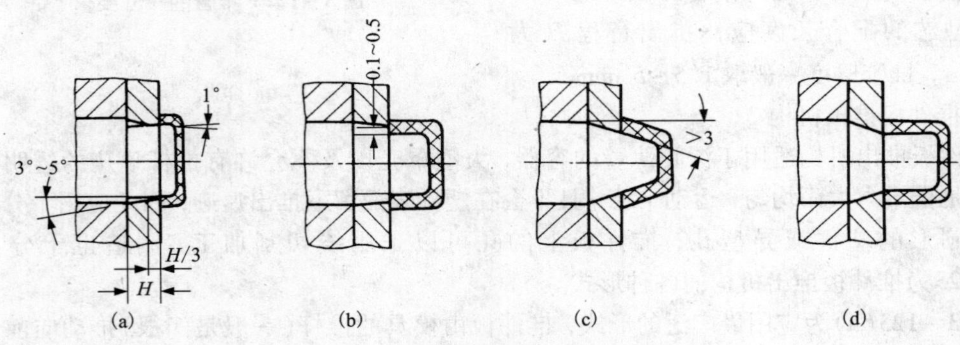

图 3－124　推件板与型芯的配合形式

其中图 3－124(a)配合间隙可适当放大，两者接触面摩擦机会少，加工又方便，适用于制品高度尺寸小，并有一定脱模斜度，塑料流动性较差的场合；图 3－124(b)所示用于推出壁厚较大的制品，推件板在制品推出过程中与型芯不接触，不可能磨损和拉毛，其配合锥度还起到辅助定位作用；图 3－124(c)所示为推件板与型芯采用锥面接触，其优点与锥形推杆相同，因配合对中性好，成型时不会产生飞边。适用于流动性好的塑料；当制品脱模斜度很小而高度又大，无法使用这种形式时，可采用如图 3－124(d)所示的结构形式。

对于大型深腔的容器，特别是软质塑料成型时，若用推件板脱模，应考虑附设引气装置，以防在脱模过程中塑料制品内腔形成真空，致使脱模困难，甚至使制品变形损坏。最常见的进气装置是在凸模上装一菌形阀，如图 3－125 所示。脱模时由于阀芯前后的压差将菌形阀推开，空气进入塑件内腔，破坏真空，脱模后该阀靠弹簧复位。

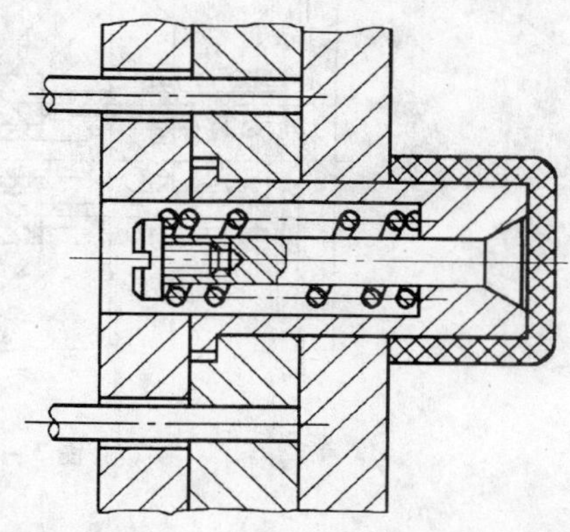

图 3－125　推件板推出时的进气装置

4)推块推出机构

对于平板状带凸缘的制品，表面不允许有推杆痕迹，且平面度要求较高，如用推件板脱模会黏附模具时，则可使用推件块推出机构，如图 3－126 所示。由图可见，推块是型腔的组成部分，因此应有较高的硬度和较小的粗糙度，与型芯和型腔的配合精度高，要求滑动灵活，又不允许溢料。推块的复位一般依靠复位杆来实现，但图 3－126(a)中推块的复位却靠主流道中熔体压力来实现的。

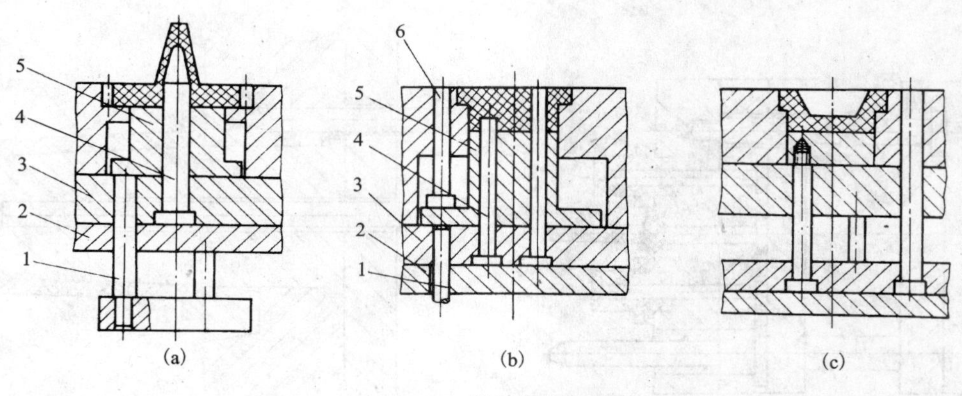

图 3－126　推块推出机构

1—推杆；2—支承板；3—型芯固定板；4—型芯；5—推块；6—复位杆

5)活动镶件或凹模推出机构

有的塑件采用螺纹型芯、螺纹型环或成型侧凹或侧孔的镶块成型，不宜采用推杆、推管、推件板等推出机构时，可以考虑推动镶件来带出整个塑件，推出时塑件受力均匀。采用在模外取出镶件，然后重新安置在模内的办法可避免模内侧抽芯或模内旋螺纹，可使模具结构大为简化。缺点是操作工人的劳动强度增加，适用于小批量生产的塑件。图 3－127(a)是利用螺纹型环(即活动镶块)作为推出零件，工作时，推杆将螺纹型环连同塑件一起推出模外，然后手工或用专用工具转动螺纹型环把塑件取出，因活动镶件后端设置推杆，故采用了弹簧先复位。图 3－127(b)是活动镶块与推杆用螺纹连接的形式，推出一定距离后，镶件和塑件不会自动掉下，需要用手将塑件从活动镶块上取下。活动镶件与安装其孔的配合一般采用 H8/

f8 的配合，配合长度为 5 ~ 10 mm，其后制出 3° ~ 5°的斜度。

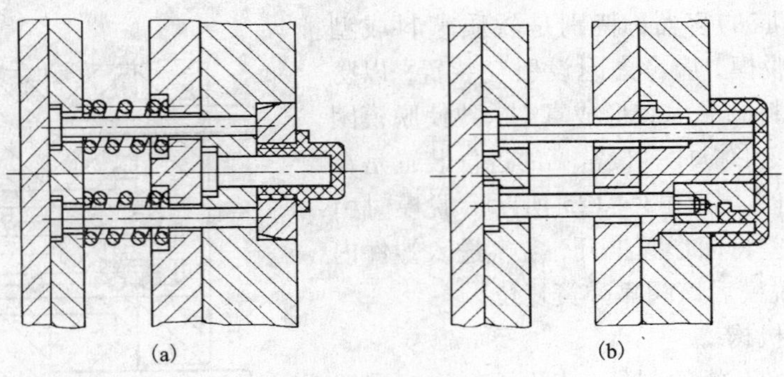

图 3 – 127　活动镶件推出机构

图 3 – 128 是凹模板将塑件从型芯上推出的结构形式，称为凹模推出机构。推出后，要用手或其他专用工具将塑件从凹模板中取出。这种形式的推出机构，实质上就是推件板上有型腔的推出机构，不过在设计时要注意，凹模板上的型腔不能太深，脱模斜度不能太小，否则开模后人工难以从凹模板上将塑件取下，而必须采用结构复杂的二次推出机构脱模。另外，推杆一定要与凹模板用螺纹连接，否则取塑件时，凹模板会从动模导柱上滑出来。

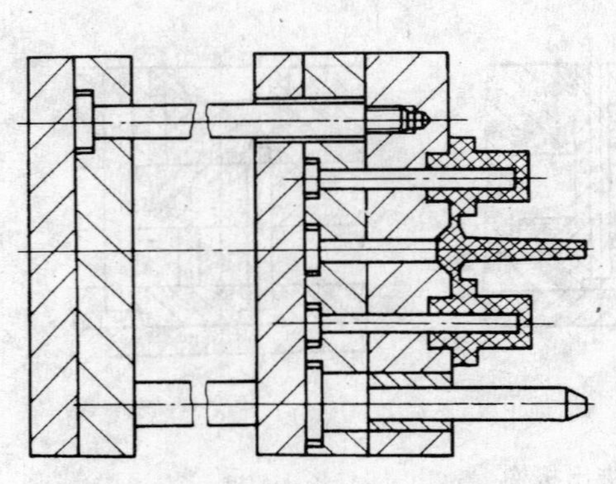

图 3 – 128　凹模推出机构

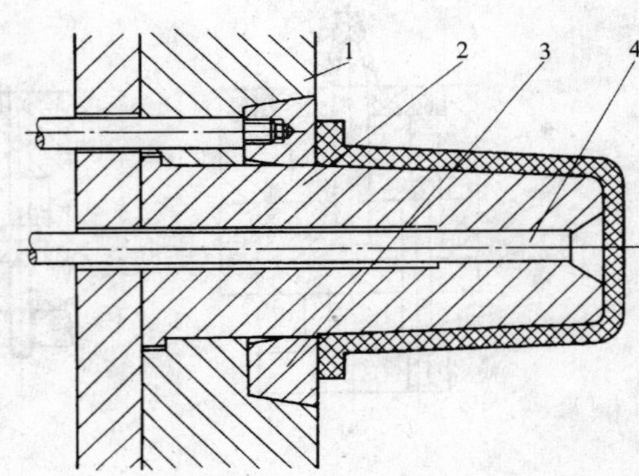

图 3 – 129　推杆与推件板联合推出机构

1—动模板；2—型芯；3—推件板；4—推杆

6）联合推出机构

有的制品形状和结构比较复杂，若仅采用一种脱模机构易使塑件局部受力过大而变形，甚至局部发生破裂，难以脱出。当采用数种脱模方式同时作用时，即可使塑件受力部位分散，受力面积增大，塑件在脱模过程中不易损伤和变形，可获得高精度的塑件。图 3 – 129 为推杆与推件板联合使用的脱模机构，用于脱出斜度小，深度较大的筒形制品。图 3 – 130（a）为推杆与推管联合推出机构，图 3 – 130（b）所示塑件中心部位脱模阻力较大，因此采用推管与推件板并用的机构，推杆和推管都固定在同一推板上，可保证两种推出元件同步运动。凡是与推件板并用的脱模机构，当推件板复位时可迫使整个推出机构复位，因此无需再另设复位杆。

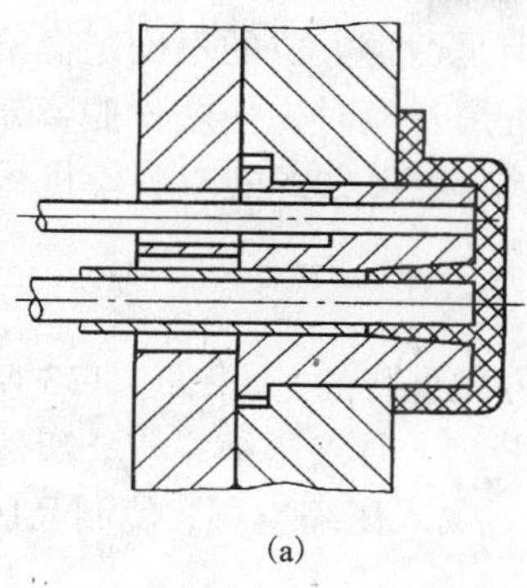
(a)

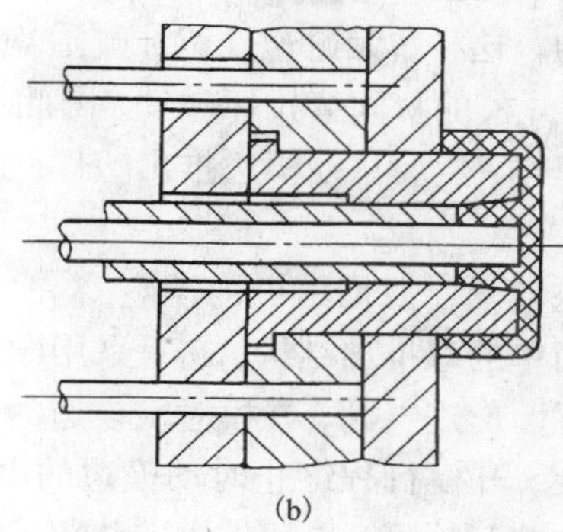
(b)

图3－130 联合推出机构

7）定模推出机构

通常，模具设计在确定分型面时一般均应使塑件在开模后留在动模一边，普通模具的脱模机构也设在动模边，个别情况下因塑件的特殊形状而必须留在定模边，如图3－131所示的一次成型的全塑刷子，因浇口需设在刷背内，又需在分型时将所成型的刷毛从型腔内拔出，因此分型后塑件留在定模边，在定模边设推件板，在继续分型的过程中利用定距拉杆或链条拉动推件板将塑件从型芯上强制脱下。

图3－132所示的塑件外观要求很高，不允许在正面开设浇口，分型时塑件由于热收缩包紧定模型芯，因此在定模边设推杆脱模机构，推板可以利用开模力在定距拉杆（图中未示出）拖动下启动。

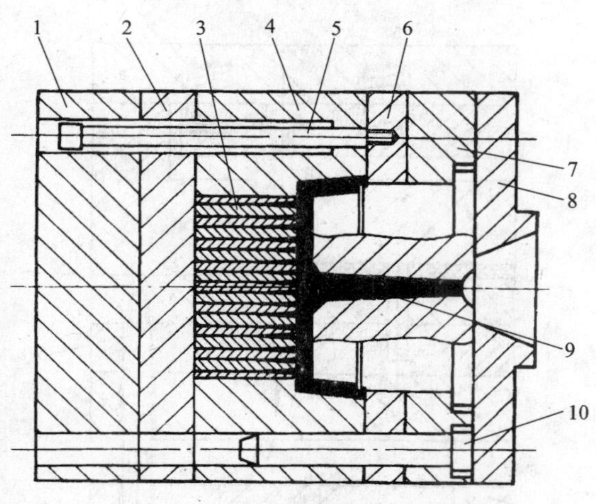

图3－131 定模侧推件板推出机构

1—支架；2—动模垫板；3—成型镶片；4—动模；5—定距拉钉；6—推件板；7—定模板；8—定模底板；9—主流道；10—导柱

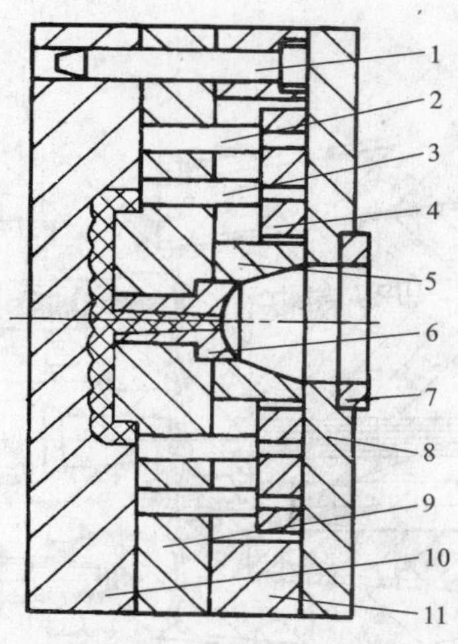

图3－132 定模侧推杆推出机构

1—导柱；2—反推杆；3—推杆；4—推板；5、11—支承块；6—主流道衬套；7—定位圈；8—定模底板；9—定模板；10—动模板

(2)双推出机构

在设计模具时，一般都应设法使塑件留在动模上。当塑件的结构形状特殊，塑件会留在

定模或留在动、定模上的可能性都存在时，就必须考虑在动、定模上都设置推出机构，即采用双推出机构。这样，无论塑件留在哪边均能脱出，但是留模方位的不确定会给操作者带来不便，甚至在开模的瞬间会拉坏塑件，因此最好的方法是开模时先使塑件脱离定模，开模后制品留在动模边，然后从动模边推出塑件，这种采用顺序脱模方式的双脱模机构得到了广泛的应用。

1）压缩空气顺序双推出机构

这是最简单的双推出结构，它是采用顺序脱模的方式进行的，如图3－133所示。在动定模两边都设置菌形进气阀，开模时定模边的电磁阀先开启，通入压缩空气，塑件脱离定模留在动模型芯上，开模行程终止时动模边的电磁阀开启，吹入压缩空气，使制品脱落，有时还设有一个侧向吹起喷嘴，使塑件横向坠落。

2）弹簧顺序双推出机构

如图3－134所示为定模设弹簧推杆、动模设推件板的双推出机构。由于塑料制品的形状、结构特殊，开模时制品有可能留在定模，因此，在定模一侧设置了由定模推板1、推杆2和弹簧3组成的定模推出机构，当沿*A*分型面分型时，靠弹簧力就开始推出，迫使制品留在动模。然后由动模推出机构（即推件板4）将制品推离型芯。这种双推出机构的特点是定模推出力不大，结构简单。如果定模包紧力较大，制品还有可能留在定模，可采用图3－135所示，利用杠杆代替弹簧的作用，沿*A*分型面分型时，固定在动模上的滚轮推动杠杆*l*的一端（支点装在定模型腔板6上），使杠杆绕支点按顺时针方向转动，杠杆的另一端推动定模推板2，迫使制品留在动模上，然后再由动模上的推出机构将制品推离型芯8。这种结构比图3－134所示的工作可靠，但结构较复杂。

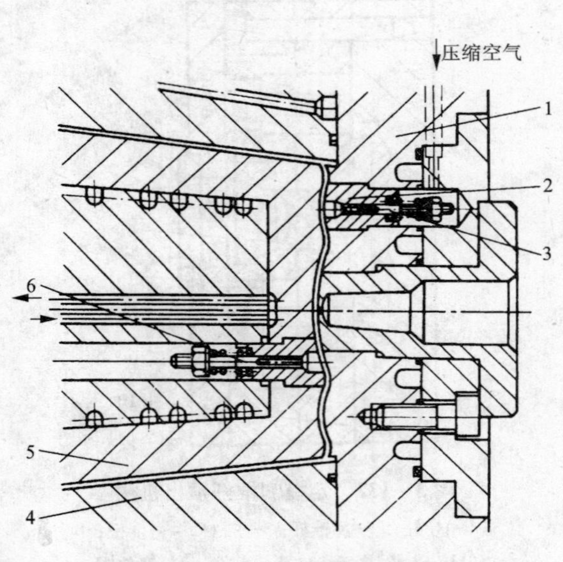

图3－133　气动双推出机构

1—定模板；2—镶块；3、6—进气阀杆；4—凹模；5—型芯

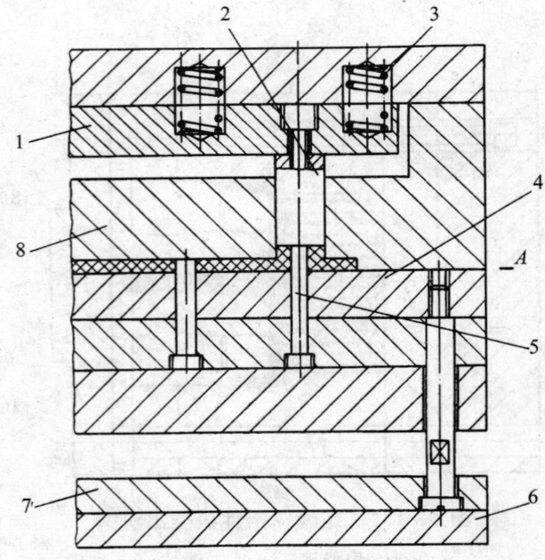

图3－134　弹簧推件板双推出机构

1—定模推板；2—推杆；3—弹簧；4—推件板；5—型芯；6—动模推板；7—推杆固定板；8—型腔板

3)拉钩式顺序双推出机构

顺序分型的双推出机构最常见的是各种拉板、拉钩装置。图3-136所示为拉钩式顺序双推出机构，开模时，由于拉钩8的作用使A分型面分型，从而使塑件从定模型芯4上脱出，由于压板6的作用，使拉钩8脱钩，然后限位螺钉7限位，定模部分A分型面分型结束；继续开模，动定模在B分型面分型，最后动模部分的推出机构工作，推管2将塑件从动模型芯1上推出。类似的顺序分型双推出机构还有很多种，在此不一一罗列。

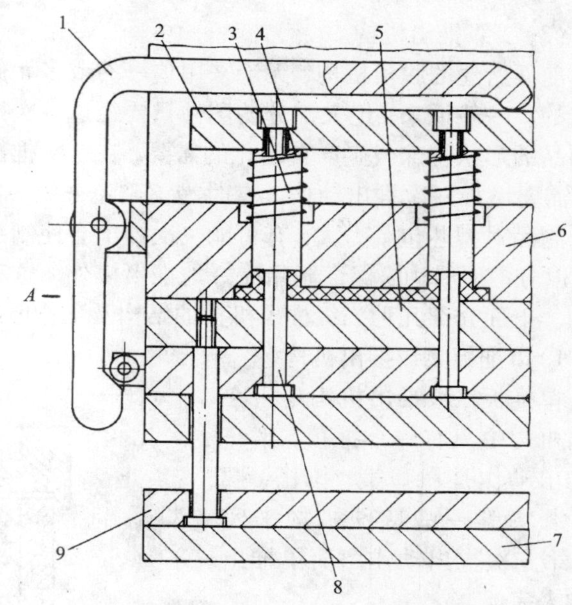

图3-135 杠杆推件板双推出机构

1—杠杆；2—定模推板；3—推杆；4—弹簧；5—推件板；6—定模型腔板；7—动模推板；8—型芯；9—推杆固定板

4)滑块式顺序双推出机构

图3-137所示为滑块式双向顺序推出机构。开模时，由于拉钩2钩住滑块3，因此，定模板5与定模座板7在A分型面先分型，塑件从定模型芯上脱出，随后压块1压动滑块3内移而脱开拉钩2，由于限位拉板的定距作用，A分型面分型结束；继续开模，动定模在B分型面分型，塑件包在动模型芯上留在动模，最后推出机构工作，推杆将塑件从动模型芯上推出。

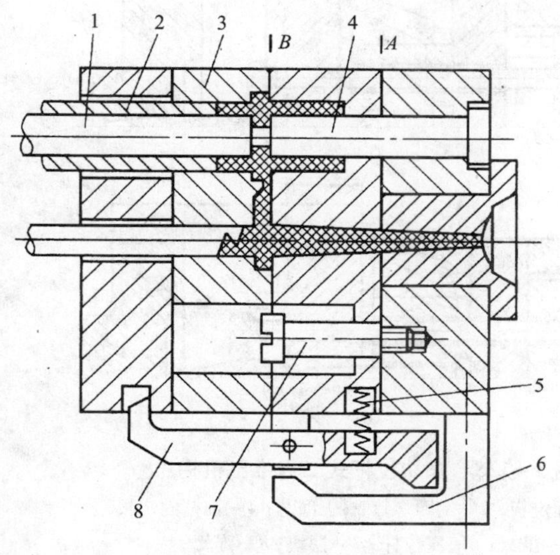

图3-136 拉钩式顺序双推出机构

1—动模型芯；2—推管；3—动模板；4—定模型芯；5—弹簧；6—压板；7—限位螺钉；8—拉钩

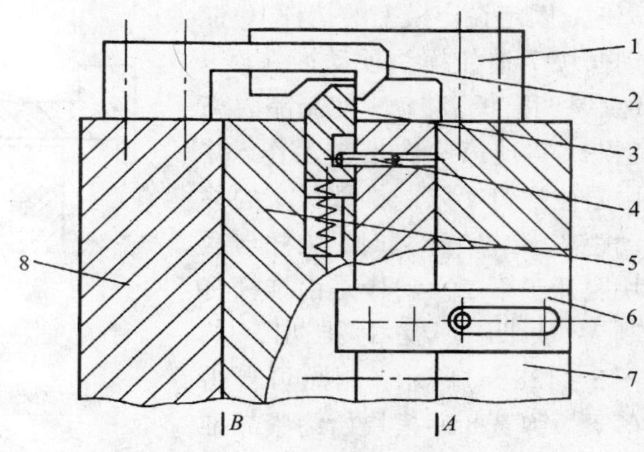

图3-137 滑块式顺序双推出机构

1—压块；2—拉钩；3—滑块；4—限位销；5—定模板；6—限位拉板；7—定模座板；8—动模板

(3)二级推出机构

前面所述的脱模机构，无论采用单一的或多元件联合推出机构，它的脱模动作都是一次完成的。一般说来，绝大部分的塑件只要经过一次推出就可以从模具型腔中取出。但有时由于制品的形状特殊或生产自动化的需要，在一次推出动作后，制品仍难以取出或不能自由落下，需要增加一次推出动作。有时为了避免采用一次推出制品受力过大，例如深腔薄壁零件由于制品对型芯包紧力大，有可能一次推出会使制品破裂或变形，也必须再增加一次推出动作，以分散脱模力，保证制品完好地推出模外。这种实现先后两次推出的机构称为二级推出机构。下面介绍几种二级推出机构的结构及工作原理。

1)单推板二级推出机构

单推板二级推出机构是指在推出机构中只有一个推板，第一次推出动作是靠弹簧、拉杆、摆杆、滑块等一些特殊机构来实现，第二次推出动作由简单推出机构来完成。

①摆块拉杆式二级推出机构

摆块拉杆式二级推出机构是由固定在动模的摆块和固定在定模的拉杆来实现的，如图3－138所示。采用侧面摆块顶动推件板实现第一次推出，由推杆完成第二次推出。图3－138(a)为合模状态，活动摆块7固定在型芯固定板1上；图3－138(b)表示第一次推出动作，当开模到一定距离时，固定在定模上的拉杆10带动摆块7迫使摆块顶动推件板9(又是凹模板)移动，使制品脱离型芯，实现第一次推出动作，并由限位螺钉2限制推件板9的移动距离。继续开模时，拉杆与摆块脱开。第二次动作是由推杆将制品从凹模板中推出，如图3－138(c)所示，制品可自由落下。弹簧8使摆块始终紧靠推件板。推杆的复位由复位杆6来完成。设计时应做到：第一次推出推件板移动距离应大于制品孔深；第二次推出时推杆移动的距离大于制品孔深和制品在凹模中的高度之和。这类推出机构适用于第一次推出距离较短的场合。

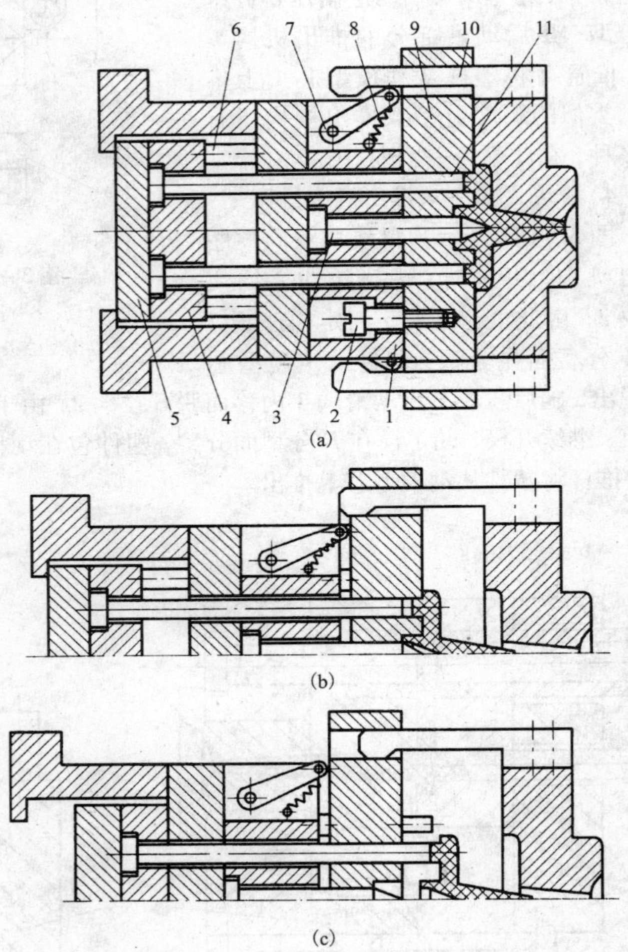

图3－138　摆块拉杆式二级推出机构

1—型芯固定板；2—定距螺钉；3—型芯；4—推杆固定板；5—推板；6—复位杆；7—摆块；8—弹簧；9—动模型腔；10—拉杆；11—推杆

②弹簧推件板二级推出机构

弹簧推件板二级推出机构是利用弹簧推力完成第一次推出动作，推杆完成第二次推出动作。如图3－139所示。图3－139(a)为合模状态。开模时，靠弹簧推力推动动模板(又是推件板)，使制品脱离型芯，如图3－139(b)所示，实现第一次推出动作，推出距离由限位螺钉控制。二次推出是由推杆将制品从动模板中强行推出(强行脱模，使塑件外侧凹处从型腔中脱出)，如图3－139(c)所示。这种机构结构简单、紧凑，但由于弹簧推力有限，因此，只适用于推出距离不大，包紧力较小的场合。

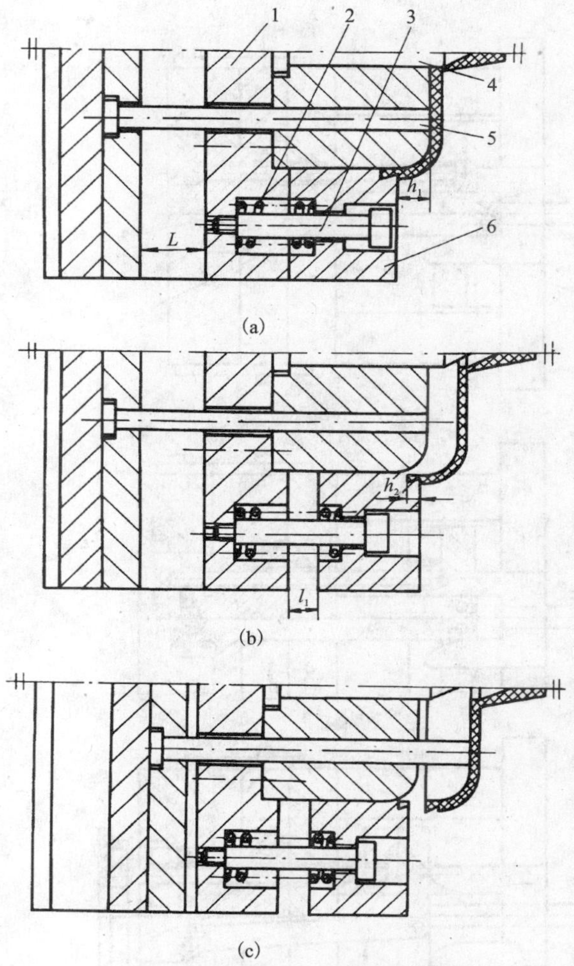

图3－139　弹簧推件板二级推出机构

1—支承板；2—弹簧；3—限位螺钉；4—型芯；5—推杆；6—动模板(推件板)

③U形限制架式二级推出机构

U形限制架式二次推出机构如图3－140所示。U形限制架4固定在动模座板的两侧，摆杆3(左右摆杆)一端用转动销6固定在推板上，圆柱销1固定在动模型腔板10上，图3－140(a)为合模状态，摆杆3夹在U形限制架内，其上端顶在圆柱销1上；开模时，注射机顶杆推动推板，推出开始时由于限制架的限制，摆杆只能向前直向运动，推动圆柱销1使动模型腔板和推杆7同时推出，塑件脱离型芯8，完成第一次推出，如图3－140(b)所示；当摆杆脱离U形限制架4时，限位螺钉9阻止动模型腔继续向前移动，同时圆柱销1将两个摆杆3分开，弹簧2拉住摆杆紧靠在圆柱销1上，注射机顶杆继续推出，推杆7推动塑件从动模型腔内脱出，完成第二次推出，如图3－140(c)所示。

④斜楔滑块式二级推出机构

斜楔滑块式二级推出机构如图3－141所示。利用斜楔6驱动滑块4来完成第二次推出动作。图3－141(a)是开模后推出机构尚未工作的状态；当动模后移一定距离后，注射机顶杆开始工作，推杆8和中心推杆10同时推出，塑件从型芯上脱下，但仍留在凹模型腔7内，与此同时，斜楔6与滑块4接触，使滑块向模具中心滑动，如图3－141(b)所示，第一次推出结束；滑块继续滑动，推杆8后端落入滑块4的孔中，使在接着的分模过程中，推杆8不再具有推出作用，而中心推杆10仍在推着塑件，从而使塑件从凹模型腔内脱出，完成第二次推出，如图3－141(c)所示。

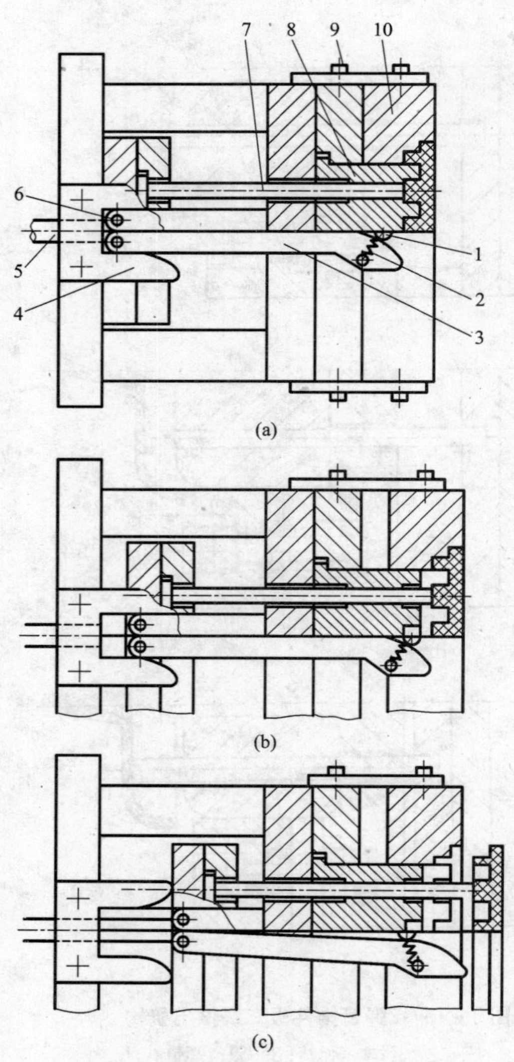

图 3－140　U 形限制架式二级推出机构

1—圆柱销；2—弹簧；3—摆杆；4—U 形限制架；5—注射机顶杆；6—转动销；7—推杆；8—型芯；9—限位螺钉；10—动模型腔板

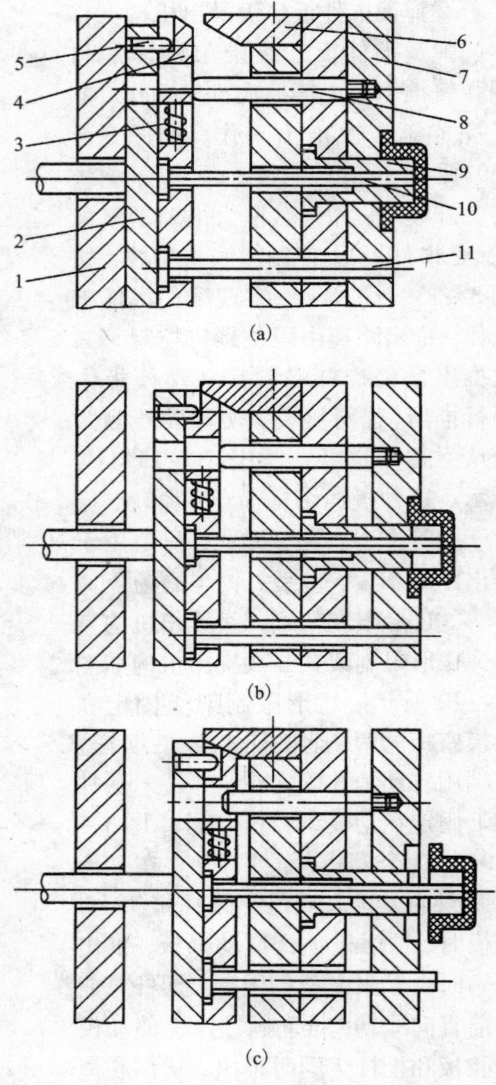

图 3－141　斜楔滑块式二级推出机构

1—动模座板；2—推板；3—弹簧；4—滑块；5—销钉；6—斜楔；7—凹模型腔；8—推杆；9—型芯；10—中心推杆；11—复位杆

2）双推板二级推出机构

双推板二次推出机构在模具中设置有两块推板，利用一些机构先后两次动作完成二次推出。

①拉钩式二级推出机构

图 3－142 所示为拉钩式二次推出机构。拉钩 5 用圆销固定在二次推板 4 上，推出前，拉钩 5 在弹簧作用下钩住固定在一次推杆固定板 3 上的圆柱销。图 3－142（a）所示是开模后推出机构尚未工作的状态；推出时，注射机顶杆 1 推动二次推板 4，由于拉钩 5 的作用，使一次推板 2 与二次推板 4 一起运动，将塑件从型芯 10 上推出，但仍留在动模镶块 9 内，直至拉钩

的前端碰到支承板8使其脱钩为止，完成第一次推出，如图3-142(b)所示；继续开模，由于拉钩已松开推杆固定板3，因而一次推板2停止运动，而二次推板4继续推动推杆11运动，将塑件从动模镶块9上推出，实现第二次推出，如图3-142(c)所示。

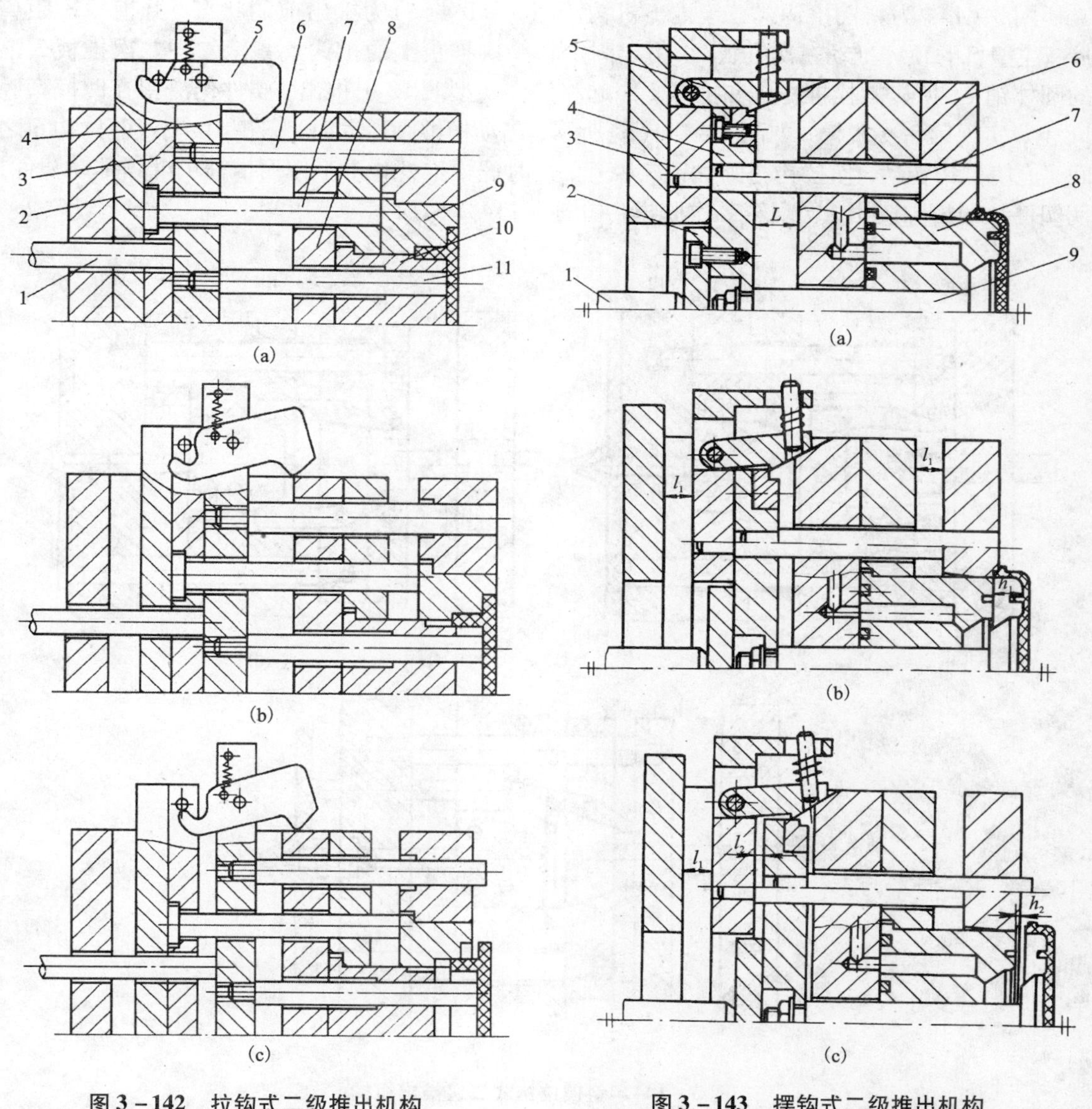

图3-142 拉钩式二级推出机构

1—注射机顶杆；2—一次推板；3—一次推杆固定板；4—二次推板；5—拉钩；6—复位杆；7、11—推杆；8—支承板；9—动模镶块；10—型芯

图3-143 摆钩式二级推出机构

1—注射机顶杆；2—推板；3—一次推板；4—二次推板；5—摆钩；6—推件板(凹模板)；7—连接推杆；8—型芯；9—锥形推杆

图3-143所示为摆钩式二级推出机构。摆钩5用圆柱销固定在一次推板3上，推出前，拉钩5在弹簧作用下钩住二次推板4。图3-143(a)为开模后未脱模状态，由于摆钩5钩住推板4，所以开模后动模移动在一定位置，注射机顶杆1推动推板2，使二次推板4与一次推板3同时移动，推件板6在连接推杆7的推动下和锥形推杆9一起将制品脱出型芯8，完成第

一次动作，如图 3－143(b)所示。接着，摆钩 5 上斜面与支承板上斜面相接触，迫使摆钩与二次推板 4 脱开，此时一次推板 3、推杆 7、推件板 6 停止移动，而锥形推杆继续推动制品，将制品推出凹模(即推件板 6)，完成第二次推出动作，如图 3－143(c)所示。

图 3－144 为斜楔拉钩式二级推出机构。图 3－144(a)为推出前的状态，开模一段距离后，注塑机的顶杆推动一次推板 2，由于固定在一次推板上的拉钩 6 紧紧勾住二次推板 3 上的圆柱销 7，所以螺栓推杆 9 和推杆 1 一起将塑件从型芯 12 上推出，塑件仍滞留在凹模型腔 11 上，实现第一次脱模，如图 3－144(b)所示；当动模继续运动时，斜楔 10 楔入两拉钩 6 之间，迫使拉钩转动，使拉钩与圆柱销 7 脱开，这时螺栓推杆 9 不工作而推杆 1 继续推动塑件，使塑件从凹模中脱出，实现第二次脱模，如图 3－144(c)所示。

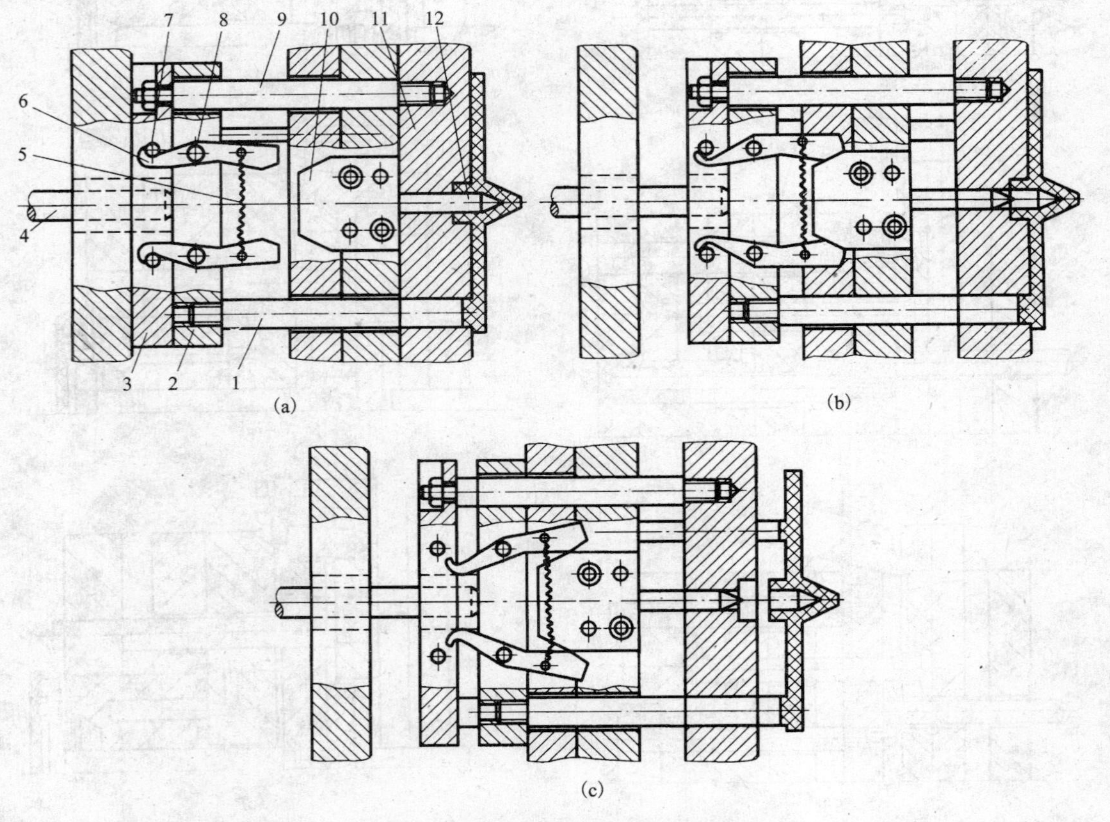

图 3－144　斜楔拉钩式二级推出机构

1—推杆；2—一次推板；3—二次推板；4—注射机顶杆；5—弹簧；6—拉钩；7—圆柱销；8—销轴；9—螺栓推杆；10—斜楔；11—凹模型腔；12—型芯

②三角滑块式二级推出机构

图 3－145 所示为三角滑块式二次推出机构，该机构中三角滑块 3 安装在一次推杆固定板 5 的导滑槽内，斜楔杆 8 固定在动模支承板 13 上。图 3－145(a)所示是开模后推出机构尚未工作的状态；注射机顶杆开始工作后，推杆 9、12 及动模型腔板 11 一起向前移动，使塑件从型芯 10 上脱下，但仍留在动模型腔板 11 内，完成第一次推出，此时斜楔杆 8 与三角滑块 3

开始接触，如图3－145(b)所示；推出继续进行，由于三角滑块在斜楔杆斜面作用下向上移动，使其另一侧斜面推动二次推板6，使推杆12推出距离超过由推杆9推动的动模型腔板11的推出距离，从而使塑件从型腔板中推出，完成第二次推出，如图3－145(c)所示。

③八字摆杆式二级推出机构

图3－146所示是八字摆杆式二次推出机构。八字摆杆1用转轴固定在和动模支承板10连接在一起的支块9上，图3－146(a)为刚开模的状态；推出时，注射机顶杆3接触一次推板4，由于定距块5的作用，使推杆7和推杆8一起动作将塑件从型芯11上推出，直到八字摆杆1与一次推板4相碰为止，完成第一次推出，如图3－146(b)所示；继续推出，推杆8继续推动动模型腔板12。而八字摆杆1在一次推板4的作用下绕支点转动，使二次推板6运动的距离大于一次推板4运动的距离，塑件便在推杆7的作用下从动模型腔板12内脱出，完成第二次推出，如图3－146(c)所示。

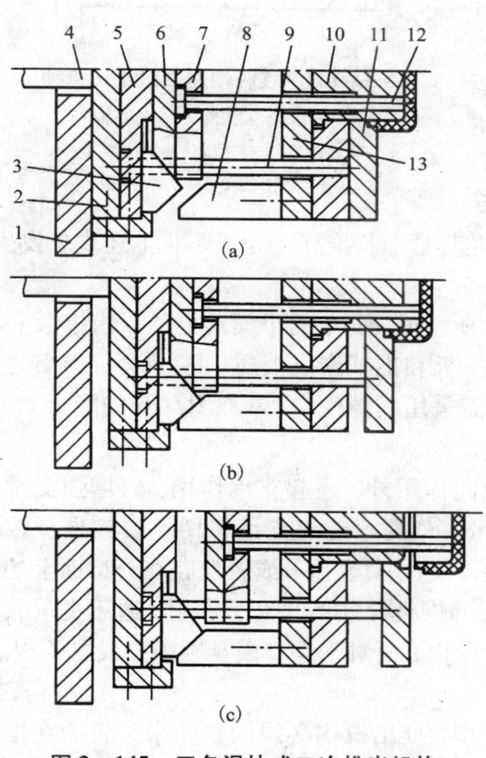

图3－145 三角滑块式二次推出机构

1—动模座板；2—一次推板；3—三角滑块；4—注射机顶杆；5—一次推杆固定板；6—二次推板；7—二次推杆固定板；8—斜楔杆；9、12—推杆；10—型芯；11—动模型腔板；13—支承板

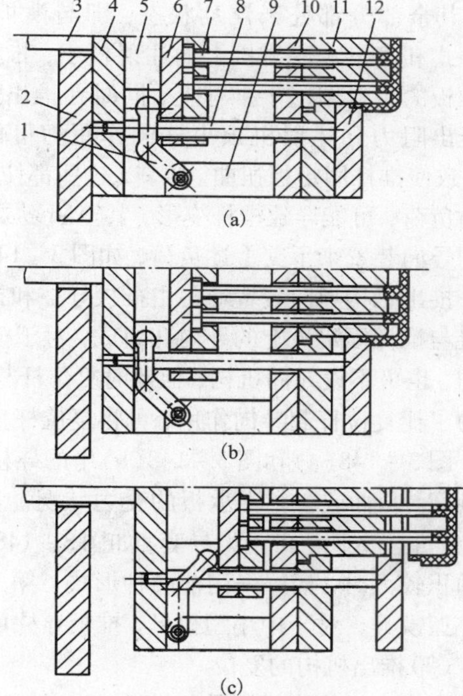

图3－146 八字摆杆式二级推出机构

1—八字摆杆；2—动模座板；3—注射机顶杆；4—一次推板；5—定距块；6—二次推板；7、8—推杆；9—支块；10—支承板；11—型芯；12—动模型腔板

与八字摆杆式二级推出机构原理相同的还有如图3－147所示的杠杆增速二级推出机构。图3－147所示的是用两件对称布置的增速杠杆来完成二级脱模动作。一、二级推板叠在一起，开始时两板同速前进，这时凹模(推件板)与推杆3同时作用在塑件上，使其脱离主型芯，当固定在一级推板上的杠杆外侧与支架上的台阶相撞时，杠杆绕支点旋转，其内侧头部以更

快的速度顶动二级推板加速前进，使推杆3的速度快于凹模板前进速度，塑件从凹模内推出，合模时二级推板复位将推动整个推出机构复位。

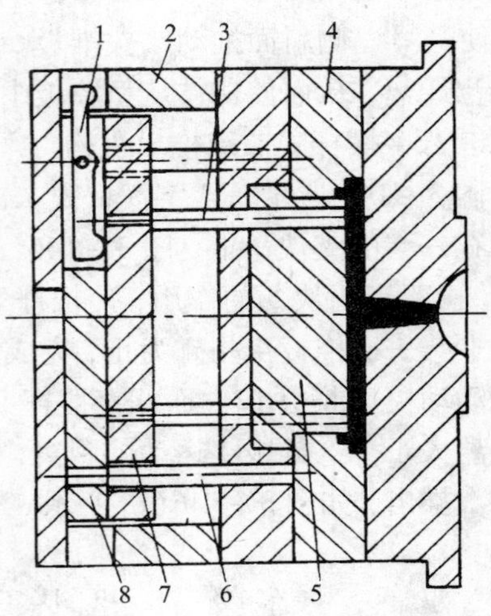

图3－147　杠杆增速二级推出机构

1—杠杆；2—挡块；3—二级推杆；4—推件板；5—主型芯；6——级推杆；7—二级推板；8——级推板

3.8.4　推出机构的导向与复位

推出机构在一个注射循环中就要往复运动一次，为了保证制品顺利脱模和推出机构各部分运动灵活，以及推出元件的可靠复位，必须在模具中设置推出机构的导向装置和复位装置。

(1)推出机构的导向

推出装置在模具中作往复运动，为了使其动作灵活并减少摩擦，除成型部分与模具采用间隙配合外，其余部分都处于浮动状态，即与模板不接触。在卧式和直角式注射机上的注射模中，推杆固定板和推板的重力作用于推杆上，同时在推出过程中制品推出阻力和注射机顶出杆的作用力可能形成力矩，致使推杆固定板扭曲、倾斜，这些都使推杆承受横向负荷，可能导致推杆变形，甚至断裂或卡死，尤其是细长推杆。为了防止上述现象发生，常用导向装置来承受上述负荷，如图3－148所示。

推出机构导向装置通常由推板导柱和推板导套所组成，简单的小模具也可以由推板导柱直接与推杆固定板上的导向孔组成，对于模具小，推板和推杆固定板质(重)量轻，推出力对称的，也可不设导向机构，但此时复位杆与动模板需采用间隙配合(常取H7/f6的配合)，有时为了让复位杆起导向作用，可将复位杆直径加大。

图3－148(a)和图3－148(b)中的导柱除起导向作用外，还起支承作用，以增强支承板的刚度，从而改善了支承板的受力状况。图3－148(c)则不能起支承作用。模具推杆数量少、产量不大时，可不设导套，如图3－148(a)所示。当模具较大，或者型腔在分型面上的投影面积较大时，最好采用前两种形式。第三种形式的推板导柱不起支承作用，适于批量较小的小型模具。对于中小型模具，推板导柱可以设置两根，而对于大型模具则需要设置4根。

(2)推出机构的复位

在推出机构完成制品脱模后，为了继续注射成型，推出机构必须回到原来位置。在推件板推出的机构中，推杆端面与推件板接触，可起到复位作用，故在推件板推出机构中不必再另行设置复位杆。除推件板推出外，其他推出形式一般均应设置复位机构。注射模常用的复位形式有：

1)复位杆。使推出机构复位最简单、最常用的方法是在推杆固定板上同时安装上复位杆，如图3－114中的件2所示。复位杆为圆形截面，每副模具一般设置4根复位杆，其位置应对称设置在推杆固定板的四周，以便推出机构在合模时能平稳复位。复位杆在装配后其端面应与动模分型面齐平，推出机构推出后，复位杆便高出分型面一定距离(即推出行程)。合模时，复位杆先于推杆与定模分型面接触，在动模向定模逐渐合拢过程中，推出机构被复位杆顶住，从而与动模产生相对移动直至分型面合拢时，推出机构就回复到原来的位置，这种

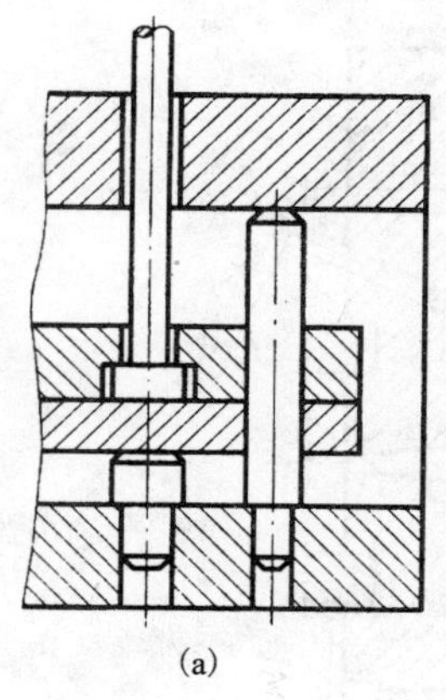
(a)

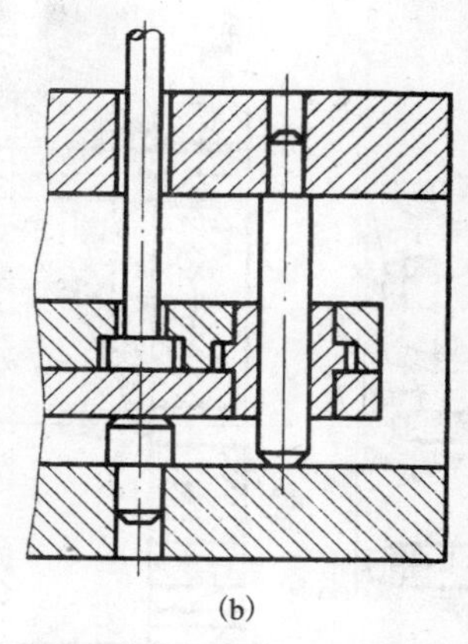
(b)

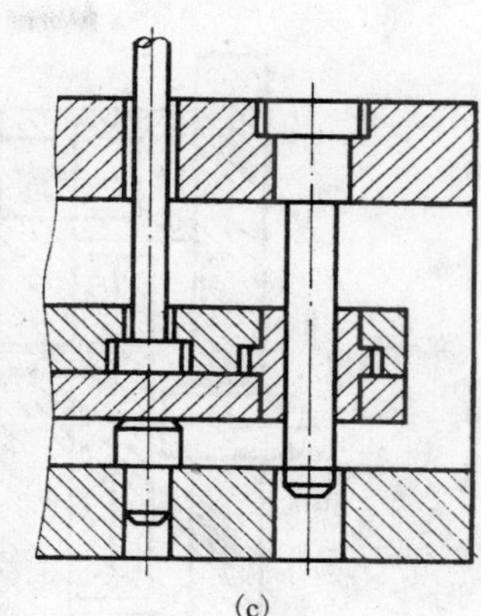
(c)

图 3-148　推出机构的导向装置

结构中合模和复位是同时完成的。

2)推杆的兼用形式。有些模具的推杆，其端面一部分顶在塑件的端面上，其余部分顶在定模的分型面上，这样的推杆，既可用来推出塑件，又可兼作复位杆。当然，兼作复位杆用的推杆，应尽量分布在推杆固定板的四周，以便复位能平稳进行，如果不是这样，就得另外设置复位杆。

3)其他复位机构。当推出元件推出后的位置影响嵌件和活动镶件的安放时，或推杆与活动侧型芯在合模插入时两者发生干涉的情况下，必须使推出机构先复位，通常采用弹簧装置进行先复位。弹簧复位是利用压缩弹簧的回复力使推出机构复位，其复位先于合模动作完成，如图 3-127 所示。弹簧设置在推杆固定板与支承板之间，设计时应防止推出后推杆固定板把弹簧压死，或者弹簧已被压死而推出还未到位。弹簧应对称安装在推杆固定板的四周，一般为 4 个，常常安装在复位杆上，也可用簧柱对称设置在推杆固定板上，此外，还可设置在推板导柱上。在斜导柱固定在定模，侧型芯滑块安装在动模的侧向抽芯机构中，当侧型芯投影面下设置推杆而发生“干涉”现象时，常常采用弹簧进行推出机构的先复位。弹簧复位方式结构简单，但易失效，因此还常采用其他形式的先复位机构(详见第 3 章 3.9.4 节)。

3.8.5　浇注系统凝料的脱模

为了保证模具顺利地进行自动化生产，除了要求塑件能顺利脱模外，浇注系统亦应能自动脱出。对于普通两板式模具，分型时主流道凝料从定模拔出，整个浇注系统和塑件通过浇口连接在一起，浇注系统凝料与塑件一道脱出，然后手工将它与塑件分离。对于点浇口和潜伏式浇口的浇注系统，则需要单独考虑浇注系统自动推出的问题。

(1)点浇口浇注系统凝料的自动脱出

1)利用分流道侧凹拉断点浇口脱出浇注系统凝料

图 3-149 所示是利用分流道末端的侧凹将点浇口浇注系统凝料推出的结构。开模时，定模板 3 与定模座板 5 之间首先分型，与此同时，主流道凝料被拉料杆 2 拉出，而分流道段部的小斜柱卡住分流道凝料而迫使点浇口拉断并带出定模板 3。当定距拉杆起限位作用时，主分型面分型，塑件被带往动模，浇注系统凝料脱离拉料杆 2 而自动落下。

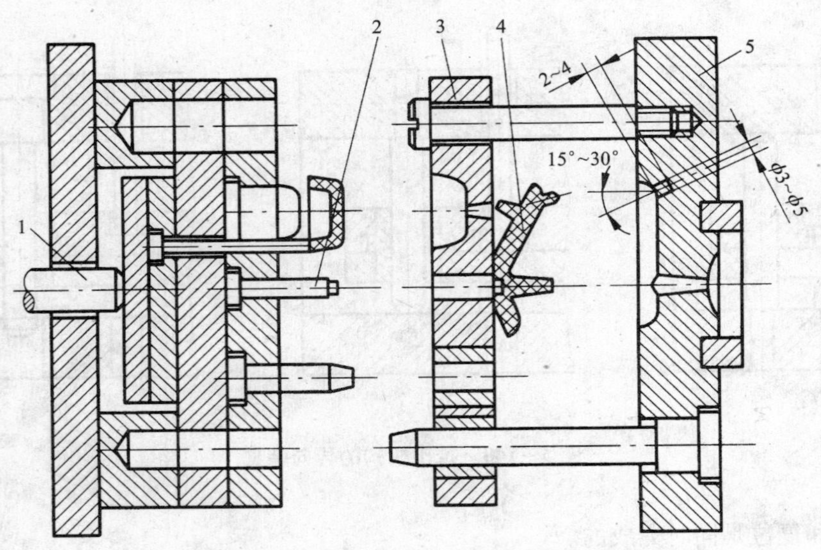

图 3-149　分流道侧凹拉断点浇口脱出浇注系统凝料

1—注射机顶杆；2—拉料杆；3—定模板；4—浇道凝料；5—定模座板

2）利用拉料杆拉断点浇口脱出浇注系统凝料

图 3-150 所示是利用设置在点浇口处的拉料杆拉断点浇口凝料的结构，开模时，模具首先在动、定模主分型面分型，浇口被拉料杆 5 拉断，浇注系统凝料留在定模中，动模后退一定距离后，在拉板 1 的作用下，分流道推板 7 与定模板 3 分型，浇注系统凝料脱离定模板，继续开模，由于拉杆 2 和限位螺钉 4 的作用，使分流道推板 7 与定模座板 6 分型，浇注系统凝料分别从浇口套及点浇口拉料杆上脱出。

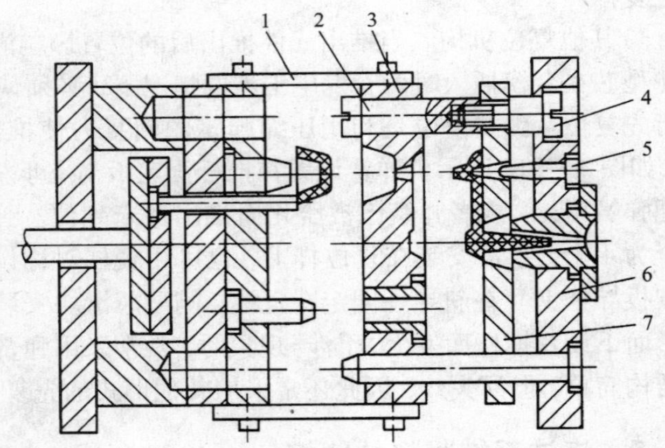

图 3-150　拉料杆拉断点浇口脱出浇注系统凝料

1—拉板；2—拉杆；3—定模板；4—限位螺钉；
5—点浇口拉料杆；6—定模座板；7—分流道推板

3）利用凝料推板拉断点浇口脱出浇注系统凝料

如图 3-151 所示，分流道位于定模座板 4 和凝料推板 3 之间，*A* 面分型时由于塑件通过浇口和分流道凝料的连接，浇注系统凝料被拉向定模型腔板一边，附着在凝料推板上，主流道凝料也同时从浇口套 5 中拉出，分型到一定距离后由定距拉杆 1 的中间台阶面拖住凝料推板，*B* 面分开将流道凝料从浇口处与塑件拉断，并继续推出。型腔板浇口周围的凸台与凝料推板孔采用锥面配合，当定模型腔板受定距拉杆长度限位时，模具最终从 *C* 分型面打开，此时塑件留于动模型芯上，通过推出装置脱落。

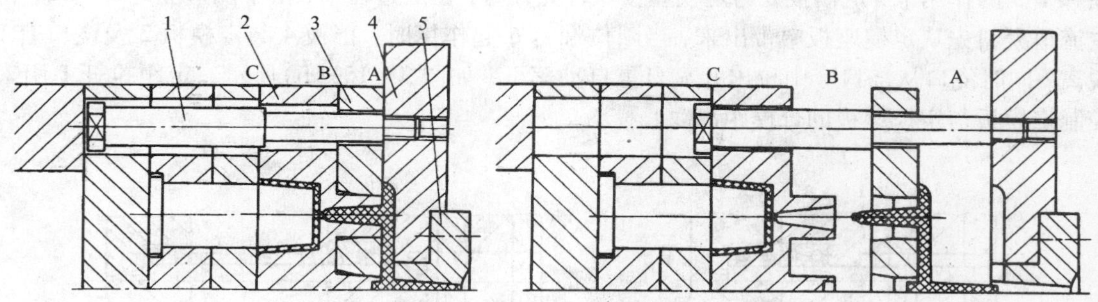

图3-151　利用凝料推板拉断点浇口脱出浇注系统凝料

1—定距拉杆；2—定模；3—凝料推板；4—定模座板；5—浇口套

这种脱浇形式常用于点浇口单腔模，即主流道为菱形流道的模具。为了从型腔板中推出流道凝料，菱形流道两侧设计出凸耳，推板推在凸耳上，如图3-152所示。浇口套7以H8/f8的间隙配合安装在定模座板5中，外侧有压缩弹簧6，图3-152(a)是合模注射的情况，当注射保压过程完成后注射机喷嘴退回，主流道衬套7在弹簧6作用下后退并与主流道凝料脱开。图3-152(b)是开模后的情况，开模时挡板3先与定模座板5分型，主流道凝料从浇口套中脱出，当限位螺钉4起限位作用时，此过程分型结束，而挡板3与定模板1开始分型，直至限位螺钉2限位，接着动定模的主分型面分型，这时，挡板3将浇口凝料从定模板1中拉出并在自重作用下自动脱落。

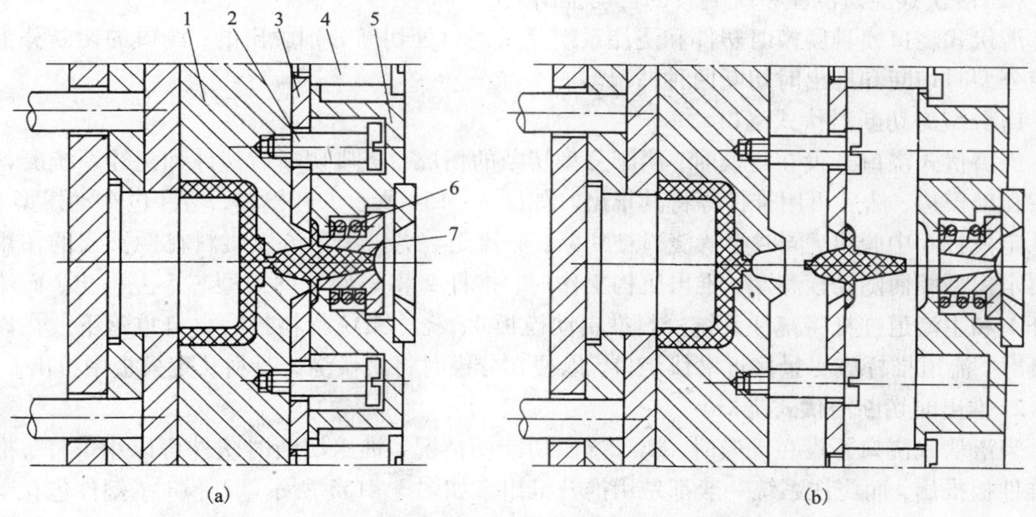

图3-152　单型腔模用推板拉断点浇口脱出浇注系统凝料(1)

1—定模；2、4—限位螺钉；3—凝料推板；5—定模座板；6—弹簧；7—浇口套

一般模具都不设计带弹簧的活动主流道衬套，操作时注射机喷嘴也无需后退，为了在分型时使流道凝料留在推板和型腔板一边，可减短定模座板上的流道长度，增大锥度，或在型腔板一边的流道内加工出圆环形凹槽，如图3-153所示。带有凹槽的浇口套7以H7/m6的过渡配合固定于定模板2上，浇口套7与挡板4以锥面定位，如图3-153(a)所示；开模时，

在弹簧3的作用下，定模板2与定模座板5首先分型，在此过程中，由于浇口套开有凹槽，将主流道凝料先从定模座板中带出来，当限位螺钉6起作用时，挡板4与定模板2及浇口套7脱离，同时浇口从浇口套中拉出并靠自重自动落下，如图3－153(b)所示。定距拉杆1用来控制定模板与定模座板的分模距离。

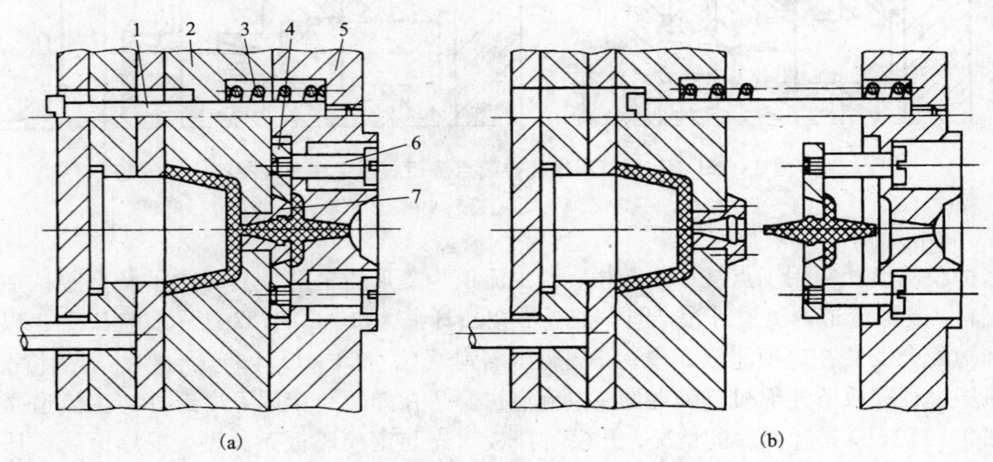

图3－153　单型腔模用推板拉断点浇口脱出浇注系统凝料(2)

1—定距拉杆；2—定模板；3—弹簧；4—凝料推板；5—定模座板；6—限位螺钉；7—浇口套

(2)潜伏式浇口浇注系统凝料的自动推出

潜伏式浇口模具脱模时塑件和浇注系统是从浇口处切断分别脱出的，浇口的切断分为动定模分型时切断和推出时切断两种情况。

1)分型时切断潜伏式浇口

当潜伏式浇口开设在定模时，属于分型切断的情况，浇口切断后塑件和浇注系统凝料仍然留在动模边，然后再用推杆等将其推出。如图3－154所示。开模时，塑件包在动模型芯5上从定模板6中脱出，同时潜伏浇口被切断，分流道、浇口和主流道凝料在倒锥穴的作用下拉出定模型腔而随动模移动，推出机构工作时，推杆2将塑件从动模型芯5上推出，而流道推杆1和主流道推杆将浇注系统凝料推出动模板4，浇注系统凝料最后由自重落下。在设计模具时，流道推杆应尽量接近潜伏浇口，以便在分模时将潜伏浇口凝料从定模板中拉出。

2)推出时切断潜伏式浇口

当潜伏式浇口开设在动模时，属于推出切断的情况，推出切断时塑件可以用推杆、推管或推件板推出，而浇注系统一般都是用推杆推出。如图3－155所示。开模时，塑件包在动模凸模3上随动模一起后移，分流道和浇口及主流道凝料由于倒锥穴的作用留在动模一侧，推出机构工作时，推杆将塑件从凸模3上推出，同时潜伏浇口被切断，浇注系统凝料在流道推杆1和主流道推杆的作用下推出动模板4而自动脱落。在这种形式的结构中，潜伏浇口的切断、推出与塑件的脱模是同时进行的，在设计模具时，流道推杆及倒锥穴也应尽量接近潜伏浇口。

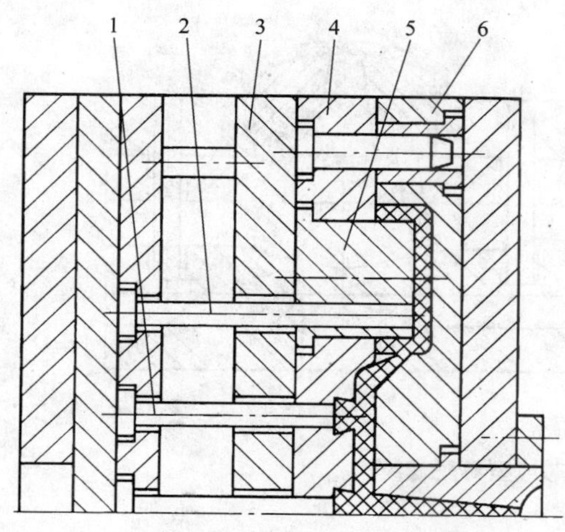

图 3－154　潜伏式浇口分型自动切断形式

1—流道推杆；2—推杆；3—动模支承板；
4—动模板；5—型芯；6—定模板

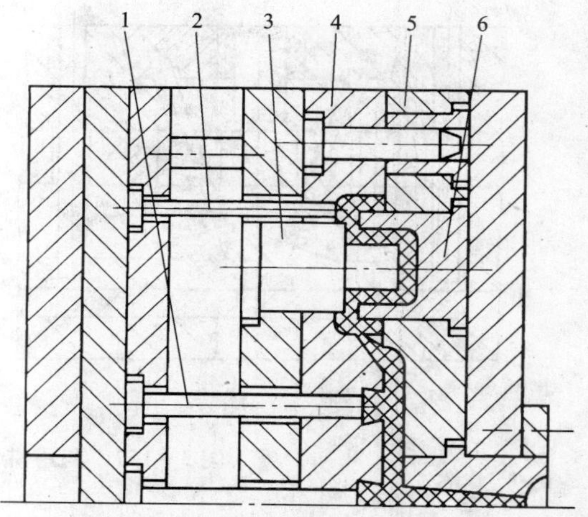

图 3－155　潜伏式浇口推出自动切断形式

1—流道推杆；2—推杆；3—凸模；
4—动模板；5—定模板；6—定模型芯

3.8.6　带螺纹塑件的脱模机构

带有螺纹的塑件，其脱模机构的形式随其脱模方式的不同主要有非旋转脱出和旋转脱出两大类，每类又分若干种。

(1)非旋转脱出

1)强制推出

利用塑件在脱模温度下的弹性，将塑件从螺纹型芯或型环上推出。在脱模力作用下，内螺纹塑件被强制膨胀，外螺纹塑件被强制压缩，从而达到脱出的目的。这种模具结构比较简单，用于精度要求不高，螺纹形状比较容易脱出的制品。如图 3－156 所示是利用推件板强制脱模的结构。

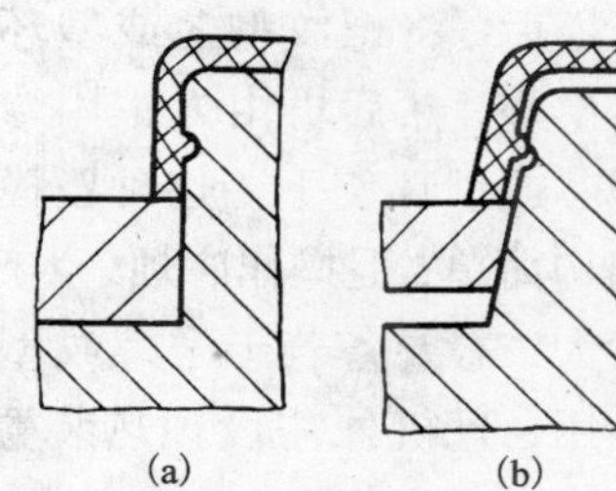

图 3－156　利用塑件的弹性强制脱模

2)拼合型芯或型环脱模

这种脱螺纹的方式，实际上是采用斜滑块或斜导杆的侧向分型或抽芯的方式，塑件的外螺纹脱模，采用斜滑块外侧分型；塑件的内螺纹脱模，采用斜滑块内侧抽芯。图 3－157(a)所示为拼合式型环斜滑块外侧分型脱螺纹机构，图 3－157(b)所示为拼合式型芯斜滑块内侧抽芯脱螺纹机构。这两种形式的脱螺纹机构结构简单、可靠，但在塑件螺纹上存在着分型线。

(2)旋转推出

旋转式脱出的螺纹可获得较高的成型精度，其缺点是效率低，特别是用手动旋出时。若用机械式模内自动旋出，则机构比较复杂。

当螺纹型芯或螺纹型环与螺纹塑件作相对旋转时，为避免塑件跟着转，应采取各种止转措施，将塑件相对固定，为此塑件的外形或断面上需带有防止转动的花纹或图案，有的自动

图 3－157　利用拼合型芯或型环脱螺纹

脱螺纹模具中是塑件旋转而型芯或型环不转，这时也需要在塑件上设计有止转花纹来带动塑件旋转。如图 3－158 所示。

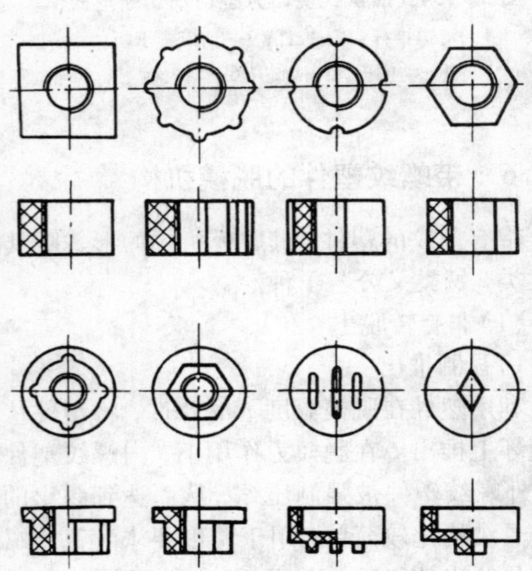

图 3－158　塑件的止转外形或断面

1）模外手动脱模

这是最简单的脱出方式。首先，螺纹型芯或螺纹型环必须设计成活动镶件的形式，每次开模，先将螺纹型芯或螺纹型环按一定配合和定位放入模具型腔内，注射成型分模后，将螺纹型芯或型环随塑件一起推出模外，然后再由人工用专用工具将螺纹型芯或型环旋下。这种脱模方式的特点是结构简单，但操作麻烦，生产率低，劳动强度大，需要备若干个螺纹型芯或型环交替使用，且机外需设预热装置，所以只适用于小批量生产。

也有利用一些简单的工具在模具打开后直接从模具的固定型芯上或型腔内旋出螺纹塑件。

2）模内手动脱模

图 3－159 所示为最简单的手动模内脱螺纹的形式，注射成型后，在开模之前必须先用专业工具将螺纹型芯旋出，然后再开模并推出塑件，设计时必须使螺纹型芯两端的螺纹螺距和旋向都相同。

图 3－160 所示为模内设有变向机构的手动脱出螺纹塑件的模具结构。开模后，用手摇动轴 1，通过齿轮 2、3 的传动，使螺纹型芯 7 按旋出塑件需要的方向转动。弹簧 4 在脱模过程中，始终顶住活动型芯 6，使它随塑件脱出方向移动，从而使塑件与型芯 6 始终保持接触，防止塑件跟着螺纹型芯 7 转动，这样塑件就可顺利脱出。

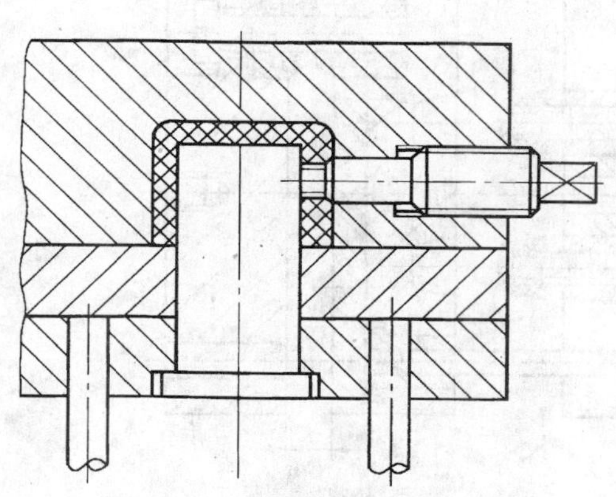

图 3－159　模内手动脱螺纹

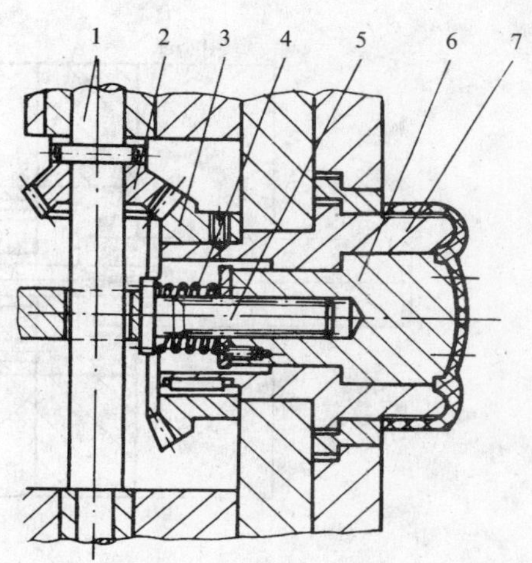

图 3－160　模内手动脱螺纹机构

1—轴；2、3—齿轮；4—弹簧；5—花键轴；6—活动型芯；7—螺纹型芯

3）模内机动脱模

模内机动脱螺纹是利用开模时的直线运动，通过齿轮齿条或丝杆传动，或直角注射机开、合模螺杆传动，带动螺纹型芯作旋转运动而脱出螺纹塑件。

图 3－161 所示是齿条齿轮脱螺纹机构。开模时，安装于定模板上的传动齿条 1 带动齿轮 2，通过轴 3 及齿轮 4、5、6、7 传动，使螺纹型芯按旋出方向旋转，拉料杆 9（头部有螺纹）也随之转动，从而使塑件与浇注系统凝料同时脱出，塑件依靠浇注系统凝料止转。设计时应注意螺纹型芯及拉料杆上螺纹的旋向应相反，而螺距应相同。

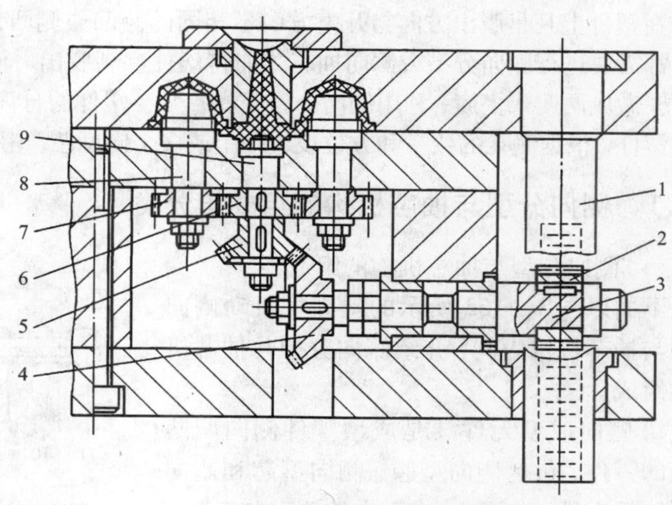

图 3－161　齿轮齿条脱螺纹机构

1—齿条；2—齿轮；3—轴；4、5、6、7—齿轮；8—螺纹型芯；9—拉料杆

图 3－162 所示为利用直角式注射机开、合模螺杆的旋转运动，通过模内传动齿轮 2、3 带动螺纹型芯 4 旋转，从而脱出制品，并使定、动模开模。在开模分型时，定模部分的弹簧弹力使定模板随动模在限位螺钉允许的距离内移动。当定模板在限位螺钉的作用下不再移动时，螺纹型芯在制品内尚有一个螺距未全部脱出，从而将制品带出型腔，继续开模时，制品即能全部脱出。设计时应进行定模板与定模座板之间的开距 l 的计算，并校核开模行程。

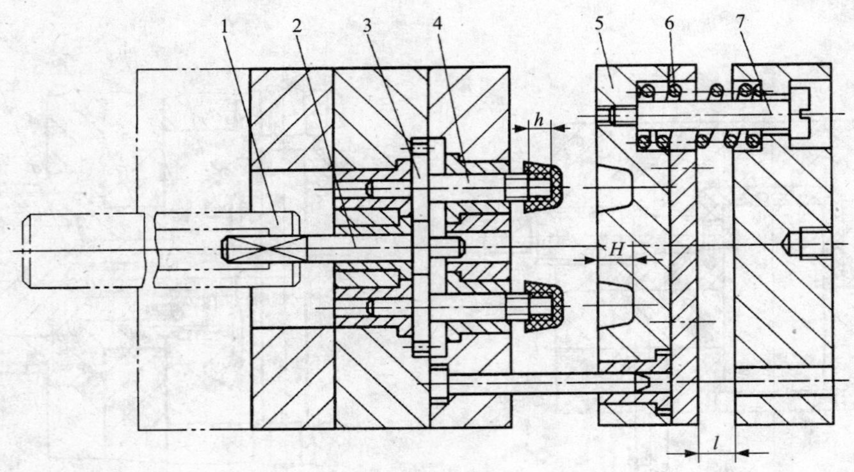

图 3-162　直角注射机的螺纹脱出机构

1—开合模螺杆；2—主动齿轮；3—从动齿轮；4—螺纹型芯；5—凹模；6—弹簧；7—限位螺钉

3.9　侧向分型与抽芯机构的设计

在塑件上凡是脱出方向与开模方向不相同的侧凹或侧凸，除少数浅侧凹可以强制脱模外，其他都需要进行侧向分型或侧向抽芯才能将塑件顺利脱出。侧向分型用于有内外侧凸的塑件，将凹模做成两瓣或多瓣，利用侧向分型完成各瓣与塑件的分离，脱出侧凸。侧向抽芯用于有侧孔的塑件，根据侧孔的数量和方位设置一个或多个侧型芯，用侧向抽芯机构抽出侧型芯。

3.9.1　侧向分型与抽芯机构的组成与分类

(1)侧向分型与抽芯机构的组成

下面以图 3-163 所示的斜导柱机动侧向分型与抽芯机构为例，介绍侧向分型与抽芯机构的组成。

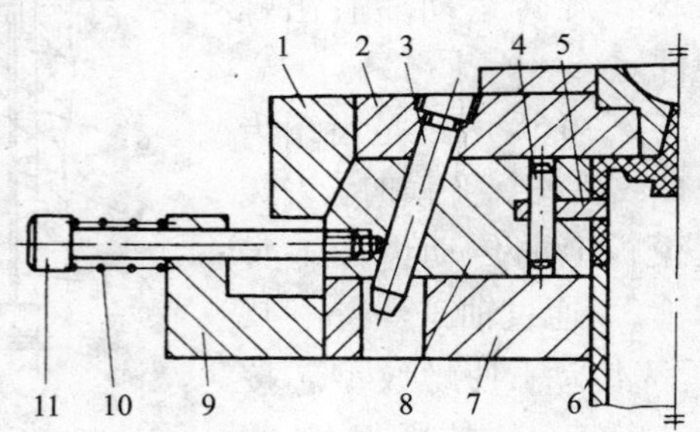

图 3-163　侧向分型与抽芯机构的组成

1—楔紧块；2—定模座板；3—斜导柱；4—销钉；5—侧型芯；6—推管；7—动模板；8—侧滑块；9—限位挡块；10—弹簧；11—螺钉

1)侧向成型元件　是成型塑件侧向凹凸形状的零件，包括侧向型腔、侧向型芯和侧向成型块等零件，如图 3-163 中的侧型芯 5。

2)运动元件　是指安装并带动侧向成型块或侧型芯并在模具导滑槽内运动的零件，如图 3-163 中的侧滑块 8。

3)传动元件　是指开模时带动运动元件作侧向分型或抽芯运动，合模时又使之复位的零件，如图 3-163 中的斜导柱 3。

4)锁紧元件　为了防止注射时运动元件受到侧向压力而产生位移所设置的零件称为锁紧元件，如图 3-163 中的楔紧块 1。

5)限位元件　为了使运动元件在侧向分型或侧向抽芯结束后停留在所要求的位置上，以保证合模时传动元件能顺利使其复位，必须设置运动元件在侧向分型或抽芯结束时的限位元件，如图 3－163 中的挡块 9、弹簧 10、螺钉 11。

（2）侧向分型与抽芯机构的分类

侧向分型与抽芯机构按其动力来源可分为手动、机动、液压或气动三大类。

1）手动侧向分型与抽芯机构

手动侧向分型抽芯的方法是，在开模后，依靠人工将侧型芯或镶块连同制品一起取出，在模外使制品与型芯分离，或在开模前依靠人工直接抽拔或通过传动装置抽出侧型芯。手动抽芯机构的结构简单，制造方便，但操作麻烦，生产率低，劳动强度大且抽拔力受到人力限制。因此只有在小批量生产时，或因制品形状的限制无法采用机动抽芯机构时才采用手动抽芯。

2）机动侧向分型与抽芯机构

机动侧向分型抽芯的方法是，开模时依靠注射机的开模力，通过传动零件，将侧型芯抽出。机动抽芯具有较大的抽芯力和抽芯距，生产效率高，操作简便，动作可靠等优点，因而被广泛采用。机动抽芯机构按传动方式可分：斜导柱侧向分型与抽芯机构、弯销侧向分型与抽芯机构、斜滑块侧向分型与抽芯机构、齿轮齿条侧向分型与抽芯机构等。

3）液压或气动侧向分型与抽芯机构

它是以压力油或压缩空气作抽芯动力，在模具上配置液压缸或气缸，依靠液压系统或气动系统抽出侧型芯的。其优点是传动平稳，可以根据抽芯力的大小和抽芯行程来设置液压和气动系统，可以得到较大的抽芯力和较长的抽芯行程。现代的注射机本身均设置了液压抽芯装置，使用时只需将其与模具中的侧向抽芯机构连接，调整后就可以实现抽芯。如果注射机不带这种装置，需要时可另行配置。

3.9.2　抽芯距与抽拔力计算

（1）抽芯距的确定

抽芯距是指侧型芯从成型位置抽到不妨碍制品取出位置时，侧型芯在抽拔方向所移动的距离。抽芯距一般应大于制品的侧孔深度或凸台高度 2～3 mm，如图 3－164所示，制品上侧孔深度为 h，此时抽芯距为：

$$s = h + (2\sim3)\ \text{mm} \qquad (3-69)$$

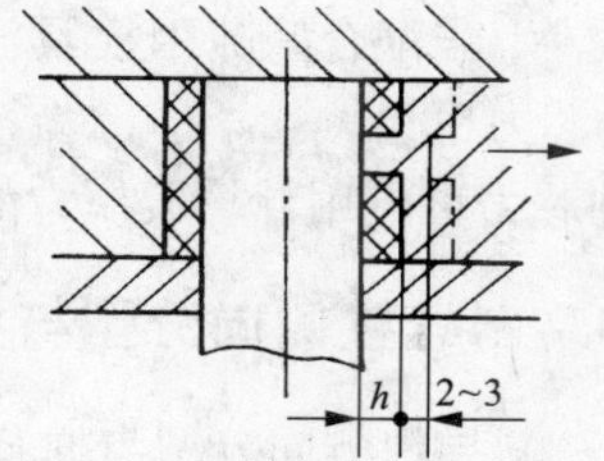

图 3－164　带有侧孔塑件的抽芯距

当塑件上的结构比较特殊时，如塑件外形为圆形并用对开式滑块侧抽芯时，如图 3－165 所示，其抽芯距为：

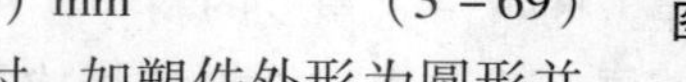

$$s = \sqrt{R^2 - r^2} + (2\sim3)\ \text{mm} \qquad (3-70)$$

式中：R——外形最大圆的半径，mm；

r——阻碍塑件脱模的外形最小圆半径，mm。

（2）抽拔力的确定

塑料制品在冷凝收缩时，对侧型芯产生包紧力，抽芯机构所需的抽芯力，必须克服因包紧力所引起的抽芯阻力及抽芯机构机械滑动时的摩擦阻力，才能把活动型芯抽拔出来。对于不带通孔的壳体制品侧抽芯，抽拔时还需克服表面大气压造成的阻力。在抽拔过程中，开始抽拔的瞬时，使制品与侧型芯脱离所需的抽拔力称为起始抽芯力，以后为了使侧型芯抽到不妨碍制品推出的位置时，所需的抽拔力称为相继抽芯力，前者比后者大。因此计算抽芯力时应以起始抽芯力为准。

影响抽芯力的因素很多，其中主要有以下几个方面：

1)侧型芯成型部分的表面积及其几何形状：型芯成型部分表面积越大，越复杂，其包紧力也越大，所需的抽芯力也越大；矩形截面比圆形截面的包紧力大，所需的抽芯力也越大；由曲线或折线所形成的截面，包紧力更大，抽芯力也更大。

2)塑料的收缩率：塑料的收缩率越大，对型芯的包紧力也越大，所需的抽芯力也越大。同样收缩率下，硬质塑料比软质塑料所需的抽芯力大。

3)制品的壁厚：包容面积相同，形状相似的制品，薄壁制品收缩率小，抽芯力也小，反之，壁厚大抽芯力也大。

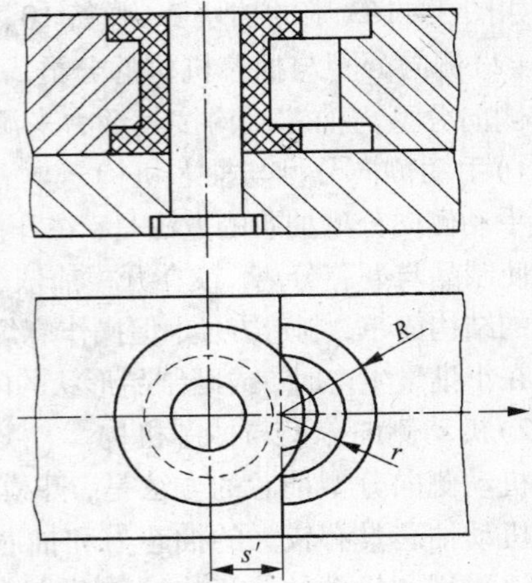

图 3－165　对开式滑块的抽芯距

4)塑料对型芯的摩擦系数：塑料对型芯的摩擦系数与塑料性质、型芯的脱模斜度、型芯表面粗糙度、润滑条件及型芯表面加工的纹向有关，摩擦系数越大，抽芯力也越大。

5)在制品同一侧面同时抽芯的数量：在制品同一侧有两个以上型芯，采用同时抽芯时，由于制品孔距间的收缩较大，所以抽芯力也大。

6)成型工艺主要参数：注射压力、保压时间、冷却时间对抽芯力影响较大。当注射压力小，保压时间短，抽芯力较小；冷却时间长，制品收缩基本完成，则包紧力大，抽芯力也大。

7)抽芯机构滑动件之间的摩擦力：当模具配合间隙正常时，滑动件之间摩擦力较小，抽芯力较小；当配合间隙因模具温度升高而减小，或配合间隙中有杂质(溢料等)，摩擦力变大，抽芯力也大。

抽芯力可应用计算脱模力的公式来进行计算。见式(3－67)。

3.9.3　斜导柱侧向分型与抽芯机构的设计

(1)斜导柱侧向分型与抽芯机构的工作原理

斜导柱抽芯机构由与模具开模方向成一定角度的斜导柱和滑块组成，并有保证抽芯动作稳妥可靠的滑块定位装置和锁紧装置。典型斜导柱抽芯机构如图 3－166 所示。斜导柱 3 固定在定模板 2 上，滑块 8 在动模板 7 的导滑槽内滑动，侧型芯 5 用销钉 4 固定在滑块 8 上。开模时，开模力通过斜导柱作用于滑块，迫使滑块在动模板的导滑槽内向外滑出，完成抽芯。塑件由推管 6 推出。支架 9、螺钉 11、弹簧 10 组成的限位装置用于保证滑块停留在抽芯后的最终位置，使合模时导柱能顺利地进入滑块的斜导孔中，使滑块顺利复位。楔紧块 1 用于锁紧滑块，防止侧型芯受到成型压力的作用而使滑块向外移动。

(2)斜导柱侧向分型与抽芯机构零部件设计

1)斜导柱的设计

斜导柱是侧向分型抽芯机构的关键零件。它的作用是：在开模时将侧型芯与滑块从制品中抽拔出来；而在合模过程中使侧型芯与滑块顺利复位到成型位置。设计时需要确定斜导柱的形式、尺寸和斜角的大小。

①斜导柱的基本形式

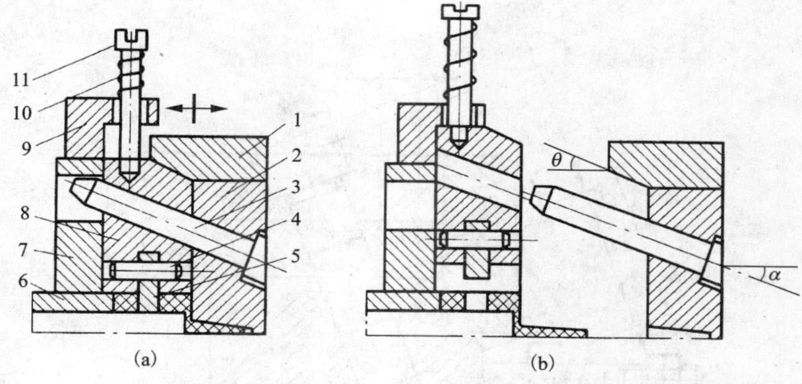

图 3－166　斜导柱侧向分型与抽芯机构

1—楔紧块；2—定模座板；3—斜导柱；4—销钉；5—侧型芯；6—推管；7—动模板；8—侧滑块；9—限位挡块；10—弹簧；11—螺钉

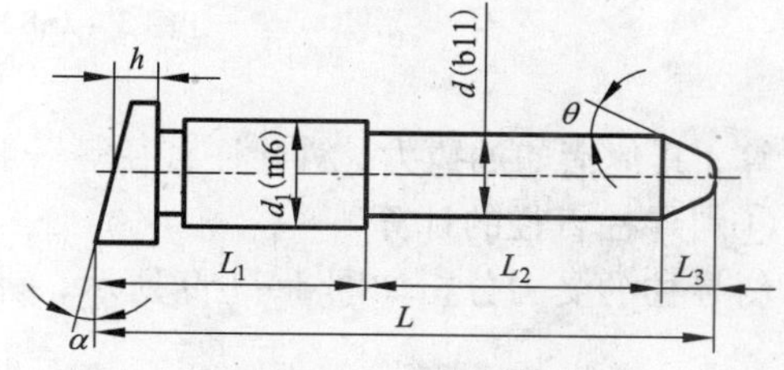

图 3－167　斜导柱的基本形式

斜导柱的基本形式如图 3－167 所示。L_1 为固定于模板内的部分，与模板内的安装孔采取 H7/m6 的过渡配合，L_2 为完成抽芯所需工作部分长度，α 为斜导柱的倾斜角，L_3 为斜导柱端部具有斜角 θ 部分的长度，为合模时斜导柱能顺利插入侧滑块斜导孔内而设计，θ 角度常取比 α 大 2°～3°（如果 $\theta<\alpha$，则 L_3 部分会参与侧抽芯，使抽芯尺寸难以确定）。侧滑块与斜导柱工作部分常采用 H11/b11 配合或留有 0.5～1 mm 的间隙。

②斜导柱倾斜角的确定

在斜导柱侧向分型与抽芯结构中，斜导柱与开模方向的夹角称为斜导柱的倾斜角 α，它是斜导柱抽芯机构的一个主要参数。它的大小涉及斜导柱的有效工作长度、抽芯距、受力状况以及开模行程等。

当 α 值增大时，要获得相同的抽芯力，则斜导柱所受的弯曲力要增大，同时所受的开模力也增大。因此，从希望斜导柱受力较小的角度考虑，α 愈小愈好。但是当抽芯距 S 一定时，α 值的减小必然导致斜导柱工作部分长度及开模行程的加大。因为开模行程受到注射机开模行程的限制，而且斜导柱工作长度的加长，会降低斜导柱的刚度，所以斜导柱斜角应综合考虑本身的强度、刚度和注射机开模行程，从理论上推导，α 取 22°30′为宜，在生产中斜角 α 一般取 15°～20°，最大不超过 25°。

③斜导柱长度的计算

斜导柱的长度根据抽芯距、固定端模板厚度、斜导柱直径以及倾斜角大小确定，如图 3－168 所示。

斜导柱的总长为

$$L_Z = L_1 + L_2 + L_3 + L_4 + L_5 = \frac{d_2}{2}\tan\alpha + \frac{h}{\cos\alpha} + \frac{d}{2}\tan\alpha + \frac{s}{\sin\alpha} + (5\sim10)\ \text{mm} \qquad (3-71)$$

通常，斜导柱的有关参数计算主要是掌握倾斜角与抽芯距及斜导柱长度、开模行程的关

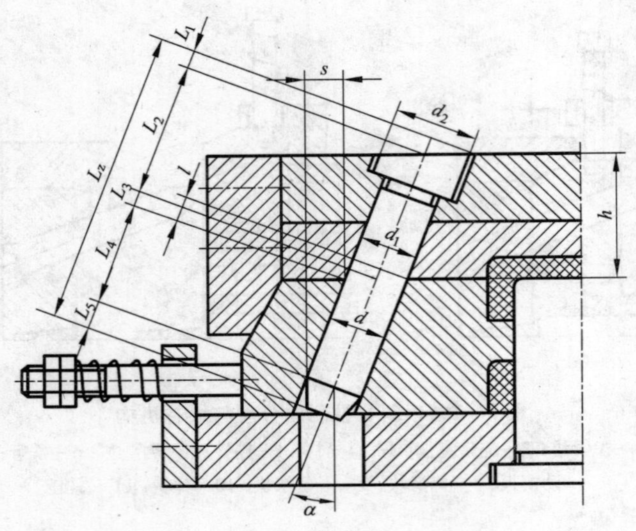

图 3－168　斜导柱的长度

系计算，其他诸如抽拔力、斜导柱直径等一般凭经验确定。

④斜导柱直径的计算

斜导柱的受力分析如图 3－169 所示，斜导柱所受的弯矩为

$$M_w = F_w L_w \tag{3-72}$$

式中：M_w——斜导柱所受弯矩；

F_w——斜导柱所受弯曲力；

L_w——斜导柱弯曲力臂。

由材料力学可知

$$M_w \leqslant [\sigma_w] W \tag{3-73}$$

式中：$[\sigma_w]$——斜导柱材料的许用弯曲应力(可查手册)；

W——斜导柱截面系数。

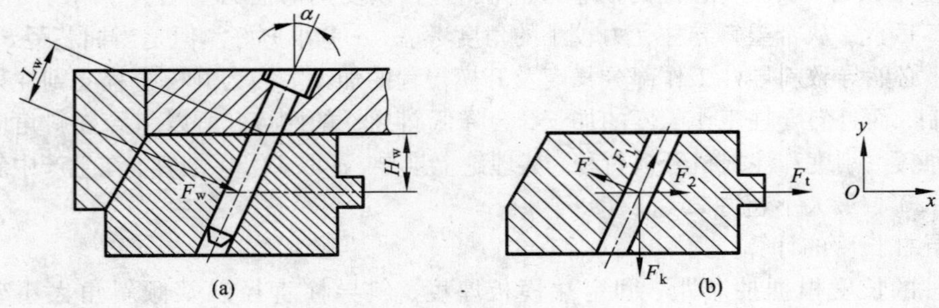

图 3－169　斜导柱的受力分析

斜导柱的截面一般为圆形，其截面系数为

$$W = \frac{\pi}{32} d^3 \approx 0.1 d^3 \tag{3-74}$$

将已知数代入式(3-73)可求出斜导柱的直径为

$$d=\sqrt[3]{\frac{F_{w}L_{w}}{0.1[\sigma_{w}]}}=\sqrt[3]{\frac{10F_{t}L_{w}}{[\sigma_{w}]\cos\alpha}}=\sqrt{\frac{10F_{c}H_{w}}{[\sigma_{w}]\cos^{2}\alpha}} \tag{3-75}$$

式中:H_w——侧型芯滑块受到脱模力的作用线与斜导柱中心线交点到斜导柱固定板的距离,它的大小视模具设计而定,并不等于滑块高度的一半。

由于计算比较复杂,有时也可以用查表的方法确定斜导柱的直径。先按已求得的抽芯力F_c和选定的斜导柱倾斜角α在表3-15中查出最大弯曲力F_w,然后根据F_w和H_w以及斜导柱倾斜角α的数值在表3-16中查出斜导柱的直径d。

表3-15 最大弯曲力F_w与抽芯力F_c和斜导柱倾斜角α的关系

最大弯曲力 F_w/kN	斜导柱倾角 α/(°)					
	8	10	12	15	18	20
	脱模力(抽芯力)F_c/kN					
1.00	0.99	0.98	0.97	0.96	0.95	0.94
2.00	1.98	1.97	1.95	1.93	1.90	1.88
3.00	2.97	2.95	2.93	2.89	2.85	2.82
4.00	3.96	3.94	3.91	3.86	3.80	3.76
5.00	4.95	4.92	4.89	4.82	4.75	4.70
6.00	5.94	5.91	5.86	5.79	5.70	5.64
7.00	6.93	6.89	6.84	6.75	6.65	6.58
8.00	7.92	7.88	7.82	7.72	7.60	7.52
9.00	8.91	8.86	8.80	8.68	8.55	8.46
10.00	9.90	9.85	9.78	9.65	9.50	9.40
11.00	10.89	10.83	10.75	10.61	10.45	10.34
12.00	11.88	11.82	11.73	11.58	11.40	11.28
13.00	12.87	12.80	12.71	12.54	12.35	12.22
14.00	13.86	13.79	13.69	13.51	13.30	13.16
15.00	14.85	14.77	14.67	14.47	14.25	14.10
16.00	15.84	15.76	15.64	15.44	15.20	15.04
17.00	16.83	16.74	16.62	16.40	16.15	15.93
18.00	17.82	17.73	17.60	17.37	17.10	16.90
19.00	18.81	18.71	18.58	18.33	18.05	17.80
20.00	19.80	19.70	19.56	19.30	19.00	18.80
21.00	20.79	20.68	20.53	20.26	19.95	19.74
22.00	21.78	21.67	21.51	21.23	20.90	20.68
23.00	22.77	22.65	22.49	22.19	21.95	21.62
24.00	23.76	23.64	23.47	23.16	22.80	22.56
25.00	24.75	24.62	24.45	24.12	23.75	23.50
26.00	25.74	25.61	25.42	25.09	24.70	24.44
27.00	26.73	26.59	26.40	26.05	25.65	25.38

续表

最大弯曲力 F_w/kN	斜导柱倾角 α/(°)					
	8	10	12	15	18	20
	脱模力(抽芯力) F_c/kN					
28.00	27.72	27.58	27.38	27.02	26.60	26.32
29.00	28.71	28.56	28.36	27.98	27.55	27.26
30.00	29.70	29.65	29.34	28.95	28.50	28.20
31.00	30.69	30.53	30.31	29.91	29.45	29.14
32.00	31.68	31.52	31.29	30.88	30.40	30.08
33.00	32.67	32.50	32.27	31.84	31.35	31.02
34.00	33.66	33.49	33.25	32.81	32.30	31.96
35.00	34.65	34.47	34.23	33.77	33.25	32.00
36.00	35.64	35.46	35.20	34.74	34.20	33.81
37.00	36.63	36.44	36.18	35.70	35.15	34.78
38.00	37.62	37.43	37.16	36.67	36.10	35.72
39.00	38.61	38.41	38.14	37.63	37.05	36.66
40.00	39.60	39.40	39.12	38.60	38.00	37.60

2)滑块与导滑槽的设计

滑块可以是瓣合模滑块，也可以是侧型芯滑块。滑块可做成整体式，也可以做成组合式。组合式的滑块前端成型部分与滑块主体分别制造，然后再采用不同的连接形式紧固成一体。从而方便了加工，并节省优质钢材。

①侧型芯与滑块的连接形式

在组合式侧滑块型芯结构中，侧型芯与滑块的连接方式如图 3－170 所示。对于尺寸较小的侧型芯，为了增加型芯的强度，往往将型芯嵌入滑块部分的尺寸加大，用轴销固定，如图 3－170(a)所示；如考虑滑块强度，不增大型芯尺寸，而采用骑缝销固定，如图 3－170(b)所示；若型芯是圆形，且直径较小时，可用紧定螺钉顶紧的形式，如图 3－170(c)所示；对于较大的型芯可用燕尾槽连接，如图 3－170(d)所示；对于多个型芯，可用固定板固定，如图 3－170(e)所示；当型芯为薄片时，可用通槽加销钉固定，如图 3－170(f)所示。

②滑块的导滑形式

为了确保侧型芯可靠地抽出和复位，保证滑块在移动过程中平稳、无上下窜动和卡死现象，滑块与导滑槽必须很好配合和导滑。滑块与导滑槽的配合一般采用 H8/f7，其配合结构形式主要根据模具大小、模具结构和塑料制品的产量选择，常见形式如图 3－171 所示。

其中图 3－171(a)为整体式滑块与整体式导滑槽，结构紧凑，但制造困难，精度难控制，主要用于小型模具的抽芯机构；图 3－171(b)、(c)是整体的盖板式，不过前者导滑槽开在盖板上，后者导滑槽开在底板上；盖板也可以设计成局部的形式，甚至设计成侧型芯两侧的单独压块，前者如图 3－171(d)所示，后者如图 3－171(e)所示，这种结构解决了加工困难的问题；在图 3－171(f)的形式中，侧滑块的高度方向仍由 T 形槽导滑，而其宽度方向由中间所镶入的镶块导滑；图 3－171(g)是整体燕尾槽导滑的形式，导滑精度较高，但加工更困难。

表3-16 斜导柱倾斜角α、高度H_w、最大弯曲力F_w、斜导柱直径之间的关系

斜导柱倾斜角 α/(°)	H_w/mm	最大弯曲力/kN																													
		1	2	3	4	5	6	7	8	9	10	11	12	13	14	15	16	17	18	19	20	21	22	23	24	25	26	27	28	29	30
		斜导柱直径/mm																													
8	10	8	10	10	12	12	14	14	14	15	15	16	16	18	18	18	18	18	20	20	20	20	20	20	20	22	22	22	22	22	22
	15	8	10	12	14	14	15	16	16	18	18	18	20	20	20	20	20	22	22	22	22	24	24	24	24	24	24	24	25	25	25
	20	10	12	14	14	15	16	18	18	20	20	20	20	22	22	22	24	24	24	24	24	25	25	25	26	26	26	28	28	28	28
	25	10	12	14	15	18	18	18	20	20	22	22	22	24	24	24	24	25	25	26	26	26	28	28	28	28	28	30	30	30	30
	30	10	14	15	16	18	18	20	20	22	22	24	24	24	24	25	25	26	28	28	28	28	28	30	30	30	30	32	32	32	32
	35	12	14	16	18	18	20	20	20	22	24	24	25	25	26	26	28	28	28	30	30	30	30	30	32	32	32	34	34	34	34
	40	12	14	16	18	20	20	22	22	24	24	25	26	26	28	28	28	30	30	30	30	32	32	32	32	34	34	34	34	34	35
10	10	8	10	12	12	12	14	14	14	15	15	16	18	18	18	18	18	18	20	20	20	20	20	20	22	22	22	22	22	22	22
	15	8	12	12	14	14	15	16	16	18	18	18	20	20	20	20	22	22	22	22	22	24	24	24	24	24	24	24	25	25	25
	20	10	12	14	14	15	16	18	18	20	20	20	22	22	22	22	24	24	24	24	24	25	25	25	26	26	28	28	28	28	28
	25	10	12	14	15	18	18	18	20	20	22	22	22	24	24	24	24	25	25	26	26	26	28	28	28	28	30	30	30	30	30
	30	10	14	15	16	18	20	20	22	22	22	24	24	24	25	25	25	26	28	28	28	28	30	30	30	30	30	32	32	32	32
	35	12	14	16	18	20	20	20	22	22	24	24	25	25	26	26	28	28	28	30	30	30	30	32	32	32	32	32	34	34	34
	40	12	14	18	18	20	22	22	24	24	24	25	26	26	28	28	28	30	30	32	30	32	32	32	32	34	34	34	34	34	36
12	10	8	10	12	12	12	14	14	14	15	16	16	16	18	18	18	18	18	20	20	20	20	20	20	22	22	22	22	22	22	22
	15	8	12	12	14	14	15	16	16	18	18	18	20	20	20	20	22	22	22	22	22	22	24	24	24	24	24	24	24	25	25
	20	10	12	14	14	15	16	18	18	20	20	20	22	22	22	22	24	24	24	24	26	25	26	25	26	26	26	28	28	28	28
	25	10	12	15	16	18	18	20	20	20	22	22	22	24	24	24	24	25	25	26	26	26	28	28	28	28	30	30	30	30	30
	30	12	14	15	16	18	20	20	22	22	22	24	24	24	25	25	25	26	28	28	28	28	30	28	30	30	30	32	32	32	32
	35	12	14	16	18	20	20	22	22	24	24	24	25	25	25	28	28	28	28	30	30	30	30	30	32	32	32	32	34	34	34
	40	12	14	16	18	20	22	22	24	24	24	25	26	26	28	28	28	30	30	30	32	32	32	32	32	34	34	34	34	34	35
15	10	8	10	12	12	12	14	14	14	15	16	16	16	18	18	18	18	18	20	20	20	20	20	20	22	22	22	22	22	22	22
	15	10	12	12	14	14	15	16	16	18	18	20	20	20	20	20	22	22	22	22	22	24	24	24	24	24	24	25	25	25	25
	20	10	12	14	14	15	16	18	18	20	20	20	22	22	22	22	22	22	24	24	24	25	25	26	26	26	28	28	28	28	28
	25	10	12	14	16	18	18	20	20	20	22	22	22	24	24	24	24	25	25	26	26	28	28	28	28	28	30	30	30	30	30
	30	12	14	15	16	18	20	20	22	22	22	24	24	24	25	25	26	26	28	28	28	28	30	30	30	30	30	32	32	32	32
	35	12	14	16	18	20	20	22	22	24	24	24	24	25	26	28	28	28	28	28	30	30	30	32	32	32	32	32	34	34	34
	40	12	15	18	18	20	22	22	24	24	24	25	26	28	28	28	30	30	30	30	32	32	32	32	34	34	34	34	34	35	36
18	10	8	10	12	12	14	14	14	16	15	16	16	18	18	18	18	18	20	20	20	20	20	20	22	22	22	22	22	22	22	22
	15	10	12	12	14	14	14	16	18	18	18	18	20	20	20	20	22	22	22	22	22	24	24	24	24	24	24	25	25	25	25
	20	10	12	14	15	16	18	18	20	20	20	20	22	22	22	22	24	24	24	24	25	25	25	26	26	26	28	28	28	28	28
	25	10	12	14	16	18	18	20	20	20	22	22	22	24	24	24	25	25	26	26	26	28	28	28	28	28	30	30	30	30	30
	30	12	14	15	18	18	20	20	22	22	22	22	24	24	25	25	26	26	28	28	28	30	30	30	30	30	32	32	32	32	32
	35	12	14	16	18	20	20	22	24	24	24	24	24	26	26	28	28	28	30	30	30	30	30	32	32	32	32	34	34	34	34
	40	12	15	18	18	20	22	22	24	24	25	25	26	28	28	28	30	30	30	30	32	32	32	32	34	34	34	34	34	34	35
20	10	8	10	12	12	14	14	14	14	15	16	16	18	18	18	18	18	20	20	20	20	20	20	22	22	22	22	22	22	22	22
	15	10	12	12	14	14	15	16	18	18	18	18	20	20	20	20	22	22	22	22	22	24	24	24	24	24	25	25	25	25	25
	20	10	12	14	14	16	18	18	18	20	20	20	22	22	22	22	24	24	24	24	25	25	25	26	26	28	28	28	28	28	28
	25	10	14	14	16	18	18	20	20	20	22	22	22	24	24	24	25	25	26	26	26	28	28	28	28	30	30	30	30	30	30
	30	12	14	15	18	18	20	20	22	22	22	24	24	24	25	25	26	28	28	28	28	30	30	30	30	30	32	32	32	32	32
	35	12	14	16	18	20	20	22	22	24	24	24	24	26	26	28	28	28	28	30	30	30	32	32	32	32	32	34	34	34	34
	40	12	14	18	18	20	22	22	24	24	25	25	26	28	28	28	30	30	30	30	32	32	32	32	34	34	34	34	34	35	35

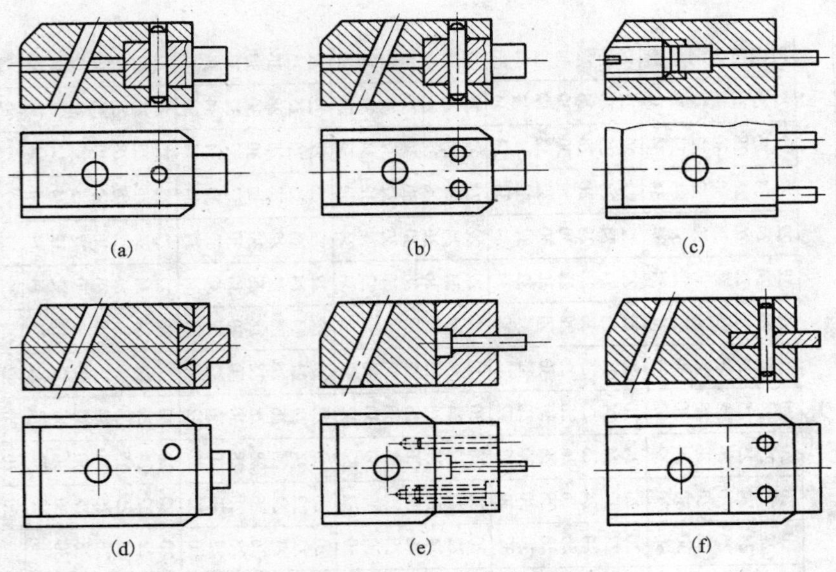

图 3－170　侧型芯与滑块的连接形式

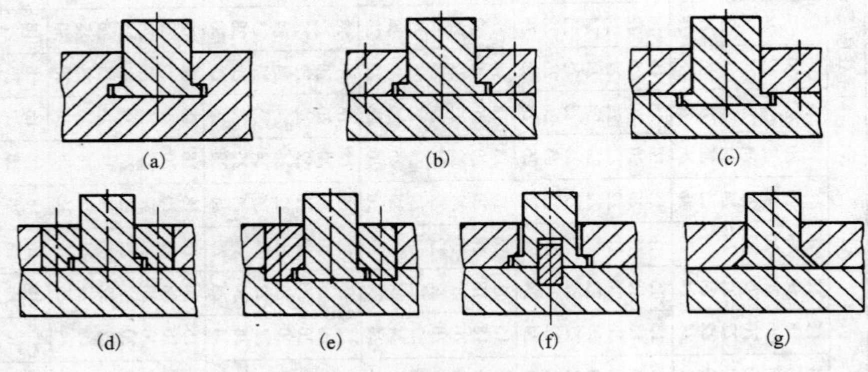

图 3－171　导滑槽结构形式

由于注射成型时，滑块在导滑槽内要求来回移动，因此，对组成导滑槽零件的硬度和耐磨性是有一定要求的。整体式的导滑槽通常在定模板或动模板上直接加工出来，而动、定模板常用的材料为 45 钢，为了便于加工，常常调质至 28～32 HRC，然后再铣削成形。盖板的材料常用 T8、T10 或 45 钢，热处理硬度要求大于 50 HRC(45 钢大于 40 HRC)。

为了让侧滑块在导滑槽内移动灵活，不被卡死，导滑槽和侧滑块要求保持一定的配合长度，滑块配合导滑部分的长度要大于滑块宽度的 1.5 倍。侧滑块完成抽拔动作后，其滑动部分仍应全部或部分长度留在导滑槽内，一般情况下，保留在导滑槽内的侧滑块长度不应小于导滑总的配合长度的 2/3。

滑块斜导孔与斜导柱的配合一般有 0.5 mm 的间隙，这样在开模的瞬间有一个很小的空行程，因此，在未抽芯前强制制品脱出定模型腔或型芯，并使楔紧块首先脱离滑块，然后进行抽芯。

③滑块的定位装置

分型抽芯结束后，当滑块与斜导柱相互分离时，滑块必须停留在刚分离的位置上，以便合模时斜导柱能顺利进入滑块斜孔，为此必须设计滑块的定位装置。常用的侧滑块定位装置如图 3－172 所示。图 3－172(a)为常用的结构形式，特别适合于滑块向上抽芯的情况。滑块向上抽出脱离斜导柱后，依靠弹簧的弹力，使滑块紧贴于定位挡块的下方，设计时，弹簧的弹力要超过侧滑块的重力，定位距离 L 应比抽芯距 s 大 1 mm 左右。图 3－172(b)所示是弹簧置于滑块内侧的结构，适于侧向抽芯距离较短的场合；图 3－172(c)的形式适合于侧滑块向下运动的情况，抽芯结束后，侧滑块靠自重下落到定位挡块上定位，与图 3－172(a)相比较，省去了螺钉、拉杆、弹簧等零件，结构简单；图 3－172(d)是弹簧顶销机构，其结构简单，适合于水平方向侧抽芯的场合。

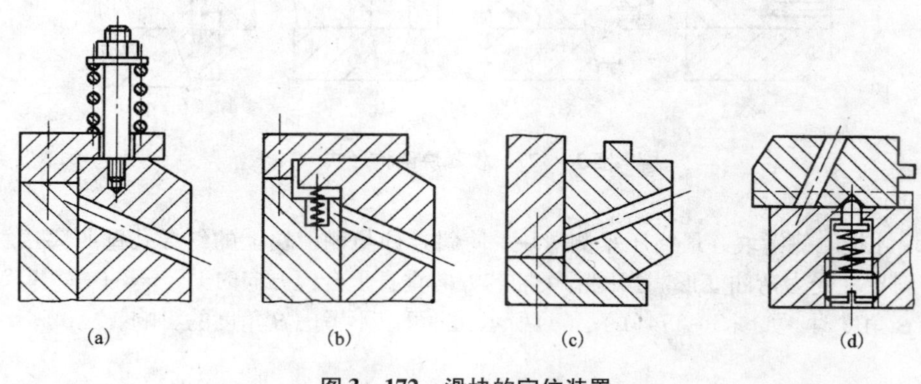

图 3－172　滑块的定位装置

3)楔紧块的设计

注射成型时，型腔内的塑料熔体以很高的压力作用于侧型芯或瓣合模块上，迫使滑块外移，由于斜导柱的刚度较差，不能承受这一侧向力，故常用楔紧面来承受这一侧向推力。同时，由于斜导柱与侧滑块上的斜导柱孔有较大的间隙，斜导柱的配合精度往往不能保证滑块的准确定位，而精度较高的楔紧面在合模时能确保滑块成型位置的精确性。

①楔紧块的形式

楔紧块的结构形式根据滑块的形状和受力大小、磨损情况及制品精度要求决定。楔紧块应有足够的表面硬度(52～56 HRC)，以免擦伤和变形。常用的楔紧块形式如图 3－173 所示。

图 3－173(a)是与模板加工成一体的整体式，牢固可靠，但加工切削量较大，适用于滑块受力大的场合，当滑块外表面可拼合成圆锥形时，采用内圆锥形楔紧套是非常可靠的，如图 3－173(b)。图 3－173(c)是用螺钉和销钉连接在模板上的楔紧块，加工方便，较为常用，用于滑块受力较小的场合。为了改善受力状况，图 3－173(d)在动模边增加一凸起的台阶，合模后对楔紧块起增强的作用。图 3－173(e)～图 3－173(h)均为嵌入式连接的楔紧块，这类结构能承受较大的侧向推力。图 3－173(e)是用 T 型槽加螺钉、销钉固定楔紧块。图 3－173(f)、(g)是在模板上开矩形或圆形孔，再嵌入矩形或圆形楔紧块。图 3－173(h)是嵌入长槽中的形式，加工方便，适于宽度较大的滑块。

②楔紧块的楔角

楔紧块的斜角 α_1(亦称楔紧角)(图 3－174)应大于斜导柱的倾斜角 α，这样，当模具一开模，楔紧块就能离开滑块的压紧面，避免楔紧块与滑块间产生摩擦。合模时，在接近合模终点

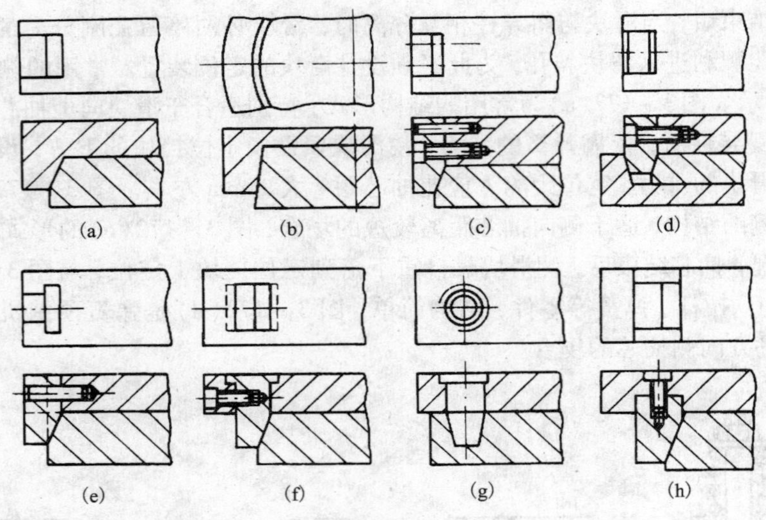

图 3－173　楔紧块结构形式

时，楔紧块才接触侧滑块并最终压紧侧滑块，使斜导柱与侧滑块上的斜导孔壁脱离接触，以避免注射时斜导柱受力弯曲变形。当侧滑块抽芯方向垂直于合模方向时，$\alpha_1 = \alpha + (2° \sim 3°)$；当侧滑块倾斜 β 角度时，如图 3－174(b)、(c)所示，α_1 可以不考虑 β 角度的影响。

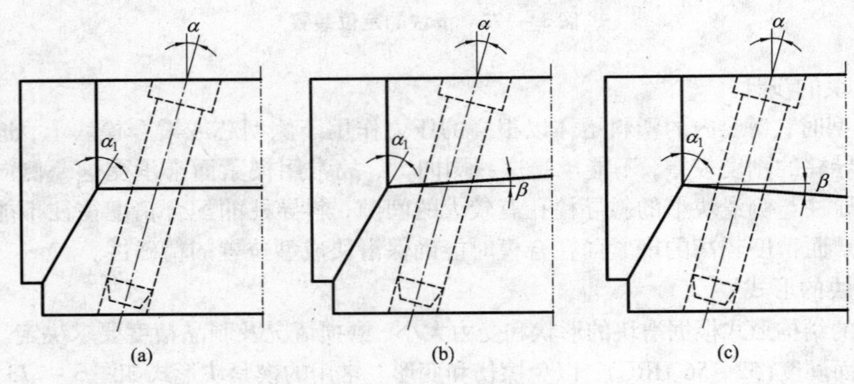

图 3－174　楔紧块的楔角

3.9.4　斜导柱侧向分型与抽芯机构的结构形式

斜导柱侧向分型与抽芯机构按斜导柱与滑块在动、定模的设置位置不同有下列四种结构形式：

(1)斜导柱在定模、滑块在动模的结构

图 3－166 所示即为这种结构形式。在开模的同时。型芯与滑块被斜导柱侧向抽出，在侧型芯完全抽出制品时，再由推出机构将制品推出。这种结构应用十分广泛。在设计这种结构时，必须避免在复位时滑块与推杆出现干涉。

所谓干涉现象是指在合模过程中侧滑块的复位先于推杆的复位而导致活动侧型芯与推杆相碰撞，造成活动侧型芯或推杆损坏的事故。侧向滑块型芯与推杆发生干涉的可能性出现在两者在垂直于开合模方向平面（分型面）上的投影发生重合的情况下，如图 3－175 所示。图 3－175(a) 为合模状态，在侧型芯的投影下面设置有推杆；图 3－175(b) 为合模过程中斜导柱刚插入侧滑块的斜导孔中使其向右边复位的状态，而此时模具的复位杆还未使推杆复位，这就会发生侧型芯与推杆相碰撞的干涉现象。

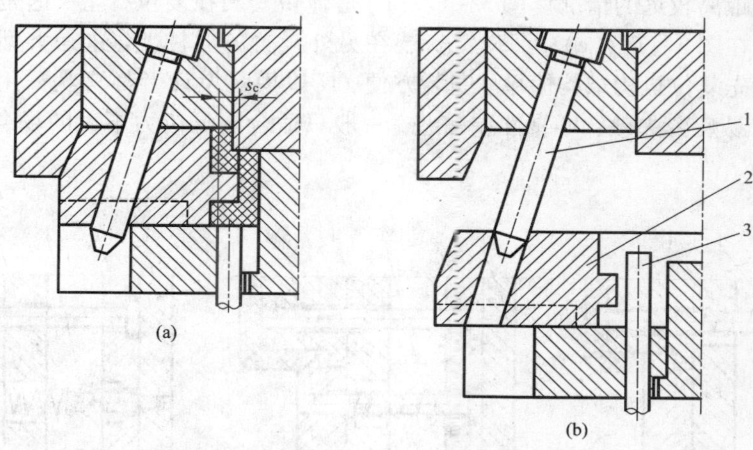

图 3－175　干涉现象

1—斜导柱；2—侧型芯；3—推杆

为了避免上述干涉现象发生，在模具结构允许的情况下，应尽量避免将推杆设计在侧型芯在分型面的投影范围内。如果受到模具结构的限制而在侧型芯下一定要设置推杆时，应首先考虑能否使推杆推出一定距离后仍低于侧型芯的最低面，当这一条件不能满足时，就必须分析产生干涉的临界条件和采取措施使推出机构先复位，然后才允许侧型芯滑块的复位，这样才能避免干涉。

判别出现干涉现象的准则是当推杆端面到侧型芯最近距离（底面）h_c 和 $\tan\alpha$ 的乘积小于侧型芯与推杆（或推管）间在水平方向的重合距离 s_c，即 $h_c \tan\alpha \leqslant s_c$ 时，就会产生干涉现象。如图 3－176 所示，而当 $h_c \tan\alpha > s_c$（一般大于 0.5 mm），则不会产生干涉。否则推杆的复位必须采用较复杂的推杆先复位机构，以消除干涉现象。

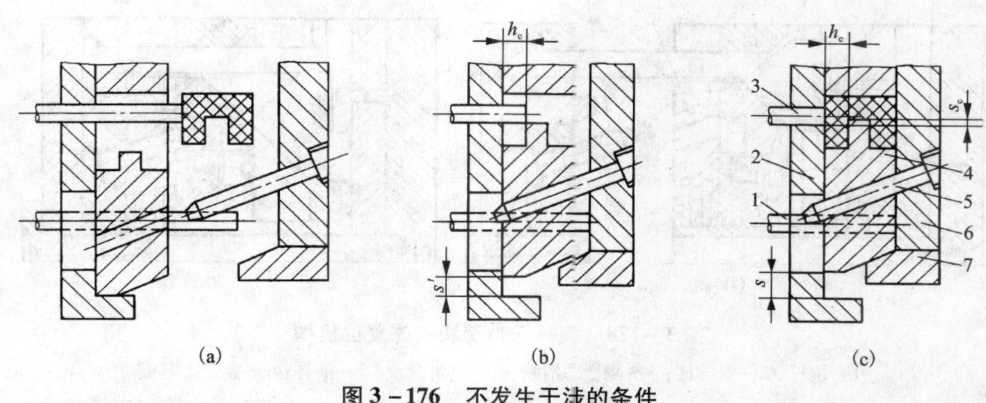

图 3－176　不发生干涉的条件

1—复位杆；2—动模板；3—推杆；4—侧型芯滑块；5—斜导柱；6—定模座板；7—楔紧块

常用的推杆先复位机构有以下几种形式：

1) 弹簧式先复位机构　弹簧先复位机构是利用弹簧的弹力使推出机构在合模之前进行复位的一种先复位机构，弹簧被压缩地安装在推杆固定板与动模支承板之间，如图 3 – 177 所示。图 3 – 177(a) 是将弹簧直接安装在推杆上，适用于模具的几组推杆(一般两组 4 根)分布比较对称，而且距离较远的情况。图 3 – 177(b) 是弹簧安装在复位杆上，这是中小型注射模最常用的形式；在图 3 – 177(c) 中，弹簧安装在另外设置的立柱上，这是大型注射模最常采用的形式；弹簧先复位机构结构简单、安装方便，所以模具设计者都喜欢采用。但弹簧的力量较小，而且容易疲劳失效，可靠性差一些，一般只适合于复位力不大的场合，并需要定期检查和更换弹簧。

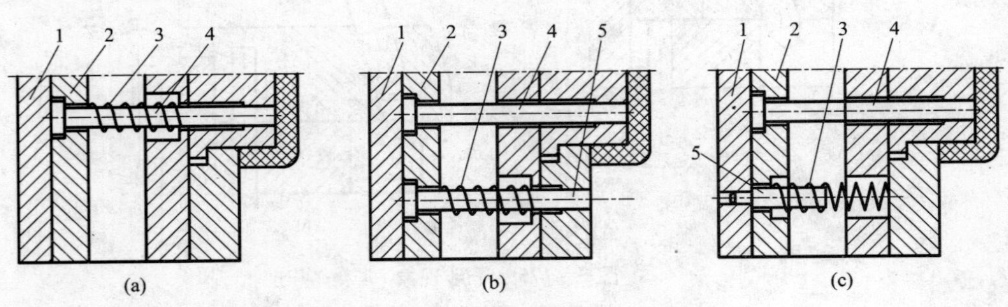

图 3 – 177　弹簧式先复位机构

1—推板；2—推杆固定板；3—弹簧；4—推杆；5—复位杆

2) 楔杆三角滑块式先复位机构　楔杆三角滑块式先复位机构如图 3 – 178 所示。楔杆固定在定模内，三角滑块安装在推管固定板 6 的导滑槽内，开始合模时楔杆与三角滑块的接触先于斜导柱与侧型芯滑块 3 的接触，图 3 – 178(a) 为楔杆接触三角滑块的初始状态，在楔杆作用下，三角滑块在推管固定板上的导滑槽内向下移动的同时迫使推管固定板向左移动，使推杆的复位先于侧型芯滑块的复位，从而避免两者发生干涉。在合模状态，楔杆 1 与三角滑块 4 的斜面仍然接触，如图 10 – 17(b) 所示。

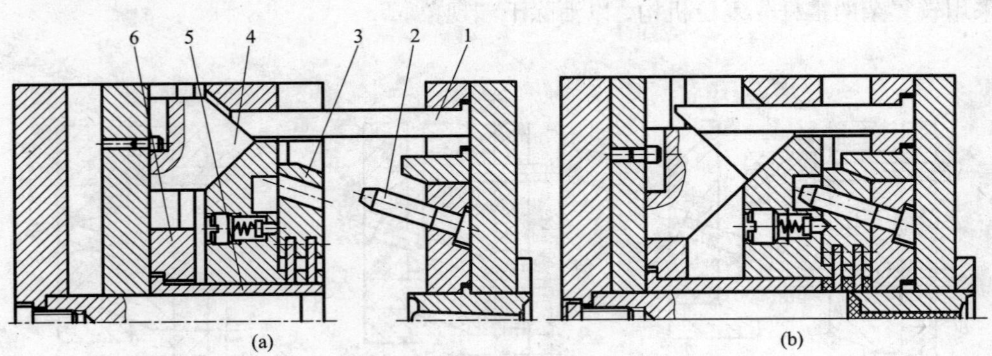

图 3 – 178　楔杆三角滑块式先复位机构

1—楔杆；2—斜导柱；3—侧型芯滑块；4—三角滑块；5—推管；6—推管固定板

3）楔杆摆杆式先复位机构

楔杆摆杆式先复位机构如图 3－179 所示，它与楔杆三角滑块式先复位机构相似，所不同的是摆杆代替了三角滑块。摆杆 4 一端用转轴固定在支承板 3 上，另一端装有滚轮，图 3－179（a）是合模过程中楔杆尚未接触摆杆的状态；合模时，楔杆推动摆杆上的滚轮，迫使摆杆绕着转轴作逆时针方向旋转，同时它又推动推杆固定板 5 向左移动，使推杆的复位先于侧型芯滑块的复位。图 3－179（b）为合模状态。为了防止滚轮与推板 5 的磨损，在推板 5 上常常镶有淬过火的垫板。

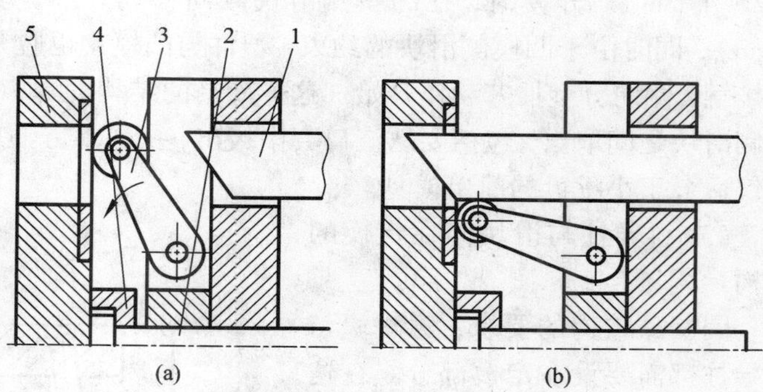

图 3－179　楔杆摆杆式先复位机构

1—楔杆；2—推杆；3—摆杆；4—推杆固定板；5—推板

（2）斜导柱在动模、滑块在定模的结构

斜导柱固定在动模、滑块安装在定模的模具结构特点是侧抽芯与脱模不能同时进行，或是先侧抽芯后脱模，或是先脱模后侧抽芯。

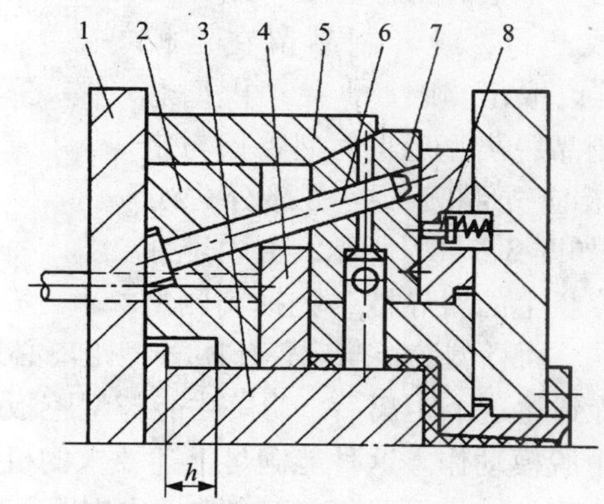

图 3－180　斜导柱在动模、滑块在定模的结构之一

1—支承板；2—动模板；3—凸模；4—推件板；5—楔紧块；6—斜导柱；7—侧型芯滑块；8—定位销

图 3－180 所示为先侧抽芯后脱模的一个典型例子，亦称凸模浮动式斜导柱定模侧抽芯。凸模 3 以 H8/f8 的配合安装在动模板 2 内，并且其底端与动模支承板有 h 的距离。开模时，由于塑件对凸模 3 具有足够的包紧力，致使凸模在开模 h 距离内动模后退的过程中保持静止不动，即凸模浮动了 h 距离，使侧型芯滑块 7 在斜导柱 6 作用下进行侧向抽芯，侧向抽芯结束，继续开模，塑件和凸模一起随动模后退，推出机构工作时，推件板 4 将塑件从凸模上推出。凸模浮动式斜导柱侧抽芯的机构在合模时要考虑凸模 3 复位。这种结构适用于抽芯力不大，抽芯距小的塑件的成型。

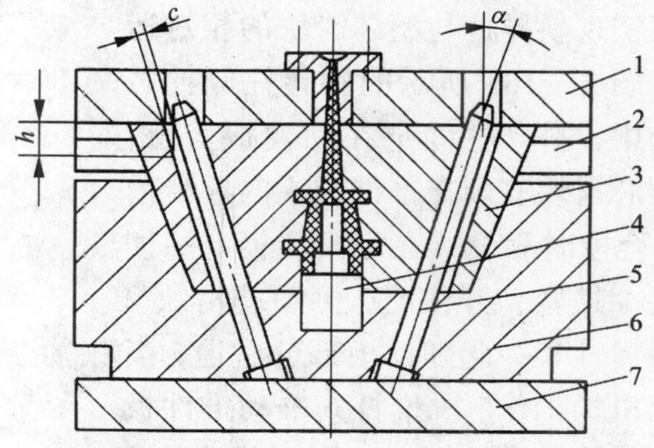

图 3－181　斜导柱在动模、滑块在定模的结构之二

1—定模座板；2—导滑槽；3—凹模侧滑块；4—凸模；5—斜导柱；6—动模板；7—动模座板

图 3－181 所示是先脱模后抽芯的结构。该模具不需设置推出机构，凹模制成可侧向移动的对开式侧滑块，斜导柱 5 与凹模侧滑块 3 上的斜导孔之间存在着较大的间隙 c（c

=2 ~4 mm）。开模时，在凹模侧滑块侧向移动之前，动、定模将先分开一段距离 h($h = c\sin\alpha$)，同时由于凹模侧滑块的约束，塑件与凸模 4 也脱开一段距离 h，然后斜导柱才与侧滑块接触，侧向分型抽芯动作开始。这样模具的结构简单，加工方便，但塑件需要人工从对开式侧滑块之间取出，包括要从浇口套中拔出，操作不方便，劳动强度较大，生产率也较低，因此仅适合于小批量的简单模具。

(3)斜导柱与滑块同在定模的结构

因制品结构的要求，侧滑块与斜导柱都需要设在定模部分。在这种情况下，若不使滑块带着侧型芯先从制品中抽出，待到动模和定模分型时才抽芯，则将会损坏制品的侧孔或凸台，或者制品留在定模上，难以取出。因此，在动模型芯带着制品脱离型腔前，型腔板与定模座板应先脱开（定模部分先分型），如图 3－182 所示，由固定在定模座板上的斜导柱 2 先抽动侧型芯滑块，而且型腔板与定模座板分型距离必须大于斜导柱能使侧型芯全部从制品中抽芯的距离，待到达这个距离后，动模才能与型腔板分型，带动制品脱出型腔，然后再由推出机构完成整个脱模动作。这种能满足上述要求的机构，称为定距顺序分型拉紧机构。定距顺序分型拉紧机构的结构形式很多，有在模内定距分型的，也有在模外定距分型的。

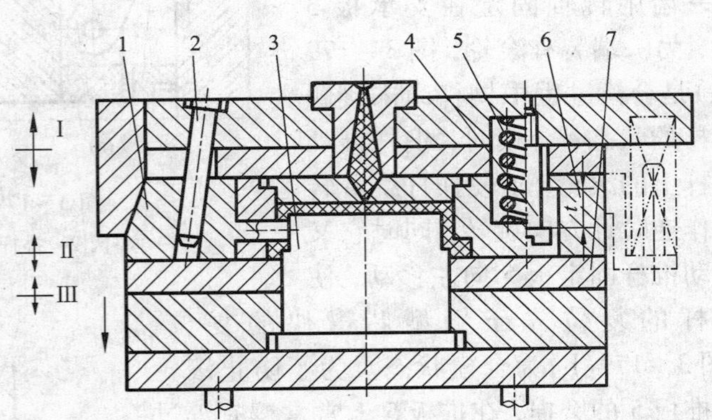

图 3－182　斜导柱与侧滑块同在定模的结构

1—滑块；2—斜导柱；3—型芯；4—定距螺钉；5—弹簧；6—凹模板；7—推件板

(4)斜导柱与侧滑块同在动模的结构

斜导柱与侧滑块同时安装在动模的结构，一般可以通过推件板推出机构来实现斜导柱与型芯滑块的相对运动。图 3－183 所示的斜导柱侧抽芯机构中，斜导柱固定在动模板 5 上，侧型芯滑块安装在推件板 4 的导滑槽内，合模时靠设置在定模座板上的楔紧块 1 锁紧。开模时，侧型芯滑块 2 和斜导柱 3 一起随动模部分后退，当推出机构工作时，推杆 6 推动推件板 4 使塑件脱模的同时，侧型芯滑块 2 在斜导柱的作用下在推件板 4 的导滑槽内向两侧滑动而侧向抽芯。这种结构的模具，由于斜导柱与侧滑块同在动模的一侧，设计时同样可适当加长斜导柱，使在侧抽芯的整个过程中斜滑块不脱离斜导柱，因此也就不需设置侧滑块定位装置。另外，这种利用推件板推出机构造成斜导柱与侧滑块相对运动的侧抽芯

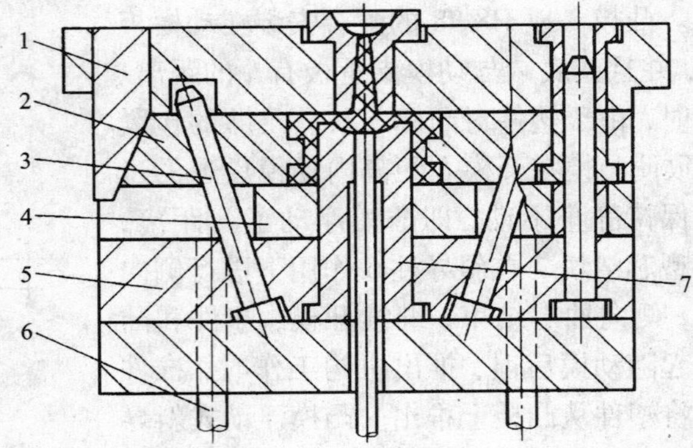

图 3－183　斜导柱与侧滑块同在动模的结构

1—楔紧块；2—侧型芯滑块；3—斜导柱；4—推件板；5—动模板；6—推杆；7—凸模

机构，主要适合于抽拔距和抽芯力均不太大的场合。

3.9.5　弯销侧向分型与抽芯机构

在斜导柱侧向分型与抽芯机构中，如果将截面是矩形的弯销代替斜导柱，就成了弯销侧向分型与抽芯机构。

(1)弯销侧向分型与抽芯机构的工作原理

弯销侧向分型与抽芯机构的工作原理与斜导柱侧向分型与抽芯机构相似，该侧抽芯机构仍然离不开侧向滑块的导滑、注射时侧型芯的锁紧和侧抽芯结束时侧滑块的定位这三大设计要素。如图3－184所示为弯销侧抽芯的典型结构。弯销4和楔紧块3固定于定模板2内，侧型芯滑块5安装在动模板6的导滑槽内，弯销与侧型芯滑块上孔的间隙δ通常取0.5 mm左右。开模时，动模部分后退，在弯销作用下侧型芯滑块作侧向抽芯，抽芯结束，侧型芯滑块由弹簧拉杆挡块装置定位，最后塑件由推管推出。

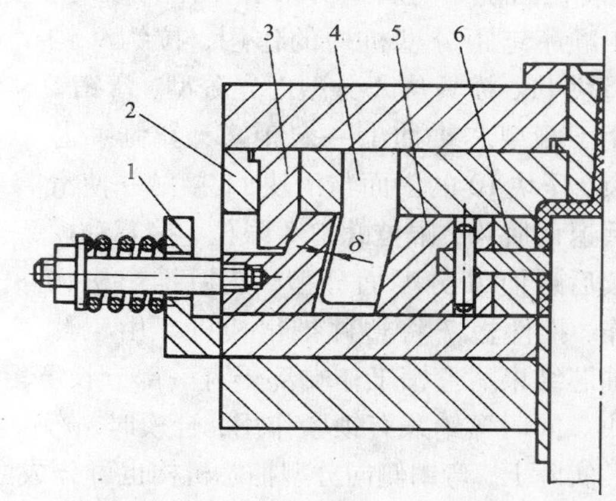

图3－184　弯销侧向抽芯机构

1—挡块；2—定模板；3—楔紧块；4—弯销；5—侧型芯滑块；6—动模板

(2)弯销侧向分型与抽芯机构的特点

弯销侧向分型机构有几个比较明显的特点，一个特点是由于弯销是矩形截面，其抗弯截面系数比圆形截面的斜导柱要大，因此可采用比斜导柱较大的倾斜角α，一般情况下，弯销的倾斜角α可在小于30°内合理选取。所以在开模距相同的情况下可获得较大的抽芯距；另一个特点是弯销侧抽芯机构可以设计成变角度侧抽芯。如图3－185所示，被抽的侧型芯3较长，且塑件的包紧力也较大，因此采用了变角度弯销抽芯。开模过程中，弯销1首先由较小的倾斜角α_1起作用，以便具有较大的起始抽芯力，带动侧滑块2移动s_1后，再由倾斜角α_2起作用，以抽拔较长的抽芯距离s_2，从而完成整个侧抽芯动作，侧抽芯总的距离为$s = s_1 + s_2$。

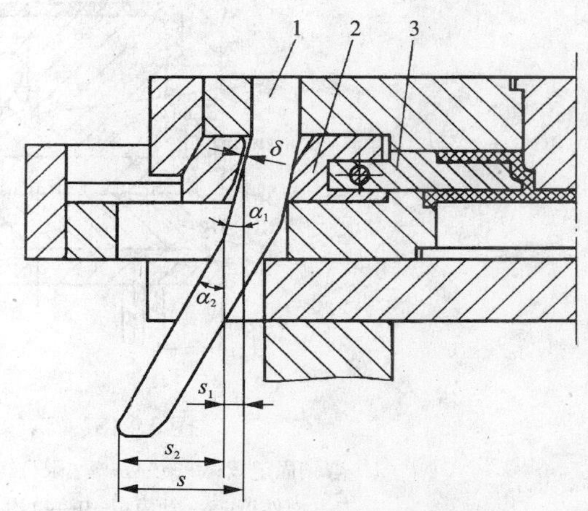

图3－185　变角度弯销侧向抽芯

1—弯销；2—侧滑块；3—侧型芯

根据安装方式的不同，弯销在模具上的安装可分为模内安装和模外安装。图3－184和图3－185均为弯销安装在模内的形式。图3－186所示为弯销安装在模外的形式，塑件的下面外侧由侧型芯滑块9成型，滑块抽芯结束时的定位由固定在动模板5上的挡块6完成，固定在定模座板10上的止动销8在合模状态对侧型芯滑块起锁紧作用，止动销的斜角(锥度的一半)应大于弯销倾斜角2°~3°。弯销安装在模外的方式其优点是在安装配合时，人们能够看得清楚，便于安装操作。

弯销与斜导柱一样，不仅可以外侧抽芯，同样也可作内侧抽芯。如图 3－187 所示，弯销 5 固定在弯销固定板 1 内，侧型芯 4 安装在凸模 6 的斜向方形孔中。开模时，由于顺序定距分型机构的作用，拉钩 9 钩住滑块 11，模具从 A 分型面先分型，弯销 5 作用于侧型芯 4 抽出一定距离，斜侧抽芯结束，压块 10 的斜面与滑块 11 接触并使滑块后退而脱钩，限位螺钉 3 限位，接着动模继续后退使 B 分型面分型，然后推出机构工作，推件板 7 将塑件推出模外。由于侧向抽芯结束后弯销工作端部仍有一部分长度留在侧型芯 4 的孔中，所以完成侧抽芯后不脱离滑块。同时弯销兼有锁紧作用，合模时，弯销使侧型芯复位与锁紧。

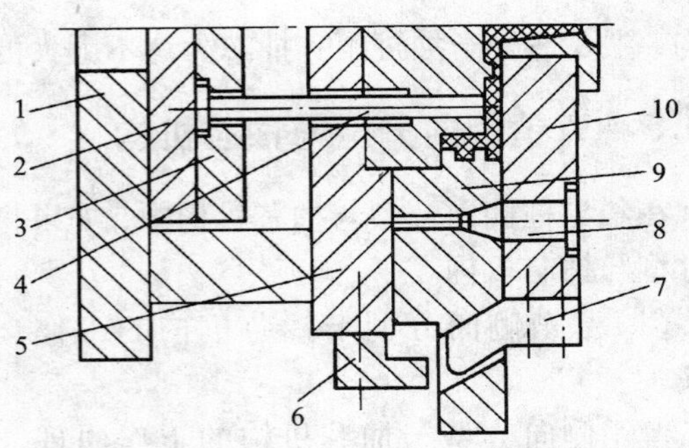

图 3－186　弯销安装在模外的结构

1—动模座板；2—推板；3—推杆固定板；4—推杆；5—动模板；6—挡块；7—弯销；8—止动销；9—侧型芯滑块；10—定模座板

实际上，弯销侧向分型抽芯机构也可分成弯销固定在定模、侧型芯安装在动模，弯销固定在动模、侧型芯安装在定模，弯销与侧型芯同时安装在定模和同时安装在动模等四种类型。

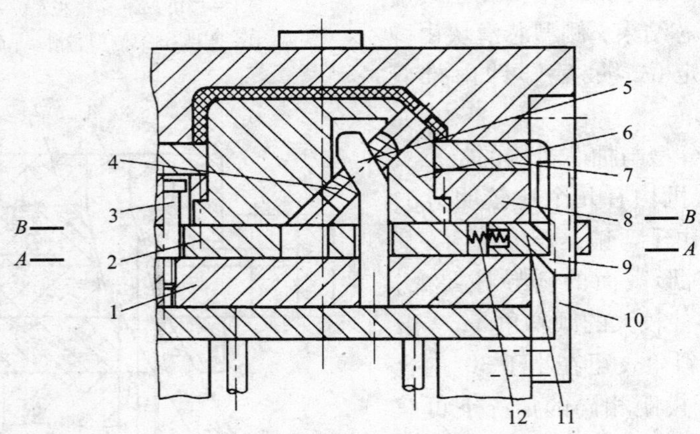

图 3－187　弯销的斜向内侧抽芯

1—弯销固定板；2—垫板；3—限位螺钉；4—侧型芯；5—弯销；6—凸模；7—推件板；8—动模板；9—拉钩；10—压块；11—滑块；12—弹簧

3.9.6　斜导槽侧向分型与抽芯机构

斜导槽侧向分型与抽芯机构是由固定于模外的斜导槽与固定于侧型芯滑块上的圆柱销连接所形成的，如图 3－188 所示。斜导槽用四个螺钉和两个销钉安装固定在定模板 9 的外侧，侧型芯滑块 6 在动模板导滑槽内的移动是受固定其上面的圆柱销 8 在斜导槽内的运动轨迹限制的。开模后，由于圆柱销先在斜导槽板内与开模方向成 0°角的方向移动，此时只分型不抽芯；当起锁紧作用的锁紧销 7 脱离侧型芯滑块 6 后，圆柱销接着就在斜导槽内与开模方向成一定角度的方向移动，此时作侧向抽芯。图 3－188(a) 为合模状态，图 3－188(b) 为抽芯后推出状态。

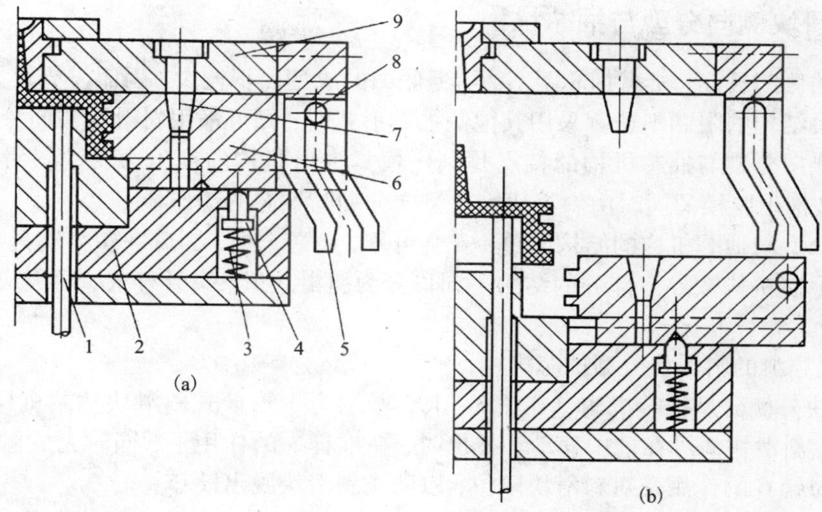

图 3－188　斜导槽侧向抽芯机构

1—推杆；2—动模板；3—弹簧；4—顶销；5—斜导槽板；6—侧型芯滑块；7—锁紧销；8—圆柱销；9—定模板

斜导槽侧向抽芯机构抽芯动作的整个过程，实际是受斜导槽的形状所控制的。图 3－189 所示为斜导槽板的三种不同形式，在图 3－189(a)的形式中，斜导槽板上只有倾斜角为 α 的斜槽，所以开模一开始便开始侧向抽芯，但这时的倾斜角 α 应小于 25°；在图 3－189(b)的形式中，开模后圆柱销先在直槽内运动，因此有一段延时抽芯的动作，直槽有多长，延时抽芯的距离就有多长，直至进入斜槽部分，侧抽芯才开始；在图 3－189(c)的形式中，先在倾斜角 α_1 较小的斜导槽内侧抽芯，然后再进入倾斜角 α_2 较大的斜导槽内抽芯，这种形式适于抽拔力较大和抽芯距较长的场合。由于起始抽拔力较大，第一阶段的倾斜角一般在 $\alpha_1 < 25°$ 内选取，一旦侧型芯与塑件松动，以后的抽拔力就比较小，因此第二阶段的倾斜角可适当增大，但仍应使 $\alpha_2 < 40°$。图中第一阶段抽芯距为 s_1，第二阶段抽芯距为 s_2，总的抽芯距为 s，斜导槽的宽度一般比圆柱销大 0.2 mm(单边 0.1 mm 间隙)。

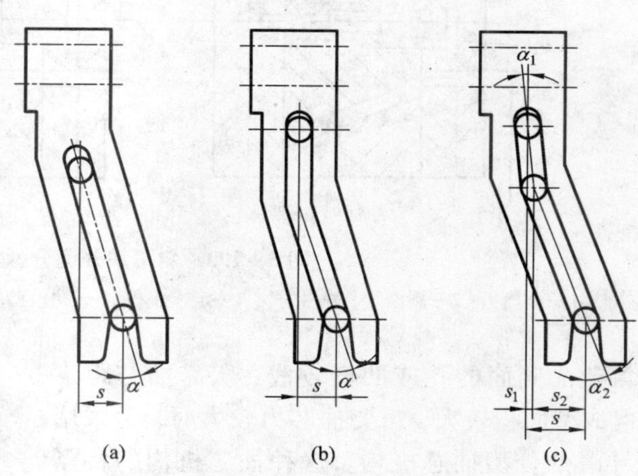

图 3－189　斜导槽的形状

斜导槽侧向分型与抽芯机构同样要注意侧滑块驱动时导滑、注射时的锁紧和侧抽芯结束时侧滑块的定位等三大设计要素。另外，斜导槽板与圆柱销通常用 T8、T10 等材料制造，热处理硬度要求一般大于 55 HRC，工作部分表面粗糙度 Ra 小于 1.6 μm。

3.9.7 斜滑块侧向分型与抽芯机构

当塑件的侧凹较浅，所需抽芯距不大，但侧凹的成型面积较大，因而需要较大的抽芯力，或者由于模具结构的限制不适宜采用其他侧抽芯形式时，则可采用斜滑块侧向分型与抽芯机构。斜滑块侧向分型与抽芯机构的特点是利用模具推出机构的推出力驱动斜滑块作斜向运动，在塑件被推出脱模的同时由斜滑块完成侧向分型与抽芯的动作。

斜滑块分型与抽芯机构的结构简单，安全可靠，制造方便，因此在塑料模具中应用较广。斜滑块分型抽芯机构按导滑部分的结构不同可分为斜滑块式、斜导杆式、导板式等。常用的有下面两种：

(1)滑块导滑的斜滑块分型抽芯机构

1)斜滑块外侧分型抽芯机构　如图 3－190 所示为 T 形槽式斜滑块抽芯机构。动模板 1 开有 T 形槽，斜滑块 2 可在槽中移动。推出时，在推杆 3 的作用下，同时完成侧抽芯和制品的推出。限位销 6 的作用是对斜滑块限位，以防止斜滑块脱出模套。

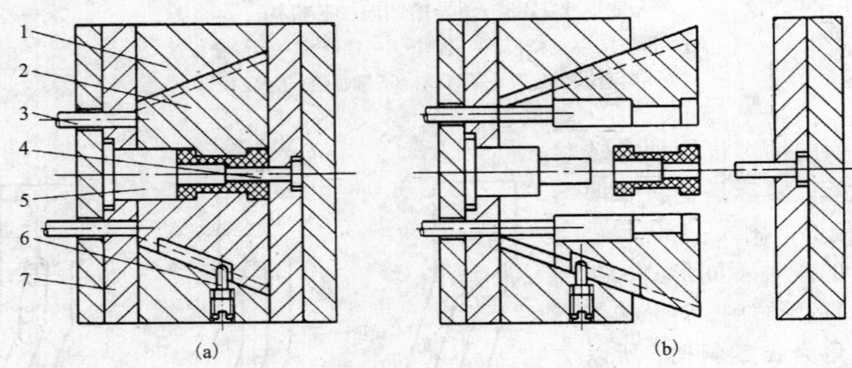

图 3－190　斜滑块外侧分型抽芯机构

1—动模板；2—斜滑块；3—推杆；4—定模座板；5—动模型芯；6—限位螺钉；7—动模型芯固定板

当制品侧面的孔或凹槽较浅，所需抽芯距不大，但成型面积较大，需要抽芯力较大时，常采用滑块导滑的分型抽芯机构。这种抽芯机构的特点是：当推杆推动斜滑块时，推出制品与抽芯(或分型)动作同时进行。另外，因斜滑块的刚性好，能承受较大的抽芯力，所以斜滑块的斜角可比斜导柱的斜角大些，但一般不大于 30°，斜滑块的推出长度通常不超过导滑长度的 2/3，不然斜滑块容易倾斜，影响导滑精度。

2)斜滑块内侧分型抽芯机构　图 3－191 为成型带有内侧凸形的塑料制品的斜滑块内侧分型抽芯机构。在推杆作用下，两侧活动斜滑块以动模板内斜孔导向，在内侧抽芯的同时推出制品。

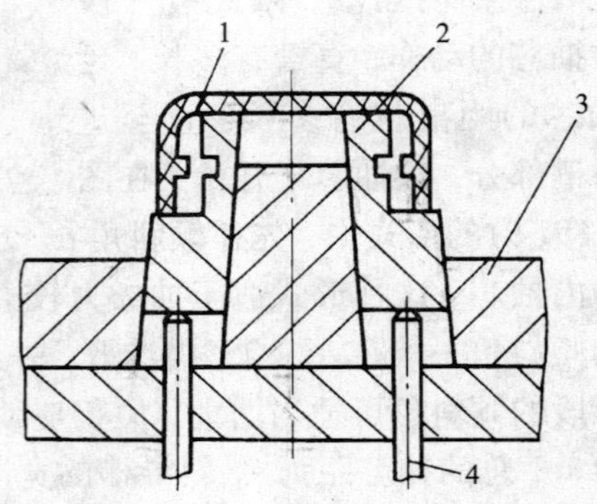

图 3－191　斜滑块内侧分型抽芯机构

1—制品；2—斜滑块；3—动模板；4—推杆

(2)斜导杆导滑的斜滑块分型抽芯机构

斜导杆导滑的侧向分型与抽芯机构也称为斜推杆式侧抽芯机构，它是由斜导杆与侧型芯制成整体式或组合式后与动模板上的斜导向孔(常常是矩形截面)进行导滑推出的一种特殊的斜滑块抽芯机构。同样，斜导杆与动模板上的斜导向孔应制成 H8/f8 的配合。由于受斜导杆强度、刚度的限制，这种分型抽芯机构常用于抽芯力不大，抽芯距较小的场合，它也有外侧抽芯和内侧抽芯两种形式。

1)斜导杆导滑的外侧分型抽芯机构　图3－192所示为斜导杆外侧抽芯的结构形式，斜导杆的成型端由侧型芯6与之组合而成，在推出端装有滚轮2，以滚动摩擦代替滑动摩擦，用来减小推出过程中的摩擦力，推出过程中的侧抽芯靠斜导杆3与动模板5之间的斜孔导向，合模时，定模板压斜导杆成型端使其复位。

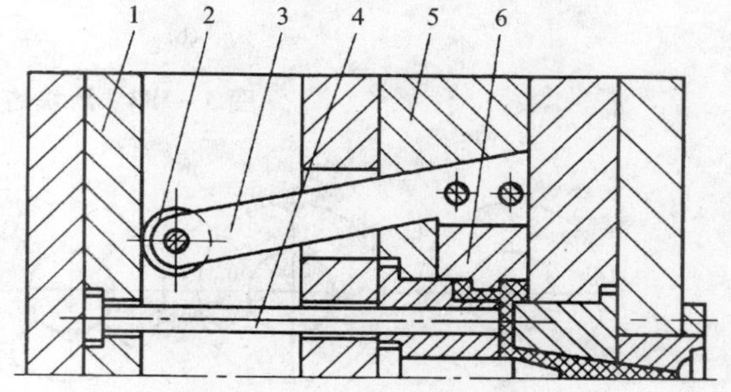

图3－192　斜导杆导滑的外侧分型抽芯机构

1—推杆固定板；2—滚轮；3—斜导杆；4—推杆；5—动模板；6—侧型芯

2)斜导杆导滑的内侧分型抽芯机构　如图3－193所示，制品内侧的凸起由斜导杆5的头部成型，所以该结构的导杆与滑块合为一体。在型芯7上开有斜导槽，滑座2固定在推杆固定板1上。斜导杆可在型芯7的斜导槽内移动，它的另一端通过销或其他结构形式零件与滑座2的T形槽配合。在推出时，斜导杆在斜导槽内移动而进行内抽芯，斜导杆另一端在滑座中移动以保证不致卡死，同时由推件板推出制品。斜导杆的复位由复位杆来完成。

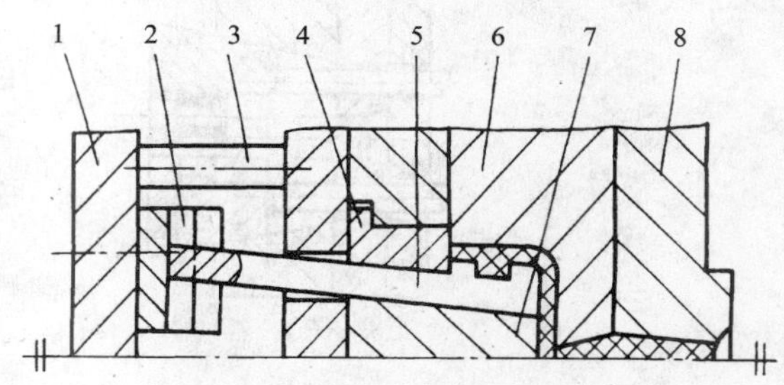

图3－193　斜导杆导滑的内侧分型抽芯机构

1—推杆固定板；2—导杆滑座；3—复位杆；4—推件板镶块；5—斜导杆；6—凹模；7—型芯；8—定模座板

(3)斜滑块的导滑及组合形式

滑块的导滑形式按导滑部分的形状有矩形、半圆形、燕尾形，如图3－194所示，其中图3－194(a)～图3－194(c)三种结构简单，制造方便，图3－194(d)燕尾形比较复杂，加工麻烦。

斜滑块的组合形式如图3－195所示，设计时选用何种形式应根据制品的形状和外观要求而定，并保证滑块组合部分有足够的强度。

(4)设计斜滑块分型抽芯结构应注意的问题

1)制品位置的合理选择　制品在斜滑块中的位置选择是否合理，对能否顺利脱模关系很大。图3－196(a)表示成型制品孔的型芯设置在定模，在开模时型芯首先从制品中抽出，然后推杆推动斜滑块而分型。这样，制品必然会黏附在黏着力较大的斜滑块一侧。使制品不易脱模取出。而图3－196(b)是将制品调头，型芯设在动模上，因有较长型芯定中，所以制品能顺利地从模内脱出。

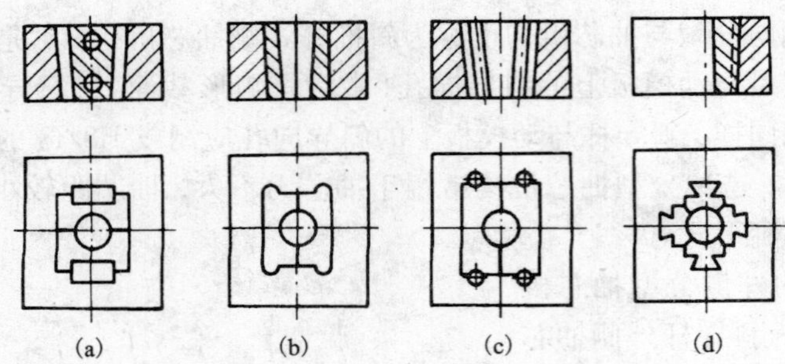

图 3－194　滑块的导滑形式

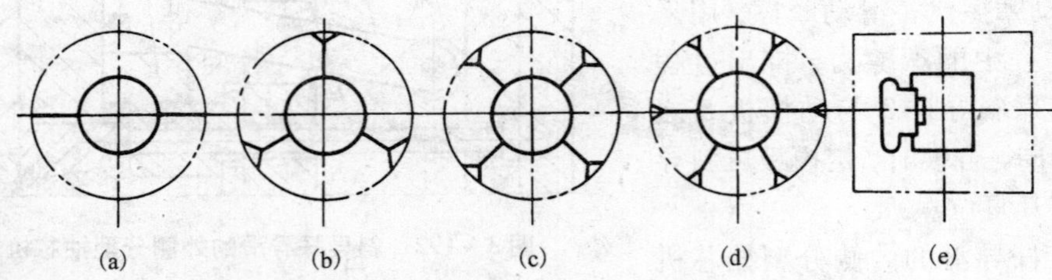

图 3－195　斜滑块的组合形式

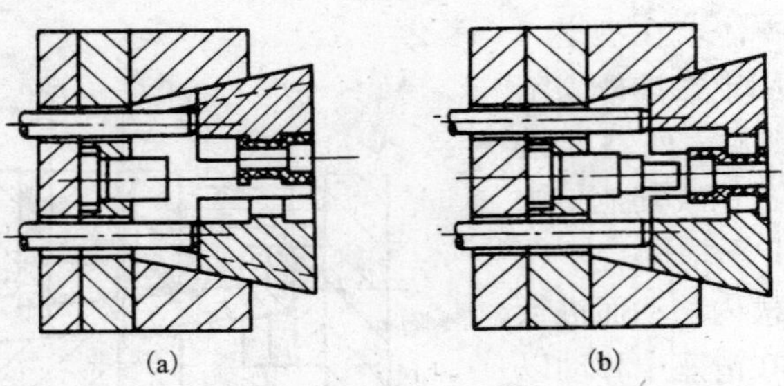

图 3－196　制品位置的合理选择

2）开模时止动斜滑块的方法　设计时斜滑块通常设置在动模，希望制品对动模的包紧力大于定模部分。但由于制品结构特点，定模部分包紧力可能大于动模部分，在这种情况下开模时，斜滑块可能被定模带动，使制品损坏或留在定模上难以脱出，如图 3－197（a）所示。因此在模具结构上需设置止动装置，如图 3－197（b）所示。开模时，止动销 5 在弹簧力的作用下，压紧斜滑块 3，使斜滑块在开模时不动，待到制品脱离定模型芯后，在推杆的作用下，斜滑块才分型抽芯，取出制品。

3）型芯浮动装置　当塑料制品成型面积较大且高度较高时，滑块对模套的胀力大，制品对型芯包紧力也较大，因而脱模力很大，为了避免出现推力不足造成无法推出或损坏制品的现象，可采用如图 3－180 所示的型芯浮动结构。

4）斜滑块的装配要求　为了保证斜滑块在合模时拼合紧密，要求斜滑块的底部与模板之间留有 0.2～0.5 mm 的间隙，同时还必须高出模套 0.2～0.5 mm，以保证当斜滑块与模套的配合面出现磨损时，还能保持紧密的拼合，如图 3－198 所示。

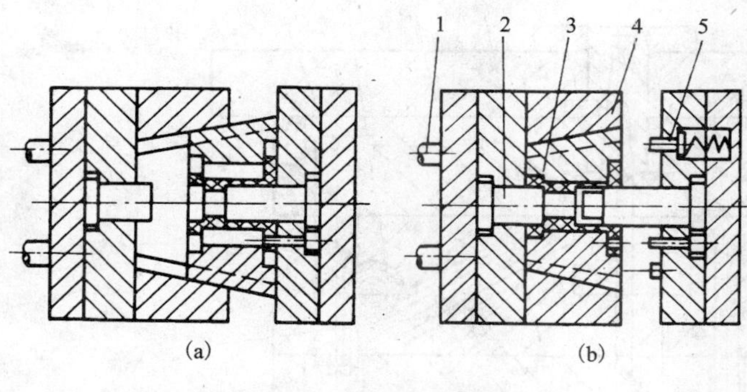

图 3－197　开模时斜滑块的止动方法

1—推杆；2—型芯；3—斜滑块；4—锥模套；5—止动销

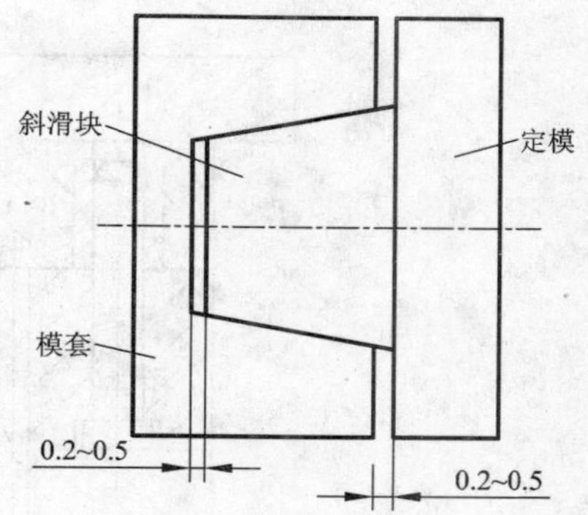

图 3－198　斜滑块与模套的配合

3.9.8　齿轮齿条侧向分型与抽芯机构

齿轮齿条侧向分型与抽芯机构是利用开模力或推件力通过齿条齿轮传动，带动侧型芯来完成抽芯动作的。与斜导柱、斜滑块等侧向抽芯机构相比较，齿轮齿条侧抽芯机构具有抽芯力大和抽拔距长的特点。根据传动齿条固定位置的不同，齿轮齿条侧向抽芯机构可分为传动齿条固定于定模一侧和传动齿条固定于动模一侧两类。齿轮齿条侧向分型与抽芯机构不仅可以进行正侧方向和斜侧方向的抽芯，还可以作圆弧方向的抽芯和螺纹抽芯，是一种较好的抽芯机构。但由于结构复杂，加工困难，因此只有在其他抽芯机构不适用时才采用。

(1) 齿条固定在定模的侧向抽芯机构

传动齿条固定在定模一侧的结构如图 3－199 所示，传动齿条 5 固定在定模板 3 内，齿轮 4 和齿条型芯 2 安装在动模板 7 内，开模时，动模部分向后移动，齿轮 4 在传动齿条 5 的作用下作逆时针方向转动，从而使与之啮合的齿条型芯 2 向右下方向运动而从塑件中抽出。当齿条型芯全部从塑件中抽出后，传动齿条与齿轮脱离，此时，齿轮的定位装置发生作用，使其停留在与传动齿条刚脱离的位置上，最后，推出机构工作，推杆 9 将塑件从凸模 1 上脱下。合模时，传动齿条插入动模板对应孔内与齿轮啮合，作顺时针转动的齿轮带动齿条型芯复位，然后锁紧装置将齿轮或齿条型芯锁紧。

图 3－200 所示是传动齿条固定在定模一侧的齿轮齿条圆弧抽芯，模具设计有一定难度。开模时，传动齿条 1 带动固定在齿轮轴 7 上的直齿轮 6 转动，固定在同一轴上的斜齿轮 8 又带动固定在齿轮轴 3 上的斜齿轮 4，因而固定在齿轮轴 3 上的直齿轮 2 就带动圆弧齿条型芯 5 作圆弧抽芯。

(2) 齿条固定在动模的侧向抽芯机构

传动齿条固定在动模一侧的结构是利用推出机构的动作实现齿轮齿条侧向抽芯的。图 3－201 所示的结构中，传动齿条 1 固定在传动齿条固定板 3 中，齿轮 6 和齿条型芯 7 安装在动模板 9 内。开模推出时，注射机顶杆推动传动齿条推板 2，传动齿条 1 带动齿轮 6 使齿条型芯 7 向斜侧方向抽芯，抽芯结束，推板 4 在传动齿条固定板 3 的推动下使推杆 5 将塑件推出模外；合模时，传动齿条复位杆 8 使侧抽芯机构复位，复位杆 (图中未画出) 使推出机构复位。

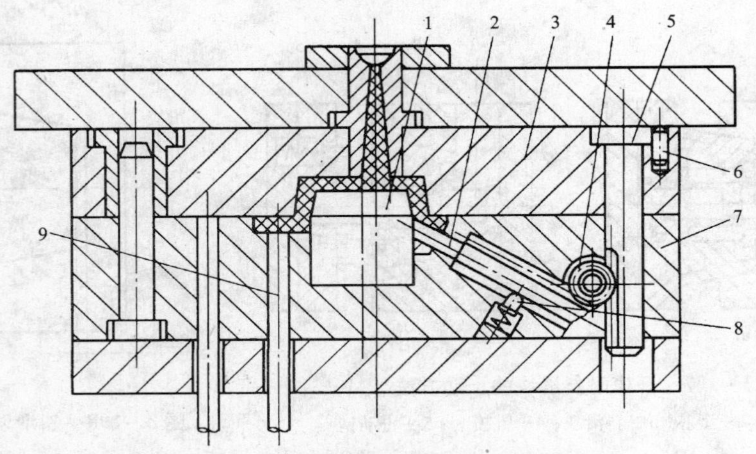

图 3-199　齿条固定在定模的侧向抽芯机构

1—凸模；2—齿条型芯；3—定模板；4—齿轮；5—传动齿条；6—止转销；7—动模板；8—导向销；9—推杆

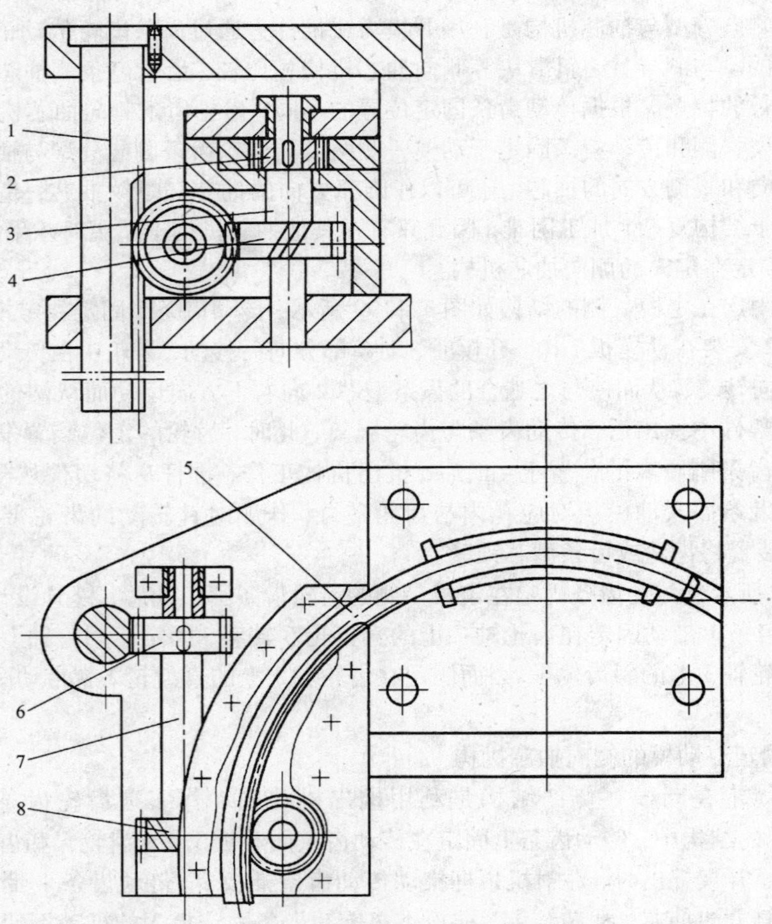

图 3-200　齿轮齿条圆弧抽芯

1—传动齿轮；2、6—直齿轮；3、7—齿轮轴；4、8—斜齿轮；5—圆弧形齿轮型芯这类结构形式的模具特点是，在工作过程中，传动齿条始终与齿轮保持啮合关系，这样就不需要设置齿轮脱离传动齿条时的定位装置。另外，图中的齿条复位杆 8 在合模时还起到楔紧块的作用。

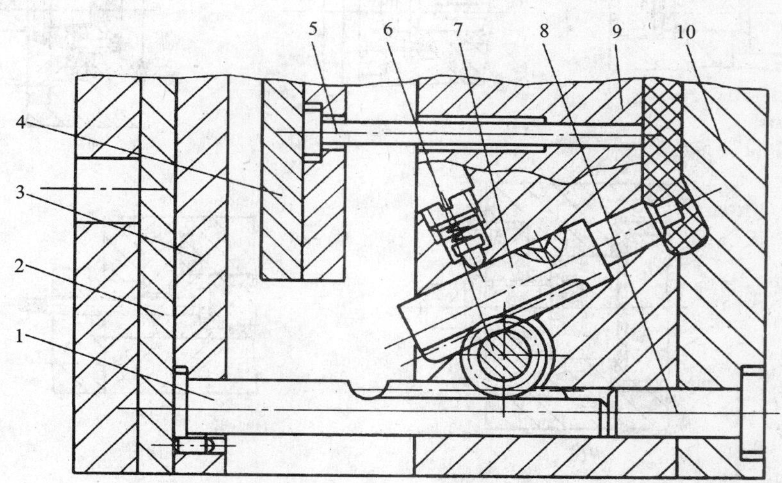

图 3-201　齿条固定在动模的侧向抽芯机构

1—传动齿轮；2—传动齿条推板；3—传动齿条固定板；4—推板；5—推杆；6—齿轮；7—齿条型芯；8—传动齿条复位杆；9—动模板；10—定模板

3.9.9　其他侧向分型与抽芯机构

(1)手动分型抽芯机构

手动分型抽芯机构主要用于试制和小批量生产的模具。手动抽芯多用于型芯、螺纹型芯、成型镶块的抽出，可分为模内和模外两种。

1)模内手动分型抽芯机构　它是指在开模前，用手扳动模具上的分型抽芯机构完成抽芯动作，然后开模，推出制品。由于人的力量有限，常通过丝杠、斜面、杠杆、齿轮、齿条、蜗杆蜗轮等机构来传动。

图 3-202 所示为螺纹手动抽芯机构。它是利用螺母与丝杆配合，把旋转运动转化为型芯的进退直线移动。其中图 3-202(a)用于圆形型芯的抽芯；图 3-202(b)用于非圆形型芯的抽芯；图 3-202(c)用于多型芯同时抽芯；图 3-202(d)用于成型面积大而抽芯距较小的场合；图 3-202(e)成型面积大，而支架承受不起成型压力时，采用楔紧块楔紧侧滑块。此外还可以用手动齿轮齿条等分型抽芯机构。

2)模外手动分型抽芯机构　它是指将镶块或型芯、螺纹型芯等和制品一起推出模外，然后用人工或简单机械将型芯或镶块从制品中取出的一种结构。如图 3-10 所示就是一种模外分型抽芯机构。

(2)液压或气压抽芯机构

它是利用液压或气压推动液压缸或气压缸的活塞杆，抽出同轴的侧型芯。活塞杆反向运动使侧型芯复位，液压比气压传动平稳有力，并可直接利用机床的油压，所以更为常用，目前大中型注塑机出厂时常配备有多个液压缸，在机器的注塑程序中编入了抽芯动作程序，并装有相应的液压阀，在设计模具时只需将液压缸按制件抽芯要求安装固定在模具上与型芯连

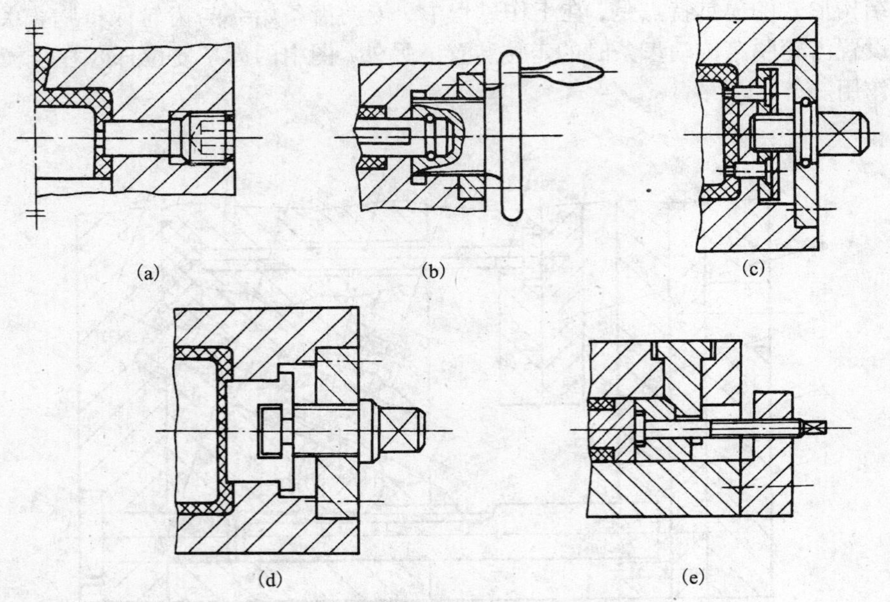

图 3－202　模内螺纹手动抽芯机构

接在一起即可。

图 3－203 所示为液压缸固定在动模部分的液压侧向抽芯机构，侧型芯 1 用连接器 5 与液压缸的活塞杆相连。注射时，楔紧块将侧型芯锁紧，注射后分模，先侧向液压抽芯，然后再推出塑件。合模之前，先侧型芯液压复位，然后再合模。

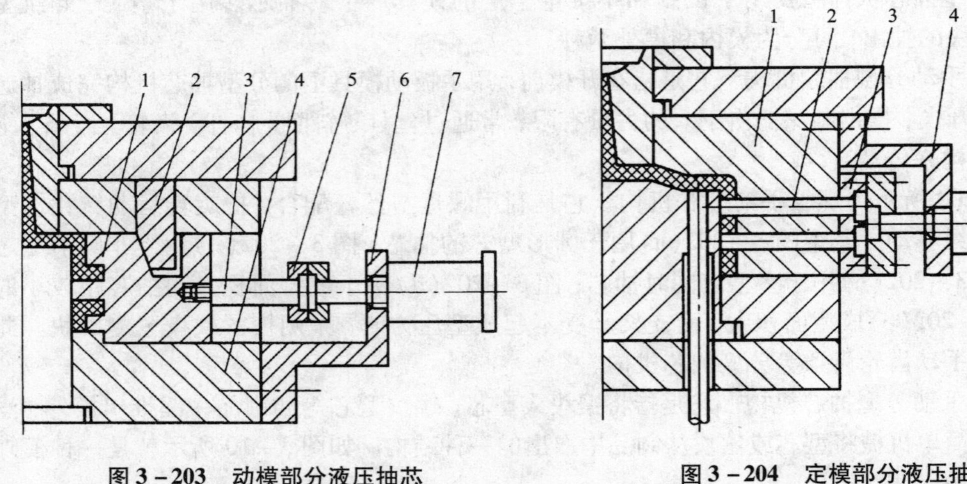

图 3－203　动模部分液压抽芯

1—侧型芯；2—楔紧块；3—拉杆；4—动模板；5—联轴器；6—支架；7—液压缸

图 3－204　定模部分液压抽芯

1—定模板；2—侧型芯；3—侧型芯固定板；4—支架；5—液压缸

图 3－204 所示为液压缸固定在定模部分的液压侧向抽芯机构，侧型芯通过连接板用 T 形槽与液压缸的活塞杆相连，注射结束分模前，先进行液压抽芯。合模后，再使侧型芯液压

复位。

设计液压侧向抽芯机构时，要注意液压缸的选择、安装及液压抽芯与复位的时间顺序。液压缸的选择要按计算的侧向抽芯力大小及抽芯距长短来确定；液压缸的安装通常采用支架将液压缸固定在模具的外侧，也有采用支柱或液压缸前端外侧直接用螺纹旋入模板的安装形式，视具体情况而定；安装时还应注意侧型芯的锁紧形式；侧型芯抽出与复位的时间顺序是按照侧型芯的安装位置、推杆推出与复位的次序、开合模对侧抽芯和复位的影响来确定的。

(3)弹性元件抽芯机构

当塑件上侧凹很浅或者侧壁有个别较小凸起时，侧向成型零件抽芯时所需的抽芯力和抽拔距都不大，此时，只要模具的结构允许，可以采用弹性元件侧向分型与抽芯机构，利用弹簧(或硬橡胶)实现抽芯动作。

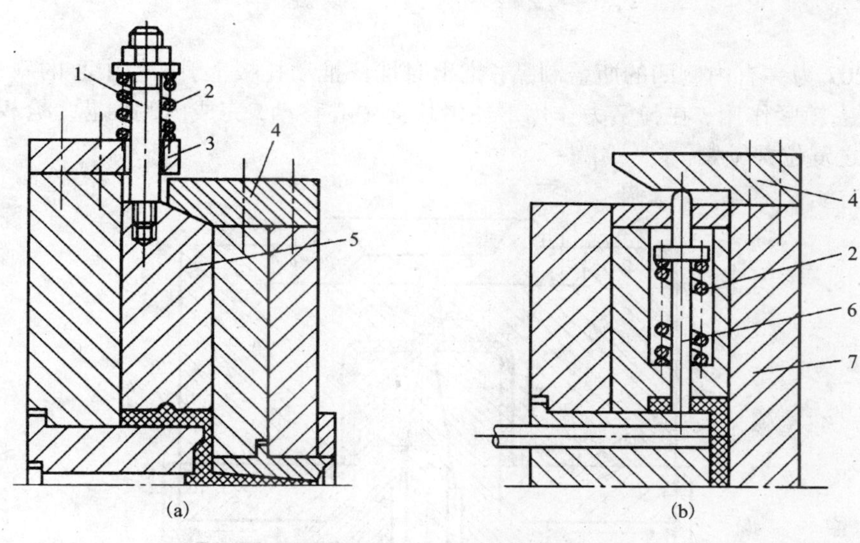

图 3－205　弹簧侧抽芯机构

1—螺杆；2—弹簧；3—限位档块；4—楔紧块；5—侧型芯滑块；6—侧型芯；7—定模板

弹簧侧向抽芯机构如图 3－205 所示。图 3－205(a)的形式与斜导柱固定在定模、侧滑块安装在动模的结构相似，只是省去了斜导柱。塑件的外侧有一微小的半圆凸起，由于它对侧型芯滑块 5 没有包紧力，只有较小的黏附力，所以很适合采用这种机构。合模时靠楔紧块 4 将侧型芯滑块 5 锁紧，开模后，楔紧块与侧型芯滑块一旦脱离，在压缩弹簧 2 回复力的作用下滑块作侧向短距离抽芯，抽芯结束，侧型芯滑块由于弹簧作用紧靠在限位挡块 3 上定位。这种机构设计时应注意，侧抽芯结束后，侧型芯滑块的斜面与楔紧块楔紧斜面在分型面上的投影仍有一部分重合，否则无法工作。图 3－205(b)所示亦为弹簧侧抽芯机构，该图中，侧型芯 6 靠楔紧块 4 锁紧，开模时，随着压缩弹簧的回复，侧型芯开始作侧向移动直至抽芯结束。

如图 3－206 所示，为硬橡胶侧抽芯机构，合模时，楔紧块 1 使侧型芯 2 压至成型位置。开模后，楔紧块脱离侧型芯，侧型芯在被压缩的硬橡胶 3 的作用下抽出塑件。侧型芯安装在动模板的导滑槽内。

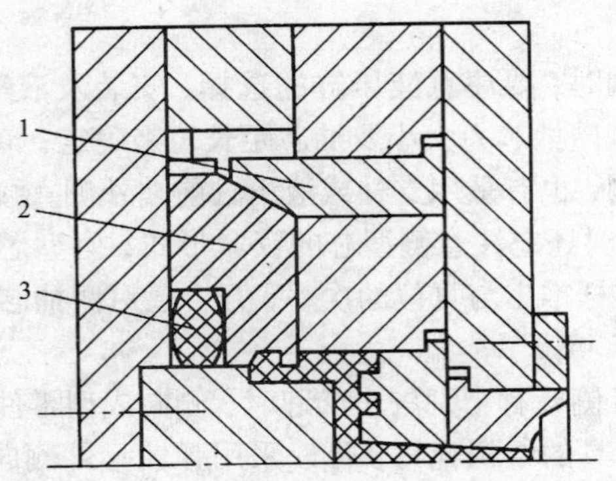

图 3-206　硬橡胶侧抽芯机构

1—楔紧块；2—侧型芯；3—硬橡胶

图 3-207 为一有内侧凹的瓶盖制品，推出时推杆推动托板上升，使中心的斜楔 4 后退，推动滑块失去锁紧作用，在弹簧力作用下使滑块向中心移动，完成内侧抽芯。合模时斜楔撑开滑块，使之复位并锁紧。

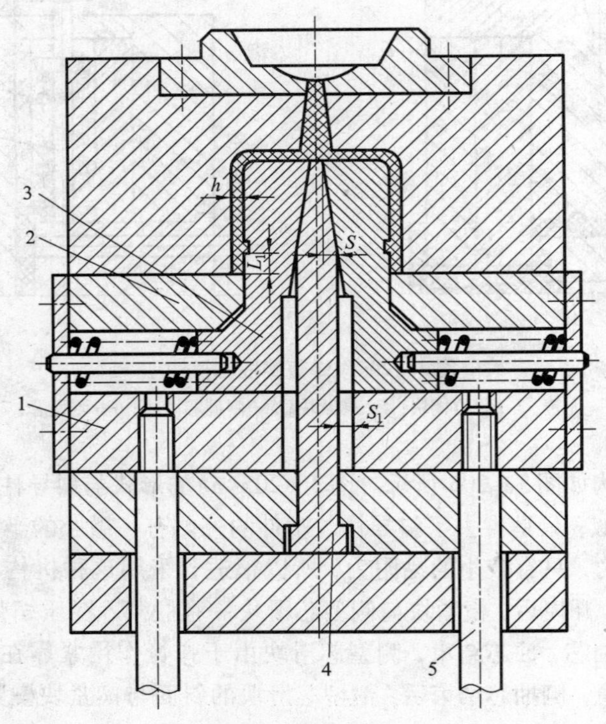

图 3-207　弹簧内侧抽芯

1—托板；2—盖板；3—滑块；4—斜楔；5—推杆

图 3-208 为内外滑块同时抽芯，斜楔装在定模，滑块装在动模，开模时斜楔离开，内外侧滑块分别在弹簧作用下完成内外侧抽芯，抽拔距分别为 S_1、S，合模时斜楔迫使内外滑块复位并锁紧。

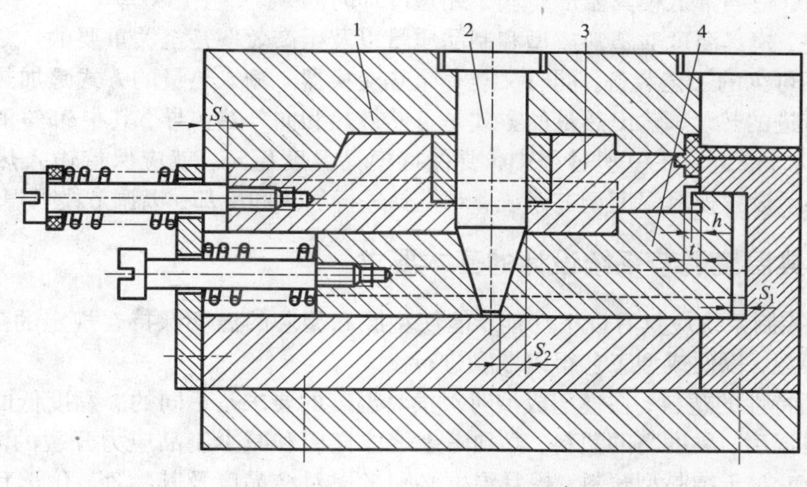

图 3-208　弹簧内外侧同时抽芯

1—定模板；2—斜楔；3—外滑块；4—内滑块

3.10　温度调节系统设计

注射模具的温度对塑料熔体的充模流动、固化定型、生产效率、塑件的形状和尺寸精度都有重要的影响。注射模具中设置温度调节系统的目的，是通过控制模具温度，使注射成型具有良好的产品质量和较高的生产力。

3.10.1　模具温度调节系统的重要性

不论是热塑性塑料还是热固性塑料的模塑成型，模具温度对塑料制品的质量和生产率影响都很大。

(1)模具温度对塑料制品质量的影响

模具温度(模温)及其波动对制品的收缩率、尺寸稳定性、力学性能、变形、应力开裂和表面质量等均有影响。模温过低，熔体流动性差，制品轮廓不清晰，甚至充不满型腔或形成熔接痕，制品表面不光泽，缺陷多，力学性能降低。对于热固性塑料，模温过低造成固化程度不足，降低制品的物理、化学性能。对于热塑性塑料注射成型时，在模温过低，充模速度又不高的情况下，制品内应力增大，易引起翘曲变形或应力开裂，尤其是黏度大的工程塑料。模温过高，成型收缩率大，脱模和脱模后制品变形大，并且易造成溢料和粘模。对于热固性塑料会产生“过熟”导致变色、发脆、强度低等。模具温度不均匀，型芯和型腔温度差过大，制品收缩不均匀，导致制品翘曲变形，影响制品的形状及尺寸精度。因此，为保证制品质量，模具温度必须适当、稳定、均匀。

(2)模具温度对模塑周期的影响

缩短模塑周期就是提高模塑效率。对于注射成型，注射时间约占成型周期的 5%，冷却时间约占 80%，推出(脱模)时间约占 15%。可见，缩短模塑周期关键在于缩短冷却硬化时间，而缩短冷却时间，可通过调节塑料和模具的温差，因而在保证制品质量和成型工艺顺利进行的前提下，适当降低模具温度有利于缩短冷却时间，提高生产效率。

综上所述，模具温度对塑料成型和制品质量以及生产效率是至关重要的。塑料模是塑料模塑成型必不可少的工艺装备，同时又是一个热交换器。输入热量的方式是加热装置的加热和塑料熔体带进的热量；输出热量的方式是自然散热和向外热传导，其中95%的热量是靠传热介质(冷却水)带走。在模塑过程中，要保持模具温度稳定，就应保持输入热和输出热平衡。为此，必须设置模具温度调节系统，对模具进行加热和冷却，以调节模具温度。

3.10.2 模具温度调节系统设计的基本要求

(1)温度控制系统应具有以下功能：能使型腔和型芯的温度保持在规定的范围之内，并保持均匀的模温，以便成型工艺得以顺利进行。

具有不同特性的塑料，在模塑成型时对模具温度的要求是不同的。黏度低的塑料。宜采用较低的模具温度；黏度高的塑料，必须考虑熔体充模和减少制品应力开裂的需要，模具温度较高些为宜；对于结晶型塑料，模具温度必须考虑对结晶度及其物理、化学和力学性能的影响。常用塑料的模具温度见表3－17和表3－18。

表3－17 常用热固性塑料压缩成型温度

塑　料	模温 t/℃	塑　料	模温 t/℃
酚醛塑料	150～190	环氧塑料	177～188
脲醛塑料	150～155	有机硅塑料	165～175
三聚氰胺甲醛塑料	155～175	硅酮塑料	160～190
聚邻(对)苯二甲酸二丙烯酯	166～177		

表3－18 常用热塑性塑料注射成型温度

塑　料	模温 t/℃	塑　料	模温 t/℃
低压聚乙烯	60～70	尼龙6	40～80
高压聚乙烯	35～55	尼龙610	20～60
聚乙烯	40～60	尼龙1010	40～80
聚丙烯	55～65	聚甲醛*	90～120
聚苯乙烯	30～65	聚碳酸酯*	90～120
硬聚氯乙烯	30～60	聚化聚醚*	80～110
有机玻璃	40～60	聚苯醚*	110～150
ABS	50～80	聚砜*	130～150
改性聚苯乙烯	40～60	聚三氟氯乙烯*	110～130

注：有*号者表示模具应进行加热。

(2)根据塑料品种、模塑方法及模具尺寸大小，正确确定模温的调节方法，对于热固性塑料的压缩模塑和传递模塑，一般在较高的温度下成型，要求模具温度较高，因而必须设置加热系统对模具进行加热。对于热塑性塑料的注射模塑，黏度低，流动性好的塑料，如聚乙烯、聚丙烯、聚氯乙烯、聚苯乙烯、有机玻璃等，注射成型时要求模具温度较低，所以模具应进行冷却。如果成型的是小型薄壁制品，其模具可依靠自然冷却保持热平衡。但如果成型大型厚壁制品时，则应设置冷却系统进行冷却，以提高生产效率。对于黏度高、流动性差的塑料，注射成型时要求模具温度在 80℃ 以上的，如聚碳酸酯、聚甲醛、聚砜等塑料，在成型时则需要对模具型腔进行加热。对于热固性塑料，如酚醛塑料、脲甲醛塑料等的注射模塑.其模具温度要加热到 160℃ ~190℃。对于热流道注射成型，其热流道板也要加热。至于注射成型的初始阶段，小型模具可以利用熔体注入来加热模具，但对大型模具.必须用热水或热油加热模具，待到模温达到指定温度后，进行正常的注射成型，并进行冷却(需要冷却时)。

(3)温度调节系统要尽量做到结构简单、加工容易、成本低廉。

3.10.3　模具加热装置设计

当注射成型工艺要求模具温度在 80℃ 以上时，模具中必须设置加热装置。模具的加热方式有很多，如热水、热油、水蒸气、煤气或天然气加热和电加热等。目前普遍采用的是电加热温度调节系统，电加热有电阻加热和工频感应加热，前者应用广泛，后者应用较少。如果加热介质采用各种流体，那么其设计方法类似于冷却水道的设计。

(1)电阻加热的方式

1)电阻丝直接加热

直接用电阻丝作为加热元件，将选择好的电阻丝放入绝缘瓷管中装入模板的加热孔，通电后就可对模具加热。这种加热方法结构简单、成本低廉，但电热丝与空气接触后易氧化，寿命较短，同时热损失大，也不太安全。图 3－209 为螺旋弹簧状的电阻丝构成的各种加热板或加热套。

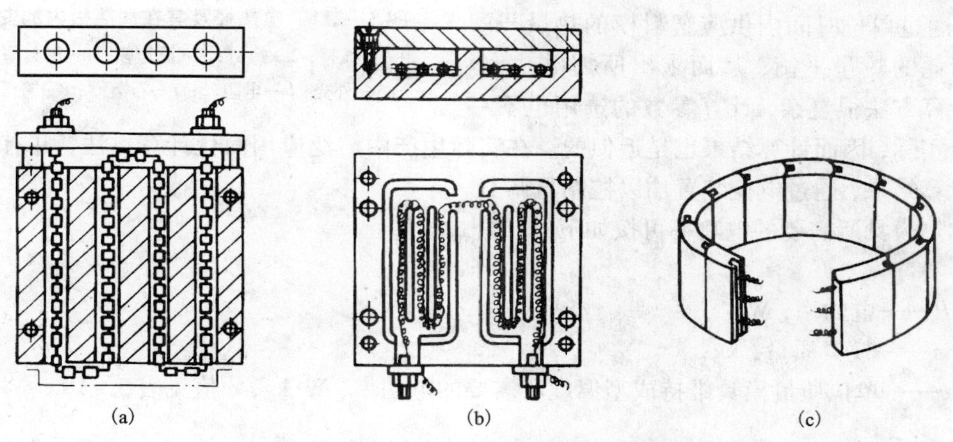

图 3－209　直接安装电阻丝的加热装置

2)电热圈或电热板加热

将电阻丝绕制在云母片上，再装夹在特制的金属外壳中，电热丝与金属外壳之间用云母片绝缘，将它围在模具外侧对模具进行加热。电热圈加热的特点是结构简单、更换方便；缺点是耗电量大。这种加热装置主要适合于压缩模和压注模。图 3－210 为电热套和电热板的结构形式，使用时可根据模具上安装加热器部位的形状，选用与之相吻合的结构形式。

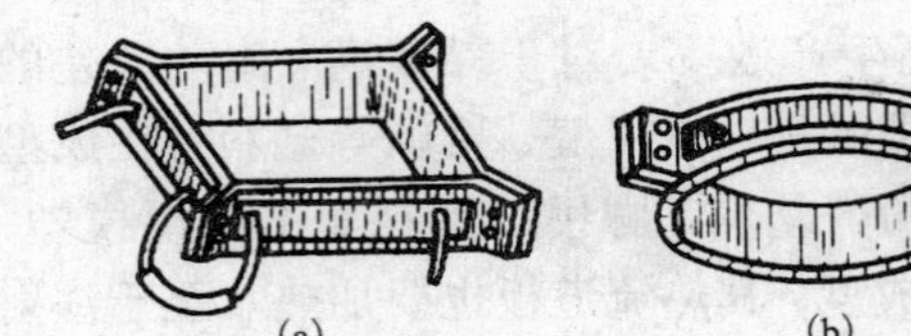
(a)
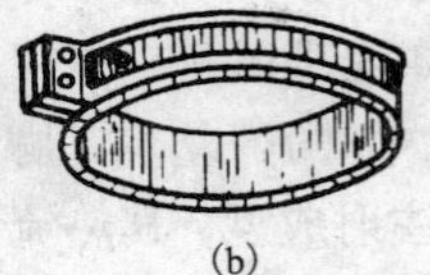
(b)
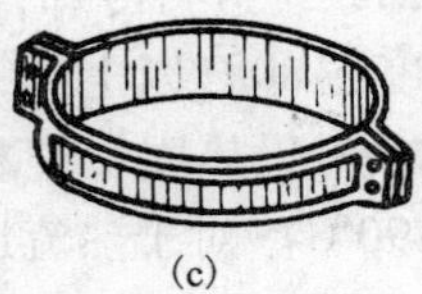
(c)
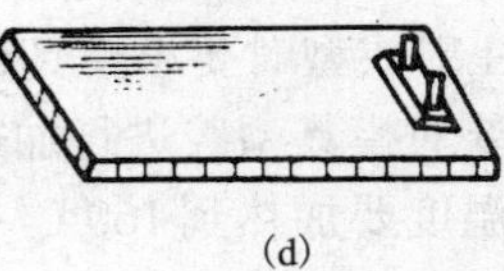
(d)

图 2-210　电热圈和电热板

3）电热棒加热

电热棒是一种标准的加热元件，它是由具有一定功率的电热丝和带有耐热绝缘材料的金属密封管组成，使用时根据需要的加热功率选用电热棒的型号和数量，然后将其插入模板上的加热孔内通电即可，如图 3-211 所示。电热棒加热的特点是电热元件使用寿命长，安装和更换都很方便。

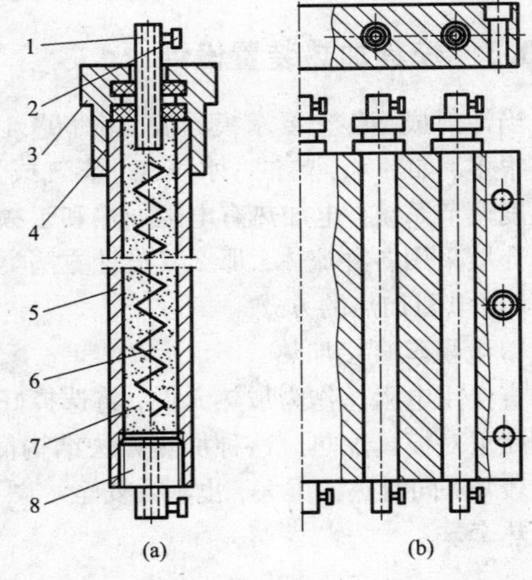

图 3-211　电热棒及其在加热板内的安装

1—接线柱；2—螺钉；3—固定帽；4—密封垫圈；5—外壳；6—电阻丝；7—石英砂；8—塞子

（2）电阻加热的计算

电阻加热计算的任务是根据实际需要计算出电功率，选用电热元件或设计电阻丝的规格。

要得到所需电功率数值，应作热平衡计算，即通过单位时间内供应塑料模的热量与塑料模消耗的热量平衡，从而求出所需电功率。这种计算方法很复杂，计算参数的选用也不一定符合实际，因而计算结果也是近似的。在实际生产中广泛应用简化计算方法，并有意适当增大计算结果，通过电控装置加以控制与调节。

加热模具所需要的电功率可按如下经验公式计算：

$$P = qm \tag{3-76}$$

式中：P——电功率，W；

m——模具质量，kg；

q——单位质量模具维持成型温度所需要的电功率，W/kg，q 值见表 3-19。

表 3-19　不同类型模具的 q 值

模具类型	$q/(\mathrm{W \cdot kg^{-1}})$	
	采用加热棒时	采用加热圈时
小型	35	40
中型	30	50
大型	25	60

总的电功率计算之后，可根据电热板的尺寸确定电热棒的数量，进而计算每根电热棒的功率。设电热棒采用并联接法，则：

$$P_1 = P/n \tag{3-77}$$

式中：P_1——每根电热棒的功率，W；

n——电热棒的根数。

根据 P_1查电热棒标准选择标准电热棒尺寸。也可以先选择电热棒适当的功率再计算电热棒的数量。在选择电热棒时，所选电热棒的直径和长度应与安装加热元件的空间相符合。如果不符合，则要反复计算。

如果买不到合适的电热棒，则要自行制造加热元件。已知每根电热元件的电功率和电源电压，即可按一般的电工计算方法求出电流并选择适当的电阻丝尺寸。

(3)对模具电加热的要求

对模具电加热的基本要求如下：

1)电热元件功率应适当，不宜过小，也不宜过大。过小，模具不能加热到并保持规定的温度；过大，即使采用温度调节器仍难以使模温保持稳定。这是由于电热元件附近温度比模具型腔的温度高得多，即使电热元件断电，其周围积聚的大量热仍继续传到型腔，使型腔继续保持高温，这现象叫做“加热后效”，电热元件功率愈大，“加热后效”愈显著。

2)合理布置电热元件，使模温趋于均匀。

3)注意模具温度的调节，保持模温的均匀和稳定。加热板中央和边缘可采用两个调节器。对于大型模具最好将电热元件分成两组，即主要加热组和辅助加热组，成为双联加热器。主要加热组的电功率占总电功率的2/3以上，它处于连续不断的加热状态，但只能维持稍低于规定的模具温度。当辅助加热组也接通时，才能使模具达到规定的温度。调节器控制着辅助加热组的接通或断开。这种双联加热器比单联的优越，模温波动较小。现在，模具温度多由注射机相应的温控系统进行调控。

电加热装置简单、紧凑、投资小，便于安装、维修和使用，温度调节容易，易于实现自动控制。但升温较慢，不能在模具中轮换地加热和冷却，有“加热后效”现象。但电加热毕竟优越性较多，故在模具加热中应用最广泛。

除了电加热之外，还有其他加热方法，如蒸汽加热，这种加热方法是将高温蒸汽通过模具加热板的通道，依靠对流传热而把模具加热到要求的温度。它的优点是升温迅速，模温容易保持恒定。当需要冷却模具时，只要关闭蒸汽，改以冷却水通入通道，就能很快使模具冷却，但蒸汽加热设备复杂、投资大。

与蒸汽加热同理，可以采用过热水加热模具。水的比热容大，传热效率高，但模温不宜超过 75℃。因为水在 75℃以上容易蒸发成水蒸气，而水蒸气混在水中传热效果不佳。

用电加热器加热油，以热油通过通道加热模具又是一种模具加热方法。它一般用于大型模具的初始加热和保温加热，加热温度在 150℃以下。当模温达到指定温度后，进行正常的模塑成型时改用水冷却，这就需要配备调节装置。

3.10.4　模具冷却装置设计

(1)塑料模具的冷却

如前所述，塑料模具可以看成是一种热交换器，如果冷却介质不能及时有效地带走必须带走的热量，则在一个成型周期内就不能维持热平衡，从而就无法进行稳定的模塑成型。

对于塑料模具来说，只有进行高效率的热交换，才有可能进行快速成型，从而提高生产效率。在这里，冷却时间是关键。所谓冷却时间通常是指熔体充满型腔到制品最厚壁部中心温度降到热变形温度所需要的时间或制品断面内平均温度降到脱模温度所需要的时间。这个冷却时间长短与以下几个因素有关。

1）塑料品种　不同塑料的热焓量和传热性能是不同的，因而冷却时间也就不一样。热焓量大的或导热系数小的，冷却时间长。

2）塑料制品的壁厚　壁越厚，需要的冷却时间越长。通常冷却时间与制品厚度的平方成正比。

3）模具材料　不同模具材料，其导热系数不同。如铜铝锌合金的导热系数为钢的 1.5 ~ 3 倍，铍青铜的导热系数也比钢大得多。而不锈钢的导热系数却只有钢的1/2。所以，根据需要可在型腔的需要加快散热的部位，选用导热系数大的材料作为镶件，以加快该部位的冷却速度。

4）模具温度　模具温度对冷却速度及冷却时间的影响前面已经叙述过。

5）冷却回路的分布　塑料制品形状往往很复杂，壁厚不均一，与之相应的型腔也很复杂，各部位散热条件不一样，浇口处与远离浇口处温度有差别，因此，应注意冷却通道直径和位置的布置，以保证型腔和型芯表面迅速而均匀地冷却。

6）冷却液温度及流道状态　为了使模具得到均匀冷却，冷却水的入口与出口的温差以小为好，一般的制品温差应控制在5℃以下，精密成型模具应控制在2℃左右。这就要求控制回路长度在 1.2 ~1.5 m 以内，增加冷却回路数量，从而增大冷却液流量。

冷却水在通道中的流速以高为宜。因为流速高，冷却水的流动状态为湍流，传热效率高。相反，流速低，冷却水流动状态为层流，传热效率低。另外，为了使冷却水容易呈湍流状态，入口水温不宜太低（以 10℃ ~18℃为宜）。

可见，影响冷却时间的因素很多，要达到迅速而均匀地冷却，在一定的塑料制品和模具材料下，科学地进行冷却装置的设计是关键。

（2）冷却装置设计原则

1）在满足冷却所需的传热面积和模具结构允许的前提下，冷却水道数量应尽量多，冷却通道孔径要尽量大，如图 3 –212 所示。其中图 3 –212（a）表示冷却回路数量多，孔径大，型腔散热均匀，因而型腔表面温度较均匀，制品内应力小，变形小，精度高，图 3 –212（c）则不然。图 3 –212（b）和图 3 –212（d）是以上两种情况的等温线分布图，（b）图通入 59.83℃的水，（d）图通入 45℃的水，（b）图型腔表面温度范围为 60℃ ~60.05℃，最大相差仅 0.05℃。图（d）为 51.66℃ ~60℃，温差达 8.34℃，增加了内应力和翘曲变形的趋势。理想情况下管壁间距离不得超过 $5d$，水管壁离型腔表面不得太近亦不能太远，一般不超过管径的 3 倍，以 12 ~15 mm 为宜。

2）冷却通道的布置应合理。当制品的壁厚基本均匀时，冷却通道与型腔表面的距离最好相等，分布尽量与型腔轮廓相吻合，如图 3 –213（a）所示。当制品的壁厚不均匀时，则在厚壁处应加强冷却。为此，冷却通道间隔小而且较靠近型腔，如图 3 –213（b）所示。

3）塑料熔体在充填型腔过程中，一般在浇口附近温度最高，距离浇口越远温度越低，因而应加强浇口附近的冷却。为此，冷却水应从浇口附近开始流向其他地方，图 3 –214 所示分

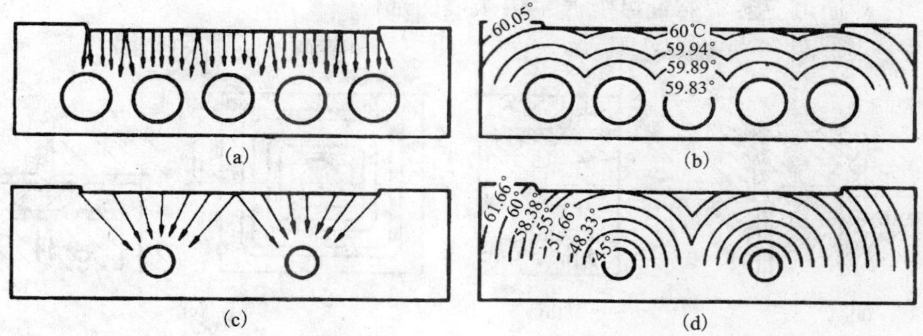

图 3-212　冷却回路数量及尺寸对散热的影响

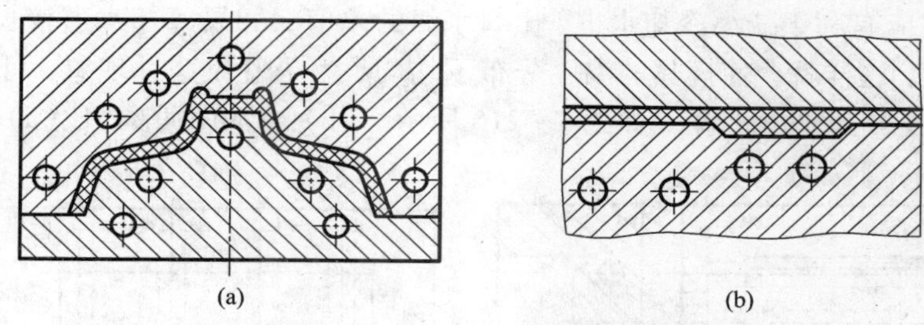

图 3-213　冷却水道的布置示意图

别为侧浇口、多点浇口、直接浇口三种浇注系统的注射模具冷却水道的布置形式示意图。在一般情况下型芯的散热能力差，因而对型芯应加强冷却，应该特别注意型芯冷却回路的布置。对于聚碳酸酯等塑料注射成型，模具型腔要进行加热，而型芯则要冷却。

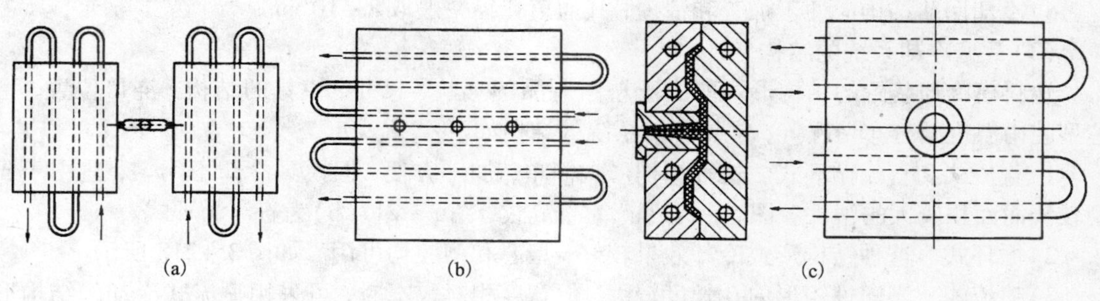

图 3-214　冷却水道出入口排布

4)冷却回路排列的方式应根据制品的形状和塑料特性以及对模具温度的要求而定。扁平、薄壁制品的模具宜采用图 3-215(a)所示并列式的排列方式，其动模和定模上的冷却通道距型腔为等距离。圆筒形制品的模具可采用图 3-215(b)所示圆周式的排列或图 3-215(c)所示螺旋式的排列方式。对于收缩率大的塑料(如聚乙烯)的成型模具，应沿收缩方向设置冷却回路，如图 3-215(c)所示。它是采用中心浇口注射成型四方形制品，其收缩是沿放射线方向和同放射线垂直的方向进行，所以冷却回路采用中心入口、外侧出口的螺旋式回路。此外，冷却通道应避免靠近可能产生熔接痕的部位。

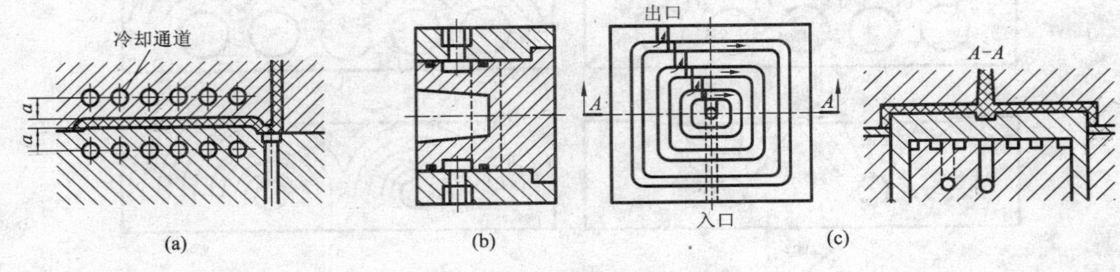

图 3-215　冷却回路的排列形式

5)冷却回路应有利于减小冷却水进、出口水温的差值。如果冷却水道较长，则入水与出水的温差就较大，这样就会使模具的温度分布不均匀，为了避免这种现象，可通过改变冷却水道的排列方式来克服这个缺陷，如图 3-216 所示。(b)图所示的形式比(a)图好。

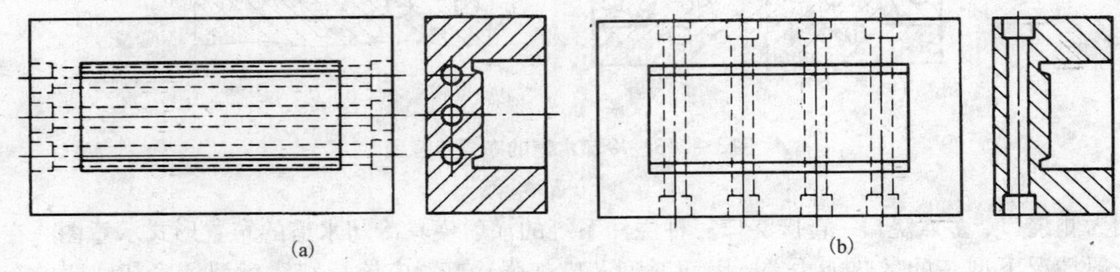

图 3-216　控制冷却水温差的通道排列形式

6)冷却回路结构应便于加工和清理，其通道孔径一般取 8～10 mm。

(3)常见冷却系统的结构

塑料模冷却装置的结构形式取决于塑料制品的形状、尺寸、模具的结构、浇口位置、型芯型腔内温度的分布情况等，常见冷却系统的结构如下：

1)直流式和直流循环式　这种结构形式简单，加工方便，但模具冷却不均匀，适用于成型较浅而面积较大的塑件。图 3-217(a)为直流式，图 3-217(b)为直流循环式。

2)循环式　这种结构形式冷却效果较好，型芯和型腔均可用。如图 3-218 所示。

3)喷流式　当塑件矩形内孔长度较大，但宽度相对较窄时，可采用喷流式冷却的结构形式，即在型芯的中心制出一排盲孔，在每个孔中插入一根管子，冷却水从中心管子流入，喷射到浇口附近型芯盲孔的底部对型芯进行冷却，然后经过管子与凸模的间隙从出口处流出，如图 3-219 所示。对于空心细长塑件需要使用细长的型芯，可以在型芯上制出一个盲孔，插入一根管子进行喷流式冷却。这样的冷却水道结构简单，成本较低，冷却效果较好。

4)隔板式　对于深型腔塑件模具，最困难的是凸模的冷却问题。图 3-220(b)所示是大型深型腔塑件模具，在凹模一侧，其底部可从浇口附近通入冷却水，流经沿矩形截面的水槽后流出，其侧部开设圆形截面水道，围绕模腔一周之后从分型面附近的出口排出。凸模上加工出螺旋槽，并在螺旋槽内加工出一定数量的盲孔。每个盲孔用隔板分成底部连通的两个部

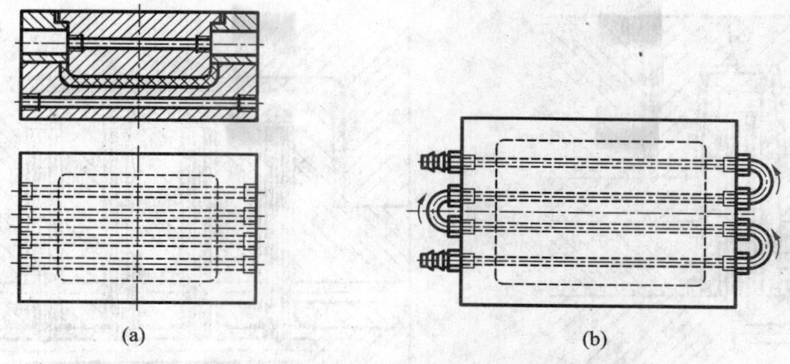

图 3－217　直流式与直流循环式冷却装置

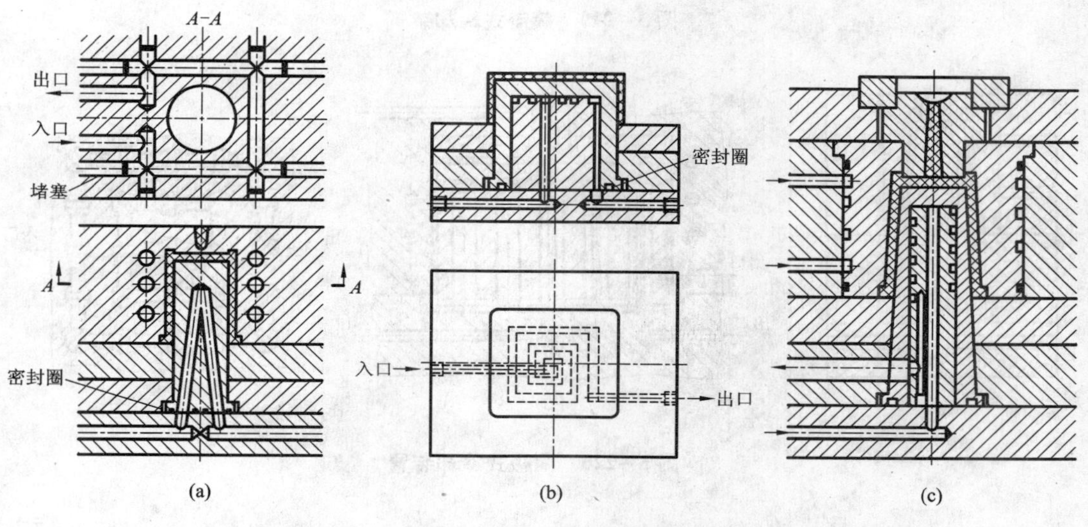

图 3－218　循环式冷却装置

分，从而形成凸模中心进水、外侧出水的冷却回路。这种隔板形式的冷却水道加工麻烦，隔板与孔配合要求高，否则隔板易转动而达不到要求。隔板常用先车削成形(与孔过渡配合)后把两侧铣削掉或线切割成形的办法制成，然后再插入孔中。对于大型特深型腔的塑件，其模具的凹模和凸模均可采用在对应的镶拼件上分别开设螺旋槽，如图 3－220(a)所示，这种形式的冷却效果特别好。

5)压缩空气冷却式　对于特别细长的型芯，如果用水冷却，其水道很小，容易堵塞，可用压缩空气来冷却。如图 3－221 所示。

6)间接冷却　对于型芯更加细小的模具，可采用间接冷却的方式进行冷却。图 3－222(a)所示为在细小型芯中插入一根与之配合接触很好的铍铜杆，在其另一端加工出翅片，用它来扩大散热面积，提高水流的冷却效果。图 3－222(b)所示为冷却水喷射在铍铜制成的细小型芯的后端，靠铍铜良好的导热性能对其进行冷却。

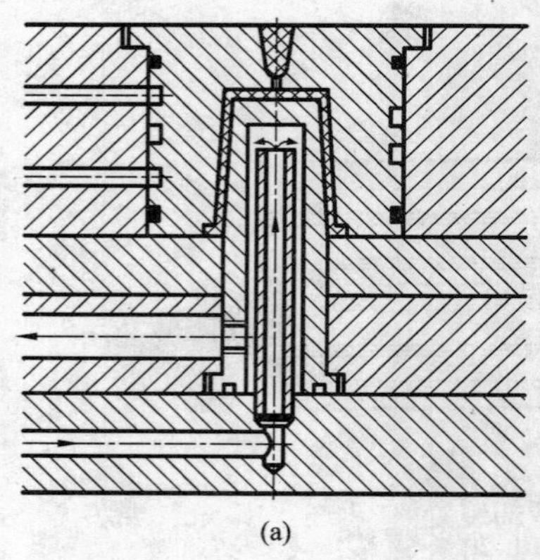
(a)

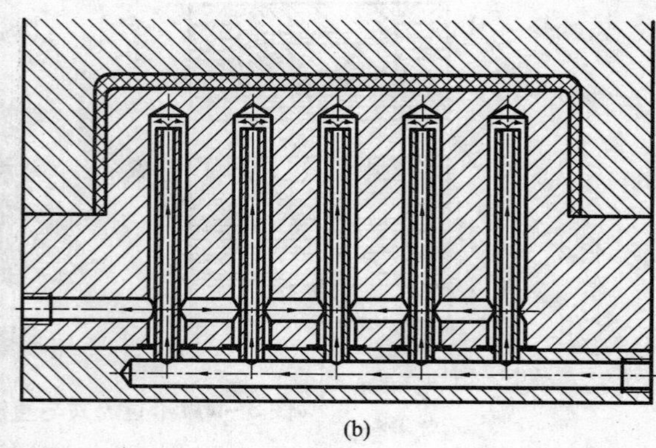
(b)

图 3－219　喷流式冷却装置

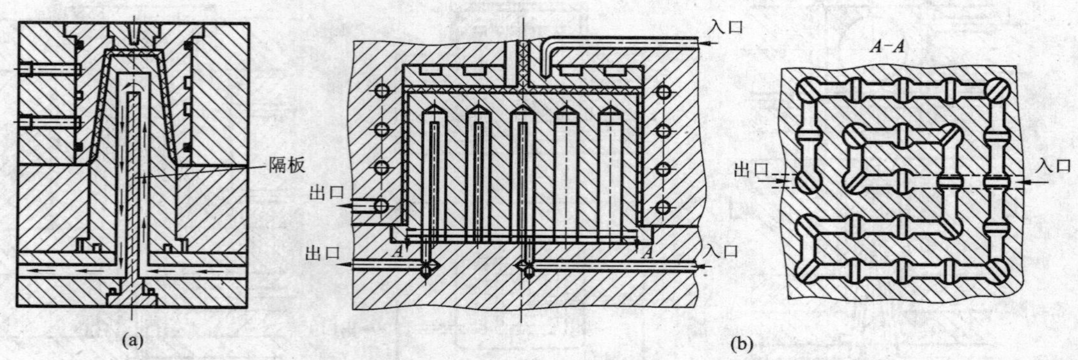

(a)　(b)

图 3－220　隔板式冷却装置

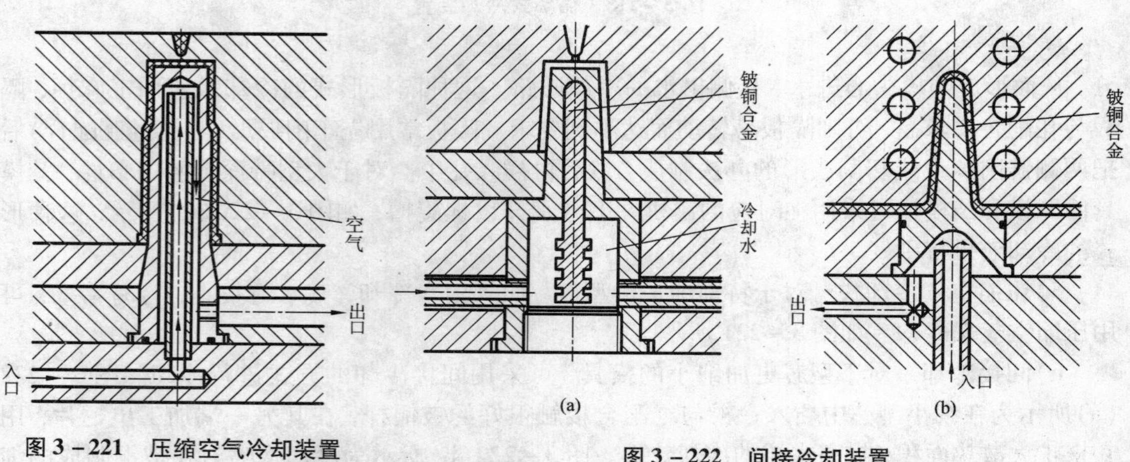

(a)　(b)

图 3－221　压缩空气冷却装置

图 3－222　间接冷却装置

7)局部冷却　在模具温度的控制上，有时会遇到需要局部冷却的情况，这时即可采用图 3－223 所示的装置。

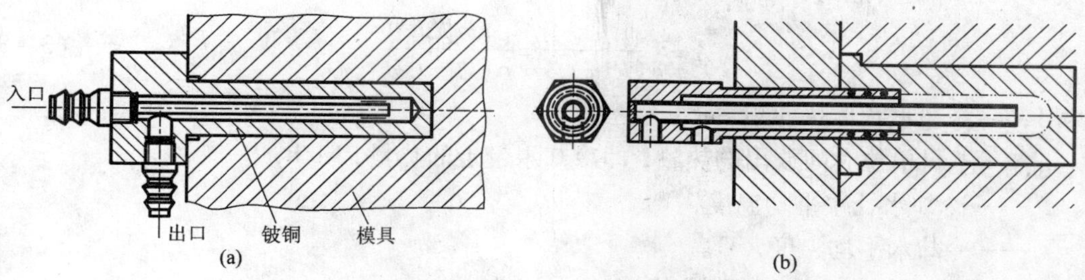

图 3－223　局部冷却装置

(4)冷却装置的计算

塑料注射模冷却时所需的冷却水质(重)量可按下式计算:

$$m=\frac{nm_1\Delta h}{C_p(t_1-t_2)} \tag{3-78}$$

式中: m——所需的冷却水质(重)量, kg/h;

n——单位时间注射次数, 次/h;

m_1——包括浇注系统在内的每次注入模具的塑料的质(重)量, kg/次;

C_p——冷却水的定压比热容, kJ/(kg·℃), 当水温 20℃时, $C_p=4.183$ kJ/(kg·℃); 当水温 30℃时, $C_p=4.174$ kJ/(kg·℃);

t_1——冷却水出口温度, ℃;

t_2——冷却水入口温度, ℃;

Δh——从熔融状态的塑料进入型腔时温度到塑料制品冷却到脱模温度为止, 塑料所放出的热焓量, kJ/kg, Δh 值见表 3－20。

表 3－20　常用塑料在凝固时所放出的热焓量

塑　料	$\Delta h/(\mathrm{kJ\cdot kg^{-1}})$	塑　料	$\Delta h/(\mathrm{kJ\cdot kg^{-1}})$
高压聚乙烯	583.33～700.14	尼龙	700.14～816.48
低压聚乙烯	700.14～816.48	聚甲醛	420.00
聚丙烯	583.33～700.14	醋酸纤维素	289.38
聚苯乙烯	280.14～349.85	丁酸－醋酸纤维素	259.14
聚氯乙烯	210.00	ABS	326.76～396.48
有机玻璃	285.85	AS	280.14～349.85

冷却水道孔壁与冷却水之间交界膜的传热系数可按以下简化公式计算:

$$\alpha=7348(1+0.015t_s)\frac{v^{0.87}}{d^{0.13}} \tag{3-79}$$

式中: α——冷却水道孔壁与冷却水交界膜的传热系数, kJ/(m²·h·℃);

v——冷却水平均流速, m/s;

d——冷却水孔直径, m;

t_s——冷却水平均温度, ℃。

冷却水孔总的传热面积按下式计算：

$$A = \frac{g}{\alpha(t_m - t_s)} = \frac{nm_1 \Delta h}{\alpha(t_m - t_s)} \tag{3-80}$$

式中：A——冷却水孔传热面积，m^2；

g——塑料单位时间放出的热量，即冷却水带走的热量，kJ/h；

t_m——冷却水孔壁平均温度，℃；

t_s——冷却水平均温度，℃。

冷却水孔的有效长度 L 按下式计算：

$$L = \frac{A}{\pi d} \tag{3-81}$$

式中：d——冷却水孔直径，m。

求出 L 后，根据冷却水道的排列方式计算出水道的数量。

必须指出，以上计算传热面积，没有考虑空气自然对流散热、辐射散热、注射机固定模板散热等，也就是说塑料放出的热量全部由冷却水带走了。这样计算结果偏大，为水温及流量调节提供了更大范围。还应指出，由于冷却水道的位置、结构形式、孔径、表面状态、水的流速、模具材料等均会影响模具的热量向冷却水传递，精确计算比较困难，总的传热面积计算比较繁琐，计算结果与实际会有出入，甚至出入较大。以上提供的是简化了的计算公式，设计时还可参考有关资料。

表 3-21　冷却水孔直径和湍流最低流速及流量

水孔直径 d/m	$d^{0.13}$	湍流 $Re>4000$			有摩擦阻抗时		
		最低流速 v /($m\cdot s^{-1}$)	$v^{0.87}$	流量 m /($kg\cdot h^{-1}$)	极限流速 v /($m\cdot s^{-1}$)	$v^{0.87}$	流量 m /($kg\cdot h^{-1}$)
0.006	0.514	0.78	0.81	80	1.00	1.00	
0.008	0.534	0.66	0.70	120	1.26	1.22	230
0.010	0.550	0.52	0.57	150	1.55	1.46	440
0.012	0.563	0.44	0.49	180	1.80	1.67	732
0.015	0.579	0.35	0.40	224	2.00	1.83	1267
0.020	0.601	0.26	0.31	295	2.31	2.07	2610

3.11　注射模标准模架

现代模具生产中，模具设计主要是形成产品外形的凹、凸模零件以及开模和脱模方式的设计，模具上的大部分零部件可以直接选购由专门厂家生产的标准件，尤其是模架的直接选购，大大节约了模具制造时间和制造费用。

模架是注射模的骨架和基体，通过它将模具的各个部分有机地联系成为一个整体，如图 3-224 所示。标准模架一般由定模座板、定模板、动模板、动模支承板、垫块、动模座板、推杆固定板、推板、导柱、导套及复位杆等组成。另外还有特殊结构的模架，如点浇口模架、带推件板推出的模架等。模架中其他部分可根据需要进行补充，如精确定位装置、支承柱等。

我国塑料注射模架的国家标准有两个，即《塑料注射模中小型模架及技术条件》（GB/T 12556—1990）和《塑料注射模大型模架》（GB/T 12555—1990）。前者按结构特征分为基本型（4 种）和派生型（9 种），适用的模板尺寸为 B（宽）×L（长）≤560 mm×900 mm；后者也分为基本型（2 种）和派生型（4 种），适用的模板尺寸为 B（宽）×L（长）为 630 mm×630 mm～1250 mm×2000 mm。现以中小型模架为例说明其组成。

（1）基本型组合

基本型组合是以直接浇口（包括潜伏式浇口）为主，其代号分别为 A1、A2、A3、A4 型 4 种，如图 3－225 所示。

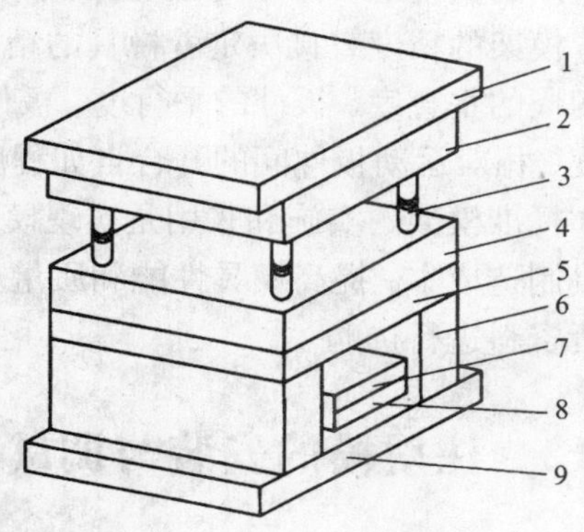

图 3－224　注射模架

1—定模座板；2—定模板；3—导柱及导套；4—动模板；5—动模支承板；6—垫块；7—推杆固定板；8—推板；9—动模座板

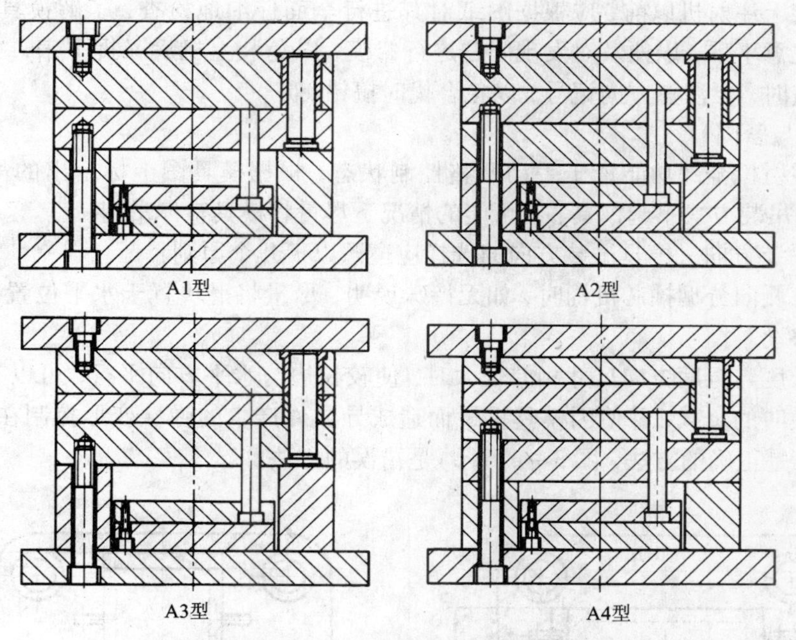

图 3－225　中小型注射模架基本型组合形式

（2）派生型组合

派生型组合是在基本型的基础上派生而来、以点浇口和多分型面为主的结构形式。其代号为 P，分别为 P1 型到 P9 型，这里不再详述，请参考上述相关标准。

全球较为出名的有三大模架标准，英制以美国的“DME”为代表，欧洲以“HASCO”为代表，亚洲以日本的“FUTABA”为代表。而国内的塑料模架起步较晚，到了 20 世纪 80 年代末 90 年代初模架生产才得到了高速发展，也形成了以珠江和长江三角洲地区为主的模架产业化生产两大基地。据不完全统计，国内（包括外资企业）注塑模架的生产厂家有40余家。

模架的精度直接决定着模具的精度和质量，一般对于模架生产要保证的工艺条件有：模具四周的垂直度、板件的平行度，板件平面度与侧面的垂直度、导柱导套与模板配合的松紧程度、相对运动板件间的开合自如程度，另外还有整套模架的外观，如表面粗糙度、倒角等。

标准模架的实施和采用是实现模具CAD/CAM的基础，可大大缩短模具生产周期，降低模具制造成本，提高模具性能和质量。具体设计时可以根据模具专业厂商提供的模架订购及供货资料进行选购。

3.12 注射模的安装与调试

注射模在注射机上的安装与调试包括预检、吊装紧固、顶出距离调整和合模松紧程度的调整及加热线路、冷却水管等配套部分的安装、试模。

3.12.1 模具安装

(1)预检

在模具装上注射机以前，应根据图纸对其进行全面仔细地检查，了解模具的基本结构、工作原理及注意事项，以便及时发现问题进行修模，以免装上机后又拆下来，当动模和定模部分分开检查时，要注意方向记号，以免合拢时搞错。

(2)吊装与紧固

首先将注射机全部功能置于手动调整控制状态，根据模具图上标示出的吊装位置及方向，按一定的吊装方式吊起模具，在可能的情况下尽量将模具整体吊起。

1)模具吊装方向　模具吊装方向的选择应遵照以下几个原则：

①模具有侧向分型抽芯机构时，如无特殊说明，尽量将滑块置于水平位置，使滑块在水平面内左右移动。

②模具长度与宽度方向尺寸相差较大时，使较长边与水平方向平行，可以有效地减轻导柱拉杆在开模时的负载，并使因模具重量而造成导向件产生的弹性变形控制在最小范围内，图3-226(a)是正确的方法，图3-226(b)是错误的方法。

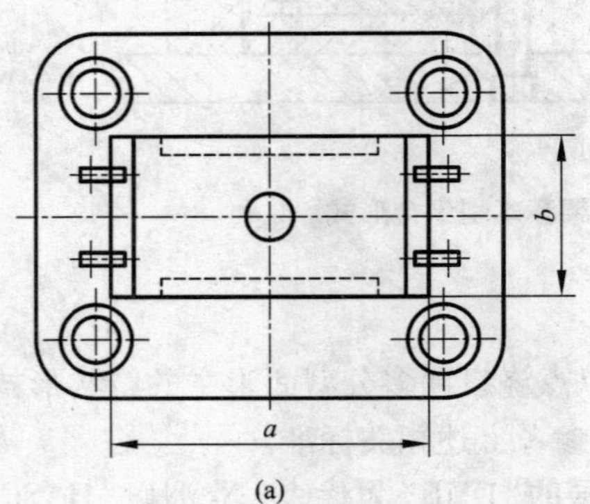

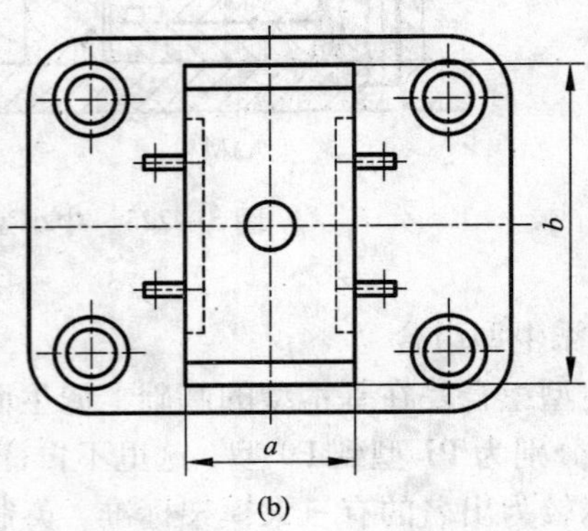

图3-226　模具安装方向

③模具带有液压油路接头、气动接头、热流道元件接线板时，尽可能放置在非操作面侧面，以方便操作。

2）吊装方式　一般将模具从注射机上方吊进拉杆模座之间。当模具水平或垂直方向尺寸大于拉杆间的距离时，吊装方式如下：

①当模具长方向尺寸大于拉杆间水平距离 H_0 时，从拉杆侧面滑进的方法，适用于中小型模具。

②将模具长方向平行于拉杆轴线（模具高度小于拉杆水平距离 H_0，模具宽方向尺寸小于拉杆垂直距离 V_0），从拉杆上方滑进拉杆之后，旋转 90°即可，如图 3－227 所示。

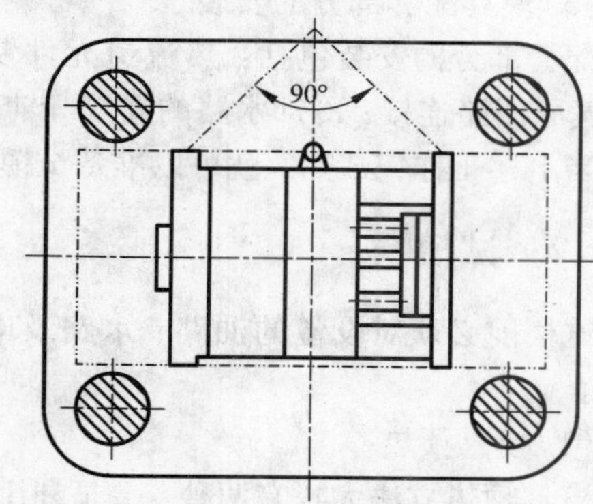

图 3－227　模具吊装方式

整体吊装成功后，将模具定模座板上的定位圈装配入注射机定模座上的定位孔，然后用极慢的速度闭合锁模结构，使注射机上的活动模座将模具轻轻压紧，用螺钉或压板螺钉压紧定模，并初步固定定模，依靠导柱、导套将动定模两部分启闭几次，检查模具在启闭过程中是否平稳，灵活，无卡住现象，最后固定动定模，图 3－228 所示为模具紧固方式。

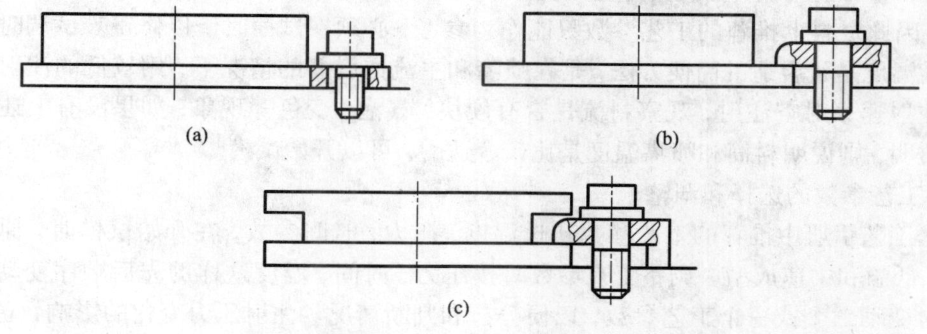

图 3－228　模具紧固方式

分体吊装与整体吊装相似，不同之处是模具动模部分是在定模吊装初步固定之后再吊装紧固。

工人吊装适用于中小型模具，一般从注塑面侧面装入，在拉杆上垫两块木板将模具滑入拉杆中。

（3）顶出距离调节

模具紧固后，慢速开启模具，达到模座行程 S 时，动模板停止后退，然后调节注塑机顶杆顶出距离，使模具上顶出板和动模板之间的间隙不小于 5 mm，既能顶出塑件，又能防止损坏模具。

（4）合模松紧程度的调节

合模松紧程度以注射塑件时，既不产生飞边，又保证模具有足够的排气间隙为合适。对全液压式锁模机构，合模松紧程度只要观察合模力是否在预定的工艺范围内即可；对于液压肘杆式锁模机构，目前主要凭经验和目测来调节，即在开模时，肘杆先快后慢，既不很自然，也不太勉强地伸直，合模松紧正好合适。对于需要加热的模具，应在模具达到规定的温度后再调整合模松紧度。

(5)模具配套部分的安装

配套部分的安装包括：热流道元件及电气元件的接线；电控部分的调整；液压回路连接；气压回路连接；冷却水路的连接等辅助部分的安装。

当上述工作完成后，就可以准备试模了。

3.12.2 试模

试模前必须对设备的油路、水路及电路进行检查，并按规定保养设备，做好开车前的准备。

(1)模具预热

模具预热方法大致有两种：一是利用模具本身的冷却水孔，通入热水进行加热。二是外加热法，即将铸铝加热板安装在模具外部，从外向内进行加热，这种方法加热快，但消耗能量大。对中小型模具，无需进行模具预热。

(2)料筒和喷嘴的加热

根据工艺手册中推荐的工艺参数将料筒和喷嘴加热，与模具预热同时进行。由于制件大小、形状和壁厚的不同，且模具开设的浇注系统也各不相同，又由于各注射机温控系统的误差不同，因此资料上推荐的工艺参数只能作为参考，必须在试模时予以修正。试调时判断料筒和喷嘴温度是否合适的简便方法，是在喷嘴和主流道脱开的情况下，用较低的注射压力和较低的注射速率对空注射，观察料流是否有硬块、气泡、变色等现象，如果没有上述现象而是明亮透明，则说明料筒和喷嘴温度是比较合适的，可以开始试模。

(3)工艺参数的选择和调整

根据工艺手册中推荐的工艺参数初选温度、压力、时间参数，在开始试模时，原则上选择低压、低温和中速成型。调整工艺参数时按压力、时间、温度这样的先后顺序变动。最好不要同时变动二个或三个工艺参数，以便分析和判断情况。注射压力变化的影响，立即就可从制品上反映出来，所以如果制品充不满，首先是增加注射压力，当多次变更注射压力仍无显著效果时，才考虑调整其他工艺参数。必须注意料筒温度的上升和塑料熔体温度的上升有一个时差，两者温度要经过一段时间后才会达到平衡。因此调好料筒温度后，必须在一定时间后才能反映在制品上。

通过观察注射塑件的质量缺陷，分析产生缺陷的原因，调整工艺参数和其他技术参数，直至达到最佳状态。

由于原材料、制品和模具的千差万别，因此在试模过程中制品会产生各种缺陷是不足为怪的，也往往一次试模得不到合格制品而要进行修模，修模后再进行试模。在试模中易出现的缺陷种类和原因分析可见表 3 – 22 所示。

在试模过程中应详细记录模具状态和工艺参数，并将结果填入试模记录卡，注明模具是否合格。对不合格的模具应及时进行返修，且应提出返修意见。在记录卡中应摘录成型工艺条件及操作注意要点，并附上加工出的制品。

试模后，将模具清理干净，涂上防锈油，分别入库或返修。

表 3－22　试模时易产生的缺陷及原因

原　因	缺　陷							
	制件不足	溢边	凹痕	银丝	熔接痕	气泡	裂纹	翘曲变形
料筒温度太高		√	√	√		√		√
料筒温度太低	√				√		√	
注射压力太高		√					√	√
注射压力太低	√		√		√	√		
模具温度太高			√					√
模具温度太低	√		√		√	√	√	
注射速度太慢	√							
注射时间太长				√	√		√	
注射时间太短	√							
成型周期太长		√		√	√			
加料太多		√						
加料太少	√		√					
原料含水分过多			√					
分流道或浇口太小	√		√	√	√			
模穴排气不好	√			√		√		
塑件太薄	√							
塑件太厚			√			√		√
成型机能力不足	√		√	√				
成型机锁模力不够		√						

3.12.3　模具的维修

模具在使用过程中，会产生正常的磨损和不正常的损坏。不正常的损坏绝大多数是由于操作不当所致，例如嵌件没放稳就合模，致使型腔被打缺；或是型芯较细长，当塑件脱模不下时，用手锤重力敲击而导致型芯弯曲或折断。总的说来，大致有以下三种情况：

(1)型芯、导柱、推杆弯曲或损坏；

(2)型腔局部损坏，而大部分仍是好的；

(3)由于型腔材料硬度太低或塑件精度太差，使用一段时间后分型面就不严密，塑件产生飞边。

在这些情况下，往往不需将整个模具报废，而只需局部修复就可以再使用。模具的修复是一门专门技术，应由专门的模具工进行。修前，应研究模具图纸，了解模具结构、材料和热处理状态。对于磨损和损坏的易损件，可将坏的拆下，另外加工一个新零件换上。型腔打缺的，当其未经热处理硬化时，可以用铜焊或镶嵌的方法修复；而经过热处理硬化的型腔，可以用环氧树脂来补缺。

第三种情况大多数是日用制品模具采用不合格钢材的结果。由于制品要求不高，往往可用平头錾子挤压分型面，使其产生局部塑性变形而相互配合严密。但使用一段时间后又会出现同样的问题。所以根本途径是选用强度较高的材料和提高模具的制造精度。

模具应注意经常地检查维护，不要等到损坏严重了才维修。注射机要保持良好的工作状态，发现问题及时维修，以免损伤模具。

思考与练习题

1. 注射成型工艺参数中的温度控制包括哪些内容？如何加以控制？
2. 注射成型过程中的压力包括哪两部分？一般选取的范围是什么？
3. 注射成型周期包括哪几部分？
4. 注射模由哪些主要部分组成？按注射模的总体结构特征分为哪些主要类型？
5. 设计注射模时应校核注射机的哪些工艺参数和结构参数？各应满足哪些要求？
6. 简述普通浇注系统的类型、组成和作用。
7. 分型面有哪些基本形式？选择分型面的基本原则是什么？
8. 设计浇注系统时应注意哪些问题？
9. 注射模型腔压力周期分为哪四个阶段？每个阶段对注射成型各起什么作用？
10. 注射模成型部分通常包括哪些零件？简述设计成型零件的过程。
11. 设计分流道的原则是什么？怎样布局分流道？
12. 采用点浇口有哪些优点？
13. 常见的浇口形式有哪几种？在确定浇口位置时应注意些什么？
14. 导向机构的作用是什么？设计导柱导向机构时应注意哪些事项？
15. 脱模的基本方法有哪些？设计推杆时应注意哪些事项？
16. 常用的侧向分型抽芯机构的结构形式有哪几种类型？
17. 斜导柱分型抽芯机构由哪些零件组成？零件各起什么作用？
18. 什么是侧抽芯时的干涉现象？如何避免发生干涉现象？
19. 简述设计温度调节系统的内容和注意事项。

第 4 章 压缩成型工艺与模具设计

压缩成型又称为压制成型、压塑成型等，是塑料加工技术中历史悠久的重要方法之一。压缩成型主要适合于热固性塑料的成型，也可以用于热塑性塑料的成型。

4.1　压缩成型工艺过程及参数选择

4.1.1　压缩成型原理与特点

1. 压缩成型原理

压缩成型原理如图 4－1 所示。它的成型方法是先将粉状、粒状、碎屑状或纤维状的固态塑料原料直接加入成型温度下的模具加料室内，见图 4－1(a)；然后合模，通过加热、加压，见图 4－1(b)，使它们逐渐软化熔融，根据模腔形状进行流动成型；最终经过固化定型并且具有最佳性能时，开启模具，取出所需要的塑料制件，见图 4－1(c)。

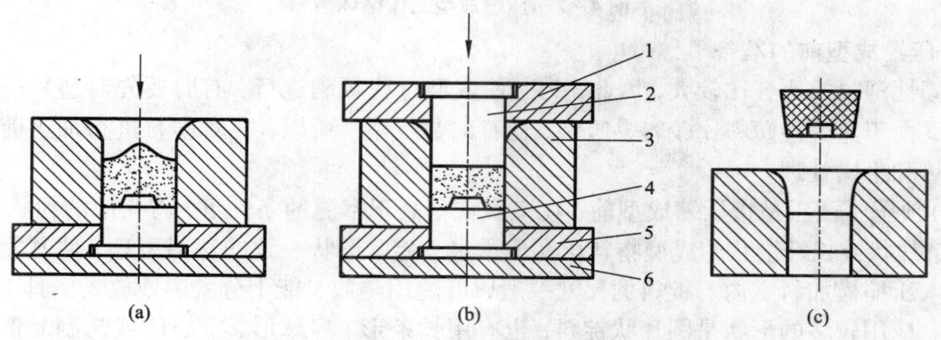

图 4－1　压缩成型原理

1—凸模固定板；2—上凸模；3—凹模；4—下凸模；5—凸模固定板；6—垫板

压制热固性塑料时，置于模腔中的热固性塑料处于高温高压的作用下，由固态变为黏流状态，并在这种状态下充满型腔，同时高聚物产生交联反应，随着交联反应的深化，黏流态的塑料逐步变为固体，最后脱模得塑件。

热塑性塑料的压缩成型不存在交联反应，需将模具冷却才能使塑料熔体凝固，脱模获得塑件。由于热塑性塑料压缩成型时模具需要交替地加热和冷却，故生产周期长、效率低，但制品内应力小，因此它仅适用于成型光学性能要求高的有机玻璃镜片、不宜用高温注射成型的硝酸纤维汽车驾驶盘以及一些流动性很差的热塑性塑料(如聚酰亚胺等塑料)制件。

2. 压缩成型特点

热固性塑料压缩成型与注射成型相比，其优点是可以使用普通压力机进行生产。压缩成型的特点是压缩模没有浇注系统，结构比较简单；塑件内取向组织少，取向程度低，各向性能比较均匀，成型收缩率小等。利用压缩成型方法还可以生产一些带有碎屑状、片状或长纤维状填充料的流动性很差的塑料制件及面积很大、厚度较小的大型扁平塑料制件。压缩成型的缺点是成型周期长，生产环境差，生产操作多用手工而不易实现自动化，劳动强度大；塑件经常带有溢料飞边，高度方向的尺寸精度不易控制；模具易磨损，使用寿命较短。典型的压缩成型的塑件有仪表壳、电闸、电器开关、插座等。

4.1.2 压缩成型工艺过程

压缩模塑的工艺过程可以用图4－2所示的工作循环图来反映，包括三部分：压缩成型前的准备、压缩成型过程和压后处理。

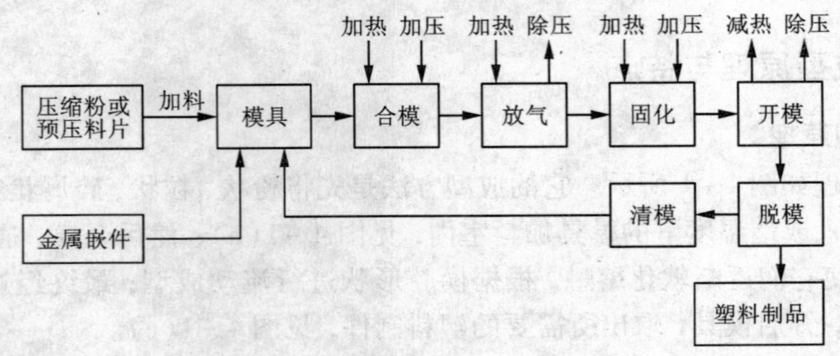

图4－2 压缩成型工作循环图

1. 压缩成型前的准备

热固性塑料的比容比较大，因此，为了使成型过程顺利进行，有时要先对塑料进行预压处理。又由于热固性塑料比较容易吸湿，储存时易受潮，所以，在对塑料进行加工前应对其进行预热和干燥处理。

(1)预压　预压是指压缩成型前，在室温或稍高于室温的条件下，将松散的粉状、粒状、碎屑状、片状或长纤维状的成型物料压实成重量一定、形状一致的塑料型坯，使其能比较容易地放入压缩模加料室内。锭料的尺寸一般以既能用整数又能十分紧凑地放入模具中便于预热为宜。应用较多的形状是圆片状锭料，也有用长条形、扁球形、空心体或与制品形状相似的锭料。经过预压后的坯料密度最好能达到塑件密度的80%左右，以保证坯料有一定的强度。是否要预压视塑料原材料的组分及加料要求而定。

(2)预热与干燥　在成型前，应对热固性塑料进行加热。加热的目的有两个：一是对塑料进行预热，以便对压缩模提供具有一定温度的热料，使塑料在模内受热均匀，缩短模压成型周期；二是对塑料进行干燥，防止塑料中带有过多的水分和低分子挥发物，确保塑料制件的成型质量。预热与干燥的常用设备是烘箱和红外线加热炉。

(3)嵌件的安放　嵌件作为塑件中导电部分或使塑件与其他零件相连接的零件。如果塑件有嵌件，则在加料前应将嵌件安放好。常用的嵌件有轴套、螺钉、螺母和接线柱等。嵌件的安放要求位置正确、平稳，避免模具运动时掉下。

2. 压缩成型过程

模具装上压力机后要进行预热。若塑料制件带有嵌件，加料前应将热嵌件放入模具型腔内一起预热。热固性塑料的压缩过程一般可分为加料、合模、放气、固化和脱模等几个阶段。

(1)加料　加料是在模具型腔中加入已预热的定量物料，这是压缩成型生产的重要环节，加料是否准确直接影响到塑件的密度和尺寸精度。常用的加料方法有质量法、容积法和记数法三种。质量法需用衡器称量物料的质量，然后加入到模具内，采用该方法可以准确地控制加料量，但操作不方便。容积法是使用具有一定容积或带有容积标度的容器向模具内加料，这种方法操作简便，但加料量的控制不够准确。记数法只适用于预压坯料。

(2)合模　加料完成后进行合模，即通过压力使模具内成型零部件闭合成与塑件形状一致的模腔。当凸模尚未接触物料之前，应尽量使闭模速度加快，以缩短模塑周期和避免塑料过早固化和过多降解。而在凸模接触物料以后，合模速度应放慢，以避免模具中嵌件和成型杆件的位移和损坏，同时也有利于空气的顺利排放。合模时间一般为几秒至几十秒不等。

(3)放气　压缩热固性塑料时，成型物料在模腔中会放出相当数量的水蒸气、低分子挥发物以及在交联反应和体积收缩时产生的气体，因此，模具合模后有时还需卸压以排出模腔中的气体。排气不但可以缩短固化时间，而且还有利于提高塑件的性能和表面质量。排气的次数和时间应按需要而定，通常为1~3次，每次时间为3~20 s。

(4)固化　压缩成型热固性塑料时，塑料进行交联反应固化定型的过程称为固化或硬化。热固性塑料的交联反应程度即硬化程度不一定达到100%，其硬化程度与塑料品种、模具温度及成型压力等因素有关。当这些因素一定时，硬化程度主要取决于硬化时间。最佳硬化时间应以硬化程度适中为准。固化速率不高的塑料，有时不必将整个固化过程放在模内完成，脱模后用烘的方法来完成它的固化。通常酚醛压缩塑件的后烘温度范围为90℃~150℃，时间为几小时至几十小时不等，视塑件的厚薄而定。模内固化时间决定于塑料的种类、塑件的厚度、物料的形状以及预热和成型的温度等，一般由30 s至数分钟不等。具体时间的长短需由实验或试模的方法确定，过长或过短对塑件的性能都会产生不利的影响。

(5)脱模　固化过程完成以后，压力机将卸载回程，并将模具开启，推出机构将塑件推出模外。带有侧向型芯时，必须先将侧向型芯抽出才能脱模。

3. 压后处理

塑件脱模以后的后处理主要是指退火处理，其主要作用是消除应力，提高稳定性，减少塑件的变形与开裂；进一步交联固化，以提高塑件电性能和力学性能。退火规范应根据塑件材料、形状、嵌件等情况确定。厚壁和壁厚相差悬殊以及易变形的塑件以采用较低温度和较长时间为宜；形状复杂、薄壁、面积大的塑件，为防止变形，退火处理时最好在夹具上进行。常用的热固性塑件退火处理规范可参考表4-1。

表4-1　常用热固性塑件退火处理规范

塑料种类	退火温度/℃	保温时间/h
酚醛塑料制件	80~130	4~24
酚醛纤维塑料制件	130~160	4~24
氨基塑料制件	70~80	10~12

4.1.3　压缩成型工艺参数及选择

压缩成型的工艺参数主要是指压缩成型压力、压缩成型温度和压缩时间。

1. 压缩成型压力

压缩成型压力是指压缩成型时压机通过凸模对塑料熔体在充满型腔和固化时在分型面单

位投影面积上施加的压力，简称成型压力，可采用以下公式计算：

$$p = \frac{p_{\mathrm{b}} \pi D^2}{4A} \tag{4-1}$$

式中：p——成型压力，一般为 15 ~ 30 MPa；

p_{b}——压力机工作液压缸表压力，MPa；

D——压力机工作液压缸活塞直径，m；

A——塑件与凸模接触部分在分型面上的投影面积，m^2。

施加成型压力的目的是促使物料流动充模，提高塑件的密度和内在质量，克服塑料树脂在成型过程中因化学变化释放的低分子物质及塑料中的水分等产生的涨模力，使模具闭合，保证塑件具有稳定的尺寸、形状，减少飞边，防止变形，但过大的成型压力会降低模具寿命。

压缩成型压力的大小与塑料种类、塑件结构以及模具温度等因素有关。一般情况下，塑料的流动性愈小，塑件愈厚以及形状愈复杂，塑料固化速度和压缩比愈大，所需的成型压力亦愈大。常用热固性塑料的压缩成型压力见表 4-2。

表 4-2　常用热固性塑料的压缩成型温度和成型压力

塑料类型	压缩成型温度/℃	压缩成型压力/MPa
酚醛塑料(PF)	146 ~ 180	7 ~ 42
三聚氰胺甲醛塑料(MF)	140 ~ 180	14 ~ 56
脲甲醛塑料(UF)	135 ~ 155	14 ~ 56
聚酯塑料(UP)	85 ~ 150	0.35 ~ 3.5
邻苯二甲酸二丙烯酯塑料(PDPO)	120 ~ 160	3.5 ~ 14
环氧树脂塑料(EP)	145 ~ 200	0.7 ~ 14
有机硅塑料(DSMC)	150 ~ 190	7 ~ 56

2. 压缩成型温度

压缩成型温度是指压缩成型时所需的模具温度。模具温度与塑件质量、模压时间的关系很大，模具温度决定了成型过程中热固性塑料的固化速度，从而会影响到塑件的质量。

热固性塑料受热时从固体粉末逐渐熔化，黏度由大到小，然后交联反应开始，随着温度的升高，交联反应速度增大，聚合物熔体黏度则经历由减小到增大（流动性由增大到减小）的过程，其流动性随温度变化具有峰值。因此闭模后，迅速增大成型压力，使塑料在温度还不很高而流动性又较大时，充满型腔各部分是非常重要的。

在一定温度范围内，模具温度升高能使热固性塑料在模腔中的固化速度加快，固化时间缩短，因此高温有利于缩短模压周期。但过高的温度会因固化速度太快而使塑料流动性迅速下降，并引起充模不满，特别是模压形状复杂、壁薄、深度大的塑件，这种弊病最为明显。温度过高还可能引起物料变色，树脂和有机填料等的分解，使塑件表面颜色暗淡。同时高温下外层固化要比内层快得多，从而使内层挥发物难以排除，这不仅会降低塑件的力学性能，而且会使塑件发生肿胀、开裂、变形和翘曲等。因此，在压缩成型厚度较大的塑件时，往往不是提高温度，而是在降低温度的前提下延长压缩时间。但温度过低时不仅固化慢，而且效果差，也会造成塑件硬化速度慢、周期长，硬化不足；塑件表面无光；物理、力学性能差。常见热固性塑料的压缩成型温度见表 4 – 2。

3. 压缩时间

热固性塑料压缩成型时，在一定温度和一定压力下保持一定时间，才能使其充分地交联固化，成为性能优良的塑件，这一时间称为压缩时间。压缩时间与塑料的种类（树脂种类、挥发物含量等）、塑件形状、压缩成型的工艺条件（温度、压力）以及操作步骤（是否排气、预压、预热）等有关。压缩成型温度升高，塑料固化速度加快，所需压缩时间减少；压缩成型压力增大，压缩时间也会略有减少，但影响不及压缩成型温度那么明显。由于预热减少了塑料充模和开模时间，所以压缩时间比不预热时要短，通常压缩时间还会随塑件厚度的增加而增加。

压缩时间的长短对塑件的性能影响很大。压缩时间过短，塑料硬化不足，将使塑件的外观质量变差，力学性能下降，易变形。适当增加压缩时间，可以减少塑件收缩率，提高其耐热性能和其他物理、力学性能。但如果压缩时间过长，不仅降低生产率，而且会使树脂交联过度使塑件收缩率增加，产生内应力，导致塑件力学性能下降，严重时会使塑件破裂。一般的酚醛塑料，压缩时间为 1 ~ 2 min，有机硅塑料达 2 ~ 7 min。表 4 – 3 列出了部分热固性塑料的压缩成型工艺参数。

表 4 – 3　部分热固性塑料的压缩成型工艺参数

工艺参数	酚醛塑料			氨基塑料
	一般工业用[1]	高电绝缘用[2]	耐高电绝缘用[3]	
压缩成型温度/℃	150 ~ 165	150 ~ 170	180 ~ 190	140 ~ 155
压缩成型压力/MPa	25 ~ 35	25 ~ 35	> 30	25 ~ 35
压缩时间/($min \cdot mm^{-1}$)	0.8 ~ 1.2	1.5 ~ 2.5	2.5	0.7 ~ 1.0

注：1. 系以苯酚 – 甲醛线型树脂和粉末为基础的压缩粉；
2. 系以甲酚 – 甲醛可溶性树脂的粉末为基础的压缩粉；
3. 系以苯酚 – 苯胺 – 甲醛树脂和无机矿物为基础的压缩粉。

4.2　压缩模具的基本结构及分类

4.2.1　压缩模具的基本结构

压缩模的典型结构如图 4 – 3 所示。模具的上模和下模分别安装在压力机的上、下工作台上，上下模通过导柱、导套导向定位。上工作台下降，使上凸模 5 进入下模加料室 4 与装入的塑料接触并对其加热。当塑料成为熔融状态后，上工作台继续下降，熔料在受热受压的作用下充满型腔并发生固化交联反应。塑件固化成型后，上工作台上升，模具分型，同时压力机下面的辅助液压缸开始工作，推出机构的推杆将塑件从下凸模 7 上脱出。压缩模按各零部件的功能作用可分为以下几大部分。

1. 成型零件

成型零件是直接成型塑件的零件，也就是形成模具型腔的零件，加料时与加料室一道起装料的作用。图 4 – 3 中模具的成型零件由上凸模 5、凹模 4、型芯 6、下凸模 7 等构成。

2. 加料室

压缩模的加料室是指凹模上方的空腔部分，如图 4-3 中凹模 4 的上部截面尺寸扩大的部分。由于塑料与塑件相比具有较大的比容，塑件成型前单靠型腔往往无法容纳全部原料，因此一般需要在型腔之上设有一段加料室。

3. 导向机构

图 4-3 中，由布置在模具上模周边的四根导柱 8 和下模导套 10 组成导向机构，它的作用是保证上模和下模两大部分或模具内部其他零部件之间准确对合定位。为保证推出机构上下运动平稳，该模具在下模座板 18 上设有两根推板导柱 16，在推板上还设有推板导套 17。

4. 侧向分型与抽芯机构

当压缩塑件带有侧孔或侧向凹凸时，模具必须设有各种侧向分型与抽芯机构，塑件方能脱出。图 4-3 中的塑件有一侧孔，在推出塑件前用手动丝杆(侧型芯 21)抽出侧型芯。

5. 脱模机构

压缩模中一般都需要设置脱模机构(推出机构)，其作用是把塑件脱出模腔。图 4-3 中的脱模机构由推板 19、推杆固定板 20、推杆 12 等零件组成。

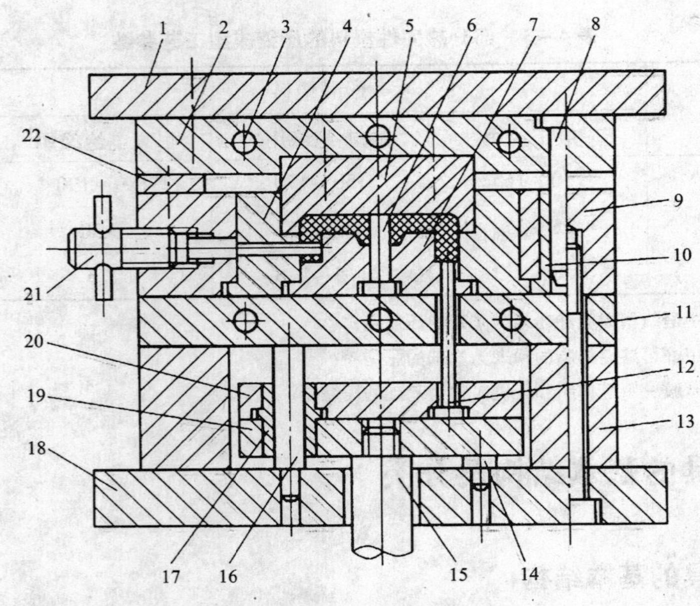

图 4-3 压缩模结构

1—上模座板；2—上模板；3—加热孔；4—加料室(凹模)；5—上凸模；6—型芯；7—下凸模；8—导柱；9—下模板；10—导套；11—支承板(加热板)；12—推杆；13—垫块；14—支承钉；15—推出机构连接杆；16—推板导柱；17—推板导套；18—下模座板；19—推板；20—推杆固定板；21—侧型芯；22—承压块

6. 加热系统

热固性塑料压缩成型需要在较高的温度下进行，因此模具必须加热。常见的加热方式有电加热、蒸汽加热、煤气或天然气加热等，但以电加热最为普遍。图 4-3 中上模板 2 和支承板 11 中设计有加热孔 3，加热孔中插入加热元件(如电热棒)分别对上凸模、下凸模和凹模进行加热。压缩热塑性塑料时，在型腔周围开设温度控制通道，在塑化和定型阶段，分别通入蒸汽进行加热和通入冷却水进行冷却。

7. 支承零部件

压缩模中的各种固定板、支承板(加热板等)以及上、下模座等均称为支承零部件，如图4－3中的零件上模座板1、支承板11、垫块13、下模座板18、承压块22等。它们的作用是固定和支承模具中各种零部件，并且将压力机的压力传递给成型零部件和成型物料。

4.2.2 压缩模的分类

压缩模分类的方法很多，根据模具在压机上的固定方式可分为移动式压缩模、半移动式压缩模和固定式压缩模，按模具的型腔数目多少可分为单型腔压缩模和多型腔压缩模，按照压缩模具的上下模配合结构特征可分为溢式压缩模(敞开式压模)、不溢式压缩模(封闭式压缩模)、半溢式压缩模(半封闭式压缩模)，按分型面特征可分为水平分型面压缩模、垂直分型面和复合分型面压缩模。

1. 按模具在压机上的固定方式分类

(1)固定式压缩模

固定式压缩模如图4－3所示，上下模分别固定在压力机的上下工作台上。开合模及塑件的脱出均在压力机上完成，因此生产率较高，操作简单，劳动强度小，模具振动小，寿命长；缺点是模具结构复杂，成本高，且安放嵌件不如移动式压缩模方便，适用于成型批量较大或形状较大的塑件。

(2)半固定式压缩模

半固定式压缩模如图4－4所示，一般将上模固定在压力机上，下模可沿导轨移进压力机进行压缩或移出压力机外进行加料和在卸模架上脱出塑件。下模移进时用定位块定位，合模时靠导向机构定位。这种模具结构便于放嵌件和加料，且上模不移出机外，从而减轻了劳动强度。也可按需要采用下模固定的形式，工作时移出上模，用手工取件或卸模架取件。

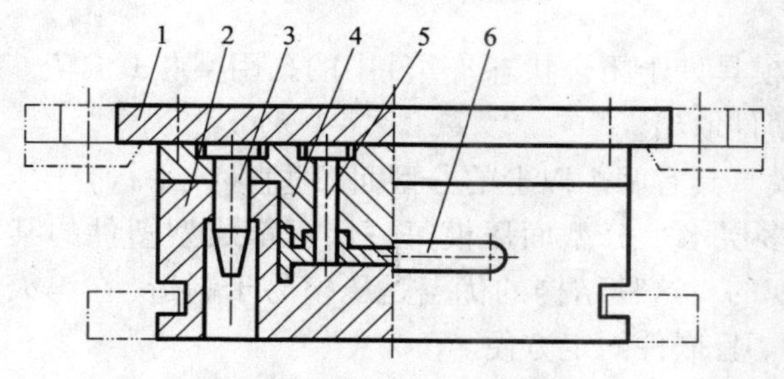

图4－4　半固定式压缩模

1—上模座板；2—凹模(加料室)；3—导柱；4—凸模(上模)；5—型芯；6—手柄

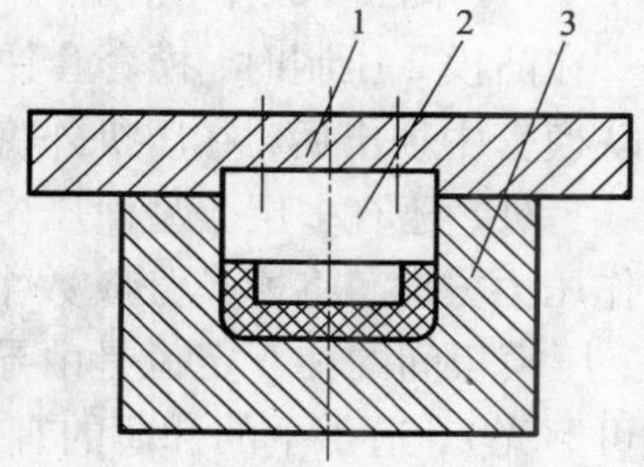

图4－5　移动式压缩模

1—凸模固定板；2—凸模；3—凹模

(3)移动式压缩模

移动式压缩模如图4－5所示，模具不固定在压力机上。压缩成型前，打开模具将塑料加入型腔，然后将上模放入下模，合好的压缩模送入压力机工作台上对塑料进行加热、加压固化成型。成型后将模具移出压力机，使用专门卸模工具开模脱出塑件。这种模具结构简单，制造周期短，但因加料、开模、取件等工序均手工操作，劳动强度大、生产率低、模具易磨损，适用于压缩成型批量不大的中小型塑件以及形状复杂、嵌件较多、加料困难及带有螺纹的塑件。

2．按分型面特征分类

(1)水平分型面压缩模

模具分型面平行于压机工作台面(或垂直于机床的工作压力方向)。它又分为：

1)一个水平分型面的压模　分型面将压模分成上模和下模两部分。如图4－6所示。

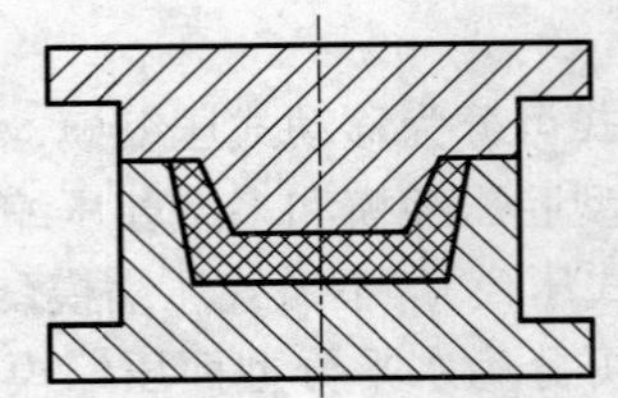

图4－6　一个水平分型面溢式压模

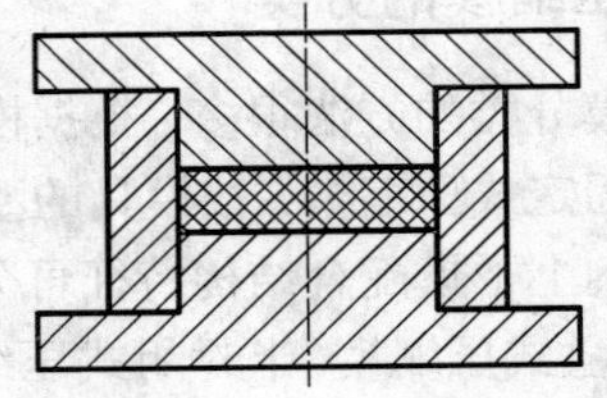

图4－7　两个水平分型面不溢式压模

2)两个水平分型面的压模　两个分型面将压模分成上模、下模和模套三部分。如图4－7所示。分模时，压模沿着两个水平分型面分成三部分，塑件仍留在模套中，可用手工将塑件从模套中取出。这种结构的特征是没有顶出器，通常用于移动式压模中。

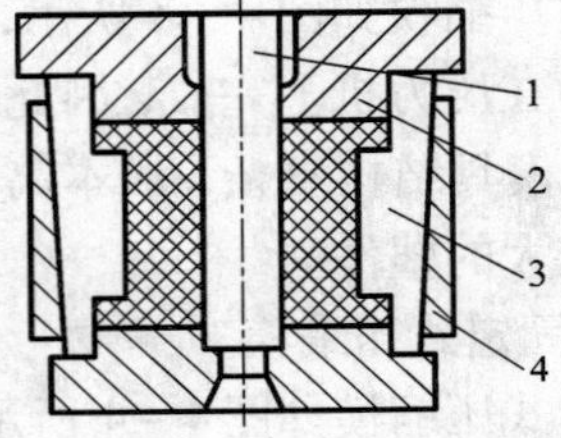

图4－8　垂直分型面半闭合式压模

1—型芯；2—凸模；3—截锥形凹模(两半)；4—模套

(2)垂直分型面

模具的分型面垂直于压机的工作台面(或平行于机床的工作压力方向)。垂直分型面压模用于成型线圈骨架类型的塑件，由两半或数半组成的外形为楔形或截锥形凹模3，装在模套4中，如图4－8所示。

在凸模2压制时，模套套住凹模3，模具处于闭合状态，塑件中的孔用型芯1成型。当凹模从模套中顶出后，在压机外将压好的塑件取出。

另外，还有多层分型面压模。这种模具具有两个以上的分型面，垂直(或平行)于压机的工作压力方向，将模具分成数个部分。多层水平分型面压模每一层板都成型塑件的某一部分，压模板间的相互定位是由导柱来实现的。这种结构的优点是压模易于制造(在淬火后各板可磨光)，适于平的和薄的有嵌件塑件，且嵌件固定方便。

(3)复合分型面

模具的分型面既有平行于压机工作台面的，又有垂直于压机工作台面的。

3．按成型型腔数分类

(1)单型腔压模

在每一压制周期中，成型一个塑件。

(2)多型腔压模

在每一压制周期中，成型两个以上乃至数十个塑件。

压模的型腔数决定于塑件的形状、所需的数量和压机的功率。

4. 按照上下模配合结构特征分类

根据模具上下模配合形式不同，压缩模可分为溢式压缩模、不溢式压缩模和半溢式压缩模。

(1)溢式压缩模

溢式压缩模如图4-9所示。这种模具无单独的加料室，型腔本身作为加料室，型腔高度 h 等于塑件高度，由于凸模和凹模之间无配合，完全靠导柱定位，故塑件的径向尺寸精度不高，而高度尺寸精度尚可。压缩成型时，由于多余的塑料易从分型面处溢出，故塑件具有径向飞边。挤压环的宽度 B 应较窄，以减薄塑件的径向飞边。图中环形挤压面 B(即挤压环)在合模开始时，仅产生有限的阻力，合模到终点时，挤压面才完全密合。因此，塑件密度较低，强度等力学性能也不高，特别是合模太快时，会造成溢料量的增加，浪费较大。溢式模具结构简单，造价低廉，耐用(凸凹模间无摩擦)，塑件易取出。除了可用推出机构脱模外，通常可用压缩空气吹出塑件。这种压缩模对加料量的精度要求不高，加料量一般仅大于塑件质量的5%左右，常用预压型坯进行压缩成型。它适用于压缩流动性好或带短纤维填料以及精度与密度要求不高且尺寸小的浅型腔塑件。

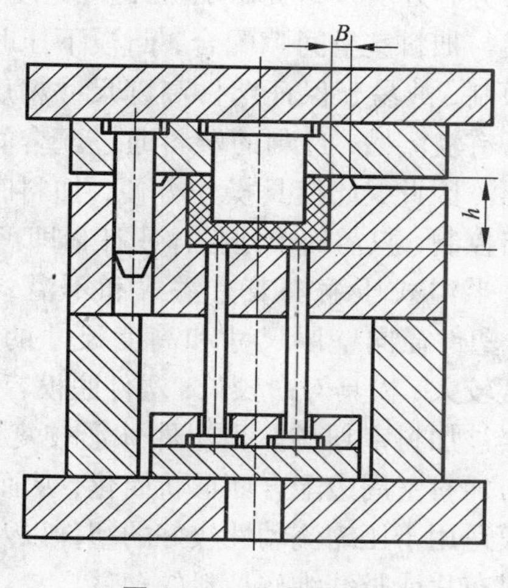

图4-9　溢式压缩模

(2)不溢式压缩模

不溢式压缩模如图4-10所示。这种模具的加料室在型腔上部延续，其截面形状和尺寸与型腔完全相同，无挤压面。由于凸模和加料腔之间有一段配合，故塑件径向壁厚尺寸精度较高。由于配合段单面间隙为0.025~0.075 mm，故压缩时仅有少量的塑料流出，使塑件在垂直方向上形成很薄的轴向飞边，去除比较容易。配合高度不宜过大，在设计不配合部分时可以将凸模上部截面设计得小一些，也可以将凹模对应部分尺寸逐渐增大而形成15′~20′的锥面。模具在闭合压缩时，压力几乎完全作用在塑件上，因此塑件密度大、强度高。这类模具适用于成型形状复杂、精度高、壁薄、长流程的深腔塑件，也可成型流动性差、比容大的塑件，特别适用于含棉布纤维、玻璃纤维等长纤维填料的塑件。

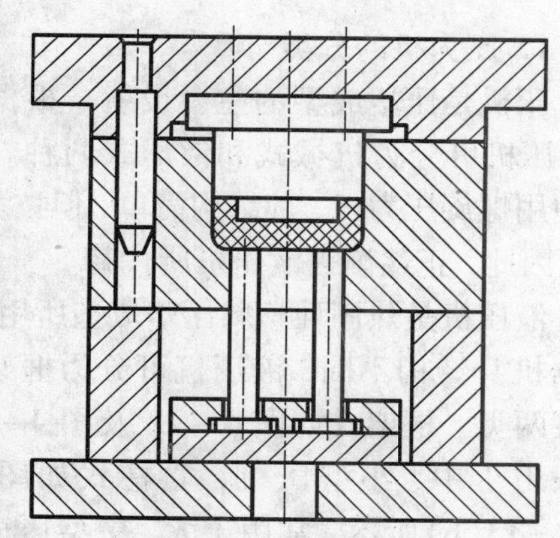

图4-10　不溢式压缩模

不溢式压缩模由于塑料的溢出量少，加料量直接影响着高度尺寸，因此每模加料都必须准确称量，否则塑件高度尺寸不易保证。另外由于凸模与加料室的侧壁摩擦，将不可避免地会擦伤加料室侧壁。同时，塑件推出模腔时经过划伤痕迹的加料室也会损伤塑件外表面，并且脱模较为困难，故固定式压缩模一般设有推出机构。为避免加料不均，不溢式模具一般不宜设计成多型腔结构。

(3)半溢式压缩模

半溢式压缩模如图 4－11 所示。这种模具在型腔上方设有加料室，其截面尺寸大于型腔截面尺寸，两者分界处有一环形挤压面，其宽度为 4～5 mm。凸模与加料室呈间隙配合，凸模下压时受到挤压面的限制，故易于保证塑件高度尺寸精度。凸模在四周开有溢流槽，过剩的塑料通过配合间隙或溢流槽溢出。因此，此模具操作方便，加料时加料量不必严格控制，只需简单地按体积计量即可。

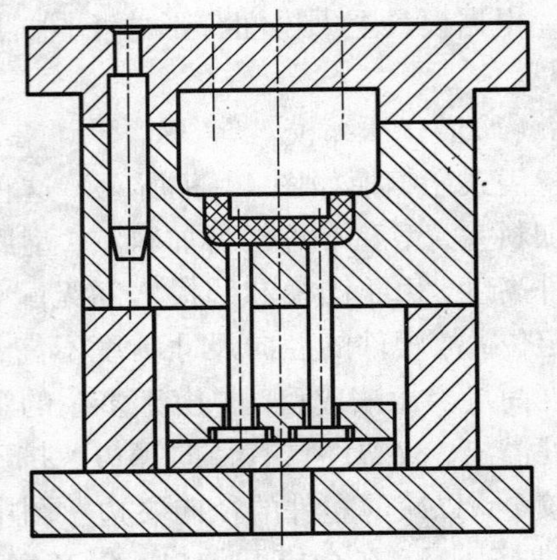

图 4－11　半溢式压缩模

半溢式压缩模兼有溢式和不溢式压缩模的优点，塑件径向壁厚尺寸和高度尺寸的精度均较好，密度较大，模具寿命较长，塑件脱模容易，塑件外表不会被加料室划伤。当塑件外形较复杂时，可将凸模与加料室周边配合面形状简化，从而减少加工困难，因此在生产中被广泛采用。半溢式压缩模适用于压缩流动性较好的塑件以及形状较复杂的塑件，由于有挤压边缘，因而不适于压缩以布片或长纤维作填料的塑件。

4.3　压缩成型设备

4.3.1　压力机的分类及技术规范

1. 压力机的分类

压机是压塑成型的主要设备。根据传动方式不同，压机可分为机械式和液压式两种。机械式压机常使用螺旋压力机，其结构简单，但技术性能不够稳定，因此，正逐渐被液压机所代替。

液压机是热固性塑料压塑成型所用的主要设备。根据机身结构不同，液压机可分为框架联接和立柱联接两类。框架式如图 4－12 及图 4－13(c)所示，一般用于中、小型压机。立柱式如图 4－13(a)、图 4－13(b)所示，常用于大、中型压机。加压形式大部分为上压式[图 4－13(a)]。上、下模分别安装在上压板(滑块)、下压板(工作台)上，工作时上压板带动上模往下运动进行压制。工作台下设有机械或液压顶出系统，开模后顶杆上升推动推出机构而脱出制品。该类压机一般可进行半自动化工作，可供各类压缩模进行批量生产时使用。近年来，在压机上逐步配上了电子程序控制装置及机械手，这样就使操作过程可全部实现自动化。

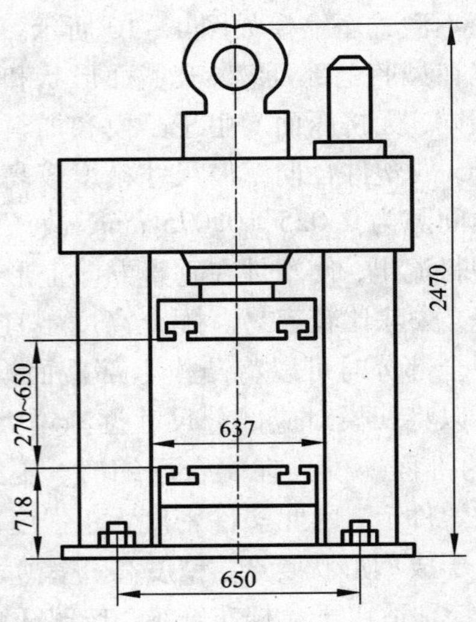

图 4－12　Y71－100 型液压机

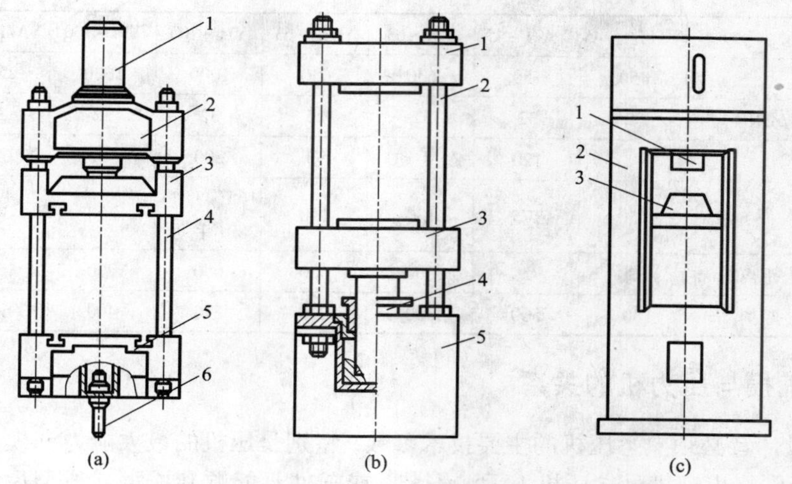

图 4－13　各种类型液压机

(a)上压式液压机：1—工作液压缸；2—上横梁；3—活动横梁；4—立柱；5—下横梁；6—推出缸
(b)下压式液压机：1—上横梁；2—立柱；3—活动横梁；4—工作液压缸；5—下横梁
(c)框式液压机：1—上工作台；2—机架；3—下工作台

2. 压力机的技术规范

为了保证压缩模的正常工作，在模具设计时应考虑选用适当的压机。用于成型塑件的液压机总压力可以为 350～3000 kN，其中最常用的是 450 kN 和 1000 kN 两种。以 450 kN 液压机 YA71－45 为例，它由焊接式框架、上下压板等构成机体，此外它还有液压系统、电气装置共三大部分组成。这种液压机由曲轴柱塞泵和蓄能器同时向系统输油，油液经分油器(控制阀)进入工作油缸上腔，推动柱塞带动上压板向下移动，给模具施压，同时模具用电加热器加热。当塑件固化成型后启动开模程序，油液经分油器进入工作油缸的下腔，推动柱塞和上压板上升，打开模具。塑件的顶出是由顶出柱塞完成的，顶出柱塞的运动也由分油器控制。本机的主要性能参数如下：

工作柱塞最大总力	450 kN	上压板移动速度(高压回程)	18 mm/s
油液最高压力	32 MPa	顶出柱塞移动速度(高压顶出)	10 mm/s
工作柱塞最大回程力	60 kN	顶出柱塞移动速度(高压回程)	35 mm/s
顶出柱塞最大顶出力	120 kN	蓄能器最高压力	0.5 MPa
顶出柱塞最大回程力	35 kN	高压柱塞泵流量	2.5L/min
上压板至工作台最大距离	750 mm	高压柱塞泵工作压力	32 MPa
上压板行程	250 mm	电动机功率	3.5 kW
上压板移动速度(高压下行)	2.9 mm/s		

上述技术参数中许多都是与压模设计直接相关的。此外顶出距离、上下压板的尺寸、压板上连接螺钉安放的位置和螺钉大小是模具设计必须参照的，常见油压机型号及主要技术规范如表 4－4，设计时还可查阅相关手册。

表 4-4　常见液压机型号及主要技术规范

型　　号	YX(D)-45	YA71-45	Y71-63	YB32-63	Y71-100	Y71-160	YA71-250	Y32-300
公称压力/kN	450	450	630	630	1000	1600	2500	3000
流体最大工作压力/MPa	32	32	32	25	32	32	30	20
顶出力/kN		120	3(手动)	95	200	500	630	300
顶出行程/mm	150	175	130	150	165(自动) 280(手动)	250	300	250
滑块至工作台最大距离/mm	330	750	600	600	650	900	1200	1240
滑块至工作台最小距离/mm	80	500	300	200	270	400	600	440

4.3.2　压缩模与压力机的关系

压缩模设计者必须熟悉压机的主要技术参数，特别是压机的最大能力和模具安装部位的有关尺寸，否则将出现模具在压机上无法安装，或塑件不能顺利成型或成型后无法取出等问题。在设计压缩模时应对下述几个方面进行计算、选择或进行校核计算。

1. 压力机最大压力校核

校核压机最大压力的目的是在已知压机公称压力和塑件尺寸的情况下，计算模内开设型腔的数目；或已知模具所压制的塑件尺寸和型腔数目，选择压机的公称压力。压制塑件所需的总成型压力应小于或等于压机公称压力。其关系见下式：

$$F_m \leqslant kF_j \tag{4-2}$$

式中：F_m——压模所需的成型总压力，N；

F_j——压机公称压力，N；

k——修正系数，$k=0.75\sim0.90$，根据压机新旧程度而定。

压模所需的成型总压力 F_m 可按下式计算：

$$F_m = pAn \tag{4-3}$$

式中：A——每一型腔的水平投影面积，其值取决于压缩模的结构形式，对于溢式和不溢式压缩模，等于塑件最大轮廓的水平投影面积；对于半溢式压缩模，等于加料腔的水平投影面积，mm^2；

n——压缩模内型腔的个数，单型腔压缩模 $n=1$，对于共用加料腔的多型腔压缩模 n 亦等于 1，这时 A 应采用加料腔的水平投影面积；

p——压制时单位成型压力，MPa，其值可根据表 4-5 选取。

当选择需要的压机时，将式(4-2)代入式(4-3)：

$$F_j = \frac{pAn}{k} \tag{4-4}$$

当压机已定，可按下式确定多型腔模的型腔数：

$$n = \frac{kF_j}{pA} \tag{4-5}$$

当压机的公称压力超出模压所需的压力时，应通过液压系统中的调压阀调小压机的压力，此时压机的压力由压机活塞面积和工作液体的工作压力确定：

$$F_j = p_b A_j \tag{4-6}$$

式中：p_b——压力机工作液体的工作压力(可从压力表上得到)，N/m^2；

A_j——压机活塞面积，m^2。

表 4-5　压制时单位成型压力 p　　MPa

塑件的特征	粉状酚醛塑料		布基填料的酚醛塑料	氨基塑料	酚醛石棉塑料
	不预热	预热			
扁平厚壁塑件	12.26~17.16	9.81~14.71	29.42~39.23	12.26~17.16	44.13
高 20~40 mm，壁厚 4~6 mm	12.26~17.16	9.81~14.71	34.32~44.13	12.26~17.16	44.13
高 20~40 mm，壁厚 2~4 mm	12.26~17.16	9.81~14.71	39.23~49.03	12.26~17.16	44.13
高 40~60 mm，壁厚 4~6 mm	17.16~22.06	12.26~15.40	49.03~68.65	17.16~22.06	53.94
高 40~60 mm，壁厚 2~4 mm	22.06~26.97	14.71~19.61	58.84~78.45	22.06~26.97	53.94
高 60~100 mm，壁厚 4~6 mm	24.52~29.42	14.71~19.61	—	24.52~29.42	53.94
高 60~100 mm，壁厚 2~4 mm	26.97~34.32	17.16~22.06	—	26.97~34.32	53.94

2. 开模力的校核

开模力的大小与成型压力成正比，其值还关系到压缩模连接螺钉的数量及大小。因此，对大型模具在布置螺钉之前需计算开模力。开模力按下式计算：

$$F_k = k_1 F_m \tag{4-7}$$

式中：F_k——开模力，N；

k_1——考虑开模时因摩擦而引起的压力损耗系数。形状简单、配合环部分不高时宜取 0.1，配合环较高时宜取 0.15，形状复杂，配合环又高时取 0.2。

F_m——压模所需的成型总压力，N。

螺钉的数量可由下式求得：

$$n_l = \frac{F_k}{f} \tag{4-8}$$

式中：n_l——螺钉数量；

f——每个螺钉所承受的负荷，N，查表 4-6。

3. 脱模力的校核

脱模力又称顶出力，系指塑件从模具中脱出所需的力。其计算公式如下：

$$F_t = A_c p_j \tag{4-9}$$

式中：F_t——脱模力，N；

A_c——塑件侧面积之和，mm^2；

p_j——塑件与金属的结合力，MPa。对于含木纤维和矿物填料的塑料取 $p_j = 0.49$ MPa；对于玻璃纤维塑料，取 $p_j = 1.47$ MPa。

为了保证塑件能从模具内脱出，必须满足下列条件：

$$F_t < F_d \tag{4-10}$$

式中：F_d——压机顶出杆的最大顶出力，N。

表4-6　螺钉负荷表(f/N)

公称直径	材料：45	材料：T10A	备　　注
	σ_b/MPa	σ_b/MPa	
	490.33	980.67	
M5	1323.90	2598.76	对于成型压力大于500 kN的大型模具，连接螺钉用的材料可选T10A、T10，但不应淬火
M6	1814.23	3628.46	
M8	3432.33	6766.59	
M10	5393.66	10787.32	
M12	7943.39	15788.71	
M14	10787.32	21770.76	
M16	15200.31	30302.55	
M18	18240.37	36480.74	
M20	23634.03	47268.05	
M22	29714.15	59428.30	
M24	34127.14	68156.22	

4. 压力机闭合高度与压缩模闭合高度的校核

压机行程和上、下工作台之间的最大和最小开距直接关系到模具能否安装在两压板之间和能否完全开模取出塑件。模具设计时可按下式进行计算(参看图4-14)：

$$h_{max} \leqslant H_{max} - h - h' - (10 \sim 20)\ \text{mm} \quad (4-11)$$

$$h_{min} \geqslant H_{min} + (10 \sim 15)\ \text{mm} \quad (4-12)$$

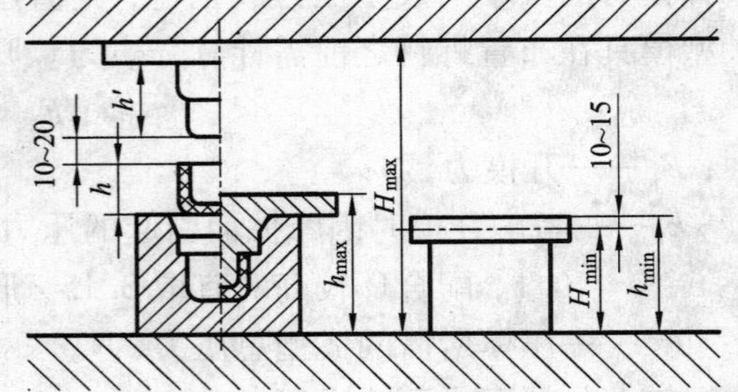

图4-14　压力机压板的行程与模具闭合高度

式中：h_{max}——模具最大闭合高度，mm；

h_{min}——模具最小闭合高度，mm；

H_{max}——压机上、下工作台最大开距，mm；

H_{min}——压机上、下工作台最小开距，mm；

h——塑件的最大高度，mm；

h'——凸模高度，mm。

若不能满足式(4-12)，则应在压机的上、下工作台间加垫板。式(4-11)适用于固定式压缩模。对于利用开模力完成侧向分型或侧向抽芯的模具，以及利用开模力脱出螺纹型芯等场合，模具所要求的开模距离可能还要长一些，视具体情况决定。移动式模具当采用卸模架安放在压机上脱模时应考虑模具与上下卸模架组合后的总高度，以能放入上下加热板之间为宜。

5. 压机台面结构及尺寸与压缩模的关系的校核

压缩模宽度应小于压机立柱或框架之间的净距离，使压缩模能顺利地安装在压力机的工作台面上。压缩模的最大外形尺寸不宜超出压机上、下工作台面尺寸，以便于压缩模安装固定。

压机的上、下工作台面常开设有T形槽，有的T形槽沿对角线交叉开设，也有平行开设的。压缩模的上、下模座板可直接用螺钉分别固定在压机的上、下工作台面上，但模具上的固定螺钉孔(或长槽、缺口)应与压机上、下工作台面上的T形槽对应(图4-15)。模具也可用压板螺钉压紧固定，如图4－16所示，此时压缩模的座板尺寸比较自由，只需设有宽度15～30 mm的突缘台阶即可。

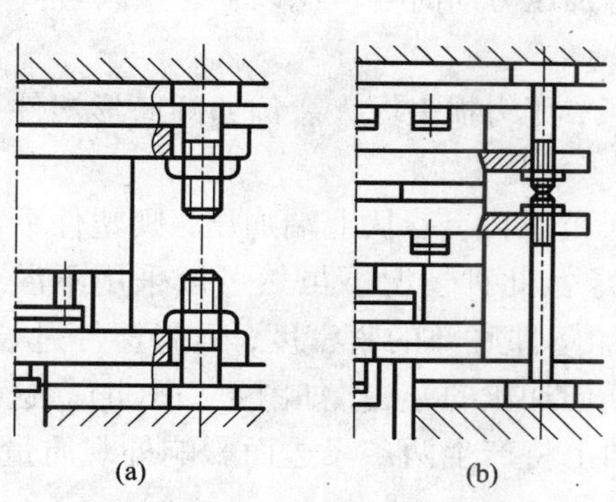

图4－15　螺钉固定形式

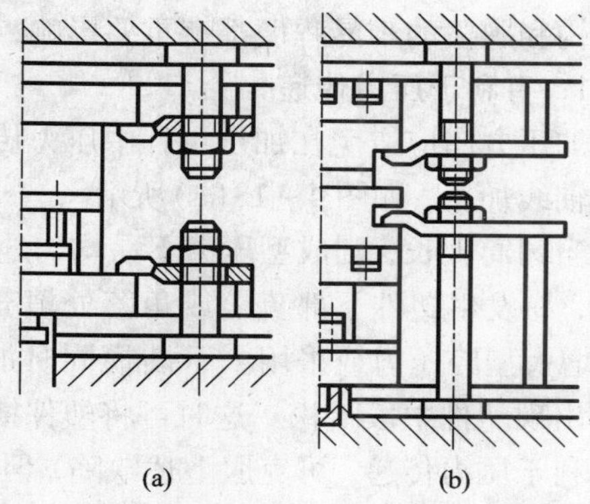

图4－16　压板固定形式

6. 压力机顶出机构与压缩模推出装置的校核

固定式压缩模塑件推出一般由压机顶出机构(机械式或液压式)推动模具推出装置来完成。模具推出机构应与压机顶出系统相适应，即模具所需的推出行程应小于压机最大顶出行程，同时压机的顶出行程必须保证塑件能推出型腔，且应高出型腔表面10 mm以上，以便取件。其关系如图4－17和式(4－13)所示。

$$l = h_j + H_j + (10 \sim 15)\ \text{mm} \leq L \quad (4-13)$$

式中：L——压机顶出杆最大行程，mm；

l——塑件需推出的高度，mm；

h_j——塑件最大高度，mm；

H_j——加料腔高度，mm。

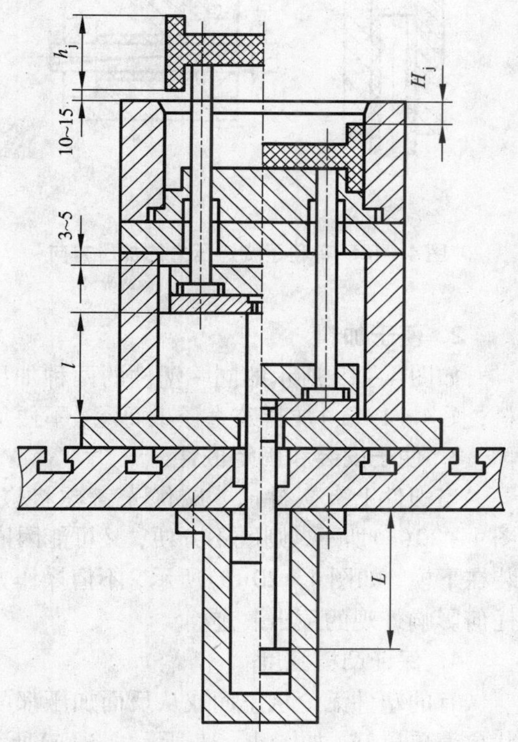

图4－17　塑件推出行程

4.4　压缩模设计要点

设计压缩模时，首先应确定加料室的总体结构、凸凹模之间的配合形式以及成型零部件的结构，然后再根据塑件尺寸确定型腔成型尺寸，根据塑件重量和塑料品种确定加料室尺寸。有些内容，如型腔成型尺寸计算、型腔底板厚度及壁厚尺寸计算、凸模的结构等，在前面注射模设计的有关章节已讲述过，这些内容同样也适用于热固性塑料压缩模的设计，因此现仅介绍压缩模的一些特殊设计。

4.4.1 塑件在模具内加压方向的选择

所谓加压方向，即凸模作用方向，也就是模具的轴线方向。加压方向对塑件的质量、模具结构和脱模的难易程度都有重要影响，因此在确定加压方向时要考虑以下一些因素：

1. 有利于压力传递

加压方向应避免在加压过程中压力传递距离太长，压力损失太大。例如圆筒形塑件一般顺着轴线加压，如图 4－18(a)所示。

当圆筒太长，则成型压力不易均匀地作用在全长范围内，若从上端加压，则塑件下部压力小，易发生塑件下部疏松或角落处填充不足的现象。此种情况下虽然可以采用不溢式压模，增大型腔压力或采用上下凸模同时加压，以增加塑件底部的紧密度，但当塑件过长时，仍会出现塑件中段疏松。这时可将塑件横放，采用横向加压的办法，如图4－18(b)。这种形式有利于压力传递，可克服上述缺陷，但在塑件外圆上将产生两条飞边而影响外观质量，若型芯过于细长，还易发生弯曲。

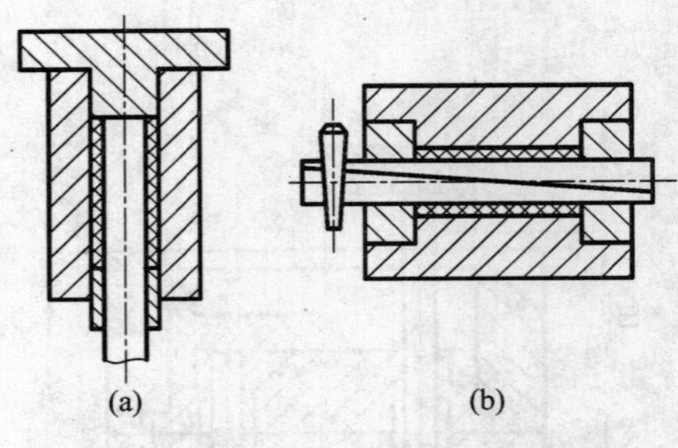

图 4－18　有利于传递压力的加压方向

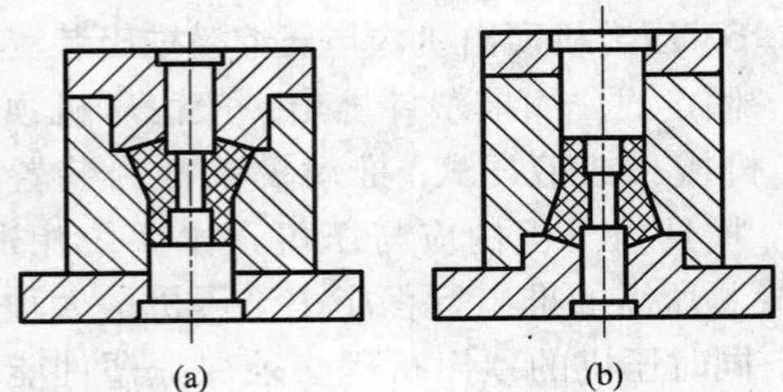

图 4－19　便于加料的加压方向

2. 便于加料

如图 4－19 所示的同一塑件的两种加压方法，图 4－19(a)加料腔直径大而浅，便于加料；图 4－19(b)加料腔直径小而深，不便加料。

3. 便于安装和固定嵌件

当塑件上有嵌件时，应优先考虑将嵌件安装在下模上。如将嵌件安装在上模上，如图 4－20(a)所示，则既不方便，又可能因嵌件安装不牢靠而落下，导致模具损坏。将嵌件安装在下模，如图 4－20(b)所示，不但操作方便，而且可利用嵌件顶出塑件，在塑件上不留下任何影响外观的顶出痕迹。

4. 保证凸模强度

有的塑件无论从正面或从反面加压都可以成型，但加压的上凸模受力较大，故上凸模形状愈简单愈好，如图 4－21 所示，图(a)所示结构比图(b)所示结构的凸模强度高。

5. 便于塑料流动

加压方向与塑料流动方向一致时，有利于塑料流动。如图 4－32(a)所示，型腔设在上模，凸模位于下模，加压时，塑料逆着加压方向流动，同时由于在分型面上需要切断产生的飞边，故需要增大压力；而图 4－32(b)中，型腔设在下模，凸模位于上模，加压方向与塑料流动方向一致，有利于塑料充满整个型腔。

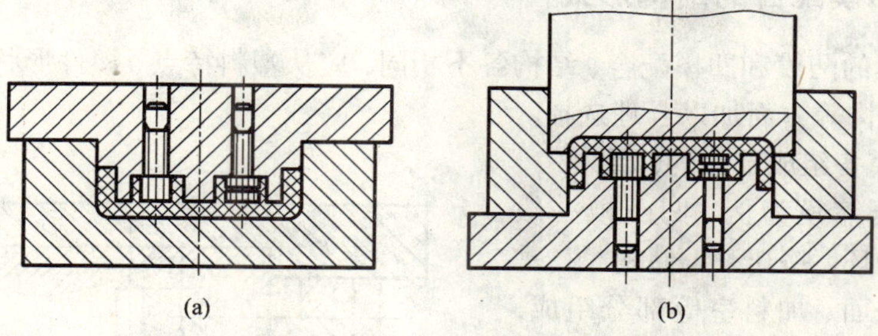

图 4－20　便于安放嵌件的加压方向

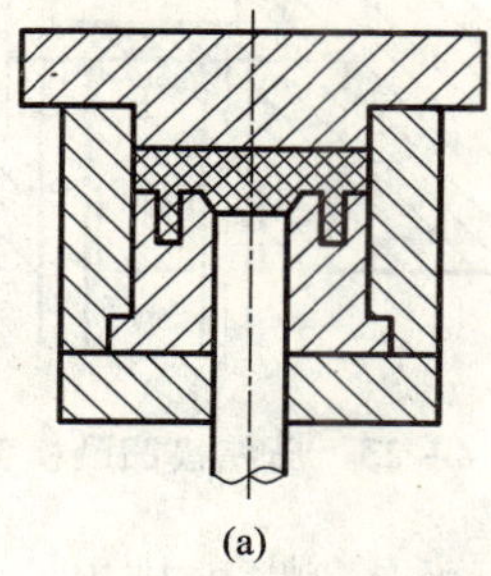

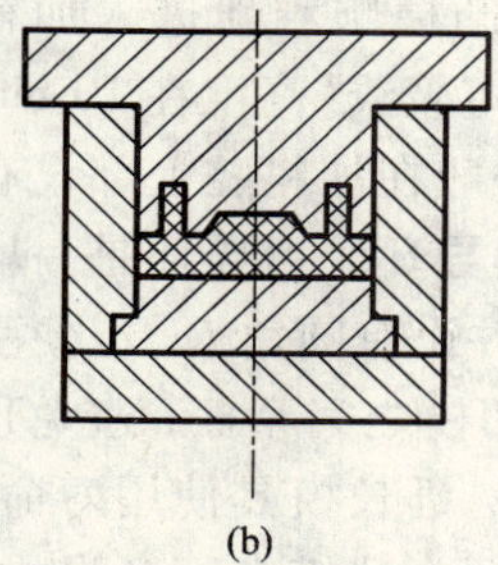

图 4－21　有利于凸模强度的加压方向

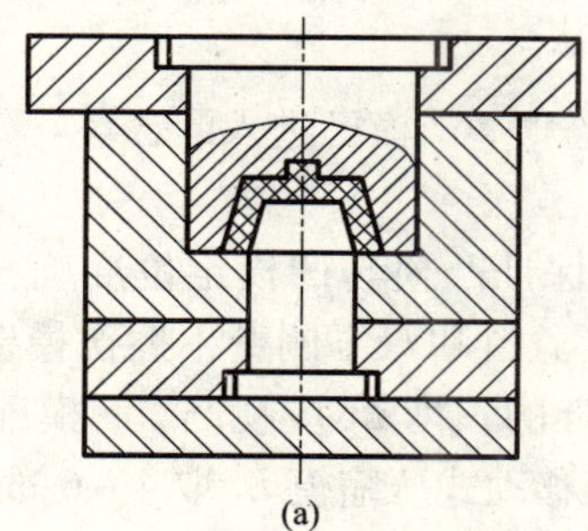

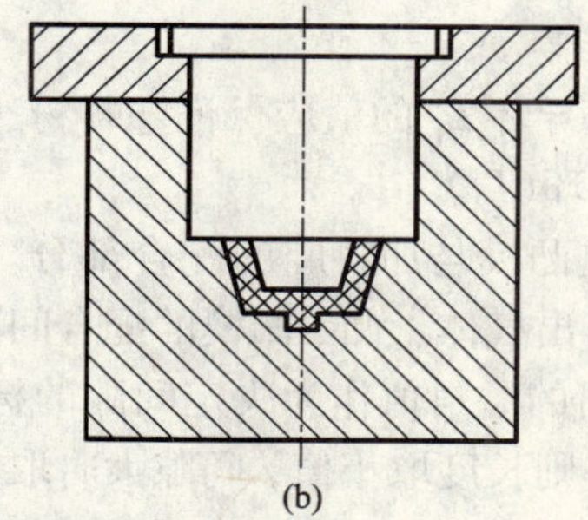

图 4－22　便于塑料流动的加压方向

6. 长型芯应位于加压方向

当利用开模力作侧向机动分型抽芯时，宜把抽拔距离长的放在加压方向（即开模方向），而把抽拔距离短的放在侧向作侧向分型抽芯，如采用模外手动分型抽芯，则不受此限制。

7. 保证重要尺寸的精度

沿加压方向的塑件高度尺寸会因溢边厚度不同和加料量不同而变化（特别是不溢式压缩模），故精度要求很高的尺寸不宜设计在加压方向上。

塑件在模具内的加压方向对模具结构的影响很大，同时考虑的因素也是多方面的（如上所述），要完全兼顾往往很困难，故通常取对塑件和模具结构影响较大的因素来确定加压方向和分型面。

4.4.2　凸、凹模配合的结构形式

各类压缩模的凸模和凹模配合、结构各不相同，应从塑料特点、塑件形状、塑件密度、脱模难易、模具结构等方面加以合理选择。

1．凸、凹模各组成部分的作用

以半溢式压缩模为例，凹凸模一般由引导环、配合环、挤压环、储料槽、排气溢料槽、承压面、加料室等部分组成，如图 4－23 所示。

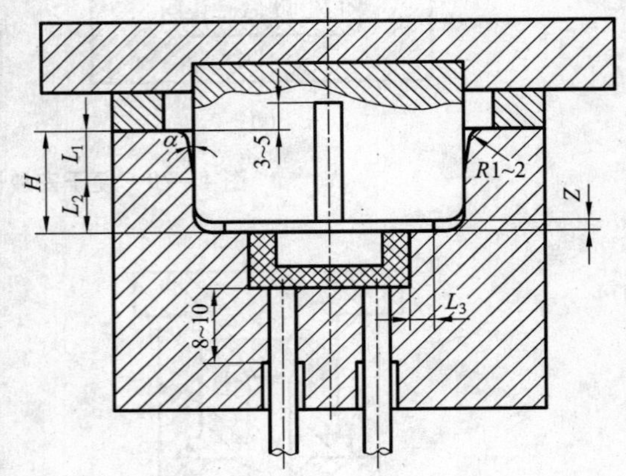

图 4－23　压缩模凹凸模各组成部分

(1)引导环(L_1)

引导环是引导凸模顺利地进入加料室的部分。除加料室极浅(高度在 10 mm 以内)的凹模外，一般在加料腔上部设有一段长度为 L_1 的引导环。引导环是一段斜度为 α 的锥面，并设有圆角 R，以便引入凸模，减少凸、凹模之间摩擦，避免顶出塑件时擦伤表面，延长模具使用寿命，减少开模阻力。只要在凸模表面开设排气槽，气体便可从斜度处排出。一般圆角 R 半径取 1～2 mm。移动式压缩模 α 取 20′～1°30′；固定式压缩模 α 取 20′～1°；有上、下凸模时为了加工方便，α 可取 4°～5°；引导环长度 L_1 一般取 5～10 mm，当加料腔高度 $H \geqslant 30$ mm 时，L_1 取 10～20 mm。

总之，引导环 L_1 的值应保证塑料粉达到熔融状态时，凸模已进入配合环。

(2)配合环(L_2)

配合环是凸模与加料腔的配合部分。其作用是保证凸模与凹模定位准确，阻止塑料溢出，通畅地排出气体。凸、凹模的配合间隙以不产生溢料和双方侧壁不擦伤模壁为原则，可用热固性塑料的溢料值作为决定间隙的标准。配合环的长度 L_2 应视凸、凹模配合间隙情况而定，间隙小则长度取小值，间隙大时取大值。一般移动式压缩模 L_2 取 4～6 mm；固定式压缩模，当加料腔高度 $H \geqslant 30$ mm 时，L_2 取 8～10 mm。

(3)挤压环(L_3)

挤压环的作用是限制凸模下行位置并保证最薄的水平飞边，挤压环主要用于半溢式和溢式压缩模。半溢式压缩模挤压环 L_3 值按塑件大小及模具用钢而定。一般中小型塑件，模具用钢较好时，L_3 可取 2～4 mm，大型模具 L_3 取 3～5 mm。

(4)储料槽(z)

储料槽的作用是储存排出的余料，因此凸、凹模配合后应留有高度为 z 的小空间作储料槽。z 过大易发生塑件缺料或压制不密实，过小则影响塑件精度及飞边增厚。设计时应考虑其供试模后按实际情况进行修正的余地。半溢式压缩模储料槽形式见表 4－7，不溢式压缩模储料槽见图 4－30 所示。

(5)排气溢料槽

为了减小飞边，保证塑件质量，成型时必须将产生出来的气体和余料排到模具外边。一

般压制过程中的“放气”操作或利用凸凹模间隙来实现排出，但压制形状复杂塑件、流动差的纤维填料塑料或压制时仍不能排出气体，则应该在凸模上选择适当位置开设排气溢料槽。排气槽的位置要适当，否则产生缺料、压制不密实等缺陷。一般可按试模情况决定是否需要开设排气溢料槽并确定其尺寸。

表4-7　半溢式压缩模储料槽形式

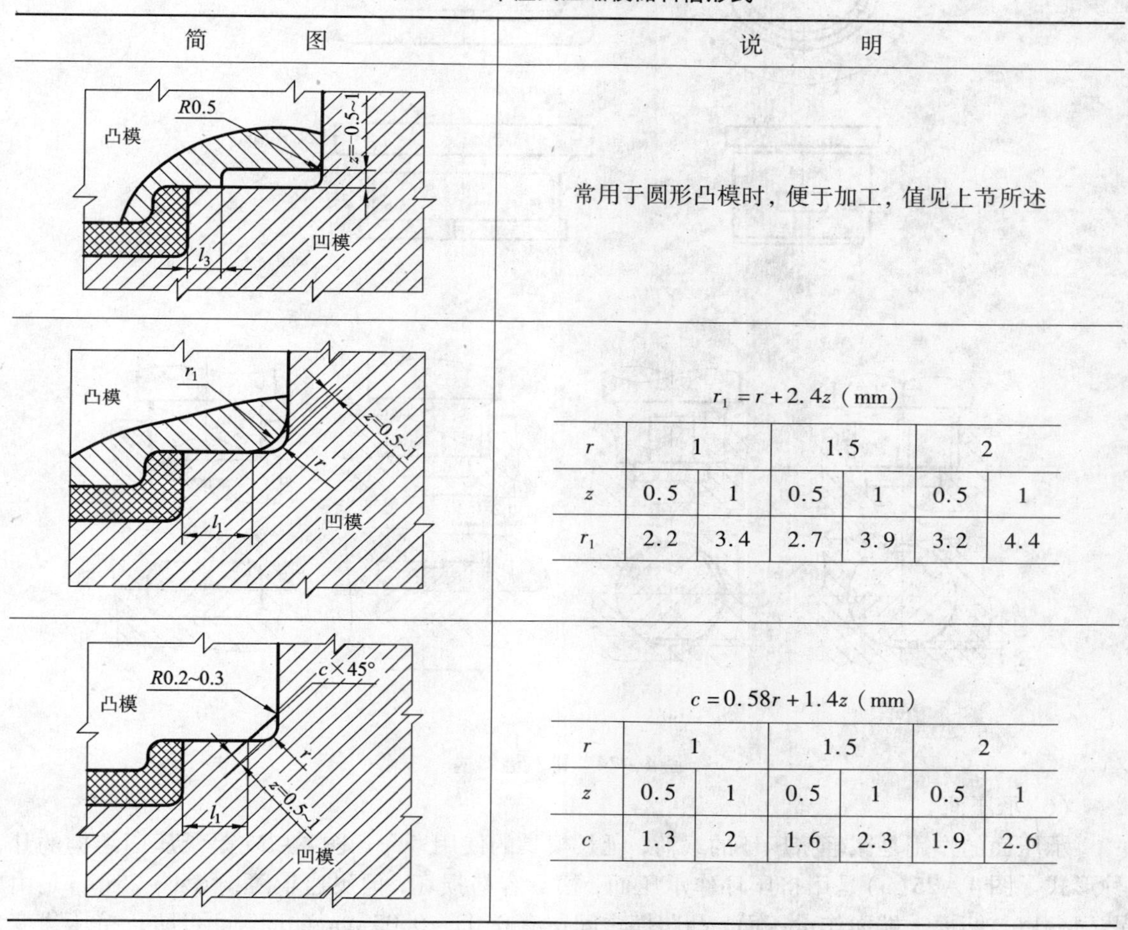

简　图	说　明
（图1）	常用于圆形凸模时，便于加工，值见上节所述
（图2）	$r_1 = r + 2.4z$ (mm)（见下表）
（图3）	$c = 0.58r + 1.4z$ (mm)（见下表）

$r_1 = r + 2.4z$ (mm)

r	1		1.5		2	
z	0.5	1	0.5	1	0.5	1
r_1	2.2	3.4	2.7	3.9	3.2	4.4

$c = 0.58r + 1.4z$ (mm)

r	1		1.5		2	
z	0.5	1	0.5	1	0.5	1
c	1.3	2	1.6	2.3	1.9	2.6

图4-24(a)、(b)所示为移动半溢式压缩模排气溢料槽的形式。其中图4-24(a)是在圆形凸模上磨出深0.3~0.5 mm的平面，平面与凹槽内圆面间形成溢料槽，过剩的物料沿槽流到上方更大的空间里，此空间尺寸应足以容纳所有过剩的物料。图4-24(b)在矩形凸模上均匀地开出3~4条宽5~6 mm，深0.3~0.5 mm小通道，过剩的物料通过小通道流入上方宽6~10 mm，深1~1.6 mm的条形空间里去，分模以后再将余料清除掉，这种封闭的储料槽最好不要形成连续的环形槽，否则余料将牢固地包在凸模上，造成清理的困难。

图4-24(c)、(d)、(e)、(f)为固定半溢式压缩模排气溢料槽的形式。对于有承压板或承压环的固定式压缩模推荐将溢料槽一直开到凸模上端模板附近，使余料一直排到加料腔之外。图4-24(c)、(d)为圆形凸模开设四条溢料槽或磨出三方平面的情况。图4-24(e)为

矩形凸模沿四边中点开设溢料槽的情况，图 4－24(f)所示是依靠加料腔四角和凸模内圆角半径差所形成的间隙来排除余料。

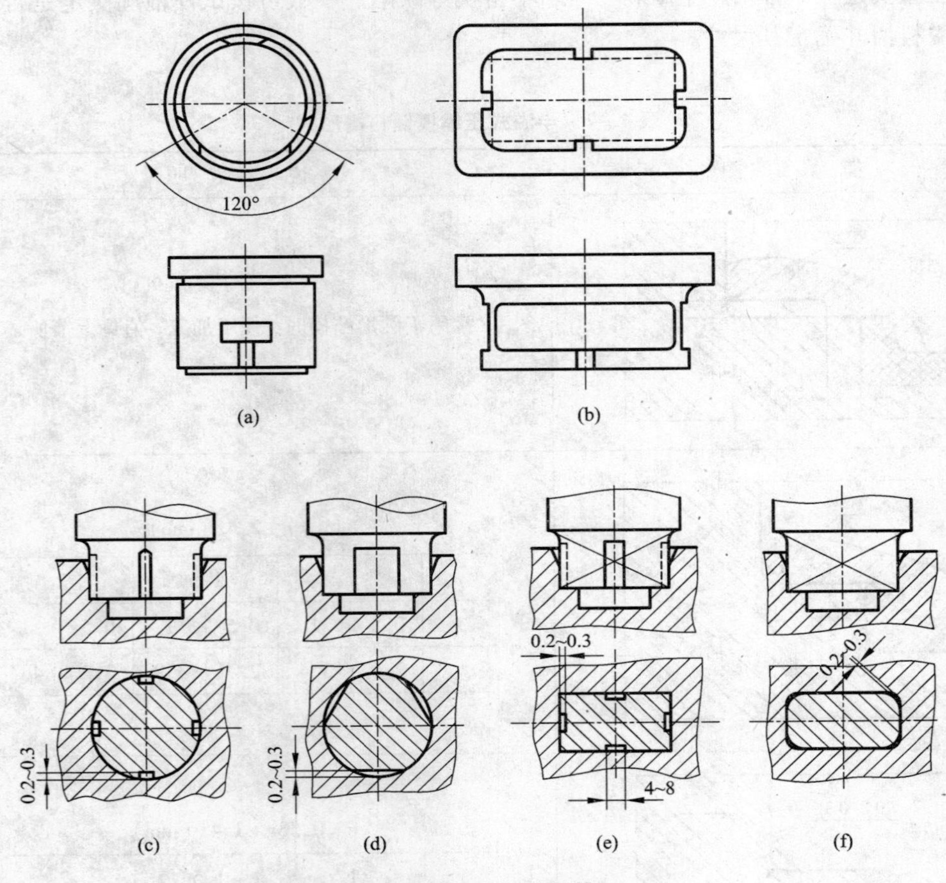

图 4－24　排气溢料槽

(6)承压面

承压面的作用是减轻挤压环的载荷，延长模具的使用寿命。图 4－25 是承压面结构的几种形式。图 4－25(a)是用挤压环作承压面，模具容易损坏，但飞边较薄；图 4－25(b)是由凸模台肩与凹模上端面作承压面，凸凹模之间留有 0.03～0.05 mm 的间隙，可防止挤压边变形损坏，延长磨具寿命，但飞边较厚，主要用于移动式压缩模；图 4－26(c)是用承压块做挤压面，挤压边不易损坏，通过调节承压块的厚度来控制凸模进入凹模的深度或控制凸模与挤压边缘的间隙，减少飞边厚度，主要用于固定式压缩模。

承压块的形式如图 4－26 所示。矩形模具用长条形的，如图 4－26(a)所示；圆形模具用弯月形的，如图 4－26(b)所示；小型模具可用圆形的，如图 4－26(c)所示，或圆柱形的，如图 4－26(d)所示。它们的厚度一般为 8～10 mm。安装形式有单面安装和双面安装，如图 4－27 所示。承压块材料可用 T7、T8 或 45 钢，硬度为 35～40 HRC。

(7)加料腔

它是供装塑料所用，其容积应保证装入压制塑件所用的塑料后，还留有 5～10 mm 深的空间，以防止压制时塑料溢出模外。加料腔可以是型腔的延伸，也可以根据具体情况按型腔

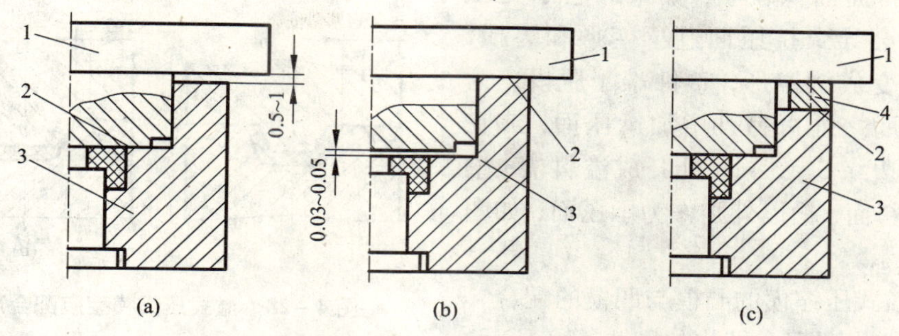

图 4－25　压缩模承压面的结构形式

1 —凸模；2 —承压面；3 —凹模；4 —承压块

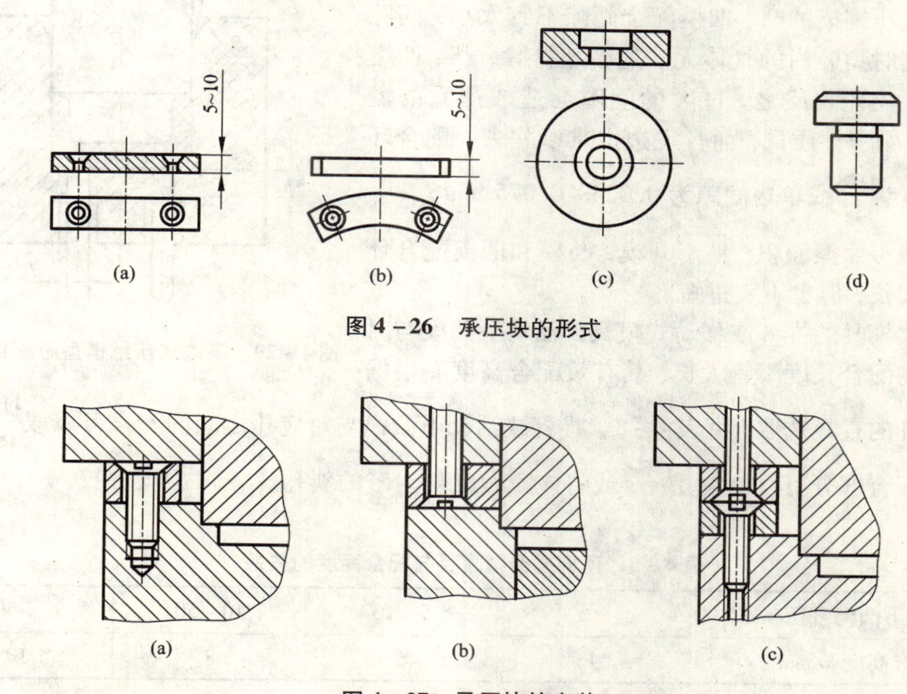

图 4－26　承压块的形式

图 4－27　承压块的安装

形状扩大成圆形，矩形等。

2．凸、凹模配合的结构形式

压缩模凸模与凹模配合形式及该处的尺寸是压缩模设计的关键，其尺寸和形式依压缩模种类不同而不同，现分述如下：

(1)溢式压缩模的凸模与凹模的配合

溢式压缩模没有加料腔，凸模与凹模在分型面水平接触。为了减少溢料量和减少飞边的厚度，凸模与凹模的接触面应光滑平整，接触面积不宜太大，一般设计成宽度为 3 ~ 5 mm 的环形面，此面又称为溢料面或挤压面，如图 4 － 28(a)所示。过剩的塑料可通过环形面积溢出。

由于溢料面面积较小，如果靠它承受压机余压作用会导致挤压面过早变形和磨损，使凹模上口变成倒锥形，塑件难于脱模。为此可在溢料面之外再另外增加承压面，或在型腔周围距边缘 3－5 mm 处开成溢料槽，槽以内作为溢料面，槽以外则作为承压面，如图 4－28(b)所示。

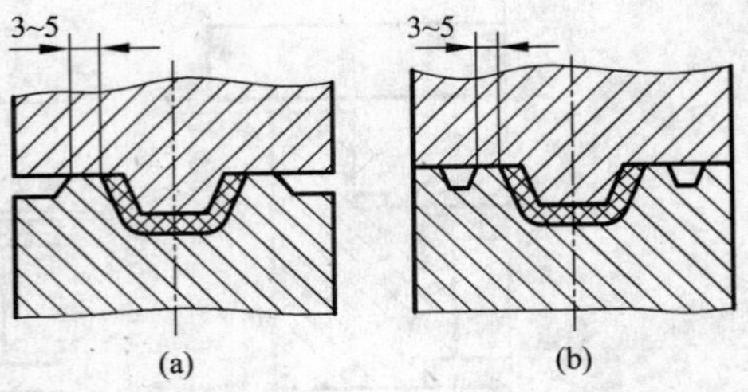

图 4－28 溢式压缩模型腔配合形式

(2)不溢式压缩模的凸模与凹模的配合

凸、凹模典型配合结构如图 4－29 所示。其加料腔是型腔的延续部分，两者截面形状相同，没有挤压面，但有引导环、配合环和排气溢料槽。

不溢式压缩模的凸、凹模配合间隙不宜太小，间隙过小在压制时型腔内的气体无法通畅地排除，凸、凹模极易擦伤、咬死。反之，过大的间隙会造成严重的溢料，不但影响塑件质量，而且飞边也难以除去。配合环的配合精度为$\frac{H8}{f7}$或单边间隙为 0.025～0.075 mm。

为了减小摩擦面积，易于开模，凸模和凹模配合环高度不宜太长，但也不宜过短。

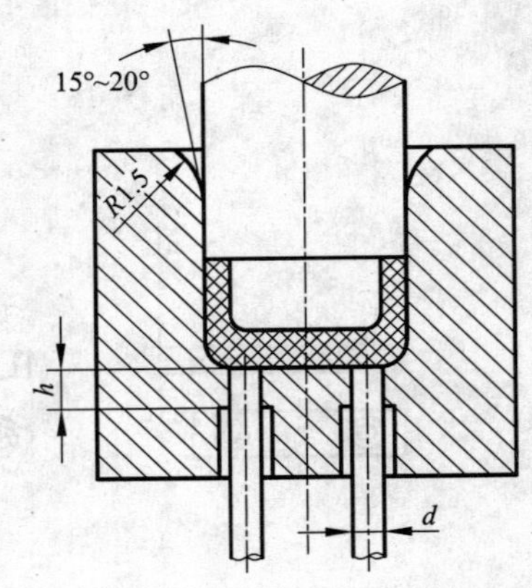

图 4－29 不溢式压缩模型腔配合形式

固定式模具的推杆或移动式模具的活动下凸模与对应孔之间的配合长度不宜太长，其有效配合高度 h 根据凸模或顶杆的直径选取，见表 4－8。推杆或活动下凸模与对应孔之间的配合可以取$\frac{H8}{f8}$配合，孔下段不配合部分可以加大孔径，或将该段做成 4°～5°的斜孔。

表 4－8 顶杆或凸模直径与配合高度的关系

顶杆或下凸模直径/mm	<5	5～10	10～50	>50
配合高度 h/mm	4	6	8	10

上述不溢式压缩模凸、凹模配合形式的最大缺点是凸模与加料腔侧壁的摩擦，使加料腔侧壁损伤，这样不但塑件脱模困难，而且塑件的外表也会被粗糙的加料腔侧壁擦伤。为此可采用图 4－30 所示的改进形式。

图 4－30(a)所示的结构形式，适用于型腔较深，引导环高度大于 10 mm 的情况。该结构将型腔延长 0.8 mm 后，每边向外扩大 0.3～0.5 mm 与加料腔形成空间，以减少脱模时塑件与加料腔侧壁的摩擦，并在凸模和加料腔之间形成了一个环形的储料槽。设计时凹模上的 0.8 mm 和凸模上的 1.8 mm 可视情况作适当增减，但不宜变动太大，如果尺寸 0.8 mm 增大太多，则单边间隙 0.1 mm 部分太高，在凸模下压时环形储料槽中的塑料不易通过间隙而进入型腔。

图 4－30(b)所示结构形式，适用于形状复杂，型腔较高的模具。为了便于型腔的加工和

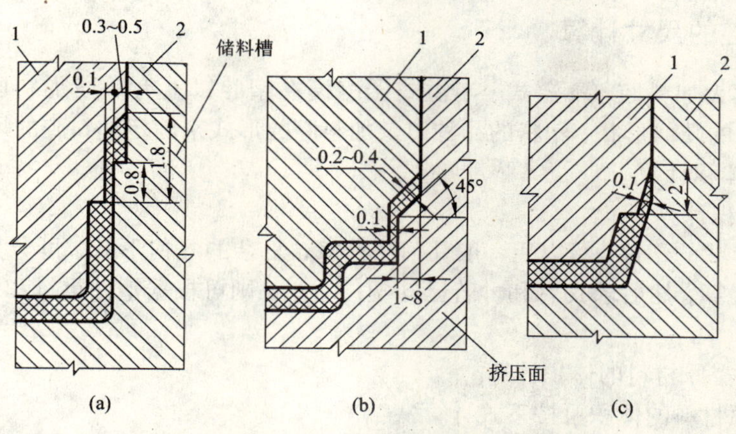

图 4 - 30　不溢式压缩模的改进配合形式

1 —凸模；2 —凹模

防止脱模时擦伤塑件外表面，增加塑料组织致密，采取了扩大加料腔结构。但由此也使成型总压力增大，挤压面加工不方便。挤压面大小按压机功率、塑件大小而定。当挤压面太小而使加工困难时，α 角可取 45°。

图 4 - 30(c)这种配合形式适于压制带斜边的塑件。将型腔上端(即加料腔)按塑件侧壁相同的斜度适当扩大，高度增加 2 mm 左右，横向增加值由塑件壁斜度决定。这样，塑件在脱模时不再与加料腔侧壁摩擦。

(3)半溢式压缩模的凸模与凹模的配合

凸模与凹模的配合形式如图 4 - 31 所示，其最大特点是具有溢式压缩模的水平挤压面，同时还具有不溢式压缩模与加料室之间的配合环和引导环。加料室与凸模的配合精度与不溢式压缩模相同，即为$\frac{H8}{f7}$或单边间隙 0.025 ~ 0.075 mm。

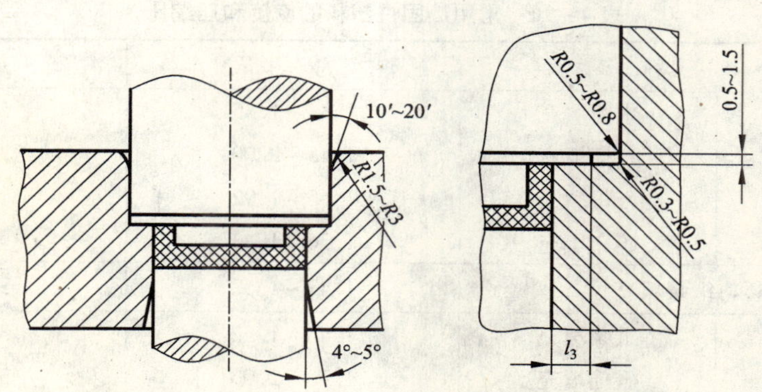

图 4 - 31　半溢式压缩模型腔配合形式

为了使压机的余压不致全部由挤压面承受，在半溢式压缩模上还必须设计承压面。移动式压缩模一般是用凸模固定板与加料室上平面接触作承压面，如图 4 - 25(b)所示；而固定式压缩模承压面采用图 4 - 25(c)所示的形式。

4.4.3 加料腔的尺寸计算

溢式压缩模无加料腔，不溢式、半溢式压缩模在型腔以上有一段加料腔。设计压缩模时，应根据塑件的几何形状、塑料的品种以及加料腔的形式来确定加料腔的尺寸。

1. 塑料的体积计算

(1)塑件体积计算

简单几何形状的塑件，可以用一般几何法计算，复杂的几何形状，可分为若干个规则的几何形状分别计算，然后求其总和。若已知塑件重量，则可根据塑件重量和塑件密度求出塑件体积。

(2)塑件所需原材料的体积计算

塑件所需原材料的体积可按下式计算

$$V = G_j v = V_j \rho v \tag{4-14}$$

式中：V——塑件所需塑料原料的体积，cm^3；

V_j——塑件的体积(包括飞边、溢料，飞边、溢料通常取塑件净重的5%～10%)，cm^3；

v——塑料的比体积，cm^3/g，见表4-9；

ρ——塑料的密度，g/cm^3，见表4-10；

G_j——塑件的重量(包括溢料)，g。

表4-9 各种压制用塑料的比体积

塑料种类	比体积/($cm^3 \cdot g^{-1}$)
酚醛塑料(粉料)	1.8～2.8
氨基塑料(粉料)	2.5～3.0
碎布塑料(片状料)	3.0～6.0

表4-10 常用热固性塑料的密度和压缩比

塑料		密度 F/($g \cdot cm^{-3}$)	压缩比 K
酚醛塑料	木粉填充	1.34～1.45	2.5～3.5
	石棉填充	1.45～2.00	2.5～3.5
	云母填充	1.65～1.92	2～3
	碎布填充	1.36～1.43	5～7
脲醛塑料纸浆填充		1.47～1.52	3.5～4.5
三聚氰胺甲醛	纸浆填充	1.45～1.52	3.5～4.5
	石棉填充	1.70～2.00	3.5～4.5
	碎布填充	1.5	6～10
	棉短线填充	1.5～1.55	4～7

塑件所需原材料的体积也可按塑料原料在成型时的体积压缩比来计算

$$V = V_j K \tag{4-15}$$

式中：V——塑件所需塑料原料的体积，cm^3；

V_j——塑件的体积(包括飞边、溢料)，cm^3；

K——塑料压缩比(见表 4 - 10)。

2. 加料腔截面积的计算

加料腔截面尺寸可根据模具类型而定。溢式压缩模无加料腔，塑料全部放在型腔中；不溢式压缩模的加料腔截面尺寸与型腔截面尺寸相等；半溢式压缩模的加料腔由于有挤压面，所以加料腔截面尺寸等于型腔截面尺寸加上挤压面的尺寸，挤压面单边宽度一般为 3 ~ 5 mm。根据截面尺寸可以方便地计算出加料腔截面积。

4. 加料腔高度的计算

在进行加料腔高度的计算之前，应确定加料腔高度的起始点。一般情况，不溢式压缩模加料腔高度一般以塑件的下底面开始计算，而半溢式压缩模的加料腔高度以挤压边开始计算。

表 4 - 11 是各种典型的塑件成型的情况，其加料腔高度可分别按表中公式计算。

表 4 - 11　加料腔高度计算

cm

结构形式	简图	公式	符号说明
不溢式压缩模加料腔	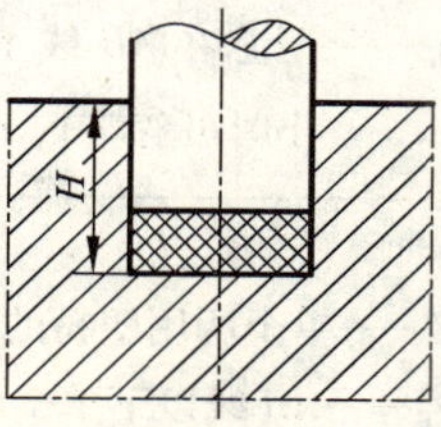 H	$H = \frac{V}{F} + (0.5 \sim 1.0)$	V——塑料体积，cm^2 F——加料腔的断面积，cm^3 0.5 ~ 1.0——为修正量，cm
杯形塑件加料腔	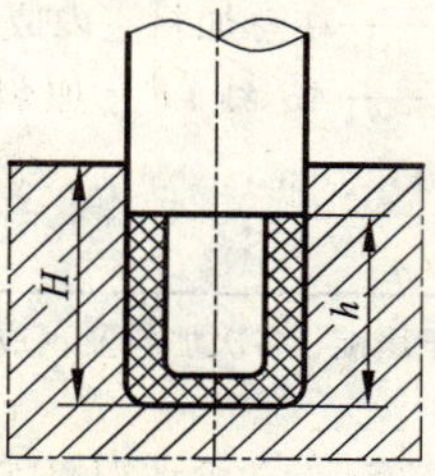 H h	压制薄壁深度大的杯形塑件时，加料腔高度 H 可采用塑件高度加 1 ~ 2 cm，即 $H = h + (1 \sim 2)$	h——塑件高度，cm
不溢式压缩模加料腔	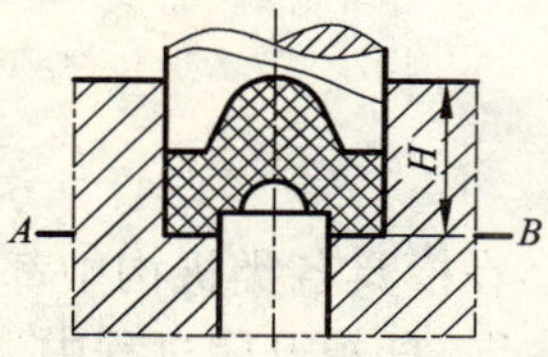 H A B	$H = \frac{V + V_1}{F} + (0.5 \sim 1.0)$	V——塑料体积，cm^3 V_1——下凸模凸出 AB 线部分的体积，cm^3 F——加料腔的断面积，cm^2
半溢式压缩模加料腔	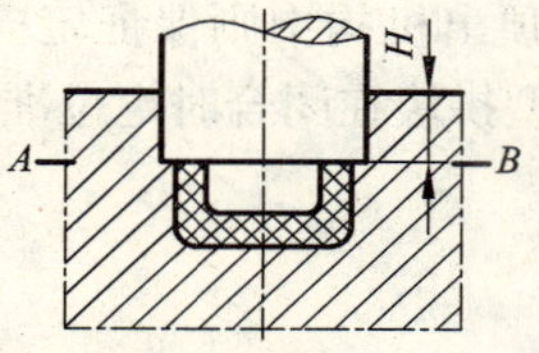 H A B	$H = \frac{V - V_s}{F} + (0.5 \sim 1.0)$	V——塑料体积，cm^3 V_s——AB 线以下型腔体积，cm^3 F——AB 线以上加料腔的断面积，cm^2

续表

结构形式	简　图	公　式	符号说明
上下模同时成型塑件的加料腔		$H=\dfrac{V-(V_a-V_b)}{F}+(0.5\sim1.0)$	V——塑料体积，cm^3 V_a——塑件在 AB 线以下部分的体积，cm^3 V_b——塑件在 AB 线以上部分的体积，cm^3。此值使合模前 H 值的修正量变小，不便操作，故实际使用可不减 V_b 值 F——AB 线以上的加料腔的断面积，cm^2
带中心导柱的半溢式压缩模加料腔		$H=\dfrac{V-(V_a+V_b)+V_c}{F}+(0.5\sim1.0)$	V——塑料体积，cm^3 V_a——塑件在 AB 线以下的体积，cm^3 V_b——塑件在 AB 线以上的体积（实际使用可不减 V_b 值），cm^3 V_c——型芯在 AB 线上的体积（直径小时可忽略），cm^3
半溢式压缩模多腔压制的加料腔		$H=\dfrac{(V-V_b)n}{F}+(0.5\sim1.0)$	V——单个所用塑粉的体积，cm^3 V_b——AB 线以下单个塑件体积，cm^3 n——在总加料室内成型塑件数量 F——AB 线以上加料腔的断面积，cm^2

注：1. 上述计算适用于粉状塑料，对片状压塑料则 H 值可减小 1/2，若用于压锭、多次加料及预成形方法的，则可大大减小 H 值。

2. 为防止加压时塑料溢出，故 H 值宜加 0.5 ~ 1.0 cm 的修正量，当凸模有凸起的成型部分时宜取 1.0。

4.4.4　导向机构设计

导向机构一般由导柱（导钉）和导套（导向孔）等组成。在模具各类机构中都可能设置导向机构，以保证各类机构在工作过程中定位、定向，例如在凸、凹模开闭过程中，是保证凸模的运行与加压方向平行，并保证凸、凹模的配合间隙。在顶出机构中则保证定向运动，并在顶出时可承受一部分侧向力；在垂直分型时，保证垂直分型拼块在闭合时定位准确等等。

1. 导向机构类型

常用的导向机构类型见表 4 – 12。

表 4－12　导向机构类型

应　用	结　构　形　式
用于移动式模具导向	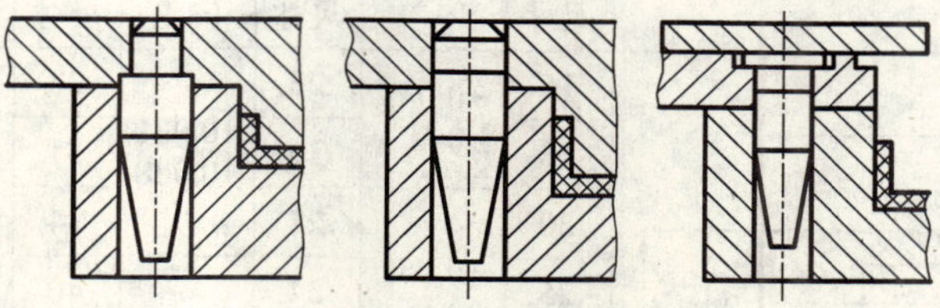
用于固定式模具导向	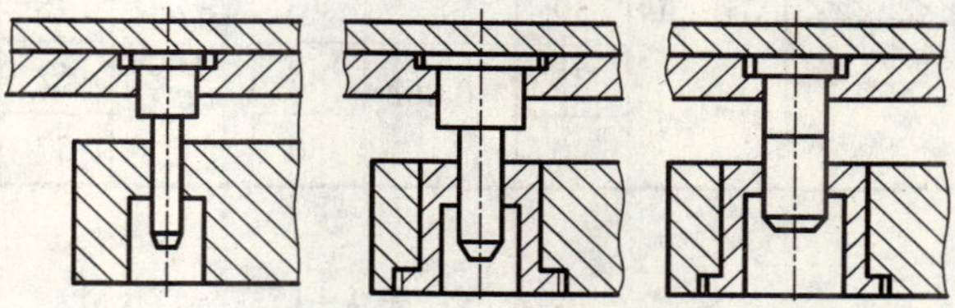
用于推出机构导向	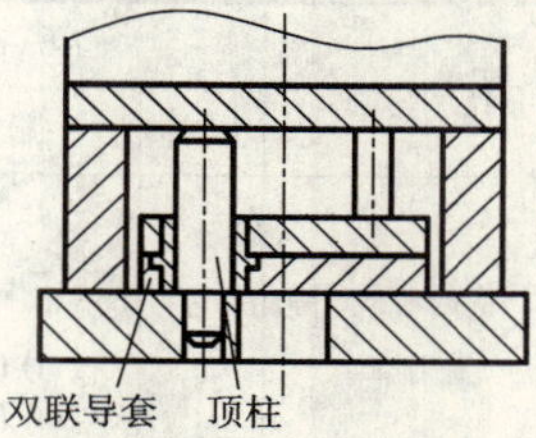 双联导套　顶柱
用于垂直分型拼块定位	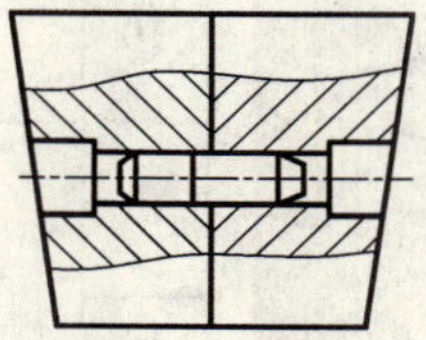

2．导向零件推荐尺寸

导向零件主要包括导柱、导套和导钉等。其推荐尺寸见表 4－13、表 4－14 及表 4－15。

表 4－13　导柱尺寸

mm

简　图	d 尺寸	d 偏差	D 尺寸	D 偏差	${D_1}_{-0.5}^{0}$	$C_{-0.5}^{0}$	$h_{0}^{+0.2}$	r
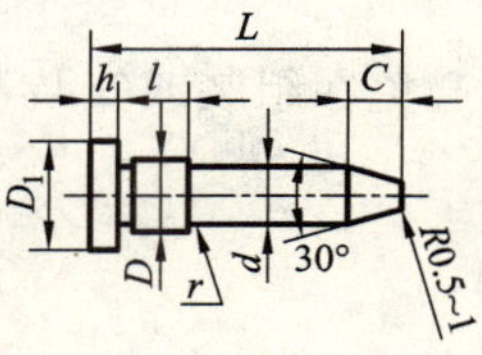	16	−0.016 −0.059	23	+0.021 +0.008	28	6	4	1~1.5
	18		26		31		5	
	20	−0.020 −0.072	28	+0.025 +0.009	34	8	6	1.5~2
	25		34		40	10	6~8	
	30		40		46	13		2~2.5
	35	−0.025 −0.087	45	—	52	16	6~10	

表 4-14　导套尺寸

mm

简图	d 尺寸	d 偏差	D 尺寸	D 偏差	D_1 尺寸	D_1 偏差	d_1	r	H	D	h
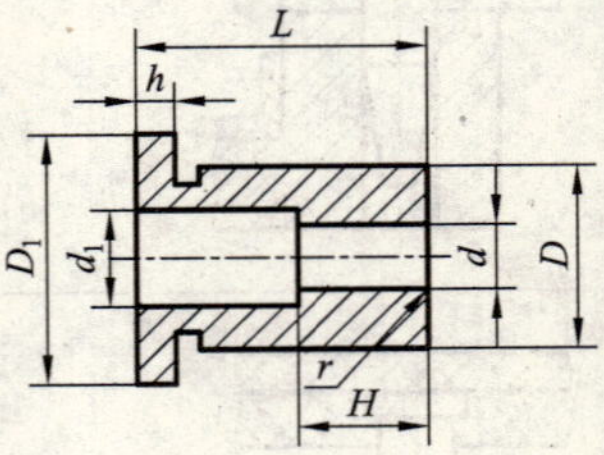	16	+0.043 0	23	+0.021 +0.008	28	0 −0.5	$d_1=d+(0.5\sim1)$	1.5~2	20~25	30~40	4~6
	18		26		31						
	20	+0.052 0	28		34						
	25		34	+0.025 +0.009	40			2~3	30~35	45~50	6~8
	30		40		46					50~60	
	35	+0.062 0	45		52	0 −0.5				60~70	
	40		50		57				>40	70~80	

表 4-15　导钉尺寸

mm

应用	简图	D 尺寸	D 偏差	d 尺寸	d 偏差	l	l_1	L
用于移动式模具	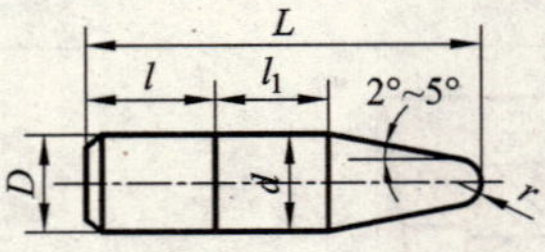	8	+0.028 +0.019	8	−0.013 −0.049	16	14	35, 45, 50
						18	16	40, 50, 60
						20	18	65, 70
		10		10		18	16	40, 45, 50, 55
						20	18	60, 65, 70, 75
		12	+0.034 +0.023	12	−0.016 −0.059			45, 50, 55, 60
						22	20	65, 70, 75, 80
		14		14		24		70, 75, 80, 90
用于垂直分型拼块定位		6	+0.023 +0.015	6	−0.010 −0.040	9	4	16
							6	20
		8	+0.028 +0.019	8	−0.013 −0.049	12		22
							8	25
		10		10		15		28
								31

3．导柱在模板上的布置

一副模具一般需要 2 ~4 个导柱。导柱位置的选择需特别注意。为避免在组装或安装于压机上时对错位置，使模具损坏，可采用表 4 - 16 布置形式。

表 4 – 16　导柱位置布置形式

简　　图	说　　明	简　　图	说　　明
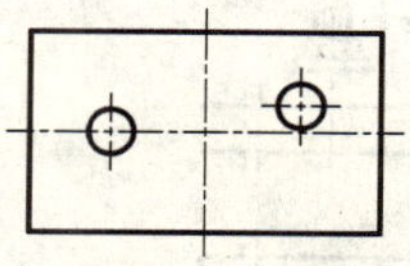	两导柱直径相同，位置错开一个距离	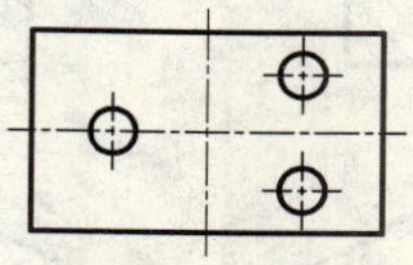	导柱直径相同，但数量不对称
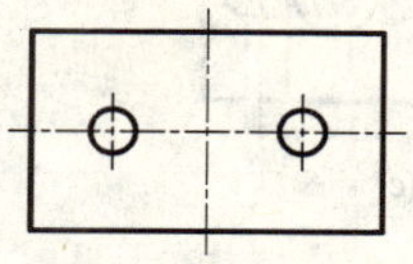	两导柱均在中心线上，但直径不同	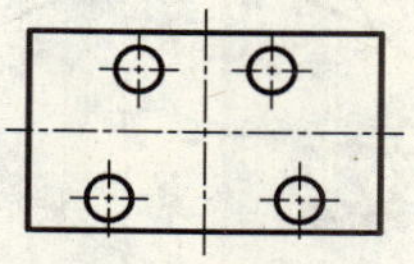	导柱直径相同，但间距不等

4.4.5　开模和脱模机构设计

在压缩成型的每一个循环中，塑件必须从模具的型腔内脱出。脱模机构是顶出或推下留在凹模内或凸模上的塑件所用的机构。设计时，应根据零件在开模后留在哪一部分上，然后按塑件结构、精度要求、生产批量等因素来确定脱模机构的形状。

压缩模常见的开模和脱模机构形式有移动式压缩模的开模和脱模、半固定式压缩模的开模和脱模及固定式压缩模的开模和脱模。

1. 移动式压缩模开模及脱模机构

移动式压缩模的开模及脱模机构有撬棒开模脱模、撞击架脱模、卸模架脱模等。

(1) 撬棒　用撬棒开模时，模具分型面上需开设让位槽，开模时撬棒的端部插入槽内，如图 4 – 32 所示，撬开模后，使塑件脱模。一棒可多用，操作简单，但仅适用于小型模具。

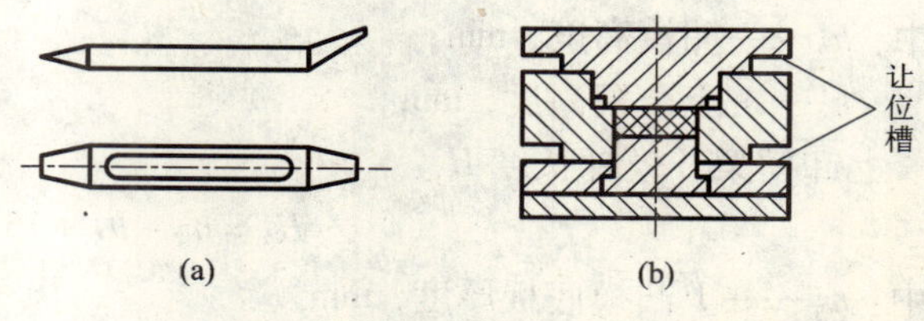

图 4 – 32　撬棒及让位槽

(2) 撞击架脱模　塑料压制成型后，将模具移出压机并搁置在卸模架上，用人工按顺序撞开模具，然后用手工或简易工具取出塑件，如图 4 – 33(c) 所示。对于一个水平分型面的压缩模，应将上模座板做成长条形，并使其长度超过下模的外形尺寸，以使撞击时上底板两端可以挂在撞击架上，如图 4 – 33(a) 所示。

对于两个水平分型面的压缩模，应将上、下模座板都做成长条形，其长度应比凹模外形尺寸大，如图 4 – 33(b)，并且在压制时将压缩模上下模座互成 90°安置，开模时按顺序脱下上模、下模，再从凹模内捅出塑件。

用撞击的办法脱模，模具结构简单，成本低，操作速度快，有时用几副模具轮流操作，可提高压制速度。但用这种方法脱模工作条件差，劳动强度大，而且由于不断撞击，易使模具过早地变形磨损。只适用于成型小型塑件，模具重量不宜超过 10 kg。

(3) 卸模架脱模　移动式压缩模可用特制的卸模架，利用压机压力开模并脱出塑件。其

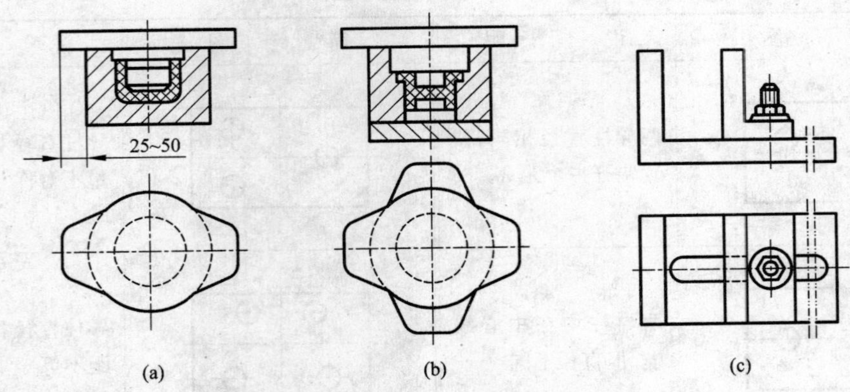

图 4－33　移动式压缩模与撞击架

开模动作平稳，模具使用寿命长，并可减轻劳动强度，但生产率较低。

卸模架的结构形式主要有以下几种：

1）一个水平分型面的压缩模采用上、下卸模架进行脱模时，其结构如图 4－34 所示。

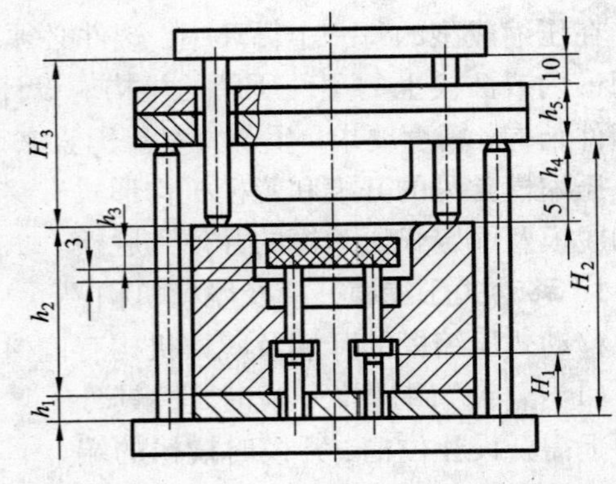

图 4－34　一个水平面压缩模的卸模架

下卸模架推件杆长度 H_1：

$$H_1 = h_1 + h_3 + 3 \text{ (mm)} \tag{4-16}$$

式中：h_1——下模垫板厚，mm；

h_3——塑件高度，mm；

下卸模架开模杆长度 H_2：

$$H_2 = h_1 + h_2 + h_4 + 5 \text{ (mm)} \tag{4-17}$$

式中：h_2——凹模高度，mm；

h_4——上凸模高度，mm。

上卸模架开模杆长度 H_3：

$$H_3 = h_4 + h_5 + 15 \text{ (mm)} \tag{4-18}$$

式中：h_5——上凸模底板厚度，mm。

2）两个水平分型面的移动式压缩模采用上、下卸模架进行脱模时，其结构如图 4－35 所示。图 4－35（a）表示上下开模的推杆和顶杆均做成台阶形。上凸模被顶起，下凸模被压下，凹模被卡在上下顶杆的台阶加粗部分之间。图 4－35（b）则在上下卸模架上均安有长短不等的两类顶杆，短顶杆高度与台阶形顶杆的台阶加粗部分高度相等，开模后凹模留在上下卸模架的短顶杆之间，上、下凸模被分别顶开。

下卸模架顶杆加粗部分长度［图 4－35（a）］或短顶杆长度［图 4－35（b）］为

$$H = h + h_1 + 3 \text{ (mm)} \tag{4-19}$$

式中：h——下凸模底板厚度，mm；

h_1——下凸模高度，mm。

下卸模架顶杆全长［图 4－35（a）］或长顶杆长度［图 4－35（b）］为

$$H_1 = h + h_1 + h_2 + h_3 + 8 \text{ (mm)} \tag{4-20}$$

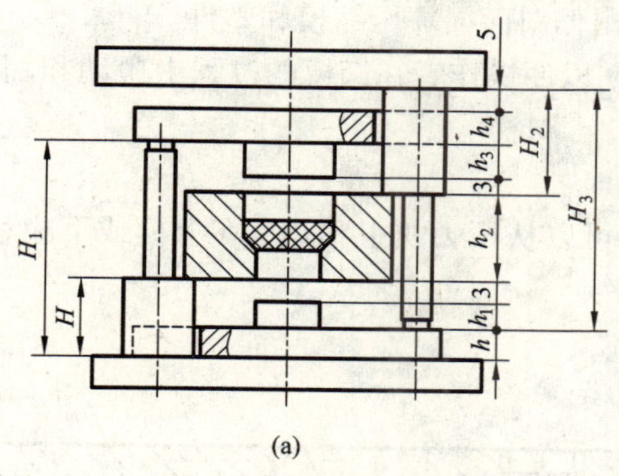

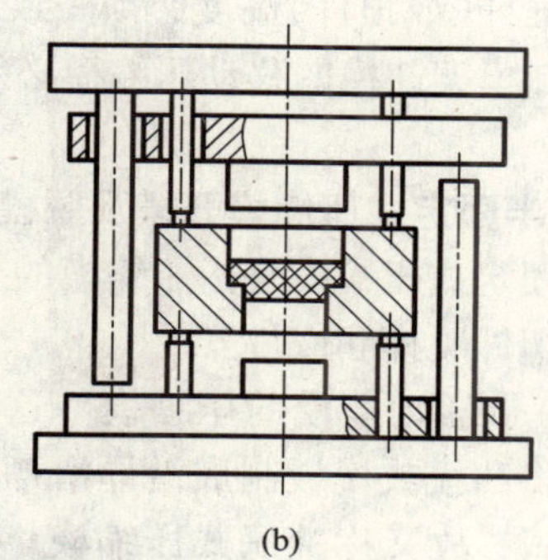

图 4 - 35　两个水平分型面压缩模的卸模架

式中：h_2——凹模高度，mm；

h_3——上凸模高度，mm。

上卸模架推杆加粗长度[图 4 - 35(a)]或短顶杆长度[图 4 - 35(b)]为

$$H_2 = h_3 + h_4 + 10\ (\text{mm}) \tag{4-21}$$

式中：h_4——上凸模底板厚度，mm。

上卸模架推杆全长[图 4 - 35(a)]或长推杆长度[图 4 - 35(b)]为

$$H_3 = h_1 + h_2 + h_3 + h_4 + 13\ (\text{mm}) \tag{4-22}$$

3)垂直分型面的压缩模采用上下卸模架时，如图 4 - 36 所示。开模时应将上凸模、下凸模、模套、凹模四者分开，塑件留在组合凹模内，再将其分开取出塑件。

下卸模架短顶杆长度为

$$H_1 = h_1 + h_3 + 5\ (\text{mm}) \tag{4-23}$$

式中：h_1——下凸模高度，mm；

h_3——下凸模底板厚度，mm。

下卸模架长顶杆长度为

$$H_2 = h_1 + h_2 + h_3 + h_4 - h_6 + 8\ (\text{mm}) \tag{4-24}$$

式中：h_2——组合凹模高度，mm；

h_4——上凸模高度，mm；

h_6——模套高度，mm。

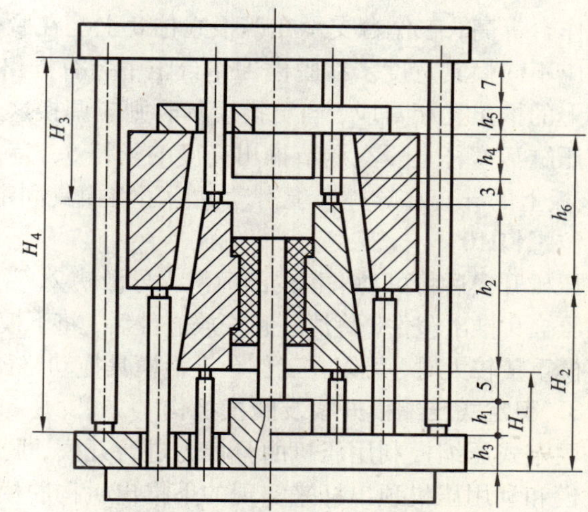

图 4 - 36　组合凹模的卸模架

上卸模架短推杆长度为

$$H_3 = h_4 + h_5 + 10\ (\text{mm}) \tag{4-25}$$

式中：h_5——上凸模底板厚度，mm。

上卸模架长推杆长度为

$$H_4 = h_1 + h_2 + h_4 + h_5 + 15\ (\text{mm}) \tag{4-26}$$

由以上各例可以看出，推杆(或顶杆)可根据模具的分模要求进行计算，同一分型面上所使用的推杆(或顶杆)高度必须一致，以免因推出偏斜而损坏压缩模和塑件。

用卸模架卸模的移动压缩模必须安装手柄，以便操作者在卸模的过程中搬动和翻转高温的模具。

2. 半固定式压缩模开模及脱模机构

半固定式压缩模是指压缩模的上模或下模可以从压力机上移出，在上模或下模移出后，再进行塑件脱模和嵌件安装。

(1)带活动上模的压缩模　这类模具可将凸模或模板制成沿导滑槽抽出的形式，故又称抽屉式压缩模。如图4-37所示，压机开模后塑件留在活动上模3上，用手把1沿导滑板4把活动上模拉出模外取出塑件，然后再把活动上模送回模内。

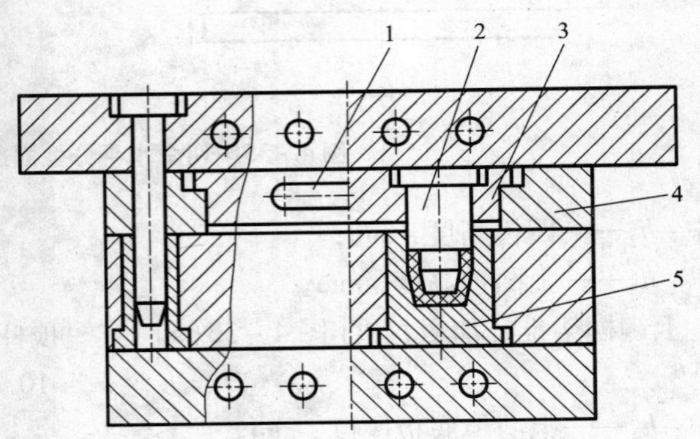

图4-37　上模活动的压缩模

1—手把；2—上凸模；3—活动；4—导滑板；5—凹模

(2)带活动下模的压缩模　这类模具上模是固定的，下模可移出。它常用于下模有螺纹型芯或下模内安放嵌件多而费时的场合。

图4-38所示为一典型的机外脱模机构。该脱模机构工作台3与压力机工作台等高，工作台支承在四根立柱8上。在脱模工作台3上装有宽度可调节的导滑槽2，以适应不同模具宽度。在脱模工作台正中装有推出板4、推杆和可换顶杆导向板11，推杆与模具上的推出孔相对应，当更换模具时则应调换这几个零件。工作台下方设有液压推出缸9，在液压缸活塞杆上段有调节推出高度的丝杆6，为了使脱模机构上下运动平稳而设有滑动板5，该板上的导套在导柱7上滑动。为了将模具固定在正确的位置上，设有定位板1和可调节的定位螺钉10。

压机开模后将可动下模的凸肩滑入导滑槽2，并推到与定位螺钉10相接触的位置，开动推出液压缸9推出塑件，待清理和安放嵌件后，将下模重新推入压机的固定槽中进行下一模压缩。当下模重量较大时，可以在工作台上沿模具拖动路径设滚柱或滚珠，使下模拖运轻便。

3. 固定式压缩模开模及脱模机构

固定式压缩模利用压机的开模力进行开模，脱模形式主要有三类：气吹脱模、上推出机构脱模和利用压机顶出杆来实现的下推出机构脱模。

(1)气吹脱模

气吹脱模主要适用于薄壁壳形塑件，当塑件对凸模包紧力很小或凸模脱模斜度较大时，开模后塑件留在凹模中，这时压缩空气由喷嘴吹入塑件与模壁之间因收缩而产生的间隙里，使塑件升起，如图4-39(a)所示。图4-39(b)的开关板为一矩形塑件，其中心有一孔，成型后用压缩空气吹破孔内的溢边，使压缩空气钻入塑件与模壁之间，将塑件脱出。

(2)下推出机构

下推出机构包括推杆推出机构、推管推出机构、推板推出机构等。以上各种推出机构都是压机顶出系统来实现塑件脱模。因此，设计固定式压缩模的下推出机构时，必须了解压机顶出系统与压缩模推出机构的连接方式。

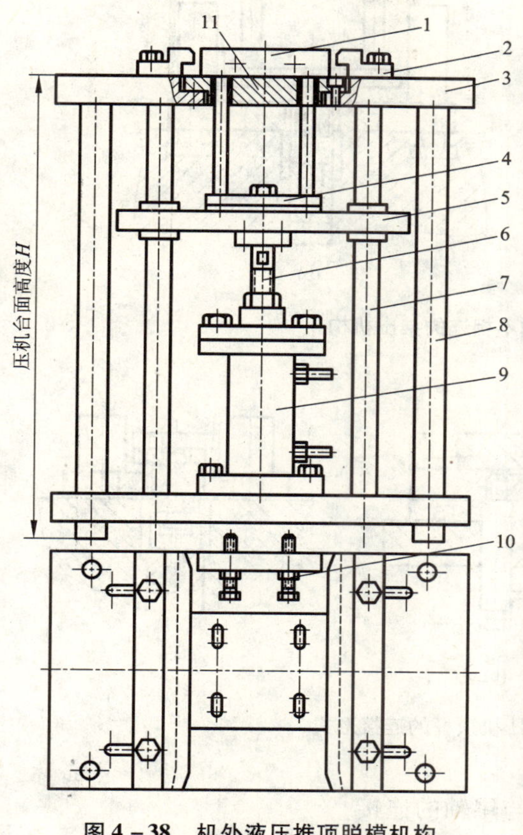

图 4-38　机外液压推顶脱模机构

1—定位板；2—导滑槽；3—工作台；4—推出板；5—滑动板；6—丝杆；7—导柱；8—立柱；9—液压缸；10—可调定位螺钉；11—可换顶杆导向板

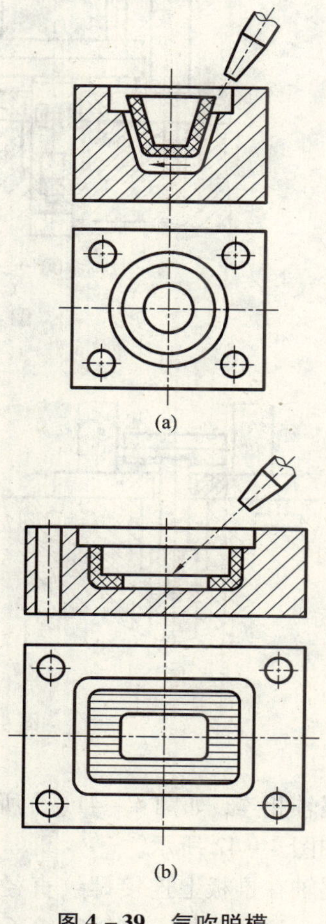

图 4-39　气吹脱模

压机的顶杆与压缩模的推出机构有下述两种连接方式：

1)压机的顶杆与压缩模的推出机构不直接连接，如图 4-40 所示。如果压机顶杆能伸出压机工作台面且伸出高度足够时，将压缩模装好后直接调节顶杆顶出距离就可进行操作。当压机顶杆上升的极限位置是其顶端与工作台表面相平齐时，必须在压机顶出杆端部旋入一适当长度的尾轴，尾轴的长度等于塑件顶出高度加上压模底板厚度和限位钉厚度[图 4-40(a)]。这种连接方式中推板的复位依靠压缩模的复位杆来实现。图 4-40(b)是尾轴与推板的另一种接触形式。

2)压机的顶杆与压缩模的推出机构直接连接，如图 4-41 所示。此种连接压机的顶杆不仅在顶出时发挥作用，而且回程时亦能将压缩模的推板、推杆拉回，压缩模不需要再设复位机构。

图 4-41(a)所示是尾轴的轴肩连接在压缩模的推板上，尾轴可在推板内旋转，以便装模时将它头部的螺纹拧在顶杆中心螺纹孔内。当压机顶杆的头部为 T 形槽时，可采用图 4-41(b)所示的连接方式。也可以在带中心螺纹孔的压机顶杆端部连接一个带 T 形槽的轴，然后

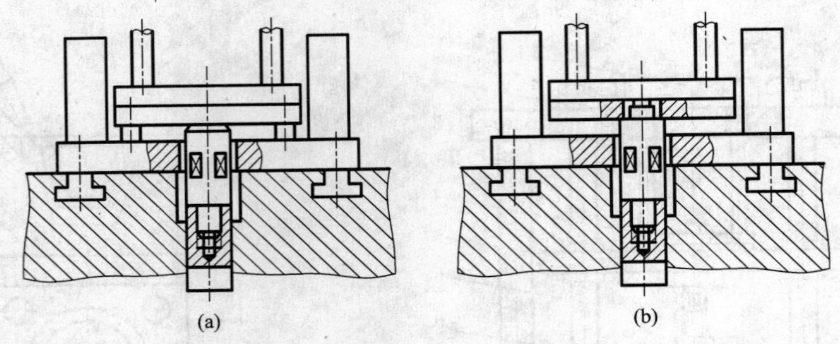

图 4－40　与尾轴不相连的推出机构

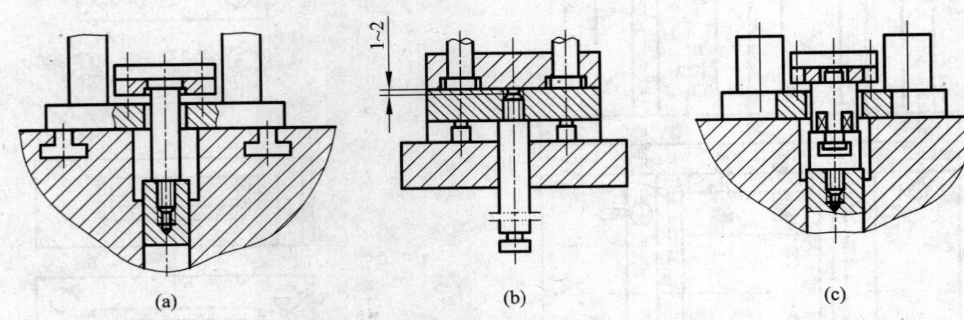

图 4－41　尾轴与压机顶杆的连接形式

再与尾轴相连，如图 4－41(c)所示。T 形槽与尾轴的连接尺寸如图 4－42 所示。

尾轴在推板上连接螺纹直径视具体情况而定，一般选取 M16～M30 为宜。连接螺纹长度 l 应比压缩模推板厚度小 0.5～1 mm。尾轴直径 D 比压机顶出杆直径小 1.0～2 mm，尾轴细颈部分直径 D_1 和接头直径 D_2 比 T 型槽对应尺寸小 1.0～2 mm。尾轴细颈部分高度 h_1 比 T 型槽对应尺寸小 0.5～1 mm，接头高度 h_2 比 T 型槽对应尺寸大 0.5～1 mm，尾轴高度 h 应由顶出高度和压缩模座板厚度决定。

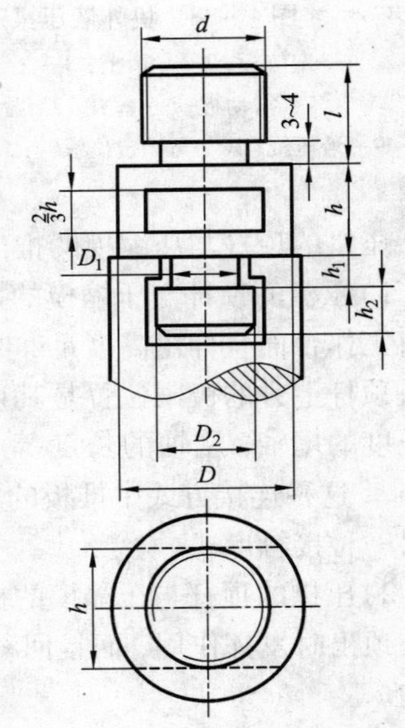

图 4－42　尾轴的结构尺寸

(3)上推出机构

有些塑件在压机开模后留在上模或下模的可能都有，为了脱模可靠起见，除设置下推出机构外，还需设计上推出机构。上推出机构形式有如下几种：

1)上推板定距推出机构

如图 4－43 所示，上推件板定距推出塑件，推件板运动距离 l 由限位螺钉的螺母调节。这种机构适合于脱模容易变形的薄壁塑件及单型腔或型腔数很少的压缩模，因为当型腔数较多时，推件板可能由于不均匀热膨胀而被卡死在凸模上。

2）上套筒定距推出机构

如图 4 -44 所示。上模回升时，由挡板使套筒推出塑件，推出距离由尺寸 l 控制。

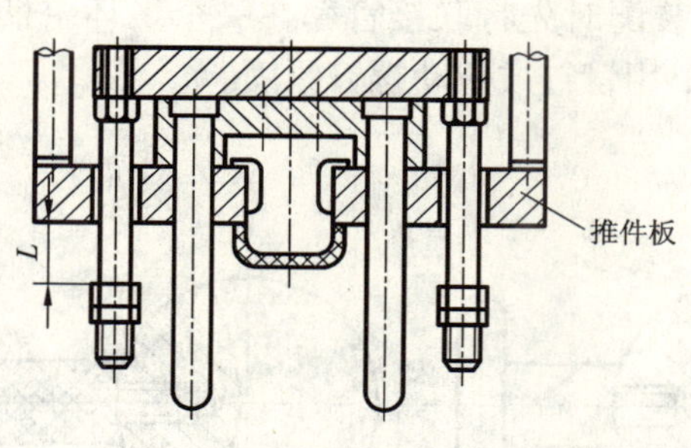

图 4 -43　上推件板推出机构

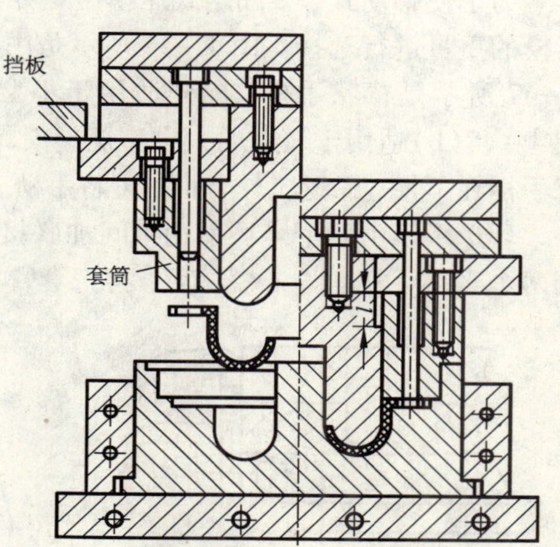

图 4 -44　上套筒定距推出机构

3）上推杆推出机构

如图 4 -45 所示。其中图 4 -45（a）所示模具，是借助开模力完成上模推出的。开模时上模上升，凸模脱离型腔后，顶杆碰撞压机上模板而顶动垫板 3，塑件通过推杆 1 的推动脱模，推杆 1 是靠弹簧 2 复位的。

图 4 -45（b）所示，是利用杠杆手柄由推杆推出塑件。

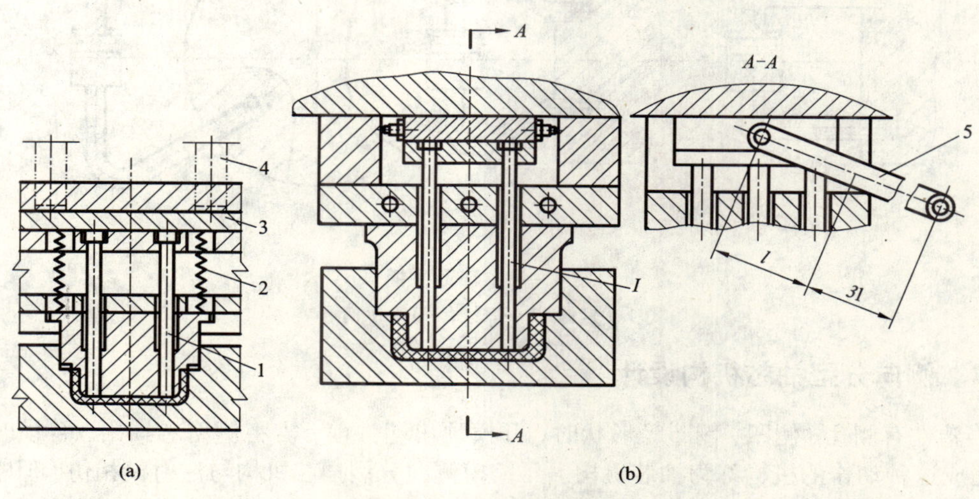

图 4 -45　上推杆推出机构

1—推杆；2—弹簧；3—垫板；4—顶杆；5—杠杆

固定式压缩模的脱模机构除上述三种以外，还有许多其他形式。例如，凹模推出机构、二级推出机构、双推出机构等，在此不再叙述。

4.4.6 压缩模手柄设计

为了使移动式、半固定式压模搬运方便，可在模具的两侧装上手柄。手柄的形式可根据压模的重量进行选择。图 4－46 所示是用薄钢板弯制而成的平板式手柄，用于小型模具。图 4－47 所示是棒状手柄，同样适用于小型模具。图 4－48 所示是环形手柄，图 4－48(a)、图 4－48(b)适用于较重的大中型矩形模具，图 4－48(c)适用于较重的大中型圆形模具。如果手柄在下模，靠近工作台面，可将手柄上翘 20°左右。

环形手柄由两个半环手柄中间加联接管组成，装配时先将联接管套在一个半环手柄上，当两个半环手柄均拧入模具后，再把套管移至中间，用铆钉或止动螺钉紧固。

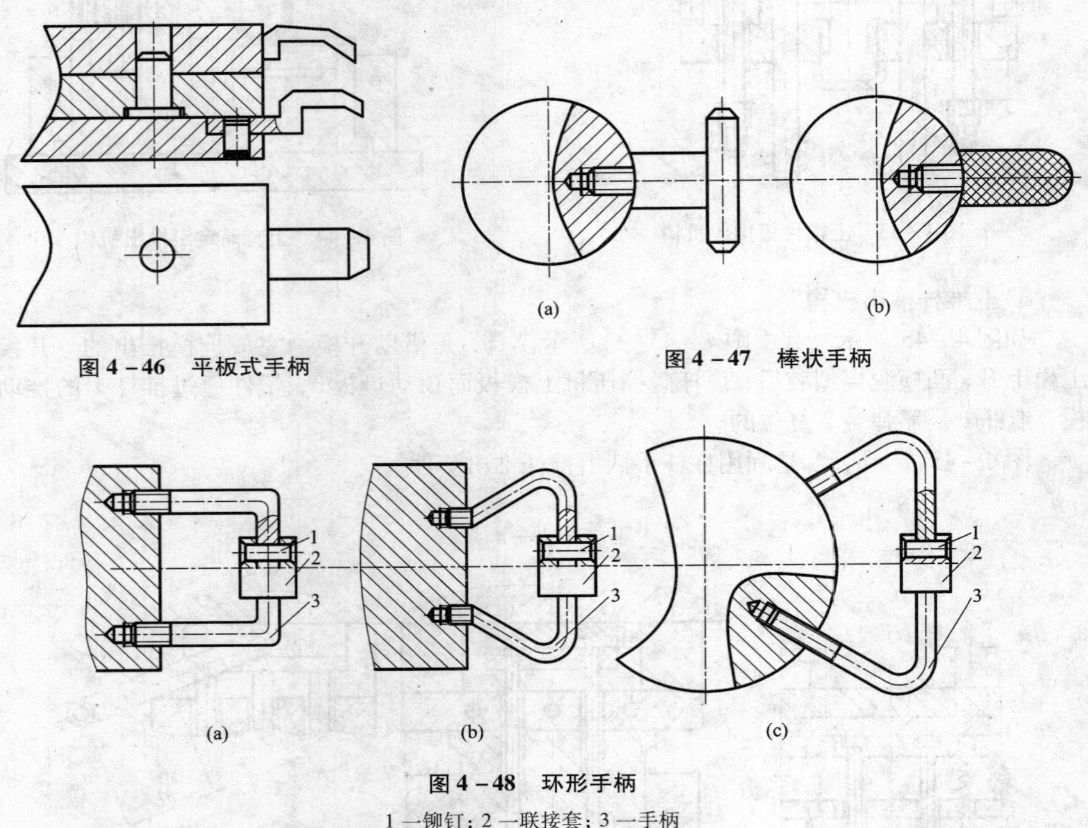

图 4－46 平板式手柄

图 4－47 棒状手柄

图 4－48 环形手柄

1—铆钉；2—联接套；3—手柄

4.4.7 侧向分型抽芯机构设计

当塑件有侧孔、侧凹、侧凸等形状时，开模顶出塑件前，需将侧型芯抽出，合模时应复位，完成这种动作的机构称为抽芯机构。压缩模侧向分型抽芯机构与注射模相仿，但略有不同。注射模是先合模后再注入塑料，而压缩模是先加料而后合模。因此，注射模的某些侧向分型机构不能用于压缩模。例如，以开合模驱动的斜导柱侧向分型，如果用于压缩模，则加料时由于瓣合模型腔处于开启状态，必将引起严重漏料。但斜导柱用于侧向抽芯是可行的。此外，由于压缩模受力状态比较恶劣，因此，分型机构和楔紧块都应具有足够的强度和韧性。压缩模的侧向分型抽芯机构分手动和机动两种。由于机动分型抽芯的压缩模生产周期较长，一般用于大批量生产，目前国内还广泛使用着各种手动分型抽芯机构。

有关侧向分型抽芯原理、计算和结构设计请参阅 3.9 节，这里不再重复。

4.5 压缩成型模具典型结构

1. 移动式压缩模

图 4－49 所示为一水平分型面的机外装卸式压缩模，一次可压制成型数件，采用不溢式型腔结构。嵌件装在上模，用片形弹簧夹紧。压制成型后，在卸模架上卸模，取出塑件。

图 4－50 所示为一水平分型带齿轮齿条侧抽芯机构的压缩模，采用半溢式型腔结构。压制前，先把压缩模预热到一定温度，称好的塑料倒入加料腔内，盖好上模，即可压制。压制成型后，采用机外卸模架卸模。开模时卸模架推动齿条 3，通过齿轮 2 旋转抽出螺纹侧型芯，然后开模，由顶杆推动型芯 5 顶出塑件。

图 4－51 所示为不溢式移动压缩模及其卸模架。加料时首先将凹模 7 套于下凸模 6 上，加入塑料粉后再将上凸模 3 盖上。压制完毕后，将模具从压机内移出并套入下推杆 8 上，这 4 根推杆位于模具四周，作用于上凸模固定板 4 上，再将推杆 2 插入模具孔中，这 4 根推杆位于模具的中心线上，作用于下凸模固定板 5 上。模具装入上、下卸模架后推入压机内进行施压分模，即可取出塑件。

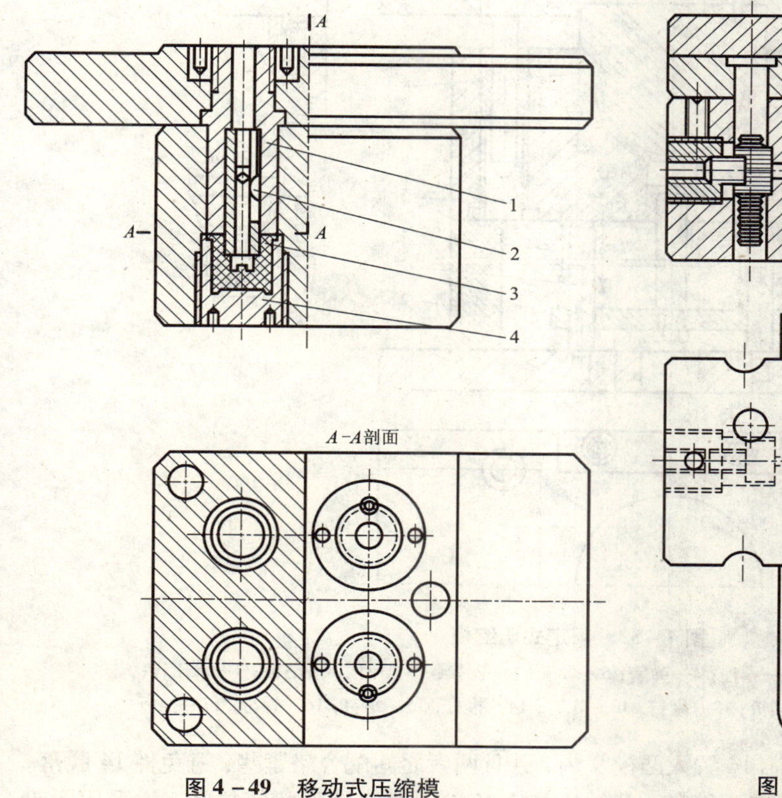

图 4－49　移动式压缩模

1—上凸模；2—片式弹簧；3—嵌件；4—下凸模

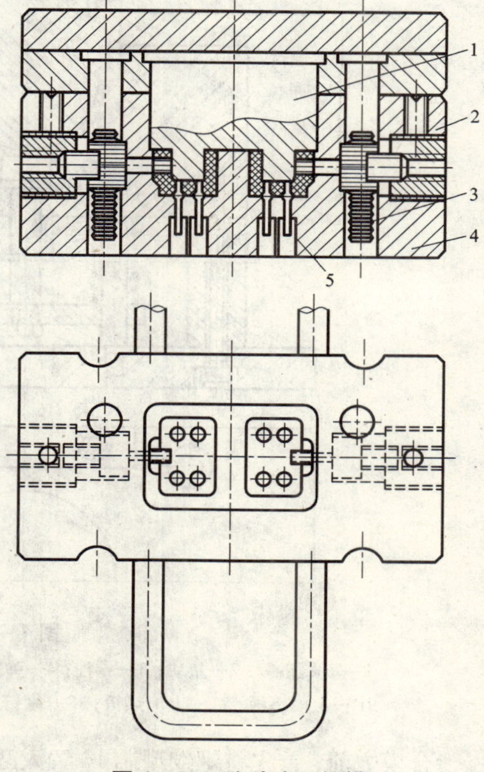

图 4－50　移动式压缩模

1—上凸模；2—齿轮；3—齿条；4—凹模；5—型芯

2. 固定式压缩模

图 4－52 所示模具为半溢式固定压缩模，其结构特点是，推出机构与压机的顶杆不直接连接，回程时推出机构采用弹簧复位。开模时，上模移动到一定高度，推出机构的推杆 14 将塑件推出。在推出过程中，为使推杆 14 不倾斜，设置导柱 3。导柱 3 对称分布于推杆 14 两侧。

图 4 －53 所示为不溢式固定压缩模。其结构特点是，推出机构与压机的尾轴直接连接，并带侧螺纹型芯 5。压制成型后，开模前先将侧螺纹型芯 5 拧出，开模后推杆 2 在压机的顶出机构作用下把塑件推出，再用搬手把螺纹型芯 14 拧下，即得塑件。压机顶杆回程时，将压缩模的推板 1、推杆 2 拉回。

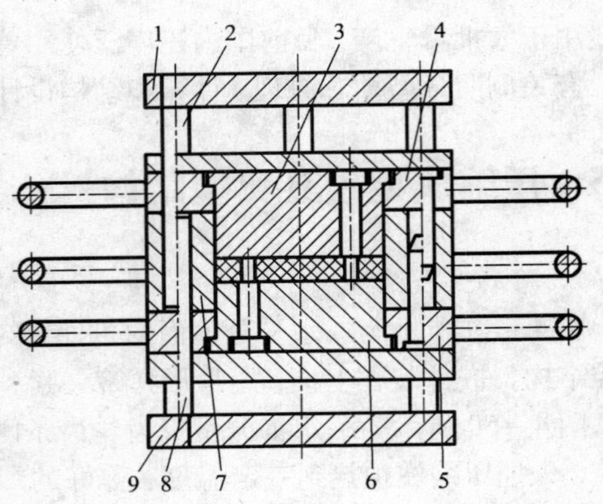

图 4－51 移动式压缩模

1—上推板；2—上推杆；3—上凸模；4—上凸模固定板；5—下凸模固定板；6—下凸模；7—凹模；8—下推杆；9—下推板

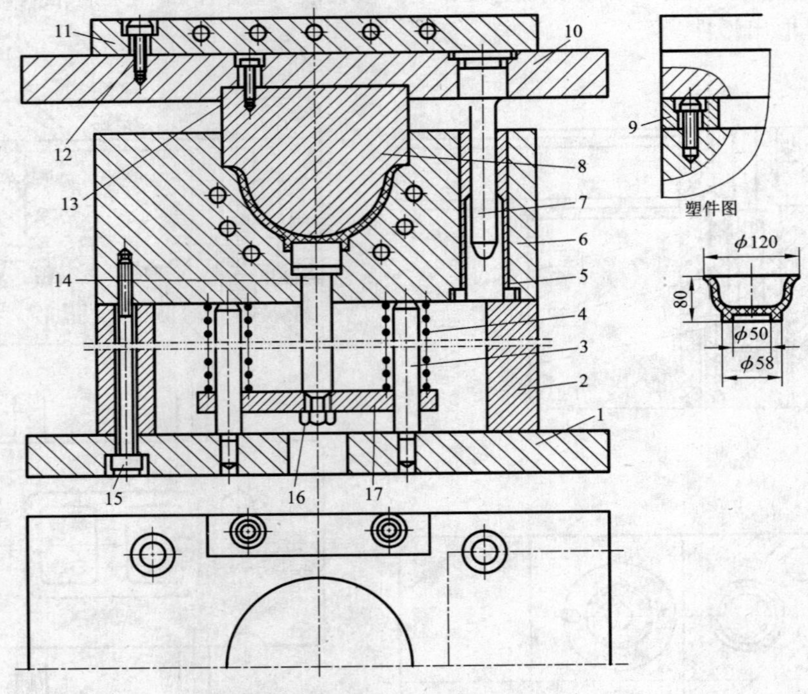

图 4－52 固定式压缩模

1—下模座板；2—垫块；3—导柱；4—弹簧；5—导套；6—凹模；7—导柱；8—凸模；9—承压板；10—上模座板；11—上加热板；12—螺钉；13—螺钉；14—推杆；15—螺钉；16—螺母；17—推板

合模之前，首先将螺纹型芯 14 置入凸模 9 内，并且两者之间配合略紧些，避免件 14 脱落。

图 4－54 所示为半溢式固定压缩模，其结构特点是成型的塑件形状较复杂，故采用大型组合凹模结构。另外，推出机构与压机的尾轴直接连接，依靠尾轴的上下运动带动推杆顶出

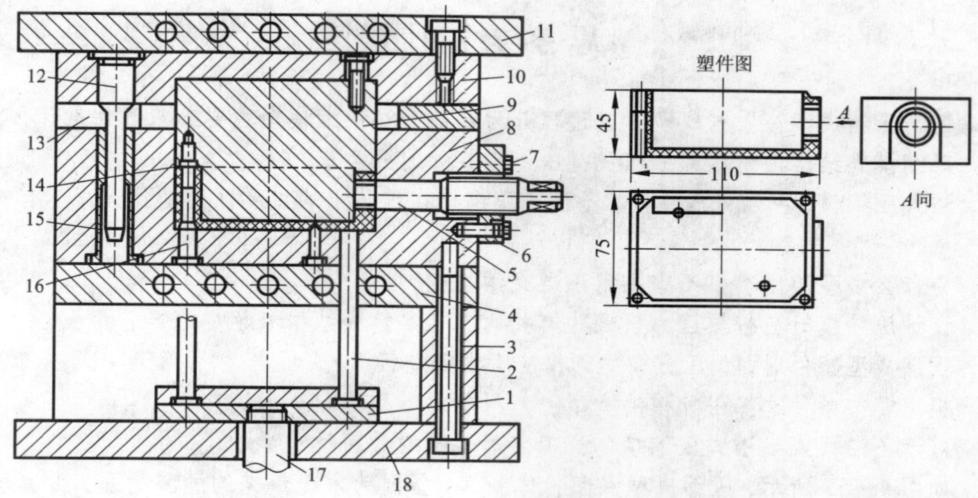

图 4 -53　固定式压缩模

1—推板；2—推杆；3—垫块；4—支承板；5—侧螺纹型芯；6—侧螺纹板；7—螺钉；8—凹模；9—凸模；10—凸模固定板；11—上模座板；12—导柱；13—承压板；14—螺纹型芯；15—导套；16—型芯；17—尾轴；18—下模座板

塑件和推杆、推板回程。为了便于加工，整个凹模由下模 6、镶件 7、8、15、16、17、19 组成，采用模套 5 定位紧固。

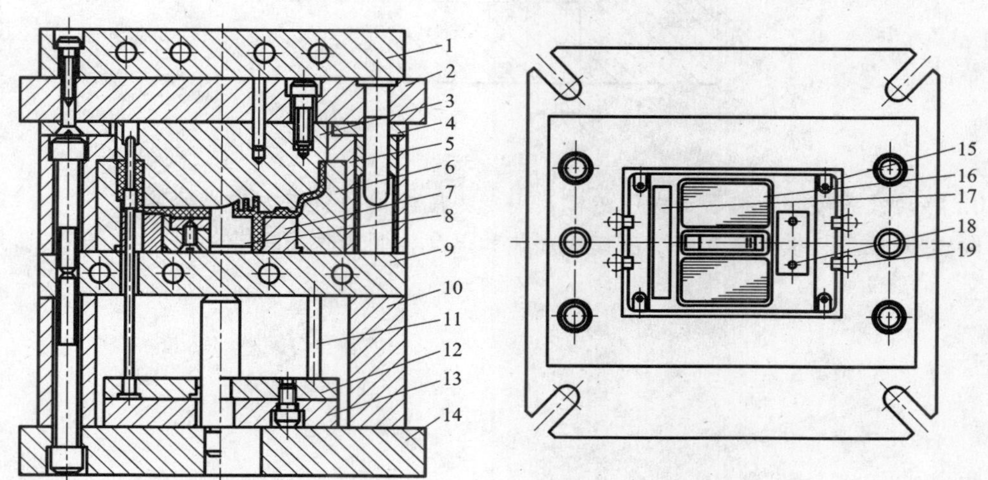

图 4 -54　固定压缩模

1、9—加热板；2—上模座；3—上模；4—承压板；5—模套；6—下模；7、8、15、16、17、19—镶件；10—垫块；11—推杆；12—推杆固定板；13—推板；14—下模座板；18—型销

为了保证上模与下模正确的相互位置关系，采用了左、右对称分布的一对导柱导向。由于推杆直径较小，为保证推板运动的平稳性，在下模座上安装了两个导柱对推板的运动进行导向。

思考与练习题

1. 何谓压缩成型？压缩成型工艺过程分为几部分？压缩模塑主要工艺条件是什么？

2. 压缩模具结构由哪些部分组成？压缩模具如何分类？

3. 溢式压缩模、半溢式压缩模、不溢式压缩模在结构上的主要区别是什么？各有哪些优缺点？

4. 为什么多型腔压缩模不宜采用不溢式结构？

5. 设计压缩模时应校核压力机哪些有关的工艺参数和结构参数？

6. 压缩成型塑件时，加压方向的选择应考虑哪些因素？

7. 根据哪些条件选择压缩模的类型？怎样确定型腔的配合形式？

8. 对于不溢式或半溢式压缩模怎样确定加料腔的截面尺寸？

9. 如图 4－55 所示，压缩成型一回转体制件，塑料为木粉填充的酚醛树脂，计算所需加料腔高度尺寸 H。

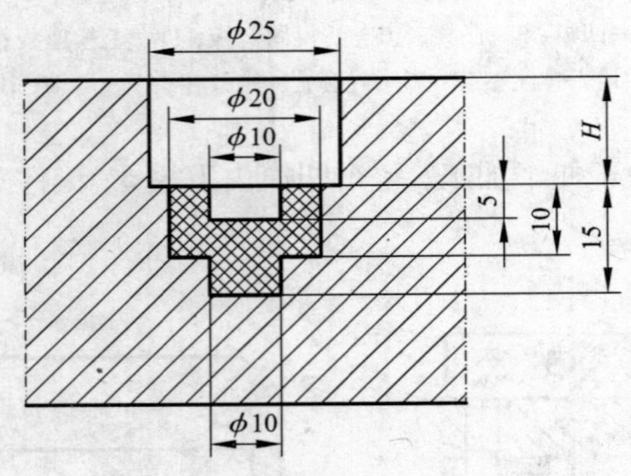

图 4－55

10. 移动式压缩模、半固定式压缩模及固定式压缩模的脱模方式有哪些？

11. 热固性塑料模塑成型时，压模的加热和温度控制的作用是什么？

第5章
传递成型工艺与模具设计

传递成型又称压注成型、挤塑成型，它是在压缩成型基础上发展起来的一种热固性塑料的成型方法。由于传递模结构上与压缩模有所不同，所以传递成型原理与压缩成型略有区别。

5.1　传递成型工艺过程及参数选择

5.1.1　传递成型原理与特点

1. 传递成型原理

传递成型原理如图5-1所示。先将热固性塑料原料（塑料原料为粉料或预压成锭的坯料）装入闭合模具的加料腔内[图5-1(a)]，使其在加料腔内受热塑化；塑化后熔融的塑料在柱塞压力的作用下，通过加料腔底部的浇注系统进入闭合的型腔[图5-1(b)]；塑料在型腔内继续受热、受压固化成型，最后打开模具取出塑件[图5-1(c)]。

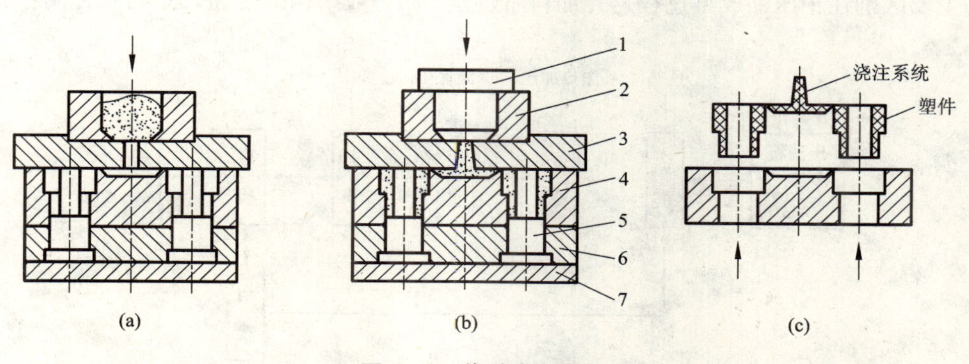

图5-1　传递成型原理

1—柱塞；2—加料腔；3—上模板；4—凹模；5—型芯；6—型芯固定板；7—垫板

2. 传递成型特点

传递模与压缩模有许多共同之处，两者的加工对象都是热固性塑料，型腔结构、脱模机构、成型零件的结构及计算方法等基本相同，模具的加热方式也相同，但是传递模成型与压缩模成型相比又具有以下的特点：

(1)成型周期短、生产效率高　塑料在加料腔首先加热塑化，成型时塑料再以高速通过浇注系统挤入型腔，未完全塑化的塑料与高温的浇注系统相接触，使塑料升温快而均匀。同时熔料在通过浇注系统的窄小部位时受摩擦热使温度进一步提高，有利于塑料制件在型腔内迅速硬化，缩短了硬化时间，传递成型的硬化时间只相当于压缩成型的1/3～1/5。

(2)塑件的尺寸精度高、表面质量好　由于塑料受热均匀，交联硬化充分，改善了塑件的力学性能，使塑件的强度、电性能都得到提高。塑件高度方向的尺寸精度较高，飞边很薄。

(3)可以成型带有较细小嵌件、较深的侧孔及较复杂的塑件　由于塑料是以熔融状态压入型腔的，因此对细长型芯、嵌件等产生的挤压力比压缩模小。一般的压缩成型在垂直方向上成型的孔深不大于直径3倍，侧向孔深不大于直径1.5倍；而传递成型可成型孔深不大于直径10倍的通孔、不大于直径3倍的盲孔。

(4)消耗原材料较多　由于浇注系统凝料的存在，并且为了传递压力需要，传递成型后总会有一部分余料留在加料腔内，因此使原料消耗增多，小型塑件尤为突出，模具适宜多型腔结构。

(5)传递成型收缩率比压缩成型大　一般酚醛塑料压缩成型收缩率为0.8%左右，但传递成型时为0.9%～1%。而且收缩率具有方向性，这是由于物料在压力作用下定向流动而引起的，因此影响塑件的精度，而对于用粉状填料填充的塑件则影响不大。

(6)传递模的结构比压缩模复杂，工艺条件要求严格　由于传递成型时熔料是通过浇注系统进入模具型腔成型的，因此，传递模的结构比压缩模复杂，工艺条件要求严格，特别是成型压力较高，比压缩成型的压力要大得多，而且操作比较麻烦，制造成本也大，因此，只有用压缩成型无法达到要求时才采用传递成型。

5.1.2　传递成型工艺过程

传递成型的工艺过程和压缩成型基本相似，见图5－2传递模塑工作循环图，故不再赘述。它们的主要区别在于压缩成型过程是先加料后合模，而一般结构的传递成型则先合模后加料。

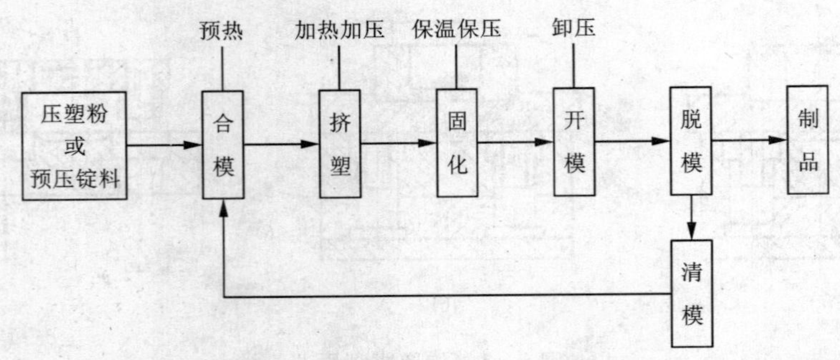

图5－2　传递模塑工作循环图

5.1.3　传递成型工艺参数及选择

传递成型的主要工艺参数包括成型压力、成型温度和成型时间等，它们均与塑料品种、模具结构、塑件的复杂程度等因素有关。

1. 成型压力

成型压力是指压力机通过压柱或柱塞对加料腔内熔体施加的压力。由于熔体通过浇注系统时会有压力损失，故传递成型时的成型压力一般为压缩成型时的2～3倍。酚醛塑料粉和氨基塑料粉的成型压力通常为50～80 MPa，纤维填料的塑料为80～160 MPa，环氧树脂、硅酮等低压封装塑料为2～10 MPa。

2. 成型温度

成型温度包括加料室内的物料温度和模具本身的温度。为了保证物料具有良好的流动性，料温必须适当地低于交联温度 10℃ ~20℃。由于塑料通过浇注系统时能从中获取一部分摩擦热，故加料腔比模具的温度可低一些。传递成型的模具温度通常比压缩成型的模具温度低 15℃ ~30℃，一般为 130℃ ~190℃。

3. 成型时间

传递成型时间包括加料时间、充模时间、交联固化时间、脱模取出塑件时间和清模时间等。传递成型的充模时间通常为 10 ~30 s，保压时间与压缩成型相比可短些，这是因为有了浇注系统的缘故，塑料在进入浇注系统时获取一部分热量后就已经开始固化。

传递成型要求塑料在未达到硬化温度以前应具有较大的流动性，而达到硬化温度后，又要具有较快的硬化速度。常用传递成型的材料有酚醛塑料、三聚氰胺和环氧树脂等塑料。表 5 –1 是酚醛塑料传递成型的主要工艺参数，其他部分热固性塑料传递成型的工艺参数见表 5 –2。

表 5 –1　酚醛塑料传递成型的主要工艺参数

工艺参数＼模具	柱塞式	罐　式	
	高频预热	未预热	高频预热
预热温度/℃	100 ~110	—	100 ~110
成型压力/MPa	80 ~100	160	80 ~100
充模时间/min	0.25 ~0.33	4 ~5	1 ~1.5
固化时间/min	3	8	3
成型周期/min	3.5	12 ~13	4 ~4.5

表 5 –2　部分热固性塑料传递成型的工艺参数

塑料	填料	成型温度/℃	成型压力/MPa	压缩率	成型收缩率/%
环氧双酚 A 塑料	玻璃纤维	138 ~193	7 ~34	3.0 ~7.0	0.001 ~0.008
	矿物填料	121 ~193	0.7 ~21	2.0 ~3.0	0.001 ~0.002
环氧酚醛塑料	矿物和玻纤	121 ~193	1.7 ~21		0.004 ~0.008
	矿物和玻纤	190 ~196	2 ~17.2	1.5 ~2.5	0.003 ~0.006
	玻璃纤维	143 ~165	17 ~34	6 ~7	0.0002
三聚氰胺	纤维素	149	55 ~138	2.1 ~3.1	0.005 ~0.15
酚醛	织物和回收料	149 ~182	13.8 ~138	1.0 ~1.5	0.003 ~0.009
聚酯（BMC、TMC）	玻璃纤维	138 ~160		—	0.004 ~0.005
聚酯（BMC、TMC）	导电护套料	138 ~160	3.4 ~1.4	1.0	0.0002 ~0.001
聚酯（BMC）	导电护套料	138 ~160		—	0.0005 ~0.004
醇酸树脂	矿物质	160 ~182	13.8 ~138	1.8 ~2.5	0.003 ~0.010
聚酰亚胺	50% 玻纤	199	20.7 ~69	2.2 ~3.0	0.002
脲醛塑料	α – 纤维素	132 ~182	13.8 ~138		0.006 ~0.014

注：①TMC 指黏稠状塑料。

②在聚酯中增加导电性填料和增强材料的电子材料用于工业用护套料。

5.2 传递模的基本结构及分类

5.2.1 传递模的基本结构

传递模与压缩模结构较大区别之处在于传递模有单独的加料腔。传递模的结构组成如图5-3所示。主要由以下几个部分组成:

(1)型腔　注入塑料成型制件的空腔，它由型芯、凹模、凸模等组成。分型面形式与注塑模相仿。

(2)加料腔(室)　原料粉或预压锭加入此处，移动式传递模的加料腔和模具是可分离的，固定式传递模的加料腔与模具在一起。

(3)浇注系统　多型腔传递模的浇注系统与注射模相似，罐式传递模的浇注系统包括主流道、分流道、浇口。柱塞式传递模没有主浇道，物料由加料腔直接进入分流道，加料腔底部直接与几个分流道相通。

(4)导向机构　在上下模之间应设置导向机构，它一般由导柱和导柱孔(或导套)组成。必要时在柱塞和加料腔之间，在推出机构的内部都应设置导向机构。

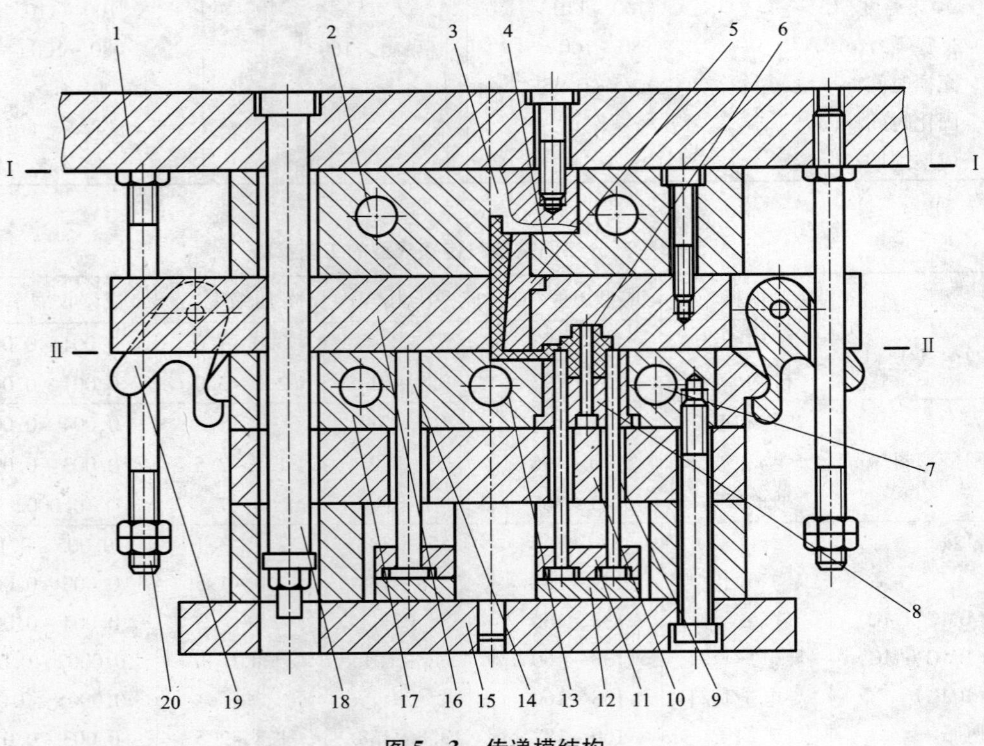

图5-3　传递模结构

1—上模板；2—加热器安装孔；3—压料柱；4—加料腔；5—浇口套；6—型芯；7—加热器安装孔；8—凹模；9—推杆；10—支承板；11—推杆固定板；12—推板；13—浇注系统；14—复位杆；15—下模板；16—上凹模板；17—凹模固定板；18—定距拉杆；19—拉钩；20—拉杆

(5)推出(脱模)机构　注射模中采用的推杆、推管、推件板及各种推出结构，在传递模中也同样适用。

(6)加热系统　传递模的加热元件主要是电热棒、电热圈，加料腔、上模、下模均需要加热。移动式传递模主要靠压力机的上下工作台的加热板进行加热。

(7)侧向分型与抽芯机构　如果塑件中有侧向凸凹形状，必须采用侧向分型与抽芯机构，具体的设计方法与注射模的结构类似。

5.2.2　传递模的分类

1. 按固定方式分类

传递模按照模具在压力机上的固定方式分类，可分为固定式传递模和移动式传递模。

(1)移动式传递模

移动式传递模的上、下模两部分均不与压力机的滑块和工作台面固定联接，这种模具可在任何形式的普通压力机上使用，其加料、合模、开模、脱取制品等生产操作均可在压力机工作空间之外用手动完成，适于批量不大的传递成型生产。

图 5－4 是移动式传递模的结构示例，其加料腔 2 与模具本体可以分离。采用这种模具传递成型时，首先闭合模具，然后将定量的成型物料装进加料腔加热熔融，并由压力机通过压料柱 1 将熔融后的物料经浇注系统高速挤入闭合模腔，以使它们固化成型为制品。待制品成型后，需先将加料腔和压料柱从模具上取下，然后利用卸模架开启模具，用手工或工具将制品取出。需要指出的是，在这种模具中，压柱对加料腔中物料所施加的成型压力，同时也起合模作用。

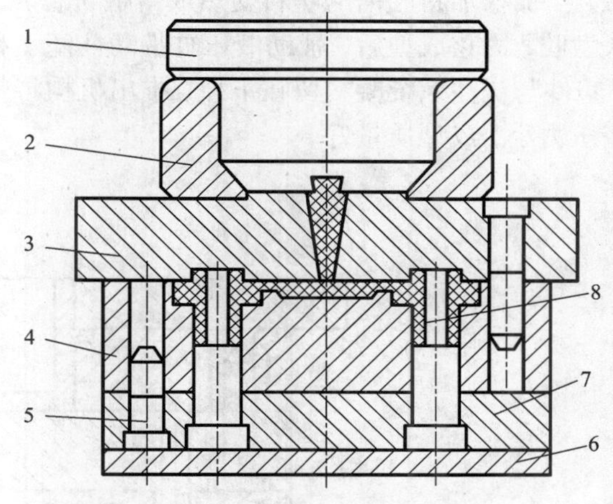

图 5－4　移动式传递模

1—压料柱；2—加料腔；3—上模座板；4—凹模；5—导柱；6—下模座板；7—型芯固定板；8—型芯

(2)固定式传递模

固定式传递模的上、下模两部分分别与压力机的滑块和工作台面固定联接，压料柱固定在上模部分，生产操作均在压力机工作空间内进行，制品脱模由模内的推出脱模机构完成，劳动强度较低，生产效率较高，主要用于制品批量较大的传递成型生产。

图 5－3 是固定式传递模的结构示例，传递成型之前，加料腔 4 与上凹模板 16 通过定距拉杆 18 悬挂在上、下模之间，这时可以进行加料(包括安装嵌件)、清模等生产操作。传递成型开始后，整个模具闭合，压力机滑块通过压料柱 3 将加料腔内熔融的成型物料经浇注系统高速挤进闭合模腔，以便使它们在模腔内成型固化。与移动式传递模相似，这种模具的压料柱对加料腔内物料施加成型压力，同时也起合模的作用。

开模时，压力机滑块带动上模回程，上模部分与加料腔在Ⅰ－Ⅰ处分型，以便从该分型面处往加料腔加料。当上模回程到一定高度时，拉杆 20 迫使拉钩 19 转动并与下模部分脱开，接着定距拉杆发挥作用，带动上凹模板及加料腔在Ⅱ－Ⅱ处与下模分型，以便推出机构将制品从该分型面处推出。

2. 按结构特征分类

传递模按加料腔的结构特征可分为罐式传递模和柱塞式传递模。

(1)罐式传递模

罐式传递模用普通液压机成型，使用较为广泛，上述所介绍的在普通液压机上工作的固定式传递模(图5-3)和移动式传递模(图5-4)都是罐式传递模。

(2)柱塞式传递模

柱塞式传递模用专用液压机成型，与罐式传递模相比，柱塞式传递模没有主流道，只有分流道，主流道变为圆柱形的加料腔，与分流道相通，成型时，柱塞所施加的挤压力对模具不起锁模的作用，因此，需要用专用的液压机。专用液压机有主液压缸和辅助液压缸两个液压缸，主液缸起锁模作用，辅助液压缸起传递成型作用。此类模具既可以是单型腔，也可以一模多腔。柱塞式传递模又可以分为：

①上加料腔式传递模　上加料腔式传递模如图5-5所示，压力机的锁模液压缸在压力机的下方，自下而上合模；辅助液压缸在压力机的上方，自上而下将物料挤入模腔。合模加料后，当加入加料腔内的塑料受热成熔融状态时，压力机辅助液压缸工作，柱塞将熔融物料挤入型腔，固化成型后，辅助液压缸带动柱塞上移，锁模液压缸带动下工作台将模具分型开模，塑件与浇注系统凝料留在下模，推出机构将塑件从凹模镶块5中推出。此结构成型所需的挤压力小，成型质量好。

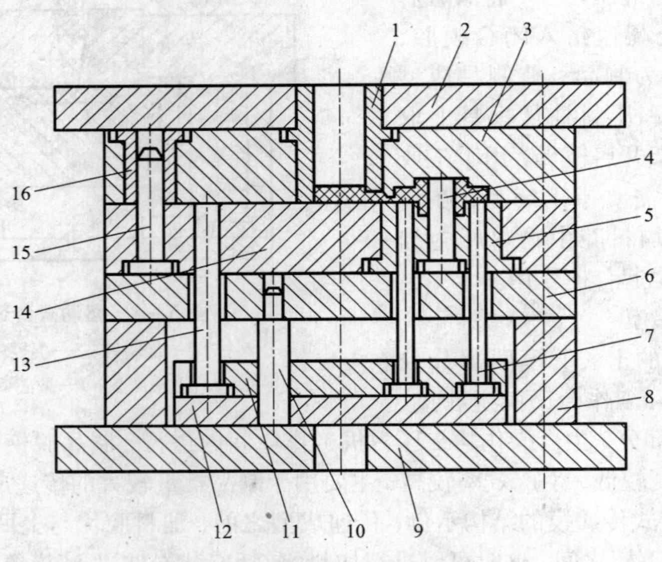

图5-5　上加料腔传递模

1—加料腔；2—上模座板；3—上模板；4—型芯；5—凹模镶块；6—支承板；7—推杆；8—垫块；9—下模座板；10—推板导柱；11—推杆固定板；12—推板；13—复位杆；14—下模板；15—导柱；16—导套

②下加料腔式传递模　下加料腔式传递模如图5-6所示，模具所用液压机的锁模液压缸在压力机的上方，自上而下合模；辅助液压缸在压力机的下方，自下而上将物料挤入型腔，与上加料腔柱塞式传递模的主要区别在于：它是先加料，后合模，最后传递成型；而上加料

腔柱塞式传递模是先合模，后加料，最后传递成型。由于余料和分流道凝料与塑件一同推出，因此，清理方便，节省材料。

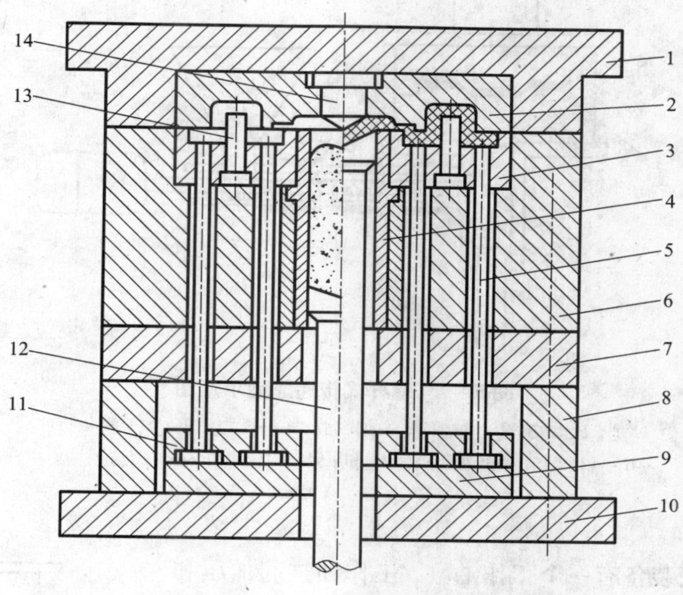

图 5 - 6　下加料腔传递模

1—上模座板；2—上凹模；3—下凹模；4—加料腔；5—推杆；6—下模板；7—支承板(加热板)；8—垫块；9—推板；10—下模座板；11—推杆固定板；12—柱塞；13—型芯；14—分流锥

5.3　传递成型设备

5.3.1　传递成型设备的分类

依据传递成型操作方式的不同，传递成型用的设备也有所不同，它们分别为普通液压机、专用液压机及螺杆式传递成型设备。

1. 专用液压机

供传递成型用的专用液压机实际上是双压式液压机。这类液压机具有两个液压操作缸，一个缸起锁模作用，称为主缸，另一个缸起将物料推入型腔的作用，称为辅缸。主缸与辅缸吨位之比一般在(3 ~5):1 之间，以防溢料。根据主缸的位置不同，专用液压机又可分为上下双压式和上侧双压式(直角式)几种形式。

2. 螺杆式传递成型设备

螺杆式传递成型在成型设备的结构和成型操作方法上与热固性塑料注射和柱塞式传递成型相近，主、辅缸与塑化螺杆呈直角布置，如图 5 -7 所示。成型操作时模塑料在螺杆料筒内预热塑化后送入柱塞式加料腔内，然后与柱塞式传递成型一样通过柱塞对熔融料施压进入模腔。螺杆式传递成型可进行全自动化操作，目前该法已被热固性塑料注射成型所取代。

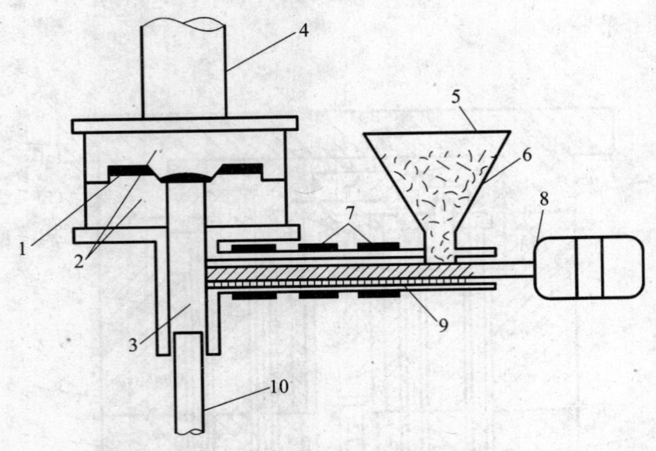

图 5－7　螺杆式传递成型示意图

1—成型物；2 —对模；3 —加料腔；4 —压力活塞；5 —料斗；
6 —材料；7 —加热段；8 —电机；9 —塑化螺杆；10 —传递柱塞

3. 普通液压机

普通液压机只装备有一个工作油缸，工作油缸起加压和锁模的双重作用。罐式传递成型模具所用设备是普通液压机。这类塑模的加料腔截面积应大于凹凸模水平分型面上制品和流道等截面积的10%以上，以保证塑模在压制中能完全闭合。

普通液压机也可用于活板式传递成型。活板式传递模(图 5－8)与压缩模略有不同，其凹模有一个带槽孔的活板，活板的上部分空间为加料腔，而活板的下部分则为成型腔。活板传递成型仅适于形状简单的中、小制品，特别是嵌件两端都伸出制品表面的塑件。这种模具大都采用手工操作，目前生产上较少采用。

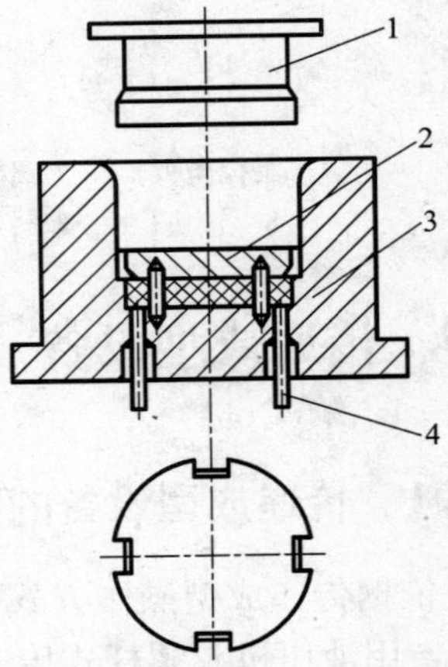

图 5－8　活板式传递模

1—压料柱塞；2—活板；
3—模体；4—推杆

5.3.2　传递模与成型设备的关系

传递模必须安装在传递成型设备上才能进行生产。设计模具时必须了解传递成型设备的技术规范和使用性能，方可使模具顺利地安装在相应设备上。选择传递成型设备时应从以下几方面进行工艺参数的校核。

1. 普通液压机的选择

罐式传递模成型所用的设备是普通液压机，选择液压机时，要根据所用塑料品种及加料腔的横截面积计算出传递成型所需的总压力，然后再根据所需总压力选择液压机的吨位。

传递成型时的总压力按下式计算：

$$F_m = pA \leqslant KF_n \tag{5-1}$$

式中：F_m——传递成型所需的总压力，N；

p——传递成型时所需的成型压力，MPa，按表5－2选择；

A——加料腔的截面积，mm^2；

K——液压机的折旧系数，一般取0.75～0.9；

F_n——液压机的额定压力，N。

2．专用液压机的选择

柱塞式传递模成型时，需要用专用液压机。在专用液压机上进行传递成型时，模具所需的传递力和锁模力分别由液压机的辅助缸和主缸提供，因此在选择设备时，要从成型和锁模两个方面进行考虑。

传递成型时所需的总压力要小于所选液压机辅助油缸的额定压力，即

$$F_m = pA \leqslant KF \tag{5-2}$$

式中：A——加料腔的截面积，mm^2；

p——传递成型时所需的成型压力，MPa，按表5－2选择；

F——液压机辅助油缸的额定压力，N；

K——液压机辅助油缸的压力损耗系数，一般取0.75～0.9。

锁模时，为了保证型腔内压力不将分型面顶开，必须有足够的合模力，所需的锁模力应小于液压机主液压缸的额定压力（一般均能满足），即

$$pA_1 \leqslant KF_n \tag{5-3}$$

式中：A_1——浇注系统与型腔在分型面上投影面积不重合部分之和，mm^2；

F_n——液压机主液压缸额定压力，N。

5.4 传递模主要结构设计

传递模在结构上有很多地方与注射模或压缩模相似，如塑件的结构工艺性分析、型腔的总体设计、分型面的选择、合模导向机构、推出机构、侧向分型抽芯机构以及加热系统等，均可参照注射模或压缩模的设计原则进行设计，下面仅讨论传递模区别于其他模具的特殊结构的设计。

5.4.1 传递模零部件设计

1．加料腔的结构设计

传递模与注射模不同之处在于它有加料腔，加料腔的作用是存放定量的塑料，对其进行加热。传递成型之前塑料必须加入到加料腔内进行预热、加压，才能传递成型。在传递成型时加料腔承受压力，故应有一定的强度，体积不宜太小，以免热量散失而使塑料加热不良。由于传递模的结构不同，加料腔的形式也不相同。加料腔截面大多为圆形，也有矩形及腰圆形结构。其形状主要取决于模腔结构及数量，定位及固定形式取决于所选设备。

（1）普通液压机用移动式传递模的加料腔

这类加料腔的特点是加料腔能从模具上单独取下，有一定的通用性，结构形式如图5－9所示。最常见为底部呈台阶形的加料腔，如图5－9(a)所示，台阶的斜角一般做成30°。当向加料腔内的塑料施压时，压力作用在台阶的环形投影面上，将加料腔压紧在模具的上模顶板上，以免塑料从加料腔底和顶板之间溢出。加料腔与顶板接触面应光滑平整，不允许有螺钉

孔或其他孔隙。图 5 -9(b)所示的加料腔为矩形及腰圆形结构，用于加料腔底部有两个或两个以上主流道的传递模。

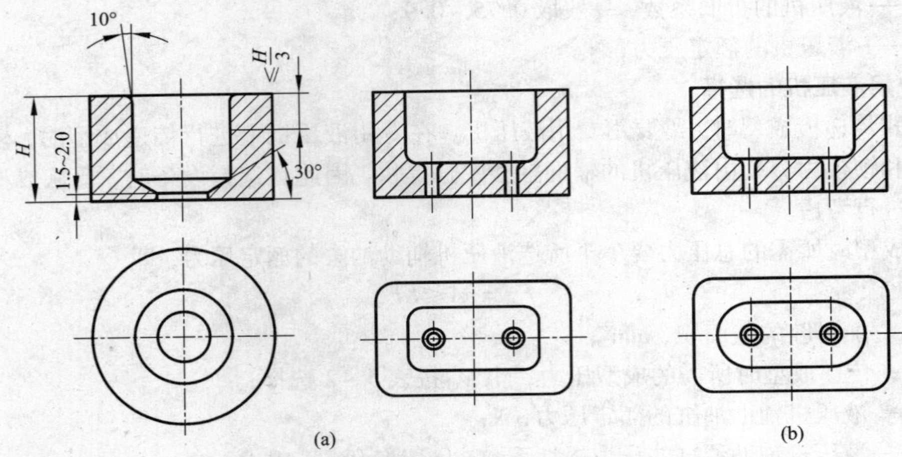

图 5 -9　移动式传递模加料腔的结构

加料腔的定位方式如图 5 - 10 所示。其中图 5 - 10(a)所示为无定位要求的加料腔，宜作为通用外加料腔，使用时注意要使其中心尽量与型腔(或凹模)中心基本重合；图 5 - 10(b)为导钉定位方式，导钉紧固在加料腔上，与上模座板上的导钉孔呈间隙配合，也可将导钉紧固在上模座板上。这种方式定位精度较高，在移动式传递模中比较常用；图 5 - 10(c)和图 5 - 10(d)是利用加料腔外形定位，这种定位方式不削弱加料腔的强度，但图 5 - 10(d)的形式加工、操作和清理废料都很不方便；图 5 - 10(e)，为内形锥面定位，这种方式能有效地防止加料腔底部溢料，为常用的定位方式。

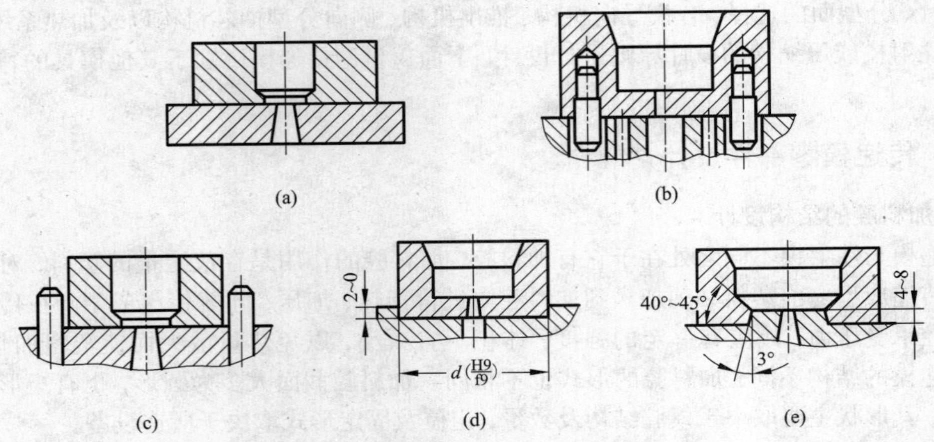

图 5 - 10　移动式传递模加料腔的定位

(2)普通液压机用固定式传递模的加料腔

这类传递模的加料腔与上模板连成一体，主流道常采用浇口套的形式。小型传递模的加料腔底部一般开设一个主流道通向型腔，如图 5 - 3 所示，大型传递模的加料腔则可开设两个或两个以上主流道通向型腔，如图 5－11 所示。

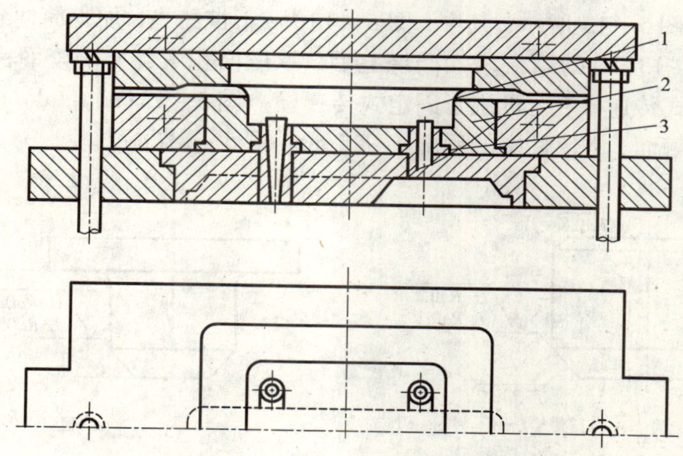

图 5－11　固定式传递模的加料腔

1—压料柱；2—加料腔；3—主流道衬套

(3) 专用液压机用传递模的加料腔

这类传递模的加料腔截面为圆形，其特点是浇注系统与加料腔合为一体。图 5－12 是它们在模具上的三种固定方法，其中，图 5－12(a) 为螺母锁紧固定法；图 5－12(b) 为轴肩压板固定法；图 5－12(c) 为双对剖半环固定法。由于采用专用液压机，而液压机上有锁模液压缸，所以加料腔的截面尺寸与锁模无关，加料腔的截面尺寸较小，高度较大。

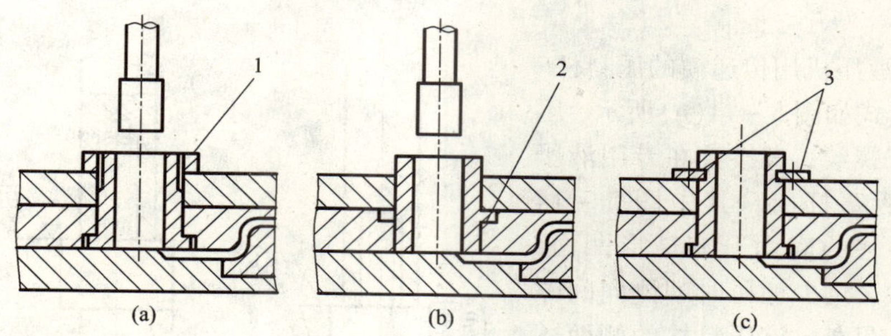

图 5－12　专用液压机用传递模的加料腔固定方法

1—螺母；2—轴肩；3—对剖半环

加料腔的位置应尽量布置在型腔中心位置上，这样受力均匀。如果偏离一端，则另一端分型面容易翘起，溢出塑料，产生飞边。

加料腔的制造材料一般选用 T8A、T10A、CrWMn、Cr12 等，热处理硬度为 52～56 HRC，加料腔内腔应抛光镀铬，表面粗糙度 *Ra* 低于 0.4 μm。

2. 压柱的结构设计

传递模加料腔中的压料柱塞又称为压料柱。压料柱的作用是将加料腔内的熔融塑料经浇注系统压入型腔。

(1)普通液压机用传递模的压料柱

其结构形式如图 5－13 所示，其中，图 5－13(a)不带凸缘，加工简便省料，主要用于移动式传递模。图 5－13(b)的顶端增加凸缘之后，承压面积大，工作较平稳，操作室便于观察，既可用于移动式传递模，也可用于固定式传递模。图 5－13(c)、(d)主要用于固定式传递模，为了减少接触面，常使柱塞的后部小 0.5 mm[图 5－13(d)]。

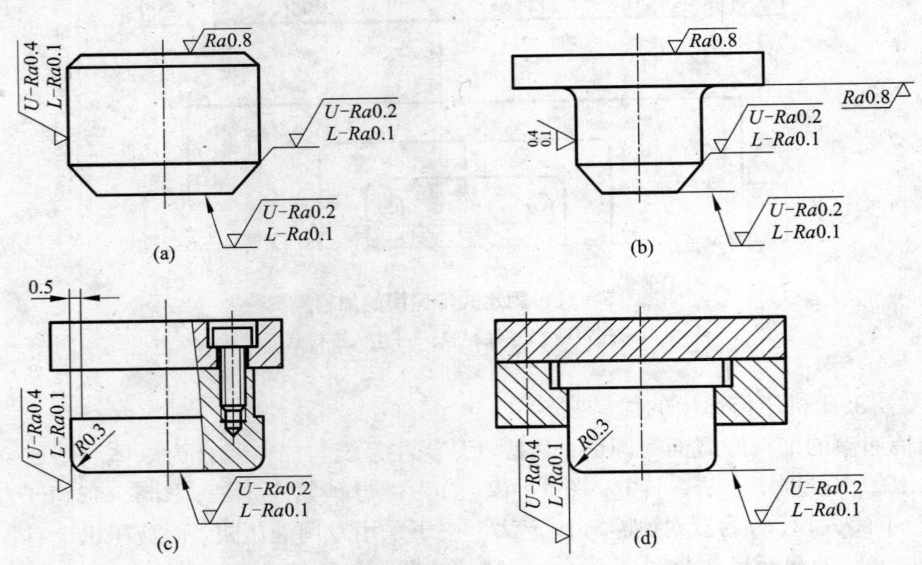

图 5－13　普通液压机用传递模的压料柱

(2)专用液压机用传递模的压料柱

其结构形式如图 5－14(a)所示，压料柱顶端带有螺纹，直接拧在专用液压机辅助缸的活塞杆上。其中图 5－14(b)所示压料柱的底面开有球形凹面，以使料流集中，减少加压时朝侧向间隙溢料的倾向。另外，该压料柱的侧面还可开设环形沟槽，沟槽可以收集侧向间隙溢料，溢料在沟槽中固化后，可起活塞环的作用，从而阻止物料从侧向间隙中继续溢出。

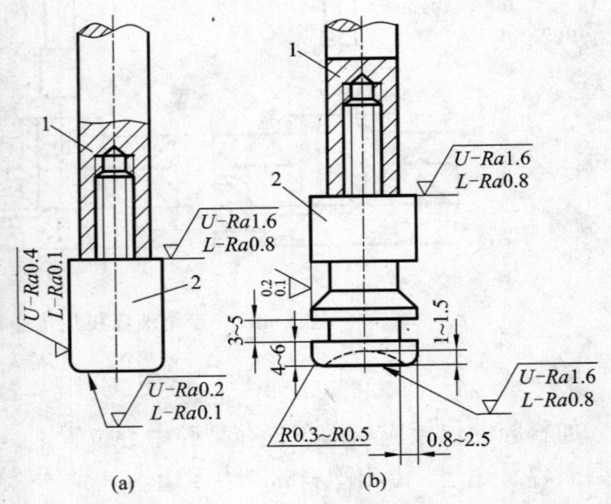

图 5－14　专用液压机用传递模的压料柱

1—辅助缸活塞杆；2—压料柱

压料柱底面开有楔形沟槽的结构，如图 5－15 所示，用于倒锥形主流道，成型后可以拉出主流道凝料。图 5－15(a)用于直径较小的压料柱或柱塞，图 5－15(b)用于直径大于 75 mm 的压料柱或柱塞，图 5－15(c)用于拉出几个主流道凝料的方形加料腔的场合。

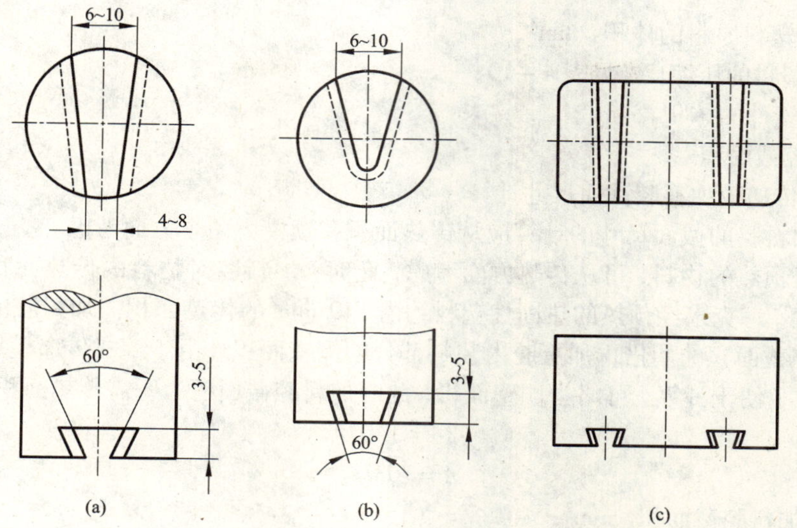

图 5－15　压料柱的拉料沟槽

压料柱或柱塞是承受压力的主要零件，压料柱材料的选择和热处理要求与加料腔相同。

3. 加料腔与压柱的配合

加料腔与压料柱的配合关系如图 5－16 所示。加料腔与压料柱的配合通常取 H9/f9，或采用 0.05～0.1 mm 的单边间隙配合。

压料柱的高度 H_1 应比加料腔的高度 H 小 0.5～1 mm，避免压料柱直接压到加料腔上，加料腔与定位凸台的配合高度之差为 0～0.1 mm，加料腔底部倾角 $\alpha = 40° \sim 45°$。

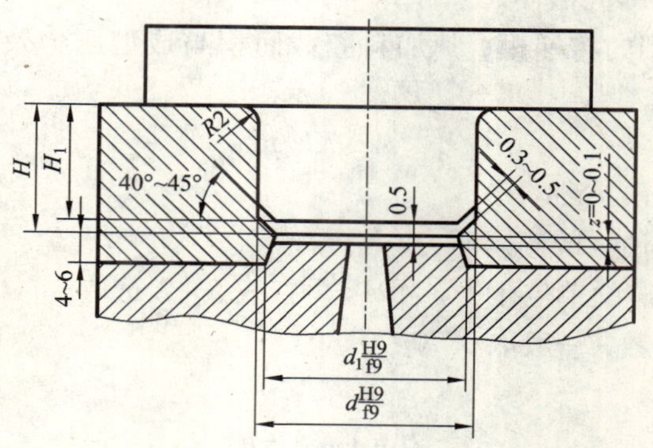

图 5－16　加料腔与压柱的配合

5.4.2　加料腔尺寸计算

加料腔的尺寸计算包括截面积尺寸和高度尺寸计算，加料腔的形式不同，尺寸计算方法也不同。加料腔分为罐式和柱塞式两种形式。

1. 塑料原材料的体积

塑料原材料的体积可按下式计算：

$$V_{sl} = KV_s \tag{5-4}$$

式中：V_{sl}——塑料原料的体积，mm^3；

K——塑料的压缩比，见表4－10；

V_s——塑件的体积，mm^3。

2．加料腔截面积

(1)罐式传递模加料腔截面尺寸计算

传递模加料腔的截面尺寸的计算应从传热面积和锁模力两个方面考虑。

对于未经预热的物料，可从传热方面考虑，此时，加料腔对物料的传热面积取决于加料量。根据经验，每克未经预热的热固性塑料约需140 mm^2的传热面积。加料腔的传热面积通常等于加料腔截面积的两倍再加上腔内装料部分的侧壁面积。由于罐式传递模加料腔的装料高度较低，为了便于计算，可略去侧壁面积，此时加料腔截面积为所需传热面积的一半，即：

$$2A = 140M \qquad A = 70M \tag{5-5}$$

式中：A——加料腔截面积，mm^2；

M——每次传递成型的加料量，g。

对于经过预热的物料，可从锁模方面考虑，此时，加料腔截面积与传递模类型有关。对于普通压力机所用的传递模，其加料腔截面积应大于型腔与浇注系统的水平投影面积之和，否则，型腔内塑料熔体的压力将推开分型面而产生溢料。根据经验，加料腔截面积必须比型腔与浇注系统截面积之和大10%～25%，即：

$$A = (1.10 \sim 1.25)A_x \tag{5-6}$$

式中：A_x——浇注系统与型腔在分型面上投影面积不重合部分之和，mm^2。

从以上分析可知，罐式传递模加料腔截面积要满足上述两个条件。

(2)柱塞式传递模加料腔截面尺寸计算

对于专用液压机所用的传递模，其加料腔截面积与成型压力及辅助液压缸额定压力有关，即：

$$A \leqslant KF/p \tag{5-7}$$

式中：A——加料腔截面积，mm^2；

F——液压机辅助油缸的额定压力，N；

p——传递成型所需的单位压力，MPa，可按表5－2选取；

K——压力损失系数，一般取0.70～0.80。

3．加料腔高度

$$H = V_{sl}/A + h_d \tag{5-8}$$

式中：H——加料腔高度，mm；

V_{sl}——塑料原料的体积，mm^3；

A——加料腔截面积，mm^2；

h_d——加料腔不加料的导向高度，可取8～15 mm。

5.4.3 传递模浇注系统与排溢系统设计

1．浇注系统设计

传递模浇注系统的形状与注射模的相似，但要求有所不同。注射模要求塑料熔体在流道中流动时，压力损失要少，温度变化小，尽量减少熔体与流道壁的热传递；而对于传递模，除了要求熔体流动时压力损失小外，还要求熔体在流道中进一步塑化和提高温度，以便熔体以最佳的流动状态进入型腔。

(1)浇注系统的组成

传递模浇注系统如图5－17所示，一般由主流道、分流道、浇口和反料槽组成，其中，主流道、分流道和浇口的定义及作用与注射模的相似，而反料槽是正对主流道大端的模板上的凹穴，其作用是使熔体集中流动以增大熔体进入型腔时的速度，也有储存冷料的作用。

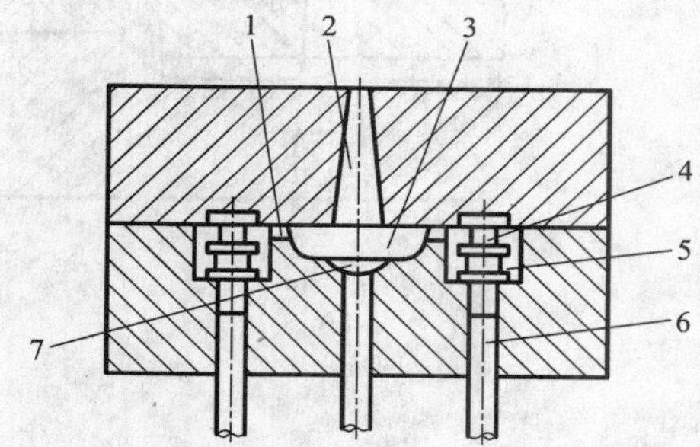

图5－17 传递模浇注系统的组成

1—浇口；2—主流道；3—分流道；4—嵌件；5—型腔；6—推杆；7—反料槽

(2)主流道设计

在传递模中，主流道的截面形状一般为圆形，常用的主流道有正圆锥形、倒圆锥形和分流锥形三种，如图5－18(a)、(b)、(c)所示。

图5－18(a)为正圆锥形主流道与注塑模具相同，其大端与分流道相连。这种主流道在普通液压机用移动式传递模中应用很广，主要用于多腔模，开模时为使主流道凝料自动拉出，常采用拉料杆。拉料杆和推杆一起安装在同一固定板上，脱模时，主流道和分流道凝料及制品同时推出。

图5－18(b)为倒圆锥形主流道，其小端可直接与制品相连。这种主流道既可用于多腔模，也可用于单腔模或一个模腔设有几个主流道的传递模，开模时主流道凝料与制品从浇口处拉断，并由压料柱底面的拉料沟槽将主流道凝料拉出，这种主流道多用于普通液压机上的固定式传递模。

图5－18(c)为分流锥形主流道，主要用于制品尺寸较大或模腔分布远离模具中心或主流道过长等情况。分流锥的形状和尺寸需按制品尺寸和模腔分布情况而定，例如，当多个模腔沿圆周分布时，分流锥可设计成圆锥状；当多个模腔成双排并列分布时，分流锥可设计成矩形截锥状。

需要指出的是，当正圆锥形或倒圆锥形主流道穿过多块模板时，最好使用主流道衬套。图5－18(d)表达了倒圆锥形主流道衬套的典型结构。衬套的大端顶面不应高于加料腔的底平面，并以低于加料腔0.1～0.4 mm为宜。衬套的小端直径取决于塑料品种，一般为4～6 mm，如对于酚醛塑料，用木粉填充时，取小端直径为4 mm；用棉纤维填充时，取小端直径为5 mm。当不设主流道衬套时，必须使板与板之间紧密贴合并压紧。同时连接处取不同的直径，直径差为0.4～0.8 mm，避免两板间因所开设流道不同心而造成的脱模困难，如图5－18(e)。

当主流道在垂直分型面上，为制造方便，其断面一般呈矩形，如图5－18(f)，在流道入口处亦呈圆弧过渡或倒角，以减少流动阻力。柱塞式传递模无主流道。

(3)分流道设计

分流道长度应在保证型腔合理布局，并有足够强度，在去除浇口方便的前提下尽量取短。一般分浇道的长度为主浇口大端直径的1～2.5倍，超过这个范围就要采取一些缩短分流道长度的措施，如图5－19所示，其中图5－19(a)是采用分流锥、图5－19(b)是采用多流道分别进料来缩短分流道长度。

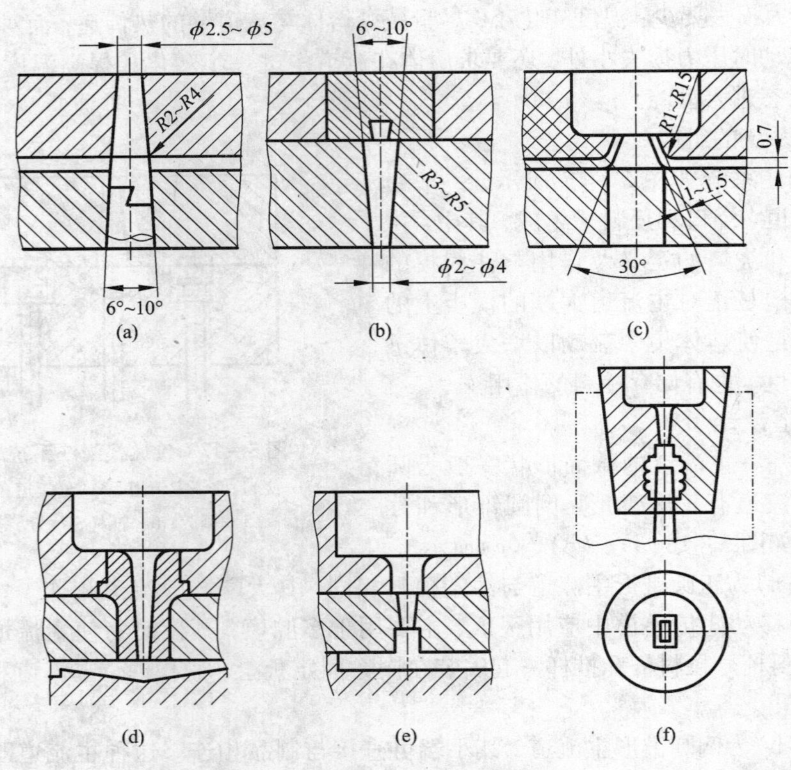

图 5－18　传递模主流道

一般分流道截面应为进料口截面 1.5 倍，截面形式及参考尺寸见图 5－20。图 5－20(a)圆形截面，熔体流动阻力小，但加工困难。图 5－20(b)半圆形截面，加工容易，应用较多；图 5－20(c)梯形截面，是最常用的结构，等截面积时其周边为最长，流动阻力虽然最大，但对塑料的传热及加热作用大，同时加工容易。梯形截面槽宽为深度的 1.5～2 倍，槽深按塑件大小而定，小型塑件槽深取 2～4 mm，较大塑件槽深取 4～6 mm，过薄则易过早硬化。

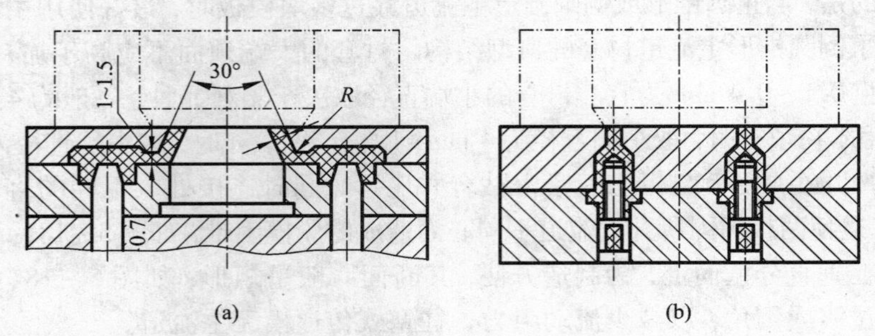

图 5－19　缩短分流道长度的措施

(4)浇口设计

浇口是浇注系统中的重要部分，它与型腔直接相连，对塑料能否顺利地充满型腔、塑件质量以及熔料的流动状态有很重要的影响。浇口设计应根据塑料的特性、塑件形状及要求、模具结构和尽量减少塑件去除浇口的工时来选择适当的位置、形式及尺寸。

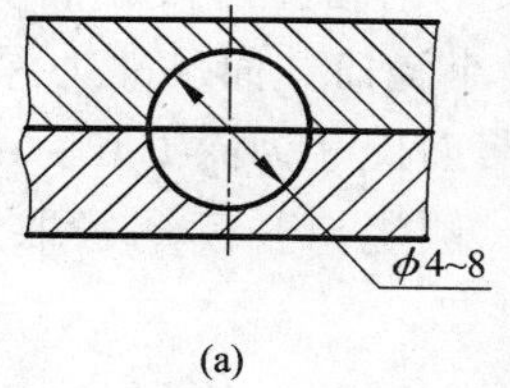

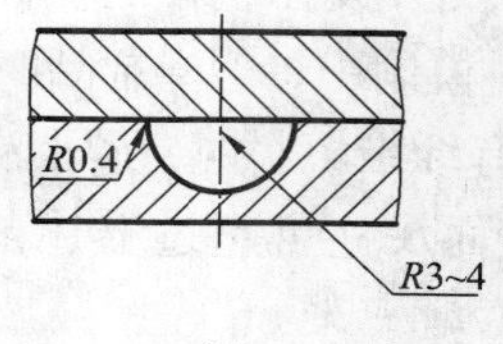

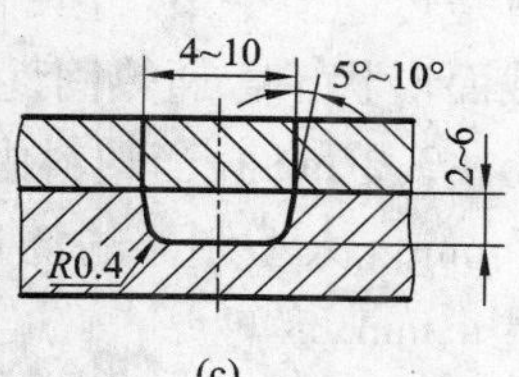

图 5－20　分流道截面

1）浇口位置的选择

由于热固性塑料流动性较差，因此浇口开设位置应有利于流动，一般浇口开设在制品壁厚最大的地方，以减少流动阻力，并有利于补缩。

热固性塑料熔体在模腔内的最大流程通常限制在 100 mm 以内，因此浇口位置的设置应注意满足这一条件。对于大型制品，可使用多浇口来缩短塑料在模腔内的流程，浇口间距一般不应大于 120～140 mm，否则会影响熔接痕强度。

传递成型可以使用由长纤维填充的成型物料，因此，传递成型制品可能产生比注射成型制品更严重的取向组织，故选择浇口位置时，应注意尽量减少取向组织或降低取向程度，例如对于长条形制品，当浇口开设在制品中点时会引起制品弯曲，而改在端部进料较好；圆筒形制品单边进料容易引起制品变形，改为环行浇口较好。

浇口应开设在塑件的非重要表面，不影响塑件的使用及美观。

2）浇口形式及尺寸

传递模的浇口形式与注射模基本相同，可以参照注射模的浇口进行设计，但由于热固性塑料的流动性较差，所以应取较大的截面尺寸。传递模中最常采用的两种浇口是直接浇口和侧浇口，此外还采用扇形浇口、环形浇口和盘形浇口等，具体选用时需要根据制品形状和使用要求灵活确定。

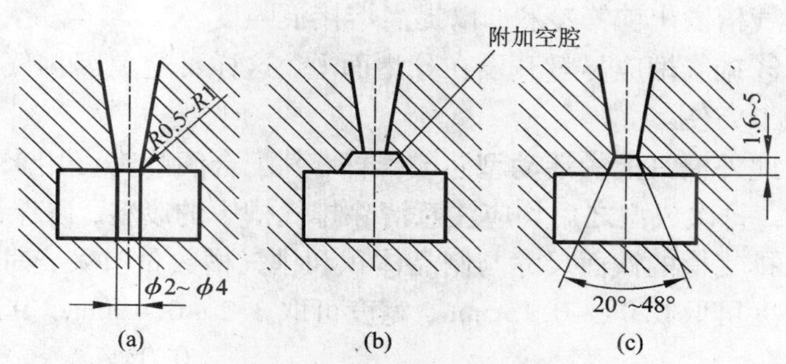

图 5－21　倒锥形直接浇口

对于直接浇口，其截面一般采用圆形，形式有正锥和倒锥两种。如果直接浇口采用倒锥形，则浇口和塑件相连，其连接处最小直径可取 2～4 mm，浇口台阶长度可取 2～3 mm。为避免去除流道凝料时损伤制件表面，对一般以木粉为填料的塑料制品将浇口与制件连接处做成圆弧过渡，转角半径为 $R0.5 \sim 1$ mm，流道凝料将在细颈处折断，如图 5－21（a）所示。对于以长纤维为填料且流动性很差的塑料，由于流动阻力较大，应放大浇口尺寸，同时由于填料的连接，在浇口折断处不但会出现毛糙的断面，而且容易拉伤制件表面。为了克服这一缺点，在浇口附近的制件上增加一凸块，如图 5－21（b）、（c），若该凸台影响制品的使用或外观，则必须使用切削或磨削等加工方法将其去除。

侧浇口是传递模中最常用的形式，开设在塑件的侧面，其结构与注射模相同。侧浇口常采用矩形截面形状。普通热固性塑料模制中、小型制品时，最小浇口截面尺寸为深0.4～1.6 mm、宽1.6～3.2 mm。当塑料中带有纤维填料时，最小浇口截面尺寸为深1.6～6.4 mm、宽3.2～12.7 mm。大型制品的浇口截面尺寸可超过上述范围。侧浇口长度一般取2～3 mm，最长不超过4 mm。

(5)反料槽设计

反料槽的结构如图5－22所示，其中，图5－22(a)、(b)常用于上挤式模具，图5－22(c)、(d)常用于下挤式模具。其尺寸按制品大小确定。

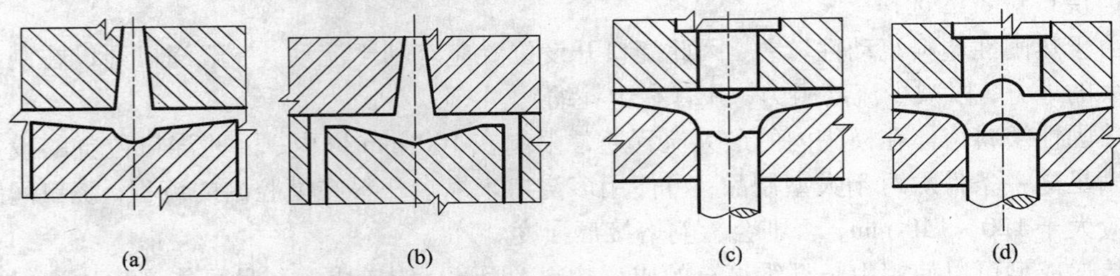

图5－22　反料槽结构

2. 排气槽与溢料槽的设计

(1)排气槽设计

传递成型时应及时排出型腔内原有的空气和塑料受热后挥发的气体以及塑料缩聚反应产生的气体，为此需开设专门的排气槽。传递成型时从排气槽中不仅会逸出气体，还可能溢出少量前锋料，因此需要附加工序去除，这样有利于提高排气槽附近熔接痕的强度。

在传递模中选择排气槽位置时，应注意以下原则：

①排气槽应设置在气体的最终聚集处，如熔体流动路线的末端。

②塑料容易在嵌件附近或制品壁厚最薄处形成熔接痕，若在这些部位开设排气槽，可利用排气槽溢出前锋冷料，以提高熔接痕强度。

③排气槽应尽量开设在分型面上，这样可避免因排气槽中的溢料影响制品脱模，且排气槽加工方便。

此外模具上的活动型芯或推杆，其配合间隙都可用来排气。注意，传递模采用排气槽排气时，每次成型之后均应注意清除排气槽中的废料，以保证下次传递成型时排气畅通。

排气槽的截面尺寸与制品体积和排气槽数量有关，对于中、小型制品，分型面上排气槽的深度可取0.04～0.13 mm，宽度可取3.2～6.4 mm。其断面积可按下式计算：

$$A = \frac{0.05V_s}{n} \tag{5-9}$$

式中：A——排气槽截面积，mm^2；

V_s——塑件的体积，mm^3；

n——型腔中排气槽的数量。

根据排气槽的截面积，由表5－3可查出推荐的排气槽的槽深和槽宽。

表5-3 排气槽槽深和槽宽的推荐值

排气槽截面积/mm^2	槽宽/mm	槽深/mm
~0.2	5	0.04
>0.2~0.4	5	0.08
>0.4~0.6	6	0.10
>0.8~1.0	10	0.10
>1.0~1.5	10	0.15
>1.5~2.0	10	0.20

(2)溢料槽设计

传递成型时为防止产生熔接痕或使多余塑料溢出，避免嵌件与模具配合孔中渗入更多塑料，有时需要在产生熔接痕的地方及其他适当位置开设溢料槽。

溢料槽的尺寸应适当，过大则溢料过多，使制品组织疏松或缺料；过小则溢料不足。最好的情况是塑料经保压一段时间后才开始溢出，一般溢料槽的尺寸可取宽3~4 mm，深0.1~0.2 mm。

溢料槽可开设在易出现熔接痕的部位(如嵌件或壁厚最薄处)，多数情况下开设在分型面上，一般试模后才确定开设与否，开设时应先取薄件，边试模边修正。

5.5 传递成型模具典型结构

1. 移动式传递模

图5-23所示是一个水平分型面的三型腔移动式传递模，开模时利用卸模架推杆推出推杆10、主流道衬套1(两半拼合的)及型芯4，同时切断浇口，模具分型后即可取出制品。装模时，先将螺纹型环5同金属嵌件装在一起，然后用型芯4将其定位，浇口采用切线方向进料，保证嵌件定位可靠。排气槽开设在分型面上，加工方便。

图5-24所示为具有两个水平分型面的移动式传递模，一模两腔，侧浇口进料。开模时利用卸模架将上模板4和下模板7分开，从凹模6中取出塑件。

图5-25所示为具有垂直分型面的移动式传递模，一模两腔，侧浇口进料，为便于脱螺纹采用了对拼组合凹模结构。又由于塑件有薄板状金属嵌件，为了保证传递成型过程中嵌件能正确定位，该模具合模前，活动镶件2先不装入，从型芯3的方孔中插入嵌件后再装入镶件2，放上加料腔1，使镶件2在传递成型过程中不能窜动。开模时，先用撬棒将上模座板4撬开，再用卸模架将活动镶件12连同塑件及对拼凹模5、6一起推出，在模外分开对拼凹模5、6和镶件12即可取出塑件，镶件12做成活动的是为了清理传递成型过程中的溢料。

图5-26所示为具有弯销侧抽芯机构的移动式传递模，两个直接浇口进料。用卸模架开模，开模时弯销6带动滑块5将型芯4抽出，由推杆17推出塑件。

2. 固定式传递模

图5-27所示是普通液压机用上挤固定式传递模，一模六件，水平分型并采用带分流锥的主流道。开模时，液压机顶杆推动底板6，底板通过定距拉板3、方键2与上模座1相连，当底板上升时即可抬起上模座进行分型开模，当底板继续上升至推动推板5及推杆4时即可

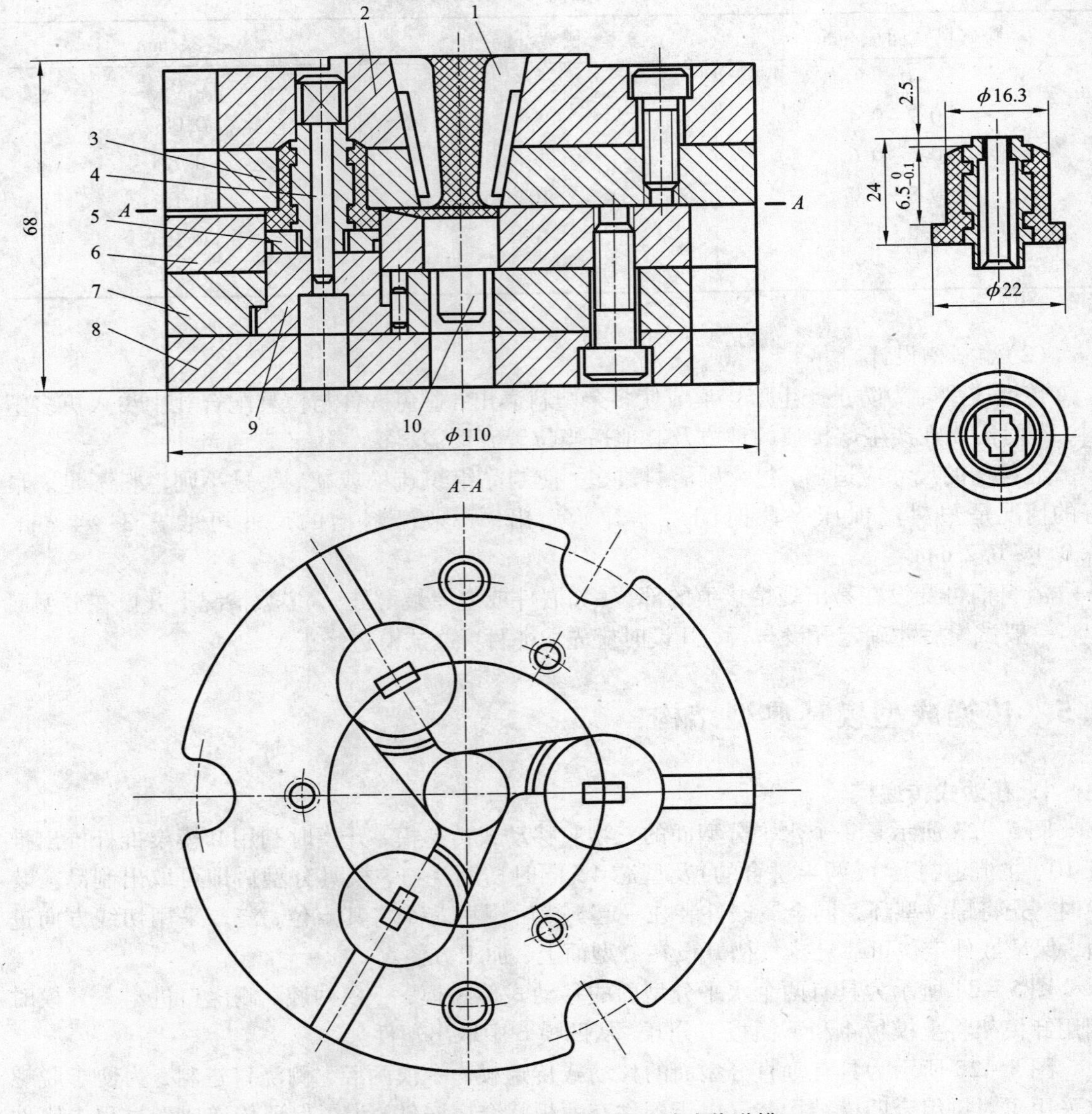

图 5-23　一个水平分型面的移动式传递模

1—主流道衬套；2—上模板；3—上凹模板；4—型芯；5—螺纹型环；
6—下凹模板；7—固定板；8—下模板；9—镶块；10—推杆

推出制品。

图 5-28 所示是专用液压机用下挤固定式传递模，一模六件，并采用分流锥，模具的上模座 4 固定在双压式液压机的上压板 1 上，由主缸完成合模动作；下模座固定在液压机的工作台 9 上，压料柱 15 固定在拉套 14 上，拉套通过尾轴与液压机辅助缸的活塞杆相连，由辅助缸完成压注动作。当完成压注后，上模抬起，拉套继续上升，推动推板 11，通过推杆 12 从下凹模中推出制品。

图 5-29 为半导体器件塑料封装模具，一次封装 120 个集成元件。模具装在上压式液压

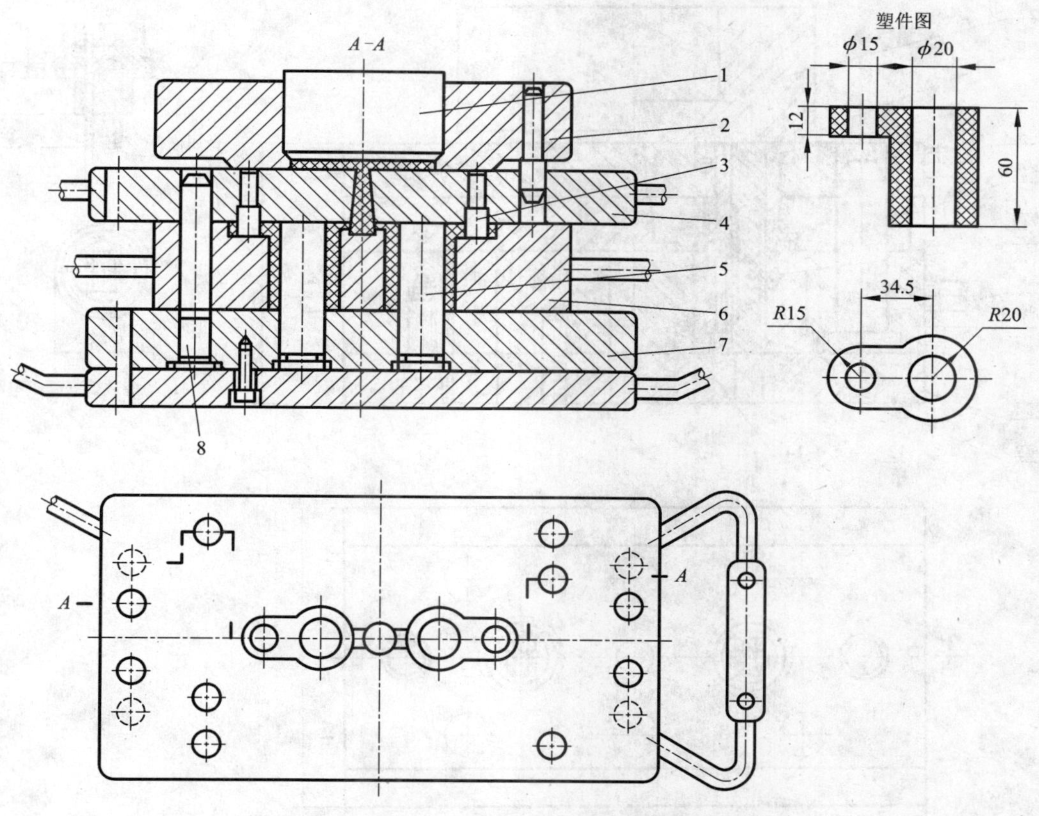

图 5-24　两个水平分型面的移动式传递模

1—柱塞；2—加料腔；3—型芯；4—上模板；5—型芯；6—凹模；7—下模板；8—导柱

机上。集成元件先装夹在框架 11 中，人手将框架放在浮动支架 23 上，装料后液压机上工作台下降，上模由导柱 5、导套 10 导向，合模，复位杆 4 使上顶杆复位，活动压柱 24 压住框架，浮动支架 23 支承框架，挤入塑料、加热塑件硬化后开模，上顶杆及活动压柱分别在上顶出机构 26 及弹簧 6 的作用下使框架及塑件与上模分离并落在下模上，然后液压机下顶出机构，推动下顶杆及浮动支架 23 顶出塑件，同时顶出框架，即可取出框架及塑件。当液压机下顶出机构复位后由于弹簧 20 的作用，使下顶杆及浮动支架复位即可进行下一次成形操作。

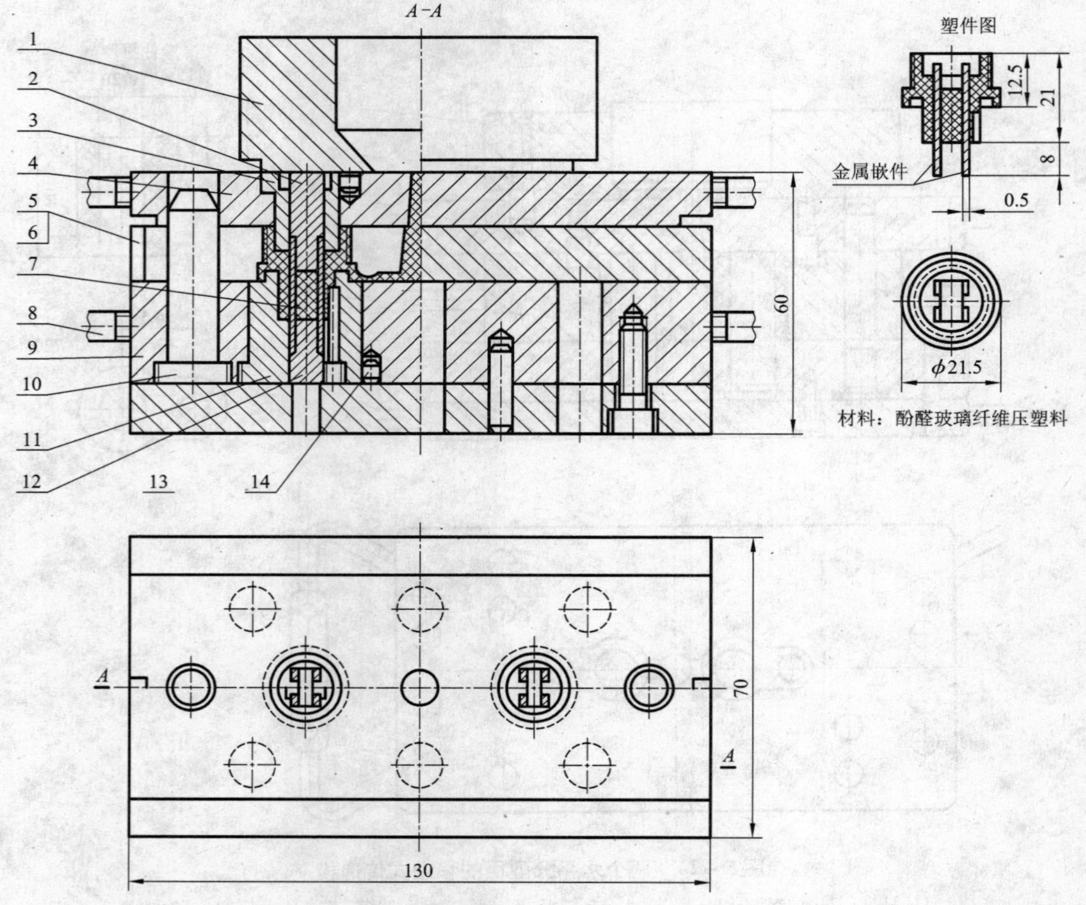

图 5-25　垂直分型面的移动式传递模

1—加料腔；2—活动镶件；3—型芯；4—上模座板；5、6—对拼凹模；7—型芯；8—手柄；9—固定板；10—导柱；11—型芯；12—活动镶件；13—下模座板；14—销钉

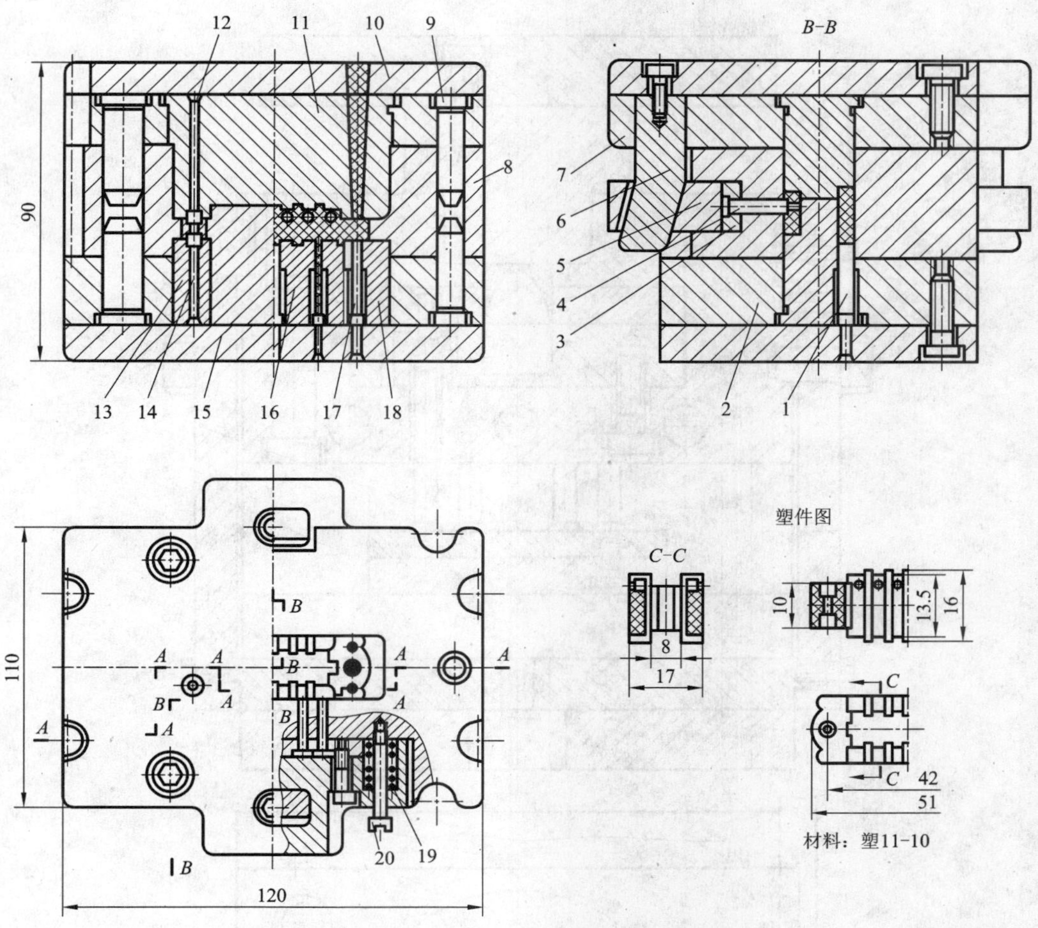

图 5－26　弯销抽芯机构的移动式传递模

1—镶件；2—固定板；3—压板；4—活动型芯；5—滑块；6—弯销；7—固定板；8—凹模；9—导柱；10—上模座板；11、12—型芯；13—镶件；14—型芯；15—下模座板；16—型芯；17—推杆；18—镶件；19—弹簧；20—镶钉

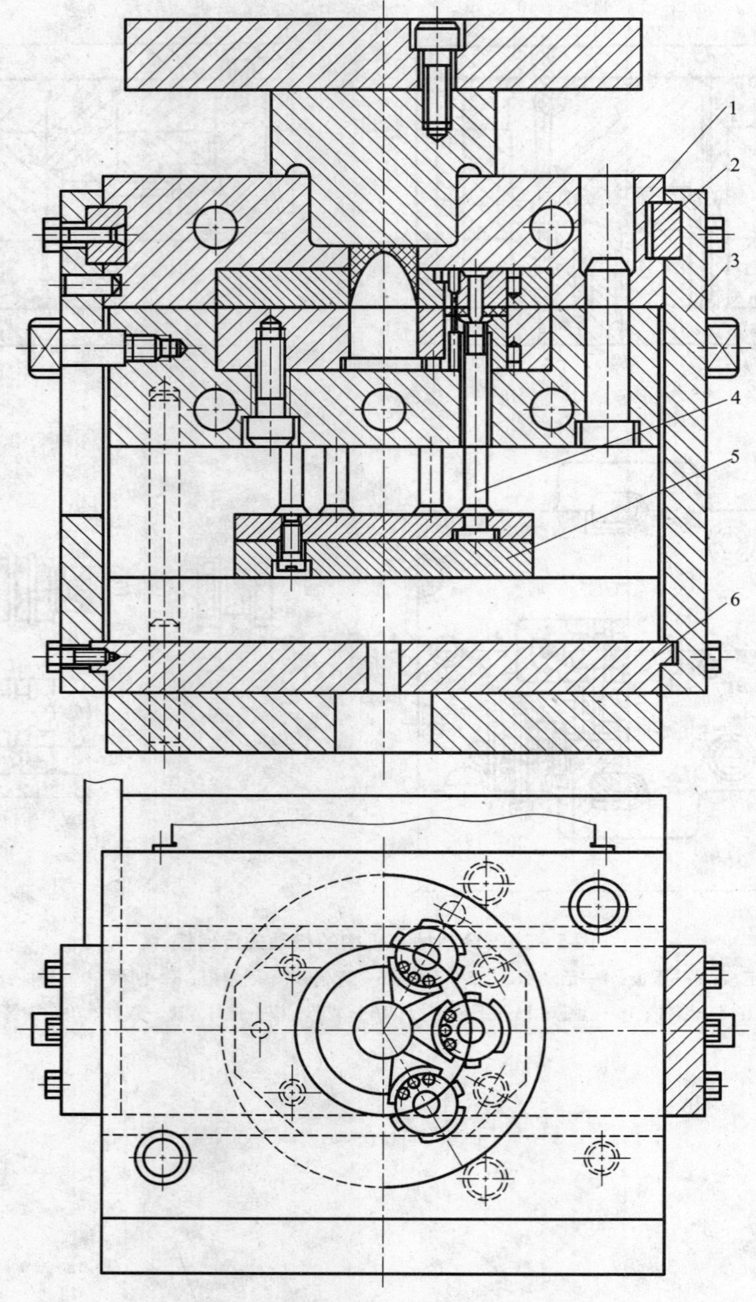

图 5-27　普通液压机用上挤固定式传递模

1—上模板；2—方键；3—连接板；4—推杆；5—推板；6—底板

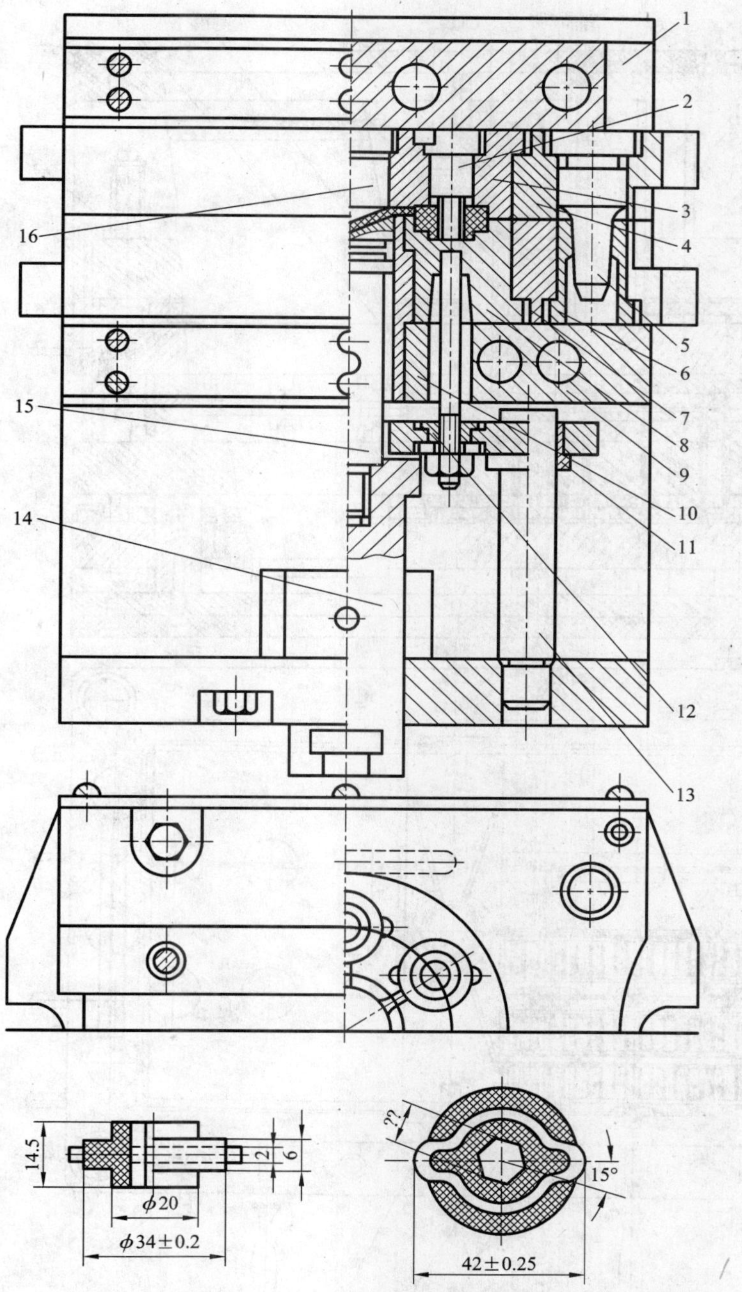

图 5－28　专用液压机用下挤固定式传递模

1—上压板；2—型芯；3—上凹模；4—上模座；5—导柱；6—导套；7—下模座；8—下凹模；9—工作台；10—加料腔；11—推板；12—推杆；13—导柱；14—拉套；15—压料柱；16—分流锥

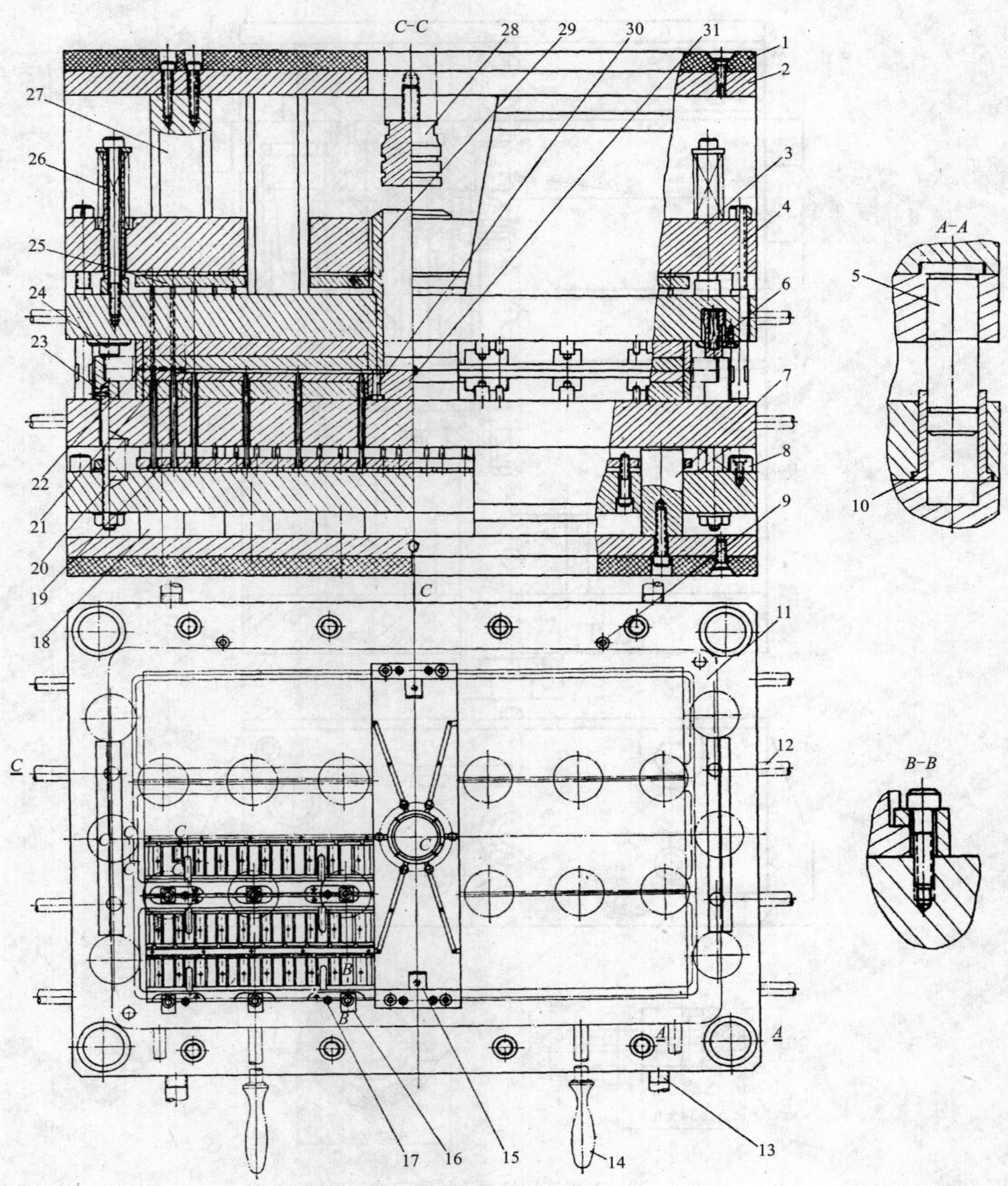

图 5－29　固定式封装传递模

1—石棉垫板；2—上垫板；3—上推件板；4—复位杆；5—导柱；6—弹簧；7—下垫板；8—下限柱；9—导钉；10—导套；11—框架；12—加热棒；13—螺钉；14—手柄；15—定位柱；16—压板；17—销钉；18—下垫柱；19，25—顶杆固定板；20—弹簧；21—下模腔；22—上模腔；23—浮动支架；24—活动压柱；26—上顶出机构；27—上垫柱；28—柱塞；29—加料腔；30—止料柱；31—中流道板

思考与练习题

1. 传递成型与压缩成型有什么相同点与不同点？

2. 传递成型与注射成型又有哪些相同点与不同点？

3. 传递模按加料腔的结构特征可分成哪几类？

4. 上加料腔和下加料腔柱塞式传递模对压力机有何要求？分别叙述它们的工作过程。

5. 柱塞式传递模为什么需要专用的液压机？

6. 试说明传递模塑时排气的意义和排气槽的设计方法。

7. 传递成型长纤维填充的长条形塑料制品时，浇口开设在长条形制品的中部好还是开设在长条形的端部好？为什么？

第6章
挤出成型工艺与模具设计

6.1 挤出成型工艺过程及参数选择

挤出成型是热塑性塑料的重要的成型方法之一，主要用于生产管材、棒材、板材、片材、线材和薄膜等连续塑料型材，还可用于塑料的着色造粒、共辊、中空塑件型坯的生产。除热塑性塑料外，部分热固性塑料也可用于挤出成型。

6.1.1 挤出成型原理及特点

挤出成型又称挤出模塑，其成型原理以管材挤出为例，如图6－1所示。它是将颗粒状或粉状塑料加入到挤出机料筒内，在旋转的挤出机螺杆的作用下，塑料沿螺杆的螺旋槽向前方输送。在此过程中，塑料不断地接受外加热和螺杆与物料之间、物料彼此之间以及物料与料筒之间的剪切摩擦热，逐渐熔融成具有一定流动性的黏流态，然后在挤压系统的作用下，塑料熔体经过滤板后通过具有一定形状的挤出模具（称机头）口模以及一系列辅助装置（如定径、冷却、牵引、切割等），从而获得等截面的塑料管材。挤出成型所用设备是挤出机组，一般由挤出机、辅机及控制系统组成。

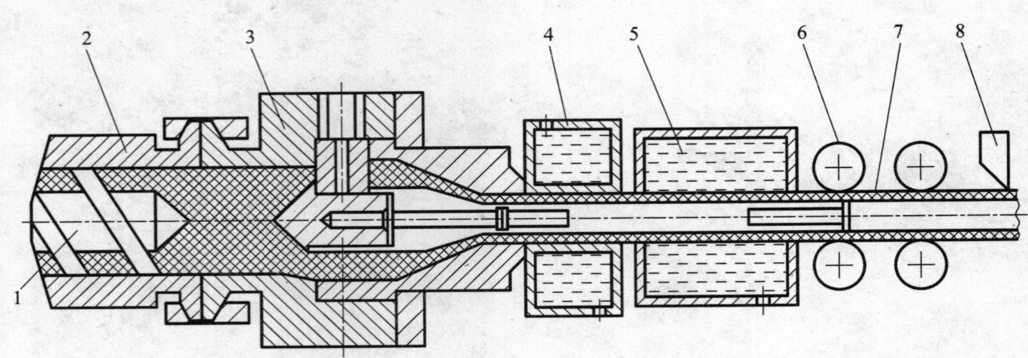

图6－1　挤出成型原理图

1—螺杆；2—挤出料筒；3—机头；4—定径装置；5—冷却装置；6—牵引装置；7—塑料管；8—切割装置

与其他成型方法相比，挤出成型具有连续成型、生产量大、生产率高、设备简单、成本低、操作方便等特点。此外，型件内部组织均匀紧密、尺寸稳定准确。

6.1.2　挤出成型工艺过程

热塑性塑料的挤出成型工艺过程可分为三个阶段：即塑化、成型与定径阶段。

所谓塑化阶段，是将塑料原料在挤出机内加热塑化成熔体（常称干法塑化）或将固体塑料在机外溶解于有机溶剂中而成为熔体（常称湿法塑化），然后将熔体加入到挤出机料筒中。生产中常用干法塑化方法。

所谓成型阶段，是与注射成型相似，即塑料熔体在挤出机螺杆推动下，通过具有一定形状的口模而得到断面与口模形状一致的连续型材。

所谓定径阶段，是指通过如定径、冷却处理等方法，使已挤出的塑料连续型材固化成为所要求的形状、尺寸的塑料制品（如管材等）。

6.1.3　挤出成型工艺参数及其选择

挤出成型工艺条件即选择挤出过程的合适参数，如温度、压力和流率（或挤出速率、产量）等。

（1）温度　温度是挤出成型过程得以顺利进行的重要条件之一。根据挤出成型原理可知，塑料在挤压过程中的热量来源有两个方面：一是塑料彼此之间、塑料与螺杆之间以及塑料与料筒之间剪切摩擦生热；另一个是靠塑料外部加热圈供热。那么，整个过程的温度调节是靠挤出机的加热、冷却系统和温度控制系统来实现的。

（2）压力　在挤出过程中，由于料流的阻力，螺杆槽深度的变化，且过滤板、过滤网和机头口模等处的阻碍，因而沿料筒轴线方向，对塑料内部建立起一定的压力。这种压力的建立是使塑料均匀塑化并获得密实塑件的重要条件之一。和温度一样，此时的压力随时间的变化也会产生周期性波动，这种波动对塑件质量同样有不利影响，因此必须根据塑料品种和制品类型确定合理的数值，以尽可能减小压力的波动。

（3）挤出速率　挤出速率是单位时间内由挤出机口模挤出的塑料重量，也称流率（单位为 kg/h 或 m/min），它的大小表征挤出机生产率的高低。影响挤出速率的因素很多，如机头阻力，螺杆、料筒的设计，螺杆转速，加热冷却系统结构和塑料的性能等。理论和实践都证明，挤出速率随螺杆直径、螺槽深度，均化段长度和螺杆转速等的增大而增大，同时也随着螺杆末端熔体压力和螺杆与料筒间间隙的增大而增大。在挤出机的结构和塑料类型已确定的情况下，挤出速率仅与螺杆转速有关，因此，调整螺杆转速是控制挤出速率的主要措施。此外，挤出速率也存在波动现象而对产品质量有不良影响。所以除了严格控制螺杆转速以外，还要严格控制挤出温度，防止因温度改变而引起挤出压力和熔体黏度变化，从而导致速率的波动。

（4）牵引速度　挤出成型主要生产连续的塑件，因此必须设置牵引装置。从机头和口模中挤出的塑料，在牵引力作用下将会发生拉伸取向。拉伸取向程度越高，塑件沿取向方向的拉伸强度越大，但冷却后其长度的收缩率也大。通常，牵引速度与挤出速度应相当。牵引速度与挤出速率的比值称牵引比，其值必须等于或大于1。

表6-1是几种塑料管材的挤出成型参数。

表 6-1 几种塑料管材的挤出成型工艺参数

工艺参数＼塑料管材		硬聚氯乙烯(HPVC)	软聚氯乙烯(LPVC)	低密度聚乙烯(LDPE)	ABS	聚酰胺-1010(PA-1010)	聚碳酸酯(PC)
管材外径/mm		95	31	24	32.5	31.3	32.8
管材内径/mm		85	25	19	25.5	25	25.5
管材壁厚/mm		5±1	3	2±1	3±1	—	—
机筒温度/℃	后段	80~100	90~100	90~100	160~165	250~200	200~240
	中段	140~150	120~130	110~120	170~175	260~270	240~250
	前段	160~170	130~140	120~130	175~180	260~280	230~235
机头温度/℃		160~170	150~160	130~135	175~180	220~240	200~220
口模温度/℃		160~180	170~180	130~140	190~195	200~210	200~210
螺杆转速/($r \cdot min^{-1}$)		12	20	16	10.5	15	10.5
口模内径/mm		90.7	32	24.5	33	44.8	33
芯模外径/mm		79.7	25	19.1	26	38.5	26
稳流定型段长度/mm		120	60	69	50	45	87
拉伸比		1.04	1.2	1.1	1.02	1.5	0.97
真空定径套内径/mm		96.5	—	25	33	31.7	33
定径套长度/mm		300	—	160	250	—	250
定径套与口模间距/mm		—	—	—	25	20	20

注：稳流定型段由口模和芯模的平直部分构成。

6.2 挤出模具的分类及基本结构

用于挤出成型的模具称为挤出成型机头，通常简称机头。

6.2.1 机头、定型模的作用以及机头的分类

1. 机头的作用

(1)使来自挤出机的熔融塑料由螺旋运动变为直线运动；

(2)产生必要的成型压力，以保证塑料制品外形完整，内部密实；

(3)使塑料通过机头时进一步塑化；

(4)通过机头口模以获得断面形状相同的连续的塑料制品。

2. 机头的分类

如此繁多的挤出制品，必然有繁多的挤出成型机头。由于制品形状各异，因此机头的形式也各有所不同，那么对各式各样的机头，可按以下几种方式分类。

(1)按机头的几何形状分类

1)圆环机头　这种机头的机头体的几何形状呈圆环形状。如管膜机头、管材机头、棒材机头、单丝及造粒机头、挤网机头，以及吹塑管坯机头等。

2)平板状机头　这种机头的形状呈平板状。如平膜机头、板材机头、异型材机头、组合式多坯挤出机头等。

(2)按机头进料与出料的方向分类

1)水平直通式机头　这种机头的进料方向与出料方向与其轴线方向一致，机头安装在挤出机上，模口出料呈水平方向，如图 6 -2 所示的挤管机头就属于直通式机头。其他如生产棒材、板材、异型材、复合型材等，一般也采用这种直通式机头。

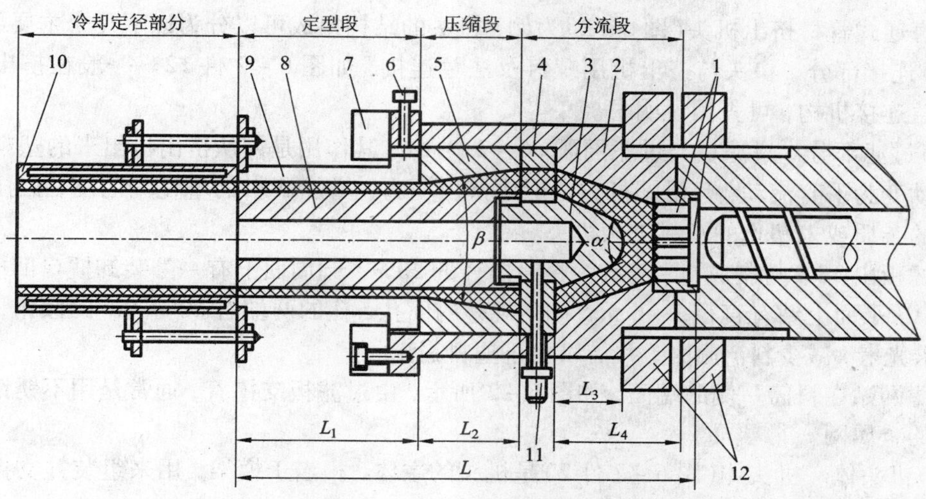

图 6 -2　直通式管材挤出机头

1—过滤板；2—机头体；3—分流器；4—分流器支架；5—连接套；6—调节螺钉；7—压环；8—芯棒；9—口模；10—定径套；11—通气嘴；12—连接法兰

2)直角式机头　这种机头的进料方向与出料方向垂直相交，有的机头口模出料口垂直朝上，如图 6 -3 的吹膜机头；也有朝下的，如图 6 -4 所示的吹塑空心坯料机头。

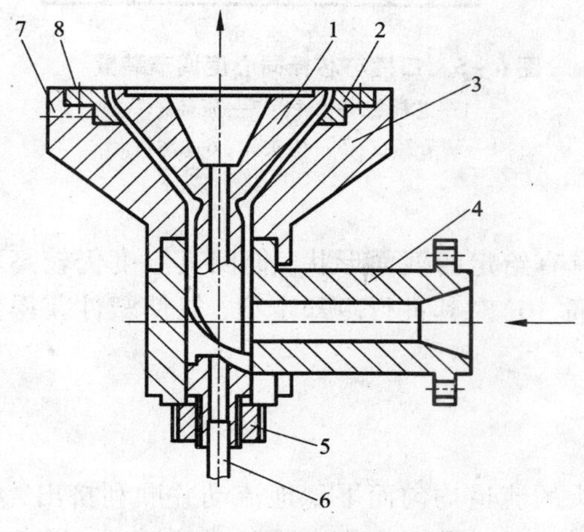

图 6 -3　吹膜直角式机头

1—芯棒；2—口模；3、4—机体；5—锁母；6—气嘴；7—调节螺钉；8—螺钉

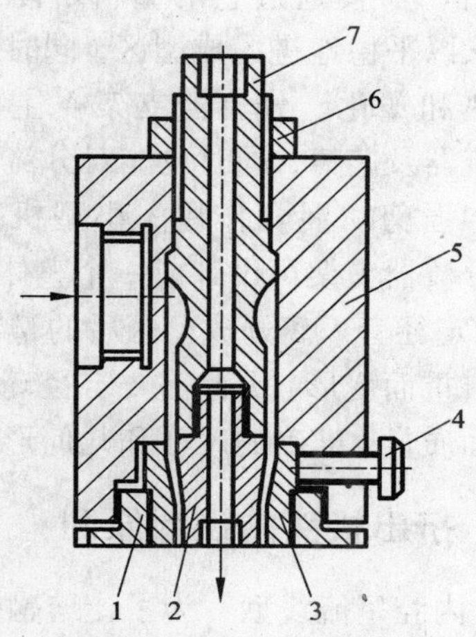

图 6 -4　吹塑型坯机头

1—锁母；2、7—芯棒；3—口模；4—调节螺钉；5—机头体；6—调节螺母

(3)按机头的用途分类

为了便于生产部门的管理，企业喜欢把机头直接按制品的用途或名称分类，如把各种不同规格的吹膜机头、管材机头、板材机头、棒材机头、异型材机头等按制品划分归类。

6.2.2 挤出模具结构组成

以直通式管材挤出机头(图 6 - 2)为例，机头的结构组成可以分为以下几个主要部分：

(1)连接部分　机头与挤出机用螺钉及法兰连接，如图 6 - 2 件 12。一般在挤出机上就附有法兰连接机构，可查阅说明书。

(2)过滤部分　过滤板与过滤网(图 6 - 2 件 1)，其作用是使从挤出机出来的塑料熔体由旋转流动变为平直流动，且沿螺杆方向形成挤出压力，增加塑料的塑化均匀度，挡住混杂在塑料内的杂质或未塑化的塑料进入机头。

过滤板由 T8A 料制成，厚度约为料筒内径的 20%，圆周面上有一圈装卸撬口凹槽(2 mm ×2 mm)，平面上钻有直径 3 ~6 mm 排列规整的面孔，孔的两端有 60° ~90°的倾角，呈流线型，要求光滑，减少料流阻力，并借以阻止塑料漏流。

过滤网贴在料筒一侧的端面，如图 6 - 2 所示，由过滤板支撑着，通常是用不锈钢丝或铜丝制成的金属网。

(3)机头体　机头体(图 6 - 2 件 2)是机头的主体，相当于模架，用来组装并支撑机头的各零件。它的一端直接与挤出机连接；另一端与口模套和调节机构连接，如图 6 - 2 所示。

(4)口模和芯棒　口模 9 用来成型制品的外表面，芯棒 8 用来成型塑件的内表面。口模与芯棒的同心度通常用螺钉进行调节，以保证管材壁厚均匀，如图 6 - 5 所示。

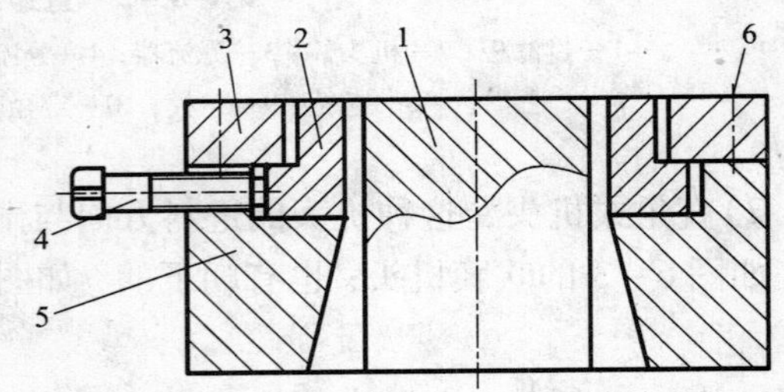

图 6 - 5　口模与芯棒同心度调节装置

1—芯棒；2—口模；3—压环；
4—调节螺钉；5—机头体；6—螺钉

(5)分流器与分流器支架　分流器 3 (又称鱼雷头)使通过它的塑料熔体分流变成薄环状以平稳地进入成型区，同时进一步对其加热和塑化。分流器支架 4 主要用来支承分流器及芯棒，同时也能对分流器的塑料熔体加强剪切混合作用。小型机头的分流器与分流器支架可设计成一个整体。

(6)定径套　离开成型区后的塑料熔体虽已具有给定的截面形状，但因其温度仍较高不能抵抗自重而变形，因此需要定径套(如图 6 - 2 件 10)对其进行冷却定型，以使塑件获得良好的表面质量、准确的尺寸和几何形状。

6.2.3 挤出机头的设计原则

(1)内腔呈流线型　为了让熔融塑料沿着机头的流道均匀而平稳地流动并顺利挤出，机头的内腔应呈光滑的流线型，不允许有急剧扩大或缩小，更不允许有死角或停滞区，以免发生热分解。内腔表面粗糙度 Ra 应 $<1.6 \sim 3.2\ \mu m$。

(2)足够的压缩比　所谓压缩比是指分流器支架出口处流道的截面积与机头口模和芯棒之间形成的环隙面积之比。为了使制品内部致密以及消除分流器支架造成的塑料结合缝。根据制品和塑料种类不同，应设计足够的压缩比。

（3）正确的截面形状及尺寸　由于塑料的物理性能和压力、温度等因素引起的离模膨胀效应及由于牵引作用力引起的收缩效应，使得机头的成型部分截面形状和尺寸并非与制品所要求的相吻合。因此设计时要考虑这一因素。根据经验，其截面形状的变化主要与成型时间有关，所以控制口模长度（成型长度）是保证制品获得正确截面形状的基本方法。

（4）结构紧凑　在满足强度和刚度的条件下，机头的结构应紧凑，以便加工装卸。其形状应尽量做到对称，以便加热均匀。

（5）选材合理　由于机头磨损较大，而且有的塑料有较强的腐蚀性，所以机头材料应选耐磨、硬度较高的钢材和合金钢。口模等主要成型零件硬度不得低于40 HRC。

6.3　管材挤出机头的设计

6.3.1　管材挤出机头的典型结构

常用的挤管机头有直通式、直角式与旁侧式三种形式。现以直通式挤管机头为例讨论其设计要点。

6.3.2　管材挤出机头的设计

机头工艺参数主要包括口模、芯棒、分流器及分流器支架的形状和尺寸。在设计时首先需要有已知的数据，包括挤出机型号、制品的内径、外径及制品所用的材料。

1. 口模

口模是用来成型管件外表面的零件。在设计时需要确定的主要尺寸是口模的内径和定型段的长度，如图6－2所示。

（1）口模的内径 D　口模内径尺寸不等于管件外径尺寸，因为挤出的管件在脱离口模后，由于压力突然释放，体积膨胀会使管径增大，此种现象称为巴鲁斯效应。也可能由于牵引和冷却收缩而使管径变小。可根据经验或实测结果通过如图6－5所示的调节。

膨胀或收缩都与塑料的性质、口模的温度、压力以及定径套的结构有关，有以下经验公式：

$$D = d_S / K \tag{6-1}$$

式中：D——口模的内径，mm；

d_S——管件的外径，mm；

K——补偿系数，见表6－2。

表6－2　补偿系数 K 值

塑料种类	定型套定管材内径	定型套定管材外径
聚氯乙烯（PVC）		0.95～1.05
聚酰胺（PA）	1.05～1.10	
聚烯烃	1.20～1.30	0.9～1.05

(2)定型段长度 L_1　口模和芯棒的平直部分的长度称为定型段，如图 6－2 中 L_1 所示。塑料通过定型段，随着料流阻力增加使制品致密。

定型段的长度应随塑料品种及制品尺寸的不同而不同。定型段长度不宜过长或过短。过长时会使料流阻力增加很大；过短起不到定型作用。具体长度可由以下经验公式计算。

按管材外径计算：

$$L_1=(0.5\sim3)d_S$$

式中：d_S——管材外径的公称尺寸，mm。

通常情况下，当管材直径较大时，长度应取较小值，因这时管材的被定型面积较大，阻力较大，反之就取大值。挤软管时取大值，挤硬管时取小值。

按管材壁厚计算：

$$L_1=nt$$

式中：t——管材壁厚，mm；

n——系数，见表 6－3。

表 6－3　口模定型段长度与壁厚关系系数

塑料品种	硬聚氯乙烯（HPVC）	软聚氯乙烯（SPVC）	聚酰胺（PA）	聚乙烯（PE）	聚丙烯（PP）
系数 n	18～33	15～25	12～23	14～22	14～22

2．芯棒(芯模)

芯棒是用于成型管材内表面的零件。一般芯棒与分流器之间用螺纹连接，其结构如图 6－2 中件 8)。芯棒的结构应利于塑料的流动，利于消除接合线，容易制造。其主要尺寸为芯棒外径、压缩段长度及压缩角。

(1)芯棒的外径　芯棒的外径由管材的内径决定，但由于与口模一样受离模膨胀或冷却收缩的影响，所以芯棒外径尺寸并非等于管材的内径尺寸。可按生产经验公式计算：

$$d=D-2\delta \tag{6-2}$$

式中：d——芯棒的外径，mm；

D——口模的内径，mm；

δ——口模与芯棒的单边间隙 $\delta=(0.83\sim0.94)t$，mm；

t——管件壁厚，mm。

(2)定型段、压缩段和收缩角　塑料经过分流器支架后，先经过一定的收缩。为使多股料很好地汇合，压缩段 L_2 与口模中的相应的锥面部分构成塑料熔体的压缩区，使进入定型区之前的塑料熔体的分流痕迹被熔合消除。

①芯棒定型段的长度≥L_1

②用经验公式计算 L_2：

$$L_2=(1.5\sim2.5)D_0 \tag{6-3}$$

式中：L_2——芯棒压缩段长度，mm；

D_0——塑料熔体在过滤板出口处的流道直径，mm，见图 6－6 所示。

③芯模收缩角 β：对低黏度塑料，$\beta = 45° \sim 60°$，对高黏度塑料，$\beta = 30° \sim 50°$。

3．分流器和分流器支架

图 6－7 所示为分流器和分流器支架的结构图。塑料通过分流器使料层变薄，这样便于均匀加热，以利于塑料进一步塑化。

（1）分流器的角度 α　低黏度塑料 $\alpha = 30° \sim 80°$，高黏度塑料 $\alpha = 30° \sim 60°$。

α 过大时料流的流动阻力大，熔体易过热分解；α 过小时不利于机头对其内的塑料熔体均匀加热，机头体积也会增大。

（2）分流器长度 L_3 由经验确定：

$$L_3 = (1 \sim 1.5) D_0 (\mathrm{mm}) \qquad (6-4)$$

（3）分流器尖角处圆弧半径 $R = 0.5 \sim 2$ mm，R 不宜过大，否则熔体容易在此处发生滞留。

（4）分流器表面粗糙度 $Ra < 0.4 \sim 0.2$ μm。

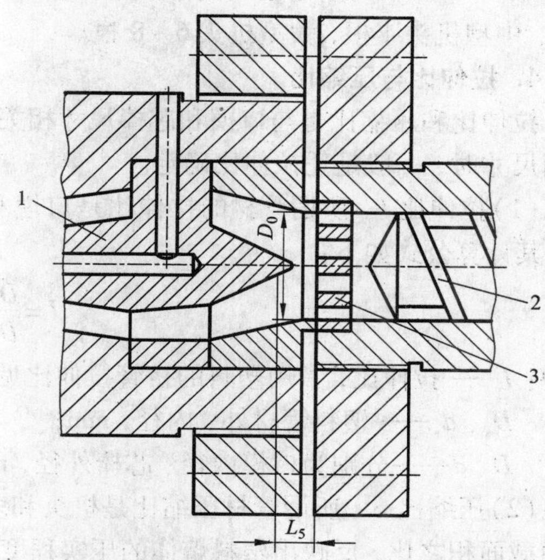

图 6－6　分流器与过滤板的相对位置

1—分流器；2—螺杆；3—过滤板

（5）过滤板与分流器顶间隔 L_5 如图 6－6 所示：

$$L_5 = 10 \sim 20 \text{ mm 或 } L_5 < 0.1 D_1 \qquad (6-5)$$

式中：D_1——螺杆 2 的直径，mm；

L_5 过小料流不均，过大则停料时间长。

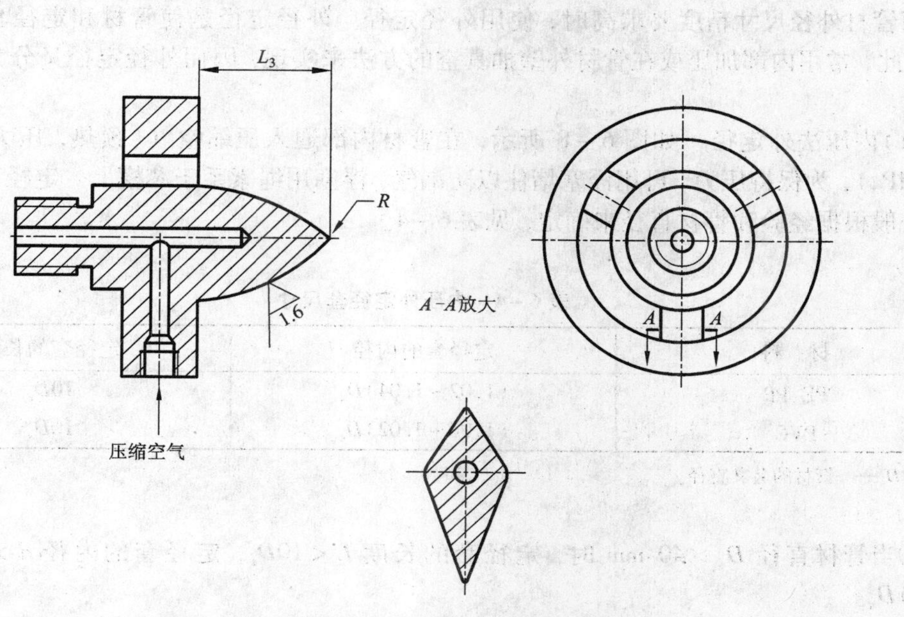

图 6－7　分流器和分流器支架的结构图

（6）分流器支架　主要用于支承分流器及芯棒。支架上的分流肋应做成流线型，在满足强度要求的条件下，其宽度和长度应尽可能小些，以减少阻力。出料端角度应小于进料端，见图 6－7 中 $A-A$ 放大处。分流肋应尽可能少些，以免产生过多的熔接痕迹，一般小型机头 3 根，中型机头 4 根，大型机头 6～8 根。

4. 拉伸比与压缩比

拉伸比和压缩比是与口模和芯棒尺寸相关的工艺参数。根据管材截面尺寸确定口模环隙截面尺寸时，一般是凭拉伸比确定。

(1)拉伸比 I　所谓管材的拉伸比是口模和芯棒的环隙截面积与管材成型后的截面积之比，其计算公式如下：

$$I=\frac{D^2-d^2}{D_s^2-d_s^2} \tag{6-6}$$

式中：I——拉伸比，常用塑料的挤管拉伸比见表 6－1；

D_s、d_s——塑料管材外、内径，mm；

D、d——分别为口模内径、芯棒外径，mm。

(2)压缩比 ε　所谓管材压缩比是机头和多孔板相接处大量进料截面积与口模和芯棒的环隙截面积之比，反映出塑料熔体的压实程度。

低黏度塑料 $\varepsilon=4\sim10$；高黏度塑料 $\varepsilon=2.5\sim6.0$。

6.3.3　管材定型模的设计

为了使管材获得较低的表面粗糙度、准确的尺寸和几何形状；管材离开口模时，必须立即定径和冷却，由定径套定径和初步冷却后的管材进入水槽继续冷却。一般用外径定径和内径定径两种方法。

1. 外径定径

当管材外径尺寸精度要求高时，使用外径定径。外径定径是使管材和定径套内壁相接触，为此，常用内部加压或在管材外壁抽真空的方法来实现，因而外径定径又分为内压法和真空法。

(1)内压法外定径　如图 6－8 所示，在管材内部通入压缩空气(预热，压力为 0.02～0.10 MPa)，为保持压力，可用浮塞堵住以防漏气，浮塞用绳索系于芯模上。定径套的内径的长度一般根据经验和管材直径来确定，见表 6－4。

表 6－4　内压外定径套尺寸　mm

材　料	定径套的内径	定径套的长度
PE、PP	$(1.02\sim1.04)D_s$	$10D_s$
PVC	$(1.00\sim1.02)D_s$	$10D_s$

注：D_s——管材的名义直径。

①当管材直径 $D_s>40$ mm 时，定径套的长度 $L<10D_s$，定径套的内径 $d>(0.8\%\sim1.2\%)D_s$。

②当管材直径 $D_s>100$ mm 时，定径套的长度 $L=(3\sim5)D_s$，定径套的内径尺寸不小于口模内径。

(2)真空法外定径　如图 6－9 所示，在定径套内壁 2 上打很多小孔，做抽真空用，借助

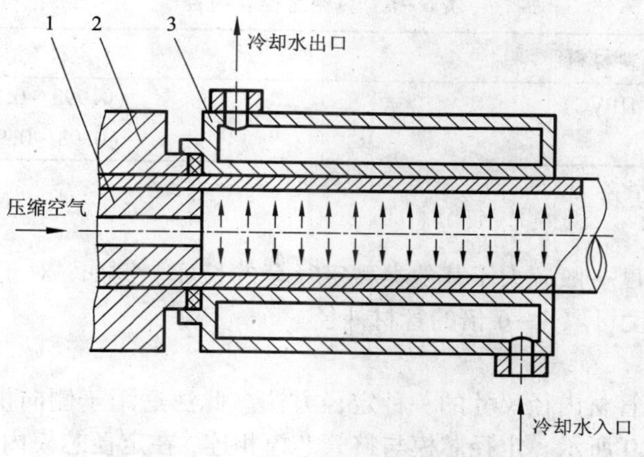

图6-8　内压法外定径

1—芯棒；2—口模；3—定径套

真空吸附力将管材外形紧贴于定径套内壁2上，与此同时，在定径套外壁1、内壁2夹层内通入冷却水，管坯伴随真空吸附过程的进行而被冷却硬化。

真空法的定径装置比较简单，管口不必堵塞，但需要一套抽真空设备。该法常用生产小型管材。

真空定径套生产时与机头口模应有20～100 mm的距离，使从口模中流出的管材先离模膨胀和一定程度的空冷收缩后，再进入定径套中冷却定型。

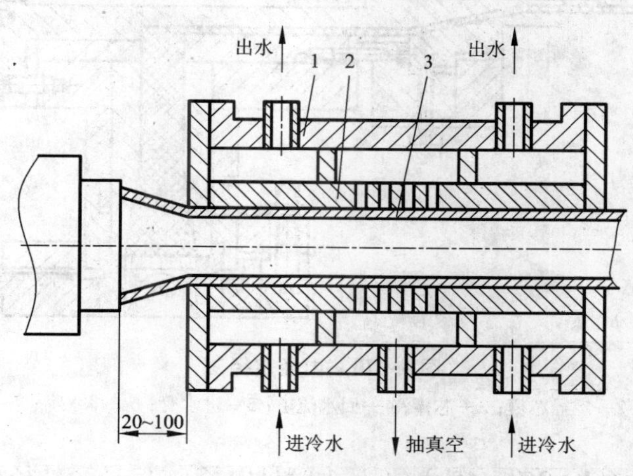

图6-9　真空法外定径

1—定径套外壁；2—定径套内壁；3—管材

定径套内的真空度一般要求在53～66 kPa，真空孔径在$\phi0.6$～$\phi1.2$ mm范围内选择，与塑料黏度和管壁厚度有关，当黏度大或管壁厚度大时，孔径取大值，反之取小值。

真空定径套的内径见表6-5所示。

表 6-5　真空定径套内径　　mm

塑料材料	定径套内径
硬聚氯乙烯(HPVC)	$(0.993 \sim 0.99)D_s$
聚乙烯(PE)	$(0.98 \sim 0.96)D_s$

注：D_s——管材的名义直径。

真空定径套的长度一般应大于其他类型定径套的长度。例如，对于直径大于 100 mm 的管材，真空定径套长度可取 4 ~ 6 倍的管材外径。

2. 内径定径

内径定径是固定管材内径尺寸的一种定径方法。此法适用于侧向供料或直角挤管机头，该定径装置如图 6-10 所示。定径芯模与挤管芯模相连，在定径芯模内通入冷却水。当管坯通过定径芯模时，便获得内径尺寸准确、圆柱度较好的塑料管材。但这种方法很少使用，因为管材的标准化系列多以外径为准。当内径要求严格时(如用于压力输送的管道)，才应用这种方法。应用时注意以下几点：

定径套应沿其长度方向带有一定的锥度，锥度在 0.6∶100 ~ 1.0∶100 范围内选取。

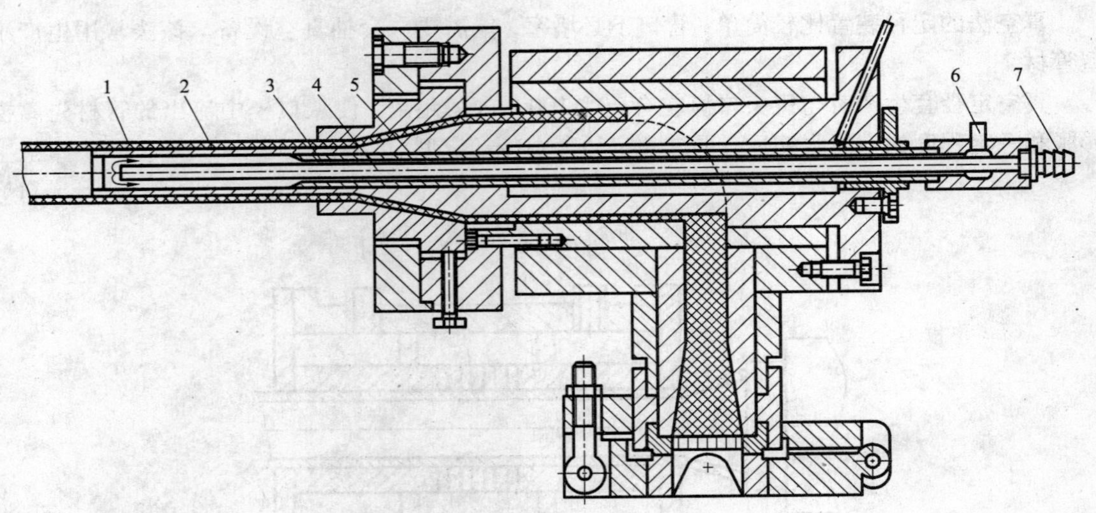

图 6-10　内径定径法

1—管材；2—定径芯模；3—芯棒；4—回水流道；5—进水管；6—排水嘴；7—进水嘴

定径套外径一般取$(1+2\% \sim 4\%)d_s$(d_s 为管材内径)，定径套外径稍大于管材内径，使管材内壁紧贴在内径套上，则管壁获得较低的表面粗糙度。另外，通过一段时间的磨损也能保证管材的内径 d_s 的尺寸公差，提高定径套的寿命。

定径套的长度一般取 80 ~ 300 mm。牵引速度较大或管材壁厚较大时取大值，反之取小值。

6.4　其他成型挤出机头的典型结构

6.4.1　板材片材挤出机头的典型结构

挤出法可以生产厚度 0.02 ~ 20 mm 的薄膜、片材和板材。人们习惯称 1 mm 以上厚度的片为板材，0.25 ~ 1 mm 的为片材，0.25 mm 以下的为薄膜。

挤板生产线主要由挤出机、挤板机头、三辊压光机、切边装置、冷却输送辊、牵引机、切割或卷取装置组成。图 6 – 11 是挤出硬板的工艺流程示意图。

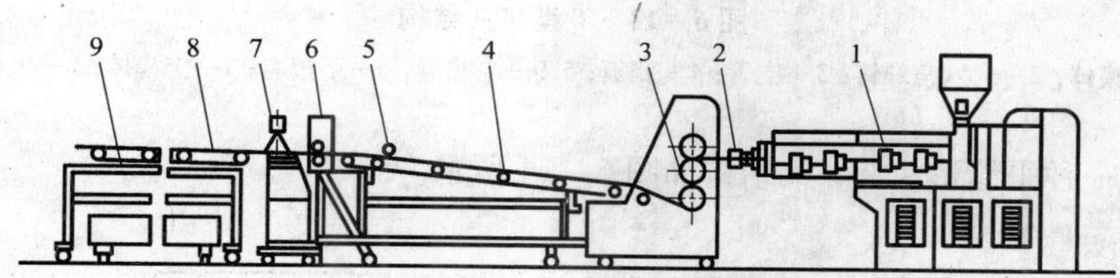

图 6 – 11　挤板生产工艺流程示意图

1—挤出机；2—机头；3—三辊压光机；4—冷却输送辊；5—切边装置；
6—三辊牵引机；7—切割装置；8—硬板；9—堆放装置

生产板材片材的挤出机头主要包括以下几种类型：

1．管模机头

管模机头就是管材生产所用的机头。将挤出的管材用刀剖开，展开、定型，即可得到片材，如图 6 – 12 所示。

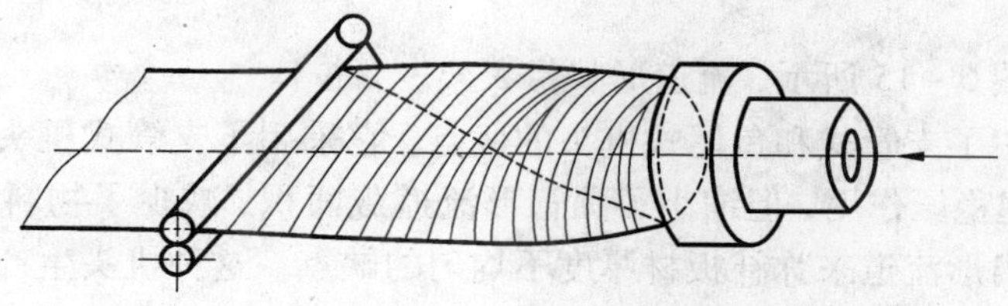

图 6 – 12　管模机头示意图

管模机头在成型发泡聚苯乙烯片材、发泡聚乙烯软片中使用非常普遍。管模机头的优点是结构简单，由于不需切除边部，成品率极高，管模中物料流动均匀，对发泡片的成型也是非常有利的。它的缺点是片材易翘曲，机头接缝线难以消除。

2．支管式(T 型)机头

结构如图 6 – 13 所示，它的特点是机头内有与模唇平行的圆筒形(管状)槽，可以储存一定量的物料，起分配物料及稳压作用，熔体在支管全长分布，在压力作用下向模唇方向流动，形成板材幅宽。

3．鱼尾形机头

鱼尾形机头的流道形状像鱼尾，它是为克服 T 型机头流道支管带来的弊端，扩大使用范

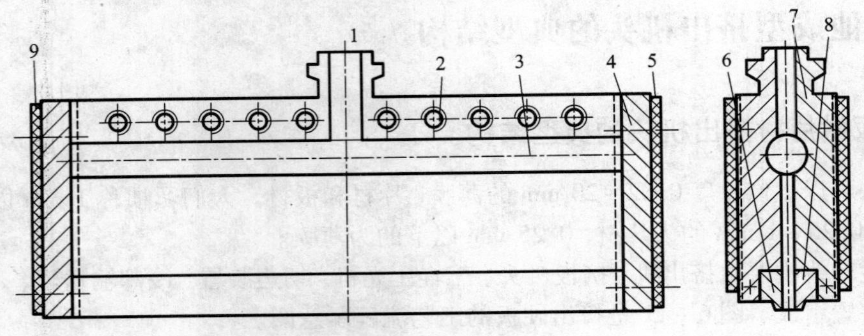

图 6-13　T 型机头结构

1—下模体；2—内六角螺钉；3—支管；4—侧板；5,9—电热器；6—下模唇；7—上模体；8—上模唇

围，经改进的一种平缝形机头，其结构如图 6-14 所示。

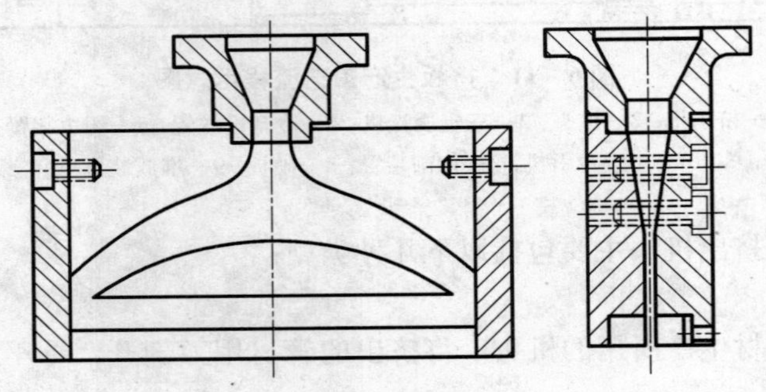

图 6-14　鱼尾形流道机头

4．衣架式机头

衣架式机头如图 6-15 所示，流道形状像衣架。

衣架式机头集中了支管式和鱼尾式机头的优点，它采用了支管式机头的圆管形流道，存有一定的料量，可起稳压作用，但缩小了圆管形流道截面积，减少了物料的停留时间。它采用了鱼尾形机头的扇形流道来弥补板材厚度不均匀的缺点。这种机头生产的板材或片材，幅宽可达 4~5 m，可以加工多种热塑性塑料。

5．分配螺杆式机头

分配螺杆的结构相当于在支管流道中装入一根螺杆，由挤出机供给机头的料在螺杆的作用下，均匀分配到模唇宽度方向。图 6-16 和图 6-17 是这两种形式的分配螺杆式机头。

分配螺杆式机头中的螺杆单独传动，速度可调，生产效率高，尤其适合宽幅、厚板的生产，板厚可达 40 mm，幅宽可达 4 m。由于分配螺杆的作用，可以挤出热稳定性差、熔体黏度高，流动困难且加有各种填料的板、片。

6.4.2　异型材挤出机头

图 6-18 列举了一些异型材的截面形状，由此，我们可以看出，这些制品有着比塑料管材、薄膜、板、片等复杂得多的截面形状。

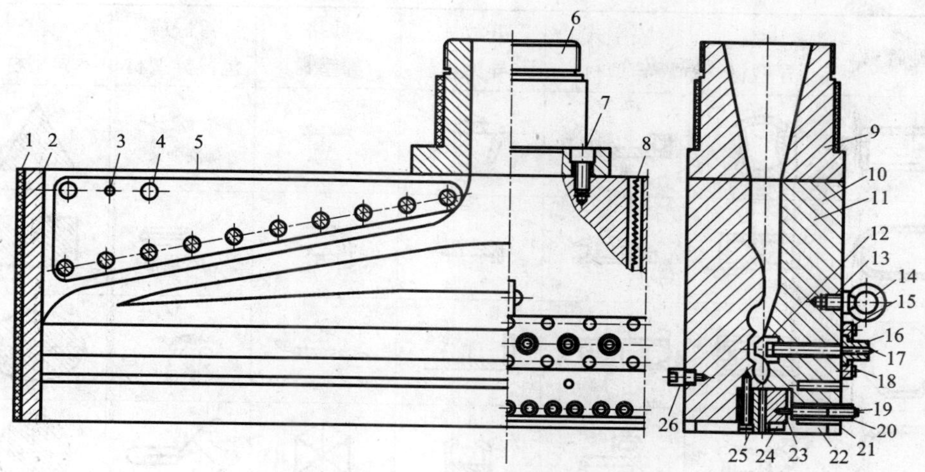

图6－15　衣架式流道机头

1—电热板；2—侧板；3，10—圆柱销；4，7，11，26—内六角螺钉；5—下模体；6—接颈；8—电热棒；9—电热圈；12—调节排；13—上模体；14—吊环；15—压条；16—调节螺母；17—长螺钉；18，19，23—螺栓；20—调节螺母；21—固定座；22—面板；24—上模唇；25—下模唇

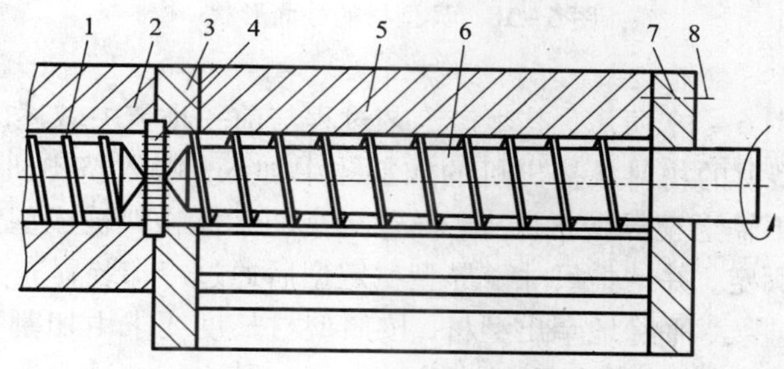

图6－16　端部供料分配螺杆式机头

1—挤塑机螺杆；2—机筒；3—左侧板；4—栅板；5—机头体；6—右侧板；7—压板；8—螺孔

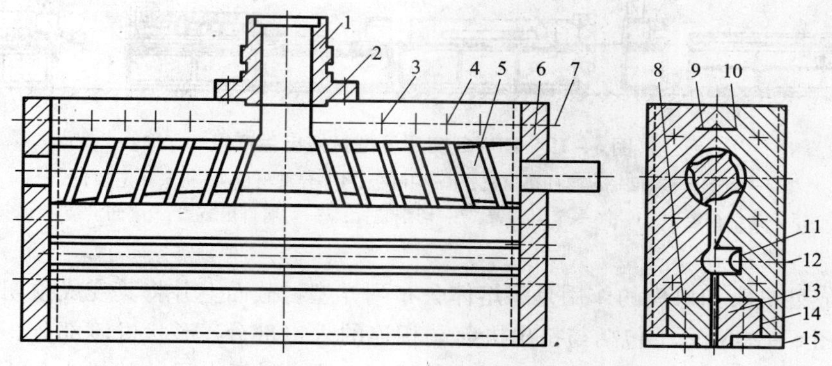

图6－17　中央供料螺杆分配机头

1—机颈；2，14—螺栓；3，7—内六角螺钉；4—圆柱销；5—分配螺杆；6—侧板；8—下模唇；9—下模体；10—上模体；11—调节排；12—螺钉；13—上模唇；15—挡板

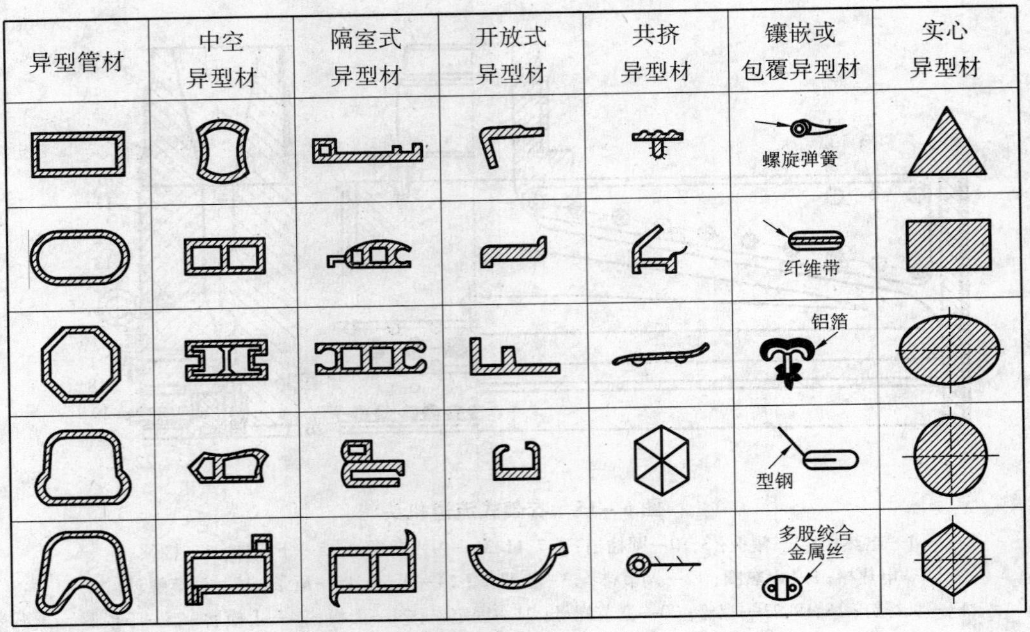

异型管材	中空 异型材	隔室式 异型材	开放式 异型材	共挤 异型材	镶嵌或 包覆异型材	实心 异型材
					螺旋弹簧	
					纤维带	
					铝箔	
					型钢	
					多股绞合 金属丝	

图 6－18　异型材的截面形状

异型材生产线如图 6－19 所示，其生产工艺过程与前一小节中叙述的管材的挤出成型是类似的，即将成型异型材的物料从挤出机的加料斗中加入，喂入挤出机中将物料熔融塑化，熔体物料在一定压力下输送至异型材机头，通过机头的熔体物料被成型为异型材坯料，再经过定型装置将其形状固定，并精整尺寸。异型材定型后通过冷却装置充分冷却。设置在冷却装置之后的牵引装置连续、平稳地牵出型材，按照型材长度要求由切割装置切断，堆放装置自动将型材卸下，经检验、包装成异型材成品。

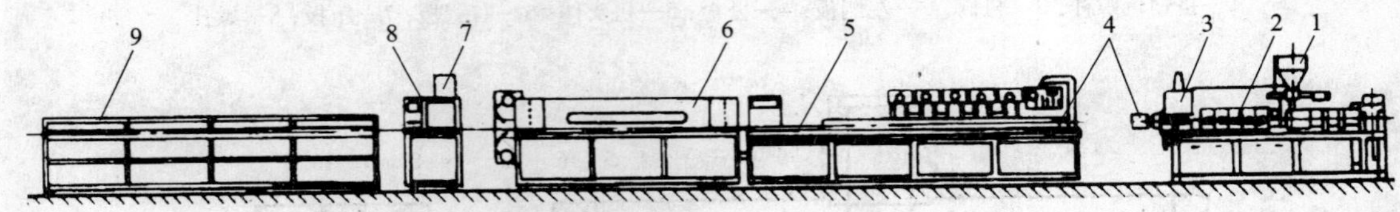

图 6－19　RPVC 窗用异型材挤出生产线

1—加料装置；2—双螺杆挤出机；3—控制柜；4—异型材机头（机头及定型）；5—真空箱定型基座；6—牵引装置；7—切割装置；8—切屑排出装置；9—卸货装置

异型材成型机头和口模的作用是将熔体分布到异型材截面上并将其变成预期的形状。异型材机头如图 6－20 所示，包括与挤出机前端相连的入口部分、形状过渡部分、口模平行部分，为了加热机头和保持所需的温度，机头外设加热圈，对于大尺寸的机头，可分段加热可控温。

机头流道应设计成使熔体在横截面各点流速近似一致。熔体在机头中的停留时间过短，且对整个异型材来说变化要小。熔融的物料从机头平直部分流过，平直部分的长度应足以使

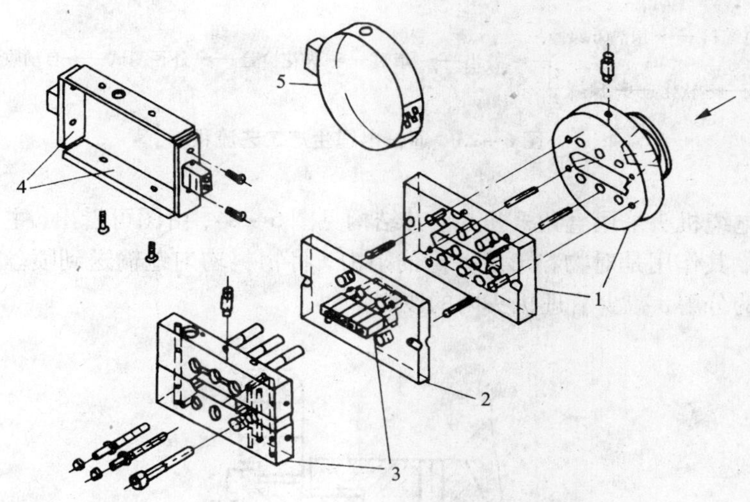

图 6-20　异型材机头

1—入口部分；2—过渡部分(安装板)；3—平行口模成型面；4—加热板；5—加热圈

物料稳定，熔体坯料与最终产品形状接近且平整。

异型材机头结构设计取决于成型聚合物的种类、型材大小和截面形状复杂程度。

6.4.3　电线电缆挤出机头的典型结构

电线电缆是挤出包覆成型的重要产品，电线电缆的生产工艺流程见图 6-21。

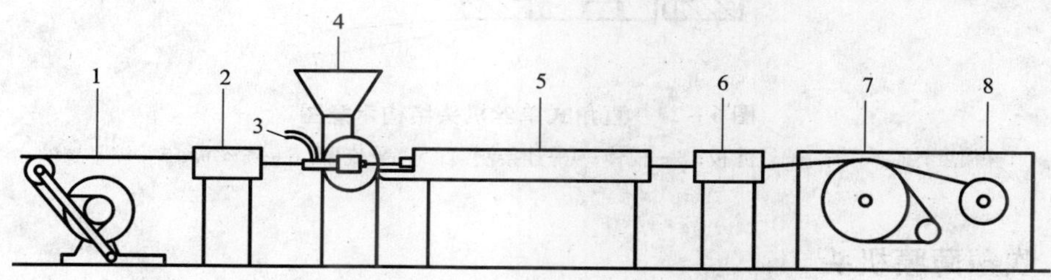

图 6-21　电线电缆生产工艺流程

1—线料；2—预热；3—真空；4—挤出机；5—冷却水槽；6—火花测试仪；7—绞盘；8—卷绕

聚氯乙烯、交联聚乙烯电线电缆生产工艺流程见图 6-22

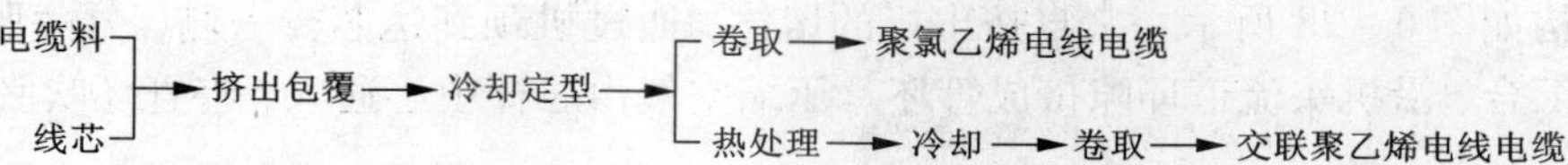

图 6-22　聚氯乙烯、交联聚乙烯电线电缆生产工艺流程

通信电缆工艺流程见图 6-23。

高密度聚乙烯电缆料 → 预热干燥 ┐
　　　　　　　　　　　　　　　　　├→ 挤出 → 牵引 → 火花检验 → 外径测试 → 自动收线 → 通信电缆
铜线 → 拉丝 → 软化 → 预热 ┘

图 6-23　通信电缆生产工艺流程

单丝电线电缆机头采用直角式机头，其结构见图 6-24，由图可看出，主流道末端设置了一个“瘦颈”区，其作用是对物料形成一定的阻力，将物料均匀地输送到喷丝板，减少机头内存料量及物料的分解，减少清理机头内的废料。

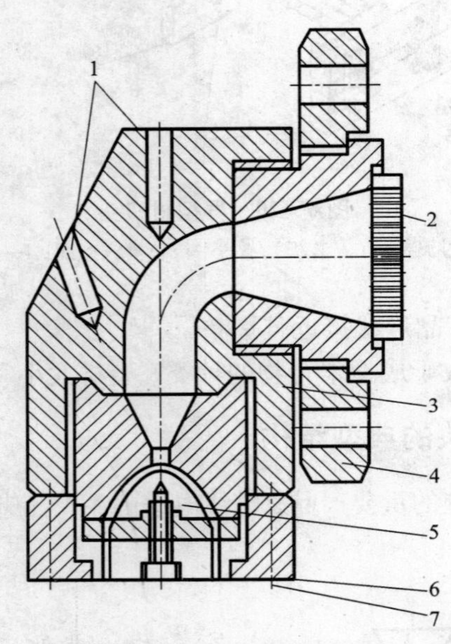

图 6-24　直角式单丝机头结构示意图

1—温度计插入孔；2—过滤板；3—模体；4—连接法兰；5—分流器；6—喷丝板；7—锁紧螺丝

6.4.4　吹塑薄膜机头

吹塑薄膜的生产方法按挤出机和膜管牵引方向不同，一般可分为平吹法、上引法和下垂法三种（图 6-25，图 6-26，图 6-27）。

吹塑薄膜机头，目前广泛采用的有如下几种。

1. 芯棒式机头

其结构如图 6-28 所示。来自挤出机的熔体，通过机颈到达芯棒一侧，分两股流动到芯棒另一侧汇合，沿机头流道环隙挤成管坯。压缩空气由芯棒中心通入，将管坯吹胀成膜。

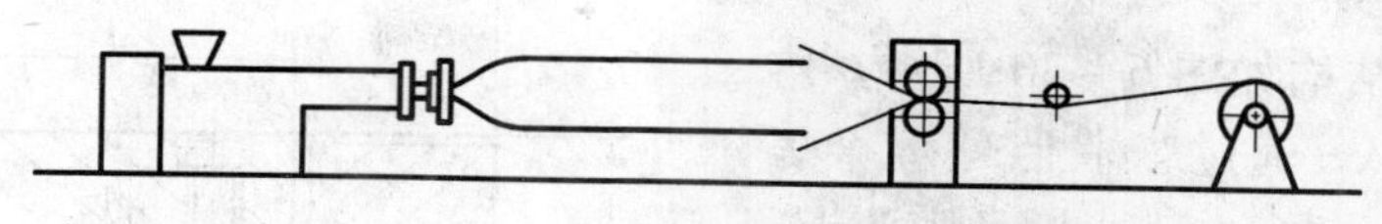

图 6－25　平吹法生产工艺

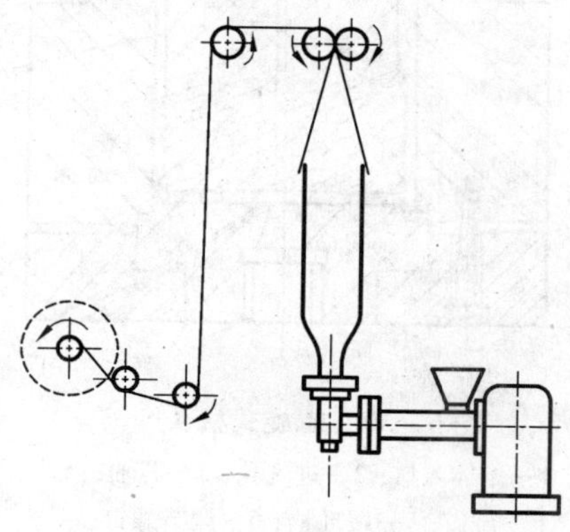

图 6－26　上引法生产工艺

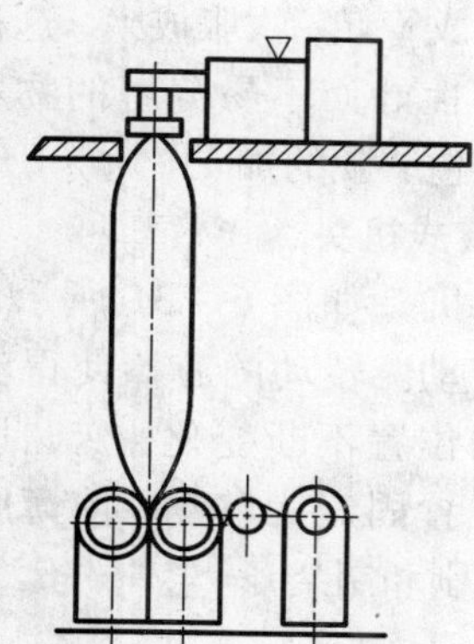

图 6－27　下垂法生产工艺

2. 十字形机头

吹塑薄膜的十字形机头是中心进料式机头，其结构如图 6－29 所示，与管机头结构类似。熔体通过分流器支架后，形成多条熔接线，为此，可在支架上方的芯棒上开设缓冲槽，用以提高汇合料的熔接牢度。

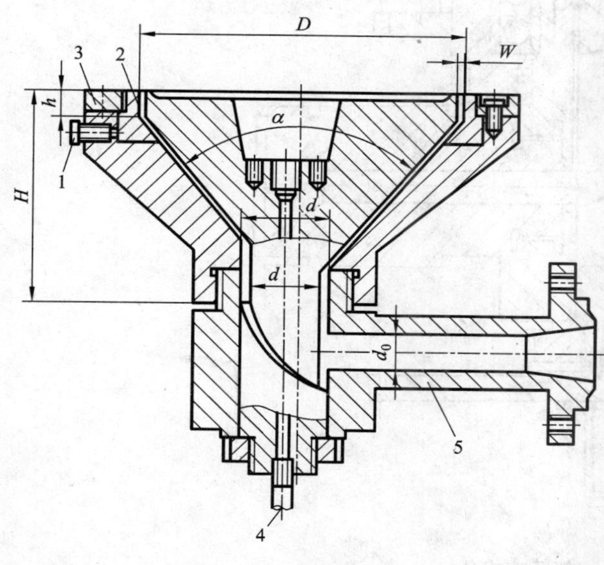

图 6－28　芯棒式机头

1—芯棒轴；2—口模；3—调节螺钉；4—压空管入口；5—机颈

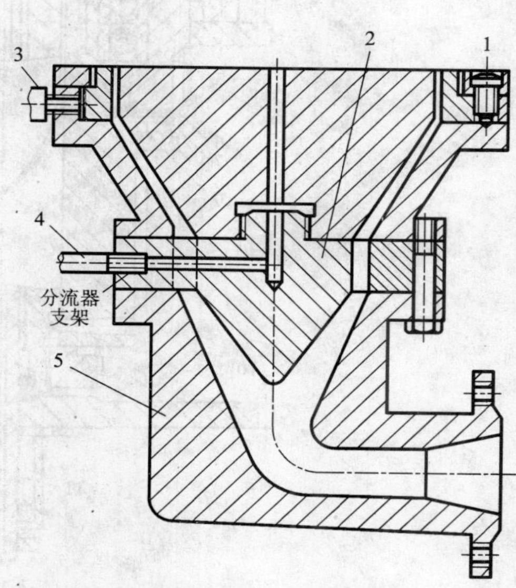

图 6－29　十字形机头

1—口模；2—分流锥；3—调节螺钉；4—进气管；5—模体

3. 螺旋式机头

螺旋式机头结构如图 6－30 所示。熔体从机头中央进入，通过芯棒上 3～8 个螺纹槽向上作螺旋运动，并进入圆环隙流道。熔料在环形缓冲槽内消除熔接痕之后，进入成型区挤成管坯，吹胀成膜，这种机头适合加工流动性好而不易分解的物料，如聚乙烯农膜和包装膜的加工。

4. 旋转式机头

旋转式机头如图 6－31 所示，机头的芯棒可以转动。转动的芯棒使得流道中压力和流速的位置不断变化，变圆周上厚度超差点的位置固定为移动，使薄膜收卷平整，方便印刷和制袋。

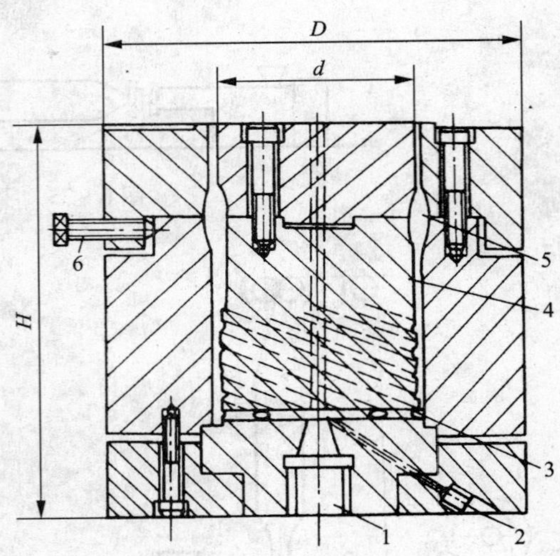

图 6－30　螺旋式机头

1—熔体入口；2—进气孔；3—芯轴；4—流道；5—缓冲槽；6—调节螺钉

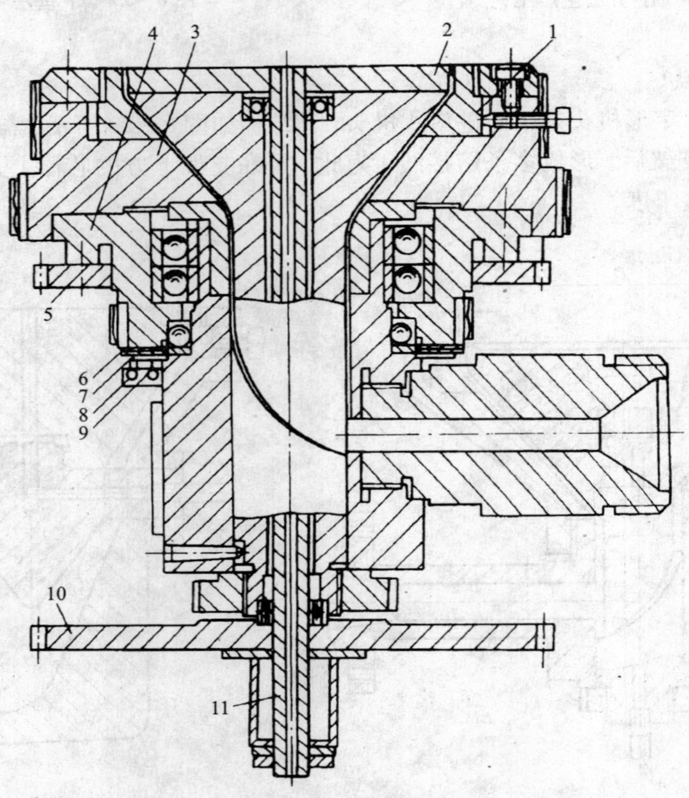

图 6－31　旋转式机头

1—口模；2—芯模；3—旋转体；4—支撑体；5,10—齿轮；6—绝缘环；7,9—铜环；8—碳刷；11—空芯轴

6.5　挤出成型设备

挤出机是挤出成型生产线中的主机，它的作用是塑化、输送物料，并提供制品成型所需要的压力。挤出机作为加工聚合物的主要设备而存在，在许多国家机械工业中已成为系列化、规格化的一类机械产品。具有许多种类，它们的适用范围，性能指标由有关参数表达。

6.5.1　挤出机的分类及结构

我国国家标准 GB/T 12783—1991 规定了中国橡胶塑料成型机械型号的统一编制方法。按照塑料及橡胶成型机械的类别、组别和型别分类编制型号，其中用 S 表示塑料，用 J 表示挤出机械，并规定有品种代号、辅助代号。

具体表示方法举例如下：

(1) SJ - 45。S 为塑料(类别)；J 为挤出机(组别)；45 为螺杆直径 45 mm，长径比为 20∶1(规格参数，标准中规定，挤出机长径比为 20∶1，可以不标注，其他比值的长径比必须标注)。

(2) SJF - 65 × 30。S 为塑料；J 为挤出机；F 为发泡(品种代号)；65 × 30 为螺杆直径 65 mm，长径比为 30∶1(规格参数)。

挤出机的品种很多，如果按螺杆数量分，可以分为单螺杆挤出机、双螺杆挤出机和多螺杆挤出机；按照挤出机的功能分，又有排气型、发泡型、喂料型、混炼型等；按照螺杆轴线方向，分为立式、卧式；按照机台之间的关系，分为单台的或阶式的等。

单螺杆挤出机的结构及组成：

单螺杆挤出机是一种应用最多的通用型挤出机。单螺杆挤出机基本结构包括四个部分：传动系统、挤出系统、加热冷却系统和控制系统。单螺杆挤出机的特点是挤出系统有机筒和一根螺杆组成。其结构见示意图 6 - 32。这种挤出机只要更换不同结构形式螺杆，就可以完成各种热塑性塑料挤出成型。

(1) 传动系统　主要由电动机、调速装置及传动装置组成。其主要作用是驱动螺杆，保证螺杆在挤出过程中所需要的扭矩和转速。

(2) 挤出系统　又称塑化系统。主要由螺杆、机筒和料斗组成，它是挤出机的关键部件。对于一般热塑性塑料，其主要作用是使物料均匀塑化成熔体，并在一定的压力下，被螺杆连续、定压、定温、定量地挤出机头。对于熔体喂料和带有化学反应的挤出成型，则主要是使物料均匀混合成流体。在螺杆推力作用下，将其从机头口模连续挤出。

(3) 加热冷却系统　主要由加热器和冷却装置组成。其作用是通过对机筒进行加热和冷却，保证塑料在成型加工中的温度控制要求，确保挤出系统在成型工艺要求的温度范围内进行。

(4) 控制系统　主要由电器、仪表和执行机构组成。起作用是调节并控制主、辅机的驱动电机，控制螺杆转速、机筒温度、机头压力、流量等，确保挤出机正常、稳定地生产，实现整个挤出机组的自动控制。

一般情况下，挤出机在挤出设备中是最主要的部分。而在挤出机的结构组成中，挤出系统是最关键的部分，传动系统、加热冷却系统和控制系统则都是为保证挤出系统能够正常

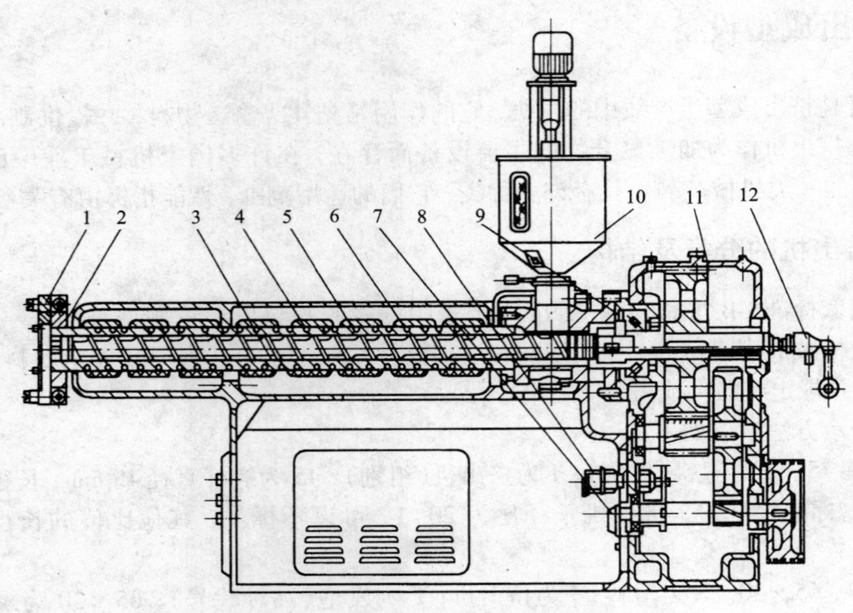

图 6-32 单螺杆挤出机示意图

1—机头连接法兰；2—滤板；3—冷却水管；4—加热器；5—螺杆；6—机筒；7—油泵；8—电机；9—止推轴承；10—料斗；11—减速箱；12—螺杆冷却装置

工作。

6.5.2 挤出机的规格及主要参数

目前应用最广泛的是卧式单螺杆非排气式挤出机，其主要参数如下。

螺杆直径：指螺杆的公称外径，一般用 D 表示，单位 mm。

螺杆的长径比：指螺杆的工作部分长度 L（工艺上常定义为加料口中心线至螺纹末端的长度）与螺杆的外径之比，以 L/D 表示。

螺杆的转速范围：一般以 $n_{min} \sim n_{max}$ 表示，其中，n_{min} 表示最低转速，n_{max} 表示最高转速，单位 r/min。

螺杆驱动电机功率：用 P_m 表示，单位 kW。

料筒加热功率：一般用 P_n 表示，单位 kW。

挤出机的生产率：指挤出机单位时间的生产能力，用 Q 表示，单位 kg/h。

我国部颁标准 JB/T 8061—1996 对单螺杆挤出机的基本参数作出了规定，由于在加工不同品种的塑料时，挤出机的产量（kg/h）、功率消耗等都会有变化，因此，标准中分别列出了加工低密度聚乙烯、高密度聚乙烯、聚丙烯，以及软、硬聚氯乙烯时，单螺杆挤出机的基本参数。表 6-6 为加工高密度聚乙烯（HDPE）挤出机的基本参数。

表 6-6 加工高密度聚乙烯(HDPE)挤出机基本参数(JB/T 8061—1996)

螺杆直径 D/mm	长径比 $\frac{L}{D}$	螺杆最高转速 n_{max} /(r·min^{-1})	最高产量 Q_{max} /(kg·h^{-1}) MI 0.04~1.2	电动机功率 N /kW	名义比功率 N'/(kW·kg·h^{-1})	比流量 q/(kg·h·r·min^{-1})	机筒加热段数(推荐)	机筒加热功率/kW ≤	中心高 H/mm
20	20 25	115	3.0	1.5	0.49	0.027	3	4	1000 500 350
	28 30	155	4.5	2.2		0.029		5	
25	20 25	105	6.1	3		0.058		4	
	28 30	125	8.2	4		0.065		5	
30	20 25	115	11.2	5.5		0.098			
	28 30	140	15.3	7.5		0.109	4	6	
35	20 25	110	15.6		0.48	0.142	3	5.5	
	28 30	145	23.0	11		0.159	4	7	
40	20 25	110				0.209	3	6.5	
	28 30	122	31.3	15		0.256	4	8	
45	20 25	100				0.313	3		
	28 30	120	38.5	18.5		0.321	4	10	
50	20 25	90	31.3	15		0.348	3	9	1000 500
	28 30	100	38.5	18.5		0.385	4	11	
55	20 25	88				0.438		10	
	28 30	94	46.0	22		0.489		13	
60	20 25	80	46			0.575		12	
	28 30	97	62	30		0.639		15	
65	20 25	85				0.729		14	
	28 30	105	84	40		0.800		18	
70	20 25	85	77	37		0.906		17	
	28 30	94	94	45		1.000		21	
80	20 25	87	96		0.47	1.103		20	
	28 30	90	106	50		1.178		25	
90	20 25	80				1.325			
	28 30	90	128	60		1.422	5	30	
100	20 25	60	117	55		1.950		31	1100 1000 600
	28 30	75	160	75		2.133	6	38	
120	20 25	64				2.500	5	40	
	28 30	72	215	100		2.986	6	50	
150	20 25	45	280	132		6.222		65	
	28 30	50	340	160		6.800	7	80	

6.5.3 机头与挤出机的连接

机头与挤出机的连接：挤出成型的设备是挤出机，挤出机头只能安装在挤出机相应的位置上。因此，在设计机头时首先应了解挤出机的技术参数及机头与挤出机的连接形式。由于挤出机型号不同，连接形式也不同，国产挤出机的技术参数和连接形式及尺寸，分别见图 6－33 和图 6－34。

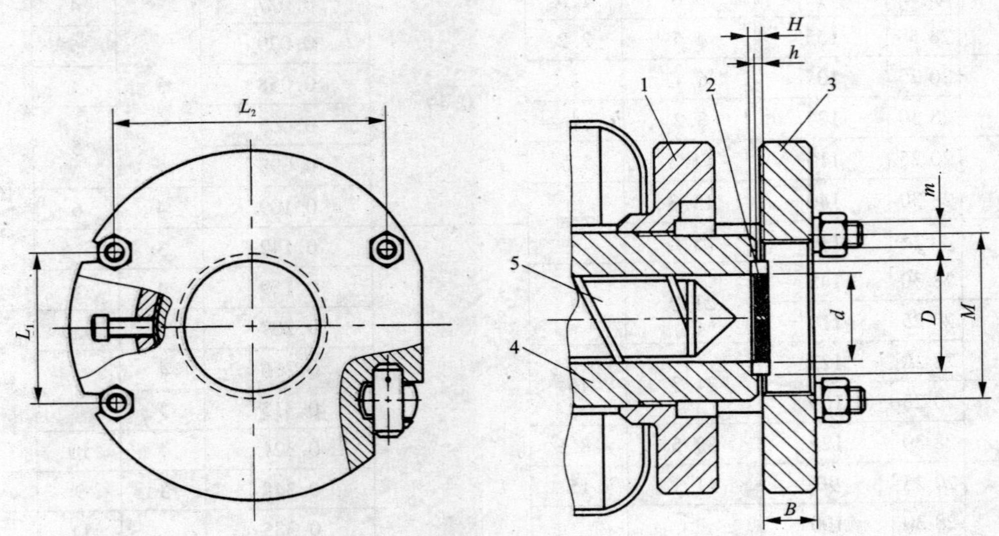

图 6－33　机头连接形式之一

1—挤出机法兰；2—机头法兰；3—栅板；4—机筒；5—螺杆

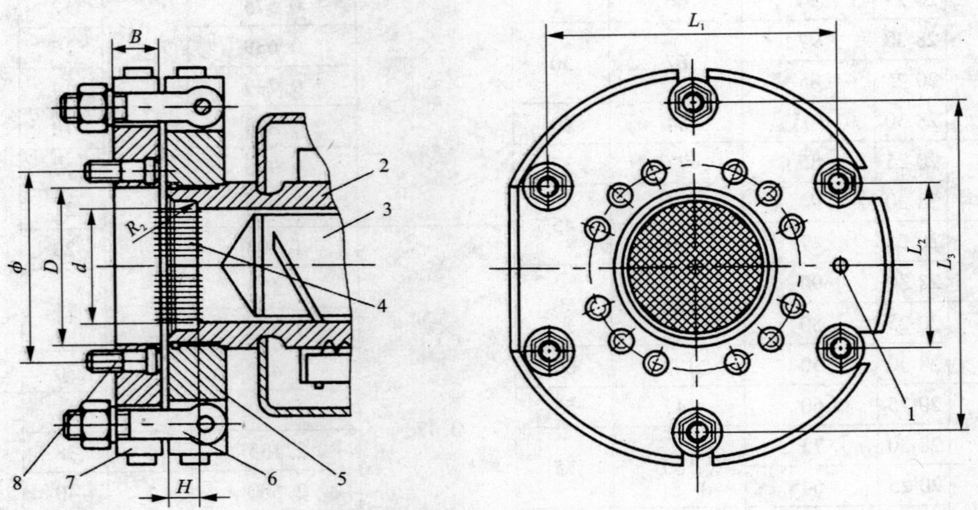

图 6－34　机头连接形式之二

1—定位销；2—机筒；3—螺杆；4—栅板；5—挤出机法兰；6—铰链；7—机头法兰；8—螺钉

图 6－33 中机头以螺纹连接在机头的法兰上，而机头法兰是以铰链螺栓与挤出机筒法兰

连接固定的，图 6－33 中有 4 个铰链螺栓。一般的安装顺序是先松动铰链螺栓，打开机头法兰，清理干净后，将栅板装入机筒部分(或装在机头上)，再将机头安装在机头法兰上，最后闭合机头法兰，紧固铰链螺栓即可。机头与挤出机的同心度是靠机头的内径和栅板的外径配合，因为栅板的外径与机筒有配合，因此保证了机头与机筒的同心度要求。安装时栅板的端部必须压紧，以免漏料。其连接部分的尺寸见表 6－7。

表 6－7　挤出机连接部分尺寸表(机头连接形式之一)

mm

符号	挤出机型号						符号意义
	SJ－45	SJ－65	SJ－65	SJ－90	SJ－120	SJ－150	
M	M80×4	3M110×2	3M110×2	M140×3	M180×3	M180×3	机头与机头法兰连接的螺纹尺寸
D	ϕ55	ϕ80	ϕ90	ϕ110	ϕ160	ϕ175	栅板外径
d	—	ϕ70	ϕ70	ϕ90	ϕ120	ϕ150	栅板开孔处直径
m	M18	—	T22	T24	—	—	铰链螺钉直径
B	30	35	35	45	68	68	机头法兰厚度
H	—	15	15	20	32	38	栅板厚度
h	8	5	7	8	—	14	栅板伸入机筒部分厚度
L_1	104	170	181.86	210	348	348	铰链螺钉长度
L_2	104	115	105	120	205	205	中心距

图 6－34 所示为机头与挤出机又一种连接形式。机头以 12 个内六角螺钉与机头法兰连接固定，然后机头法兰又与挤出机法兰以铰链螺栓连接，而且在两者间有定位销 1 定位，以保证两者的同心度，其连接尺寸见表 6－8。

表 6－8　挤出机连接部分尺寸表(机头连接形式之二)

型号	ϕ	D	d	B	H	h	L_1	L_2	L_3	m
SJ－90	180	140	106	49	—	20	277	160	320	27
SJ－150	280① 300②	220	185	70	42	30	381	220	440	36
SJ－200	340	275	235	—	50	40	476.3	375	—	42

注：表中数据为大连橡胶塑料机械厂的产品规格。

表中符号意义：

ϕ——机头与机头法兰连接的内六角螺钉中心距；

D——机头与机头法兰连接的定位孔直径；

d——栅板外径；

B——机头法兰厚度；

H——机筒安装栅板处厚度(深度)；

h——栅板厚度；

m——机头与机头法兰连接的内六角螺钉直径；

M——内六角螺钉直径；

L_1，L_2，L_3——铰链螺钉中心距。

①安装管材机头的尺寸；②安装板材机头的尺寸。

思考与练习题

1. 挤出成型的工艺过程有哪些?
2. 管材挤出成型的主要工艺参数有哪些?
3. 挤出成型模具如何分类? 管材挤出机头有几种结构形式?
4. 了解管材挤出机头的口模和芯棒的设计要求。
5. 管材挤出机头的分流器和分流器支架的结构形式如何? 如何计算?

第 7 章
其他成型模具设计

本章主要介绍其他类塑料成型，主要包括中空吹塑成型、真空成型及压缩空气成型等，它是借助压缩空气或抽真空来成型塑料瓶、罐、盒等类制品的方法。

7.1　中空吹塑成型工艺与模具设计

中空吹塑成型是一种成型中空制品的方法，它用来成型各种工业及日常生活用品，如瓶、桶、双壁箱、双壁座椅等。吹塑能较好地保证制品的外部形状和尺寸，能成型用注塑等其他方法无法成型的中空制品。吹塑成型由两个基本步骤构成，即用挤塑或注塑的办法成型型坯和用压缩空气再辅以其他机械力吹胀型坯，使它紧贴于型腔壁，并迅速冷却定型为制品。中空吹塑成型可以获得各种形状与大小的中空薄塑料制品，在工业中尤其是在日用工业中应用十分广泛。

7.1.1　中空吹塑成型的分类及工艺过程

中空吹塑成型是将处于塑性状态的塑料型坯置于模具型腔内，压缩空气注入型坯中将其吹胀，使之紧贴于模腔壁上，冷却定型得到一定形状的中空塑件的加工方法。根据成型方法不同，中空吹塑成型可分为挤出吹塑成型、注射吹塑成型、多层吹塑成型及片材吹塑成型等。

1. 挤出吹塑成型

挤出吹塑是目前产量最大、经济性良好的一种吹塑制品成型方法。挤出吹塑模具一般由具有垂直分型面的两半模构成，装在合模架上，模具上配备有进气杆或进气针，用挤塑机通过角式机头或储料缸机头向下挤出熔融型坯，然后吹塑模合模，夹住型坯，同时进行吹胀，经保压冷却、定型后放掉型坯内的空气，开模脱出塑件。与注塑成型相比，吹塑设备和模具造价低，能成型注塑成型时无法脱出型芯的小口容器。挤出吹塑所采用高分子材料的相对分子量比注塑原料高得多，且制品在吹塑时经周向拉伸分子取向，因而具有较高的冲击强度和耐应力开裂能力。吹塑压力一般只需 0.2 ~1 MPa，比注塑成型低得多，低压成型制品所带来的残余应力较小。

图 7 -1 所示是挤出吹塑成型工艺过程示意图。首先，挤出机挤出管状型坯，如图 7 -1(a)所示；截取一段管坯趁热将其放于模具中，闭合对开式模具同时夹紧型坯上下两端，如图 7 -1(b)所示；然后用吹管通入压缩空气，使型坯吹胀并贴于型腔表壁成型，如图 7 -1(c)所示；最后经保压和冷却定型，便可排出压缩空气并开模取出塑件，如图 7 -1(d)所示。挤出吹塑成型模具结构简单，投资少，操作容易，适于多种塑件的中空吹塑成型。缺点是壁厚不易均匀，塑件需后加工以去除飞边。

2. 注射吹塑成型

注射吹塑适合于成型小型高精度中空塑料制品，如药瓶、日常化学品瓶、化妆品瓶、食

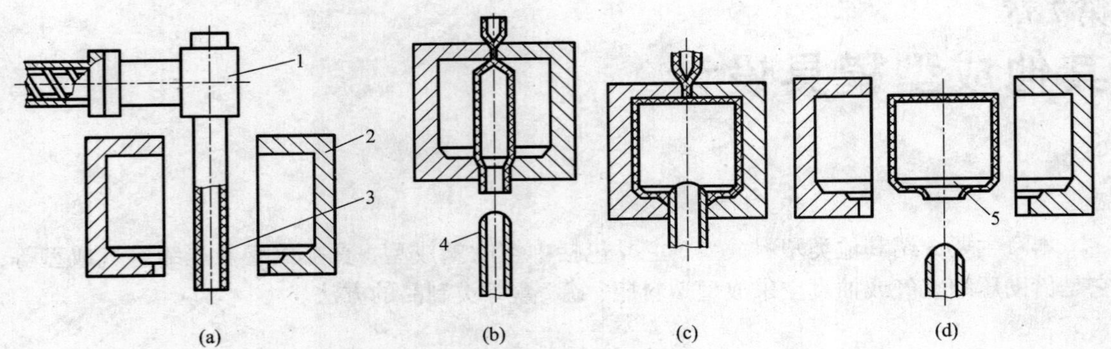

图 7－1　挤出吹塑成型工艺过程

1—挤出机头；2—吹塑模；3—管状型坯；4—压缩空气管；5—塑件

品的小型包装瓶。注射吹塑模具由型坯注塑模、吹塑模和芯棒移动装置、吹气装置等构成，料坯由注塑的方法成型，附着在芯棒上，然后将热型坯移入吹塑成型模具型腔内进行吹塑。注射吹塑成型的工艺过程如图 7－2 所示。首先注射机将熔融塑料注入注射模内形成管坯，管坯成型在周壁带有微孔的空心凸模上，如图 7－2(a)所示；接着趁热移至吹塑模内，如图 7－2(b)所示，然后向芯棒的管道内通入压缩空气，使型坯吹胀并贴于模具型腔壁上，如图 7－2(c)所示，最后经保压、冷却定型后放出压缩空气，且开模取出塑件，如图 7－2(d)所示。

这种成型方法的特点是容器尺寸尤其是颈部螺纹精度高，壁厚均匀，容器底部和肩部都不再产生挤吹那样的结合缝，也不会产生由于剪切口产生的边角料。由于注塑吹塑的吹胀温度较低，因而大分子有较多的取向效应保留下来，有利于提高其力学强度，制品的光泽和透明性更好。注吹的缺点是模具和设备要求高，价格昂贵，成型能耗大，成型周期较长，多用于小型塑件的大批量生产。

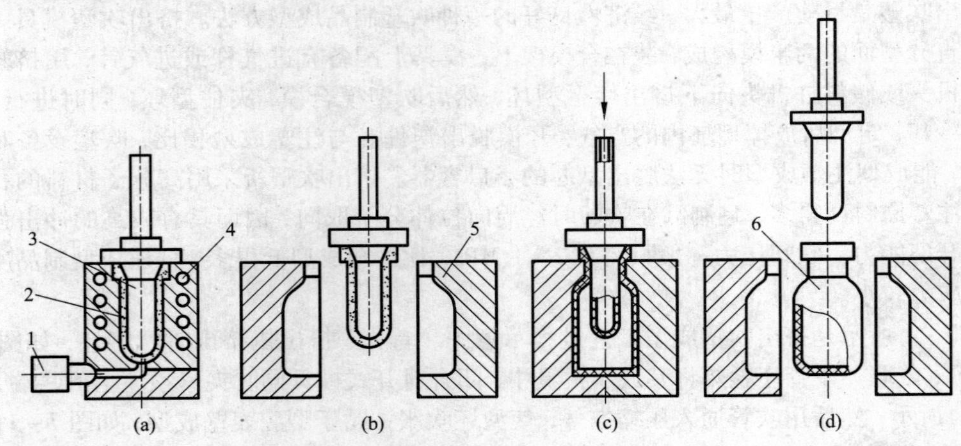

图 7－2　注射吹塑成型工艺过程

1—注射机喷嘴；2—注射型坯；3—空心凸模；4—加热器；5—吹塑模；6—塑件

3. 注射拉伸吹塑成型

注射拉伸吹塑成型是将成型的有底型坯加热到熔点以下适当温度后置于模具内，先用拉伸杆进行轴向拉伸后再通入压缩空气吹胀成型的加工方法。经过拉伸吹塑的塑件其透明度、抗冲击强度、表面硬度、刚度和气体阻透性能都有很大提高。注射拉伸吹塑最典型的产品是线性聚脂饮料瓶。

注射拉伸吹塑成型可分为热坯法和冷坯法两种成型方法。

热坯法注射拉伸吹塑成型工艺过程如图 7－3 所示。首先在注射工位注射成一空心带底型坯，如图 7－3(a)所示；然后打开注射模将型坯迅速移到拉伸和吹塑工位，进行拉伸和吹塑成型，如图 7－3(b)、(c)所示；最后经保压、冷却后开模取出塑件，如图 7－3(d)所示。这种成型方法省去了冷型坯的再加热，所以节省能量，同时由于型坯的制取和拉伸吹塑在同一台设备上进行，占地面积小，生产易于连续进行，自动化程度高。

冷坯法是将注射好的型坯加热到合适的温度后再将其置于吹塑模中进行拉伸吹塑的成型方法。采用冷坯成型法时，型坯的注射和塑件的拉伸吹塑成型分别在不同设备上进行，在拉伸吹塑之前，为了补偿型坯冷却散发的热量，需要进行二次加热，以确保型坯的拉伸吹塑成型温度，这种方法的主要优点是设备结构相对简单。

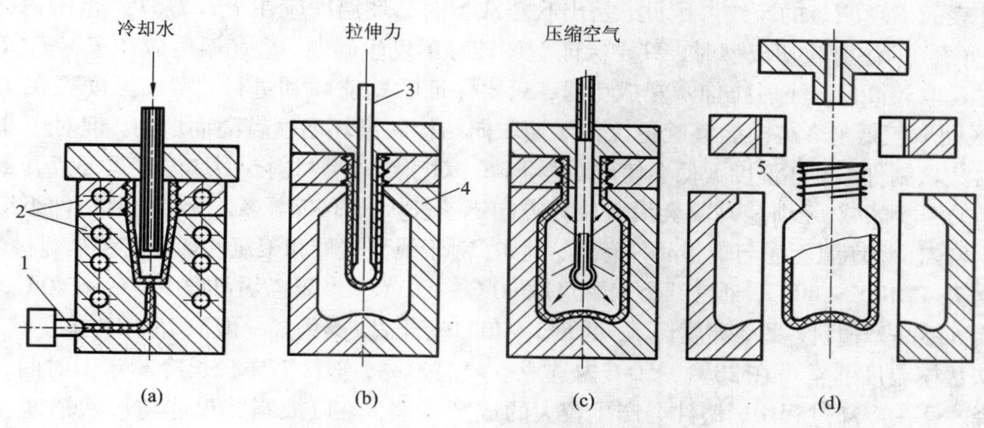

图 7－3　注射拉伸吹塑成型工艺过程

1—注射机喷嘴；2—注射模；3—拉伸芯棒(吹管)；4—吹塑模；5—塑件

4. 多层吹塑

多层吹塑是指不同种类的塑料，经特定的挤出机头形成一个坯壁分层而又黏接在一起的型坯，再经吹塑制得多层中空塑件的成型方法。

发展多层吹塑的主要目的是解决单独使用一种塑料不能满足使用要求的问题。例如单独使用聚乙烯，可以采用外层为聚氯乙烯、内层为聚乙烯的容器，此容器气密性好且无毒。应用多层吹塑一般是为了提高气密性、着色装饰、回料应用、立体效应等，为此分别采用气体低透过率与高透过率材料的复合；发泡层与非发泡层的复合；着色层与本色层的复合；回料层与新料层的复合以及透明层与非透明层的复合。

多层吹塑的主要问题是：层间的熔接与接缝的强度问题，除了选择塑料的种类外，还要求严格的工艺条件控制与挤出型坯的质量技术；由于多种塑料的复合，塑料的回收选用比较困难；机头结构复杂，设备投资大，成本高。

5. 片材吹塑成型

片材吹塑成型如图 7 -4 所示。将压延或挤出成型的片材再加热，使之软化，放入型腔，闭模后在片材之间压入压缩空气而成型出中空塑件。

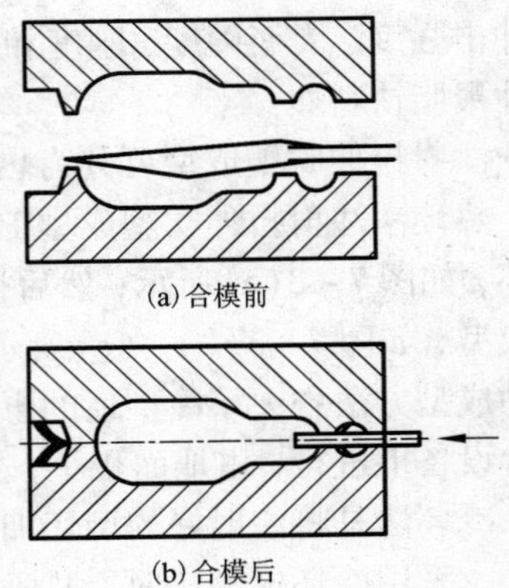

(a) 合模前

(b) 合模后

图 7 -4 片材吹塑中空成型

7.1.2 中空吹塑成型的工艺参数选择

1. 型坯温度与模具温度

一般来说，型坯温度较高时，塑料容易发生吹胀变形，成型塑件外观轮廓清晰，但型坯自身的形状保持能力较差；反之，当型坯温度较低时，型坯在吹塑前的转移过程中就不容易发生破坏，但是其吹塑成型性能将会变差，成型时塑料内部会产生较大的应力，当成型后转变为残余应力时，不仅会削弱塑料制件强度，而且还会导致塑件表面出现明显的斑纹。因此，挤出吹塑成型时型坯温度应在 $T_g \sim T_f(T_m)$ 范围内，尽量偏向 $T_f(T_m)$；注射吹塑成型时，只要保证型坯转移不发生问题，型坯温度应在 $T_g \sim T_f(T_m)$ 范围内尽量取较高值；注射拉伸吹塑成型时，只要保证吹塑能顺利进行，型坯温度可在 $T_g \sim T_f(T_m)$ 区间取较低值，这样能够避免拉伸吹塑取向结构因型坯温度较高而取向，但对于非结晶型透明塑料制件，型坯温度太低会使透明度下降。对于结晶型材料，型坯温度需要避开最易形成球晶的温度区域，否则，球晶会沿着拉伸方向迅速长大并不断增多，最终导致塑件组织变得十分不均匀，型坯温度还与塑料品种有关，例如，对于线型聚酯和聚氯乙烯等非结晶塑料，型坯温度比 T_g 高 10℃ ~40℃，通常线型聚酯可取 90℃ ~110℃，聚氯乙烯可取 100℃ ~140℃，对于聚丙烯等结晶型塑料，型坯温度比 T_m 低 5℃ ~40℃较合适，聚丙烯一般取 150℃左右。

吹塑模温度通常可在 20℃ ~50℃内选取。模温过高，塑件需要较长冷却定型时间，生产率下降，且在冷却过程中，塑件会产生较大的成型收缩，难以控制其尺寸与形状精度。模温过低，则塑料在模具夹坯口处温度下降很快，阻碍型坯发生吹胀变形，还会导致塑件表面出现斑纹或使光亮度变差。

2. 吹塑压力

吹塑压力是指吹塑成型所用的压缩空气压力，其数值通常为：吹塑成型时取 0.2 ~0.7 MPa，注射拉伸吹塑成型时吹塑压力要比普通吹塑压力大一些，常取 0.3 ~1.0 MPa。对于薄壁、大容积中空塑件或表面带有花纹、图案、螺纹的中空塑件，对于黏度和弹性模量较大的塑件，吹塑压力应尽量取大值。

7.1.3 吹塑制件结构工艺性

根据中空吹塑件成型的特点，对塑件的要求主要有吹胀比、延伸比、螺纹、圆角、支撑面、刚度、纵向强度等。现分述如下：

1. 吹胀比

吹胀比是指塑件最大直径与型坯直径之比，这个比值要选择适当，通常取 2 ~4，但多用 2，过大会使塑件壁厚不均匀，加工工艺条件不易掌握。

吹胀比表示了塑件径向最大尺寸和挤出机机头口模尺寸之间的关系。当吹胀比确定以后，便可以根据塑件的最大径向尺寸及塑件壁厚确定机头型坯口模的尺寸。机头口模与芯轴的间隙可用下式确定：

$$\delta = tB_{R}K \tag{7-1}$$

式中：δ——口模与芯轴的单边间隙；

t——塑件壁厚；

B_{R}——吹胀比，一般取 2 ~ 4；

K——修正系数，一般取 1 ~ 1.5，它与加工塑料黏度有关，黏度大取下限。

型坯截面形状一般要求与塑件轮廓大体一致，如吹塑圆形截面的瓶子，型坯截面应是圆形的；若吹塑方桶，则型坯应制成方形截面，或用壁厚不均的圆柱料坯，以使吹塑件的壁厚均匀。如图 7 - 5 所示，图 7 - 5(a)吹制矩形截面容器时，则短边壁厚小于长边壁厚，而用图 7 - 5(b)所示截面的型坯可得以改善；图 7 - 5(c)所示料坯吹制方形截面容器可使四角变薄的状况改善；图 7 - 5(d)适用于吹制矩形截面容器。

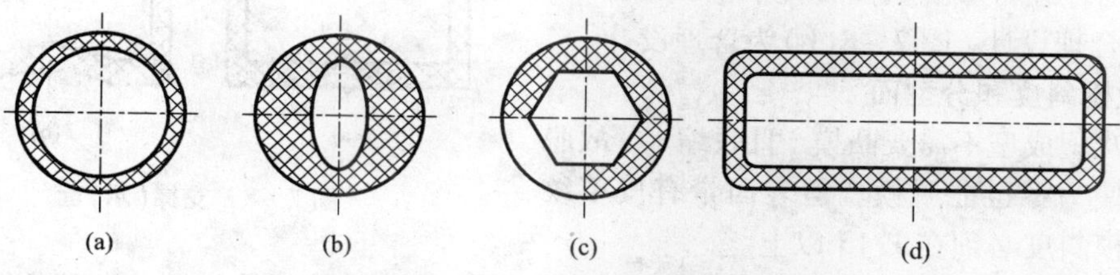

图 7 - 5　注射拉伸吹塑中空成型

2. 延伸比

在注射拉伸吹塑成型中，塑件的长度与型坯的长度之比称为延伸比，图 7 - 6 所示的 c 与 b 之比即为延伸比。延伸比确定后，型坯的长度就能确定。实验证明延伸比大的塑件，即壁厚越薄的塑件，其纵向和横向的强度越高。也就是延伸比越大，得到的塑件强度越高。为保证塑件的刚度和壁厚，生产中一般取延伸比 $S_{R} = (4 \sim 6)/B_{R}$。

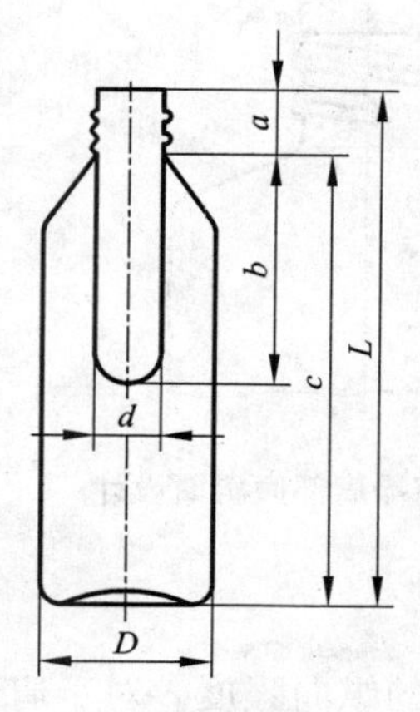

图 7 - 6　延伸比示意图

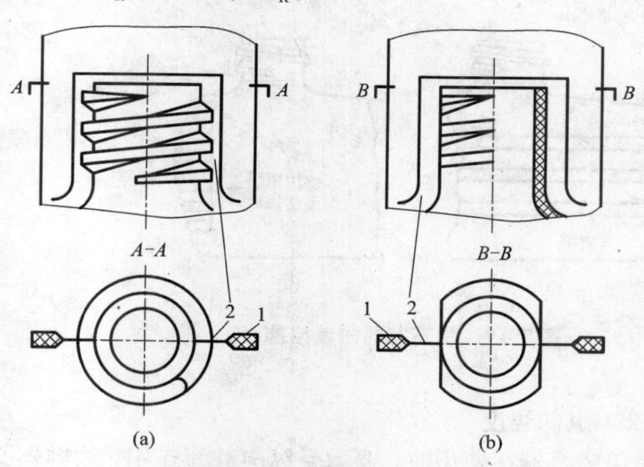

图 7 - 7　螺纹形状

1—余料；2—夹坯口(切口)

3. 螺纹

吹塑成型的螺纹通常采用梯形或半圆形的截面，而不采用细牙或粗牙螺纹，这是因为后者难以成型。为了便于塑件上飞边的处理，在不影响使用的前提下，螺纹可制成断续状的，即在分型面附近的一段塑件上不带螺纹，如图 7－7 所示，图 7－7(b) 比图 7－7(a) 易清理飞边余料。

4. 圆角

吹塑塑件的侧壁与底部的交接及壁与把手交接等处，不宜设计成尖角，尖角难以成型，这种交接处应采用圆弧过渡。在不影响造型及使用的前提下，圆角以大为好，圆角大壁厚则均匀，对于有造型要求的产品，圆角可以减小。

5. 塑件的支撑面

在设计塑料容器时，应减少容器底部的支撑面，特别要减少结合缝与支撑面的重合部分，因为切口的存在将影响塑件放置平稳，如图 7－8(a) 为不合理设计，图 7－8(b) 为合理设计。

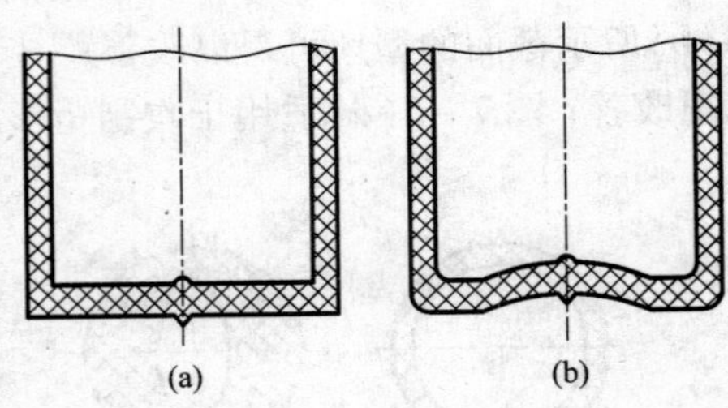

图 7－8　支撑(承)面

6. 脱模斜度和分型面

由于吹塑成型不需要凸模，且收缩大，故脱模斜度即使为零也能脱模。但表面带有皮革纹的塑件脱模斜度必须在 1/15 以上。

吹塑成型模具的分型面一般设在塑件的侧面，对于矩形截面的容器，为避免壁厚不均，有时将分型面设在对角线上。

7. 刚度

为提高容器刚度，一般在圆柱容器上贴商标区开设圆周槽，圆周槽的深度宜小些，如图 7－9(a) 所示。在椭圆形容器上也可以开设锯齿形水平装饰纹，如图 7－9(b) 所示。这些槽和装饰纹不能靠近容器肩部或底部，以免造成应力集中或降低纵向强度。

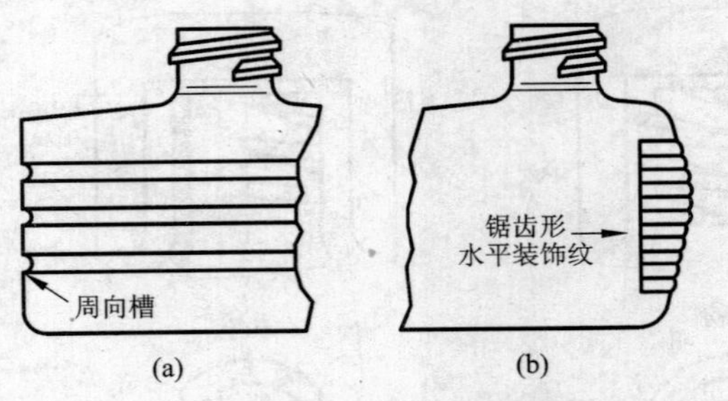

图 7－9　提高容器刚度措施

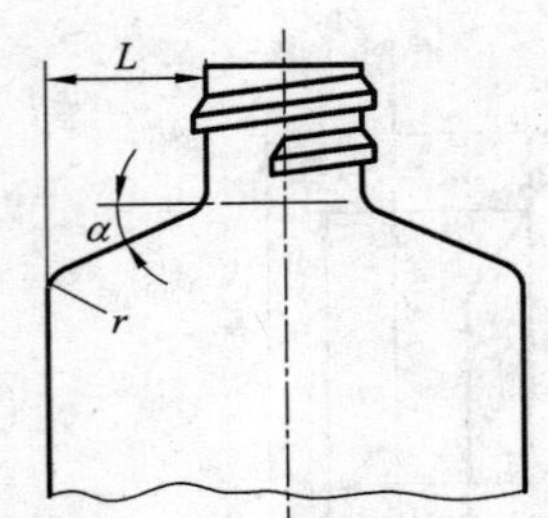

图 7－10　容器肩部倾斜面设计

8. 纵向强度

包装容器在使用时，要承受纵向载荷作用，故容器必须有足够的纵向强度。对于肩部倾斜的圆柱形容器，倾斜面的倾角与长度是影响纵向强度的主要参数。如图 7－10 所示，高密度聚乙烯的吹塑瓶，肩部 L 为 13 mm 时，α 至少要 12°，L 为 50 mm 时，α 应取 30°。如果 α 小，则由于垂直应力的作用，易在肩部产生缺陷。

若容器要承受大的纵向载荷作用，要避免采用图7－11所示波纹槽。这些槽会降低容器纵向强度，导致应力集中与开裂。

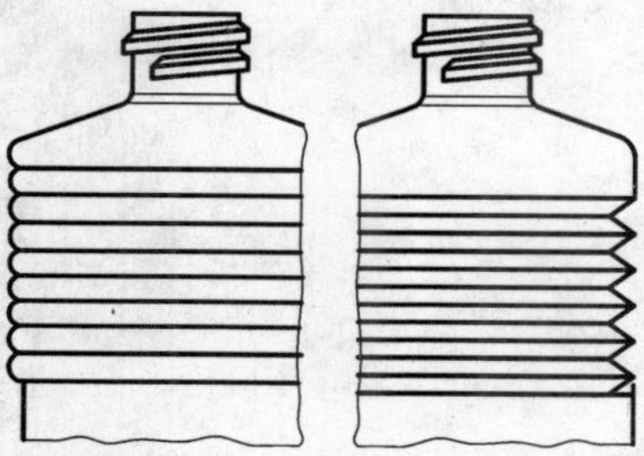

图7－11　带周向波纹槽的容器

7.1.4　吹塑成型设备

中空吹塑设备包括挤出装置或注射装置、挤出型坯用的机头、模具、合模装置及供气装置等。

1．挤出装置

挤出装置是挤出吹塑中最主要的设备。吹塑用的挤出装置并无特殊之处，一般通用型挤出机均可用于吹塑。

2．注射吹塑机械

注射吹塑机械主要包括：注射系统、型坯模具、吹塑模具、模架（合模装置）、脱模装置及转位装置等。根据注射工位和吹塑工位的换位方式，注射吹塑机械的类型有往复移动式和旋转式两种。

（1）注射系统　注射系统主要由注射机、支管装置、充模喷嘴构成。

1）注射机　普通三段式螺杆注射机塑化性能较差，熔体混炼不均匀，在熔化段螺槽内聚合物温度分布不均匀，平均温度较高，故在较高产量下难以保证制品性能要求。因此注射吹塑中多用混炼螺杆注射机进行注射成型，其塑化速度比普通螺杆的高，熔体温度较均匀。

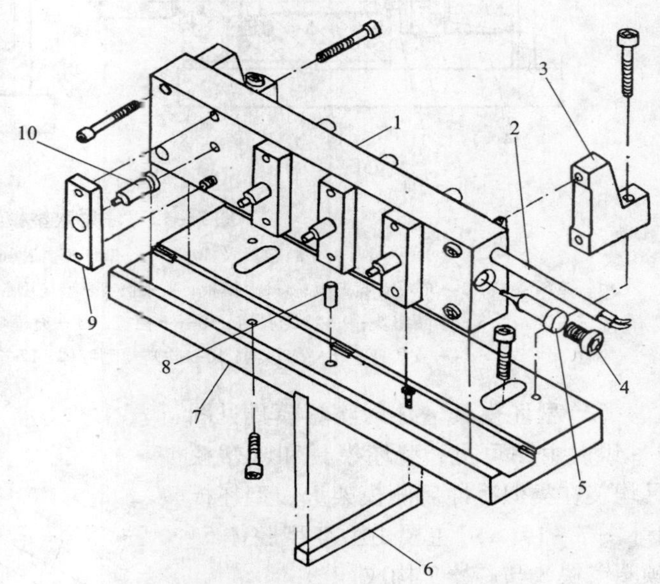

图7－12　支管装置部件分解图

1—支管体；2—加热器；3—支管夹具；4—螺钉；5—流道塞；6—键；7—支管底座；8—定位销；9—喷嘴夹板；10—充模喷嘴

2）支管装置　支管装置见图7－12，熔体通过注射机喷嘴注入支管装置的流道内，再经充模喷嘴10注入型坯模具。支管装置主要有支管体1、支管底座7、支管夹具3、充模喷嘴夹板9及管式加热器2构成。支管装置安装在型坯模具的模架上（图7－13）。其作用是将熔体从注射机喷嘴引入型坯模具型腔内。可实现一次注射成型多个型坯。

3）充模喷嘴　充模喷嘴把从支管流道来的烇体注入型坯模具，其孔径较小，相当于针点式浇口。给多型腔模具供料时，各喷嘴的孔径应有差异，即中间的喷嘴孔径为1.0～1.5 mm，往两边的喷嘴孔径逐个增加0.25 mm，以达到均匀地给每个模腔充填塑料。喷嘴长度应小于40 mm，以免熔体停留时间过长。充模喷嘴一般通过与被加热的支管体及型坯模具的接触而得到加热，也可单独设加热器加热。

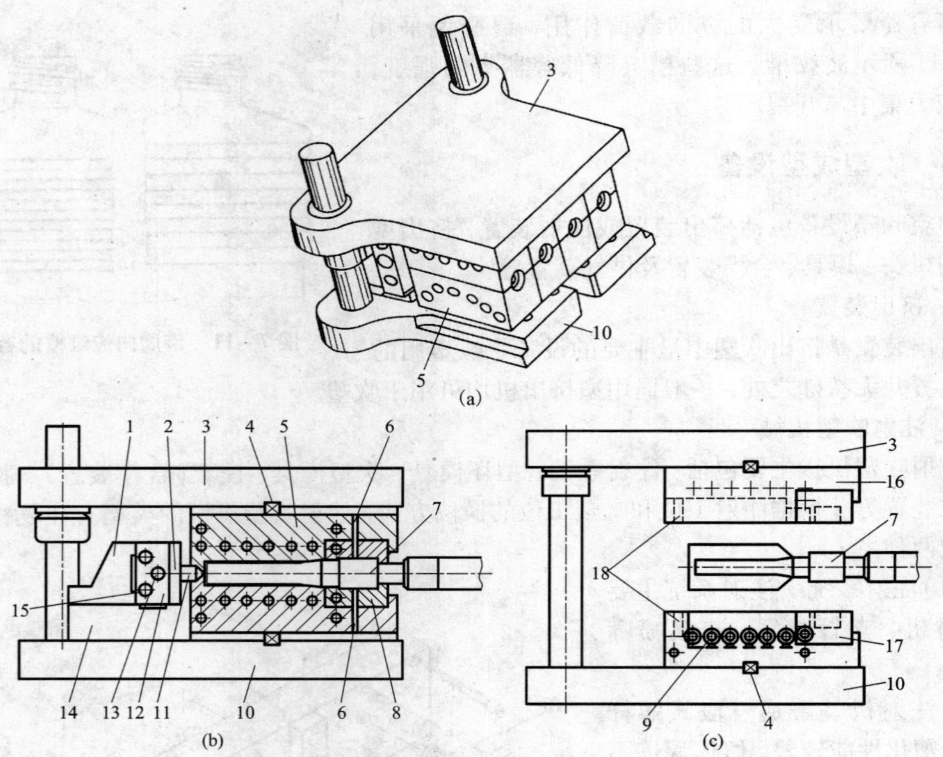

图 7－13　注射吹塑模具

(a)模具及模架；(b)型坯模具；(c)吹塑模具

1—支管夹具；2—充模喷嘴夹板；3—上模板；4—键；5—型坯型腔体；6—芯棒温控介质入、出口；7—芯棒；8—颈圈镶块；9—冷却孔道；10—下模板；11—充模喷嘴；12—支管体；13—流道；14—支管座；15—加热器；16—吹塑模型腔体；17—吹塑模颈圈；18—模底镶块

(2)型坯模具　注射吹塑模具见图 7－14。由图可见，型坯模具和吹塑模具均装在类似冷冲后侧模架上。型坯模具[图 7－14(a)]主要由型坯型腔体 5、颈圈镶块 8 与芯棒 7 构成。

1)型坯型腔体　型坯型腔体由定模与动模两部分构成，对软质塑料成型，型腔体材料可由碳素工具钢或结构钢制成，硬度为 31～35 HRC；对硬质塑料成型，型腔体由合金工具钢制成，热处理后硬度 52～54 HRC。型腔要抛光，加工硬质塑料时还要镀铬。

2)颈圈镶块　颈圈镶块用于成型容器颈部(含螺纹)，并支承芯棒，见图 7－14(a)中零件 4，一般用键或定位销保

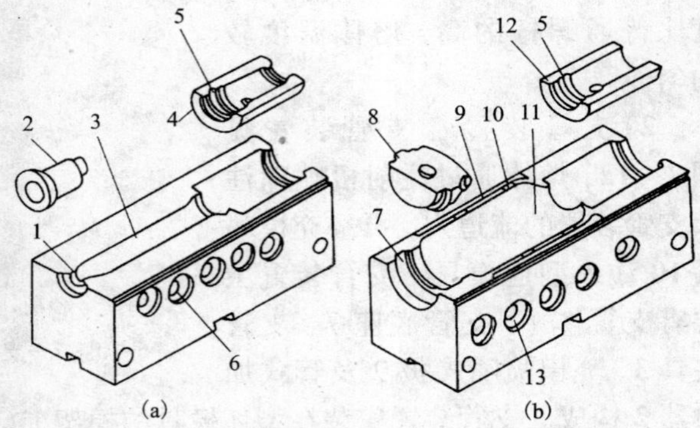

图 7－14　注射吹塑型腔体

(a)型坯型腔体；(b)吹塑型腔体

1—喷嘴座；2—充模喷嘴；3—型坯型腔；4—型坯模颈圈；5—颈部镶块；6—孔道(热介质调温)；7—模底镶块槽；8—模底镶块；9—槽；10—排气槽；11—吹塑型腔；12—吹塑模颈圈；13—冷却孔道

证颈圈镶块的位置精度。为确保芯棒与型腔的同轴度，要求颈圈内外圆有较高的同轴度。型坯模颈圈一般由合金工具钢制成并经抛光镀铬。

3）芯棒　见图 7－15，芯棒有以下几个作用：成型型坯内部形状与塑料容器颈部内径，即起型芯作用；带着型坯从型坯模转位到吹塑模；输送压缩空气，以吹胀型坯；通过温控介质以调节芯棒及型坯温度。另外，靠近配合面开设 1～2 圈深为 0.1～0.25 mm 凹槽，使型坯颈部塑料楔入槽内，避免从型坯成型工位转移至吹塑工位过程中颈部螺纹错位，同时减少漏气。芯棒各段的同轴度应在 ϕ0.05～0.08 mm 内。芯棒与型坯模架及吹塑模具的颈圈配合间隙为 0～0.015 mm，保证芯棒与型腔的同轴度。

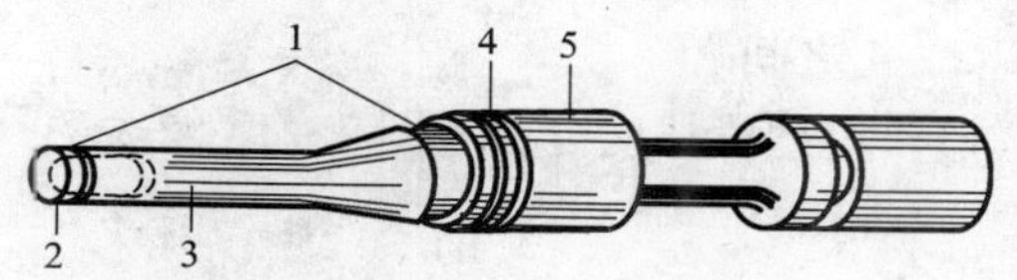

图 7－15　芯棒结构

1—压缩空气出口处；2—芯棒底部；
3—芯棒（型芯）；4—凹槽；5—芯棒颈部配合面

芯棒由合金工具钢制成，热处理后硬度为 52～54 HRC，比颈圈的稍低。与熔体接触表面要沿熔体流动方向抛光，镀硬铬，以利于熔体冲模与型坯脱模。

芯棒颈部放置在芯棒专用夹架上，芯棒夹架固定在转位装置上。

芯棒和型坯模型腔的形状及尺寸根据型坯形状与尺寸而定。因而型坯的设计与成型是注射吹塑的关键。型坯长度和颈部直径之比决定于芯棒长径比（L/D），而芯棒长径比一般不超过 10。型坯直径根据制品直径而定，而注射吹塑的吹胀比一般取 3。型坯模型腔和芯棒的横截面形状决定于型坯横截面形状，对于截面为椭圆形制品，其椭圆长短轴之比小于 1.5 的，采用横截面为圆形的型坯；而椭圆长短轴之比不超过 2 的，则采用截面为圆形芯棒和截面为椭圆形的型坯模型腔来成型型坯；当椭圆长短轴之比大于 2 时，芯棒和型坯模型腔的截面一般均设计成椭圆形。除颈部外，型坯的壁厚一般取 2～5 mm，型坯横截面上最大与最小壁厚之比应小于 2；型坯纵截面上最大与最小壁厚之比不应大于 3。设计型坯的颈部尺寸和吹塑模具型腔时，应考虑塑料成型后的收缩，收缩率与塑料及成型工艺条件有关，PE、PP 等软质塑料收缩率为 1.6%～2.0%；PC、PS、PAN 等硬质塑料收缩率约为 0.5%。

4）吹塑模具材料

吹塑模具材料常用有钢模、铝合金模、铜合金模和锌合金模。钢模的强度高，使用寿命长，但由于其导热性较差，因此用得不多，它常用来作为铝、铜或锌合金制作的模具上的承压嵌块、剪切口嵌块、拉杆、导柱、导套、模具底板等。这些零件常需对钢做硬化热处理。铝合金是用得最多的吹塑模材料，其主要优点是导热性好、质轻。使用寿命可达 100 万～200 万次。铜合金中以铜铍合金的导热性好，强度高，机械加工成型的铜铍合金强度更优于铸造的铜铍合金。铜铍合金通过热处理硬度可达 HRC40，但其价格昂贵，以体积计约为铝模的 6 倍，加工较难，所需加工工时约为铝模 3 倍，密度也约为铝的 3 倍。但其耐腐蚀性高，能加工 PVC 制品，还可防止冷却水通道结垢。锌基合金可用来铸造大型吹塑模具或形状不规则的制品，其特点是导热性好，成本低，但硬度较低，因此要用钢或铜铍合金作夹坯切口嵌件，或制作成模框，将锌基合金制作的型腔镶嵌在其中。

3．机头

机头是挤出吹塑成型的重要设备，它可以根据所需型坯直径、壁厚的不同予以更换。机头的结构形式、参数选择等直接影响塑件的质量。常用的挤出机头有芯棒式机头和直接供料式机头两种。图 7－16 和图 7－17 为这两种机头的结构。

芯棒式机头通常用于聚烯烃塑料加工，直接供料式机头用于聚氯乙烯塑料加工。机头体型腔最大环形截面积与芯棒、口模间的环形截面积之比称为压缩比。机头的压缩比一般选择在 2.5 ~4 之间。

口模定型段长度可参考图 7－18 及表 7－1。

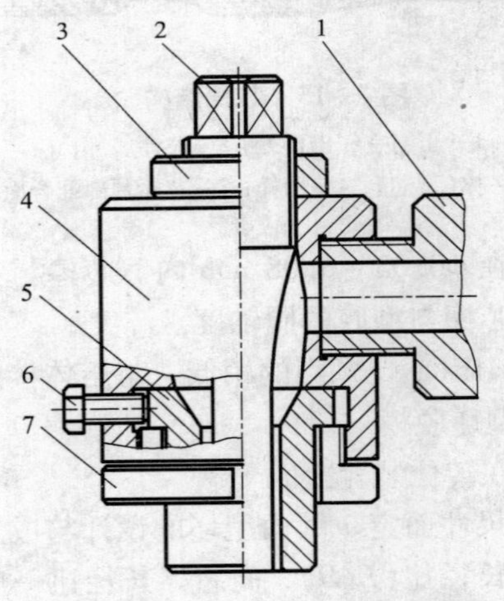

图 7－16 中空吹塑芯棒式机头结构

1—与主体连接体；2—芯棒；3—锁紧螺母；4—机头体；5—口模；6—调节螺栓；7—法兰

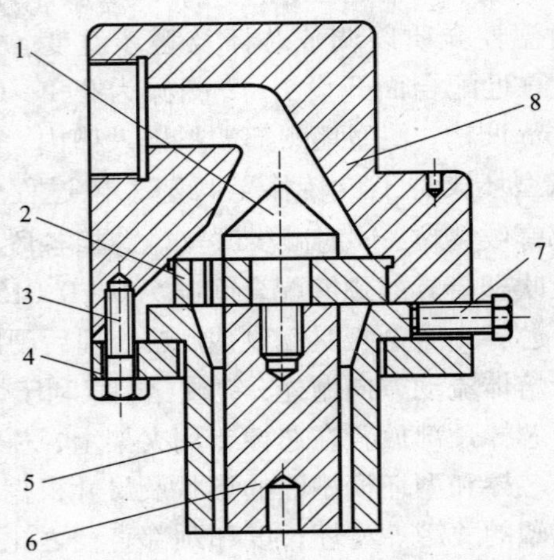

图 7－17 中空吹塑直接供料式机头结构

1—分流芯棒；2—过滤板；3—螺栓；4—法兰；5—口模；6—芯棒；7—调节螺栓；8—机头体

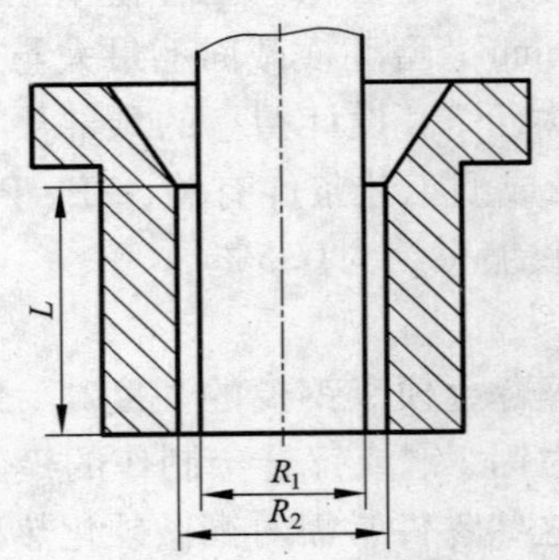

图 7－18 中空吹塑用机头口模

表 7－1 中空吹塑机头定型尺寸

mm

口模间隙($R_k - R_t$)	定型段长度 L
<0.76	<25.4
0.76 ~2.5	=25.4
>2.5	>25.4

7.1.5 吹塑成型模具的设计

1. 常用吹塑模设计

吹塑模具通常由两瓣合成（即对开式），对于大型吹塑模可以设冷却水通道。模口部分做成较窄的切口，以便切断型坯。由于吹塑过程中模腔压力不大，一般压缩空气的压力为 0.2 ~0.7 MPa，故可以供选择做模具的材料较多，最常用的材料有铝合金、锌合金等。由于锌合金易于铸造和机械加工，多用它来制造形状不规则的容器。对于大批量生产硬质塑料制件的模具，可选用耐热钢制造，淬火硬度为 40 ~44 HRC，模腔可抛光镀铬，使容器具有光泽表面。

从模具结构和工艺方法上看，吹塑模可分为上吹口和下吹口两类。图 7 - 19 所示是典型的上吹口模具结构，压缩空气由模具上端吹入模腔。图 7 - 20 所示是典型的下吹口模具，使用时料坯套在底部芯轴上，压缩空气自芯轴吹入。

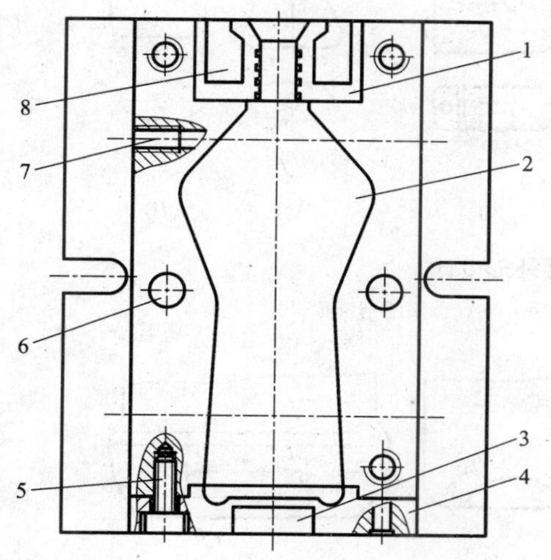

图 7 - 19　上吹口模具结构图

1—口模镶块；2—型腔；3、8—余料槽；4—底部镶块；5—紧固螺栓；6—导柱（孔）；7—冷却水道

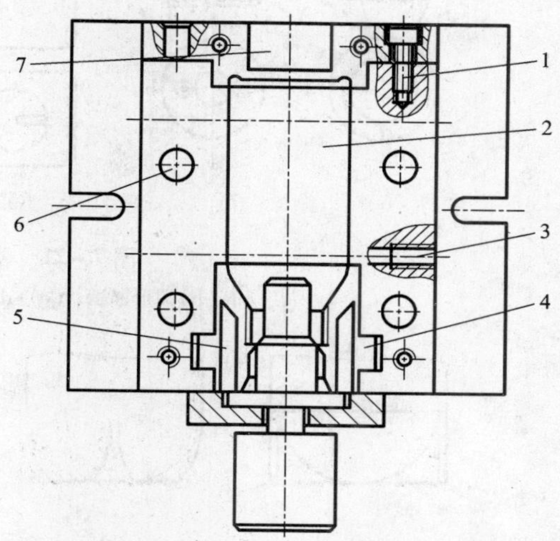

图 7 - 20　下吹口模具结构图

1—螺钉；2—型腔；3—冷却水道；4—底部镶块；5、7—余料槽；6—导柱（孔）

吹塑模具设计要点如下：

(1) 几何形状设计

制品的几何形状首先是由使用功能决定的，以汽车用燃油箱的外形设计为例，需根据燃油箱安置处的空间位置，使其能有效利用剩余空间，增加燃油箱体积来决定，但其他容器设计就没有这种限制。从吹塑件壁厚易均匀，模具制造方便出发，最好使用圆柱形容器，如图 7 - 21(a)、(b)。但圆形容器在运输和储存时空间的最大利用率只有 75%。而采用矩形容器时储存空间利用率最大，如图 7 - 21(c)、(d)。但矩形容器易出现壁厚不均，转角处壁最薄，而平壁中心处壁最厚。矩形容器在受内压或外压时，平壁易向外鼓出或向内凹陷，刚性远不如圆形容器。具有椭圆形横截面的吹塑容器其优缺点介于圆形和矩形之间，力学性能较好，造形也较美观，一般用于化妆品或洗涤用品包装，椭圆长短轴长度之比应不大于 3，如图 7 - 21(e)、(f) 所示。此外还有各种异型吹塑容器。

常见瓶底设计如图 7 - 22 所示，从耐压角度出发，球形瓶底在壁厚相同时是耐压强度最高的。但需要粘结一个使瓶子能垂直站立的底座，现已很少采用。花瓣形的瓶底具有类似的耐压能力，但又具有使瓶子垂直站立的作用，现采用较多。图 7 - 22(c) 所示的内凹同样能承受较高的内压，常用于香槟酒酒瓶，但内凹深度要大，吹塑时需在模具底部设有活动嵌件，使模具结构复杂。对于大型容器的底如图 7 - 22(d)，除了设计内凹外还设计有渐变的底边外轮廓 1，一定宽度的平面支承部分 3，较大的圆弧拐角部分，较大的内凹角 2 和较短的凸拱长度 4。

某些工业部件或容器上设置有薄的整体铰链，特别是用聚丙烯或高密度聚乙烯成型的双

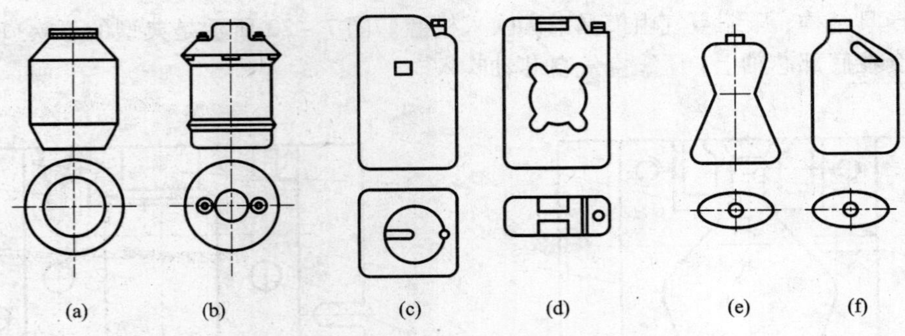

图 7－21　吹塑容器外形设计

(a)(b)圆形断面；(c)(d)矩形断面；(e)(f)椭圆形断面

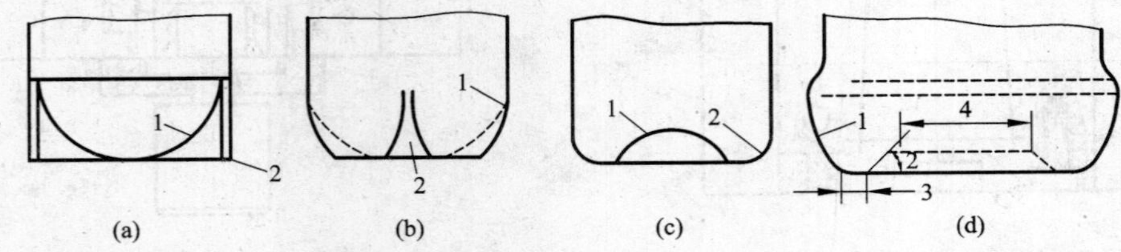

图 7－22　瓶底耐压设计

(a)半球形底；(b)花瓣形底；(c)内凹形底；(d)大型制品外凸底

壁工具箱多采用整体式铰链，铰链断面形状如图 7－23 所示。铰链部分的宽度至少应取 1.5 mm，否则在折叠时易因变形过大而折断。铰链厚度常取 0.25～0.38 mm，过厚的铰链弯曲时内应力大，反而容易开裂折断，铰链的宽度最小为 0.5 mm。注塑成型的整体式铰链应使熔体垂直于铰链流动通过铰链区，以便在铰链处产生剪切取向，对 PP 来说还可产生高强高韧的 β 晶型。挤出吹塑铰链处的型坯挤压变薄.也会产生拉伸流动，造成分子取向和晶形变化。

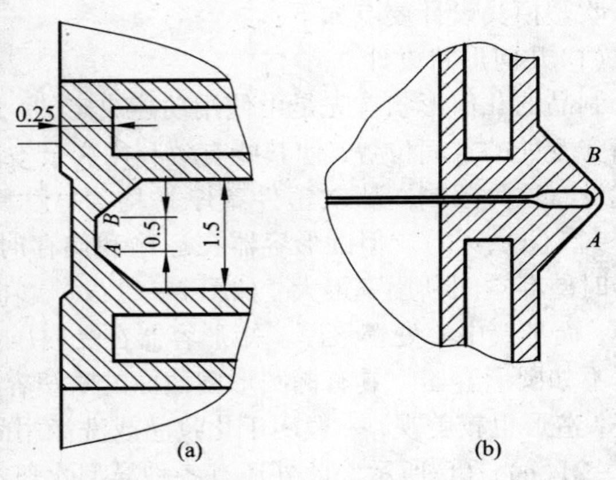

图 7－23　双壁吹塑制品上的整体铰链

(2)夹坯口　夹坯口亦称切口。挤出吹塑成型过程中，模具在闭合的同时需将型坯封口并将余料切除。因此在模具的相应部位要设置夹坯口。如图 7－24(a)所示。夹料区的深度 h 为型坯厚度的 2～3 倍。切口的倾斜角 α 选择 15°～45°，切口宽度 L 对于小型吹塑件取 1～2 mm，对于大型吹塑件取 2～4 mm，如果夹坯口角度太大，宽度太小，会造成塑件的接缝质量不高，甚至会出现裂缝，如图 7－25 所示。

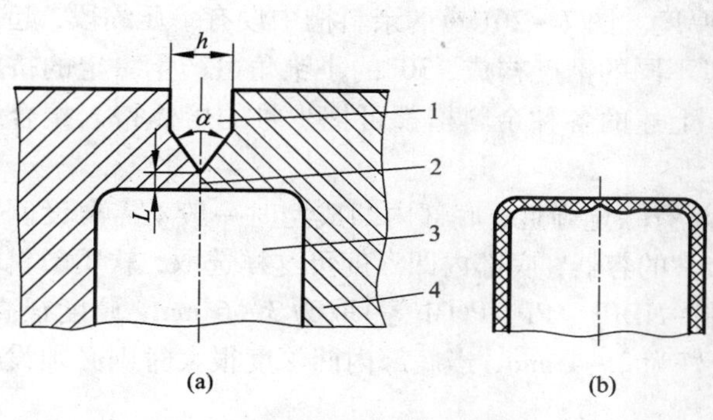

图7-24　中空吹塑模具夹料区

1—夹料区；2—夹坯口(切口)；3—型腔；4—模具

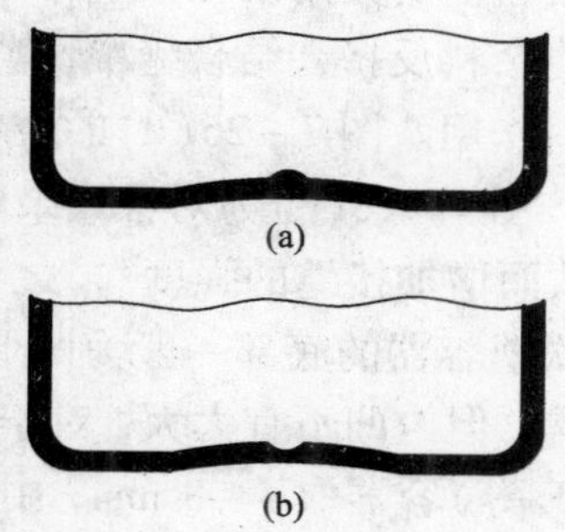

图7-25　容器底部的结合缝

(a)良好的接合缝；(b)不良的结合缝

(3)余料槽　型坯在夹坯口的切断作用下，会有多余的塑料被切除下来，它们将被容纳在余料槽内。余料槽通常设置在夹坯口的两侧，如图7-26所示。其大小应依型坯夹持后余料的宽度和厚度来确定，以模具能严密闭合为准。

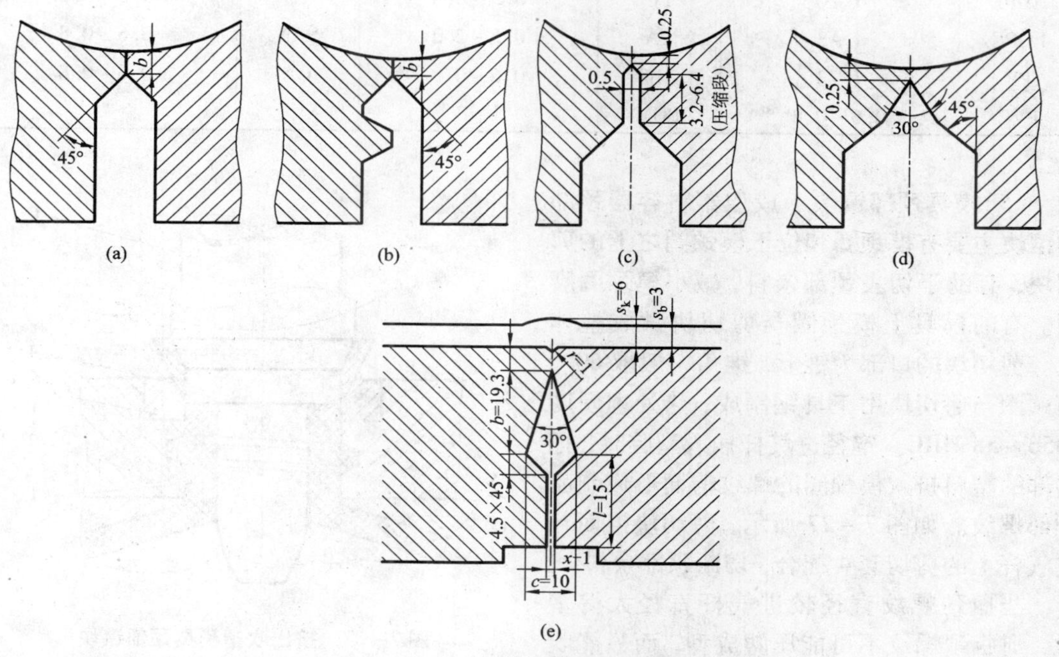

图7-26　夹坯口和余料槽

(a)普通式；(b)凸块式；(c)压缩段式；(d)双锥度式；(e)对锥式

容器的底部、肩部及手把等处都有余料槽，余料槽开在模具的分型面上，余料槽的形状和尺寸对结合缝的强度也有重要影响。图7-26中给出了五种余料槽的形式。余料槽厚度大，则余料偏厚，难以在短期内冷却下来，热量通过夹坯口传至接合缝，因而增加了脱模周期。若槽深过大，余料无法与槽壁接触，则冷却更困难。反之若槽太浅，则模具难以完全闭合。

余料槽的夹角设计很重要，常取约45°，如图7－26（b）所示的余料槽设计有凸块，合模时可将余料反挤入结合缝中，增加结合缝厚度。图7－26(c)的余料槽中设有一压缩段，起挤压余料作用。图7－26(d)的余料槽由两段不同的锥度构成，30°的小锥角可产生一定的挤料背压。图7－26(e)为对锥式余料槽设计，上述的各种余料槽都可把少量的熔体挤入接合缝中，从而增加接缝的强度。

吹塑容器的底部一般为凹形，由于制品有一定弹性，底部内凹成型时一般不需要设侧抽芯机构，但内凹不宜太大，对于容积小于5L的容器，底部内凹深度可这样选取，软质塑料料(LDPE等)容器取4～8 mm，中等硬度塑料(HDPE、PP、POM等)取为3～6 mm，硬度很高、收缩率很小的塑料(PMMA、PS、PC等)最好为2～4 mm，当底部内凹深度很大时则必须设侧向抽芯装置。

(4)型腔尺寸　型腔尺寸是制品尺寸加上塑料收缩率。这里的收缩率系指室温(22℃)下型腔尺寸与成型24 h之后的制品尺寸的相对差值。常用塑料吹塑制品的收缩率见表7－2。

表7－2　常用塑料吹塑制品的收缩率

塑　料	制品收缩率/%	塑　料	制品收缩率/%	塑　料	制品收缩率/%
HDPE	1～6	PC	0.5～0.8	PS	0.6～0.8
LDPE	1～3	PA	0.5～2.2	SAN	0.6～0.8
PP	1～3	ABS	0.6～0.8	CA	0.6～0.8
PVC	0.6～0.8	POM	1～3		

(5)模具颈部镶块　成型塑料容器颈部的镶块主要有模颈圈和位于模颈圈之上的剪切块，有助于切去颈部余料，减小模颈圈磨损。有的模具上模颈圈与剪切块做成整体式。剪切块的口部为锥形，锥角一般取60°。模颈圈与剪切块用工具钢制成，热处理硬度为56～58 HRC。定径进气杆插入型腔时，把颈部的塑料挤入模颈圈的螺纹槽而形成制品颈部螺纹。如图7－27所示，剪切块锥面与进气杆上的剪切套4配合，切断颈部余料。

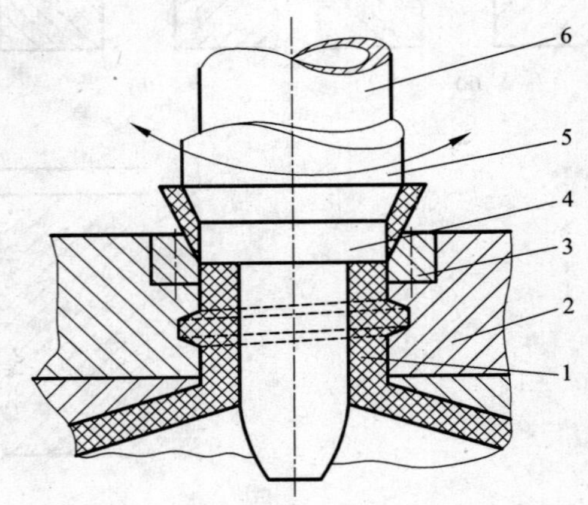

图7－27　挤出吹塑模具颈部镶块

1—容器颈部；2—模颈圈；3—剪切块；4—剪切套；5—带齿旋转套筒；6—定径进气杆

当瓶颈螺纹直径较进气杆直径大得多时，则瓶颈螺纹不可能压塑成型，而只能吹塑成型，如图7－28所示的模具没有进气杆，合模后通过模具与机头紧贴来封闭型腔，瓶颈螺纹靠吹塑成型，瓶颈处圆锥形拱顶在用旋转刀沿内径切削时去除。

(6)排气孔槽　模具闭合后，应考虑在型坯吹胀时，型腔内原有空气的排除问题。排气不良会使制品表面出现斑纹、麻坑和成型不完整等缺陷。为此吹塑模具要考虑在分型面上开设排气孔。排气孔一般在模具型腔的凹坑和尖角处，以及塑料最后贴模的地方。排气孔直径常取0.1～0.3 mm。设在分型面上的排气槽宽度可取5～25 mm，深度按表7－3选取。

表7－3　分型面排气槽深度

容器容积 V/dm^3	排气槽深度 h/m
<5	0.01～0.02
5～10	0.02～0.03
10～30	0.03～0.04
30～100	0.04～0.1
100～500	0.1～0.3

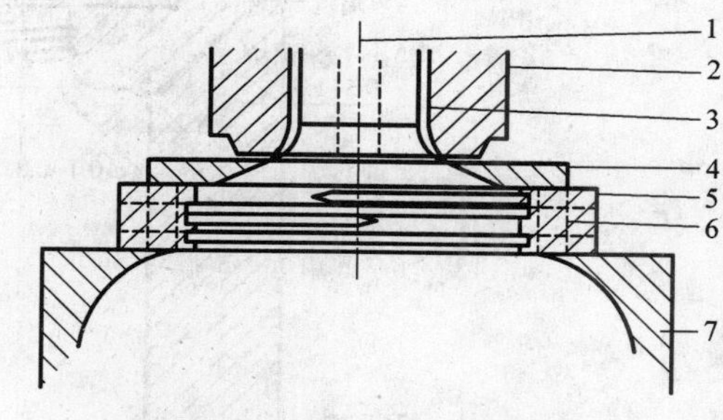

图7－28　大瓶颈吹塑成型

1—吹气口；2—机头口模；3—机头型芯；4—滑动顶盖；5—模颈圈；6—冷却通道；7—模具体

此外，利用模具配合面也可起排气作用。常用的排气方法如下：

1)分型面排气

如图7－29(a)、(b)所示，它是吹塑模的主要排气通道，排气槽深0.05 mm，宽5～25 mm，或沿整个瓶身高，气体经过几毫米距离后进入更宽大的排气通道。

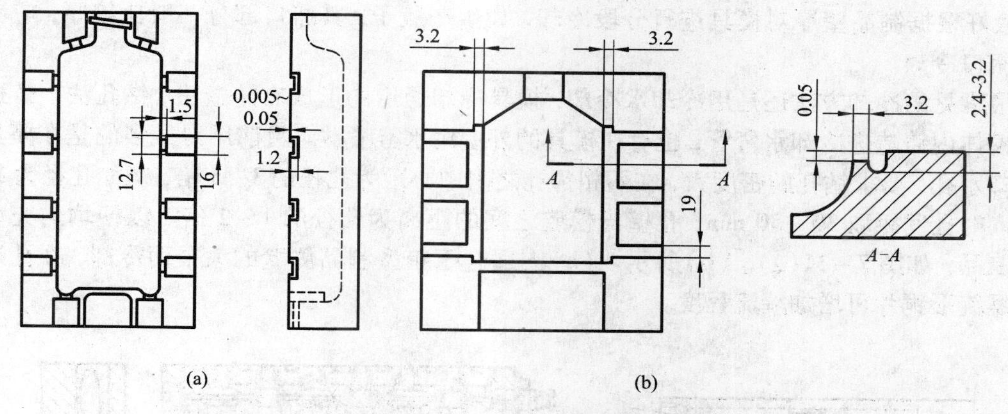

图7－29　分型面上的排气槽

2)型腔壁面排气

其主要是通过在型腔表面钻排气孔、开排气缝或安装带缝的嵌件来排气，排气孔多开在瓶底转角处或模具死角处。排气孔直径应适当，一般取0.1～0.3 mm。为了减少气体流动阻力，将细排气孔与粗排气孔相连，细孔段的长度应尽可能短些，为0.5～1.5 mm，如图7－30左上角所示。由于细孔加工较困难，因此常在模壁上嵌数个磨有三角形或磨出几个平面的圆柱形嵌件，每一嵌件有较大的排气截面积，嵌件常做成标准件，安装十分方便。如图7－30所示。嵌入后形成的间隙保持在0.1～0.2 mm，不致在制件上留下过大的痕迹。此外还有多种在模具型腔壁上形成排气缝的方法。

在型腔壁上嵌置由粉末冶金烧结而成的多孔金属块，可形成排气通道，但要掌握孔径的大小，以免在制件上留下明显的痕迹。

(7)模具的冷却　模具冷却是保证中空吹塑工艺正常进行，保证产品外观质量和提高生产率的重要措施。对于大型模具，可采用箱式冷却槽，即在型腔背后铣一个空槽，再用一个

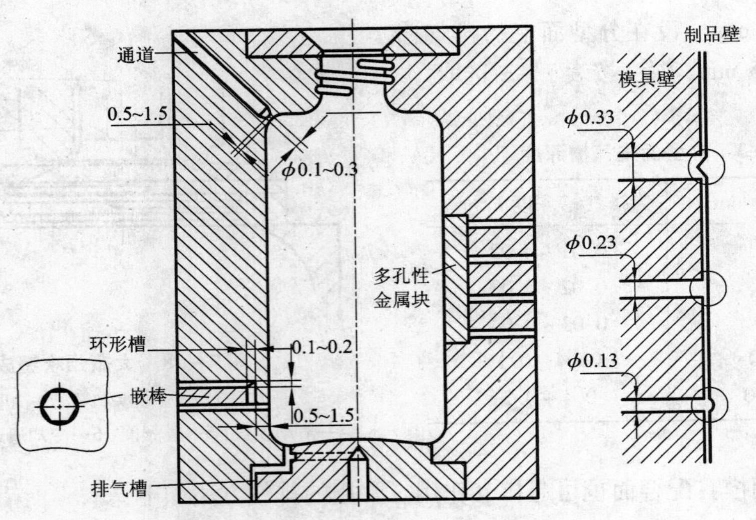

图 7－30　型腔壁上几种排气结构

盖板盖上，中间加密封件。对于小型模具可以开设冷却水道，通水冷却。需要加强冷却的部位，最好根据制品壁厚对模具进行分段冷却，如生产瓶子，其瓶口部分一般比较厚，应考虑加强瓶口冷却。

最常见的冷却方法还是用冷却水冷却，模具冷却通道的形成有铸造法、钻孔法。铸造法是在模体内铸造进冷却水弯管，也有在模具的外壁用水雾喷淋。目前用得最多的是在模具上钻冷却水孔，要求钻孔的密度大，在两相邻孔之间中心距为孔径的 3 ~ 5 倍，例如孔径为 10 ~ 15 mm 时孔间距取 30 ~ 50 mm，孔壁与模腔之间的距离为孔径的 1 ~ 2 倍。以便均匀充分地冷却制品，如图 7－31(a)、(b)所示。(b)图适合于箱型制品侧壁的大平面冷却，在孔道内设置螺旋形铜片可增加湍流程度。

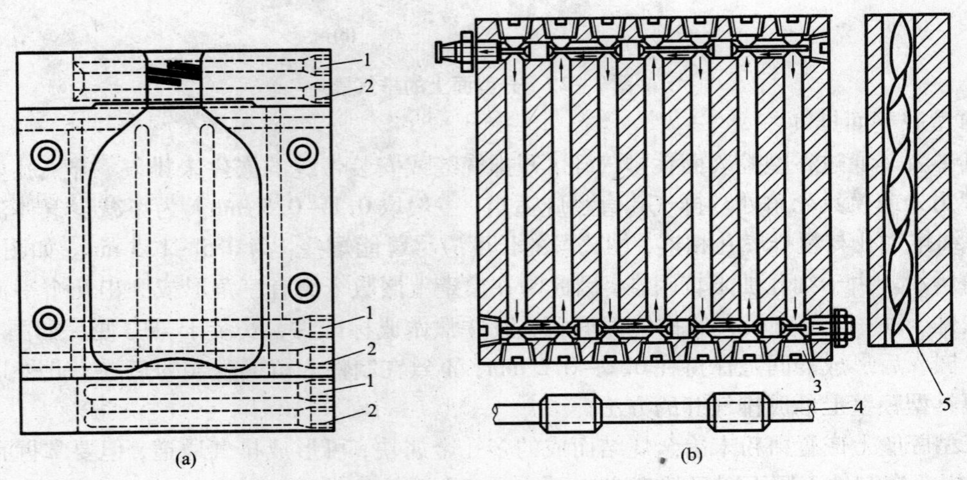

图 7－31　吹塑模冷却水道配置

1—冷却水入口；2—冷却水出口；3—管塞；4—带塞子的横杆；5—螺旋铜片

此外吹塑模还有采用热管冷却，采用液 N_2或液体 CO_2作制品内冷却，采用冷冻空气膨胀吸热内冷却，以及用冷冻空气/水混合介质作内冷却等方法。

为了提高成型效率还可在较高的温度下脱模取出制品，置于后工位继续冷却。例如吹制大桶一般可在经过正常冷却时间一半以后开模脱出塑件，将制品置于特殊的夹紧套内维持不变形，继续进行冷却。缩短在模具内的成型周期，提高模具利用效率。

2. 其他吹塑模设计

(1)注塑吹塑模具设计

图7－32为注塑模安装在成型机的注塑工位上，成型后当制品温度降低并调节到适当值时，制品随芯棒一道移入成型机吹塑工位的吹塑模型腔，如图7－32(b)所示。制品吹胀并冷却后脱出模具。

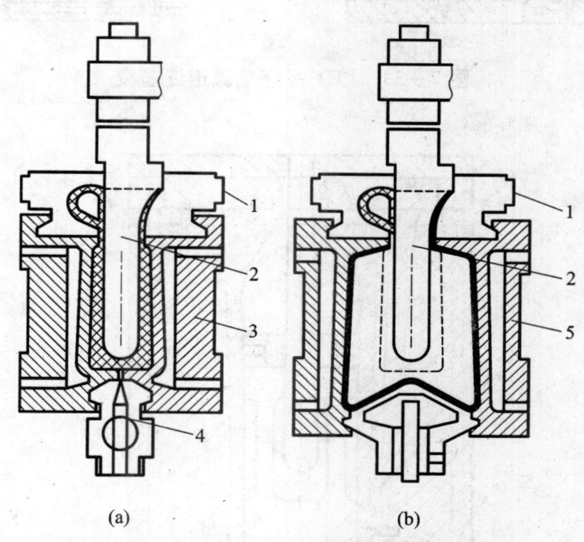

图7－32 带把手容器的注吹模

1—模颈圈；2—芯棒；3—型坯注塑模；4—注塑喷嘴；5—容器吹塑模

现介绍PET注拉吹成型模具，该模具是采用两步成型法，即先注塑成型瓶坯，然后经预热，温度调整后再在拉伸吹塑机上进行拉伸吹塑，图7－33为型坯注塑热流道模，采用一模多腔结构。为了成型瓶口螺纹，采用侧滑块侧向分型结构，为了提高PET瓶的透明度，瓶坯在注塑成型时应采取快速冷却，以免生成粗大的结晶，造成坯管发雾，模具的芯棒和型腔分别通冷却水，型腔采用螺旋形冷却水槽。图7－34为拉伸吹塑模，该模具中心设有一拉伸杆，型腔由两半凹模构成，在凹模壁内设有冷却水管，水管直径为 $\phi 10$ mm，距型腔壁为12～15 mm。当制品成型冷却后通过导滑装置分开瓶口的螺纹颈圈并打开吹塑模的两瓣凹模，取出制件。吹塑模型腔的分型面和壁面上有类似于挤吹模的排气槽和排气孔的设计。

(2)拉伸吹塑成型模具设计

拉伸吹塑工艺分为注拉吹和挤拉吹两大类，由于拉伸吹塑能造成制品双轴取向，因此能获得薄壁的高强度容器，用它成型PET瓶有良好的阻渗性和透明性。目前用该工艺成型的制品中产量最大的是各种矿泉水瓶和承受较高压力的各种含碳酸气饮料瓶，上述产品一般都是

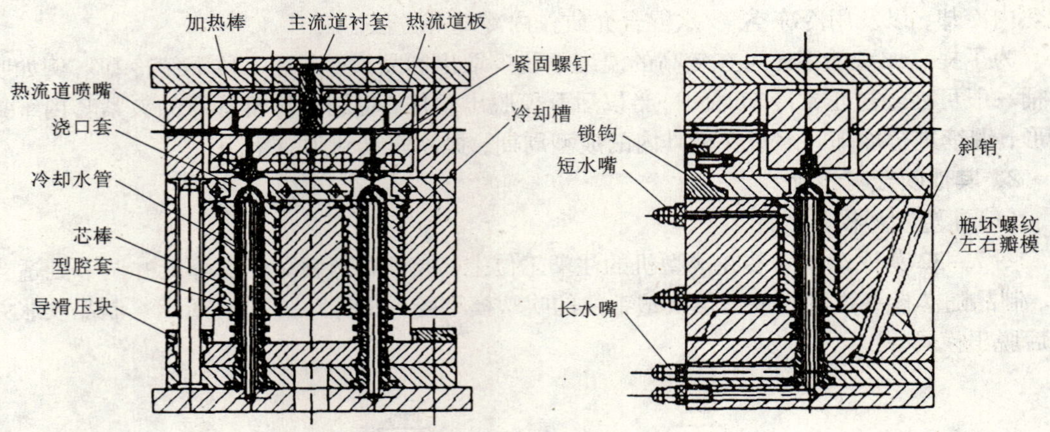

图 7－33　PET 瓶坯热流道注塑模

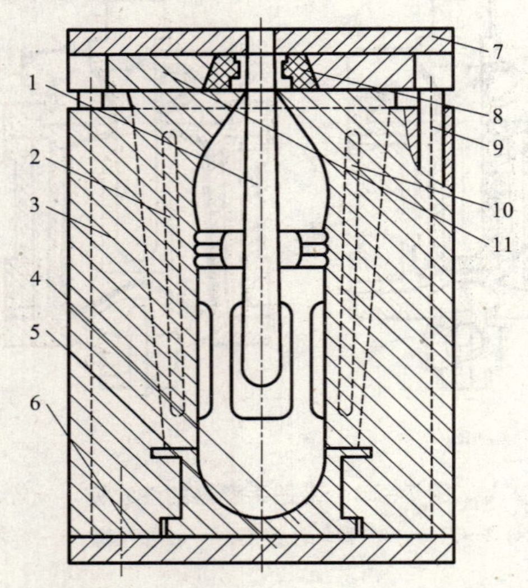

图 7－34　拉伸吹塑模具

1—拉伸杆；2—两瓣凹模；3—模套；4—瓶底；5—底板；6—螺钉；
7—脱模板；8—瓶口瓣合块；9—导向柱；10—冷却水孔；11—瓶口滑块与导滑板

用注拉吹工艺成型的。而挤拉吹工艺目前在我国应用很少，它又分为先挤出成型管材，然后将冷管预热再行拉伸吹胀的两步法和在一台三工位成型机上分次进行预吹和拉伸吹塑的一步法。

一步法挤出拉伸的过程如图 7－35 所示，共有三个工位，在第一工位挤出的型坯达到预定长度后被预吹模截取[图 7－35(a)]，在第二工位上在插入定径进气杆同时使瓶颈部的螺纹在压力下成型，并进行预吹塑[图 7－35(b)]，预吹塑后的型坯仍然保持着较高的温度，壁温经均化调整后进入第三工位进行拉伸和吹胀，见图 7－35(c)、(d)，形成最终的产品。该工艺曾被用来大量成型硬 PVC 瓶。

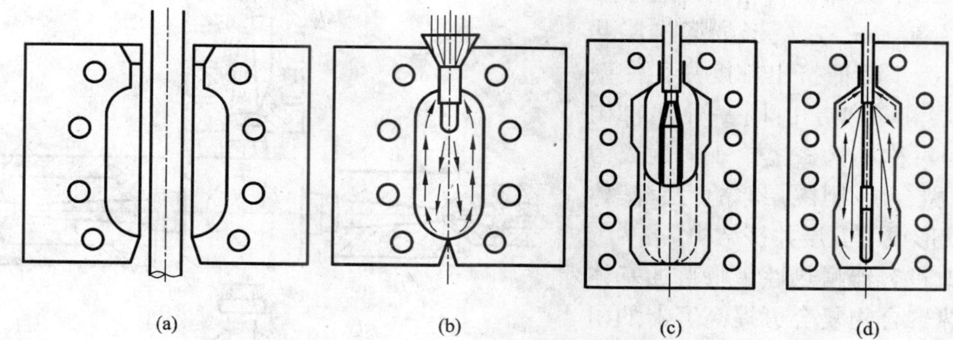

图 7 – 35　一步法挤出拉伸吹塑成型过程

(a)型坯挤出和截取；(b)瓶颈螺纹成型和预吹；(c)拉伸瓶坯；(d)吹胀成型

注拉吹工艺也可分为一步法和两步法两种，两步法的工艺过程如图 7 – 36 所示。它是将型坯注塑成型和预热后的型坯在吹塑模内拉伸吹塑分别在不同的机器上进行的。一步法的注拉吹是在一台设备上连续完成注塑和拉伸吹塑的，如图 7 – 37 所示。该图形的左边为注塑机料筒，注塑的型坯包紧在芯棒上，芯棒转到图 7 – 37(b)的位置进行加热调温，然后再转到图 7 – 37(c)的位置进行拉伸吹塑，最后在位置图 7 – 37(d)进行脱模。

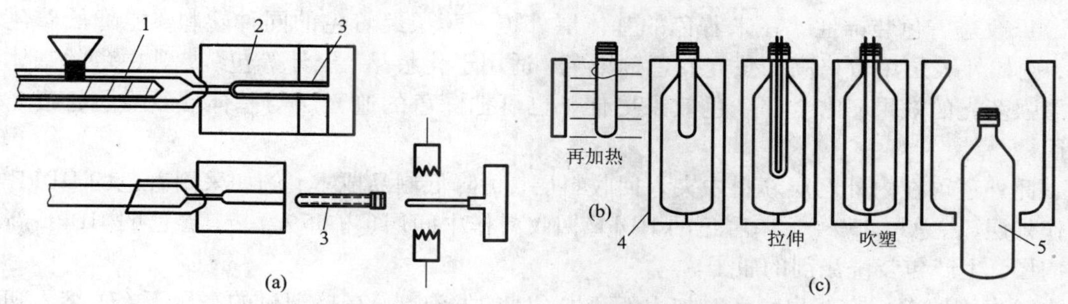

图 7 – 36　两步法注拉吹成型过程

(a)型坯注塑；(b)型坯再预热；(c)拉伸吹塑

1—注塑机；2—型坯注塑模；3—型坯；4—拉伸吹塑模；5—制品

(3)共挤出吹塑和共注塑吹塑模具设计

共挤出或共注塑的目的是获得由不同塑料组成的多层型坯，以便在吹塑成型后获得多层结构的容器，就吹塑成型模具的本身而言，其结构与前述的吹塑模具没有什么区别，其不同是制取多层型坯的挤塑模或注塑模具具有特殊的结构，多层吹塑的目的如下：

1)降低容器的渗透性　由于常用吹塑用塑料聚乙烯、聚丙烯等的防渗能力不强，氧气、二氧化碳、水蒸气及各种香精等有机化学物质极易透过容器壁而使所装的物质变质，而防渗力强的聚合物如聚氯乙烯、尼龙等价格较贵或难以单独吹塑成型，因此用几种塑料共挤出或共注塑吹塑可以优势互补，既维持了低价位，又大大提高容器的阻隔性能。为了进一步改进基体层和阻渗层之间的结合能力，常需在两者之间再加粘合剂形成粘合层，阻隔层和粘合层尽量薄一些，以降低价格，其最小厚度为 20 ~ 30 pm，这就形成了三层共挤结构，为了降低挤出难度往往使壁的最内层和最外层由同一种塑料构成，成为对称结构，这样一来就成为基体层/黏合层/阻隔层/黏合层/基体层，这就形成了五层共挤结构。

2）改进容器耐热性　将普通基体层和耐热聚合物复合可提高容器的耐热性，如许多饮品要求在 90℃下热灌装，或在 125℃下蒸煮、消毒。耐热聚合物常见有 PC、PA、PP、聚芳酯等，它们的热畸变温度较高或为有较高熔点的结晶聚合物。

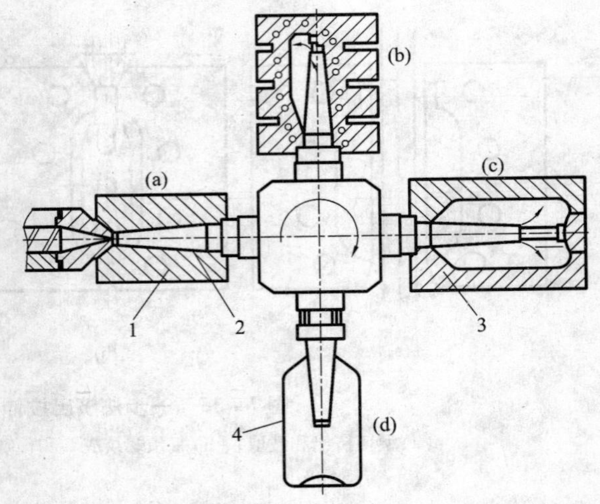

图 7－37　一步法注拉吹成型过程

(a)型坯注塑；(b)型坯加热调温；(c)型坯拉伸吹胀；(d)容器脱模

1—型坯模具；2—型坯；3—拉伸吹塑模具；4—容器

3）改进外观或印刷性　如将尼龙或聚苯乙烯作表层，可改善容器表面光泽度，聚烯烃一类的印刷性很差，如在表面复合一层很薄的尼龙层可改善印刷性。

4）改进着色装饰性　在未着色的基体层外覆一薄层经着色的同种塑料，能降低着色成本，例如外表层用价格高的萤光着色剂染色，适用于化妆品、橙汁等包装，乳白色的基体层能增强萤光的效果，比全部染色效果更佳。也可把深色的遮光层与基体层复合，起蔽光的作用。

此外还可在内外两层新料中夹入回收料层，可降低制品成本，例如采用着色的 HDPE 新料作外层（占总厚 25%），未着色的 HDPE 回收料作中间层（占 55%），未着色的 HDPE 新料作内层，生产包装洗涤剂的瓶子。

5）发泡吹塑　在挤出型坯时加入能产生 CO_2 的发泡剂，在挤塑机的高压下 CO_2 熔入塑料熔体中，当塑料熔体在离开机头形成型坯的过程中，由于压力降低，熔体内的 CO_2 逸出，形成微孔。多孔结构的型坯会大大降低其延伸性能，在吹胀时易形成薄弱点与孔眼，如果将发泡层夹在内外两层非发泡塑料层之中，则可避免上述不足。未发泡层在吹胀过程中可提供所需的强度和弹性，并避免型坯撕裂。

发泡吹塑制品有下述特点：

①在质量不变的情况下，发泡后能增加壁厚，提高制品的刚性。反之在刚性不变的情况下能减轻质量，例如聚乙烯发泡吹塑能减小制品质量 20% 左右。

②某些刚性不大的聚合物经发泡后具有柔软感，这对某些制件而言是需要的。

③发泡以后的微孔塑料制件具有良好的隔音、隔热、减振性能，这种性能适宜做汽车通风管之类的制件。

④某些聚合物经染色发泡后表面具有珠光或虹彩效果，能起装饰作用。

7.2　真空成型工艺与模具设计

7.2.1　真空成型方法及工艺过程

真空成型是把热塑性塑料板、片材固定在模具上，用辐射加热器进行加热至软化温度，然后用真空泵把板材和模具之间的空气抽出，从而使板材贴在模腔上而成型，冷却后借助压缩空气使塑料件从模具中脱出。

真空成型方法主要有凹模真空成型、凸模真空成型、凹凸模先后抽真空成型、吹泡真空成型、柱塞推下真空成型和带有气体缓冲装置的真空成型等方法。

1. 凹模真空成型

凹模真空成型是一种最常用最简单的成型方法，如图 7－38 所示。把板材固定并密封在模腔的上方，将加热器移到板材上方将板材加热至软，如图 7－38(a)所示；然后移开加热器，在型腔内抽真空，板材就贴在凹模型腔上，如图 7－38(b)所示；冷却后由抽气孔通入压缩空气将成型好的塑件吹出，如图 7－38(c)所示。

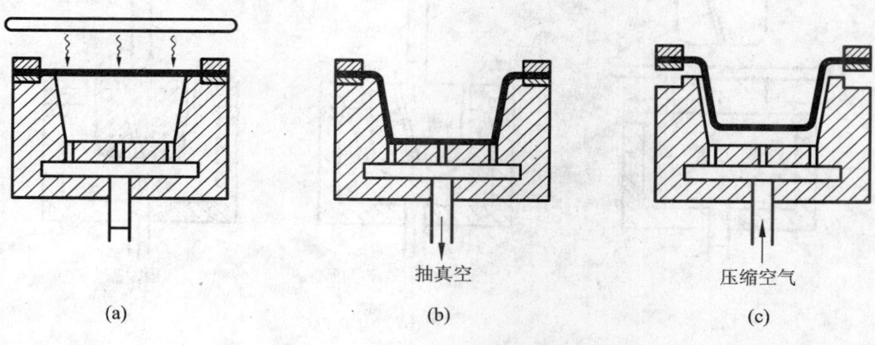

图 7－38　凹模真空成型

用凹模成型法成型的塑件外表面尺寸精度较高，一般用于成型深度不大的塑件。如果塑件深度很大时，特别是小型塑件，其底部转角处会明显变薄。多型腔的凹模真空成型比单个数的凹模真空成型经济，因为凹模模腔间距离可以较近，用同样面积的塑料板，可以加工出更多的塑件。

2. 凸模真空成型

凸模真空成型如图 7－39 所示。被夹紧的塑料板在加热器下加热软化，如图 7－39(a)所示；接着软化板料下移，像帐篷似的覆盖在凸模上，如图 7－39(b)所示；最后抽真空，塑料板紧贴在凸模上成型，如图 7－39(c)所示。这种成型方法，由于成型过程中冷的凸模首先与板料接触，故其底部稍厚。它多用于有凸起形状的薄壁塑件，成型塑件的内表面尺寸精度较高。

3. 凸凹模先后抽真空成型

凸凹模先后抽真空成型如图 7－40 所示。首先把塑料板紧固在凹模上加热，如图 7－40(a)所示；软化后将加热器移开，然后通过凸模吹入压缩空气，而凹模抽真空使塑料板鼓起，

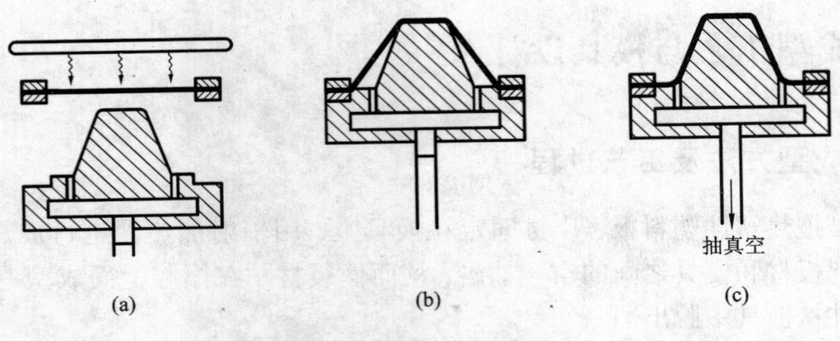

图 7－39 凸模真空成型

如图 7－40(b)所示；最后凸模向下插入鼓起的塑料板中并且从中抽真空，同时凹模通入压缩空气，使塑料板贴附在凸模的外表面而成型，如图 7－40(c)所示。这种成型方法，由于将软化了的塑料板吹鼓，使板材延伸后再成型，故壁厚比较均匀，可用于成型深型腔塑件。

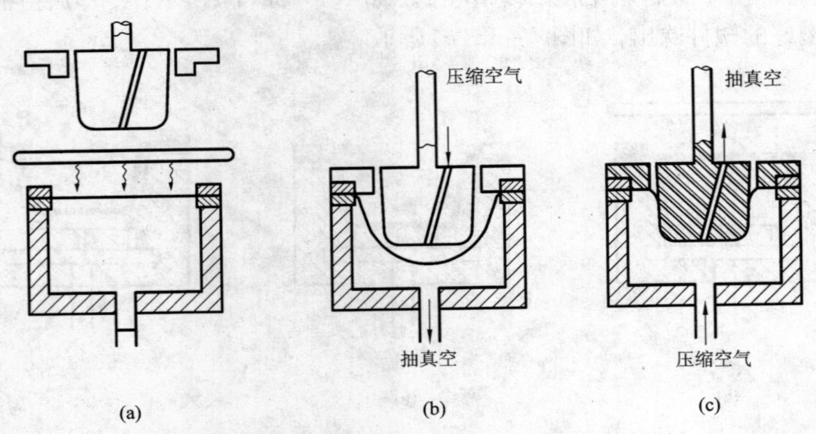

图 7－40 凹凸模先后抽真空成型

4．吹泡真空成型

吹泡真空成型如图 7－41 所示。首先将塑料板紧固在模框上，并用加热器对其加热，如图 7－41(a)所示；待塑料板加热软化后移开加热器，压缩空气通过模框吹入将塑料板吹鼓后将凸模顶起，如图 7－41(b)所示；停止吹气，凸模抽真空，塑料板贴附在凸模上成型，如图 7－41(c)所示。这种成型方法的特点与凸凹模先后抽真空成型基本类似。

5．柱塞推下真空成型

柱塞推下真空成型如图 7－42 所示。首先将固定于凹模的塑料板加热至软化状态，如图 7－42(a)所示；接着移开加热器，用柱塞将塑料板推下，这时凹模里的空气被压缩，软化的塑料板由于柱塞的推力和型腔内封闭的空气移动而延伸，如图 7－42(b)所示；然后凹模抽真空而成型，如图 7－42(c)所示。此成型方法使塑料板在成型前先延伸，壁厚变形均匀，主要用于成型深型腔塑件。此方法的缺点是在塑件上残留有柱塞痕迹。

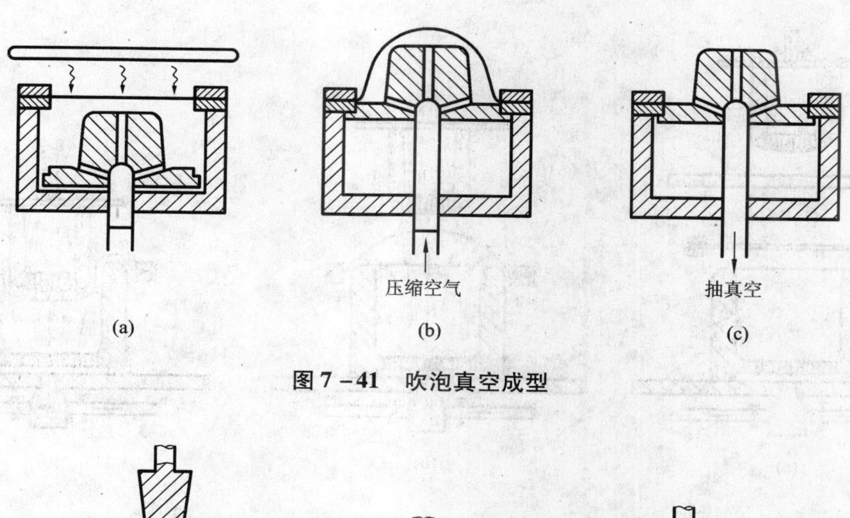

图7-41　吹泡真空成型

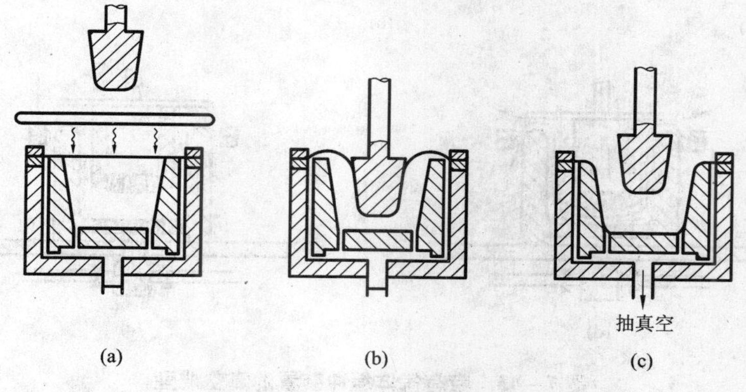

图7-42　柱塞推下真空成型

6．带有气体缓冲装置的真空成型

带有气体缓冲装置的真空成型如图7-43所示，这是柱塞和压缩空气并用的形式。把塑料板加热后和框架一起轻轻地压向凹模腔吹入压缩空气，把加热的塑料板吹鼓，多余的气体从板材和凹模的缝隙中溢出，同时从板材的上面通过柱塞的孔吹出已加热的空气，这时板材就处于两个空气缓冲层之间，如图7-43(a)、(b)所示；柱塞逐渐下降，如图7-43(c)、(d)所示；最后柱塞内停吹压缩空气，凹模抽真空，使塑料板贴附在凹模型腔上成型，同时柱塞升起，如图7-43(e)所示。这种方法成型出的塑件壁厚较均匀并且可以成型较深的塑件。

7.2.2　真空成型塑件设计

真空成型对于塑件的几何形状、尺寸精度、塑件的深度与宽度之比、圆角、脱模斜度、加强肋等都有具体要求，现分述如下：

1．塑件的几何形状和尺寸精度

用真空成型方法成型塑件，塑料处于高弹态，成型冷却后收缩率较大，很难得到较高的尺寸精度。塑件通常也不应有过多的凸起和深的沟槽，因为这些地方成型后由于壁厚太薄而影响强度。

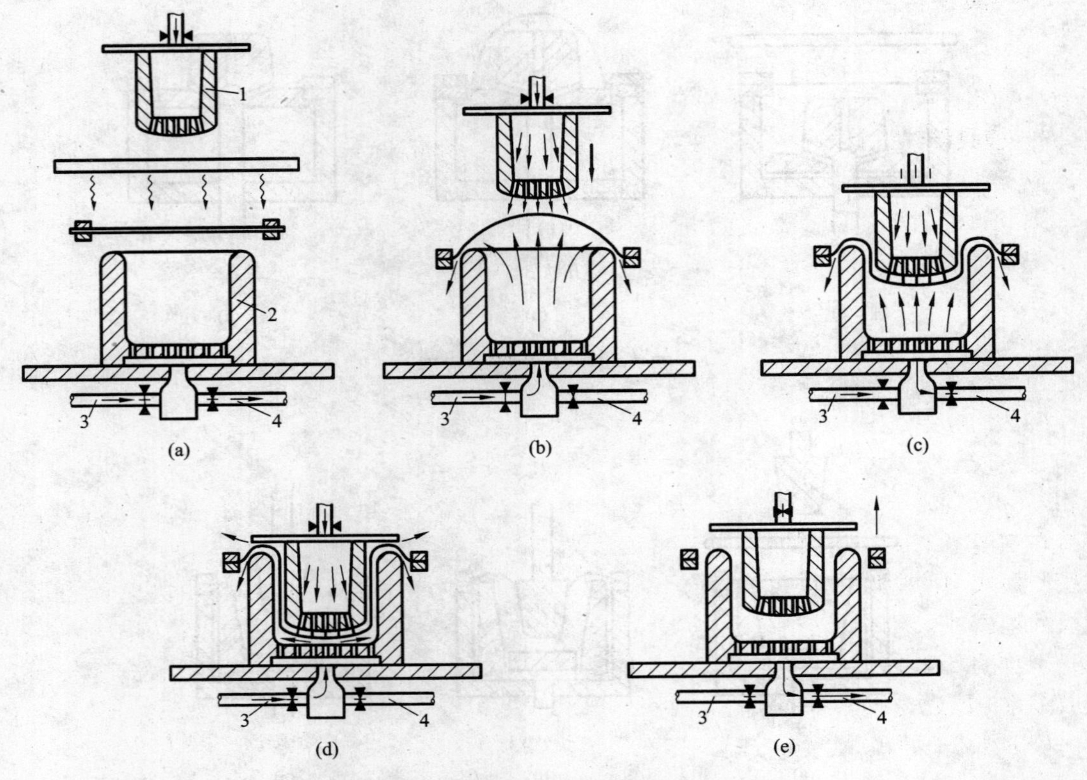

图 7－43　带有气体缓冲装置的真空成型

1—柱塞；2—凹模；3—空气管路；4—真空管路

2．塑件深度与宽度(或直径)之比

塑件深度与宽度之比称为引申比，引申比在很大程度上表示塑件成型的难易程度。引申比愈大，成型愈难。引申比和塑件的均匀程度有关，引申比过大会使最小壁厚处变得非常薄，这时应选用较厚的塑料来成型。引申比还与塑料的品种有关，成型方法对引申比也有很大影响。一般采用的引申比为 0.5～1，最大也不超过 1.5。

3．圆角

真空成型塑件的转角部分应以圆角过渡，并且圆弧半径应尽可能大，最小不能小于板材的厚度，否则塑件的转角处容易发生厚度减薄以及应力集中的现象。

4．斜度

和普通模具一样，真空成型也需要脱模斜度，斜度范围是 1°～4°，斜度大不仅脱模容易，也可使壁厚的不均匀程度得到改善。

5．加强肋

真空成型件通常是大面积的盒形件，成型过程中板材还要受到引申作用，底角部分变薄，因此为了保证塑件的刚度，应在塑件的适当部位设计加强肋。

7.2.3　真空成型模具设计

真空成型模具设计包括：恰当地选择真空成型的方法和设备；确定模具的形状和尺寸；了解成型塑件的性能和生产指标，选择合适的模具材料。

1．模具结构设计

（1）抽气孔的设计

抽气孔的大小应适合成型塑件的需要，一般对于流动性好、厚度薄的塑料板材，抽气孔要小些，反之可大些。总之需在短时间内将空气抽出，又不要留下抽气孔痕迹。一般常用的抽气孔直径是0.5～1 mm，最大不超过板材厚度的50%。抽气孔应位于板材最后贴模的地方，孔间距可视塑件大小而定。对小型塑件，孔间距可在20～30 mm之间选取，大型塑件则应适当增加距离。轮廓复杂处，抽气孔应适当密一些。

（2）型腔尺寸

真空成型模具的型腔尺寸同样要求考虑塑件的收缩率，其计算方法与注射模型腔尺寸计算相同。真空成型塑件的收缩量，大约有50%是塑件从模具中取出时产生的，25%是取出后保持在室温下1 h内产生的，其余的25%是在以后的5～24 h内产生的。用凹模成型的塑件比用凸模成型的塑件，其收缩量要大25%～50%。影响塑件尺寸精度的因素很多，除了型腔的尺寸精度外，塑件尺寸精度还与成型温度、模具温度等有关，因此要预先精确地确定收缩率是困难的。如果产生批量较大，尺寸精度要求又较高，最好先用石膏模型试出产品，测得其收缩率，以此为设计模具型腔的依据。

（3）型腔表面粗糙度

真空成型模具的表面粗糙度太低时，对真空成型后的脱模很不利，一般成型的模具都没有顶出装置，靠压缩空气脱模。如果表面粗糙度太差，塑料板黏附在型腔表面上不易脱模，因此真空成型模具的表面粗糙度较好。其表面加工后，最好进行喷砂处理。

（4）边缘密封结构

为了使型腔外面的空气不进入真空室，塑料板与模具接触的边缘应设置密封装置。

（5）对于板材的加热，通常采用电阻丝或红外线

电阻丝温度可达350℃～450℃，对于不同塑料板材所需不同的成型温度，一般是通过调节加热器和板材之间的距离来实现。通常采用的距离为80～120 mm。

模具温度对塑件的质量及生产率都有影响。如果模温过低，塑料板和型腔一接触就会产生冷斑或内应力以致产生裂纹；而模温太高时，塑料板可能黏附在型腔上，塑件脱模时会变形，而且延长了生产周期。因此模温应控制在一定范围内，一般在50℃左右。各种塑料板材真空成型加热温度与模具温度见表7－4。塑件的冷却一般不单靠接触模具后的自然冷却，要增设风冷或水冷装置加速冷却。风冷设备简单，只用压缩空气喷射即可。水冷可用喷雾式，或在模内开冷却水道。冷却水道应距型腔表面8 mm以上，以避免产生冷斑。冷却水道的开设有不同的方法，可以将铜管或钢管铸入模具内，也可在模具上打孔或铣槽，用铣槽的方法必须使用密封元件并加盖板。

表 7-4　真空成型所用板材加热温度与模具温度

温度 \ 塑料	低密度乙烯（HDPE）	聚丙烯（PP）	聚氯乙烯（PVC）	聚苯乙烯（PS）	ABS	有机玻璃（PMMA）	聚碳酸酯（PC）	聚酰胺-6（PA-6）	乙酸纤维素（CA）
加热温度/℃	121~191	149~202	135~180	182~193	149~177	110~160	227~146	216~221	132~163
模具温度/℃	49~77	—	41~46	49~60	72~85	—	77~93	—	52~60

2. 模具材料

真空成型和其他成型方法相比，其主要特点是成型压力极低，通常压缩空气的压力在0.3~0.4 MPa，故模具材料的选择范围较宽，既可选用金属材料，又可选用非金属材料，主要取决于塑件形状和生产批量。

(1)非金属材料

对于试制或小批量生产，可选用木材或石膏作为模具材料。木材优点是便于加工，缺点是易变形，表面粗糙度差，一般常用桦木、槭木等木纹较细的木材。石膏制作方便，价格便宜，但其强度较差。为提高石膏模具的强度，可在其中混入10%~30%的水泥。用环氧树脂制作真空成型模具，有加工容易、生产周期短和修整方便等特点，而强度较高，相对于木材和石膏而言，适合数量较多的塑件生产。

非金属材料导热性差，对于塑件质量而言，可以防止出现冷斑。但所需冷却时间长，生产效率低。而且模具寿命短，不适合大批量生产。

(2)金属材料

适用于大批量高效率生产的有金属模具材料。铜虽有导热性好、易加工、强度高、耐腐蚀等诸多优点，但由于其成本高，一般不采用。铝容易加工、耐腐蚀性较好，故真空成型模具多用铝合金制造。

7.3　压缩空气成型模具

7.3.1　压缩空气成型的特点

压缩空气成型有很多地方与真空成型相同，如塑件的几何形状和尺寸精度、塑件的引申比、圆角、斜度和加强肋等。下面主要介绍压缩空气成型工艺过程及模具。

压缩空气成型是借助压缩空气的压力，将加热软化的塑料板压入型腔而成型的方法。其工艺过程见图7-44，图7-44(a)是开模状态；图7-44(b)是闭模后的加热过程，从型腔通入压缩空气，使塑料板直接接触加热板加热；图7-44(c)为塑料板加热后，由模具上方通入预热的压缩空气，使已软化的塑料贴在模具型腔的内表面成型；图7-44(d)是塑件在型腔内冷却定型后，加热板下降一小段距离，切除余料；图7-44(e)为加热板上升，最后借助压缩空气取出塑件。

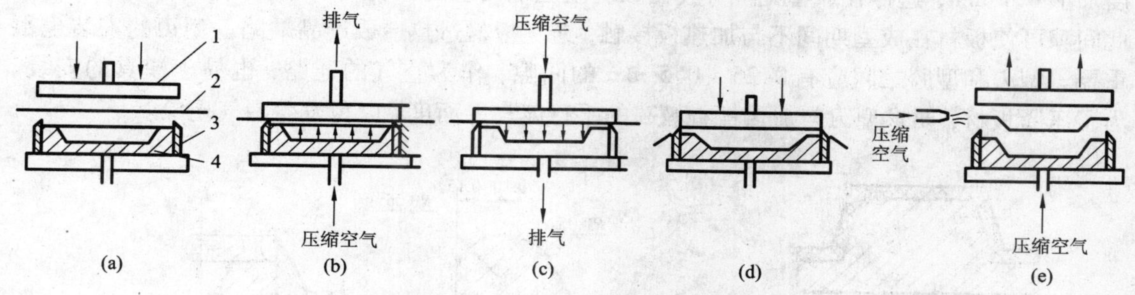

图7-44　压缩空气成型工艺过程

1—加热板；2—塑料板；3—型刃；4—凹模

7.3.2　压缩空气成型模具

1. 压缩空气成型模具结构

图7-45所示是压缩空气成型用的模具结构，它与真空成型模具的不同点是增加了模具型刃，因此塑件成型后，在模具上就可将余料切除。另一不同点是加热板作为模具结构的一部分，塑料板直接接触加热板，因此加热速度较快。

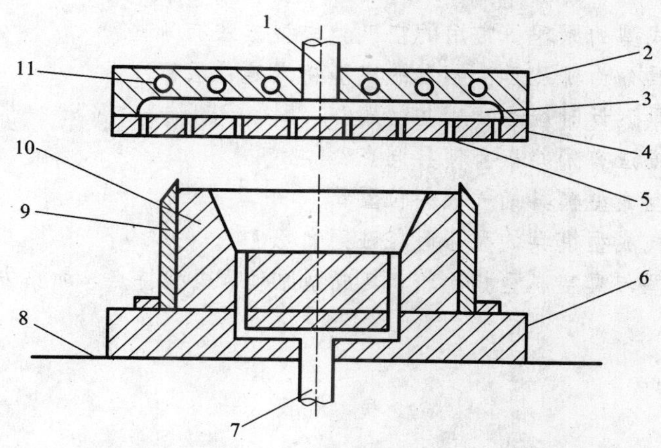

图7-45　压缩空气成型用模具

1—压缩空气管；2—加热板；3—热空气室；4—面板；5—空气孔；6—底板；7—通气孔；8—工作台；9—型刃；10—凹模；11—加热棒

压缩空气成型的塑件，其壁厚的不均一性随着成型方法不同而异。采用凸模成型时，塑件底部厚，如图7-46(a)所示；而采用凹模成型时，塑件的底部薄，如图7-46(b)所示。

2. 模具设计要点

压缩空气成型的模具型腔与真空成型模具型腔基本相同。压缩空气成型模具的主要特点是在模具边缘设置型刃，型刃的形状和尺寸如图7-47所示。

型刃角度以20°~30°为宜，顶端削平0.1~0.15 mm，两侧以$R=0.05$ mm的圆弧相连。型刃也不能太钝，造成余料切不下来。型刃顶端须比型腔的端面高出距离h，h为板材的厚度加上0.1 mm，这样在成型期间，放在凹模型腔端面上的板材同加热板之间就能形成间隙，此间隙可使板材在成型期间不与加热板接触，避免板材过热造成产品缺陷。型刃的安装也很重要。型刃和型腔之间应有0.25～0.5 mm的间隙，作为空气的通路，也易于模具的安装。为了压紧板材，要求型刃与加热板有极高的平行度与平面度，以免发生漏气现象。

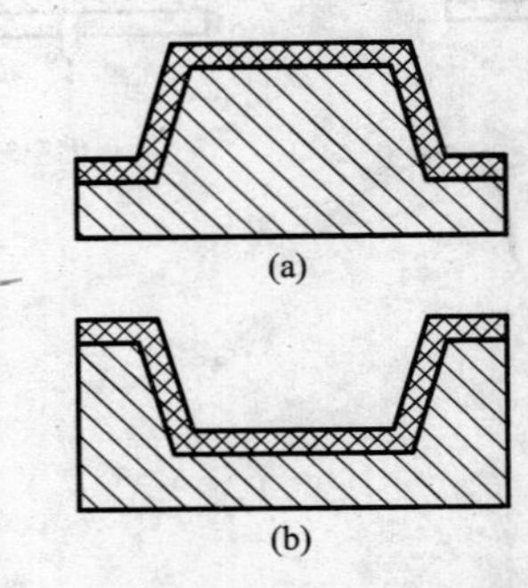

图7-46　压缩空气成型塑件壁厚

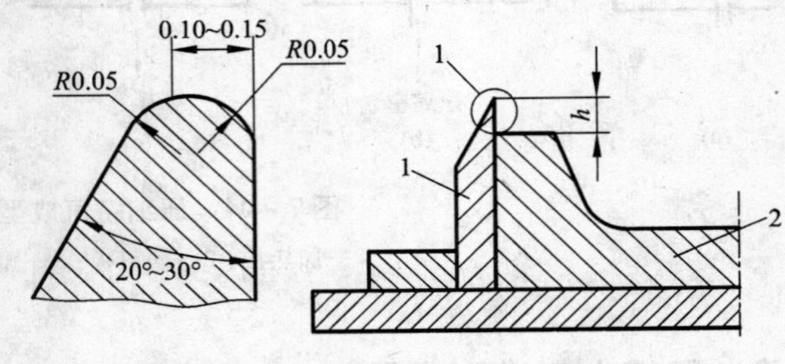

图7-47　型刃的形状和尺寸

1—型刃；2—凹模

思考与练习题

1. 简述空气类成型的原理。常用的空气类成型方法有哪些？

2. 中空吹塑模具分为哪几类？各自的成型特点是什么？

3. 中空吹塑模具设计时应注意哪些问题？

4. 真空成型的方法有哪些？有何异同点？

5. 如何确定真空成型模具抽气孔的位置？

6. 设计压缩空气成型模具的型刃时应注意什么？

7. 压缩空气成型与真空成型相比较，其成型原理、成型特点、加热方式及模具结构有何异同？

第 8 章
塑料成型新技术

8.1　快速成形技术

8.1.1　快速成形技术的概念

快速成形（Rapid Prototyping，简称 RP）技术又称快速原型制造（Rapid Prototyping Manufacturing，简称 RPM）技术，诞生于 20 世纪 80 年代后期，是基于材料堆积法的一种高新制造技术，被认为是近 20 年来制造领域的一个重大成果，其对制造业的影响可与 20 世纪 50～60 年代的数控技术相比。它集机械工程、CAD、逆向工程技术、分层制造技术、数控技术、材料科学、激光技术于一身，可以自动、直接、快速、精确地将设计思想转变为具有一定功能的原型或直接制造零件，从而为零件原型制作、新设计思想的校验等方面提供了一种高效低成本的实现手段。它成功地解决了计算机辅助设计（CAD）中三维模型“看得见，摸不着”的问题，能将三维的几何图形快速自动实体化，即，快速成形技术就是利用三维 CAD 的数据，通过快速成型机，将一层层的材料堆积成实体原型。

到目前为止，已有十几种不同的 RP 系统问世，其中比较典型的商品化 RP 系统有：熔积成型（Fused Deposition Modeling，简称 FDM）、立体光刻设备（Stereolithgraphy Apparatus，简称 SLA）、选择性激光烧结（Selected Laser Sintering，简称 SLS）、分层物体制造（Laminated Object Manufacturing，简称 LOM）等。目前，生产 FDM 系统的主要制造商有美国的 Stratasys 公司及国内的清华大学等单位；生产 SLA 系统的主要制造商有美国的 3D systems 公司、德国的 EOS 公司以及国内的西安交通大学等；生产 SLS 系统的主要制造商有美国的 DTM 公司、德国的 EOS 公司以及国内的北京隆源快速成型有限公司、华中科技大学、华北工学院等；生产 LOM 系统的主要制造商有美国的 Helisys 公司、新加坡的 Kinergy 公司、日本的 Kira 公司以及国内的清华大学、华中科技大学等。

8.1.2　快速成形的基本原理

快速成形技术是在计算机控制下，基于离散、堆积的原理采用不同方法堆积材料，最终完成零件的成形与制造的技术。从成形角度看，零件可视为“点”或“面”的叠加。从 CAD 电子模型中离散得到“点”或“面”的几何信息，再与成形工艺参数信息结合，控制材料有规律、精确地由点到面，由面到体地堆积零件。从制造角度看，它根据 CAD 造型生成零件三维几何信息，控制多维系统，通过激光束或其他方法将材料逐层堆积而形成原型或零件。如图 8－1 所示，具体过程如下：首先利用高性能的 CAD 软件设计出零件的三维曲面或实体模型；再根据工艺要求，按照一定的厚度在 Z 向（或其他方向）对生成的 CAD 模型进行切面分层，生成各个棱面的三维平面信息；然后对层面信息进行工艺处理，选择加工参数，系统自动生成刀具移动轨迹和数控加工代码；再对加工过程进行仿真，确认数控代码的正确性；然后利用数控装置精确控制激光束或其他工具的运动，在当前工作层(三维)上采用轮廓扫描，加工出适当的截面形状；再铺上一层新的成形材料，进行下一次的加工，直至整个零件加工完毕。可以看出，快速成形技术是个由三维转换成二维(软件离散化)，再由二维到三维(材料堆积)的工作过程。

快速原型法不仅可用于原始设计中快速生成零件的实物，也可用来快速复制实物(包括放大、缩小、修改和复制)。其工作原理是，用三维数字化仪采集三维实物信息，在计算机中还原生成实物的三维模型，必要时用三维 CAD 软件进行修改和缩放，然后进行三维离散化并送到成型机生成实物。整个过程如图 8－2 所示。

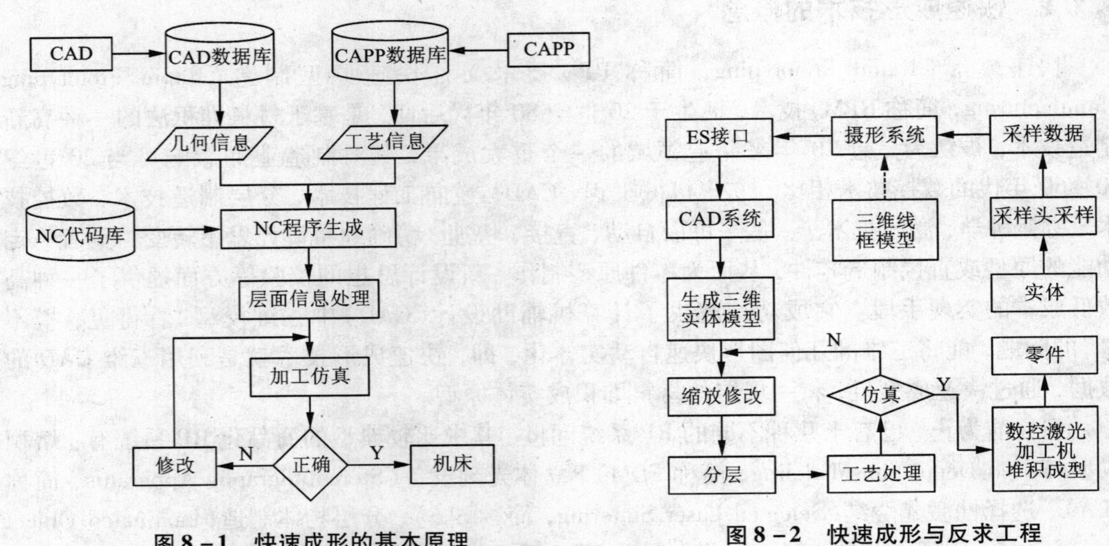

图 8－1　快速成形的基本原理

图 8－2　快速成形与反求工程

8.1.3　快速成形技术的主要工艺方法

近二十年来，随着全球市场一体化的形成，制造业的竞争十分激烈。尤其是计算机技术的迅速普及和 CAD/CAM 技术的广泛应用，使得快速成形技术得到了异乎寻常的高速发展，表现出很强的生命力和广阔的应用前景。快速成形技术发展至今，以其技术的高集成性、高柔性、高速性而得到了迅速发展。目前，快速成形的工艺方法已有几十种之多，其中主要工艺有四种基本类型：光固化成型法、分层实体制造法、选择性激光烧结法和熔融沉积制造法。

(1)光固化成形

SLA(Stereolithography Apparatus)工艺也称光造型、立体光刻及立体印刷，其工艺过程是以液态光敏树脂为材料充满液槽，由计算机控制激光束跟踪层状截面轨迹，并照射到液槽中的液体树脂，而使这一层树脂固化，之后升降台下降一层高度，已成型的层面上又布满一层树脂，然后再进行新一层的扫描，新固化的一层牢固地粘在前一层上，如此重复直到整个零件制造完毕，得到一个三维实体模型。该工艺的特点是：原型件精度高，零件强度和硬度好，可制出形状特别复杂的空心零件，生产的模型柔性化好，可随意拆装，是间接制模的理想方法。缺点是需要支撑，树脂收缩会导致精度下降，另外光固化树脂有一定的毒性而不符合绿色制造发展趋势等。

(2)分层实体制造

LOM(Laminated Object Manufacturing)工艺或称为叠层实体制造，其工艺原理是根据零件分层几何信息切割箔材和纸等，将所获得的层片黏接成三维实体。其工艺过程是：首先铺上一层箔材，然后用CO_2激光在计算机控制下切出本层轮廓，非零件部分全部切碎以便于去除。当本层完成后，再铺上一层箔材，用滚子碾压并加热，以固化黏结剂，使新铺上的一层牢固地黏接在已成形体上，再切割该层的轮廓，如此反复直到加工完毕，最后去除切碎部分以得到完整的零件。该工艺的特点是工作可靠，模型支撑性好，成本低，效率高。缺点是前、后处理费时费力，且不能制造中空结构件。

(3)选择性激光烧结

SLS(Selective Laser Sintering)工艺，常采用的材料有金属、陶瓷、ABS塑料等材料的粉末作为成形材料。其工艺过程是：先在工作台上铺上一层粉末，在计算机控制下用激光束有选择地进行烧结(零件的空心部分不烧结，仍为粉末材料)，被烧结部分便固化在一起构成零件的实心部分。一层完成后再进行下一层，新一层与其上一层被牢牢地烧结在一起。全部烧结完成后，去除多余的粉末，便得到烧结成的零件。该工艺的特点是材料适应面广，不仅能制造塑料零件，还能制造陶瓷、金属、蜡等材料的零件。造型精度高，原型强度高，所以可用样件进行功能试验或装配模拟。

(4)熔融沉积成形

FDM(Fused Deposition Manufacturing)工艺又称为熔丝沉积制造，其工艺过程是以热塑性成形材料丝为材料，材料丝通过加热器的挤压头熔化成液体，由计算机控制挤压头沿零件的每一截面的轮廓准确运动，使熔化的热塑材料丝通过喷嘴挤出，覆盖于已建造的零件之上，并在极短的时间内迅速凝固，形成一层材料。之后，挤压头沿轴向向上运动一微小距离进行下一层材料的建造。这样逐层由底到顶地堆积成一个实体模型或零件。该工艺的特点是使用、维护简单，成本较低，速度快，一般复杂程度原型仅需要几个小时即可成型，且无污染。

除了上述4种最为熟悉的技术外，还有许多技术也已经实用化，如三维打印技术、光屏蔽工艺、直接壳法、直接烧结技术、全息干涉制造等。

8.1.4　快速成形技术的特点

(1)制造原型所用的材料不限，各种金属和非金属材料均可使用，具有广泛的材料适应性；

(2)原型的复制性、互换性高；系统柔性高，只需修改CAD模型就可生成各种不同形状的零件；

(3)制造工艺与制造原型的几何形状无关，更适合于形状复杂的、不规则零件的加工，在加工复杂曲面时更显优越；

(4)加工周期短，成本低，成本与产品复杂程度无关，一般制造费用降低50%，加工周期节约70%以上；

(5)高度技术集成，可实现设计制造一体化；

(6)减少了对熟练技术工人的需求。

8.1.5 快速成形技术的应用

随着全球市场一体化的形成，制造业的竞争十分激烈，产品的开发速度日益成为主要矛盾。在这种情况下，自主快速产品开发(快速设计和快速工模具)的能力(周期和成本)成为制造业全球竞争的实力基础。同时，制造业为满足日益变化的用户需求，要求制造技术有较强的灵活性，能够以小批量甚至单件生产而不增加产品的成本。因此，产品的开发速度和制造技术的柔性就十分关键。从技术发展角度看，计算机科学、CAD技术、材料科学、激光技术的发展和普及为新的制造技术的产生与应用奠定了技术物质基础。

不断提高快速成形技术的应用水平是推动快速成形技术发展的重要方面。目前，快速成型技术已在工业造型、机械制造、航空航天、军事、建筑、影视、家电、轻工、医学、考古、文化艺术、雕刻、首饰等领域都得到了广泛应用。并且随着这一技术本身的发展，其应用领域将不断拓展。快速成形技术的实际应用主要集中在以下几个方面：

(1)在新产品造型设计过程中的应用　快速成形技术为工业产品的设计开发人员建立了一种崭新的产品开发模式。运用快速成形技术能够快速、直接、精确地将设计思想转化为具有一定功能的实物模型(样件)，这不仅缩短了开发周期，而且降低了开发费用，也使企业在激烈的市场竞争中占有先机。

(2)在机械制造领域的应用　由于快速成形技术自身的特点，使得其在机械制造领域内，获得广泛的应用，多用于制造单件、小批量金属零件的制造。有些特殊复杂制件，由于只需单件生产，或少于50件的小批量，一般均可用快速成形技术直接进行成型，成本低，周期短。

(3)快速模具制造　传统的模具生产时间长，成本高。将快速成型技术与传统的模具制造技术相结合，可以大大缩短模具制造的开发周期，提高生产率，是解决模具设计与制造薄弱环节的有效途径。快速成形技术在模具制造方面的应用可分为直接制模和间接制模两种，直接制模是指采用快速成形技术直接堆积制造出模具，间接制模是先制出快速成型零件，再由零件复制得到所需要的模具。

(4)在医学领域的应用　近几年来，人们对快速成形技术在医学领域的应用研究较多。以医学影像数据为基础，利用快速成形技术制作人体器官模型，对外科手术有极大的应用价值。

(5)在文化艺术领域的应用　在文化艺术领域，快速成形制造技术多用于艺术创作、文物复制、数字雕塑等。

(6)在航空航天技术领域的应用　在航空航天领域中，空气动力学地面模拟实验(即风洞实验)是设计性能先进的天地往返系统(即航天飞机)所必不可少的重要环节。该实验中所用的模型形状复杂、精度要求高、又具有流线型特性，采用快速成形技术，根据CAD模型，由快速成形设备自动完成实体模型，能够很好地保证模型质量。

(7)在家电行业的应用　目前，快速成形系统在国内的家电行业上得到了很大程度的普及与应用，使许多家电企业走在了国内前列。如：广东的美的、华宝、科龙；江苏的春兰、小天鹅；青岛的海尔等，都先后采用快速成形系统来开发新产品，收到了很好的效果。快速成形技术的应用很广泛，可以相信，随着快速成形制造技术的不断成熟和完善，它将会在越来越多的领域得到推广和应用。

8.1.6　快速成形技术的发展方向

从目前快速成形技术的研究和应用现状来看，快速成型技术的进一步研究和开发工作主要有以下几个方面：

(1) 开发性能好的快速成型材料，如成本低、易成形、变形小、强度高、耐久及无污染的成形材料。

(2) 提高快速成形系统的加工速度和开拓并行制造的工艺方法。

(3) 改善快速成形系统的可靠性，提高其生产率和制作大件能力，优化设备结构，尤其是提高成形件的精度、表面质量、力学和物理性能，为进一步进行模具加工和功能实验提供基础。

(4) 开发快速成形的高性能 RPM 软件。提高数据处理速度和精度，研究开发利用 CAD 原始数据直接切片的方法，减少由 STL 格式转换和切片处理过程所产生精度损失。

(5) 开发新的成形能源。

(6) 快速成形方法和工艺的改进和创新。直接金属成形技术将会成为今后研究与应用的又一个热点。

(7) 进行快速成形技术与 CAD、CAE、RT、CAPP、CAM 以及高精度自动测量、逆向工程的集成研究。

(8) 提高网络化服务的研究力度，实现远程控制。

8.2　精密注射成型

8.2.1　精密注射成型的概念

精密注射成型是成型尺寸和形状精度很高、表面粗糙度很小的塑件而采用的注射成型方法，所用的注射模具即为精密注射模。

由于塑料工业的发展，塑件在精密仪器和电子仪表等工业中的应用愈来愈广泛，并且不断地替代许多传统的金属零部件，因此，对于它们的精度要求也就越来越高，而这些精度要求若采用普通注射成型方法则难以达到，所以精密注射成型应运而生，并且正在迅速发展和完善。

判断塑件是否需要精密注射的依据主要是塑件精度。在注射成型中，影响塑件精度的因素很多，主要有注射成型用塑料、注射机、注射成型工艺、注射模具及操作人员技术水平等。因此，如何规定精密注射成型塑件的精度是一个重要而复杂的工作，这里既要使塑件精度满足工业生产实际需求，又要考虑到目前模具制造所能达到的精度、塑料品种及其成型技术、注射机等满足精密成型的可能程度。国内外塑料工业部门都对此进行了探讨。表 8 - 1 为日本塑料工业技术研究会从塑料品种和塑料模结构方面确定的精密注射塑件的基本尺寸与公差，仅供参考。在表 8 - 1 中，最小极限是指采用单腔模具时，注射塑件所能达到的最小公差数值；表中的实用极限是指采用四腔以下模具时，注射塑件所能达到的最小公差数值。我国目前精密注射塑件的公差等级可按原四机部标准 SJ1372—78 中的第 1 和第 2 两个公差等级确定，也可按国家标准 MT1 高精度公差等级确定。

表 8-1　精密注射塑件的基本尺寸与公差　mm

基本尺寸	PC、ABS		PA、POM	
	最小极限	实用极限	最小极限	实用极限
~0.5	0.003	0.003	0.005	0.01
0.5~1.3	0.005	0.01	0.008	0.025
1.3~2.5	0.008	0.02	0.012	0.04
2.5~7.5	0.01	0.03	0.02	0.06
7.5~12.5	0.015	0.04	0.03	0.08
12.5~25	0.022	0.06	0.04	0.10
25~50	0.03	0.08	0.05	0.15
50~75	0.04	0.10	0.06	0.20
75~100	0.05	0.15	0.08	0.25

8.2.2　精密注射成型用塑料

从精密注射成型的概念可知，判断塑件是否需要精密注射的依据主要是塑件的公差数值，对于精密注射塑件要求的公差值，并不是所有塑料品种都能达到。对于不同的聚合物和添加剂组成的塑料，其成型特性及成型后塑件的形状与尺寸稳定性有很大差异，即使是成分相同的塑料，由于生产厂家、出厂时间和环境条件的不同，注射成型的塑件还会存在形状与尺寸稳定性的差异问题。因此，要达到精密注射塑件的公差要求，塑料就应具有良好的成型特性和成型后形状与尺寸的稳定性。为此，注射成型精密塑件时，必须对塑料进行严格选择。目前，适用于精密注射的塑料品种主要有 PC(包括玻璃纤维增强型)、POM(包括碳纤维或玻璃纤维增强型)、还有改性 PPO、热塑性聚酯(PETP)、PA 及增强型等。

8.2.3　精密注射成型的工艺特点

精密塑件对注射成型工艺的要求是：注射压力高、注射速度快、温度控制严格、工艺稳定。

(1)注射压力高

普通注射时的注射压力一般为 40~200 MPa，而精密注射则要提高到 180~250 MPa 甚至更高(目前最高达到 415 MPa)。

提高注射压力可增大熔体的体积压缩量，使其密度增大，线膨胀系数减小，从而降低塑件的收缩率及收缩率波动，提高塑件形状尺寸的稳定性；提高注射压力可以增大成型时允许的流道距离比，有利于改善塑件的成型性能，能成型超薄塑件；提高注射压力还保证了较快注射速度的实现。

(2)注射速度快

采用较快注射速度，不仅能成型形状复杂的塑件，而且还能减小塑件的尺寸公差，以保证复杂而精度高的塑件的成型。

(3)温度控制严格

注射成型温度对熔体的流动性和收缩影响较大，因而精密注射时不但必须控制注射温度高低，还必须严格控制温度波动范围；不仅要注意控制料筒、喷嘴和模具温度，还要注意脱模后周围环境温度对塑件精度的影响。只有这样，才能保证塑件尺寸精度及其稳定性。

(4)成型工艺稳定性

成型工艺及工艺条件的稳定性是十分重要的。因为稳定的工艺及工艺条件是获得精度稳定的塑件的重要条件。

8.2.4 精密注射成型对注射机的要求

由于精密注射成型有较高的精度要求，所以一般都需要在专用的精密注射机上进行注射成型。这种注射机有如下特点：

(1)注射功率大

精密注射机一般采用比较大的注射功率，功率大才能满足注射压力大和注射速度高的要求。同时，注射功率大，也可以减小制品尺寸误差，对塑件起到一定的改善作用。

(2)控制精度高

精密注射机的控制系统一般都有很高的控制精度。它对各种注射工艺参数(注射量、注射压力、注射速度、保压压力、背压压力、螺杆转速等)采取多级反馈控制，因而具有良好的重复精度；对料筒和喷嘴温度采用PID(比例积分微分)控制器，温度波动可控制在±0.5℃。由于工艺参数控制精度高，所以制品精度的稳定性好。精密注射机对合模力大小必须精确控制，否则将因模具弹性变形大小影响制品精度；对液压回路中的工作液体温度必须精确控制，以免因为液体温度变化而引起液体的流量和黏度变化，导致注射工艺参数的波动，从而导致制品精度不稳定。为此，精密注射机一般都对其液压油进行加热和冷却闭环控制，使油温稳定在50℃～55℃。除此之外，精密注射机必须具有很强的塑化能力，并且还要保证塑料能够得到良好的塑化效果，因此，除了螺杆必须采用较大的驱动扭矩外，控制系统还应能够对螺杆进行无级调速。

(3)液压系统反应速度快

为满足高速成型对液压系统的工艺要求，精密注射机的液压系统采用了灵敏度高的液压元件，缩短液压回路，加装蓄能器(必要时)等措施以提高液压系统的反应速度。随着计算机应用技术不断发展，目前精密注射机的液压控制系统正朝着机、电、液一体化方向发展，使注射机稳定、灵敏、精确地工作。

(4)合模系统要求足够的刚性

由于精密注射需要的注射压力较高，因此注射机合模系统必须具有足够的刚性，否则精密注射成型精度将会因为合模系统的弹性变形而下降。为此，在设计注射机移动模板、固定模板和拉杆等合模系统的结构零部件时，都必须围绕着刚性这一问题进行设计和选材。

8.2.5 精密注射模设计要点

一般注射模的设计方法基本适用于精密注射模的设计，但因精度要求高，设计时应注意如下几点：

(1)模具应具有高的精度

欲使模具保证塑件精度，首先要求模具型腔精度和分型面精度必须与塑件精度相适应。一般来讲，精密注射模腔的尺寸公差应小于塑件公差的三分之一，并需要根据塑件的实际情况具体确定。例如，对于小型精密注射塑件，当基本尺寸为50 mm时，型腔的尺寸公差可取0.003～0.005 mm；而基本尺寸为100 mm时，型腔的尺寸公差可增大到0.005～0.01 mm。

分型面精度指分型面的平行度，它主要用来保证型腔精度。对于小型精密注射模，分型面的平行度要求约为0.005 mm。

其次，模具中的结构零部件虽然不直接参与注射成型，但是却能影响模腔精度，并进而影响精密注射成型精度。因此，无论是设计普通注射模，还是设计精密注射模，均应对它们的结构零部件提出恰当合理的精度要求或其他技术要求。

另外，精密注射模还必须提高合模精度。定、动模的合模导向除了采用导柱导套外，还应加上锥面定位或圆柱导正销定位。对于大型深腔模具可在模具四周设斜面，既起定位作用，又能提高型腔侧壁刚度。

(2)模具设计应考虑成型收缩的均匀性

成型收缩的不均匀性对制品的精度及精度的稳定性影响较大。正确设计浇注系统和温度调节系统是解决成型收缩均匀性的有效途径。

首先，型腔数目不宜太多，模具型腔多，将降低制品精度，因此，对于特别精密的注射模，宜采用一模一腔。在多型腔模具中，分流道应采用平衡布置，以使塑料熔体同时到达和充满各个型腔。同样，浇口的种类、位置及数量将影响制品的变形及收缩率的波动，因此在设计浇口时应对制品各部分的收缩率作全面考虑，特别是收缩各向异性大的塑料注射成型。只有保持了料流的平衡和模具温度场热平衡，才能使制品的收缩率保持均匀和稳定。为此，设计多型腔精密注射模时，型腔数量尽量不要超过4个。

其次，温度控制系统最好能对各个型腔温度进行单独调节，以使各型腔的温度保持一致，防止因各型腔之间温差引起制品收缩率的差异。办法是对每个型腔单独设置冷却水路，并在各型腔冷却水路出口处设置流量控制装置。如果不对各个型腔单独设置冷却水路，而是采用串联式冷却水路，则必须严格控制入水口和出水口的温度。一般来说，精密注射模中的冷却水温调节误差应在±0.5℃内，入水口和出水口的温差应控制在2℃以内。

同理，对型芯和凹模两部分宜分别设置冷却水路，以便分别控制型芯和凹模的温度，一般两者的温差应能控制到1℃。

(3)应避免制品在脱模时变形

由于精密注射塑件一般尺寸小，壁厚也比较薄、有时还带有薄肋，因此很容易在脱模时产生变形，从而造成塑件精度下降。为此，模具结构应便于制品脱模，具有足够的刚度，最好用推件板脱模，如无法用推件板脱模，则应采用适当的脱模机构在制品适当部位进行推件，例如对带有薄肋的矩形塑件，为了能使塑件顺利脱模并防止变形，可在肋部采用直径很小的圆形推杆或宽度很小的矩形推杆，同时还要均衡配置。

精密注射塑件的脱模斜度一般都比较小，不大容易脱模，为了减小脱模阻力，防止塑件在脱模过程中变形，必须对脱模部位的加工方法提出恰当的技术要求，适当降低塑件包络部分成型零件的粗糙度，对模具零件进行镜面抛光，并且抛光方向要与脱模方向一致。

(4)采用镶拼结构

为了便于复杂精密塑件成型型腔的精加工，必要时，其型腔应采用镶拼结构。这样既便于精加工，又减小了热处理变形，便于排气和维修。但采用镶拼结构，不得影响制品的使用性能与外观；必须保证各镶件的连接、定位牢靠且便于装配、维修及更换；还应适当设置必要的模框以保证镶拼模具有足够的刚度。另外，镶件最好采用通用结构或标准结构。

(5)制作“试制模”

对于成型精度要求特别高的塑件，必要时应做“试制模”，并按大量生产的成型条件进行成型，然后根据实测数据(收缩率等)设计与制造生产用注射模。当没有制作“试制模”时，应根据影响塑料成型收缩率的各种因素，针对塑件具体的结构及尺寸、塑料品种、浇注系统和成型工艺条件等，认真分析，尽量精确确定塑料成型收缩率。

(6)提高模具刚度

提高模具刚度，减少在大的注射压力作用下模具的弹性变形量，以提高制品精度。其方法有加大型腔壁厚和底板、支承板的厚度，增设支承柱，采用锥面合模锁紧，并提高侧滑块的楔紧刚度。

(7)正确选择模具材料，合理确定热处理要求

精密注射模成型零件一般采用合金工具钢，热处理成较高硬度，或采用预硬钢、易切钢和高精度、镜面塑料模具钢，以保证模具制造精度，并保持模具精度的长期稳定。

8.3　热固性塑料注射成型

热固性塑料件在载荷作用下仍能保持优良的热性能和电性能，这是一般热塑性塑料所无法代替的。其主要的成型方法是压缩成型和传递成型。20 世纪 60 年代初出现了一种新的成型方法——热固性塑料注射成型，它与压缩成型和传递成型工艺相比较，具有成型周期短、生产率高、制品质量好、模具寿命长、操作方便安全等优点，因此是热固性塑料成型的重大革新，使热固性塑料成型技术获得了新的生命力。

8.3.1　热固性塑料注射成型工艺要点

热固性塑料注射成型过程与热塑性塑料注射成型过程十分相似，但工艺条件则完全不同，这是因为两种塑料在热性能方面有着本质的区别。热固性塑料和热塑性塑料注射成型的主要差异表现在熔体注入模具后的固化成型阶段。热塑性注射成型塑件的固化基本上是一个高温液相到低温固相转变的物理过程。而热固性注射塑件的固化却必须依赖于高温高压下的化学交联反应。

热固性塑料注射成型需采用专门的热固性塑料注射机。其注射过程是：将粉状或粒状原料加入注射机的料筒内，料筒外通热水加热，加热温度在料筒前段为 90℃左右，后段为 70℃左右，同时还受螺杆旋转时的剪切摩擦作用，使塑料塑化成熔融状态，然后在螺杆的推动下，经注射机喷嘴和模具浇注系统进入温度比料筒温度高得多的模具型腔内(熔体通过喷嘴时由于强烈摩擦，温度可达 110℃ ~130℃，模温通常保持在 160℃ ~190℃)，塑料在型腔内发生交联反应，最后固化成型。制品成型后，在开模时由推出系统推出模外。

与热塑性塑料注射成型相比，热固性塑料注射成型有以下工艺要点：

(1)注射压力和注射速度　热固性塑料在注射机料筒中应处于黏度最低的熔融状态，熔融的塑料高速流经截面很小的喷嘴和模具浇注系统时，温度从 60℃ ~90℃瞬间提高到 130℃左右，达到临界固化状态，这也是物料流动性最佳状态的转化点。因热固性塑料中含 40% 左右的填料，黏度与摩擦阻力较大，注射压力也相应增大，注射压力的一半左右要消耗在浇注系统的摩擦阻力上。所以一般注射压力高达 100 ~170 MPa，注射速度常采用 3 ~4.5 m/s。

(2)保压压力和保压时间　保压压力和保压时间直接影响到模腔压力以及塑件的补缩和密度的大小。常用的保压压力可比注射压力稍低一些，保压时间也比热塑性塑料注射时略微

减少些，通常取 5 ~ 20 s。

(3)螺杆的背压与转速　注射热固性塑料时，螺杆的背压不能太大，否则物料在螺杆中会受到长距离压缩作用，导致熔体过早硬化和注射发生困难，所以背压一般都比注射热塑性塑料时取得小，为 3.4 ~ 5.2 MPa，并且在螺杆启动时可以接近于 0。一般螺杆的转速在 30 ~ 70 r/min。

(4)成型周期　热固性塑料注射成型周期中，最重要的是注射时间和硬化定型时间，此外还有保压时间和开模取件时间等。国产的热固性注射塑料的注射时间为 2 ~ 10 s，保压时间需 5 ~ 20 s，硬化定型时间在 15 ~ 100 s 内选择，成型周期共需 45 ~ 120 s。但热固性塑料的硬化定型时间，不仅要考虑塑件的结构形状、复杂程度和壁厚大小，而且还要注意物料质量的好坏，特别是根据塑件最大壁厚确定硬化时间时，更应注意这个问题。一般国产注射塑料机充型后的硬化时间可根据塑件最大壁厚考虑，通常按 8 ~ 12 s/mm 硬化速度进行计算。

(5)排气　热固性注射物料在固化反应中，会产生缩合水和低分子气体，型腔必须要有良好的排气结构，否则会在塑件表面留下气泡和流痕。对厚壁塑件，在注射成型操作时，有时还应采取卸压开模放气的措施。

热固性塑料注射成型的工艺条件可参考有关工艺手册。

8.3.2　热固性塑料注射成型对注射机的要求

热固性塑料与热塑性塑料注射成型的根本区别在于前者在模具型腔内发生交联反应，产生必须排除的气体；模具需要加热，以满足塑料的固化需要；塑料进入型腔前既要有较好的流动性，又不能在料筒内固化。为了适应这些成型特性，对注射机提出以下要求：

(1)能严格控制塑料加热温度与加热时间，热固性塑料在料筒里，若温度和时间超过一定范围以后，便会产生固化，这给生产带来很多麻烦，即便加热的温度波动很小，对注射成型质量也会造成不良影响，为了保证原料的均匀加热和温度恒定，目前多采用水加热循环系统。其优点是以水作加热介质时温度均匀稳定(可控制达到 ±1℃)，“加热后效”较小，能实现自动控制。

(2)为了防止因塑料在料筒内固化而扭断螺杆，注射机螺杆驱动装置宜采用带过载保护装置的液压马达或带摆线针轮减速器结构。这样可以达到 0 ~ 90r/min 的无级变速，符合塑料的预塑要求。

(3)应具有较大的锁模力，合模机构还应满足快速排气操作的要求，即应具备能迅速降低锁模力的执行机构。通常采用增压液压缸对快速开模和合模动作进行控制。

(4)注射机螺杆的长径比和压缩比都比热塑性塑料注射机小。长径比通常为 14 ~ 20，压缩比一般取 0.8 ~ 1.4。螺杆的螺槽较深，以防止热固性塑料在料筒内输送过程中，受到螺杆过大的剪切摩擦作用而发生固化。螺杆内应设有冷却水道，以便通水冷却以控制温度。

8.3.3　热固性塑料注射模设计要点

热固性塑料注射模结构与热塑性塑料注射模结构相似，其基本结构如图 8 - 3 所示。它也包括型腔、浇注系统、导向零件、推出机构、侧向分型抽芯机构等。

由于热固性塑料注射模的工作条件比热塑性塑料注射模更严酷，所以模具设计时与热塑性塑料注射模也有所不同，其设计要点主要在以下几个方面。

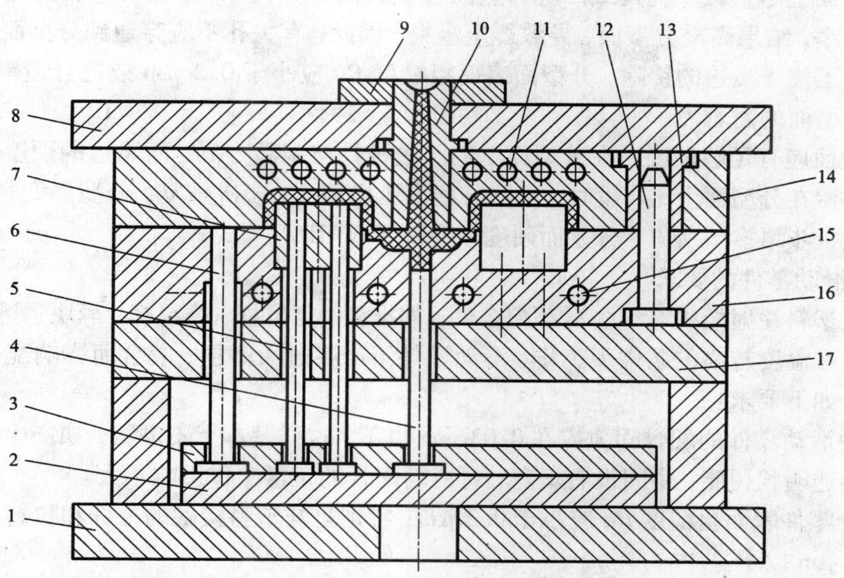

图 8－3　热固性塑料注射模的基本结构

1—动模座板；2—推板；3—推杆固定板；4—浇道推杆；5—推杆；6—复位杆；7—型芯；8—定模座板；9—定位圈；10—浇口套；11—加热元件；12—导柱；13—导套；14—定模板；15—加热元件；16—动模板；17—支承板

(1)对模具材料的要求

热固性塑料注射模的温度高于熔体温度，因此，熔体进入模具后与模壁接触处温度升高，黏度降低，流速很高，在熔体高速冲刷下，其流道和型腔磨损更为严重，尤其是浇口，再加上热固性塑料都含有各种填料，特别是含有硬质矿物填料，这些高速流动的硬质点像磨削一样磨损着模壁，因此热固性塑料注射模成型零件的材料应采用高强度和耐磨性好的材料制造。热固性塑料注射模的工作温度通常在(165 ±5)℃范围，这是指成型零件表面温度，加热器周围的局部温度更高，会超过 250℃，这对于配合精度高的注射模来说，对模具材料的选用，模具结构及制造要求都比较高，最好选用耐热性较好的材料。

(2)对分型面的要求

1)减少分型面的接触面积以改善合模状态　分型面溢料是热固性塑料注射成型的一个非常突出的问题。这是由于在注射过程中热固性塑料的流动性很好，注射压力高，即使分型面只有很小的间隙，也会产生溢料，溢料的结果，相当于在分型面上制品投影面积扩大，胀模力有可能超过注射机公称锁模力，促使缝隙增大，溢料更加严重。所以，在设计分型面时，可采用减少分型面的接触面积提高接触压强的方法，改善型腔周围贴合状况，以防溢料，如图 8－4 所示。型腔周围 10 mm 以外的部分低下 0.5～1 mm。为了防止因压强增大导致型腔变形，分型面四角留有一定的接触面积。

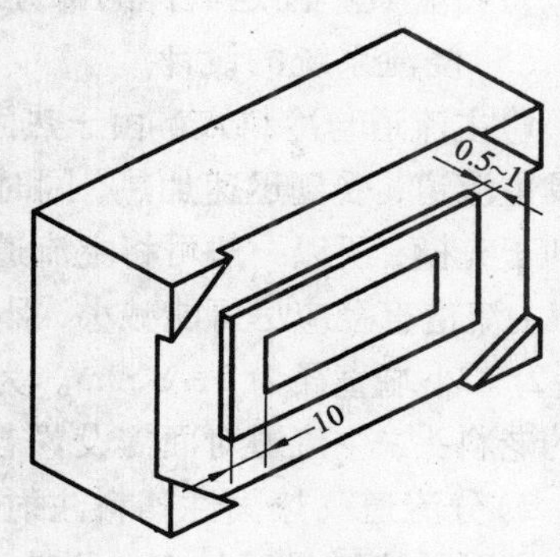

图 8－4　减少分型面的接触面积

2)分型面上尽量减少孔穴或凹坑　热固性塑料熔体如流入孔穴或凹坑后，黏附力很强，难以清理干净，结果高出分型面，导致严重溢料，因此，有关孔不应穿通到分型面，而应制成不通孔。为了便于飞边的铲除，分型面表面粗糙度 *Ra* 应小于0.2 μm或进行镀铬处理. 以减少飞边对分型面的附着力。

3)分型面应有足够硬度　在分型面上的飞边极易与制品分离，而飞边的硬度很高，小块碎片如若粘留在分型面上，合模时，可使分型面压出印痕，多次重复，分型面变得凹凸不平，造成飞边进一步增多。所以，分型面硬度不应低于30HRC。

(3)对滑动零件的要求

热固性塑料注射模中有很多滑动配合件，如推杆、复位杆、拉料杆、滑块、侧型芯、推件板等。要求在温度较高的条件下工作，滑动零件不产生过大磨损、咬合而影响配合精度。为此必须满足如下要求：

1)各种滑动零件的配合间隙应在0.03 mm以下，这样基本上不溢料，如产生飞边也是极薄的一层半透明状树脂，中间没有填料，对滑动配合的正常工作影响不大。

2)配合零件表面粗糙度 *Ra* 应小于0.2 μm，特别是与塑料接触的推杆和拉料杆的 *Ra* 值，最好在0.1 μm以下。

3)提高零件表面硬度，一般要求表面硬度为54～58 HRC，特殊情况可提高到60 HRC以上。零件表面涂覆固体润滑剂，工作零件表面镀铬，可增强抗咬合能力，采用耐高温的石墨类润滑剂，可降低滑动摩擦系数。

4)缩短配合长度。配合长度只要有直径的2～3倍就能满足导向要求，其余部分可进行扩孔，把间隙加大到1 mm左右，以减少摩擦。

(4)对安放嵌件的要求

热固性塑件的嵌件周围不像热塑性塑件那样容易产生裂纹，所以热固性塑件上应用嵌件较多。但在注射模具中安装嵌件很不方便，且容易发生位移，有时嵌件咬住模具，推件时难以取出，并延长操作时间，影响生产率。因此，一般情况下采用模外"热插"嵌件的方式比较恰当。但有时为了满足使用要求，仍需在模内安放嵌件。此时，必须注意以下几点：

1)提高嵌件与模具的配合精度，保证两者有合理间隙，防止嵌件位移。

2)增强嵌件定位稳定性，例如设计可以与推杆相联系的嵌件杆，以强固嵌件位置。

3)将模具中固定嵌件的部分设计成活动镶块，以解决难以定位的嵌件安放问题。

(5)浇注系统的设计

1)主流道与冷料穴　由于热固性塑料在注射成型时，塑料是从温度较低的喷嘴进入高温的模具主流道，受到迅速加热，同时由于熔体流经喷嘴摩擦生热，使塑料黏度降低，流动性增加，有利于充模，所以一般可将主流道设计得比较小。另外，流道凝料无法回收利用，为了减少浪费，主流道直径应尽可能减小，卧式注射机用注射模具的主流道，一般设计成圆锥形，其锥角为1°～2°。小端直径为5～8 mm。为了除掉喷嘴内部由于与高温模具长期接触而存留的一段半固化的老料头，主流道对面需设置老料井，与热塑性塑料注射模的冷料井类似。

2)分流道　热固性塑料注射模分流道的截面形状常见的有圆形、梯形、正方形、半圆形等，梯形的流道易于加工，且易于脱模，应用最广。与热塑性塑料注射模所不同的是，热固性塑料熔体温度比模壁温度低，分流道除了具有输送料流的作用外还希望在输送的同时能摩擦生热，并通过传热使塑料的温度升高。为了增加传热面积，尽可能采用比较扁平的截面形状，且表面粗糙度 Ra 尽可能小些，以减少流动阻力，增加传热，通常 Ra 取 0.2μm。

由于热固性塑料注射压力大，模具受力不平衡时会在分型面之间产生较大溢料与飞边，因此，型腔位置排布时，在分型面上投影面积的中心应尽量与注射机的合模力中心相重合。热固性塑料注射模型腔上下位置对各个型腔或同一型腔的不同部位温度分布影响很大，这是自然对流时热空气由下向上影响的结果，实测表明，上面部分吸收热量与下面部分可相差两倍。为了改善这种情况，多型腔布置时应尽量缩短上下型腔之间的距离。为了获得性能一致的制品，一般选择平衡式布局为好。

3）浇口　热固性塑料注射模浇口位置、形状与热塑性塑料注射模基本相同。但由于成型后的热固性塑料脆性较大，浇口易去除，所以浇口厚度可取厚一些，一般深 0.8 ~ 1.5 mm，宽 2.5 ~ 5 mm，长 1 ~ 3 mm。点浇口形状与热塑性塑料注射模的点浇口形状有所区别，在最狭部位前有一引导部分，以减少浇口的磨损。点浇口的直径不宜小于 1.2 mm，以免大颗粒填料堵塞浇口。

（6）推出机构设计

由于热固性塑料的熔融温度比固化温度低，所以熔体极易渗料，窜入推出机构各零件的配合间隙内形成飞边，若不及时清理，则机构各零件会出现拉毛甚至发展到啃蚀，以致推出发生故障。因此，绝大部分热固性塑料注射模都用圆形推杆推出制品。因为圆形推杆容易加工，配合精度和表面粗糙度容易保证，滑动阻力小，并可制成标准零件，便于更换，但推杆面积小，受力集中，所以推杆尽可能设在承压能力大的部位，以防止顶穿制品。对于表面不允许有推杆痕迹的制品，必须使用推件板或推块结构时，则应注意推件板或推块与型芯配合间隙难控制，容易溢料的问题，并留有较大的推出距离和空位，以便及时清理落入推出机构内的飞边和塑料碎屑。

（7）排气结构设计

热固性塑料不仅原料本身含有水分和挥发物，而且在固化过程中还会产生低分子挥发性气体，再加上模具型腔内原有空气存在，因此在注射成型时，必须将气体排出模外，否则将影响注射成型，并使制品留下气泡，表面出现凹痕、麻点及光泽度降低等缺陷，甚至局部烧焦炭化。所以，排气对热固性塑料注射成型是非常重要的。排气槽的位置通常设在距浇口最远的分型面上，为了不致溢料，槽深应严格控制，一般为 0.03 ~ 0.05 mm，宽度为 4 ~ 6 mm。除排气槽外，还可以利用推杆等配合间隙排气。

（8）模具温度调节系统设计

可用高压蒸汽、过热水或热油循环进行模具加热，但最方便价廉的还是电加热系统，其设计是在模具上钻孔，插入电加热棒，电加热功率应根据介于模具两绝热板之间的模具中重量进行计算。在模具的动定模边分别设置电加热器和测温热电偶，自动控制模具温度，模温波动在 ±2℃ 范围内，热电偶最好插入型腔和流道的拼块之内。

8.4　共注射成型

共注射成型是指使用具有两个或两个以上注射系统的注射机，将不同品种或者不同颜色的塑料，同时或先后注射入模具型腔的成型方法。该成型方法可以生产多种色彩或多种塑料的复合塑件。共注射成型用的注射机称多色注射机。目前，国外已有八色注射机在生产中应用，国内使用的多为双色注射机。使用两个品种的塑料或者一个品种两种颜色的塑料进行共注射成型时，有两种典型的工艺方法：一种是双色注射成型，另一种是双层注射成型。

8.4.1 双色注射成型

双色注射成型的设备有两种形式，一种是两个注射系统（料筒、螺杆）和两副相同模具共用一个合模系统，如图 8－5 所示。模具固定在一个回转板 7 上，当其中一个注射系统 5 向模内注入一定量的 A 种塑料（未充满）后，回转板迅速转动，将该模具送到另外一个注射系统 2 的工作位置上，这个系统马上向模内注入 B 种塑料，直到充满型腔为止，然后塑料经过保压和冷却定型后脱模。用这种形式可以生产分色明显的混合塑料制件。

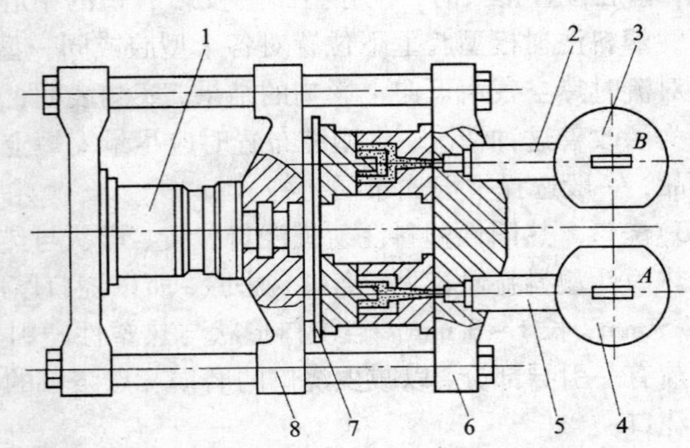

图 8－5 双色注射成型示意图一

1—合模液压缸；2—注射系统（B 塑料）；
3、4—料斗；5—注射系统（A 塑料）；
6—注射机固定模板；7—模具回转板；8—注射机移动模板

另一种形式是用两个料筒和一个公用喷嘴所组成的注射机，两个料筒分别塑化不同颜色的塑料，按一定的先后顺序注入型腔，可取得不同图案的双色塑料制品。其结构如图 8－6(a)所示。它具有两个沿轴向平行设置的注射系统，喷嘴通路中装有启闭机构，当其中一个注射系统通过喷嘴注射入一定量的塑料熔体后，与该注射系统相连通的启闭阀关闭，与另一个注射系统相连的启闭阀打开，该注射系统中另一种颜色的塑料熔体通过同一个喷嘴注射入同一副模具型腔中直至充满、冷却定型后就得到了双色混合的塑件。调整启闭机构的换向时间，即能得到各种花纹的制品。不用上述装置而用图 8－6(b)所示的花纹成型喷嘴也可以，此时只要旋转喷嘴的通路，即可得到不同颜色和花纹的制品。此外，还有三色、四色和五色注射机。

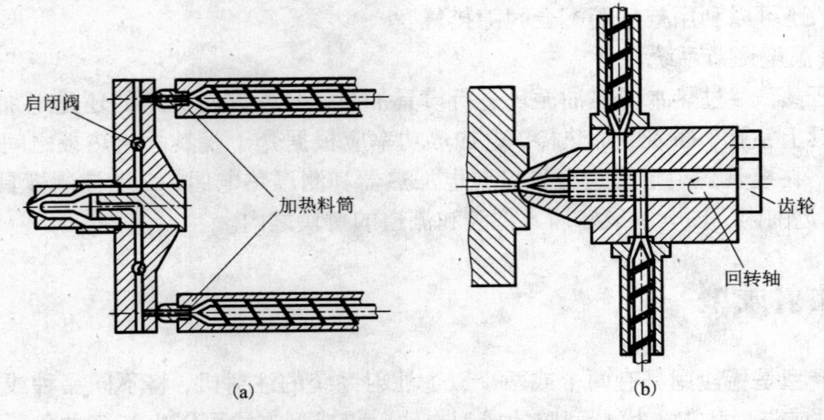

图 8－6 双色注射成型示意图二

8.4.2　双层注射成型

双层注射成型的原理如图 8－7 所示，注射系统是由两个互相垂直安装的螺杆 A 和螺杆 B 组成，两螺杆的端部是一个交叉分配的喷嘴 1。注射时，先一个螺杆将第一种塑料注射入模具型腔，当注入模具型腔的塑料与模腔表壁接触的部分开始固化，而内部仍处于熔融状态时，另一个螺杆将第二种塑料注入模腔，后注入的塑料不断地把前一种塑料朝着模具成型表壁推压，而其本身占据模具型腔的中间部分，冷却定型后，就可以得到以先注入的塑料形成外层、后注入的塑料形成内层的包覆塑料制件。双层注射成型可使用新旧不同的同一种塑料成型具有新塑料性能的塑件。通常塑件内部为旧料，外表为新料，且保证有一定的厚度，这样，塑件的冲击强度和弯曲强度几乎与全部用新料成型的塑件相同。此外，也可采用不同颜色或不同性能品种的塑料相组合，获得具有某些优点的塑料制件。

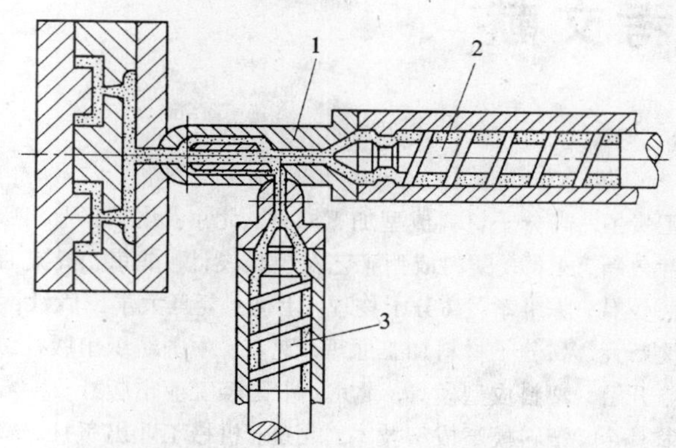

图 8－7　双层注射成型示意图

1—交叉喷嘴；2—螺杆 B；3—螺杆 A

双层注射方法最初是为了能够封闭电磁波的导电塑料制件而开发的，这种塑料制件外层采用普通塑料，起封闭电磁波作用；内层采用导电塑料，起导电作用。但是，双层注射成型方法问世后，马上受到汽车工业重视，这是因为它可以用来成型汽车中各种带有软面的装饰品以及缓冲器等外部零件。近年来，在对双层和双色注射成型塑件的品种和数量需求不断增加的基础上，又出现了三色甚至多色花纹等新的共注射成型工艺。

采用共注射成型方法生产塑料制件时，关键是注射量、注射速度和模具温度。改变注射量和模具温度可使塑件各种原料的混合程度和各层的厚度发生变化，而注射速度合适与否，会直接影响到熔体在流动过程中是否会发生紊流或引起塑件外层破裂等问题，具体的工艺参数应在实践中经反复调试建立起来。另外，共注射成型的塑化和喷嘴系统结构都比较复杂，设备及模具费用也比较昂贵。

思考与练习题

1. 什么是快速成形？其主要工艺方法有哪些？
2. 快速成形技术目前主要应用在哪些方面？
3. 精密注射成型的主要工艺特点有哪些？
4. 精密注射成型工艺对注射机以及注射模的设计有什么要求？
5. 热固性塑料注射模与热塑性塑料注射模在模具结构和在注射成型工艺方面有什么区别？
6. 双色注射成型和双层注射成型的工作原理是什么？

参考文献

[1] 王贵恒. 高分子材料成型加工原理. 北京：化学工业出版社，1991
[2] 叶久新，王群. 塑料成型工艺及模具设计. 北京：机械工业出版社，2008
[3] 何曼君，陈维孝. 高分子物理. 上海：复旦大学出版社，1990
[4] 沈新元. 高分子材料加工原理. 北京：中国纺织出版社，2000
[5] 申开智. 塑料成型模具. 北京：中国轻工业出版社，2006
[6] 翁其金. 塑料模塑成型技术. 北京：机械工业出版社，2001
[7] 屈华昌. 塑料成型工艺与模具设计. 北京：高等教育出版社，2007
[8] 李德群，唐志玉. 中国模具工程大典. 第3卷. 北京：电子工业出版社，2007
[9] 李长云，朱朝光，钟良伟，等. 塑料成型工艺与模具设计. 北京：清华大学出版社，2009
[10] 屈华昌. 塑料成型工艺与模具设计. 北京：高等教育出版社，2005
[11] 申开智. 塑料成型模具. 北京：中国轻工业出版社，2002
[12] 李德群. 塑料成型工艺及模具设计. 北京：机械工业出版社，1994
[13] 塑料模具设计手册编写组. 塑料模具设计手册. 北京：机械工业出版社，1985
[14] 齐晓杰. 塑料成型工艺与模具设计. 北京：机械工业出版社，2005
[15] 李学锋. 型腔模设计. 西安：西北工业大学出版社，1996
[16] 李秦蕊. 塑料模具设计. 西安：西北工业大学出版社，1995
[17] 阮文红. 高分子加工原理与技术. 北京：化学工业出版社，2006
[18] 朱光力，万金保. 塑料模具设计. 北京：清华大学出版社，2003

图书在版编目(CIP)数据

塑料成型工艺与模具设计/莫亚武主编. —长沙:中南大学出版社,2011.11

ISBN 978-7-5487-0245-0

Ⅰ. 塑...　Ⅱ. 莫...　Ⅲ. ①塑料成型－工艺②塑料模具－设计
Ⅳ. TQ320.66

中国版本图书馆 CIP 数据核字(2011)第 073210 号

塑料成型工艺与模具设计

主编:莫亚武　副主编:龙春光　陈吉平　周健

□责任编辑　谭　平
□责任印制　周　颖
□出版发行　中南大学出版社
社址:长沙市麓山南路　邮编:410083
发行科电话:0731-88876770　传真:0731-88710482
□印　　装　国防科技大学印刷厂

□开　　本　787×1092　1/16　□印张 22.25　□字数 552 千字　□插页
□版　　次　2011 年 11 月第 1 版　□2011 年 11 月第 1 次印刷
□书　　号　ISBN 978-7-5487-0245-0
□定　　价　41.00 元